지적기능사
필기+실기
한권 완성

예문사

이 책의 머리말 — PREFACE

오늘날 우리는 디지털 전환과 4차 산업혁명 시대를 살아가고 있으며, 공간정보는 국토관리와 도시 발전, 나아가 일상생활 전반에까지 깊숙이 활용되는 핵심 분야가 되었습니다. 공간정보는 위치 기반 서비스, 스마트시티, 자율주행, 환경 관리 등 다양한 분야에서 활용되며 국가 경쟁력의 중요한 기반으로 자리 잡고 있습니다. 이러한 흐름 속에서 지적(地籍)은 단순히 토지의 경계와 소유관계를 기록하는 제도를 넘어, 공간정보 산업과 학문 발전의 토대가 되고 있습니다.

21세기 정보통신기술의 발전은 지적 분야에도 큰 변화를 가져왔습니다. 디지털 지적, 3차원 공간정보, 다목적지적 등은 모두 기존 지적을 미래지향적으로 발전시키기 위한 과정이며, 이는 과거의 기록을 현대의 첨단 기술과 융합해 새로운 가치로 재창출하는 일이라 할 수 있습니다.

이러한 시대적 배경 속에서 학계와 산업계는 지적 및 공간정보 분야의 전문성 강화를 위해 다양한 노력을 기울이고 있으며, 지적 관련 학과의 많은 학생들 또한 지적직 공무원 및 공간정보 전문가로 성장하기 위해 힘쓰고 있습니다. 본 교재는 이러한 흐름에 발맞추어 지적기능사 자격을 준비하는 수험생들에게 체계적이고 실질적인 학습 지침을 제공하고자 집필되었습니다.

제1편에서는 지적측량 일반, 지적의 기초이론, 지적제도의 발달, 토지 · 임야조사사업, 지적관리, 지적공부, 토지 이동신청 및 정리, 공간정보의 구축 및 관리에 관한 법률 등 핵심 이론을 이해하기 쉽게 정리하였습니다. 또한 각 장마다 예상문제를 수록하여 학습한 내용을 점검하고 실전 응용력을 높일 수 있도록 하였습니다. 제2편과 제3편에는 기출(복원)문제, 제4편에는 실기 이론 및 실전문제를 수록하여 시험 직전 최종 정리에 부족함이 없도록 구성하였습니다.

끝으로, 본 교재가 출간되기까지 도움을 주신 모든 분들께 감사드리며, 이 책이 수험생 여러분의 든든한 동반자가 되어 노력의 결실을 맺는 데 큰 힘이 되기를 진심으로 기원합니다.

저자 일동

출제기준(필기)

| 직무분야 | 건설 | 중직무분야 | 토목 | 자격종목 | 지적기능사 | 적용기간 | 2025. 1. 1.~2028. 12. 31. |

직무내용 : 지적도면의 정리와 면적측정 및 도면작성과 지적측량지원 등을 수행하는 직무이다.

| 검정방법 | 객관식 | 문제수 | 60 | 시험시간 | 1시간 |

필기과목명	문제수	주요항목	세부항목	세세항목
지적일반, 지적측량, 지적공부정리	60	1. 지적일반	1. 지적의 기초이론	1. 지적의 정의 및 이념 2. 지적과 등기
			2. 지적사	1. 지적제도의 발달 2. 토지조사사업 3. 임야조사사업
			3. 지적의 요소	1. 지적공부 2. 1필지 3. 토지경계 4. 지번 및 지목 5. 면적 6. 토지소유권
			4. 토지의 등록	1. 토지등록제도 2. 지적 관련 조직
		2. 지적 관련 법규	1. 공간정보구축 및 관리 등에 관한 법률	1. 총칙 2. 지적 3. 보칙 및 벌칙 4. 지적측량 시행규칙 5. 지적업무 처리규정
		3. 지적측량개요	1. 지적측량의 기준	1. 지적측량의 원점 2. 지적측량의 기준점
			2. 지적측량의 구분	1. 지적측량의 종류 2. 지적측량의 기준
		4. 지적측량관측 및 정리	1. 세부측량	1. 지적공부정리를 위한 측량 2. 지적공부를 정리하지 않은 측량
		5. 면적측정 및 제도	1. 면적측정	1. 면적측정방법 및 기기 2. 면적계산
			2. 제도의 기초	1. 제도의 기초 이론 2. 제도기기 3. 지적공부의 제도방법

필기과목명	문제수	주요항목	세부항목	세세항목
		6. 측량장비	1. 측량장비의 구성	1. 측량장비의 종류 2. 측량장비의 구조 및 성능
			2. 측량장비의 운영	1. 측량장비의 조작 2. 측량장비의 관리
		7. 지적공부에 관한 사항	1. 지적공부의 관리	1. 지적공부의 종류 2. 지적공부의 비치, 보존 3. 지적공부의 복구
			2. 지적공부의 등록 및 작성	1. 대장의 등록사항 및 제도 2. 도면의 등록사항 및 제도 3. 경계점좌표등록부의 등록사항 및 제도 4. 도면의 작성
		8. 토지의 이동신청 및 지적정리	1. 이동지 정리	1. 대장정리 2. 도면정리
			2. 소유권 정리	1. 미등기소유권 정리 2. 기등기소유권 정리

출제기준(실기)

직무분야	건설	중직무분야	토목	자격종목	지적기능사	적용기간	2025. 1. 1.~2028. 12. 31.

- 직무내용 : 지적도면의 정리와 면적측정 및 도면작성과 지적측량지원 등을 수행하는 직무이다.
- 수행준거 : 1. 지적도근점을 측량하여 측정오차의 조정, 측량성과의 작성 및 계산을 할 수 있다.
  2. 세부측량을 하여 측정오차의 조정, 측량성과의 작성 및 계산을 할 수 있다.
  3. 면적을 측정하여 오차배분, 계산 및 정리를 할 수 있다.

검정방법	작업형	시험시간	2시간 30분 정도

실기과목명	주요항목	세부항목	세세항목
지적공부정리 및 지적측량	1. 지적기준점 측량	1. 지적도근점 측량하기	1. 지적측량 시행규칙에서 규정하고 있는 관측오차를 파악하고 지적도근점 관측과 계산을 할 수 있다.
	2. 세부측량	1. 현지 측량하기	1. 지적측량 시행규칙에서 규정하고 있는 세부측량의 기준 및 방법을 파악하고 현지측량을 실시할 수 있다. 2. 세부측량의 기준이 되는 기준점을 확인하고 활용할 수 있다. 3. 측량기기를 현지에 설치하고 관측 및 오차를 조정할 수 있다.
		2. 성과 결정하기	1. 지적측량 시행규칙에서 규정하고 있는 성과결정방법을 파악할 수 있다. 2. 기지경계선과 도상경계선의 부합 여부를 확인하여 성과를 결정할 수 있다. 3. 지적측량 시행규칙에서 정하고 있는 필지에 대한 면적을 측정하고 계산할 수 있다.
		3. 결과부 작성하기	1. 지적측량 시행규칙에서 규정하고 있는 측량결과부에 등록할 사항을 파악할 수 있다. 2. 성과결정에 따른 측량결과도 및 측량성과도를 작성할 수 있다.
	3. 지번변경	1. 지적공부 정리하기	1. 변경된 지번을 말소하고 변경할 수 있다. 2. 행정구역이 변경된 경우에는 변경 전 행정구역선과 그 명칭 및 지번을 말소하고 변경할 수 있다.
	4. 토지등록	1. 지번 부여하여	1. 지번의 구성 및 부여방법을 파악하고 지적공부에 등록될 지번을 부여할 수 있다.

실기과목명	주요항목	세부항목	세세항목
		2. 지목 설정하기	1. 법률에서 규정하고 있는 지목의 개념 및 지목의 종류를 파악할 수 있다. 2. 지목의 설정방법을 파악하고 필지별 해당 지목을 설정할 수 있다.
	5. 토지이동정리	1. 토지분할하기	1. 분할에 따른 면적 오차 허용범위 및 행정절차를 파악하고 수행할 수 있다. 2. 분할측량성과에 의하여 지적공부에 토지를 분할, 등록할 수 있다.

이 책의 차례 — CONTENTS

PART 01 필기 이론편

CHAPTER. 01 지적측량의 일반

Section 01 ▮ 지적측량의 기초 ··· 3
Section 02 ▮ 측량의 원점 ··· 7
Section 03 ▮ 좌표계 ·· 9
Section 04 ▮ 측량기준점 ··· 12
예상문제 ··· 17

CHAPTER. 02 지적의 기초이론

Section 01 ▮ 지적의 개념 ··· 26
Section 02 ▮ 지적의 내용 ··· 34
Section 03 ▮ 지적의 성격 ··· 39
예상문제 ··· 44

CHAPTER. 03 지적제도의 발달

Section 01 ▮ 우리나라의 지적제도 ··· 66
예상문제 ··· 94

CHAPTER. 04 토지·임야조사사업

Section 01 ▮ 토지조사사업 ··· 125
Section 02 ▮ 임야조사사업 ··· 134
Section 03 ▮ 토지·임야조사사업 당시의 지적과 등기제도 ······················ 136
Section 04 ▮ 토지조사사업 당시의 지적측량 ·· 142
예상문제 ··· 147

CHAPTER. 05 지적관리

Section 01 ┃ 토지의 등록 ·· 171
Section 02 ┃ 토지의 등록정보 ·· 176
예상문제 ·· 194

CHAPTER. 06 지적공부

Section 01 ┃ 지적공부의 개요 ·· 227
Section 02 ┃ 지적공부의 복구 ·· 239
예상문제 ·· 242

CHAPTER. 07 토지의 이동신청 및 지적정리

Section 01 ┃ 토지의 이동 ·· 254
Section 02 ┃ 토지이동의 내용 ·· 256
예상문제 ·· 267

CHAPTER. 08 지적측량

Section 01 ┃ 지적측량 개요 ·· 281
Section 02 ┃ 기초측량 ·· 285
Section 03 ┃ 세부측량 ·· 296
Section 04 ┃ 지적측량 의뢰 및 검사 ·· 307
Section 05 ┃ 지적기준점 성과의 관리 ··· 311
Section 06 ┃ 지적위원회 ·· 313
예상문제 ·· 317

CHAPTER. 09 공간정보의 구축 및 관리 등에 관한 법률

Section 01 ┃ 지적에 관한 법률 ··· 347
Section 02 ┃ 공간정보의 구축 및 관리 등에 관한 법률의 연혁 ········ 349
예상문제 ·· 352

이 책의 차례 — CONTENTS

PART 02 필기 기출문제

- 2011년 기출문제 ·········· 367
- 2012년 기출문제 ·········· 389
- 2013년 기출문제 ·········· 411
- 2014년 기출문제 ·········· 433
- 2015년 기출문제 ·········· 455
- 2016년 기출문제 ·········· 475

PART 03 필기 기출복원문제

- 2021년 기출복원문제 ·········· 505
- 2022년 기출복원문제 ·········· 525
- 2023년 기출복원문제 ·········· 544
- 2024년 기출복원문제 ·········· 565
- 2025년 기출복원문제 ·········· 586

PART 04 실기 이론편

CHAPTER. 01 면적측정 ·· 613

CHAPTER. 02 지적제도

Section 01 ┃ 개요 ··· 622
Section 02 ┃ 도면의 축척 및 표시사항 ·· 622
Section 03 ┃ 지적·임야도면의 제도 ·· 625
Section 04 ┃ 지적·임야도의 제도 ··· 626
Section 05 ┃ 일람도 및 지번색인표의 제도 ··· 631

PART 05 실기 작업형 CAD

제1회 지적기능사 실기 예상문제 ·· 637
제2회 지적기능사 실기 예상문제 ·· 642
제3회 지적기능사 실기 예상문제 ·· 647
제4회 지적기능사 실기 예상문제 ·· 652
제5회 지적기능사 실기 예상문제 ·· 657
제6회 지적기능사 실기 예상문제 ·· 662

PART 01 필기 이론편

- **CHAPTER 01** 지적측량의 일반
- **CHAPTER 02** 지적의 기초이론
- **CHAPTER 03** 지적제도의 발달
- **CHAPTER 04** 토지·임야조사사업
- **CHAPTER 05** 지적관리
- **CHAPTER 06** 지적공부
- **CHAPTER 07** 토지의 이동신청 및 지적정리
- **CHAPTER 08** 지적측량
- **CHAPTER 09** 공간정보의 구축 및 관리 등에 관한 법률

CHAPTER 01 지적측량의 일반

SECTION 01 지적측량의 기초

1 정의

측량 (測量)	측량(測量)은 원래 생명(生命)의 근원(根源)인 광대한 우주(宇宙)와 우리들 삶의 터전인 지구(地球)를 관측(觀測)하고 그 이치를 헤아리는 측천양지(測天量地)의 기술(技術)과 원리(原理)를 다루는 지혜(智慧)의 학문(學問)이다. 측량이란 측천양지의 준말로서 하늘을 재고 땅을 헤아린다는 뜻이다. 즉 땅의 위치를 별자리에 의하여 정하고 그 정해진 위치에 의하여 땅의 크기를 결정한다는 뜻이다.
지적측량 (地籍測量)	지적측량(地籍測量)은 토지를 지적공부에 등록하거나 지적공부에 등록된 경계점을 지상에 복원하기 위하여 (제21호에 따른) 필지("필지"란 대통령령으로 정하는 바에 따라 구획되는 토지의 등록 단위를 말한다)의 경계 또는 좌표와 면적을 정하는 측량을 말하며, 지적확정측량 및 지적재조사측량을 포함한다. ① "지적확정측량(地籍確定測量)"이란 「도시개발법」에 따른 도시개발사업, 「농어촌정비법」에 따른 농어촌정비사업, 그 밖에 대통령령으로 정하는 토지개발사업에 따른 사업이 끝나 토지의 표시를 새로 정하기 위하여 실시하는 지적측량을 말한다. ② "지적재조사측량(地籍再調査測量)"이란 「지적재조사에 관한 특별법」에 따른 지적재조사사업에 따라 토지의 표시를 새로 정하기 위하여 실시하는 지적측량을 말한다.

2 측량의 기준

1) 타원체

타원체		지구의 형상은 물리적 지표면, 구, 타원체, 지오이드, 수학적 형상으로 대별되며, 타원체는 회전, 지구, 준거, 국제타원체로 분류된다. 타원체는 지구를 표현하는 수학적 방법으로서 타원체면의 장축 또는 단축을 중심축으로 회전시켜 얻을 수 있는 모형이며 좌표를 표현하는 데 있어서 수학적 기준이 되는 모델이다.
종류	회전타원체	한 타원의 지축을 중심으로 회전하여 생기는 입체타원체
	지구타원체	부피와 모양이 실제의 지구와 가장 가까운 회전타원체를 지구의 형으로 규정한 타원체
	준거타원체	어느 지역의 대지측량계의 기준이 되는 지구타원체

종류	국제타원체	전 세계적으로 대지측량계의 통일을 위해 IUGG(International Association of Geodesy : 국제측지학 및 지구물리학연합)에서 제정한 지구타원체
특징		① 기하학적 타원체이므로 굴곡이 없는 매끈한 면 ② 지구의 반경, 면적, 표면적, 부피, 삼각측량, 경위도 결정, 지도제작 등의 기준 ③ 타원체의 크기는 삼각측량 등의 실측이나 중력측정값을 클레로 정리로 이용 ④ 지구타원체의 크기는 세계 각 나라별로 다르며 우리나라에는 종래에는 Bessel의 타원체를 사용하였으나 최근 「공간정보의 구축 및 관리 등에 관한 법률」 제6조의 개정에 따라 GRS80 타원체로 그 값이 변경되었다. ⑤ 지구의 형태는 극을 연결하는 직경이 적도방향의 직경보다 약 42.6km가 짧은 회전타원체로 되어 있다. ⑥ 지구타원체는 지구를 표현하는 수학적 방법으로서 타원체면의 장축 또는 단축을 중심으로 회전시켜 얻을 수 있는 모형이다.

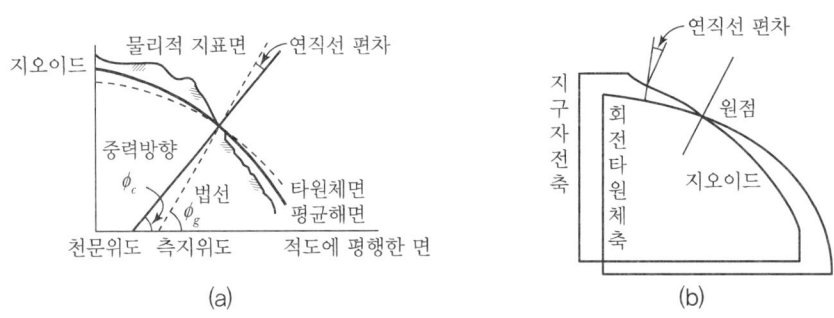

| 지구타원체와 지오이드와의 관계 |

2) 지오이드

정의	정지된 해수면을 육지까지 연장하여 지구 전체를 둘러쌌다고 가상한 곡면을 지오이드(geoid)라 한다. 지구타원체는 기하학적으로 정의한 데 비하여 지오이드는 중력장 이론에 따라 물리학적으로 정의한다.
특징	① 지오이드면은 평균해수면과 일치하는 등포텐셜면으로 일종의 수면이다. ② 지오이드면은 대륙에서는 지각의 인력 때문에 지구타원체보다 높고 해양에서는 낮다. ③ 고저측량은 지오이드면을 표고 0으로 하여 관측한다. ④ 타원체의 법선과 지오이드 연직선의 불일치로 연직선 편차가 생긴다. ⑤ 지형의 영향 또는 지각내부밀도의 불균일로 인하여 타원체에 비하여 다소의 기복이 있는 불규칙한 면이다. ⑥ 지오이드는 어느 점에서나 표면을 통과하는 연직선은 중력방향에 수직이다. ⑦ 지오이드는 타원체면에 대하여 다소 기복이 있는 불규칙한 면을 갖는다. ⑧ 높이가 0이므로 위치에너지도 0이다. ⑨ 지오이드면은 불규칙한 곡면으로 준거타원체와 거의 일치한다.

3) 측량의 기준(공간정보의 구축 및 관리 등에 관한 법률 제6조 측량기준)

기준(基準)	지구상의 위치는 지리학적 경·위도 및 평균해면으로부터의 높이로 표시한다. 표고는 타원체고와 정표고 및 지오이드고로 구분할 수 있는데 점의 위치에서 평면위치는 기준면의 기준타원체에 근거해 결정되고, 높이는 타원체를 근거하여 결정되는 것이 곤란하므로 종래 평균해수면을 기준으로 높이를 결정하였다.
위치(位置)	세계측지계(世界測地系)에 따라 측정한 지리학적 경위도와 높이(평균해수면으로부터의 높이를 말한다. 이하 이 항에서 같다)로 표시한다. 다만 지도제작 등을 위하여 필요한 경우에는 직각좌표와 높이, 극좌표와 높이, 지구중심 직교좌표 및 그 밖의 다른 좌표로 표시할 수 있다.

세계측지계 (世界測地系)	세계측지계(世界測地系)는 지구를 편평한 회전타원체로 상정하여 실시하는 위치측정의 기준으로서 다음 각 호의 요건을 갖춘 것을 말한다.
	1. 회전타원체의 긴반지름 및 편평률(扁平率)은 다음 각 목과 같을 것
	   가. 긴반지름 : 6,378,137미터
	   나. 편평률 : 298.257222101분의 1
	2. 회전타원체의 중심이 지구의 질량중심과 일치할 것
	3. 회전타원체의 단축(短軸)이 지구의 자전축과 일치할 것

준거타원체 (Bessel : 1841)	장반경(a)(km)	단반경(b)(km)	편평률$\left(f=\dfrac{a-b}{a}\right)$
	6377.397	6356.079	$\dfrac{1}{299.15}$

측량(測量)의 원점(原點)	대한민국 경위도원점(經緯度原點) 및 수준원점(水準原點)으로 한다. 다만 섬 등 대통령령으로 정하는 지역에 대하여는 국토교통부장관이 따로 정하여 고시하는 원점을 사용할 수 있다.
간출지(干出地)의 높이와 수심	수로조사에서 간출지의 높이와 수심은 기본수준면(일정 기간 조석을 관측하여 분석한 결과 가장 낮은 해수면)을 기준으로 측량한다. 〈삭제 2020.2.18〉
해안선	해수면이 약최고고조면(略最高高潮面 : 일정 기간 조석을 관측하여 분석한 결과 가장 높은 해수면)에 이르렀을 때의 육지와 해수면과의 경계로 표시한다. 〈삭제 2020.2.18〉

① 해양수산부장관은 수로조사와 관련된 평균해수면, 기본수준면 및 약최고고조면에 관한 사항을 정하여 고시하여야 한다. 〈삭제 2020.2.18〉
② 제1항에 따른 세계측지계, 측량의 원점 값의 결정 및 직각좌표의 기준 등에 필요한 사항은 대통령령으로 정한다.
   법 제6조제1항제2호 단서에서 "섬 등 대통령령으로 정하는 지역"이란 다음 각 호의 지역을 말한다.
1. 제주도
2. 울릉도
3. 독도
4. 그 밖에 대한민국 경위도원점 및 수준원점으로부터 원거리에 위치하여 대한민국 경위도원점 및 수준원점을 적용하여 측량하기 곤란하다고 인정되어 국토교통부장관이 고시한 지역

3 높이의 종류

높이의 종류	내용
표고(標高, Elevation)	지오이드면, 즉 정지된 평균해수면과 물리적 지표면 사이의 고저차
정표고(正標高, Orthometric Height)	물리적 지표면에서 지오이드까지의 고저차
지오이드고(Geoidal Height)	타원체와 지오이드 사이의 고저차
타원체고(楕圓體高, Ellipsoidal Height)	준거타원체상에서 물리적 지표면까지의 고저차를 말하고 지구를 이상적인 타원체로 가정한 타원체면으로부터 관측지점까지의 거리이며 실제 지구 표면은 울퉁불퉁한 기복을 가지므로 실제 높이(표고)는 타원체고가 아닌 평균해수면(지오이드)으로부터 연직선 거리이다.

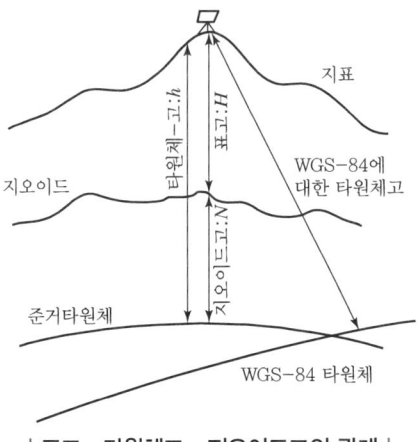

| 표고 · 타원체고 · 지오이드고의 관계 |

4 표고의 기준

표고의 기준	내용
육지표고기준	평균해수면(중등조위면, Mean Sea Level : MSL)
해저수심, 간출암(干出岩)의 높이, 저조선(低潮線)	평균최저간조면(Mean Lower Low Water : MLLW)
해안선(海岸線)	해면이 평균최고고조면(Mean Highest High Water Level : MHHW)에 달하였을 때 육지와 해면의 경계로 표시한다.

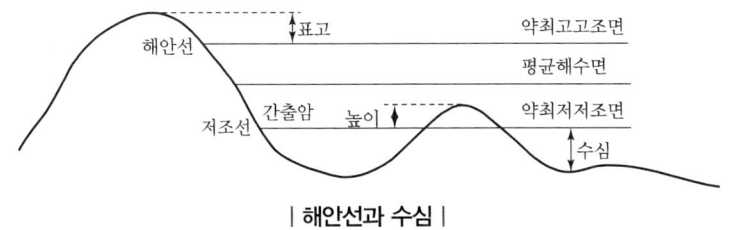

| 해안선과 수심 |

SECTION 02 측량의 원점

1 평면직각좌표 원점

명칭	경도	위도	구역	투영원점의 가상수치	원점의 축척계수
서부원점	동경 125°	북위 38°	동경 124~126°	X^N : 600,000m Y^E : 200,000m	1.0000
중부원점	동경 127°	북위 38°	동경 126~128°		
동부원점	동경 129°	북위 38°	동경 128~130°		
동해원점	동경 131°	북위 38°	동경 130~132°		

각 좌표에서의 직각좌표는 다음 조건에 따라 T.M(Transvers Mercator) 방법으로 표시한다.

① X축은 좌표계원점의 자오선에 일치하여야 하고 진북방향을 정(+)으로 표시하고 Y축은 X축에 직교하는 축으로서 진동방향을 정(+)으로 표시
② 세계측지계에 따르지 아니하는 지적측량의 경우에는 가우스 상사 이중 투영법으로 표시하되 직각좌표계 투영원점의 가산(加算)수치를 각각 종축좌표 X값을 38°N 이하에서도 음(−)의 값이 되지 않도록 하기 위해서 500,000m(제주도는 550,000m) 횡축좌표 Y값에는 200,000m로 하여 사용

2 경위도 원점

구분	동경	북위	원방위각	원방위각 위치
변경 전	127°03′05.1453″ ±0.0950″	37°16′31.9031″ ±0.063″	170°58′18.190″ ±0.148″	동학산 2등삼각점
현재	127°03′14″.8913	37°16′33″.3659	165°03′44″.538	원점으로부터 진북을 기준으로 오른쪽 방향으로 측정한 우주측지관센터에 있는 위성기준점 안테나 참조점 중앙
원점 소재지	국토지리정보원 내(경기도 수원시 영통구 월드컵로 92(원천동))			
내용	① 1981년 8월~1985년 10월까지 정밀천문측량을 실시하여 완료 ② 경기도 수원시 영통구 월드컵로 92(원천동) 국토지리정보원 내에 설치 ③ 최근에 설치된 경위도 원점은 2002년 1월 1일 관측하여 2003년 1월 1일 고시 ④ 원방위각은 원점으로부터 진북을 기준으로 오른쪽 방향으로 측정한 우주측지관센터에 있는 위성기준점 안테나 참조점 중앙에 이르는 방위각이다.			

③ 수준 원점

험조장	청진, 원산, 목포, 진남포, 인천
위치	인천광역시 남구 용현동 253번지(인하대학교 내)
표고	인천만의 평균해수면으로부터 26.6871m

④ 기타 원점

1) 구(舊)소삼각원점

경기도	시흥, 교동, 김포, 양천, 강화, 진위, 안산, 양성, 수원, 용인, 남양, 통진, 안성, 죽산, 광주, 인천, 양지, 과천, 부평(19개 지역)
경상북도	대구, 고령, 청도, 영천, 현풍, 자인, 하양, 경산(8개 지역)

구(舊)소삼각원점			
망산(間)	126°22′24″.596	37°43′07″.060	경기(강화)
계양(間)	126°42′49″.124	37°33′01″.124	경기(부천, 김포, 인천)
조본(m)	127°14′07″.397	37°26′35″.262	경기(성남, 광주)
가리(間)	126°51′59″.430	37°25′30″.532	경기(안양, 인천, 시흥)
등경(間)	126°51′32″.845	37°11′52″.885	경기(수원, 화성, 평택)
고초(m)	127°14′41″.585	37°0903″.530	경기(용인, 안성)
율곡(m)	128°57′30″.916	35°57′21″.322	경북(영천, 경산)
현창(m)	128°46′03″.947	35°51′46″.967	경북(경산, 대구)
구암(間)	128°35′46″.186	35°51′30″.878	경북(대구, 달성)
금산(間)	128°17′26″.070	35°43′46″.532	경북(고령)
소라(m)	128°43′36″.841	35°39′58″.199	경북(청도)

단위	미터	조본원점 · 고초원점 · 율곡원점 · 현창원점 · 소라원점
	간(間)	망산원점 · 계양원점 · 가리원점 · 등경원점 · 구암원점 · 금산원점
평면직각종 · 횡선수치		원점에 대한 평면직각 종 · 횡선수치는 0으로 한다.

2) 특별소삼각원점

암기 마!나 전진광강으로 청회진 함평신의 가서 목군울었다. 나경원이가

목적	1910~1912년 임시토지조사국에서 시가지 지세를 급히 징수하여 재정 수요를 충당할 목적으로 실시
실시지역	마산, 나주, 전주, 진주, 광주, 강경, 청진, 회령, 진남포, 함흥, 평양, 신의주, 의주, 목포, 군산, 울릉도, 나남, 경성, 원산이며 지형상 대삼각측량으로 연결할 수 없는 울릉도에 독립된 원점을 정하였다.
원점	특별소삼각점의 원점은 그 측량지역의 서남단의 삼각점
수치	종 · 횡선수치의 종선에 1만m, 횡선에 3만m로 가정

SECTION 03 좌표계

1 평면직각좌표(Plane Rectangular Coordinate System)

비교적 소규모 측량에서 널리 이용된다. 측량지역의 1점을 택하여 좌표원점을 정하고 그 평면상에서 원점을 지나는 자오선을 X축, 동서방향을 Y축으로 한다.

① 각 지점의 위치는 직각좌표값(x, y)으로 표시되며 경거, 위거라 한다.
② 원점에서 동서로 멀어질수록 자오선과 원점을 지나는 XN(진북)과 평행한 XN'(도북)이 서로 일치하지 않아 자오선수차(r)가 발생한다.

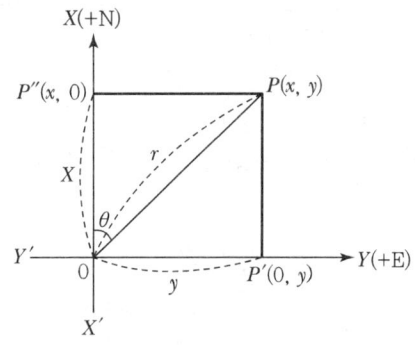

$$P_X = r\cos\theta,\ P_Y = r\sin\theta$$

2 경위도좌표(지리좌표)

지구상 절대적 위치를 표시하는 데 가장 널리 쓰인다. 경도(Longitude : λ)와 위도(Latitude : θ)에 의한 좌표(λ, θ)로 수평위치를 나타낸다.

① 3차원 위치표시를 위해서는 타원체면으로부터의 높이, 즉 표고를 이용한다.
② 본초자오선과 적도의 교점을 원점(0, 0)으로 한다.
③ 경도는 본초자오선으로부터 적도를 따라 그 지점의 자오선까지 잰 각거리로 동서쪽으로 0°~180°까지 재며, 천문경도와 측지경도로 구분한다.
④ 위도는 자오선을 따라 적도에서 어느 지점까지 관측한 최소각거리로서 "어느 지점의 연직선(또는 타원체의 법선)이 적도면과 이루는 각"으로 정의되고, 0°~90°까지 관측하며, 천문위도, 측지위도, 지심위도, 화성위도로 구분된다.
⑤ 경도 1°에 대한 적도상 거리는 약 111km, 1′는 1.85km, 1″는 30.88m가 된다.

경도	경도는 본초자오선과 적도의 교점을 원점(0, 0)으로 한다. 경도는 본초자오선으로부터 적도를 따라 그 지점의 자오선까지 잰 최소 각거리로 동서쪽으로 0°~180°까지 나타내며, 측지경도와 천문경도로 구분한다.	
	측지경도	본초자오선과 타원체상의 임의 자오선이 이루는 적도상 각거리를 말한다.
	천문경도	본초자오선과 지오이드상의 임의 자오선이 이루는 적도상 각거리를 말한다.
위도	위도(ϕ)란 지표면상의 한 점에서 세운 법선이 적도면을 0°로 하여 이루는 각으로서 남북위 0°~90°로 표시한다. 위도는 자오선을 따라 적도에서 어느 지점까지 관측한 최소 각거리로서 어느 지점의 연직선 또는 타원체의 법선이 적도면과 이루는 각으로 정의되고, 0°~90°까지 관측하며, 경도 1°에 대한 적도상 거리, 즉 위도 0°의 거리는 약 111km, 1′은 1.85km, 1″는 30.88m이다.	
	측지위도	지구상 한 점에서 회전타원체의 법선이 적도면과 이루는 각으로 측지분야에서 많이 사용한다.
	천문위도	지구상 한 점에서 지오이드의 연직선(중력방향선)이 적도면과 이루는 각을 말한다.
	지심위도	지구상 한 점과 지구중심을 맺는 직선이 적도면과 이루는 각을 말한다.
	화성위도	지구중심으로부터 장반경(a)을 반경으로 하는 원과 지구상 한 점을 지나는 종선의 연장선과 지구중심을 연결한 직선이 적도면과 이루는 각을 말한다.

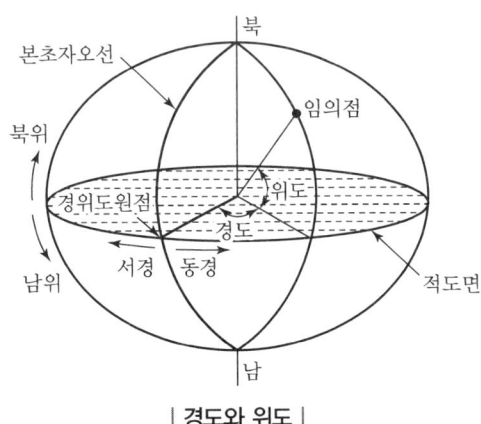

| 경도와 위도 |

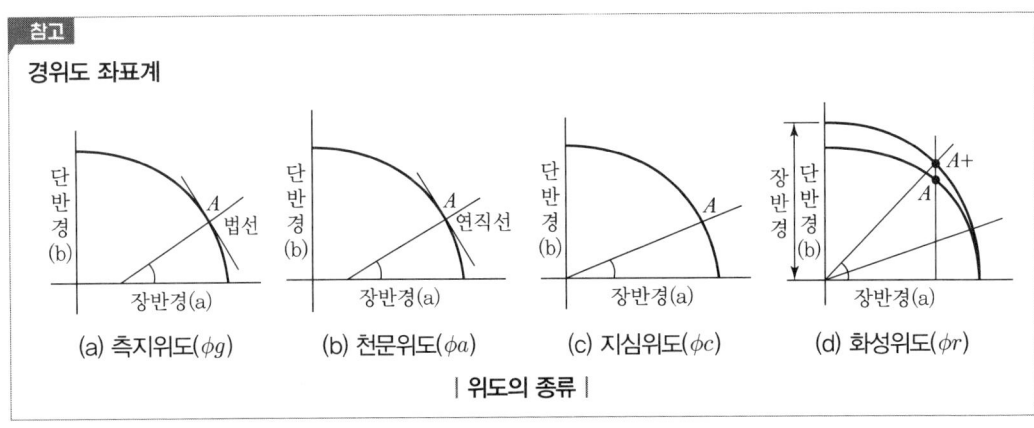

| 위도의 종류 |

> **참고**
>
> **그리니치 자오선(Greenwich Meridian)**
> 영국(English)의 그리니치(Greenwich) 천문대의 자오환 중심을 지나는 자오선을 '천문자오선'이라 말하며, 1884년 이래 이것이 본초자오선으로 채용되어 왔다.
>
> **자오선(Meridian)**
> 지구상의 1점과 양극을 포함하는 '대원의 호'를 말하며, 적도에 직각으로 교차한다.
>
> **측지측량원점(測地測量原點)**
> 삼각측량에 있어서 출발점으로 출발점의 경도·위도·방위각·지오이드 높이·기준타원체의 요소를 측지원점요소(測地原點要素) 또는 측지원자(測地原子)라 한다.

3 UTM 좌표(Universal Transverse Mercator Coordinate)

UTM 좌표는 국제횡메르카토르 투영법에 의하여 표현되는 좌표계이다. 적도를 횡축, 자오선을 종축으로 한다. 투영방식, 좌표변환식은 TM과 동일하나 원점에서 축척계수를 0.9996으로 하여 적용범위를 넓혔다.

① 지구 전체를 경도 6°씩 60개 구역으로 나누고, 각 종대의 중앙자오선과 적도의 교점을 원점으로 하여 원통도법인 횡메르카토르 투영법으로 등각투영한다.
② 각 종대는 180°W 자오선에서 동쪽으로 6° 간격으로 1~60까지 번호를 붙인다.
③ 중앙자오선에서의 축척계수는 0.9996m이다(축척계수 : $\dfrac{평면거리}{구면거리} = \dfrac{s}{S} = 0.9996$).
④ 종대에서 위도는 남북 80°까지만 포함시킨다.
⑤ 횡대는 8°씩 20개 구역으로 나누어 $C(80°\sim72°S)\sim X(72°\sim80°N)$까지(단, I, O는 제외) 20개의 알파벳 문자로 표현한다.
⑥ 결국 종대 및 횡대는 경도 6°×위도 8°의 구형구역으로 구분된다.
⑦ 우리나라는 51~52종대와 S~T횡대에 속한다.

| 51 : 120°~126°E (중앙자오선 123°E) | S : 32°~40°N |
| 52 : 126°~132°E (중앙자오선 129°E) | T : 40°~48°N |

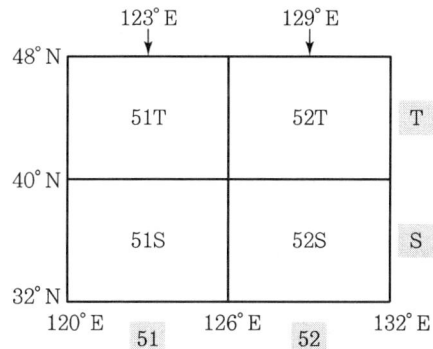

⑧ UTM 좌표에서 거리좌표는 m단위로 표시하며 종좌표는 N, 횡좌표는 E를 붙인다.
⑨ 각 종대마다 좌표원점의 값

북반구	횡좌표	500,000mE				
	종좌표	0mN	적도	0mN	80°N	10,000,000mN
남반구	종좌표	10,000,000mN	적도	10,000,000mN	80°S	0mN
	횡좌표	500,000mE				

• 80°S에서 적도까지의 거리는 10,000,000m로 나타낸다.

4 UPS 좌표(Universal Polar Stereographic Coordinate)

위도 80° 이상의 양극지역 좌표를 표시하는 데 이용한다. UPS 좌표는 국제극심입체투영법에 의한 것이며 UTM 좌표의 상사투영법과 같은 특성을 지닌다.

① 양극을 원점으로 평면직각좌표계를 사용하며 거리좌표는 m로 표시한다.
② 종축은 경도 0° 및 180°인 자오선, 횡축은 90°E인 자오선이다.
③ 원점의 좌푯값은 (횡좌표 2,000,000mN, 종좌표 2,000,000mN)이다.
④ 도북은 북극을 지나는 180° 자오선(남극에서는 0° 자오선)과 일치한다.

SECTION 04 측량기준점

1 측량기준점의 구분

암기 우리가 위통이 심하면 중지를 수영을 수심번하라

측량기준점은 다음 각 호의 구분에 따르며 측량기준점의 구분에 관한 세부사항은 대통령령으로 정한다.

국가기준점		측량의 정확도를 확보하고 효율성을 높이기 위하여 국토교통부장관 및 해양수산부장관이 전 국토를 대상으로 주요 지점마다 정한 측량의 기본이 되는 측량기준점
	우주측지기준점	국가측지기준계를 정립하기 위하여 전 세계 초장거리간섭계와 연결하여 정한 기준점
	위성기준점	지리학적 경위도, 직각좌표 및 지구중심 직교좌표의 측정기준으로 사용하기 위하여 대한민국 경위도원점을 기초로 정한 기준점
	통합기준점	지리학적 경위도, 직각좌표, 지구중심 직교좌표, 높이 및 중력 측정의 기준으로 사용하기 위하여 위성기준점, 수준점 및 중력점을 기초로 정한 기준점
	중력점	중력 측정의 기준으로 사용하기 위하여 정한 기준점
	지자기점(地磁氣點)	지구자기 측정의 기준으로 사용하기 위하여 정한 기준점

	수준점	높이 측정의 기준으로 사용하기 위하여 대한민국 수준원점을 기초로 정한 기준점
	영해기준점	우리나라의 영해를 획정(劃定)하기 위하여 정한 기준점 〈삭제 2021.2.9〉
	수로기준점	수로조사 시 해양에서의 수평위치와 높이, 수심 측정 및 해안선 결정 기준으로 사용하기 위하여 위성기준점과 법 제6조제1항제3호의 기본수준면을 기초로 정한 기준점으로서 수로측량기준점, 기본수준점, 해안선기준점으로 구분한다. 〈삭제 2021.2.9〉
	삼각점	지리학적 경위도, 직각좌표 및 지구중심 직교좌표 측정의 기준으로 사용하기 위하여 위성기준점 및 통합기준점을 기초로 정한 기준점
공공기준점	공공측량시행자가 공공측량을 정확하고 효율적으로 시행하기 위하여 국가기준점을 기준으로 하여 따로 정하는 측량기준점	
	공공삼각점	공공측량 시 수평위치의 기준으로 사용하기 위하여 국가기준점을 기초로 하여 정한 기준점
	공공수준점	공공측량 시 높이의 기준으로 사용하기 위하여 국가기준점을 기초로 하여 정한 기준점
지적기준점	특별시장·광역시장·특별자치시장·도지사 또는 특별자치도지사(이하 "시·도지사"라 한다)나 지적소관청이 지적측량을 정확하고 효율적으로 시행하기 위하여 국가기준점을 기준으로 하여 따로 정하는 측량기준점	
	지적삼각점 (地籍三角點)	지적측량 시 수평위치측량의 기준으로 사용하기 위하여 국가기준점을 기준으로 하여 정한 기준점
	지적삼각보조점	지적측량 시 수평위치측량의 기준으로 사용하기 위하여 국가기준점과 지적삼각점을 기준으로 하여 정한 기준점
	지적도근점 (地籍圖根點)	지적측량 시 필지에 대한 수평위치측량 기준으로 사용하기 위하여 국가기준점, 지적삼각점, 지적삼각보조점 및 다른 지적도근점을 기초로 하여 정한 기준점

| 지적기준점 |

2 지적기준점의 설치 및 관리

1) 지적기준점 설치기준

구분		점간거리
국가 기준점	1등삼각점	30킬로미터
	2등삼각점	10킬로미터
	3등삼각점	5킬로미터
	4등삼각점	2.5킬로미터
지적 기준점	지적삼각점표지	평균 2킬로미터 이상 5킬로미터 이하
	지적삼각보조점표지	• 평균 1킬로미터 이상 3킬로미터 이하 • 다각망도선법 : 평균 0.5킬로미터 이상 1킬로미터 이하
	지적도근점표지	평균 50미터 이상 500미터 이하

2) 표지의 관리

조사	지적소관청은 연 1회 이상 지적기준점표지의 이상 유무를 조사하여야 한다. 이 경우 멸실되거나 훼손된 지적기준점표지를 계속 보존할 필요가 없을 때에는 폐기할 수 있다.
멸실·훼손	지적소관청이 관리하는 지적기준점표지가 멸실되거나 훼손되었을 때에는 지적소관청은 다시 설치하거나 보수하여야 한다.

3) 지적기준점 성과의 관리

① 지적소관청이 지적삼각점을 설치하거나 변경하였을 때에는 그 측량성과를 시·도지사에게 통보할 것
② 지적소관청은 지형·지물 등의 변동으로 인하여 지적삼각점성과가 다르게 된 때에는 지체 없이 그 측량성과를 수정하고 그 내용을 시·도지사에게 통보할 것

지적삼각점 성과	특별시장·광역시장·도지사 또는 특별자치도지사(이하 "시·도지사"라 한다)
지적삼각보조점 성과 및 지적도근점 성과	지적소관청

4) 지적기준점 관리 협조

① 시·도지사 또는 지적소관청은 타인의 토지·건축물 또는 구조물 등에 지적기준점을 설치한 때에는 소유자 또는 점유자에게 법 제9조제1항에 따른 선량한 관리자로서 보호의무가 있음을 통지하여야 한다.
② 지적소관청은 도로·상하수도·전화 및 전기시설 등의 공사로 지적기준점이 망실 또는 훼손될 것으로 예상되는 때에는 공사시행자와 공사 착수 전에 지적기준점의 이전·재설치 또는 보수 등에 관하여 미리 협의한 후 공사를 시행하도록 하여야 한다.

③ 시·도지사 또는 지적소관청은 지적기준점의 관리를 위하여 제9조제2항제1호부터 제3호까지에 따른 지적기준점 망도, 지적기준점 성과표 등을 첨부하여 관계기관에 연 1회 이상 송부하여 지적기준점 관리 협조를 요청한다.
④ 지적측량수행자는 지적기준점표지의 망실을 확인하였거나 훼손될 것으로 예상되는 때에는 지적소관청에 지체 없이 이를 통보한다.

5) 지적기준점 성과 고시

① 시·도지사 또는 지적소관청은 지적기준점표지를 설치·이전·복구·철거하거나 폐기한 경우에는 그 사실을 고시
② 지적기준점표지의 설치(이전·복구·철거 또는 폐기를 포함한다. 이하 이 조에서 같다)에 대한 고시는 다음 각 호의 사항을 공보 또는 인터넷 홈페이지에 게재
  ㉠ 기준점의 명칭 및 번호
  ㉡ 직각좌표계의 원점명(지적기준점에 한정한다)
  ㉢ 좌표 및 표고
  ㉣ 경도와 위도
  ㉤ 설치일, 소재지 및 표지의 재질
  ㉥ 측량성과 보관 장소

6) 지적기준점 성과표의 기록 관리

암기 지좌경자는 명소요 번위표도표지도 지도사라

지적삼각점	지적삼각보조점 및 지적도근점
① 시·도지사가 지적삼각점 성과를 관리할 때에는 다음 각 호의 사항을 지적삼각점 성과표에 기록·관리	② 지적소관청이 지적삼각보조점 성과 및 지적도근점 성과를 관리할 때에는 다음 각 호의 사항을 지적삼각보조점 성과표 및 지적도근점 성과표에 기록·관리
① 지적삼각점의 명칭과 기준 원점명 ② 좌표 및 표고 ③ 경도 및 위도(필요한 경우로 한정한다) ④ 자오선수차(子午線收差) ⑤ 시준점(視準點)의 명칭, 방위각 및 거리 ⑥ 소재지와 측량연월일 ⑦ 그 밖의 참고사항	① 지적삼각점 또는 지적도근점의 번호 ①의2. 근경사진 및 위치의 약도(위치의 약도는 원경사진, 항공사진으로 대체할 수 있다) ② 좌표와 직각좌표계 원점명 ③ 경도와 위도(필요한 경우로 한정한다) ④ 표고(필요한 경우로 한정한다) ⑤ 소재지와 측량연월일 ⑥ 도선등급 및 도선명 ⑦ 표지의 재질 ⑧ 도면번호 ⑨ 설치기관 〈삭제 2024.12.26〉 ⑩ 조사연월일, 조사자의 직위·성명 및 조사 내용

조사연월일, 조사자의 직위·성명 및 조사 내용은 지적삼각보조점 및 지적도근점표지의 멸실 유무, 사고 원인, 경계의 부합 여부 등을 적는다. 이 경우 경계와 부합되지 아니할 때에는 그 사유를 적는다.

7) 지적기준점 성과의 보관 및 관리

① 시·도지사나 지적소관청은 지적기준점 성과(지적기준점에 의한 측량성과를 말한다. 이하 같다)와 그 측량기록을 보관하고 일반인이 열람할 수 있도록 하여야 한다.
② 지적기준점 성과의 등본이나 그 측량기록의 사본을 발급받으려는 자는 국토교통부령으로 정하는 바에 따라 시·도지사나 지적소관청에 그 발급을 신청하여야 한다.

8) 지적기준점 성과의 열람 및 등본 발급

지적삼각점 성과	특별시장·광역시장·도지사 또는 특별자치도지사(이하 "시·도지사"라 한다)에게 신청
지적삼각보조점 성과 및 지적도근점 성과	지적소관청에 신청하여야 한다.

9) 지적기준점 성과의 등본 및 열람 수수료

① 지적기준점 성과의 등본 및 열람을 하고자 하는 자는 수수료를 납부하여야 한다.
② 지적측량업무에 종사하는 측량기술자가 그 업무와 관련하여 지적측량기준점 성과 또는 그 측량부의 열람 및 등본 발급을 신청하는 경우에는 수수료를 면제한다.

열람	지적삼각점	1점당	300원
	지적삼각보조점	1점당	300원
	지적도근점	1점당	200원
등본 발급	지적삼각점	1점당	500원
	지적삼각보조점	1점당	500원
	지적도근점	1점당	400원

CHAPTER 01 예상문제

01 고초원점의 평면직각종횡선수치는 얼마인가?

① $X=0\text{m}$, $Y=0\text{m}$
② $X=10,000\text{m}$, $Y=30,000\text{m}$
③ $X=500,000\text{m}$, $Y=200,000\text{m}$
④ $X=550,000\text{m}$, $Y=200,000\text{m}$

해설

① 구소삼각원점의 평면직각종횡선수치 : $X=0\text{m}$, $Y=0\text{m}$
② 구소삼각원점 **암기** 망계조가등고 율현구금
　• 조본, 고초, 율곡, 현창, 소라원점 : 미터(m)
　• 망산, 계양, 가리, 등경, 구암, 금산원점 : 간(間)

02 지적기준점측량의 순서가 옳게 나열된 것은?

| ㉠ 계획의 수립 | ㉡ 준비 및 현지답사 |
| ㉢ 선점 및 조표 | ㉣ 관측 및 계산과 성과표의 작성 |

① ㉠ → ㉡ → ㉣ → ㉢
② ㉠ → ㉡ → ㉢ → ㉣
③ ㉡ → ㉠ → ㉣ → ㉢
④ ㉡ → ㉠ → ㉢ → ㉣

해설

계획수립 → 답사 → 선점 → 조표 → 관측 → 계산 → 성과표 작성

03 다음 구소삼각지역의 직각좌표계 원점 중 평면직각종횡선 수치의 단위를 간(間)으로 하는 것은?

① 조본원점
② 고초원점
③ 율곡원점
④ 망산원점

해설

직각좌표의 기준(공간정보의 구축 및 관리 등에 관한 법률 시행령 [별표 2])
지적측량에 사용되는 구소삼각지역의 직각좌표계 원점

정답 01 ① 02 ② 03 ④

명칭	원점의 경위도	
망산원점	경도 : 동경 126°22′24″.596	위도 : 북위 37°43′07″.060
계양원점	경도 : 동경 126°42′49″.685	위도 : 북위 37°33′01″.124
조본원점	경도 : 동경 127°14′07″.397	위도 : 북위 37°26′35″.262
가리원점	경도 : 동경 126°51′59″.430	위도 : 북위 37°25′30″.532
등경원점	경도 : 동경 126°51′32″.845	위도 : 북위 37°11′52″.885
고초원점	경도 : 동경 127°14′41″.585	위도 : 북위 37°09′03″.530
율곡원점	경도 : 동경 128°57′30″.916	위도 : 북위 35°57′21″.322
현창원점	경도 : 동경 128°46′03″.947	위도 : 북위 35°51′46″.967
구암원점	경도 : 동경 128°35′46″.186	위도 : 북위 35°51′30″.878
금산원점	경도 : 동경 128°17′26″.070	위도 : 북위 35°43′46″.532
소라원점	경도 : 동경 128°43′36″.841	위도 : 북위 35°39′58″.199

※ 비고
가. 조본원점·고초원점·율곡원점·현창원점 및 소라원점의 평면직각종횡선 수치의 단위는 m로 하고, 망산원점·계양원점·가리원점·등경원점·구암원점 및 금산원점의 평면직각종횡선 수치의 단위는 간(間)으로 한다. 이 경우 각각의 원점에 대한 평면직각종횡선 수치는 0으로 한다.
나. 특별소삼각측량지역[전주, 강경, 마산, 진주, 광주(光州), 나주(羅州), 목포, 군산, 울릉도 등]에 분포된 소삼각측량지역은 별도의 원점을 사용할 수 있다.

04 다음 중 지적삼각점성과를 관리하는 자는?

① 지적소관청
② 시·도지사
③ 국토교통부장관
④ 행정안전부장관

해설

지적기준점성과의 관리 등(지적측량시행규칙 제3조)
법 제27조제1항에 따른 지적기준점성과의 관리는 다음 각 호에 따른다.
1. 지적삼각점성과는 특별시장·광역시장·특별자치시장·도지사 또는 특별자치도지사(이하 "시·도지사"라 한다)가 관리하고, 지적삼각보조점성과 및 지적도근점성과는 지적소관청이 관리할 것
2. 지적소관청이 지적삼각점을 설치하거나 변경하였을 때에는 그 측량성과를 시·도지사에게 통보할 것
3. 지적소관청은 지형·지물 등의 변동으로 인하여 지적삼각점성과가 다르게 된 때에는 지체 없이 그 측량성과를 수정하고 그 내용을 시·도지사에게 통보할 것

05 지적측량에 사용되는 구소삼각지역의 직각좌표계 원점에 해당하지 않는 것은?

① 계양원점
② 칠곡원점
③ 현창원점
④ 소라원점

해설

3번 해설 참고

정답 04 ② 05 ②

06 구소삼각점인 계양원점의 좌표가 옳은 것은?

① $X=200,000\text{m}, \ Y=500,000\text{m}$
② $X=500,000\text{m}, \ Y=200,000\text{m}$
③ $X=20,000\text{m}, \ Y=50,000\text{m}$
④ $X=0\text{m}, \ Y=0\text{m}$

해설

3번 해설 참고

07 다음 중 측량 기준에 대한 설명으로 옳지 않은 것은?

① 세계측지계에 따르지 아니하는 지적측량의 경우에는 가우스상사이중투영법으로 좌표를 표시한다.
② 지적측량에서 거리와 면적은 지평면상의 값으로 한다.
③ 측량의 원점은 대한민국 경위도원점 및 수준원점으로 한다.
④ 위치는 세계측지계에 따라 측정한 지리학적 경위도와 평균해수면으로부터의 높이로 표시한다.

해설

측량기준에 관한 경과조치(공간정보의 구축 및 관리 등에 관한 법률 부칙 제5조)
① 제6조제1항에도 불구하고 지도·측량용 사진 등을 이용하는 자의 편익을 위하여 종전의 「측량법」(2001년 12월 19일 법률 제6532호로 개정되기 전의 것을 말한다)에 따른 측량기준을 사용하는 것이 불가피하다고 인정하여 국토교통부장관이 지정하여 고시한 경우에는 2009년 12월 31일까지 다음 각 호에 따른 종전의 측량기준을 사용할 수 있다.
  1. 지구의 형상과 크기는 베셀(Bessel)값에 따른다.
  2. 위치는 지리학상의 경도 및 위도와 평균해면으로부터의 높이로 표시한다. 다만, 필요한 경우에는 직각좌표 또는 극좌표로 표시할 수 있다.
  3. 거리와 면적은 수평면상의 값으로 표시한다.
  4. 측량의 원점은 대한민국 경위도원점 및 수준원점으로 한다.

측량기준(공간정보의 구축 및 관리 등에 관한 법률 제6조)
① 측량의 기준은 다음 각 호와 같다.
  1. 위치는 세계측지계(世界測地系)에 따라 측정한 지리학적 경위도와 높이(평균해수면으로부터의 높이를 말한다. 이하 이 항에서 같다)로 표시한다. 다만, 지도 제작 등을 위하여 필요한 경우에는 직각좌표와 높이, 극좌표와 높이, 지구중심 직교좌표 및 그 밖의 다른 좌표로 표시할 수 있다.
  2. 측량의 원점은 대한민국 경위도원점(經緯度原點) 및 수준원점(水準原點)으로 한다. 다만, 섬 등 대통령령으로 정하는 지역에 대하여는 국토교통부장관이 따로 정하여 고시하는 원점을 사용할 수 있다.
  3. 삭제 〈2020.2.18.〉
  4. 삭제 〈2020.2.18.〉
② 삭제 〈2020.2.18.〉
③ 제1항에 따른 세계측지계, 측량의 원점 값의 결정 및 직각좌표의 기준 등에 필요한 사항은 대통령령으로 정한다.

정답 06 ④ 07 ②

08 다음 중 직각좌표의 기준이 되는 직각좌표계 원점에 해당하지 않는 것은?

① 동부좌표계 원점 : 북위 38°선과 동경 129°선의 교점
② 중부좌표계 원점 : 북위 38°선과 동경 127°선의 교점
③ 서부좌표계 원점 : 북위 38°선과 동경 125°선의 교점
④ 남부좌표계 원점 : 북위 38°선과 동경 123°선의 교점

해설

서부 : 125°, 중부 : 127°, 동부 : 129°, 동해 : 131°

09 평면측량을 실시할 경우에 1/100만 이내의 오차를 인정하는 면적의 범위는?

① 약 200km²
② 약 300km²
③ 약 400km²
④ 약 20km²

해설

원의 면적 $= \pi \cdot S^2 = \pi \times (11.033\text{km})^2 = 382.42\text{km}^2$
382.42km²인 정사각형의 1변은 19.56km, 즉 (20km)²=약 400km²까지는 지구의 만곡을 무시하여도 좋다는 것이다.

10 지적측량은 측량분류상 다음 어느 것에 해당하는가?

① 측량순서에 의한 분류
② 사용하는 기계에 의한 분류
③ 측량 지역의 범위에 의한 분류
④ 측량 목적에 의한 분류

해설

측량 목적에 의한 분류
지적측량, 천문측량, 지형측량, 노선측량, 터널측량, 광산측량, 농지측량, 삼림측량, 건축측량, 토목측량 등

11 측지측량과 평면측량의 한계는 허용정밀도에 의하여 구분된다. 허용정밀도는 $\frac{1}{10^6}$일 때 측지측량과 평면측량을 구분짓는 한계로 옳은 것은?

① 지름 11km
② 지름 20km
③ 반지름 11km
④ 반지름 22km

해설

정밀도가 $\frac{1}{10^6}$이므로 $\frac{l^2}{12R^2} = \frac{1}{10^6}$

$\therefore \sqrt{\frac{12R^2}{10^6}} \fallingdotseq 22.06\text{km}$ 반지름≒11km

정답 08 ④ 09 ③ 10 ④ 11 ③

12 구과량에 대한 설명 중 옳지 않은 것은?

① 구과량은 면적에 비례한다.
② 사각형에서 구과량은 내각의 합이 360°보다 크다.
③ 구과량은 지구반지름의 제곱에 비례한다.
④ 삼각형의 구과량은 내각의 합이 180°보다 크다.

> **해설**
> ③ 구과량(ε)은 지구반지름의 제곱에 반비례한다.
> 구과량(ε) = $\dfrac{A}{r^2} \times \rho''$ (A : 구면삼각형의 면적, r : 지구반지름, ρ'' : 1Rad = $\dfrac{180°}{\pi} \times 60 \times 60$)

13 다음 중 지구의 곡률을 고려하여 지구의 형상과 크기를 결정하는 측량은?

① 대지측량
② 소지측량
③ 평면측량
④ 지적측량

> **해설**
> **대지측량**
> 국지적인 면적이 아닌 지구의 형상과 크기를 결정하는 측량으로 지구상의 지리적 위치를 결정하는 측지학을 측량에 도입한 것이다.

14 적도반지름을 a, 극반지름을 b라고 할 때 편평률 e는?

① $\dfrac{a-b}{a}$
② $\dfrac{b-a}{a}$
③ $\dfrac{a-b}{b}$
④ $\dfrac{a+b}{a}$

> **해설**
> 편평률(e) = $\dfrac{\text{장반경}(a) - \text{단반경}(b)}{\text{장반경}(a)}$

15 다음 중 지오이드에 대한 설명으로 옳지 않은 것은?

① 어느 점에서나 중력방향에 수직이다.
② 지구타원체의 면과 일치한다.
③ 평균해수면과 일치하는 등포텐셜면이다.
④ 지구 전체를 둘러쌌다고 가정한 곡면이다.

정답 12 ③ 13 ① 14 ① 15 ②

> **해설**

지오이드
정지된 해수면을 육지까지 연장하여 지구전체를 둘러쌌다고 가정한 곡면이다. 지오이드면은 평균해수면과 일치하는 등포텐셜면으로 일종의 수면이라 할 수 있으며, 어느 점에서나 중력방향은 지오이드면에 수직이다.

16 토지조사사업 당시 원점좌표계의 계산을 위한 준거타원체는?

① 베셀값
② 클라크값
③ 해이포드값
④ U.T.M값

> **해설**

우리나라는 토지조사사업 당시 준거타원체로 베셀값을 사용했다.

17 다음 중 지오이드의 법선과 적도면이 이루는 각을 무엇이라 하는가?

① 천문위도
② 측지위도
③ 지심위도
④ 화성위도

> **해설**

② 타원체의 법선과 적도면이 이루는 각
③ 지구의 한 점에서 지구의 중심을 연결했을 때 적도면과 이루는 각
④ 지표면상 한 점에서 적도면에 내린 수선의 연장선이 지구타원체의 장반경을 반경으로 하는 구와 만나는 점과 지구중심을 잇는 직선이 적도면과 이루는 선

18 지적측량에서 사용하는 구소삼각원점은 모두 몇 개인가?

① 11개
② 10개
③ 9개
④ 14개

> **해설**

경기도 소재 6개, 경북지역 소재 5개로서 모두 11개이다.

19 평면직교좌표에 대한 설명으로 옳지 않은 것은?

① X축은 좌표원점 0을 통과하는 자오선 방향을 말한다.
② 우리나라의 평면직교좌표의 원점은 동부, 중부, 서부의 3좌표계로 실제 존재하는 점이다.
③ 모든 좌표를 (+)로 하기 위해 X축, Y축에 각각 500,000m, 200,000m를 더한 것이다.
④ 원점의 축척계수는 1이다.

정답 16 ① 17 ① 18 ① 19 ②

> [해설]
> ② 3대 원점은 가상원점에 해당한다.

20 다음 중 경위도 좌표에 대한 설명으로 옳지 않은 것은?

① 경도는 동경 및 서경 180°까지 구분한다.
② 본초자오선과 적도의 교점을 원점으로 한다.
③ 본초자오선은 영국의 그리니치 천문대를 지나는 자오선이다.
④ 위도는 본초자오선과 임의 지점이 지나는 지구타원체 자오선 사이의 각거리이다.

> [해설]
> ④ 경도에 대한 설명이다.
> ※ 위도 : 좌표의 원점과 임의 지점을 연결한 선이 적도면과 이루는 각을 의미한다.

21 우리나라의 개략적인 경위도 좌표의 범위는?

① N 34~43°, E 124~130°
② N 34~53°, E 124~180°
③ N 30~39°, E 122~129°
④ N 21~43°, E 100~120°

> [해설]
> 우리나라의 영토는 대략 북위 34~43°, 동경 124~130°의 범위에 포함된다.

22 평면측량에서 거리와 방향각으로 지상의 점 위치를 표시하는 좌표는?

① 평면직각좌표 ② 극좌표
③ 경위도 좌표 ④ U.T.M 좌표

> [해설]
> 극좌표는 (r, θ)로 점 위치를 표시하는 좌표이다(r : 거리, θ : 각).

23 지적측량에서 점의 관계위치 표시방법으로 사용되는 좌표는?

① 극좌표 ② 평면직각좌표
③ 경위도 좌표 ④ 입체모형좌표

정답 20 ④ 21 ① 22 ② 23 ②

해설

지적측량에서는 평면직각종횡선좌표에 의해 점의 관계위치를 표시하며, 좌표의 원점은 가상원점으로서 이를 기준으로 지적측량을 행한다. 지구의 표면을 평면으로 하는 투영식인 가우스상사 이중 투영법에 의해 실시한다.

24 다음 중 U.T.M 좌표에 대한 설명으로 옳지 않은 것은?

① 지구를 회전타원체로 간주한다.
② 횡메르카도르투영법에 의하여 표현되는 좌표계이다.
③ 경도는 0°부터 6°마다 80지대로 나눈다.
④ 우리나라는 51~52종대에 속한다.

해설

경도는 0°부터 6°마다 60지대로 나눠서 360°를 형성하며, 좌표계의 간격은 경도 6°마다 1지대로 하여 60지대로 구분한다.

25 U.P.S 좌표에 대한 설명 중 옳지 않은 것은?

① 경도 60° 이상의 양극지역의 좌표를 표시하는 데 사용한다.
② 국제극심입체좌표를 나타낸다.
③ 평면직교좌표로 나타낸다.
④ 거리 단위는 m를 사용한다.
⑤ U.T.M 좌표의 상사투영법과 동일한 특징을 가진다.

해설

U.P.S 좌표
위도 80° 이상의 양극지역의 좌표를 표시하는 데 사용되며, 거리와 방향(각)을 요소로 하여 두 지점 간의 상대적인 위치관계를 나타내는 좌표이다.

26 지도투영법에 있어서 면적을 균등하게 투영하는 방법은?

① 등각투영법
② 등거투영법
③ 등사투영법
④ 등적투영법

해설

투영의 전과 후에 있어서 면적을 같게 하는 투영법을 등적투영법이라 한다.

정답 24 ③ 25 ① 26 ④

27 지적측량에서 좌표의 원점을 기준으로 지구의 표면을 평면으로 정하는 투영식은?

① 크뤼거투영법
② 가우스상사 이중 투영법
③ UTM 투영법
④ Lambert 투영법

해설

1. 우리나라에서는 가우스상사 이중 투영 또는 가우스 이중 투영(Gauss Double Projection 또는 Gauss Conformal Double Projection)으로 알려져 있는 가우스-쉬라이버 도법(Gauss-Schreiber Map Projection)은 가우스가 1820년에 처음 고안한 것을 1866년에 쉬라이버(O. Schreiber)가 "하노버 측량의 투영법 이론"으로 발표한 것이다. 이것은 이중도법(Double Map Projection)의 일종으로서, 회전타원체면에서 구(球)면에 등각 투영한 후(일중), 그 구면에서 평면으로 다시 등각 투영하는 방법(이중)이다.
2. 우리나라에서는 가우스-크뤼거 도법이 발표되기 이전인 1910년대에 조선총독부가 시행한 삼각점의 대지측량좌표 계산에 이 도법이 사용되기 시작했다. 그 후, 6.25 동란으로 인하여 망실된 삼각점의 복구 측량에서도 이 도법을 사용하게 됨으로써 현재의 국가기준삼각점에도 이 도법이 적용되고 있다.

정답 27 ②

CHAPTER 02 지적의 기초이론

SECTION 01 지적의 개념

1 지적의 어원

1) 외국 학자

지적(地籍, Cadastre[kədǽstər], 토지대장)이란 용어가 어떻게 유래되었는지에 대하여는 확실치 않으나 그리스어 카타스티콘(Katastikhon)과 라틴어 캐피타스트럼(Capitastrum)에서 유래되었다고 하는 두 가지 학설이 지배적이라고 할 수 있다.

프랑스의 어원학자 브론데임(Blondheim)	지적(Cadastre)이란 용어는 공책(空册, Notebook) 또는 상업기록(Business Record)이라는 뜻을 가진 그리스어 카타스티콘(Katastikhon)에서 유래된 것이라고 주장하였다.
스페인의 국립농업연구소 일머(Ilmoor D.) 교수	그리스어 카타스티콘(Katastikhon)에서 유래되었다고 주장하면서 카타(Kata)는 "위에서 아래로"의 뜻을 가지고 있으며 스티콘(Stikhon)은 "부과"라는 뜻을 가지고 있는 복합어로서 지적(Katastikhon)은 "위의 군주(君主)가 아래의 신민(臣民)에 대하여 세금을 부과하는 제도"라는 의미로 풀이하였다.
미국의 퍼듀대학 맥엔트리 (J.G. McEntyre) 교수	지적이란 2000년 전의 라틴어 카타스트럼(Catastrum)에서 그 근원이 유래되었다고 주장하면서 로마인의 인두세등록부(人頭稅登錄簿, Head Tax Register)를 의미하는 캐피타스트럼(Capitastrum) 혹은 카타스트럼(Catastrum)이란 용어에서 유래된 것이라고 주장하였다.
프랑스의 스테판 라비뉴 (Stephane Lavigne) 교수	라틴어인 카피트라스트라(Capitrastra)는 목록(List)을 의미하는 단어에서 유래하였다는 것과 그 외에 "토지 경계를 표시하는 데 사용된 돌" 또는 "지도처럼 사용된 편암 조각"이라는 고대 언어에서 유래하였다고 보는 견해도 있다고 주장하였다.
공통점	이상 지적의 어원에 관한 학자들의 주장을 살펴보았으나 그리스어인 카타스티콘(Katastikhon)과 라틴어인 캐피타스트럼(Capitastrum) 또는 카타스트럼(Catastrum)은 그 내용에 있어서 모두 세금(稅金) 부과(賦課)의 뜻을 내포하고 있는 것이 공통점이라고 할 수 있다. 지적이 무엇인가에 대한 연구는 국내·외적으로 매우 활발하게 연구되고 있으며 국가별, 학자별로 다양한 이론이 제기되고 있는 상황이다. 그러나 이러한 기존의 연구에 있어서 지적이 무엇인가에 대한 공통점은 "토지에 대한 기록"이며, "필지를 연구대상으로 한다"는 점이다.

2) 우리나라 지적

① 우리나라의 경우 지적의 어원에 대해서는 유래를 확실하게 알 수 없지만, 「삼국유사」와 「고려사절요」 등에서 삼국시대부터 백제의 도적(圖籍), 신라의 장적(帳籍), 고려의 전적(田籍) 등 오늘날의 지적(地籍)과 유사한 토지에 관한 기록이 있다는 것을 알 수 있다.

② 토지에 대한 호적이라는 의미로 사용한 것은 조선시대의 「경국대전」이다. 경국대전(經國大典) 제2권 호전(戶典)편의 양전(量田)에서 "전지(田地)는 6등급으로 구분하고 매 20년마다 측량하여 토지에 대한 적(籍)을 만들어 양안(量案 : 현재의 토지대장)을 작성하고 호조(戶曹)와 도(本道) 및 고을(本邑)에 비치한다."라고 규정하고 있어 토지에 대한 적(籍)이 바로 지적(地籍)임을 알 수 있다.

③ 최초로 법령에 지적(地籍)이라는 용어가 사용된 것은 고종 32년에 반포된 내부관제(內部官制, 1895년 3월 26일 칙령 제53호) 동령 제8조 판적국(版籍局)의 사무 제2항에 "판적국은 호구적(戶口籍)과 지적에 관한 사항"을 관장하도록 규정하고 있어 국내 최초로 공식적으로 지적이라는 용어를 사용하였다.

④ 고종 32년(1895년 4월 5일) 반포된 각읍부세소장정(各邑賦稅所章程, 칙령 제74호)에 "전제(田制) 및 지적(地籍)에 관하는 사무를 처리하는 일"이라 규정하여 두 번째로 지적이란 용어를 사용하였다.

⑤ 이어서 공포된 내부분과규정(內部分課規程)은 총 17조로 구성되어 있으며, 제13조에 지적과에 관한 사무 분장과 동조 제1항에 지적에 관한 사항을 규정하고 있는 것이 세 번째라 할 수 있다.

⑥ 고종 32년(1895년) 11월 3일 공포된 향회조규(鄕會條規)는 의정부주본(議政府奏本)으로 공포되어 근대적 의미에서 지방자치의 효시라 할 수 있으며, 제5조제2항에서 "호적 급(또는) 지적에 관한 사항"으로 규정하고 있어 법률 제1호(1898년)로 제정된 전당포규칙에 나타난 부동산 용어보다 3년이 앞선 기록이다.

⑦ 융희 2년(1908년 1월 21일 법률 제1호) 공포된 삼림법(森林法)은 전문 22조로 되어 있으며, 제19조에 "삼림산야(森林山野)의 소유자는 본법 시행일로부터 3개년 이내에 삼림산야의 지적(地積) 및 면적(面積)의 견취도(見取圖, 현재의 약도)를 첨부하여 농상공부대신에게 신고하되 기간 내에 신고치 아니한 자는 총(總)히 국유로 견주(見做)홈"이라고 규정하고 있다.

⑧ 1908년 1월 21일부터 1911년 1월 20일까지 3년간 임야소유자가 측량수수료를 부담하고 측량을 실시하여 민유임야약도를 작성, "지적보고(地籍報告)서 제출"이라고 규정하고 있다.

⑨ 일제시대 토지조사령(1912년)은 토지대장과 지적도를 총칭하여 지적이라 하며, 토지소유권조사의 주요 내용은 지적조사로 하여 일반적으로 사용하였다.

> **기초지식** 판적국(版籍局)

1895년 칙령 제53호로 내부관제가 공포되었고 이에 주현국, 토목국, 판적국, 위생국, 회계국의 5국을 둔다고 하였다. 판적국은 "호구적에 관한 사항"과 "지적에 관한 사항"을 관장토록 하였는데 여기에서 지적이라는 용어가 처음 쓰이기 시작되었다.

1. 내부관제
   ① 주현국
   ② 토목국 : 토지측량 및 토지수행에 관한 사무관장
   ③ 판적국 : 지적 및 관유지 처분에 대한 사무관장
   ④ 위생국
   ⑤ 회계국
2. 기구
   ① 지적과 : 지적에 관한 사항을 관장하였다.
   ② 호적과 : 호구적에 관한 사항을 관장하였다.
3. 기능
   ① 양전사무를 맡았던 내무아문 내에 판적국이 설치되어 호구, 토지, 조세, 부역, 공물 따위의 일을 관장하였다.
   ② 갑오경장 뒤부터는 호적사무를 맡아보던 내무아문의 한 국으로서 판적국에 호적과와 지적과를 두었다.
   ③ 이 시기는 1893년부터 1905년까지 지계제도와 가계제도가 시행되던 시기로 우리나라에서 지적이란 용어가 최초로 사용하였다.

> **기초지식** 민유임야약도

대한제국은 1908년 1월 21일 삼림법(森林法)을 공포하였는데 그 제19조에 "모든 민유임야는 3년 안에 면적과 약도를 농상공부대신에게 신고하되 기한 안에 신고하지 않으면 국유로 한다."는 내용의 규정을 만들었다. 기한 내에 신고하지 않으면 국유로 된다고 하였으니 우리나라 국유가 아니라 통감부 소유, 즉 일본이 소유권을 갖게 된다는 뜻이다. 이러한 조사사업은 정부에서 예산을 세워 상당기간 기술자를 양성하고 측량을 하여 도부를 만들어야 하는데 아무런 대책도 없이 법률에 한 조항을 넣어 가만히 앉아서 민유임야를 파악하고 나머지는 국유로 처리하자는 수작이었다.

① 민유임야 측량은 조직과 기획 없이 산발적으로 개인별로 시행되었고 일정한 수수료도 없었다.
② 대서업자와 계약하는 경우도 있고 직접 측량기사를 초빙하여 자기 임야를 측량하여 민유임야약도를 만들어 지적보고를 작성하여 농상공부대신에게 우송하였다. 그러면 농상공부 식산국에서는 "접수증"을 보내온다.
③ 민유임야약도는 지번을 제외하고는 임야도의 모든 요소를 갖추었다.
④ 토지의 소재, 면적, 소유자, 축척, 도면과 사표(四標), 측량연월일, 북방표시, 측량자 이름과 날인이 되어 있다.
⑤ 측량 연도는 대체로 융희를 썼고 1910년, 1911년은 메이지(明治)를 썼다.
⑥ 축척은 1/200, 1/300, 1/600, 1/1,000, 1/1,200, 1/2,400, 1/3,000, 1/6,000 등 8종이다.
⑦ 일정한 기준이 없이 측량자는 임야의 크기에 따라 축척을 정한 것 같다.
⑧ 도면에는 없는 등고선과 토지표시가 있어 이채롭다.
⑨ 당시 민유임야 측량이 얼마나 산만하고 무질서한가를 잘 지적하고 있다.

2 지적의 정의

지적에 대하여 표준적인 정의는 없으며, 확고한 정의를 정립시키지 못하고 있다. 그 이유는 시대별 혹은 학자별, 국가별 지적제도의 유형, 지적제도와 등기제도의 통합 여부 등에 따라 달라질 수 있기 때문이다. 이러한 이유로 각 국가는 지적이란 용어를 각기 다르게 해석함으로써 지적제도를 분석할 때 혼란을 초래하고 있다. 초기 지적의 정의는 과세부과라는 매우 단순하고 제한적이었으나, 오늘날처럼 토지에 대한 관심이 고조되고 토지가 복잡하고 다양한 용도로 제공되며, 이에 필요한 모든 자료를 제공하는 다목적으로 그 의미가 매우 포괄적으로 바뀌고 있다. 지적의 정의를 국내·외 학자, 전문기관 등으로 구분하여 정리하면 다음과 같다.

▶ 국내·외 학자의 지적 정의

학자	지적의 정의
원영희 (1979)	국토의 전반에 걸쳐 일정한 사항을 국가 또는 국가의 위임을 받은 기관이 등록하여 이를 국가 또는 국가가 지정하는 기관에 비치하는 기록
강태석 (1984)	지표면·공간 또는 지하를 막론하고 재산적 가치가 있는 모든 부동산에 대한 물건을 지적측량에 의하여 체계적으로 등록하고 계속적으로 유지·관리하기 위한 국가의 관리행위
최용규 (1990)	자기 영토의 토지 현상을 공적으로 조사하여 체계적으로 등록한 데이터로 모든 토지 활동의 계획관리에 이용되는 토지정보원
유병찬 (2002)	토지에 대한 물리적 현황과 법적 권리관계, 제한사항 및 의무사항 등을 등록·공시하는 필지중심의 토지정보시스템
J.L.G. Henssen (1974)	국내의 모든 부동산에 관한 자료를 체계적으로 정리하여 등록하는 것으로 어떤 국가나 지역에 있어서 소유권과 관계된 부동산에 관한 데이터를 체계적으로 정리하여 등록하는 것
S.R. Simpson (1976)	과세의 기초로 제공하기 위하여 한 국가 내의 부동산 면적이나 소유권 및 그 가격을 등록하는 공부
J.G. McEntyre (1985)	토지에 대한 법률상 용어로서 세부과를 위한 부동산의 양·가치 및 소유권의 공적등록
P. Dale (1988)	법적 측면에서는 필지에 대한 소유권의 등록이고, 조세 측면에서는 필지의 가치에 대한 재산권의 등록이며, 다목적 측면에서는 필지의 특성에 대한 등록
래장(來璋)(1981)	토지의 위치, 경계, 종류, 면적, 권리상태 및 사용상태 등을 기재한 도책(圖冊)

3 지적의 기원과 발생

1) 지적의 기원

고대 지적	고대의 지적은 이집트 역사학자들의 주장에 의하면 기원전 3400년경에 이미 길이를 측정하기 시작하였고, 기원전 3000년경에는 나일강 하류의 이집트에서 매년 일어나는 대홍수에 의하여 토지의 경계가 유실됨에 따라 이를 다시 복원하기 위하여 지적측량이 시작되고 토지 기록이 존재하고 있었다고 한다. 지적제도의 기원은 인류문명의 발상지인 유프라테스(Euphrates)·티그리스(Tigris)강 하류의 수메르(Sumer) 지방에서 발굴된 점토판에는 토지 과세 기록과 마을 지도 및 넓은 면적의 토지 도면과 같은 토지 기록들이 나타나고 있다.
중세 지적	중세의 지적은 노르만 영국(Norman England)의 윌리암(William) 1세가 잉글랜드를 정복한 후 1085년과 1086년 사이에 전 영국의 토지에 대한 과세를 목적으로 시작한 대규모 토지조사사업의 성과에 의하여 작성된 둠즈데이 북(Domesday book)으로서 토지의 면적, 소유자, 소작인 등 주요 사항을 등록한 일종의 지세대장(地稅臺帳 : Geld book) 또는 지적부(地籍簿)라고도 한다. 이 토지 기록은 최초의 국토자원에 관한 목록으로 평가된다.
근대 지적	근대의 지적은 1720년에서 1723년 동안에 있었던 이탈리아 밀라노의 축척 1/2,000 지적도 제작 사업이며, 프랑스의 나폴레옹(Napoleon) I세가 1808년부터 1850년까지 전 국토를 대상으로 작성한 지적은 또 다른 의미에서 근대 지적의 기원으로 평가된다.

2) 우리나라 지적의 기원

천문측량		우리나라는 기원전 2900년에 천문측량이 시작
측량기기	기원전 2087년	혼천의(渾天儀) 발명
	기원전 1836년	천문경(天文鏡), 측천기(測天器), 양해기(量海機) 발명
측량		1391년 황운갑이 지남거(指南車)를 제작한 것으로 수레를 이용한 최초의 측량이다.
지도	기원전 2229년	구정도(邱井圖) 제작
	기원전 1664년	논밭과 산야 측량
	기원전 1341년	세계지도 제작
	기원전 680년	우문충(宇文忠)이 토지를 측량하여 지도를 제작하였으며 유성설(遊星設)이 천문학을 저술하였다.

▶ 지적측량과 지적제도의 기원

상고시대	고조선(古朝鮮)	균형 있는 촌락의 설치와 토지 분급(分給) 및 수확량의 파악을 위해 정전제(井田制)가 시행되었다.
	부여(扶餘)	행정구역제도로서 국도(國都)를 중심으로 영토를 사방으로 구획하는 사출도(四出道)란 토지구획방법을 시행하였다.
	예(濊)	각 읍락(邑落) 사이에 토지의 구분소유 법속(法俗)이 행하고 있었다.
	삼한(三韓)	부락공동체의 토지소유 형태를 취하여 공동경작과 공동분배가 행하여지고 산림과 제지(提池) 등도 공동소유에 속하였다.

삼국시대	고구려 (高句麗)	• 길이의 단위 : 고구려의 자 • 면적의 단위 : 경무법(頃畝法) • 면적측량법 : 구장산술(九章算術)
	백제(百濟)	• 국가재정 : 내두좌평 • 관할 아래 산학박사(算學博士)가 지적과 측량을 관리 • 면적계산 : 두락제(斗落制)와 결부제(結負制) • 도적(圖籍)
	신라(新羅)	• 토지세수 : 6부 중 조부(調部)에서 파악 • 국학(國學)에 산학박사를 두어 토지측량과 면적측량 종사 • 면적계산 : 결부제

3) 지적의 발생

과세설(課稅說) (Taxation Theory)	국가가 과세를 목적으로 토지에 대한 각종 현상을 기록·관리하는 수단으로부터 출발했다고 보는 설로 공동생활과 집단생활을 형성·유지하기 위해서는 경제적 수단으로 공동체에 제공해야 한다. 토지는 과세목적을 위해 측정되고 경계의 확정량에 따른 과세가 이루어졌고 고대에는 정복한 지역에서 공납물을 징수하는 수단으로 이용되었다. 정주생활에 따른 과세의 필요성에서 그 유래를 찾아볼 수 있고, 과세설의 증거자료로는 Domesday Book(영국의 토지대장), 신라의 장적문서(서원경 부근의 4개 촌락의 현·촌명 및 촌락의 영역, 호구(戶口) 수, 우마(牛馬) 수, 토지의 종목 및 면적, 뽕나무, 백자목, 추자목의 수량을 기록) 등이 있다.
치수설(治水說) (Flood Control Theory)	국가가 토지를 농업생산 수단으로 이용하기 위하여 관개시설 등을 측량하고 기록·유지·관리하는 데서 비롯되었다고 보는 설로 토지측량설(土地測量說 : Land Survey Theory)이라고도 한다. 물을 다스려 보국안민을 이룬다는 데서 유래를 찾아볼 수 있고 주로 4대강 유역이 치수설을 뒷받침하고 있다. 즉 관개시설에 의한 농업적 용도에서 물을 다스릴 수 있는 토목과 측량술의 발달은 농경지의 생산성에 대한 합리적인 과세목적에서 토지기록이 이루어지게 된 것이다.
지배설(支配說) (Rule Theory)	국가가 영토의 보존과 통치수단으로 토지에 대한 각종 현황을 관리하는 데서 출발한다고 보는 설로 지배설은 자국 영토의 국경을 상징하는 경계표시를 만들어 객관적으로 표시하고 기록하는 과정에서 지적이 발생했다는 이론이다. 이러한 국경의 경계를 객관적으로 표시하고 기록하는 것은 자국민의 생활의 안전을 보장하여 통치의 수단으로서 중요한 역할을 하였다. 국가 경계의 표시 및 기록은 영토보존의 수단이며 통치의 수단으로 백성을 다스리는 근본을 토지에서 찾았던 고대에는 이러한 일련의 행위가 매우 중요하게 평가되었다. 고대세계의 성립과 발전, 그리고 중세봉건사회와 절대왕정, 그리고 근대시민사회의 성립 등에서 지배설을 뒷받침하고 있다.
침략설(侵略說) (Aggression Theory)	국가가 영토 확장 또는 침략상 우위를 확보하기 위해 상대국의 토지 현황을 미리 조사·분석·연구하는 데서 비롯되었다는 학설이다.

(1) 둠즈데이 북과 신라 장적문서

둠즈데이 북 (Domesday Book)	1066년 헤이스팅스(Hastings)에서 영국의 색슨족을 격퇴한 덴마크 노르만족인 윌리엄 1세가 왕위에 오른다. 20년이 지난 1086년 윌리엄 1세는 자기가 정복한 영국의 국토를 조직적으로 토지기록을 작성한다. 이를 둠즈데이 북 또는 Geld book이라고도 하며 토지와 가축의 숫자까지 기록되었다. 자원목록을 정리하기 이전에 덴마크 침략자들의 약탈을 피하기 위해 지불되는 보호금인 Dane Geld를 모으기 위해 영국에서 사용되어 왔던 과세장부이기도 한다. 영국의 런던 공문서보관소(Public Record Office)에 두 권의 책으로 보관되어 있다.
신라의 장적문서 (帳籍文書)	신라 말기의 것으로 추정되는 신라장적에는 일정한 지방 촌단위의 경지 결부수와 함께 호구(戶口) 및 마전, 뽕나무, 잣나무, 호두나무 등 특산물의 통계가 들어 있는 지금의 청주 지방인 신라 서원경(西原京) 부근 4개 촌락의 장부문서로 신라장적(新羅帳籍), 민정문서(民政文書) 또는 촌락문서(村落文書)라고도 불리며, 우리나라의 지적기록 중 가장 오랜 자료이다. 그 내용은 현재의 청주지방인 신라 서원경(西原京) 부근의 4개 촌락에 대해 아래의 사항이 잘 기록되어 있다. ① 현ㆍ촌명 및 촌락의 영역 ② 호구수(戶口數) ③ 가축(소와 말)수(牛馬數) ④ 토지의 종목(용도)ㆍ면적 ⑤ 뽕나무ㆍ栢子木ㆍ秋子木의 수량 이것은 1950년대에 일본 황실의 창고인 쇼소인(정창원 正倉院) 소장의 유물을 정리하다가 화엄경론(華嚴經論)의 질(帙) 속에서 발견되었으며, 현재는 일본의 쇼소인(正倉院)에 보관되어 있다.

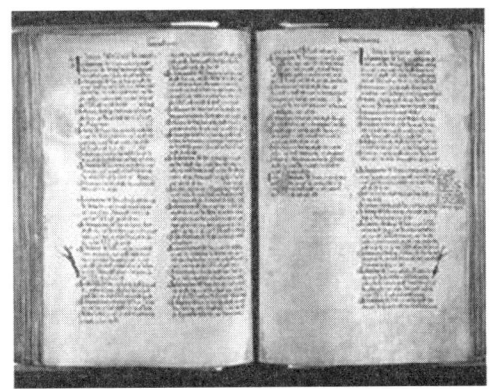

| 둠즈데이 북 |

(2) 나폴레옹 지적

프랑스는 근대적인 지적제도의 발생 국가로서 오랜 역사와 전통을 자랑하고 있다. 특히 근대 지적제도의 출발점이라 할 수 있는 나폴레옹 지적이 발생한 나라로 나폴레옹 지적은 둠즈데이 북 등과 함께 세지적의 근거로 제시되고 있다. 현재 프랑스는 중앙정부, 시·도, 시·군 단위의 3단계 계층구조로 지적제도를 운영하고 있으며 1900년대 중반 지적재조사사업을 실시하였고 지적 전산화가 비교적 잘 이루어진 나라이다.

① 프랑스 지적제도의 창설
- ㉠ 창설 주체 : 자국
- ㉡ 창설 연대 : 1808~1850년
- ㉢ 제도수립 소요기간 : 약 40년
- ㉣ 지적의 역사 : 약 200년
- ㉤ 창설목적 : 토지에 대한 과세목적

② 나폴레옹 지적법
- ㉠ 시민혁명 후 초대 황제로 등극한 나폴레옹에 의해 1807년 나폴레옹 지적법이 제정되었다.
- ㉡ 1808~1850년까지 군인과 측량사를 동원하여 전국에 걸쳐 실시한 지적측량 성과에 의해 완성되었다.
- ㉢ 나폴레옹은 측량위원회를 발족시켜 전 국토에 대한 필지별 측량을 실시하고 생산량과 소유자를 조사하여 지적도와 지적부를 작성하여 근대적인 지적제도를 창설하였다[측량위원회 위원장 : 드람브르(Delambre) – 수학자이자 미터법의 창안자].
- ㉣ 세금 부과를 목적으로 하였다.
- ㉤ 이후 나폴레옹의 영토 확장으로 유럽 전역의 지적제도 창설에 직접적인 영향을 미쳤다.
- ㉥ 도해적인 방법으로 이루어졌다.

SECTION 02 지적의 내용

1 지적의 성립

토지에 관한 기록이 지적으로 되기 위해서는 기록의 대상이 되는 토지와 기록을 작성하는 행위로서 등록이란 수단, 그리고 그 기록을 외부로 나타내기 위한 장소로서 공부라는 설비가 있어야 하므로 지적은 결국 토지·등록·공부의 세 가지를 기본 요소로 하여 성립이 되는 것이다.

2 지적의 구성요소

1) 협의의 지적 구성요소

지적제도는 등록대상인 토지와, 토지에 대한 조사사항을 공적장부에 기록하는 행위인 등록과, 조사사항을 등록하고 공시하기 위한 공부로 구성되며, 이것은 지적제도와 등기제도가 완벽하게 분리되어 있는 지적제도에서 협의의 지적 3요소라고 한다.

토지 (Land)	토지는 인간이 살아가는 터전이며 생활하는 데 필요한 물자를 얻는 자원이다. 지적제도는 이러한 토지를 대상으로 하여 성립한다. 그러므로 토지 없이는 등록객체가 없기 때문에 등록행위가 이루어질 수 없다. 따라서 지적제도 자체가 성립할 수 없다. 등록대상이 되는 토지는 국토의 개념과 같다. 이러한 토지는 국가의 통치권이 미치는 범위 내에 있는 모든 토지를 의미하며, 이를 구분 등록하기 위하여 토지를 인위적으로 구획한 "필지" 단위로 관리한다.
등록 (Registration)	토지는 물리적으로 연속하여 전개되는 영구성을 가진 지표라고 할 수 있다. 따라서 토지를 물권의 객체로 하기 위하여는 일정한 구획 기준을 정하여 등록단위를 정하고 필요한 사항을 장부에 기록하는 법률행위가 있어야 한다. 인위적으로 구획한 토지의 등록단위를 필지라 하고, 필지마다 토지소재, 지번, 지목, 경계(또는 좌표), 면적, 소유자 등 일정한 사항을 지적공부에 기록하는 행위를 등록이라 한다.
공부 (Records)	토지를 구획하여 일정한 사항(물리적 현황, 법적 권리관계)을 조사·측량한 후 그 내용을 기록한 공적장부를 지적공부라고 한다. 지적공부는 일정한 형식과 규격을 법으로 정하여 일반국민이 필요하면 언제라도 활용할 수 있도록 항시 비치되어 있어야 한다. 등록된 내용(토지소재, 지번, 지목, 면적, 경계 또는 좌표)은 실제의 토지내용과 항상 일치하는 것을 이상으로 하고 있으므로 토지의 변동사항을 계속적으로 정리하여야 한다. 따라서 지적공부는 정적인 비치공부가 아니라 변화하는 토지이동 상황을 정리하여 신속하게 일반국민에게 제공되어야 하는 동적인 장부로 보아야 하며, 이는 일정한 장소 밖으로는 원칙적으로 반출을 금하고 있다.

2) 광의의 지적 구성요소

협의의 지적 3요소와는 달리 네덜란드의 헨센(J. L. G. Henssen)은 지적과 등기를 통합한 광의의 개념으로 지적의 구성요소를 소유자, 권리, 필지로 구분하고 있다.

소유자 (Person)	소유자라 함은 토지를 소유할 수 있는 권리의 주체로서 법적으로 토지를 자유로이 사용·수익·처분할 수 있는 소유권을 갖거나 소유권 이외의 기타 권리를 갖는 자를 말한다. 권리의 주체는 주로 자연인을 말하나 국가, 지방자치단체, 법인, 법인 아닌 사단·재단, 외국인, 외국정부 또는 국제기관 등도 이에 포함된다. 일반적으로 위와 같은 권리의 주체인 소유자 또는 소유권 이외의 기타 권리를 갖는 자를 공시하기 위하여 지적공부에 등록하는 사항으로는 성명 또는 명칭, 주소, 등록번호, 생년월일, 성별, 결혼 여부, 직업, 국적 등이 있다.
권리 (Right)	권리라 함은 협의의 의미로서 토지를 소유할 수 있는 법적 권리를 말하며 광의의 의미로는 토지의 취득과 관리에 관련된 소유자들 사이에 특별하게 인식된 법적 관계를 포함한다. 이러한 권리는 토지에 대한 법적 소유형태와 권리관계를 나타내는 것으로 토지를 자유로이 사용·수익·처분할 수 있는 소유권과 소유권 이외의 기타 권리(저당권, 지역권, 사용권, 지상권, 임차권)로 구분한다. 이와 같은 토지에 대한 권리의 내용을 공시하기 위하여 지적공부에 등록하는 사항은 권리의 종류, 취득일자, 등록일자, 취득형태, 취득금액, 소유권지분 등이 있다.
필지 (Parcel)	필지라 함은 법적으로 물권이 미치는 권리의 객체를 말하는데, 소유자가 동일하고 지반이 연속된 동일 성질의 토지로서 지적공부에 등록하는 토지의 등록단위를 말한다. 토지는 자연적 상태에서는 연속하여 일체가 되어 있으나 이것을 인위적으로 구획하고 분할하여 각각 독립된 목적물인 권리의 객체로 할 수 있는데 이것을 필지라고 하며 토지거래의 기초단위가 된다. 일반적으로 권리의 객체인 필지를 공시하기 위하여 지적공부에 등록하는 사항은 토지의 소재, 지번, 지목, 경계, 면석, 도시이용계획, 토지가격, 지상 및 지하시설물, 환경 등이 있는데 이 중에서 토지의 물리적 현황을 나타내는 소재와 지번·지목·경계·면적 등이 필지를 구성하는 기본요소라고 할 수 있다.

	사람(Man)	
누가(Whose?) 어떻게(How?)		• 성명 • 주소 • 주민등록번호 • 생년월일 • 직업 등
	권리(Right)	
어디에(Where?) 얼마만큼(How much?)		• 소유권 • 기타 권리 등
	필지(Parcel)	

| 광의의 지적 3요소 |

3 지적제도의 유형

1) 발전단계별 분류

세지적 (Fiscal Cadastre)	세지적이라 함은 토지에 대한 조세부과 시 그 세액을 결정함이 가장 큰 목적인 지적제도로서 일명 과세지적이라고도 한다. 세지적은 국가 재정세입의 대부분을 토지세에 의존하던 농경시대에 개발된 최초의 지적제도로서, 각 필지에 대한 세액을 정확하게 산정하기 위하여 면적단위로 운영되는 지적제도이다. 따라서 각 필지의 측지학적 위치보다는 재산가치를 판단할 수 있는 면적을 정확하게 결정하여 등록하는 데 주력하였다. 세지적에서 지적공부의 등록사항은 필지에 대한 면적·규모·위치·사용권·규제사항 등에 관한 정보를 기입함으로써 토지에 대한 가치를 평가하기 위한 기초자료를 제공할 뿐만 아니라, 토지개량에 대한 정확하고 공평한 평가를 할 수 있는 수단을 제공해 주고 있다. 따라서 대부분의 국가에서 지적제도는 세지적에서 출발하였다는 것이 정설이다.
법지적 (Legal Cadastre)	법지적이라 함은 세지적에서 발달한 지적제도로서 토지에 대한 사유권이 인정되면서 토지과세는 물론 토지거래의 안전을 도모하고, 국민의 토지소유권을 보호할 목적으로 개발된 지적제도로 소유지적이라고도 한다. 이러한 법지적은 프랑스혁명 이전까지 토지의 소유가 인정되지 않았던 일반시민도 토지소유가 가능해졌기 때문에, 권리보호의 필요성에서 세지적 목적 이외에 토지소유권 보호라는 새로운 목적이 추가된 지적제도이다. 이것이 현대에서는 가장 일반적인 지적의 개념으로 소유지적 또는 경계지적으로도 불리고 있다.
다목적지적 (Multi-purpose Cadastre)	다목적지적이라 함은 1필지 단위로 토지와 관련된 기본적인 정보를 집중관리하고, 계속하여 즉시 이용이 가능하도록 토지정보를 종합적으로 제공하여 주는 지적제도라 할 수 있다. 이러한 다목적지적제도는 종합지적, 통합지적, 유사지적, 경제지적, 정보지적이라고도 한다. 다목적지적제도는 1필지를 단위로 토지 관련 정보를 종합적으로 등록하고, 그 변경사항을 항상 최신화하여 신속·정확하게 지속적으로 토지정보를 제공하는 데 주력하고 있다. 따라서 다목적지적은 일반적으로 토지에 관한 물리적 현황은 물론 법적·재정적·경제적 정보를 포괄하는 것으로 등록정보를 기준으로 하여 토지평가, 과세, 토지이용계획, 상·하수도, 전기, 전화, 가스 등 토지와 관련된 다양한 정보를 집중관리하거나 상호 연계하여 토지 관련 정보를 신속 정확하게 공동으로 활용하기 위하여 최근에 개발된 이상적인 지적제도라고 할 수 있다.

(1) 다목적지적의 5대 구성요소   암기 측기지필토

다목적지적이라 함은 필지단위로 토지와 관련된 기본적인 정보를 집중 관리하고 계속하여 즉시 이용이 가능하도록 토지정보를 종합적으로 제공하여 주는 기본 골격이라 할 수 있으며 종합지적, 통합지적이라고도 한다.

구분	내용
측지기본망 (Geodetic Reference Network)	토지의 경계선과 관련 자료 및 지형 간에 상관관계를 맺어주고 지적도에 등록된 경계선을 현지에 복원할 수 있도록 정확도를 유지할 수 있는 기준점 표지의 연결망을 말하는데 서로 관련 있는 모든 지역의 기준점이 단일의 통합된 네트워크여야 한다.
기본도 (Base Map)	측지기본망을 기초로 하여 작성된 지형도로서 지도 작성에 필요한 기본적인 정보를 일정한 축척의 지도에 등록한 도면을 말하는데 변동사항과 자료를 수시로 정비하여 최신화시켜 사용될 수 있어야 한다.
지적중첩도 (Cadastral Overlay)	측지기본망과 기본도와 연계하여 활용할 수 있고 토지소유권에 대한 경계를 식별할 수 있도록 토지의 등록 단위인 필지를 확정하여 등록한 지적도와 시설물, 토지이용, 지역지구도 등을 결합한 상태의 도면을 말한다.
필지식별번호 (Parcel Identification Number)	필지 등록사항의 저장, 수정, 검색 등을 용이하게 처리할 수 있는 가변성이 없는 고유번호를 말하는데 지적도의 등록사항과 도면의 등록사항을 연결시켜 자료 파일의 검색 등 색인번호의 역할을 한다. 이러한 필지식별번호는 토지평가, 토지의 과세, 토지의 거래, 토지이용계획 등에서 활용되고 있다.
토지자료파일 (Land Data File)	토지에 대한 정보검색이나 다른 자료철에 있는 정보를 연결시키기 위한 목적으로 만들어진 필지식별번호가 포함된 공부 및 토지자료철을 말하는데, 과세대장, 건축물대장, 천연자원기록, 토지이용, 도로·시설물 대장 등 토지 관련 자료를 등록한 대장을 뜻한다.
다목적지적제도 3대 구성요소	측지기본망·지적중첩도·기본도

(2) 측량방법별 분류

구분	내용
도해지적 (Graphical Cadastre)	도해지적은 토지의 각 필지 경계점을 측량하여 지적도 및 임야도에 일정한 축척의 그림으로 묘화하는 것으로서 토지 경계의 효력을 도면에 등록된 경계에 의존하는 제도이다.
수치지적 (Numerical Cadastre)	수치지적은 토지의 각 필지 경계점을 그림으로 묘화하지 않고 수학적인 평면직각종횡선 수치($X \cdot Y$좌표)의 형태로 표시하는 것으로서 도해지적보다 훨씬 정밀하게 경계를 등록할 수 있다.
계산지적 (Computational Cadastre)	계산지적은 경계점의 정확한 위치 결정이 용이하도록 측량기준점과 연결하여 관측하는 지적제도를 말한다. 측량방법은 수치지적과 계산지적의 차이가 없으나 수치지적은 일부의 특정지역이나 토지구획정리, 농업생산기반 정비 등 사업지구 단위로 국지적인 수치 데이터에 의하여 측량을 실시하는 것을 의미한다.

계산지적 (Computational Cadastre)	계산지적은 국가의 통일된 기준좌표계에 의하여 각 경계상의 굴곡점을 좌표로 표시하는 지적제도로서 전국 단위로 수치데이터에 의거 체계적인 측량이 가능하다. 기술적 측면에서의 지적제도는 계산지적제도가 바람직한 지적제도라고 할 수 있으나 현행 우리나라 지적제도는 도해지적제도로 출발하여 수치지적으로 전환하는 과정에 있는 실정이다.

(3) 등록방법별 분류

2차원 지적	2차원 지적은 토지의 고저에 관계없이 수평면상의 투영만을 가상하여 각 필지의 경계를 등록·공시하는 제도로서 평면지적이라고도 한다.
3차원 지적	3차원 지적은 선과 면으로 구성되어 있는 2차원 지적에 높이를 추가하는 것으로서 입체지적이라고도 한다.
4차원 지적	지표·지상건축물·지하시설물 등을 효율적으로 등록·공시하거나 관리·지원할 수 있고, 등록사항의 변경내용을 정확하게 유지·관리할 수 있는 다목적지적제도로서 토지정보시스템이 구축되는 것을 전제(前提)로 한다.

(4) 등록의무에 따른 분류

적극적 지적	소극적 지적
① 직권등록주의(강제주의) ② 소유자의 신청 여부에 관계없이 국가는 직권으로 조사하여 등록할 의무를 가진다. ③ 토렌스 시스템 ④ 권리보험제도 불필요 ⑤ 실질적 심사주의(사실심사권) ⑥ 공신력 인정	① 신청주의 ② 토지소유자의 신청이 있는 때에만 등록의무를 가진다. ③ 리코딩 시스템 ④ 권리보험제도 필요 ⑤ 형식적 심사주의 ⑥ 공신력 불인정

SECTION 03 지적의 성격

1 지적의 원리

현대지적의 원리는 공기능성의 원리, 민주성의 원리, 능률성의 원리, 정확성의 원리로 설명되고 있다(박순표 외, 2003).

공기능성의 원리	지적은 국가가 국토에 대한 상황을 다수의 이익을 추구하기 위하여 기록·공시하는 국가의 공공업무이며, 국가 고유의 사무이다. 현대지적은 일방적인 관리층의 필요가 아닌 제도권 내의 사람에게서 수평성의 원리에 의해 공공관계가 이루어져야 한다. 따라서 모든 지적사항은 필요에 의해 공개되어야 한다.
민주성의 원리	현대지적에서 민주성은 제도의 운영주체와 객체가 내적인 면에서 행정의 인간화가 이루어지고, 외적인 면에서 주민의 뜻이 반영되는 지적행정이라 할 수 있다. 아울러 지적의 책임성은 지적법의 규정에 따라 공익을 증진하고 주민의 기대에 부응하도록 하는 데 있다.
능률성의 원리	실무활동의 능률성은 토지 현상을 조사하여 지적공부를 만드는 과정에서의 능률을 의미하고, 이론 개발 및 전달과정의 능률성은 주어진 여건과 실행과정의 개선을 의미한다. 지적활동을 능률화한다는 것은 지적문제의 해소를 뜻하며, 나아가서 지적활동의 과학화, 기술화 내지는 합리화, 근대화를 지칭하는 것이다.
정확성의 원리	지적의 구성을 토지현황조사, 기록과 도화, 관리와 운영으로 보았을 때, 토지현황조사에 있어 조사되는 지적정보의 정확성을 의미하며, 기록과 도화에 있어 토지등록요소의 정확한 명기와 함께 지적도의 대축척화, 경계점좌표등록부의 도입이 대표적인 예라 할 수 있다. 또한, 지적공부를 중심으로 한 관리·운영의 정확성은 지적기구의 조직과 업무의 분화와 관련됨이 크다. 결국 지적의 정확성은 지적불부합의 반대개념이다.

2 지적제도의 기능

1) 일반적 기능

사회적 기능	국가가 전국의 모든 토지를 필지별로 지적공부에 정확하게 등록하여 완전한 공시기능을 확립하여 공정한 토지거래를 위하여 실지의 토지와 지적공부가 일치하여야 할 때 사회적 기능을 발휘하여 지적은 사회적인 토지문제를 해결하는 데 중요한 사회적 문제해결 기능을 수행한다.
법률적 기능	① 사법적 기능 : 토지에 관한 권리를 명확히 기록하기 위해서는 먼저 명확한 토지표시를 전제로 함으로써 거래당사자가 손해를 입지 않도록 거래의 안전과 신속성을 보장하기 위한 중요한 기능을 한다. ② 공법적 기능 : 국가는 지적법을 근거로 지적공부에 등록함으로써 법적 효력을 갖게 되고 공적인 자료가 되는 것으로 적극적 등록주의에 의하여 모든 토지는 지적공부에 강제 등록하도록 규정하고 있다. 공권력에 의해 결정됨으로써 토지표시의 공신력과 국민의 재산권 보호 및 정확한 정보로서의 기능을 갖는다. 토지등록사항의 신뢰성은 거래자를 보호하고 등록사항을 공개함으로써 공적기능의 역할을 한다.

행정적 기능	지적제도의 역사는 과세를 목적으로 시작되는 행정의 기본이 되었으며 토지와 관련된 과세를 위한 평가와 부과징수를 용이하게 하는 수단으로 이용된다. 지적은 공공기관 및 지방자치단체의 행정자료로서 공공계획 수립을 위한 기술적 자료로 활용된다. 최근에는 토지의 정책자료로서 다양한 정보를 제공할 수 있도록 토지정보시스템을 구성하고 있다.

2) 실제적 기능

암기 등평과거이

토지**등기**의 기초 (선등록 후등기)	지적공부에 토지표시사항인 토지소재, 지번, 지목, 면적, 경계와 소유자가 등록되면 이를 기초로 토지소유자가 등기소에 소유권보존등기를 신청함으로써 토지등기부가 생성된다. 즉, 토지표시사항은 토지등기부의 표제부에, 소유자는 갑구에 등록한다.
토지**평가**의 기초 (선등록 후평가)	토지평가는 지적공부에 등록한 토지에 한하여 이루어지며, 평가는 지적공부에 등록된 토지표시사항을 기초자료로 이용하고 있다.
토지**과세**의 기초 (선등록 후과세)	토지에 대한 각종 국세와 지방세는 지적공부에 등록된 필지를 단위로 면적과 지목 등 기초자료를 이용하여 결정한 개별공시지가(부동산 가격공시 및 감정평가액)를 과세의 기초자료로 하고 있다.
토지**거래**의 기초 (선등록 후거래)	토지거래는 지적공부에 등록된 필지단위로 이루어지며, 공부에 등록된 토지표시사항(소재, 지번, 지목, 면적, 경계 등)과 등기부에 등재된 소유권 및 기타 권리관계를 기초로 하여 거래가 이루어지고 있다.
토지**이용계획**의 기초 (선등록 후계획)	각종 토지이용계획(국토계획, 도시관리계획, 도시개발, 도시재개발 등)은 지적공부에 등록된 토지표시사항을 기초자료로 활용하고 있다.

기초지식

소유권보존등기
등기되어 있지 않은 토지를 등기부에 기재하기 위하여 하는 최초의 등기를 말한다. 보존등기의 신청인은 지적공부의 토지(임야)대장상 최초의 소유자로 등재된 자만이 될 수 있다. 다만, 대장상 소유자로 등재된 자가 사망했다면 그 상속인이 보존등기를 신청할 수 있다.

토지 관련 국세와 지방세
① 국세 : 양도소득세, 상속세, 증여세, 종합부동산세 등
② 지방세 : 취득세, 등록세, 재산세, 종합토지세 등

③ 지적제도와 등기제도

우리나라의 토지공시제도는 지적제도와 등기제도로 구분되어 있으며 지적제도는 토지에 대한 물리적인 현황을, 등기제도는 부동산(토지와 그 정착물)에 대한 소유권 및 기타 권리관계를 등록·공시하고 있다.

1) 지적제도

지적제도는 토지에 관한 물리적 현황 즉, 토지소재, 지번, 지목, 면적, 경계 또는 좌표 등 토지표시사항을 지적측량 등에 의하여 지적공부에 등록·공시하고, 이를 관리하고 활용하는 제도로서 국토교통부에서 공간정보의 구축 및 관리 등에 관한 법률에 의하여 업무를 관장하고 있다.

(1) 지적에 관한 법률의 성격 _{암기} 기토절강

토지등록 공시에 대한 **기본법**	국가의 통치권이 미치는 모든 영토를 필지단위로 구획하여 토지소재, 지번, 지목, 경계 또는 좌표와 면적, 소유자 등을 정하여 국가기관이 비치한 공적장부인 지적공부에 등록·공시하고 그 변경사항을 계속하여 등록·관리하는 절차와 방법 등을 규정한 법으로서 토지의 등록공시에 관한 기본법이라 할 수 있다.
사법적 성격을 지닌 **토지공법**	공간정보의 구축 및 관리 등에 관한 법률은 토지에 대한 물리적 현황과 법적 권리관계를 등록·공시하고 그 변경사항을 계속하여 등록·관리하기 위한 절차와 권한을 규정하고 토지에 대한 과세, 이용계획 등에 필요한 기초자료를 제공함으로써 효율적인 토지관리를 도모하며 공익보호를 실현하고 국민의 토지소유권을 보호한다. 또한 등기부 창설의 기초자료로 토지에 대한 평가, 거래 등에 필요한 자료를 제공함으로써 사익보호에 기여함을 목적으로 하는 양면성을 추구하는 법이라고 할 수 있다.
실체법적 성격을 지닌 **절차법**	공간정보의 구축 및 관리 등에 관한 법률은 연속되어 있는 토지를 구획하여 지적공부에 등록하고 그 변경사항을 계속하여 등록·관리하는 절차와 방법을 규정한 절차법적 성격을 지니고 있다고 볼 수 있다.
임의법적 성격을 지닌 **강행법**	국가기관의 장인 시장·군수·구청장은 공간정보의 구축 및 관리 등에 관한 법률에 규정된 절차에 따라 통치권이 미치는 모든 영토를 토지소유자의 의사 여하에 상관없이 강제적으로 지적공부에 등록·공시하여야 하는 강행법적 성격을 가지고 있다.

(2) 지적에 관한 법률의 기본이념 _{암기} 국형공실직

공간정보의 구축 및 관리 등에 관한 법률은 국가의 통치권이 미치는 모든 영토를 필지별로 구획해 각 필지별 토지소재, 지번, 지목, 경계, 면적 등 물리적 현황과 소유권 등 법적 권리관계를 등록·공시하기 위한 기본법으로 국정주의, 형식주의, 공개주의, 실질적 심사주의, 직권등록주의의 5대 기본이념으로 제정·시행되고 있다.

국정주의 (國定主義)	국정주의라 함은 지적공부의 등록사항인 토지소재, 지번, 지목, 경계 또는 좌표와 면적은 국가의 공권력에 의해 오직 국가만이 결정할 수 있는 권한을 가진다는 이념으로 소유자가 자연인, 국가, 지방자치단체, 법인 또는 비법인 사단·재단 등에 관계없이 필지를 구성하는 기본요소 등은 국가기관의 장인 시장, 군수, 구청장이 등록이나 행정처분으로 결정한다는 이념이다.
형식주의 (形式主義)	형식주의라 함은 국가의 통치권이 미치는 모든 영토를 필지단위로 구획하여 지번, 지목, 경계, 좌표, 면적 등을 정한 다음 국가기관의 장인 시장·군수·구청장이 비치하고 있는 공적장부인 지적공부에 등록·공시해야 효력이 인정된다는 이념이다. 따라서 모든 토지는 지적공부에 등록·공시해야만 토지 등기가 가능하게 되어서 토지에 대한 평가, 과세, 거래, 토지이용계획 등의 기존 자료로 활용될 수 있는데 이는 형식주의에 의한 공시효력을 인정하고 있기 때문이라 할 수 있다.
공개주의 (公開主義)	공개주의라 함은 지적공부에 등록된 사항은 토지소유자나 이해관계인 등 일반국민에게 신속·정확하게 공개하여 모든 국민이 공평하게 이용할 수 있도록 해야 한다는 이념으로 국가의 통치권이 미치는 모든 영토를 지적공부에 등록·공시하여 국가기관의 행정목적에만 이용하는 것이 아니라 다른 국가기관이나 지방자치단체 및 공공기관 및 일반국민에게 공개하여 국가 및 개인의 각종 토지정책의 기초자료로 활용할 수 있다는 이념이다.
실질적 심사주의 (實質的審査主義)	실질적 심사주의는 지적공부에 새로이 등록하는 사항이나 이미 등록된 사항의 변경 등록은 국가기관의 장인 시장·군수·구청장이 지적법령에 의한 절차상의 적법성뿐만 아니라 실체법상 사실관계의 부합 여부를 조사하여 지적공부에 등록하여야 한다는 이념으로 사실심사주의라고도 한다. 따라서 지적측량 수행자가 실시한 측량성과는 반드시 소관청이 측량검사를 실시해야 하며 지목변경, 합병 등 토지이동신청이 있는 경우에는 현지 출장하고 토지확인조사를 실시하여 사실관계와 부합 여부를 확인한 후 지적공부를 정리해야 한다.
직권등록주의 (職權登錄主義)	직권등록주의라 함은 국가의 통치권이 미치는 모든 영토를 필지단위로 구획하여 국가기관의 장인 시장·군수·구청장이 강제적으로 지적공부에 등록·공시하여야 한다는 이념으로서 등록강제주의 또는 적극적 등록주의라고도 한다. 따라서 소관청은 공간정보의 구축 및 관리 등에 관한 법률 제64조(토지의 조사·등록 등)의 규정에 따라 모든 토지를 지적공부에 등록해야 하며 미등록 토지를 발견하였을 때에는 이를 직권으로 조사·측량하여 토지소재, 지번, 지목, 경계 또는 좌표와 면적 및 소유자 등을 지적공부에 새로이 등록하여야 한다.

2) 등기제도

(1) 등기제도의 의의

부동산등기제도는 물권의 공시에 관한 제도로서 국가기관인 등기공무원이 등기부라고 불리는 공적장부에 부동산의 표시 또는 부동산에 관한 일정한 권리관계를 기재하는 것 또는 그러한 기재 자체를 부동산등기라고 하며, 토지에 관한 등기와 건물에 관한 등기로 구분된다. 다시 말하면 등기제도는 등기라고 일컬어지는 특수한 방법으로 부동산에 관한 물권을 공시하는 제도로서 등기부에 기재하여 부동산의 현황과 물권관계를 공시하여 부동산 거래를 하는 자가 뜻하지 않은 손해를 입지 않도록 하고 거래의 안전을 기하는 중요한 제도이다.

(2) 등기제도의 특징

등기사무의 관장	사법부	
등기부의 조직	물적 편성주의(1부동산 1등기용지)	
등기신청	신청주의, 출석주의, 서면신청주의, 당사자신청, 공동신청주의	
등기관의 심사권	원칙	형식적 심사주의
	예외	구분건물(실질적 심사주의)
등기사무처리	즉일 처분주의	
등기의 효력	형식주의(성립요건주의, 효력발생요건주의)	
등기의 공신력	공신력 인정	거래의 안전성, 확실성, 신속성은 장점이지만 진정한 권리자의 권리를 상실할 가능성이 있음
	공신력 불인정	거래의 안전 해침, 진정한 권리자의 보호
	우리나라 부동산제도에서는 공신력 불인정	
등기관의 책임	국가배상책임 인정(국가배상법)	

3) 지적제도와 등기제도의 비교

지적제도	구분	등기제도
토지표시사항(물리적 현황)을 등록·공시	기능	부동산에 대한 소유권 및 기타 법적 권리관계를 등록·공시
지적법(1950년 12월 1일, 법률 제165호)	모법	부동산등기법(1960년 1월 1일, 법률 제536호)
토지 • 내장 : 고유번호, 토지소재, 지번, 지목, 면적, 소유자 성명 또는 명칭, 등록번호, 주소, 토지등급 • 도면 : 토지소재, 지번, 지목, 경계 등	등록대상	토지와 건물 • 표제부 : 토지소재, 지번, 지목, 면적 등 • 갑구 : 소유권에 관한 사항(소유자 성명 또는 명칭, 등록번호, 주소 등) • 을구 : 소유권 이외의 권리에 관한 사항(지상권, 지역권, 전세권, 저당권, 임차권 등)
토지소재, 지번, 지목, 면적, 경계 또는 좌표 등	등록사항	소유권, 지상권, 지역권, 전세권, 저당권, 권리질권, 임차권 등
• 국정주의 • 형식주의 • 공개주의 • 사실심사주의 • 직권등록주의	기본이념	• 성립요건주의 • 형식적 심사주의 • 공개주의 • 당사자신청주의(소극적 등록주의)
실질적심사주의	등록심사	형식적 심사주의
국가(국정주의)	등록주체	당사자(등기권리자 및 의무자)
단독(소유자) 신청주의	신청방법	공동(등기권리자 및 의무자) 신청주의
국토교통부(시·도·시·군·구 등)	담당기관	사법부(대법원 법원행정처, 지방법원, 등기소·지방법원지원)

※ 토시표시사항은 지적공부에, 소유권 및 기타 권리관계에 관한 사항은 등기부에 등록된 사항을 우선으로 한다.

CHAPTER 02 예상문제

01 지적의 기능 및 역할로 틀린 것은?

① 토지이용계획의 기초
② 토지등기의 기초
③ 주소표시의 기준
④ 부동산거래 질서의 확립

해설

지적제도의 기능(地籍制度의 機能) 암기 등평과거이표기
- 토지등기의 기초(선등록 후등기)
- 토지평가의 기초(선등록 후평가)
- 토지과세의 기초(선등록 후과세)
- 토지거래의 기초(선등록 후거래)
- 토지이용계획의 기초(선등록 후계획)
- 주소표기의 기초(선등록 후설정)

02 다음 중 지적제도의 분류 방법이 다른 하나는?

① 세지적
② 법지적
③ 수치지적
④ 다목적지적

해설

- 발전단계별 분류 : 세지적, 법지적, 다목적 지적
- 측량방법에 의한 분류 : 도해지적, 수치지적
- 등록방법에 따른 분류 : 2차원적, 3차원적

03 다음 중 지적의 발생설과 관계가 먼 것은?

① 법률적
② 과세설
③ 치수설
④ 지배설

해설

② 과세설 : 국가가 과세를 목적으로 토지에 대한 각종 현상을 기록·관리하는 수단으로부터 출발했다는 설
③ 치수설 : 국가가 토지를 농업생산수단으로 이용하기 위해서 관개시설 등을 측량하고 기록, 유지, 관리하는 데서 비롯되었다고 보는 설
④ 지배설 : 국가가 토지를 다스리기 위한 통치수단으로 토지에 대한 각종 현황을 관리하는 데서 출발한다고 보는 설

정답 01 ④ 02 ③ 03 ①

04 지적제도와 등기제도의 관계를 설명한 내용이 틀린 것은?

① 지적제도와 등기제도는 공신력과 확정력을 모두 인정한다.
② 등기에 있어 토지의 표시에 관하여는 지적을 기초로 하고, 지적에 있어 소유자의 표시는 등기를 기초로 한다.
③ 지적제도는 국정주의를, 등기제도는 성립요건주의를 채택하고 있다.
④ 원칙적으로 지적제도는 직권등록주의를, 등기제도는 신청주의를 채택하고 있다.

해설

학설에 의하면 우리나라는 토지 등록사항에 대한 실질적 심사주의를 채택하는 지적제도는 공신력이 있다고 인정하나 형식적 심사주의를 채택하고 있는 등기제도에서는 공신력을 인정하지 않는다.

1. 지적제도와 등기제도

구분	지적제도	등기제도
정의	국가기관의 통치권이 미치는 모든 영토를 필지단위로 구획하여 토지에 대한 물리적 현황과 법적 권리관계를 지적공부에 등록공시하고 그 변경사항을 영속적으로 등록·관리하는 국가의 업무이다.	등기공무원이 법절차에 따라 등기부에 부동산의 표시 또는 부동산에 관한 일정한 권리관계를 기재하는 부동산에 대한 물권을 공시하는 제도이다.
기본이념	국정주의, 형식주의, 공개주의	형식주의(성립요건주의)
등록방법	직권등록주의, 단독신청주의	당사자신청주의, 공동신청주의
심사방법	실질적 심사주의	형식적 심사주의
공신력	인정(우리나라는 불인정)	불인정(추정력만 인정)
편제방법	물적 편성주의	물적 편성주의
처리방법	신고의 의무, 직권조사처리	신청주의
신청방법	단독신청주의	공동신청주의
담당부서	국토교통부 – 시도지적과 – 시·군·구지적과	법무부 – 대법원 – 지방법원, 지원, 등기소
공부	토지대장, 임야대장, 공유지연명부, 대지권등록부, 지적도, 임야도, 경계점등록부, 지적전산파일	토지, 건물, 입목, 상업, 선박, 법인, 공장 등기부 등
기능	토지의 물리적 현황 공시	토지에 대한 권리관계를 공시
등록사항	토지소재, 지번, 지목, 경계, 면적 소유자 주소·성명 등	소유권, 저당권, 전세권, 지역권 지상권, 임차권 등
기타	지적측량실시	기재절차에 따른 엄격한 요식행위 요구

2. 지적과 등기의 관계
  ① 등기대상이 동일토지라는 점에서 밀접한 관계이다.
  ② 등기와 등록은 그 목적물의 표시 및 소유권의 표시가 항상 부합되어야 한다.
  ③ 등기에 있어서 토지표시에 관한 사항은 지적공부를 기초로 하고, 등록의 경우 소유권에 관한 사항은 등기부를 기초로 한다.
  ④ 단, 미등기 토지의 소유자 표시에 관한 사항은 지적공부를 기초로 한다(등기는 형식적 심사권, 지적은 실질적 심사권을 갖기 때문).

정답 04 ①

05 지적제도의 발달 단계별 특징의 연결이 틀린 것은?

① 세지적 – 면적 본위의 과세지적
② 법지적 – 위치 본위의 소유지적
③ 시설지적 – 3차원의 입체지적
④ 다목적 지적 – 종합지적

해설

① 세지적 : 토지의 가격을 조사하여 세금을 징수하기 위한 것
② 법지적은 토지소유권을 보호하는 데 주요 목적이 있으며 소유권의 한계설정과 경계복원의 가능성을 강조하는 지적제도의 유형으로서 소유권지적이라고도 한다.
④ 다목적지적 : 각 나라의 사정에 따라 다양하게 구성되어 있으나 기본적인 토지표시사항과 권리관계를 바탕으로 하여 건물이나 식생, 토양의 성질, 지하시설물, 지가와 입목 등 필요한 정보를 망라하여 등록, 관리하고 있다.

06 지적에 관한 설명으로 옳지 않은 것은?

① 일필지 중심의 정보를 등록 · 관리한다.
② 토지표시사항의 이동사항을 결정한다.
③ 토지의 물리적 현황을 조사 · 측량 · 등록 · 관리 · 제공한다.
④ 토지와 관련한 모든 권리의 공시를 목적으로 한다.

해설

지적법의 기본이념에는 지적국정주의, 지적형식주의, 지적공개주의, 실질적 심사주의, 직권등록주의가 있으며 지적형식주의는 국가가 결정한 토지에 대한 물리적 현황과 법적 권리관계 등을 외부에서 인식할 수 있도록 일정한 법정의 형식을 갖추어 지적공부에 등록하여야만 효력이 발생한다는 이념으로 '지적등록주의'라고도 한다.

07 지적제도와 등기제도가 통합된 넓은 의미의 지적제도에서의 3요소이며, 네덜란드의 J.L.G Henssen 교수가 구분한 지적의 3요소로만 나열된 것은?

① 소유자, 권리, 필지
② 필지, 측량, 지적공부
③ 권리, 지적도, 토지대장
④ 측량, 필지, 지적파일

해설

지적제도의 구성 3요소
지적의 정의에 따라 협의적 개념과 광의적 개념으로 구분된다.
- 협의적 개념 : 토지, 등록, 공부
- 광의적 개념 : 소유자, 권리, 필지

정답 05 ③ 06 ④ 07 ①

08 지적의 어원과 관련이 없는 것은?

① capitastrum
② catastrum
③ capitalism
④ katastikhon

해설

지적의 어원
- katastikhon = Kate+Stikhon → Cadastre
  - 군주가 백성들에게 세금을 부과하는 제도
- capitastrum 또는 catastrum에서 유래
  - 2000여년 전 라틴에서 유래되었다고 주장
  - 로마인의 인두세 등록부를 의미

09 지적과 등기의 역할이 틀린 것은?

① 토지 등록단위 결정 – 지적
② 토지 위치 결정 – 지적
③ 제한물권 설정 – 등기
④ 신규등록지의 소유자 조사 – 등기

해설

부동산 공시제도의 우선순위
- 토지표시 : 지적 > 등기
- 경계등록 : 도해 < 수치
- 미등기 소유권 : 지적 > 등기

10 지적의 발생설 중 영토의 보존과 통치수단이라는 두 관점에 대한 이론은?

① 지배설
② 치수설
③ 침략설
④ 과세설

해설

지적의 발생설
- 과세설
  - 국가가 과세를 목적으로 토지에 대한 각종 현상을 기록, 관리하는 수단으로부터 출발했다고 보는 설
  - 영국의 둠즈데이 북과 우리나라 신라의 장적문서가 현존하는 문서이다.
- 치수설
  - 국가가 토지를 농업생산수단으로 이용하기 위해서 관개시설 등을 측량하고 기록, 유지, 관리하는 데서 비롯되었다고 보는 설
  - 토지측량설, 토목과 삼각법에 의한 측량기술 이용
- 지배설
  - 국가가 토지를 다스리기 위한 통치수단으로 토지에 대한 각종 현황을 관리하는 데서 출발한다고 보는 설
  - 영토보존과 통치의 수단으로 구분

정답 08 ③ 09 ④ 10 ①

11 다음 중 지적이론의 발생설로서 가장 지배적인 것으로, 아래의 기록들이 근거가 되는 학설은?

- 3세기말 디오클레티안(Diocletian) 황제의 로마제국 토지측량
- 모세의 탈무드법에 규정된 십일조(Tithe)
- 영국의 둠즈데이북(Domesday Book)

① 과세설　　　　　　　　② 통치설
③ 치수설　　　　　　　　④ 지배설

해설

- 과세설 : 국가가 과세를 목적으로 토지에 대한 각종 현상을 기록·관리하는 수단으로부터 출발했다는 설
- 치수설 : 국가가 토지를 농업생산수단으로 이용하기 위해서 관개시설 등을 측량하고 기록, 유지, 관리하는 데서 비롯되었다고 보는 설
- 지배설 : 국가가 토지를 다스리기 위한 통치수단으로 토지에 대한 각종 현황을 관리하는 데서 출발한다고 보는 설

12 다음 중 다목적지적제도의 구성요소에 해당하지 않는 것은?

① 측지기본망　　　　　　② 행정조직도
③ 지적중첩도　　　　　　④ 필지식별번호

해설

- 지적의 3대 구성 요소 : 토지, 등록, 공부
- 다목적지적의 5대 구성 요소 : 측지기본망, 기본도, 지적중첩도, 필지식별번호, 토지자료파일

13 다음 중 근세 유럽 지적제도의 효시가 되는 국가는?

① 독일　　　　　　　　　② 스위스
③ 네덜란드　　　　　　　④ 프랑스

해설

나폴레옹 1세가 1808~1850년까지 프랑스 전 국토를 대상으로 한 나폴레옹지적이 근대 지적의 기원으로 평가되고 있다.

14 지적제도의 발전단계를 바르게 나열한 것은?

① 다목적지적 – 세지적 – 법지적
② 법지적 – 세지적 – 다목적지적
③ 세지적 – 법지적 – 다목적지적
④ 경계지적 – 다목적지적 – 세지적

해설

발전단계별 분류는 세지적 – 법지적 – 다목적지적으로 역사성에 해당한다.

정답 11 ① 12 ② 13 ④ 14 ③

15 다음의 지적제도 중 토지소유권 보호를 주목적으로 하는 것은?

① 세지적
② 법지적
③ 다목적지적
④ 종합지적

해설

법지적은 토지소유권을 보호하는 데 주요 목적이 있으며 소유권의 한계설정과 경계복원의 가능성을 강조하는 지적제도의 유형으로서 소유권지적이라고도 한다.

16 지적의 발생설을 토지측량과 밀접하게 관련지어 이해할 수 있는 이론은?

① 과세설
② 치수설
③ 지배설
④ 역사설

해설

- 과세설 : 국가가 과세를 목적으로 토지에 대한 각종 현상을 기록·관리하는 수단으로부터 출발했다는 설
- 치수설 : 국가가 토지를 농업생산수단으로 이용하기 위해서 관개시설 등을 측량하고 기록, 유지, 관리하는 데서 비롯되었다고 보는 설
- 지배설 : 국가가 토지를 다스리기 위한 통치수단으로 토지에 대한 각종 현황을 관리하는 데서 출발한다고 보는 설

17 고도의 정확성을 가진 지적측량을 요구하지는 않으나 과세표준을 위한 면적과 토지 전체에 대한 목록의 작성이 중요한 지적제도는?

① 법지적
② 세지적
③ 경제지적
④ 소유지적

해설

세지적
- 국가재정에 필요한 세금의 징수를 주목적으로 하는 제도이며 과세지적이라고도 함
- 국가재정이 토지세에 의존하던 농경시대에 개발된 최초의 지적제도이다.
- 필지별 세액산정을 위해 면적본위로 운영된다.

18 다음 중 지적제도의 발전단계별 분류상 가장 먼저 발생한 것으로 원시적인 지적제도라고 할 수 있는 것은?

① 다목적지적
② 정보지적
③ 법지적
④ 세지적

해설

지적제도의 발단 단계는 세지적 → 법지적 → 다목적지적제도이다.

정답 15 ② 16 ② 17 ② 18 ④

19 다음 중 도해지적에 대한 설명으로 거리가 먼 것은?

① 축척의 크기에 따라 허용오차가 다르다.
② 도면의 신축방지와 보관관리가 어렵다.
③ 소요되는 비용과 시간이 비교적 저렴하다.
④ 지적측량결과를 지상에 복원할 때 측량 당시의 정확도로 재현할 수 있다.

> **해설**

구분	도해지적	수치지적
등록방법	경계점을 도면에 그림으로 표현	경계점을 좌표로 표현
측량방법	측판측량	경위의 측량
장점	• 측량비용 저렴 • 고도의 기술을 요하지 않음 • 시각적으로 형상파악에 유리	• 정확도, 정밀도 높은 측량 • 도면 신축에 영향을 받지 않음
단점	• 정확도 및 정밀도 저하 • 도면의 신축에 영향을 받음	• 고가의 측량장비구입 등 측량비용이 높음 • 고도의 전문기술 필요 • 형상파악이 곤란

20 다음 중 지적기준점에 해당하지 않는 것은?

① 지적삼각점　　　　　　　② 지적도근점
③ 지적삼각보조점　　　　　④ 위성기준점

> **해설**

지적기준점
- 지적삼각점(地籍三角點) : 지적측량 시 수평위치 측량의 기준으로 사용하기 위하여 국가기준점을 기준으로 하여 정한 기준점
- 지적삼각보조점 : 지적측량 시 수평위치 측량의 기준으로 사용하기 위하여 국가기준점과 지적삼각점을 기준으로 하여 정한 기준점
- 지적도근점(地籍圖根點) : 지적측량 시 필지에 대한 수평위치 측량 기준으로 사용하기 위하여 국가기준점, 지적삼각점, 지적삼각보조점 및 다른 지적도근점을 기초로 하여 정한 기준점

21 지적의 어원인 katastikhon, capitastrum, catastrum 등이 지닌 공통적인 의미는?

① 조세부과　　② 지적공부　　③ 토지측량　　④ 지형도

> **해설**

지적의 어원은 모두 세금부과의 의미를 내포하고 있다.
katastikhon = kata(위에서 아래로) + stikhon(부과) → Cadaster
- 군주가 백성들에게 세금을 부과하는 제도 : capitastrum, catastrum에서 유래
- 2000여년 전 라틴에서 유래되었다고 주장
- 로마인의 인두세등록부를 의미

정답　19 ④　20 ④　21 ①

22 다음 중 일필지의 경계와 위치를 정확하게 등록하고 등록된 경계에 의하여 경계위치를 정확하게 복원시킴으로써 소유권의 한계를 밝히는 능력을 가지고 있는 지적제도는?

① 법지적
② 세지적
③ 유사지적
④ 다목적지적

해설

1. 세지적
    1) 재정에 필요한 세액을 결정, 세징수를 가장 큰 목적으로 개발된 제도로서 과세지적이라고도 함
    2) 국가재정세입의 대부분을 토지세에 의존하던 농경시대에 개발된 최초의 지적제도
    3) 각 필지에 대한 세액을 정확하게 산정하기 위하여 면적 본위로 운영되는 지적제도
    4) 각 필지의 측지학적 위치보다는 재산적 가치를 판단할 수 있는 면적을 정확하게 결정하여 등록하는 데 주력
2. 법지적
    1) 토지과세 및 토지거래의 안전, 토지소유권 보호 등이 주요 목적인 지적제도로서 일명 소유지적이라고도 함
    2) 법지적은 토지에 대한 소유권이 인정되기 시작한 산업화시대에 개발된 지적제도
    3) 각 필지의 경계점에 대한 지표상의 위치를 정확하게 측정하여 지적공부에 등록 공시함으로써 토지에 대한 소유권이 미치는 범위를 명확하게 확인 보증함을 가장 큰 목적으로 함
    4) 법지적제도는 위치본위로 운영되는 체계
    5) 지적도에 등록된 경계 또는 수치지적부에 등록된 경계점의 좌표는 고도의 정확성이 요구되기 때문에 경계 또는 좌표를 정확하게 등록하는 데 주력
    6) 토지의 등록사항이 정확하지 못할 경우 발생하는 손해에 대하여 선의의 제3자를 보호하는 데 있음
3. 다목적지적
    1) 필지 단위로 토지와 관련된 기본적인 정보를 계속하여 즉시 이용이 가능하도록 종합적으로 제공하여 주는 제도이며 일명 종합지적이라고도 함
    2) 일필지를 단위로 토지관련정보를 종합적으로 등록하는 제도
    3) 토지에 관한 물리적 현황은 법률적, 재정적, 경제적 정보를 포괄하는 제도
    4) 토지에 대한 평가, 과세, 거래, 이용계획, 지하시설물과 공공시설물 및 토지통계 등에 관한 정보를 공동으로 활용하기 위하여 최근에 개발된 지적제도
    5) 토지에 관한 변경사항을 항상 최신화하여 신속, 정확하게 토지정보를 제공하는 제도

23 다음 중 등록방법에 따른 지적의 분류에 해당하는 것은?

① 법지적
② 입체지적
③ 수치지적
④ 적극적 지적

해설

- 발전단계에 따른 분류 : 세지적, 법지적, 다목적 지적
- 측량방법에 따른 분류 : 도해지적, 수치지적
- 등록방법에 따른 분류 : 2차원적 지적(평면지적), 3차원적 지적(입체지적)
- 등록성질에 따른 분류 : 소극적 지적제도, 적극적 지적제도

정답 22 ① 23 ②

24 다음 중 1720년부터 1723년 사이에 이탈리아 밀라노의 지적도 제작 사업에서 전 영토를 측량하기 위해 사용한 지적도의 축척으로 옳은 것은?

① 1/1,200   ② 1/2,000   ③ 1/2,400   ④ 1/3,000

해설

지적의 기원
- 고대의 지적은 기원전 3400년경에 이미 토지 과세를 목적으로 하는 측량이 시작되었고, 기원전 3000년경에는 토지 기록이 존재하고 있었다는 이집트 역사학자들의 주장에 의해 입증되고 있으며, 유프라테스·티그리스강 하류의 수메르(Sumer)지방에서 발굴된 점토판에는 토지 과세 기록과 마을 지도 및 넓은 면적의 토지 도면과 같은 토지 기록들이 나타나고 있다.
- 중세의 지적은 노르만 영국의 윌리암(William) 1세가 1085년과 1086년 사이에 전 영토를 대상으로 하여 작성한 둠즈데이 북(Domesday Book)으로서, 이 토지기록은 최초의 국토자원에 관한 목록으로 평가된다. 근대의 지적은 1720년에서 1723년 동안에 있었던 이탈리아 밀라노의 축척 2,000분의 1 지적도 제작 사업이며, 프랑스의 나폴레옹(Napoleon) 1세가 1808년부터 1850년까지 전 국토를 대상으로 작성한 지적은 또 다른 의미에서 근대 지적의 기원으로 평가된다.
- 이 지적은 토지를 비옥도에 따라 분류하고, 각 토지의 생산 능력과 수입 및 소유자와 같은 내용을 체계적으로 기록했다는 점에서 그 어떤 지적과도 달랐다. 그 이후로 세계의 많은 나라들이 나폴레옹 지적의 영향을 받아 그와 비슷한 형식과 내용의 지적을 만들기 시작하였다.

25 다음 중 우리나라 지적의 3요소만으로 옳게 나열한 것은?

① 지적공무원, 지적측량사, 등기공무원
② 등기소, 소관청, 대한지적공사
③ 토지, 등록, 공부
④ 권리, 지적도, 토지대장

해설

지적의 3대 구성요소 : 토지, 등록, 공부

26 다음 중 우리나라에서 최초로 '지적'이라는 용어가 법률상에 등장한 시기로 옳은 것은?

① 1895년   ② 1905년   ③ 1910년   ④ 1950년

해설

1895년 3월 26일(고종 23년) '내부관제'에 "판적국에서 지적 사무를 본다."라고 기록된 것이 최초이다.

27 1807년에 나폴레옹이 지적법을 효시키고 대단지 내의 필지에 대한 조사를 위하여 발족된 위원회에서 프랑스 전 국토에 대하여 시행한 세부 사업에 해당하지 않는 것은?

① 소유자 조사
② 필지측량 실시
③ 필지별 생산량 조사
④ 축척 1/5,000 지형도 작성

정답 24 ② 25 ③ 26 ① 27 ④

해설

24번 해설 참고

28 다음 중 지적의 원리에 대한 설명으로 옳지 않은 것은?
① 공(公)기능성의 원리는 지적공개주의를 말한다.
② 민주성의 원리는 주민참여의 보장을 말한다.
③ 능률성의 원리는 중앙집권적 통제를 말한다.
④ 정확성의 원리는 지적불부합지의 해소를 말한다.

해설

공시의 원칙(지적공개주의)은 토지등록의 법적 지위에 있어서 토지이동이나 물권의 변동은 반드시 외부에 알려야 한다.

현대지적의 원리
- 공기능성 : 공기능성은 개인 위주의 목적이 아닌 집단에서 대다수의 개인에게 적용되는 이해나 목적을 가지며 때문에 지적을 토지의 공적 장부로 보는 것이다.
- 능률성 : 과거의 도해지적이나 지적자료가 수작업에 의해서 처리되었지만 이는 정보통신의 발달과 함께 지적의 전산화로 수치지적제도가 정착되어 지적의 능률성을 향상시키는 효과를 기대할 수 있다.
- 정확성 : 지적정보로 기록 및 저장되는 사항은 과학적인 수단과 방법을 통해 오류가 없이 정확히 처리되어야 한다. 이는 결국 국민의 토지소유권 권리를 강화하는 효과로 나타난다.
- 민주성 : 지적행정제도의 주체와 객체가 내부적으로는 행정의 인간성이 근간을 이루고 있고 외부적으로는 국민 대다수의 의지가 퍼져 있는 국민의 행정이기 때문이다.

29 다음 중 지적의 역할과 가장 거리가 먼 것은?
① 감정평가 자료 ② 공시기능
③ 사실관계증명 ④ 소유권원의 확립

해설

지적제도의 기능과 역할
- 일반적 기능 : 사회적 기능, 법률적 기능, 행정적 기능
- 실질적 기능(역할) : 토지등기, 평가, 과세, 거래, 이용계획, 주소표기, 토지정보의 제공

30 다음 중 도해지적에 비하여 수치지적이 갖는 특징으로 옳지 않은 것은?
① 오측이 쉽게 발견된다.
② 컴퓨터에 입력시켜 후속 측량에 이용할 경우 임의 축척으로 도면을 출력할 수 있다.
③ 정밀도가 높다.
④ 지표상에 복원할 때 본래 측량 당시의 정확도로 다시 재현할 수 있다.

정답 28 ③ 29 ④ 30 ①

해설

수치지적이란 토지의 경계점을 도해적으로 표시하지 않고, 수학적인 좌표로서 표시하는 지적제도인데, 이는 도해지적보다 훨씬 정밀하게 경계를 표시할 수 있다.

31 지번의 구성 및 부여방법 등에 관한 설명으로 틀린 것은?

① 지번은 본번과 부번으로 구성한다.
② 본번과 부번 사이에 "-" 표시로 연결한다.
③ 토지대장 및 지적도에 등록하는 모든 토지는 지번 뒤에 "산"자를 붙여야 한다.
④ 지번은 북서에서 남동으로 순차적으로 부여한다.

해설

지번의 구성 및 부여방법(공간정보의 구축 및 관리 등에 관한 법률 시행령 제56조)
① 지번(地番)은 아라비아숫자로 표기하되, 임야대장 및 임야도에 등록하는 토지의 지번은 숫자 앞에 "산"자를 붙인다.
② 지번은 본번(本番)과 부번(副番)으로 구성하되, 본번과 부번 사이에 "-" 표시로 연결한다. 이 경우 "-" 표시는 "의"라고 읽는다.
③ 법 제66조에 따른 지번의 부여방법은 다음 각 호와 같다.
  1. 지번은 북서에서 남동으로 순차적으로 부여할 것

32 다음 중 지적제도의 특성으로 가장 거리가 먼 것은?

① 지역성
② 전문성
③ 정확성
④ 윤리성

해설

지적제도의 특징 : 안정성, 간편성, 정확성, 신속성, 저렴성, 적합성, 등록의 완전성

33 다음 중 등록의무에 따른 지적제도의 분류에 해당하는 것은?

① 2차원 지적
② 도해지적
③ 세지적
④ 소극적 지적

해설

- 발전단계별 분류 : 세지적, 법지적, 다목적 지적
- 측량방법에 의한 분류 : 도해지적, 수치지적
- 등록방법에 따른 분류 : 2차원적 지적, 3차원적 지적
- 등록의무에 따른 분류 : 적극적 지적, 소극적 지적

정답 31 ③ 32 ① 33 ④

34 다음 중 우리나라에서 최초로 '지적'이라는 용어가 사용된 곳은?

① 토지조사법
② 임야조사령
③ 경국대전
④ 내부관제

해설

1895년 3월 26일(고종 32년) "내부관제"에 '판적국에서 지적 사무를 본다.'라고 기록된 것이 최초이다.

35 다음 중 지적의 발전과정에 따른 분류에 해당하지 않는 것은?

① 법지적
② 세지적
③ 다목적 지적
④ 도해지적

해설

- 법지적 : 토지경계
- 세지적 : 토지의 면적 및 토지등급
- 경제지적 : 다목적 지적이라고도 하며 지형, 지물을 표현한 지적제도

36 다음 중 지적의 일반적 기능 및 역할로 옳지 않은 것은?

① 토지의 물리적 현황을 등록한 토지대장은 등기부를 정리하기 위한 보조적 기능을 한다.
② 지적공부에 등록된 정보는 토지평가의 기초자료로 활용된다.
③ 지적공부에 등록된 정보는 토지거래의 기초자료로 활용된다.
④ 토지정보를 필요로 하는 분야에 종합 정보원으로서의 기능을 한다.

해설

토지에 대한 물권의 변동사항을 등록하는 것은 부동산 등기에 관한 목적이라 할 수 있다.

37 다음 중 적극적 등록주의에 대한 설명으로 옳은 것은?

① 등록사항에 대하여 사실심사권이 인정된다.
② 등록된 권원의 효력을 국가에서 보장하지 않는다.
③ 거래정서의 등록은 법률가에 의하여 조정되고 취급된다.
④ 사유재산의 거래증서는 모두 개인 간의 계약으로 작성된다.

해설

적극적 등록주의하에서는 모든 토지는 등록이 강제되며 의무적이다. 또한 국가에 의해 법적인 권리보장이 인증되기 때문에 국가는 토지표시사항에 대하여 항상 실제와 공부가 일치하도록 하고 있다.

정답 34 ④ 35 ④ 36 ① 37 ①

38 다음 중 현존하는 우리나라의 지적기록으로 가장 오래된 신라시대의 자료는?

① 경국대전 ② 경세유표
③ 해학유서 ④ 장적문서

해설

신라장적(新羅帳籍)은 신라 때 서원경(西原京, 청주) 지방 4개 촌의 장적(帳籍)으로, 당시 촌락의 경제 상황과 국가의 세무행정을 알 수 있는 자료이다. 신라 민정 문서 또는 신라 촌락 문서, 정창원 문서(正倉院文書)라고도 부른다. 신라의 율령정치는 물론 신라 사회의 구조를 구성하는 데 대단히 귀중한 자료이다.

39 다음 중 전 국토에 대한 자원목록을 조직적으로 작성한 토지기록이자 토지대장인 둠즈데이 북(Domesday Book)을 작성하였던 나라는?

① 이탈리아 ② 프랑스
③ 덴마크   ④ 영국

해설

둠즈데이 북은 영국의 전 영토를 대상으로 작성한 토지기록으로 최초의 국토자원에 대한 세금장부이며 윌리엄 1세가 작성하였다.

40 다음 중 수치지적에 비하여 도해지적이 갖는 장점으로 옳지 않은 것은?

① 고도의 기술을 요구하지 않는다.
② 비교적 비용이 저렴하다.
③ 대상 필지의 형태를 시각적으로 파악하기가 용이하다.
④ 보존 및 관리가 용이하다.

해설

• 수치지적과 도해지적은 측량방법에 따른 분류이다.
• 수치지적은 도해지적보다 정밀하게 경계를 표시할 수 있다.
• 도해지적은 축척에 따라 허용오차가 달라지는 단점이 있다.
• 도해지적은 토지경계점을 도해적으로 측정하여 표시하는 것이다.

41 다음 중 토지거래의 안전을 보장하기 위하여 권리관계를 보다 상세하게 기록하며 소유권의 한계 설정과 경계복원의 가능성을 강조하여 지적공도 중 최고의 정밀도를 요구하는 것은?

① 세지적   ② 법지적
③ 다목적지적 ④ 토지정보시스템

해설

법지적은 토지소유권 확보 및 재산의 가치형성으로 토지의 위치를 정확하게 표현하기 위한 제도이다.

정답 38 ④ 39 ④ 40 ④ 41 ②

42 다음 중 지적제도의 특성으로 가장 거리가 먼 것은?

① 신속성(Expedition)
② 간편성(Simplicity)
③ 정확성(Accuracy)
④ 유사성(Similarity)

해설

지적제도의 특징
안정성, 간편성, 정확성, 신속성, 저렴성, 적합성, 등록의 완전성

43 다음 중 지적의 구성요소로 거리가 먼 것은?

① 일필지를 의미하는 토지
② 토지 정보에 대한 등록
③ 토지 이용에 의한 활동
④ 기록의 장소인 지적공부

해설

- 지적의 3대 구성요소 : 토지, 등록, 공부
- 다목적지적의 5대 구성요소 : 측지 기본망, 기본도, 지적중첩도, 필지식별번호, 토지자료 파일

44 다음 중 최초로 부동산(토지) 등기부를 작성할 때 등기 내용을 확인하는 기초 장부로 사용하였던 것은?

① 토지조사부
② 재결조서
③ 토지가옥증명부
④ 토지대장

해설

등기에 있어서 토지의 표시에 관하여 등록을 기초로 하고 등록에 있어서의 소유자의 표시는 등기를 기초로 한다. 그러나 미등기 토지의 소유자 표시에 관하여는 등록을 기초로 하는 것은 등기기관의 사실조사권에 바탕을 두고 등기기관의 형식적 서면심사권 밖에 없는 데 기인한다.

45 다음 중 지적이란 2000년 전의 라틴어 카타스트룸(Catastrum)에서 그 근원이 유래되었다고 주장한 학자는?

① Blondheim
② Ilmoor D.
③ J. McEntyre
④ Cledat

해설

맥앤트리 교수는 "지적은 토지에 대한 법률적인 용어로서 세금을 부과하기 위한 부동산의 크기와 가치 그리고 소유권에 대한 국가적인 장부에 대한 등록이다"라고 정의

정답 42 ④ 43 ③ 44 ④ 45 ③

46 다음 중 수치지적에 비하여 도해지적이 갖는 단점으로 가장 거리가 먼 것은?
① 축척의 크기에 따라 허용오차가 다르다.
② 도면의 신축 방지가 어렵다.
③ 비교적 고도의 기술을 요구한다.
④ 작업상 인위적인 오차가 발생할 수 있다.

해설

도해지적은 고도의 기술을 요하지 아니 한다. 고도의 기술을 요하는 것은 수치지적이다.

47 다음 중 지적과 등기를 비교하여 설명한 내용으로 옳지 않은 것은?
① 지적은 실질적 심사주의를 채택하고 등기는 형식적 심사주의를 채택한다.
② 등기는 토지의 표시에 관하여는 지적을 기초로 하고 지적의 소유자 표시는 등기를 기초로 한다.
③ 지적과 등기는 국정주의와 직권등록주의를 채택한다.
④ 지적은 토지에 대한 사실 관계를 공시하고, 등기는 토지에 대한 권리 관계를 공시한다.

해설

- 등기제도는 토지에 대한 법적 관리관계의 공시, 부동산물권의 공시수단 및 권리변동의 효력발생요건으로 거래의 안전을 위한 공시기능을 한다.
- 지적은 토지에 대한 사실관계의 기록이다.
- 지적제도는 동·리별 지번순으로 물적 편성주의를 채택한다.
- 등기제도는 동·리별 접수순에서 지번순으로 물적 편성주의를 채택한다.

48 다음 중 일필지의 경계와 위치를 정확하게 등록하고 등록된 경계에 의하여 경계위치를 정확하게 복원시킴으로써 소유권의 한계를 밝히는 능력을 가지고 있는 지적제도는?
① 법지적
② 세지적
③ 유사지적
④ 다목적지적

해설

법지적은 토지의 일 필지 경계점에 대한 측지학적 위치를 정확하게 측량하여 지적도 및 임야도에 등록, 공시함으로써 토지에 대한 소유권이 미치는 범위를 확인 보증함이 중요한 목적이다. 또한 지표상의 경계가 불분명하게 된 경우 지적공부에 등록된 경계에 의하여 그 경계위치를 다시 정확하게 복원시킴으로써 소유권의 한계를 밝히는 능력을 가지고 있는 제도이다.

49 다음 중 지적의 발생설과 관계가 먼 것은?
① 법률설
② 과세설
③ 치수설
④ 지배설

정답 46 ③ 47 ③ 48 ① 49 ①

해설
② 과세설 : 국가가 과세를 목적으로 토지에 대한 각종 현상을 기록·관리하는 수단으로부터 출발했다는 설
③ 치수설 : 국가가 토지를 농업생산수단으로 이용하기 위해서 관개시설 등을 측량하고 기록, 유지, 관리하는 데서 비롯되었다고 보는 설
④ 지배설 : 국가가 토지를 다스리기 위한 통치수단으로 토지에 대한 각종 현황을 관리하는 데서 출발한다고 보는 설

50 다음 중 현대 지적의 성격과 거리가 먼 것은?
① 역사성과 영구성
② 전문성과 기술성
③ 가변성과 비밀성
④ 서비스성과 윤리성

해설
지적의 성격
• 역사성과 영구성
• 반복적 민원성
• 전문성과 기술성
• 서비스성과 윤리성
• 정보원

51 다음 중 우리나라에서 가장 먼저 시행된 토지측량의 면적계산 방법은?
① 정전제(井田制)
② 결부법(結負法)
③ 두락제(斗落制)
④ 결무법(結畝法)

해설
19세기 조선의 대표적인 실학자인 다산 정약용은 합리적인 양전법의 개정방안으로 종래의 경무법을 개혁하고 새롭고 객관적인 양전방안으로 정선세의 시행을 선제로 하는 방량법을 행하며, 일자오결법이나 사표법의 부정확성을 시정하기 위한 어린도법의 시행을 주장하였다.

52 다음 중 지적은 과세의 기초를 제공하기 위하여 부동산의 규모, 가치 및 소유권을 등록한 공부라고 정의한 학자 또는 기관으로 옳은 것은?
① U.S. National Resarch Council
② S.R. Simpson
③ A. Toffler
④ British Ordinance Survey

해설
S.R. Simpson은 지적이란 과세의 기초를 제공하기 위하여 한 나라 안의 부동산의 수량과 소유권 및 가격을 등록한 공부이다.

정답 50 ③ 51 ① 52 ②

53 다음 중 근대적 세지적의 완성과 소유권제도의 확립을 위한 지적제도 성립의 전환점으로 평가되는 역사적인 사건은?

① 윌리암 1세의 영국 둠스데이 측량 시행
② 나폴레옹 1세의 프랑스 토지관리법 시행
③ 솔리만 1세의 오스만제국 토지법 시행
④ 디오클레시안 황제의 로마제국 토지 측량 시행

> 해설
>
> **나폴레옹 지적**
> - 프랑스의 지적제도 창설은 나폴레옹이 1807년 나폴레옹 지적법을 제정하고 1808년부터 1850년까지 군인과 측량사를 동원하여 전국에 걸쳐 실시한 지적측량성과에 의하여 완성
> - 토지에 대한 공평한 과세와 소유권에 관한 분쟁을 해결하기 위하여 창설
> - 나폴레옹지적은 근대적인 지적제도의 효시로서 세지적의 대표적인 사례
> - 드람브르(Delambre)를 위원장으로 한 측량위원회에서 전 국토에 대한 필지별 측량을 실시하고 생산량과 소유자를 조사하여 지적도와 지적부를 작성
> - 프랑스의 지적제도는 나폴레옹의 영토 확장과 더불어 유럽의 전역에 대한 지적제도의 창설에 직접적인 영향을 미침

54 다음 중 물권의 객체로서 토지의 표시사항을 외부에서 인식할 수 있도록 하는 지적제도의 일반원칙은?

① 증명의 원칙
② 공신의 원칙
③ 공시의 원칙
④ 신청의 원칙

> 해설
>
> 토지등록의 법적 지위에 있어서 토지이동이나 물권의 변동은 반드시 외부에 알려져야 한다는 원칙

55 다목적지적의 기본 구성요소와 가장 거리가 먼 것은?

① 측지기본망
② 기본도
③ 지적도
④ 토지권리도

> 해설
>
> **다목적지적의 5대 구성요소**
> 측지기본망, 기본도, 지적중첩도, 필지식별번호, 토지자료파일

정답 53 ② 54 ③ 55 ④

56 다음 세지적에 대한 설명 중 옳지 않은 것은?

① 세지적에서의 일반적인 등록사항은 토지의 표시로서 토지소재, 지번, 지목, 면적, 경계와 토지소유자, 가격, 건물 등이 포함된다.
② 세지적은 다른 어느 법적제도에 비하여 고도의 정확성을 가진 지적측량을 요구한다.
③ 기본적으로 일필지의 단위는 토지소유자별 법적 개념보다는 경작단위 면적이 주가 되었다.
④ 부동산의 크기를 조사측량하고 가격을 평가하여 과세자료로 이용하기 위한 것이 주된 목적이다.

해설

세지적(Fiscal Cadastre)
- 국가재정에 필요한 세금의 징수를 주목적으로 하는 제도이며 과세지적이라고도 함
- 국가재정이 토지세에 의존하던 농경시대에 개발된 최초의 지적제도이다.
- 필지별 세액산정을 위해 면적 본위로 운영된다.

법지적(Legal Cadastre)
- 토지거래의 안전과 소유권보호를 주목적으로 하는 제도로서 소유권지적이라고도 함
- 토지이용의 다양성과 상품성이 강조된 산업화시대(17세기 유럽)에 개발된 제도이다.
- 일반적으로 지적과 등기의 통합형태이며 일필지와 소유권에 따라 결정되고 표현됨
- 토지법, 등기법, 지적법 등 토지등록에 관한 기본법제정을 기본요소로 한다.
- 소유권의 한계설정 및 경계복원가능성이 강조되고 위치 본위로 운영된다.

※ 세지적은 면적 본위로 운영되고 법지적은 위치 본위로 운영된다는 것은 세지적에 비하여 법지적의 정확성이 높다는 의미이다.

57 현대지적의 원리 중 지적행정을 수행함에 있어 국민의사의 우월적 가치가 인정되며, 국민에 대한 충실한 봉사, 국민에 대한 행정책임 등의 확보를 목적으로 하는 것은?

① 민주성의 원리
② 공기능성의 원리
③ 정확성의 원리
④ 능률성의 원리

해설

현대지적의 원리
- 공기능성의 원리 : 공기능성의 본원적 의미는 어떤 집단 속에서 대다수의 개인에게 공통되는 이해 또는 목적을 가지는 것으로 불특정다수자의 이익의 추구이며, 사적 이익이라는 개별적 추구를 공적 입장에서 보호하자는 조화에 바탕을 두고 있으며, 모든 지적사항은 필요에 따라 공개되어야 하며 객관적이고 정확성이 있어야 한다.
- 민주성의 원리 : 현대지적의 민주성이란 제도의 운영주체와 객체가 내적인 면에서 인간화가 이루어지고 외적인 면에서 주민의 뜻이 반영되는 행정이라 할 수 있으며 정책결정에서 국민에 참여, 국민에 대한 충실한 봉사, 국민에 대한 행정적 책임 등이 확보되는 상태를 말한다.
- 능률성의 원리 : 지적의 능률성은 토지현황을 조사하여 지적공부를 만드는 데 따르는 실무활동의 능률과 주어진 여건과 실행과정에서 이론개발 및 그 전달과정의 개선을 뜻하며 지적활동의 과학화, 기술화 내지 합리화, 근대화를 지칭하는 것이다.
- 정확성의 원리 : 토지의 정보를 수록하는 지적은 사회과학적 방법과 자연과학적 방법이 함께 접근되어야 하며 지적의 정확성이 현대지적의 기능을 최고화하기 위한 원리이다.

정답 56 ② 57 ①

58 다음 중 수치지적이 갖는 특징에 해당하지 않는 것은?

① 도해지적보다 정밀하게 경계를 등록할 수 있다.
② 활용도가 높다.
③ 지적전산화를 가능하게 한다.
④ 기하학적으로 폐합된 다각형의 형태로 표시하여 등록한다.

해설

도해지적과 수치지적의 비교
1. 도해지적(Graphical Cadastre)
    1) 의의 : 토지의 경계점을 도해방식으로 측정하여 지적도 또는 임야도에 등록하고 토지의 경계의 효력을 도면에 등록된 경계에만 의존하는 제도로서 경계결정방법은 측판측량 및 항공사진측량방법에 의한다.
    2) 도해지적의 장점
        ① 토지형상의 시각적 파악이 용이하다.
        ② 측량비용이 저렴성하다.
        ③ 고도의 기술이 요구되지 않다.
    3) 도해지적의 단점
        ① 축척별 허용오차가 다르다.
        ② 도면의 신축이 생기며 보관관리가 어렵다.
        ③ 작업과정의 개인적, 기계적, 자연적 오차가 유발된다.
        ④ 측량오차에 대한 신뢰성의 문제가 발생할 수 있다.
2. 수치지적
    1) 의의 : 토지의 경계점을 도해방식이 아닌 수학적인 좌표(X, Y)로 경계점 등록부에 등록하는 제도로서 지상측량에 의한 수치지적측량 및 항측에 의한 해석적 측량방법에 의해 좌표를 결정한다.
    2) 수치지적의 장점
        ① 좌표를 이용한 자동제도 방식에 의한 지적도 제작이 편리하다.
        ② 도면작성 시 축척의 제한없이 자유로이 작성가능
        ③ 측량이 신속하며 컴퓨터를 이용한 내업이 간편하여 경제적이다.
        ④ 좌표에 의한 1:1의 경계복원이 가능하여 도해지적에 비해 정밀도가 높다.
    3) 수치지적의 단점
        ① 새로이 도면을 작성해야만 한다.
        ② 등록 당시의 측량기준점 사용 여부에 따라 정확도에 영향을 받는다.
        ③ 측량장비의 가격이 고가이다.
        ④ 측량사의 전문지식이 요구된다.
※ 토지의 경계를 기하학적으로 폐합된 다각형으로 등록한다는 것은 도해지적의 특징이며, 수치지적은 수학적 좌표로 등록된다.

정답 58 ④

59 다음 중 우리나라의 지적제도와 등기제도에 대한 내용이 모두 옳은 것은?

구분	지적제도	등기제도
⊙ 편제방법	물적 편성주의	인적 편성주의
ⓒ 심사방법	형식적 심사주의	실질적 심사주의
ⓒ 공신력	불인정	인정
ⓔ 토지제도의 기능	토지에 대한 물리적 현황의 등록공시	토지에 대한 법적 권리관계의 공시

① ⊙ ② ⓒ ③ ⓒ ④ ⓔ

해설

지적제도와 등기제도의 비교

구분	지적제도	등기제도
기본이념	국정주의, 형식주의, 공개주의	형식주의(성립요건주의)
등록방법	직권등록주의, 단독신청주의	당사자신청주의, 공동신청주의
심사방법	실질적 심사주의	형식적 심사주의
공신력	인정(우리나라는 불인정)	불인정(추정력만 인정)
편제 방법	물적 편성주의	물적 편성주의
처리방법	신고의 의무, 직권조사처리	신청주의
신청방법	단독신청주의	공동신청주의
담당부서	국토교통부-시도지적부서-시·군·구 지적부서	법무부-대법원-지방법원, 지원, 등기소
공부	토지대장, 임야대장, 공유지연명부, 대지권등록부, 지적도, 임야도, 경계점좌표등록부, 지적전산파일	토지, 건물, 입목, 상업, 선박, 법인, 공장(등기부)등
기능	토지의 물리적 현황 공시	토지에 대한 법적 권리관계를 공시
등록사항	토지소재, 지번, 지목, 경계, 면적, 소유자주소성명 등	소유권, 저당권, 전세권, 지역권, 지상권, 임차권 등
기타	지적측량실시	작성절차에 따른 엄격한 요식행위 요구

60 경계의 표시방법에 따른 지적제도의 분류가 옳은 것은?

① 세지적, 법지적, 다목적지적
② 2차원 지적, 3차원 지적
③ 수평지적, 입체지적
④ 도해지적, 수치지적

해설

지적제도의 분류방법
- 발전과정에 따른 분류 : 세지적, 법지적, 다목적지적
- 표시방법에 따른 분류 : 도해지적, 수치지적
- 등록대상에 따른 분류 : 2차원지적, 3차원지적
※ 2010년 서울시는 입체지적사업화를 추진하고 있다.

정답 59 ④ 60 ④

61 다음 중 다목적 지적의 3대 기본요소에 해당하지 않는 것은?

① 측지기준망
② 필지식별자
③ 기본도
④ 지적중첩도

해설
- 지적의 3대 구성요소 : 토지, 등록, 공부
- 다목적 지적의 3대 구성요소 : 측지기준망, 기본도, 지적중첩도
- 다목적 지적의 5대 구성요소 : 측지기준망, 기본도, 지적중첩도, 필지식별번호, 토지자료파일

62 다음 중 다목적지적의 3대 기본요소로만 나열된 것은?

① 지적도, 임야도, 지적기준점
② 측지기준망, 기본도, 지적중첩도
③ 기본도, 임야중첩도, 필지식별번호
④ 측지기준망, 필지식별번호, 토지자료파일

해설
- 다목적 지적제도의 5대 구성요소 : 측지기본망, 기본도, 지적중첩도, 필지식별번호, 토지자료파일
- 다목적 지적제도의 3대 구성요소 : 측지기본망, 기본도, 지적도

63 다목적 지적의 3대 구성요소가 아닌 것은?

① 측지기준망
② 기본도
③ 지적도
④ 토지이용도

해설
다목적 지적의 3대 구성 요소
측지기준망, 기본도, 지적중첩도

64 다음 중 지적의 실체를 구체화시키기 위한 법률 행위를 담당하는 토지등록의 주체는?

① 대한지적공사 사장
② 행정안전부장관
③ 지적측량업자
④ 소관청

해설
소관청이라 함은 지적공부를 관리하는 시장(구를 두는 특별시·광역시 및 시에 있어서는 구청장을 말한다)·군수를 말하며 지적의 실체를 구체화시키기 위한 법률 행위를 담당하는 토지등록의 주체로서의 역할을 한다.

정답 61 ② 62 ② 63 ④ 64 ④

65 다음 중 지적제도와 등기제도의 관계를 설명한 내용이 옳지 않은 것은?

① 지적제도와 등기제도는 공신력과 확정력을 모두 인정하고 있다.
② 등기에 있어서 토지의 표시에 관하여는 지적을 기초로 하고, 지적에 있어서 소유자의 표시는 등기를 기초로 한다.
③ 지적제도는 국정주의를, 등기제도는 성립요건주의를 채택하고 있다.
④ 원칙적으로 지적제도는 직권등록주의를, 등기제도는 신청주의를 채택하고 있다.

해설

학설에 의하면 우리나라는 토지 등록사항에 대한 실질적 심사주의를 채택하는 지적제도는 공신력이 있다고 인정하나 형식적 심사주의를 채택하고 있는 등기제도에서는 공신력을 인정하지 않는다.

66 지적의 발생설 중 영토의 보존과 통치수단이라는 두 관점에 대한 이론은?

① 지배설   ② 치수설   ③ 침략설   ④ 과세설

해설

지배설은 로마가 그리스를 침략하여 식민지 영토에 대한 보존과 통치수단으로 토지조사사업을 시작하였을 것이라는 학설이다.

67 지적공부의 복구 자료에 해당하지 않는 것은?

① 측량 결과도
② 지적공부의 등본
③ 지적측량수행계획서
④ 토지이동정리 결의서

해설

지적공부의 복구자료(공간정보의 구축 및 관리 등에 관한 법률 시행규칙 제72조)
영 제61조제1항에 따른 지적공부의 복구에 관한 관계 자료(이하 "복구자료"라 한다)는 다음 각 호와 같다.
1. 지적공부의 등본
2. 측량 결과도
3. 토지이동정리 결의서
4. 토지(건물)등기사항증명서 등 등기사실을 증명하는 서류
5. 지적소관청이 작성하거나 발행한 지적공부의 등록내용을 증명하는 서류
6. 법 제69조제3항에 따라 복제된 지적공부
7. 법원의 확정판결서 정본 또는 사본

68 소유권의 개념에 대하여 1789년에 '소유권은 신성불가침'이라고 밝힌 것은?

① 프랑스의 인권선언
② 미국의 독립선언
③ 영국의 산업혁명
④ 독일의 바이마르헌법

해설

'소유권은 신성불가침'은 인간의 자유와 권리, 평등을 규정한 프랑스의 인권선언에 나타난 소유권의 개념이다.

정답 65 ① 66 ① 67 ③ 68 ①

CHAPTER 03 지적제도의 발달

SECTION 01 우리나라의 지적제도

1 삼국시대

1) 지적제도

고구려	지적 관련 부서로는 위지(魏志)의 주부(主簿), 주서(周書)의 조졸(鳥拙), 수서(隨書)의 조졸(鳥拙), 당서(唐書) 울절(鬱折), 한원(翰苑)의 울절(鬱折)이라는 직책을 두어 도부(圖簿) 등을 관장케 하였으며, 지적사무는 사자(使者)가 담당하였다. 국토를 조사 수록한 봉역도(封域圖)란 지도와 1953년 평남 순천군(順天郡)에서 요동성총도(遼東城塚圖)라는 고구려 고분벽화가 있었다. 토지를 측량하는 데 사용한 자(尺)로서는 고구려척(尺)을 사용하였고, 토지의 면적단위로는 경묘법(頃畝法)을 사용하였고 구장산술(九章算術)에 의한 방전장(方田章)과 구고장(句股章) 등의 면적측량법을 이용하였다.
백제	백제의 지적 관련 부서로는 6좌평(佐平)중 내두좌평(內頭佐平)으로 하여금 국가의 재정을 맡도록 하였으며, 측량은 산학박사(算學博士)인 전문가로 하여금 기술사무에 종사토록 하였다. 또한 산사(算師)와 화사(畵師) 등의 전문직이 있어 토지측량과 도면 제작에 참여하였다. 토지측량에 의하여 오늘날의 지적공부와 같은 도적(圖籍)을 가지고 있었으며, 길이의 단위로 척(尺)을 사용하였으며 토지의 면적은 두락제(斗落制) 및 결부제(結負制)를 사용하였고 구장산술(九章算術)에 의한 면적측량법을 사용했던 것으로 추정된다. 특히 토지도면으로 천평승보(天平勝宝) 3년(751)에 작성된 근강국 수소촌 간전도(近江國 水沼村 墾田圖)와 함께 24점의 동대사령(東大寺領)의 간전도(墾田圖), 개전도(開田圖)가 나라(奈良)에 있는 국립박물관에 소장되어(正倉院 어물로서) 1,200여 년 동안 보존되어 왔는데 이것은 일본뿐 아니라 세계 최고(最古)의 지적도로 인정되고 있다. 이런 사실은 1971년 7월 충남 공주에서 백제 무령왕릉(武寧王陵)이 발굴되고 거기에서 지석(誌石) 2개가 나왔다. 하나의 지석(甲 : 523년 제작) 뒷면에는 방위도(方位圖) 즉 능역도(陵域圖 : 地積圖)와 신과의 묘지매매에 관한 문기(文記)가 있는데 묘지한계의 표시로 방위간지(方位干支)를 사용하고 있다는 것으로 알 수 있다.
신라	신라는 6부 중 조부(調部)에서 토지세를 파악토록 하였으며, 국학에 산학박사를 두어 토지측량과 면적계산에 관계된 지적실무에 종사하였다. 양전장적(量田帳籍)이라는 장부를 가지고 있었으며, 토지측량에 사용된 구장산술의 방전장은 방전(方田), 직전(直田), 규전(圭田), 제전(梯田), 원전(圓田), 호전(弧田), 환전(環田), 구고전(句股田) 등의 몇 가지 형태로 구분하고 있다. 길이단위로 척(尺)을 사용하였으며 토지면적은 사방 1보(步)가 되는 넓이를 1파(把), 10파를 1속(束)으로 하고, 사방 10보(步), 즉 10속(束)을 1부(負)로 하고, 10부를 1총(總), 사방 100보(10總)를 1결(結)로 하는 결부제(結負制) 10진법을 사용하였다.

▶ 삼국시대의 지적제도 비교

구분	고구려	백제	신라
길이단위	척(尺)단위를 사용하였으며 고구려척	척(尺)단위를 사용하였으며 백제척, 후한척, 남조척, 당척	척(尺)단위를 사용하였으며 흥아발주척, 녹아발주척, 백아척, 목척
면적단위	경무법(頃畝法)	두락제(斗落制)와 결부제(結負制)	결부제(結負制)
토지장부	봉역도(封域圖) 및 요동성총도(遼東城塚圖)	도적(圖籍) : 일본에 전래 [근강국 수소촌 간전도 (近江國 水沼村 墾田圖)]	장적(방전, 직전, 제전, 규전, 구고전, 원전, 호전, 환전)
측량방식	구장산술	구장산술	구장산술
토지담당 (부서·조직)	• 부서 : 주부(主簿) • 실무조직 : 사자(使者)	• 내두좌평(內頭左平) 산학박사 : 지적·측량담당 • 화사 : 도면 작성 • 산사 : 측량 시행	• 조부 : 토지세수 파악 • 산학박사 : 토지측량 및 면적측정
토지제도	토지국유제 원칙	토지국유제 원칙	토지국유제 원칙

(1) 산학박사(算學博士)

백제와 신라시대 때 지적관리기관[상대등(上大等), 조부(調部), 창부(倉部) 등]에서 국가재정을 맡았던 관리(官吏)로 고도의 수학지식을 지니고서 토지에 대한 측량과 면적 측정사무에 종사하였다. 고려시대 산학박사는 국자감에 소속되어 산학을 가르치던 교수직 및 각 관청에서 회계사무를 담당한 관직이었다.

국자감			
	3학	국자감	문무관의 3품 이상의 자제
		태학	문무관의 5품 이상의 자제
		사문학	문무관의 7품 이상의 자제
	잡학-율학	율학	문무관 8품 이하의 자제와 평민의 자제(6년간 수학) 율학, 서학, 산학 이외의 교육은 해당 관서에서 실시
		서학	
		산학	

▶ 시대별 산학박사

백제의 산학박사	• 면적측정은 두락제와 결부제 사용 • 지적도면은 도적(圖籍) 제작 • 산학박사는 지적과 측량을 관리하는 전문기술 사무에 종사 • 산사(算師)는 지형여건으로 인하여 측량하기 쉬운 여러 형태를 구장산술에 의해 구별하는 측량법 시행 • 화사는 회화적으로 지도나 지적도 제작
신라의 산학박사	• 면적계산은 결부제 사용 • 조부에서 토지의 세수를 파악 • 조부 산하인 국학에 산학박사를 두고 토지측량과 면적측정에 관련된 사무에 종사 • 필지별로 척(尺) 단위까지 측정 • 토지분급제도로 약전, 관료전, 정전, 녹전, 구분전의 제도가 있었음
고려의 산학박사	• 국자감에 소속되어 산학을 가르치던 교수와 각 관청에서 회계 사무를 담당 • 국자감의 산학박사로 2명이었으며, 품계는 종9품

(2) 산사와 화사

백제의 지적 관련 부서인 내두좌평(內頭佐平) 관할하에 실무담당자로 산학박사를 두어 지적과 측량을 관리하도록 하였으며 또 산사(算師)와 화사(畫師)의 직을 두어 토지측량과 도면을 작성하였다. 산사는 구장산술의 토지측량방식을 이용하여 지형을 당시 측량술로 측량하기 쉬운 형태로 구획하는 측량을 수행하였으며 화사는 회화적으로 지도나 지적도 등을 만들었다.

(3) 신라장적(新羅帳籍)

일본 정창원에서 발견된 것으로 통일신라시대 서원경 지방의 네 마을에 있었던 토지 등 재산목록으로 3년마다 일정한 방식으로 기록하였는데, 그 내용은 촌명(村名), 마을의 둘레, 호수의 넓이, 인구수, 논과 밭의 넓이, 과실나무의 수, 마전, 소와 말의 수 등이며 과세를 위한 기초문서이다. 신라 민정 문서라고도 한다.

① 시대별 토지도면 및 대장

고구려	봉역도(封域圖), 요동성 총도(遼東城塚圖)
백제	도적(圖籍)
신라	신라장적(新羅帳籍)
고려	도행(導行), 전적(田籍)
조선	양안(量案) • 구양안(舊量案) : 1720년부터 광무양안(光武量案) 이전 • 신양안(新量案) : 광무양안으로 측량하여 작성된 토지대장. 야초책 · 중초책 · 정서책 등 3단계를 걸쳐 양안이 완성된다.
일제	토지대장, 임야대장

② 신라장적의 특징 및 내용

특징	• 지금의 청주지방인 신라 서원경 부근 4개 촌락에 해당되는 문서 • 일본의 동대사 정창원에서 발견됨 • 3년간의 사망·이동 등 변동내용이 기록되어 3년마다 기록한 것으로 추정 • 현존하는 가장 오래된 지적공부 • 국가의 각종 수확의 기초가 되는 장부
기록내용	• 촌명(村名), 마을의 둘레, 호수의 넓이 등 • 인구수, 논과 밭의 넓이, 과실나무의 수, 뽕나무의 수, 마전, 소와 말의 수
주요 용어	관모답전 (官謨畓田)	신라시대 각 촌락에 분산된 국가 소유 전답
	내시령답 (內視令畓)	문·무 관료전의 일부로 내시령이라는 관직을 가진 관리에게 지급된 직전
	촌주위답 (村主位畓)	신라시대 촌주가 국가의 역을 수행하면서 지급받은 직전
	연수유답전 (烟受有畓田)	• 신라시대 일반백성이 보유하여 경작한 토지 • 장적문서에서 전체 토지의 90% 이상이 해당
	정전(丁田)	신라시대 성인 남자에게 지급한 토지권 연수유답전과 성격이 일치하는 것으로 생각된다.
	마전(麻田)	삼을 재배하던 토지를 4개의 촌락에 마전면적이 거의 균등하게 기재되어 있다.

2) 지적 관련 부서

고구려	• 지적 관련 행정조직으로는 중앙에 주부(主簿)라는 직책을 두어 도부(圖簿) 등을 관장하였다. • 요동성총도에 지형, 시가지의 구조, 도로, 성벽, 건물, 하천, 개울 등이 상세히 그려진 것으로 보아 토지를 측량하고 도면으로 표시한 토지도면이 있었을 것으로 추측된다. • 主簿(주부)는 구장산술에 의한 면적측량법을 사용하였다.

백제	① 한성시대와 사비시대로 구분한다.
	   • 한성시대 : 6좌평 중 내두좌평에서 재무·회계를 담당
	   • 사비시대 : 내관 12부 중 곡내부에서 양정, 육부에서 토목공사, 점구부에서 호구 파악 및 노동력 징발관계, 사공부에서 토목, 재정관계 담당
	② 실무담당자 산학박사(算學博士)가 지적과 측량을 관리하였다.

신라	• 품주에서 행정 전반에 관한 사항 관장. 세부적으로 기밀사무, 왕명출납, 토지업무, 조세업무 등을 담당 • 조부 : 진평왕 6년(584)에 품주에서 분치되어 토지업무와 조세업무를 관장한 기관
통일신라	• 창부 : 진덕왕 5년(651)에 품주에서 분치. 창부령과 창부경을 두고 토지에 관한 업무, 토지에서 조세를 거두고 그것의 저장 등을 관장하였다. • 국학에 산학박사를 두어 토지측량과 면적측량 관련 사무에 종사하게 하였다.

2 조선시대

1) 조선시대의 지적제도

(1) 개요

조선시대의 토지제도는 고려 말의 전제개혁(田制改革)을 승계한 과전법의 실시를 기본으로 하였다. 과전법의 취지는 국가가 토지의 회수·지급의 기능을 계속 보유하여 토지의 사유가 인정되어서는 안 된다는 것이며 국가재정의 가장 중요한 주원인인 공전이 확보되어 규정된 공조율이 유지되도록 하였다. 따라서 조선시대의 토지등록제도는 고려시대의 양전제도가 보다 구체적으로 보완·정비되었으며 종래의 토지제도가 국유 왕토사상에서부터 농민의 토지보유권의 성장과 보유지 처분권의 확립 등 소유관계의 발전적 변화가 일어나면서 경국대전(經國大典) 등 국가 법령에 양전에 관한 조문이 공식화되고 양안의 작성과 토지 변동사항의 파악을 위한 개량 및 토지거래를 위한 문기와 이의 실질적 심사권을 행사한 입안절차 등을 통하여 공신력을 부여받도록 노력하였으며 후에 토지제도가 문란해지자 정약용의 목민심서(牧民心書), 서유구의 의상경계책(擬上經界策), 이기의 해학유사(海鶴遺事) 등을 통하여 양전법 개정론이 제기되었으며 후일 조선토지조사사업에도 영향을 미치게 되었다. 조선시대의 토지등록제도는 초기부터 약 500년간에는 징세를 위한 양안과 토지매매를 증명한 입안제도로 운용하여 형식상으로는 지금과 같이 지적과 등기가 이원적 형태였으나 입안제도는 활용이 미약하였으므로 오히려 양안에 등재된 소유자에 의하여 권리를 확인하는 경향이 있었다(최초로 양안이 작성된 후에는 매매에 따른 소유권 변동정리를 하지 않았음). 조선 후기인 1893년 이후 13년간은 새로운 토지등록제도인 지계제도가 시행되어 근대적 토지공시제도의 과도기가 형성되었다.

▶ 조선시대의 지적제도

길이 단위	면적 단위	측량방식	토지기록부	담당조직
척(尺)	결부제 (結負制)	구장산술 (九章算術)	• 전안(田案) • 성책(成冊) • 양안등서책(量案謄書冊) • 전답타량안(田畓打量案) • 양전도행장(量田道行帳) (시대, 사용처, 비치에 따라 명칭이 다양함)	• 한성부 : 5부 • 호조 : 판적사 • 임시 : 전제상정소

─┤ 기초지식 ├─

「경국대전」에는 모든 토지를 6등급으로 나누었다.
① 정전(正田 : 항상 경작하는 토지)
② 속전(續田 : 땅이 메말라 계속 농사짓기 어려워 경작할 때만 과세하는 토지)
③ 강등전(降等田 : 토질이 점점 떨어져 본래의 田品, 즉 등급을 유지하지 못하여 세율을 감해야 하는 토지)
④ 강속전(降續田 : 강등을 하고도 농사를 짓지 못하여 경작한 때만 과세하는 토지)

⑤ 가경전(加耕田 : 새로 개간하여 세율도 새로 정하여야 하는 토지)
⑥ 화전(火田 : 나무를 불태워 경작하는 토지로, 경작지에 포함시키지 않는 토지)
20년마다 한 번씩 양전을 실시, 그 결과를 양안에 기록하며, 양전을 할 때는 균전사(均田使)를 파견하여 이를 감독하고, 수령·실무자의 위법사례를 적발·처리하도록 하였다. 그러나 인력·경비 등이 막대하게 소요되는 대사업이라 규정대로는 실시하지 못하여 수십 년, 혹은 백 년이 더 지난 뒤에 실시하기도 하여, 고려 말인 1391년(공양왕 3) 전제개혁(田制改革) 때와 조선의 태종·세종 때에 전국적인 양전이 실시되었고, 성종 때 하삼도(下三道 : 경상·전라·충청)에 부분적으로 실시한 것과 임진왜란 이후 황폐화한 국토를 정리하기 위하여 지역별로 차례로 시행된 일이 있다.

(2) 지적 관련 부서

지적관리기구로는 조선시대 최고지적행정기구로 의정부(議政府)가 있고 산하 실제 정무를 담당한 6조(曹)(이조, 병조, 호조, 형조, 예조, 공조)가 있었다. 이 6조 중 호조는 지적 관련 부서로 밀접하게 연계되어 있으며, 호구, 공물과 부세(賦稅), 전지와 양곡, 경제관계의 정사를 관장하였다. 호조에는 3사(판적사, 회계사, 경비사)가 있었는데 이 중에서 판적사(版籍司)가 호구, 토지, 부역, 공납이라든지 농사와 양잠의 장려 등 양전을 담당하였다. 세종 25년에는 토지조세제도의 조사연구와 새로운 법의 제정을 위하여 임시 관청인 전제상정소(田制詳定所)를 설치하여 운영하였다.

6조(曹) 중 호조(戸曹)	공물과 부세, 전지와 양곡, 경제관계의 정사를 관장(신라의 창부, 고려의 호부)하였다.
호조의 판적사(版籍司)	호구, 토지, 부역, 공납 및 농사와 양잠의 장려, 농사작황의 조사, 흉년구제와 환자, 곡식의 출납에 관한 업무를 담당하였다.
한성부	서울을 관할하는 관청으로 수도의 호구대장으로부터 시장 및 점포와 가옥 및 토지, 4방의 산, 도로, 교량, 개천, 관물의 낭비에 대한 추심과 부채 및 지역 순찰 시체의 검사 등을 처리하였다.
한성부의 5부(府)	한성부의 행정구획으로 동서남북 중의 5부를 말하는 것으로 한성부 내의 각 동 거주인의 범법사건과 교량, 도로, 반화, 금화, 이문의 경계 및 가옥과 대지의 측량, 시체의 검사 등에 관한 일을 관장하였다.
지방의 경우	실무담당자는 양전사가 중앙에서 파견되어 양전사업을 수행하였지만 실제로는 향리나 서리가 양전을 수행하였다. 또한 이들의 농간에 의한 폐단을 바로 잡기 위하여 균전사를 어사로 파견하기도 하였다.
전제상정소(田制詳定所)	임시부서로는 세종 25년(1443년)에 토지 및 조세제도의 조사연구 및 신법의 제정을 위하여 설치한 전제상정소(田制詳定所)가 있다.

▶ 조선시대 지적 관련 부서

중앙	의정부 (議政府)	한성부 (漢城府)	5부(府) : 범법 사건, 교량, 도로, 반화, 금화, 가옥의 측량		
		6조	이조		
			병조		
			호조	3사	판적사	양전업무 담당
					회계사	
					경비사	
				양전청	측량중앙관청으로 양안 작성
			형조		
			예조		
			공조		
지방	양전사 (量田使)		조선(朝鮮) 때 논밭에 관(關)한 일을 감독(監督)하던 임시(臨時) 벼슬로 중앙에서 파견한 실무자		
	향리(鄕吏)		지방의 경우 실무담당자는 양전사가 중앙에서 파견되어 양전사업을 수행하였지만 실제로는 향리나 서리가 양전을 수행하였다.		
	서리(胥吏)				
	균전사 (均田使)		조선시대 농지사무를 전결(專決)하도록 하기 위해 지방에 파견된 관직으로 전답의 측량과 결복(結卜)·두락(斗落)의 사정(査正), 전품(田品)의 결정 및 양안(量案) 기재 등 양전사무(量田事務)를 총괄하고, 특히 진황지(陳荒地)의 개간을 독려하기 위해 각 도에 파견되었다. 균전(均田)이란 이름이 붙게 된 것은 "전품의 공정한 사정에 따라 백성들의 부역을 균등히 하려 한다."는 뜻을 나타내려는 데 있었다. 균전사라는 명칭은 임진왜란 뒤인 1612년(광해군 4년)에 처음으로 보인다.		
임시 부서	전제상정소 (田制詳定所)		전제상정소는 1443년(세종 25년)에 토지, 조세제도의 조사연구와 신법의 제정을 위해 설치한 임시 관청을 말한다.		

① **전제상정소(田制詳定所)** : 조선 세종 25년(1443년) 토지 및 조세제도의 연구와 공법(貢法) 제정을 위하여 설치하였던 임시 관청. 세종 12년(1430년) 과전법(科田法)에서 규정한 삼등전품제(三等田品制)와 답험손실법(踏驗損失法)의 폐단을 시정하기 위해 세법 개정에 착수하여, 동왕 25년(1443년) 경묘법(頃畝法)·오등전품제(五等田品制)·연분구등제(年分九等制)를 골격으로 하는 공법(貢法)을 제정하였다. 그리고 새로 마련한 공법의 구체적 절목을 만들고 그 시행을 추진할 기구로서 같은 해(1443년) 11월 전제상정소를 설치하였다. 다음 해인 동왕 26년(1444년) 6월 전제상정소는 전분 6등법과 그것을 위한 6등의 양전척(量田尺), 연분 9등과 세율 1/20에 의한 1결당 20~4두의 수세량, 정전(正田)과 속전(續田)의 구분 및 재상전(災傷田)의 감면 규정 등을 골격으로 하는 새로운 공법수세제(貢法收稅制)를 제정하였다. 그 뒤 다시 검토를 거쳐 같은 해(1444년) 11월에 새 법으로 확정하였으며, 세종 32년(1450년)인 문종 즉위년 전라도를 시작으로 하여 성종 20년(1489년)에는 전국에 실시

하였다. 성종 6년(1475년) 8월 이후부터 전제상정소의 존치 여부는 확인되지 않으나, 이때 제정한 세법은 조선시대 전 시기를 통한 기본법이 되었다.

▶ **목적 및 역할**

목적	• 세제 개혁안 마련 • 토지를 측량하여 토지 등급 책정
역할	세제 개혁안을 여러 지역에 적용하여 1444년 비옥도에 따라 6등급으로 분류하는 전분육등법(田分六等法)과 수확량을 기준으로 등급의 면적을 결정하는 결부제를 채택하는 원칙을 마련하였다.
연분구등법 (年分九等法)	조선시대 농작의 풍흉을 9등급으로 구분하여 수세의 단위로 편성한 기준으로 1444년(세종 26년)부터 실시한 조세 부과의 기준이다. 조선시대의 공법전세제(貢法田稅制)에서 농작의 풍흉을 9등급으로 나누어 지역단위로 수세하던 법으로, 일종의 정액세법(定額稅法)이다.
전분육등법 (田分六等法)	1444년(세종 26년)에 새로운 전세제도(田稅制度)로 확정된 공법수세제(貢法收稅制)는 전품(田品)을 토지의 질에 따라 6등급으로 구분하여, 각 등급에 따라 전지의 결(結)・부(負)의 실적에 차등을 두는 수세 단위로 편성하였다.
전제상정소준수조화 (田制詳定所遵守條畫)	• 효종(1653년) 양전의 원칙을 정리하기 위해 호조에서 간행・반포하였다. • 전제상정소준수조화(측량법규)라는 한국 최초의 독자적 양전법규를 1653년 효종 때 만들었다. • 개정된 양전법의 내용 수록(수등이척제 폐지→1등급 양전척으로 척도의 기준 통일) • 토지의 등급을 나누는 방법 및 양안의 개정 방식, 다양한 토지 모양의 측량방법, 등급에 따른 면적산출방법, 엉소척・주척・포백척 능의 적도양식 규정 등 • 현재 목판본 1책이 규장각에 소장되어 있다.

② **양전청(量田廳)** : 조선시대에 조세기준이 되는 땅의 면적을 조사하기 위하여 둔 임시 관아로서 20년에 한 번씩 토지조사를 하였다. 숙종 43년(1717년) 땅의 면적을 조사하기 위하여 양전청을 설치하고 1719년부터 양전을 실시한 측량중앙관청으로 최초의 독립관청으로 볼수 있다. 양전청에서는 양전・양안 작성을 하였다.

③ **양전척(量田尺)** : 고대에는 어른 농부의 오른손 네 손가락의 폭을 4촌으로 보고 10촌을 1척으로 한 지척(指尺)을 사용하였다. 조선시대 토지대장인 양안을 작성하기 위하여 실시된 양전사업에 쓰인 척도로서 양전척(量田尺) 또는 양안척이라고도 한다.

주척 (周尺)	조선 초에는 송나라 주의(朱熹)의 가례에 기록된 석각(石刻)을 표준으로 하여 제작하였다. 세종 때 나무로 주척을 만들어 각 지방에 보내어 사용토록 하였다. 주척이란 세종주척을 말한 것이며 주로 도로의 거리측정, 천문의기의 제작에 사용되었다.
영조척 (營造尺)	• 영조척은 부피의 측정, 병기(兵器), 형구(刑具), 교량, 도로, 건축, 선박, 조선 및 성곽의 축조 등에 사용되었다. • 조선시대 여러 자의 종류 중에서 가장 많이 쓰인 것이 주척과 영조척이다. • 세종 26년 설치된 전제상정소(田制詳定所)에서 새로운 양전법(量田法)을 실시하기 위하여 만들어진 「전제상전준수조획」이라는 책에 영조척과 주척과 포백척의 3종의 척도가 기록되어 있다. • 세종 28년 9월에는 황종관의 길이를 기준으로 영조척을 만들고 그에 따라 황종척, 예기척, 주척, 포백척 등을 구리(청동 또는 놋쇠)로 주조하여 각 지방관청에 보내서 표준척으로 삼게 했다.
포백척 (布帛尺)	포백척은 직물류와 의류를 측정하는 데 사용되었고 세종 26년 이후에는 1등전척의 길이를 표시하는 기준척으로 한강 수위를 측정하는 수위계에도 사용되었다.
조례기척 (造禮器尺)	조례기척은 문묘 및 종묘 제례의 제도기준이었으며 인용척(印用尺)으로도 알려져 있다. 단위는 다른 척도와 같이 10진위단위제로 되어 있으나 척 이상의 단위는 사용되지 않았다.
황종척 (黃鐘尺)	이 척도는 세종 12년에 박연이 국악의 기본음을 중국 음악과 일치시키기 위해서 만든 척도로서 국악의 기본음인 황종음을 낼 수 있는 황종율관의 길이를 결정하는 데 쓰이게 된 척도이다. 이 척도는 세종 이후 모든 척도의 기본척이 되었던 척도이다.

④ 양전기구

㉠ 기리고차(記里鼓車) : 세종 23년(1441년)에 고안된 거리측정기구로 10리를 가면 북이 1번씩 울리도록 고안된 거리측정용 수레로 평지 사용에 유리하였고, 산지·험지에는 노끈으로 만든 보수척을 사용하였다.

원리	• 기리고차 수레바퀴의 둘레 길이가 10자이며 12회전하면 두 번째 바퀴가 한 번 회전한다. • 두 번째 바퀴가 15회전하면 세 번째 바퀴가 한 번 회전한다. • 세 번째 바퀴가 10회전하면 네 번째 바퀴가 한 번 회전한다. • 네 번째 바퀴가 1회전하면 18,000자를 측정하게 된다.

특징	• 세종 23년(1441년) 장영실이 거리측량을 위해 제작하였다. • 문종시대에 제방공사에서 기리고차를 사용하였다. • 수레가 반 리를 가면 종을 한 번 치게 하고 수레가 1리를 갔을 때는 종이 여러 번 울리게 하였으며 수레가 5리를 가면 북을 울리게 하고 10리를 갔을 때는 북이 여러 번 울렸다. • 홍대용의 주해수용(籌解需用)에 기리고차의 구조가 자세히 기록하였다. • 기리고차는 평지에서 유리하고 산지 등 험지에서는 보수척을 사용하였다. • 기리고차로 경도 1도의 거리를 측정 시 108km라고 하였으니 현재 기구로 측량 시 110.95km이므로 측정값의 오차는 3% 미만이다.

ⓒ 인지의(印地義) : 세조 12년(1466년)에 제작된 땅의 원근을 측량하는 평판측량기구[일명 규형(窺衡)]로 규형과 방향판의 두 부분으로 이루어져 삼각형의 비례관계를 응용한 측량기구이다.

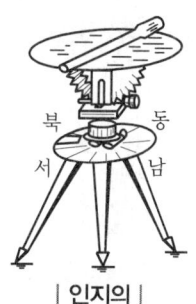

| 인지의 |

원리	• 구리로 그릇(수평눈금판)을 만들어 24방위(方位)를 새겼다. • 그릇 중간을 보이게 하고 가운데 동주(銅柱)를 세워 구멍을 뚫었다. • 동형(銅衡)을 그 위에 끼워 높였다 낮추었다 하여 측량한다. • 약 7° 정도의 정확도로 방위측정이 가능하다.
특징	• 세조 12년에 제작된 평판측량 기구이다. • 규형인지의 또는 규형이라고도 한다. • 세조 때 영릉에서 인지의를 사용하여 측량하였다. • 자북침이 고정되어 있어 기계를 정향할 수 있다. • 일종의 망원경이 없는 트랜싯으로 평판측량과 각도를 측정할 수 있으며 약 7° 정도의 정확도로 방위측정이 가능하다. • 현존하는 실물이 없어 크기와 구조를 자세히 알 수 없다.

ⓒ 보수척(步數尺) : 세종 23년(1441년)에 고안된 거리측정기구로 기리고차로 측정이 어려운 산지·험지에는 노끈으로 만든 측정기구로 보수척을 사용하였다.

⑤ **양전사업(量田事業)** : 무신양전(1428년), 을유양전(1429년), 삼남양전(1613년), 갑술양전(1634년)
  ㉠ 목적 : 고려·조선시대 토지의 실제 경작 상황을 파악하기 위해 실시한 토지측량제도. 전국의 전결수(田結數)를 정확히 파악하고, 양안(量案 : 토지대장)에 누락된 토지를 적발하여 탈세를 방지하며, 토지 경작 상황의 변동을 조사하여 국가재정의 기본을 이루는 전세(田稅)의 징수에 충실을 기함에 실시 목적을 두었다.

ⓒ 토지 구분 : 「경국대전」에는 모든 토지를 아래와 같이 6등급으로 나누어 20년마다 한 번씩 양전을 실시, 그 결과를 양안에 기록하며, 양전을 할 때는 균전사(均田使)를 파견하여 이를 감독하고, 수령·실무자의 위법사례를 적발·처리하도록 하였다.

정전(正田)	항상 경작하는 토지
속전(續田)	땅이 메말라 계속 농사짓기 어려워 경작할 때만 과세하는 토지
강등전(降等田)	토질이 점점 떨어져 본래의 田品, 즉 등급을 유지하지 못하여 세율을 감해야 하는 토지
강속전(降續田)	강등을 하고도 농사짓지 못하여 경작한 때만 과세하는 토지
가경전(加耕田)	새로 개간하여 세율도 새로 정하여야 하는 토지
화전(火田)	나무를 불태워 경작하는 토지로, 경작지에 포함시키지 않는 토지

ⓒ 양전 실시 : 인력·경비 등이 막대하게 소요되는 대사업이라 규정대로는 실시하지 못하여 수십 년 혹은 백 년이 더 지난 뒤에 실시하기도 하여, 고려 말인 1391년(공양왕 3년) 전제개혁(田制改革) 때와 조선의 태종·세종 때에 전국적인 양전이 실시되었고, 성종 때 하삼도(下三道 : 경상·전라·충청)에 부분적으로 실시한 것과 임진왜란 이후 황폐화한 국토를 정리하기 위하여 지역별로 차례로 시행된 일이 있다. 고려 말 1389년에 조선왕조의 건국 주도세력들이 토지제도 개혁을 위해 양전을 실시하여 78만여 결의 토지를 파악했으며, 이후 계속적인 양전사업을 통해 총 171만여 결의 토지를 파악했다. 조선 전기까지는 대체로 규정에 따라 양전을 실시했다. 그러나 7년간에 걸친 왜란으로 말미암아 전결(田結)은 황폐해지고 토지대장은 흩어졌으며 대부분의 토지는 개간되지 않은 채 버려져 있었다. 이전의 150만여 결에서 170만여 결에 이르던 8도(八道)의 전결이 전쟁 후에는 시기전결(時起田結)이 30만여 결에 불과했다. 1593(선조 36년)~1594년에 걸쳐 전국적인 규모로 실시된 계묘양전(癸卯量田), 1634년(인조 12년)의 갑술양전(甲戌量田), 1719~1720년의 경자양전[기해(己亥)·庚子量田] 등이 양란 이후에 실시된 대표적인 양전이었다. 숙종대까지의 양전은 대개 도 단위 이상에서 행해지는 등 전국적인 양전이 이루어지기도 했으나, 영조대 이후에는 전정의 문란이 심한 지역의 각 군현을 중심으로 진전에 대한 조사를 행하는 부분양전이 주로 이루어졌다.

ⓒ 토지의 형태 : 조선시대의 토지 형태는 5가지로 기록하였는데 광무 2년(1898년)에는 양지아문의 양전사목에 의해 "5형 이외에 원형(圓形), 타원형(橢圓形), 호시형(弧矢形), 삼각형(三角形), 미형(眉形)을 더하고 이 10형에 합당하지 않으면 곧장 변의 모양을 가지고 이름을 정하여 등변 부등변을 논할 것 없이 4변 5변 변형에서부터 다변형 타협에 이르기까지 명명하다."라고 규정하였다.

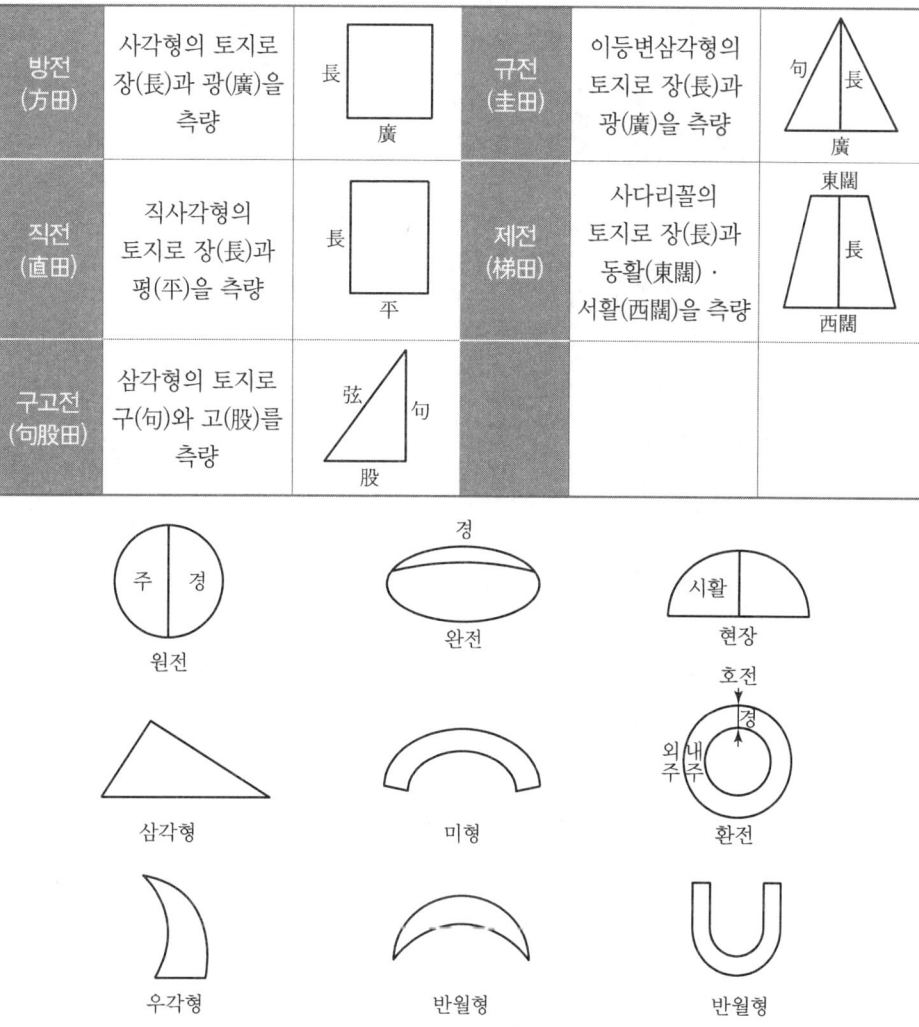

방전 (方田)	사각형의 토지로 장(長)과 광(廣)을 측량		규전 (圭田)	이등변삼각형의 토지로 장(長)과 광(廣)을 측량	
직전 (直田)	직사각형의 토지로 장(長)과 평(平)을 측량		제전 (梯田)	사다리꼴의 토지로 장(長)과 동활(東闊)·서활(西闊)을 측량	
구고전 (句股田)	삼각형의 토지로 구(句)와 고(股)를 측량				

| 토지의 형태(양전사목에 의해 추가된 전형) |

㉤ 시대별 변천과정

신라시대의 양전	신라촌락장적 등의 문서를 통하여 양전사업이 실시되었을 것으로 추측한다.
고려시대의 양전	• 신라시대부터 고려 중엽까지 경무제(頃畝制)와 결부제(結負制)를 사용하였다. • 3등급을 동일한 양척으로 사용하였다. • 고려 문종 때 전품을 3등급으로 분류하였다. | 불역전(不易田) | 세액을 1결로 납부 | | 일역전(一易田) | 세액을 2결로 납부 | | 재역전(再易田) | 세액을 3결로 납부 | • 20지 농부의 수지의 폭을 이용하여 토지의 비옥도에 따라 3등급으로 나누고 있다. • 수등이척법을 제정하고 계지척에 의한 등급을 하강하는 데에 따라 척의 길이를 추가하여 1결당 면적을 크게 하였다.

조선시대의 양전	• 세조 6년에 편찬한 경국대전(經國大典) 호조(戶曹) 편에는 20년에 1회씩 양전을 실시하여 논과 밭의 소재, 자호, 위치, 등급, 형상, 면적, 사표, 소유자 등을 기록하는 양안을 작성하도록 하였다. • 세종 26년 전제상정소(田制詳定所)를 설치하고 3등의 전품을 6등으로 개정하였다. • 6가지 양척을 정하여 파(把), 속(束), 부(負), 결(結)로 면적 산출하였다. • 효종 4년 종래의 수등이척법을 폐지하고 1종의 양전척으로 양전을 실시, 전제상정소준수조화를 반포하였다. • 1717년 숙종은 균전청을 모방한 양전청을 설치하였다. • 방전(方田), 직전(直田), 제전(梯田), 규전(圭田), 구고전(句股田) 등의 5종의 전형을 사용하였다.
구한국시대 (대한제국)의 양전	• 1895년 갑오경장부터 호적사무를 맡아보던 내부관제 판적국을 설치하였다. • 광무 2년(1898년) 토지측량사무를 관장하는 양지아문을 설치하고 미국인 측량사 크럼을 초빙하여 측량교육을 실시하였다. • 광무 6년(1901년) 지계아문(地契衙門)을 설치하고 기전토에 대해서는 지계(地契)를 발급하였다. • 광무 8년(1903년) 지계아문이 폐지됨에 따라 양안과 지계는 한 번도 사용해 보지 못하였다.

> **기초지식** 행정기관

1443년 세종	전제상정소(임시 관청) – 1653년 효종 : 전제상정소준수조화(측량법규)
1717년 숙종	양전청(측량중앙관청으로 최초의 독립관청)
1895년 고종	내부관제에 판적국 설치
1898년 고종	양지아문(지적중앙관서) – 양지아문직원 및 처무규정
1901년 고종	지계아문(지적중앙관서) – 지계아문직원 및 처무규정
1904년 고종	양지국(탁지부 하위기관)

(3) 조선시대 양안(量案)

양안은 고려시대부터 사용된 토지장부로서 오늘날의 지적공부로 토지대장과 지적도 등의 내용을 수록하고 있었으며 '전적'이라고 부르기도 하였다. 토지 실태와 징세 파악 및 소유자 확정 등의 토지과세대장으로 경국대전에는 20년에 한 번씩 양전을 실시하여 양안을 작성토록한 기록이 있다.

① 양안 작성의 근거
 ㉠ 경국대전 호전(戶典) 양전조(量田條)에는 "모든 전지는 6등급으로 구분하고 20년마다 다시 측량하여 장부를 만들어 호조(戶曹)와 그 도(道) 그 읍(邑)에 비치한다."라고 기록하고 있다.
 ㉡ 3부를 작성하여 호조, 본도, 본읍에 보관

② 양안의 명칭 및 구분

일반적 명칭	양안, 양안등서책(量案謄書册), 전안(田案), 전답안(田畓案), 성책(成册), 양명등서차(量名謄書次), 전답결대장(田畓結大帳), 전답결타량정안(田畓結打量正案), 전답타량책(田畓打量册), 전답타량안(田畓打量案), 전답결정안(田畓結正案), 전답양안(田畓量案), 전답행심(田畓行審), 양전도행장(量田導行審)
조제연도	구양안, 신양안(광무양안)
국왕의 열람	어람양안(御覽量案)
행정기관별	군양안, 목양안, 면양안, 리양안, 각 궁의 궁타량성책, 아문둔전의 양안성책
소유권	모택양안(某宅量案), 노비타량성책(奴婢打量成册), 연둔토, 목양토, 사전(寺田)

③ 양안의 등재 내용

고려시대	지목, 전형(토지 형태), 토지소유자, 양전방향, 사표, 결수, 총결수
조선시대	논밭의 소재지, 지목, 면적, 자호, 전형(토지 형태), 토지소유자, 양전방향, 사표, 장광척, 등급, 결부수, 경작 여부 등

④ **신양안** : 1898년 7월 6일 양지아문이 창설된 때부터 1904년 4월 19일 지계아문이 폐지된 기간에 시행한 양전사업[광무연간양전(光武年間量田)]을 통해 만들어진 양안

야초책 (野草册)	• 1필마다 토지측량을 행한 결과를 최초로 기록하는 장부 • 전답과 초가·외가의 구별·배미·양전방향·전답 도형과 사표·실적(實積)·등급·결부·전답주 및 소작인 기록
중초책 (中草册)	• 야초작업이 끝난 후 만든 양안의 초안 • 서사(書使) 1명, 산사(算師) 3명이 종사하고 면도감(面都監)이 감독
정서책 (正書册)	• 광무양안 때 3단계 작업으로 완성한 양안으로 면에서 중초책을 완성하면 읍에서 취합하여 작성, 완성하는 정안(正案)임 • 정안은 3부를 작성하여 1부는 양지아문에, 1부는 도(道)의 감영(監營)에, 1부는 읍(邑)에 보관

⑤ 양안의 특징

  ㉠ 오늘날의 지적공부와 동일한 역할로 토지대장과 지적도 등 내용 수록

  ㉡ 토지소재, 위치, 형상, 면적, 등급, 자호 등을 기재하여 경작면적과 소유자 파악 용이 (과세기초자료)

  ㉢ 사회·경제적 문란으로 인한 토지문제를 해결하는 역할

  ㉣ 토지과세 및 토지소유자의 공시적 기능

  ㉤ 토지거래의 기초자료 및 편리성 제공

ⓗ 20년마다 양전을 실시하여 양안을 작성하도록 규정되어 있으나, 양전에 따른 막대한 비용과 인력이 소요되기 때문에 전국 규모의 양전은 거의 없고, 지역마다 필요에 따라 실시하여 양안을 부분적으로 작성하였다.

ⓘ 현존하는 것으로 경자양안과 광무양안이 있다.

- 충남 부여군 양안의 첫 장
- 내용 : 자호, 번호, 등급, 전형, 각 변의 길이, 면적, 사표, 소유자가 기록되어 있음

| 고종시대 양안 |

기초지식 판적국(版籍局)

경자양안	1719~1920년(숙종)에 작성된 것으로 경상도, 전라도의 것만 규장각에 보관되어 있음
광무양안	• 1899~1901년에 양지아문에서 124군의 양전 실시 • 1902~1903년에 지계아문에서 94군을 실시하여 만든 양안

2) 조선시대의 토지제도

(1) 개요

조선시대의 토지제도는 고려 말의 전제개혁을 승계한 과전법(科田法)의 실시를 기본으로 하였다. 과전법의 취지는 국가가 토지의 회수, 지급의 기능을 계속 보유하여 토지의 사유가 인정되어서는 안 된다는 것이며 국가재정의 가장 중요한 주원인인 공전이 확보되어 규정된 공조율이 유지되도록 하였다. 따라서 조선시대의 토지등록제도는 고려시대의 양전제도가 보다 구체적으로 보완·정비되었으며 종래의 토지제도가 국유 왕토사상에서부터 농민의 토지보유권의 성장과 보유지 처분권의 확립 등 소유에 관한 조문이 공식화되고 양안의 작성과 토지 변동사항의 파악을 위한 개량 및 토지거래를 위한 문기와 이의 실질적 심사권을 행사한 입안절차 등을 통하여 공신력을 부여받도록 노력하였으며 후에 토지제도가 문란해지자 정약용, 서유구, 이이 등은 양전법 개정론을 제기하였으나 공론에 그치고 말았다. 고려 공양왕(고려 말기 1391년)에 발표된 과전법은 조선조 전제의 기본법이 되었다.

(2) 과전법(科田法)

① 고려 말과 조선 초기에 전국에 전답을 국유화하여 백성에게 경작케 하고, 관리들에게 등급에 따라 조세를 받아들일 수 있는 권리를 주던 제도(소유권이 아닌 수조권 지급). 개인 관료에게 분급규정, 1품에서 9품까지 유품관리에서 산직에 이르는 각 관리들을 18과(科)로 나누어 최고 150결에서 10결까지의 과전을 지급하였다. 사전의 지급은 원칙적으로 1대에 한하였으나, 관리가 사인한 뒤 그 처가 재가하지 않는 경우 수신전, 관리와 그 처가 모두 사망하고 유약한 자녀만이 남게 되는 경우 휼양전(恤養田)이란 명목으로 사실상 세습화를 초래하였다.

② 변천과정 : 과전법 → 직전법[直田法 : 세조 11년(1466년)] → 관수관급제(官收官給制 : 성종)
   ㉠ 직접법 : 시관(時官)과 산관(散官)의 문·무 관료(文武官僚)에게 모두 토지를 주어 점차로 세습화된 과전(科田)을 폐지하고 그 대신 산관을 제외한 현직 관료인 시관들에게만 수조지(收租地)를 절급(折給)하기 위한 제도
   ㉡ 관수관급제 : 관리에게 전지를 지급하되 그들이 직접 수조하지 못하게 수조권을 주지 않았다. 조세는 관부에서 징수하여 세액을 빼고 관리에게 지급하여 관리들이 급여받은 토지를 직접 지배할 수 없도록 하였다.

(3) 토지의 유형

조선시대의 토지제도는 공전과 사전으로 구분할 수 있다. 토지에 부과하는 조(組)의 귀속을 기준으로 국가 또는 공공기관이 수조하는 토지는 공전, 개인 또는 사적인 기관에서 수조하는 토지는 사전으로 구분하였다.

공전 (公田)	국가수조지 (國家收租地)	고궁전(庫宮田)	왕실 재정권계 창고(倉庫)와 궁(宮)을 위한 토지(5고 7궁)
		녹봉전(祿俸田)	특별한 공신에게 내리는 토지
		군자전(軍資田) (= 군자위전)	• 중앙, 지방의 해당 창고의 군량축적을 위한 토지 • 군자감창위전 : 중앙에 소속된 토지 • 외군자전 혹은 외군자위전 : 지방에 소속된 토지
		각사위전(各司位田)	중앙관청에서 그 직무에 따라 일정 배정한 위전
	공처절급전 (公處折給田)	제사용전 (祭祀用田)	• 적전(籍田) : 신농(神農), 후직(后稷 : 중국의 순(舜)임금 때에 농사일을 관장하던 관직의 이름)을 제사 지내기 위한 토지 • 제위전(祭位田) : 각종 신사(神社)들에 배정된 위전 • 잡위전(雜位田) : 적전, 제위전 이외의 제사를 위한 토지
		공해전(公廨田)	중앙의 각 관청에 분급된 수조지
		학전(學田)	• 중앙 및 지방의 학교들에 분급한 수조지 • 성균관전(成均館田), 향교전(鄕校田)

		군현전(郡縣田)	주현의 관청·수령 및 서리에 수조한 토지
		역전(驛田)	공적 교통기관에 유지를 위한 토지
		원전(院田)	원(院)에 소속된 국가 토지
		도전(渡田)	진부(津夫)에게 부여된 자경무세지
	공처절급전 (公處折給田)	참전(站田)	• 수운판관에게 준 토지[아록전(衙祿田)과 수부전(水夫田)] • 아록전(衙祿田) : 수령과 도승(渡丞) 및 수운판관(水運判官)에게 지급한 토지 • 수부전(水夫田) : 수군(水軍)·수부(水夫)에게 지급한 토지
		관둔전(官屯田)	해당 기관의 경비 보충을 위한 토지
		수군구분전 (水軍口分田)	특수한 수군에 그 역의 보상으로서 급여한 자경무세지
		향화전(向化田)	외국인에 대한 기한부 면세지(고려 투화전과 같은 것, 단 고려의 투화전은 수조지)
	국둔전(國屯田)		국가적 범위에서의 군수축적을 위한 토지
사전 (私田)	과전(科田)		문·무 양반관료(文·武 兩班官僚)에게 지급된 토지
	직전(職田)		현직 양반관료에게 지급된 토지
	분급사전 (分給私田)	공신전(功臣田)	공신에게 사급된 토지
		별사전(別賜田)	왕의 특명에 따라 수시로 급여한 토지
		친시등과전 (親試登科田)	친시(親試 : 왕의 친림하에 시행되는 과거)에 합격한 자에게 주는 수조지(收租地)
	군전(軍田)		왕실숙위(王室宿衛)의 의무에 대하여 지급한 토지
	사원전(寺院田)		사원에 소속되는 전장 및 기타 토지

자료 : 신광문화사 지적학 p.127 참조 작성

3) 조선시대 토지거래

(1) 문기(文記)

문기는 조선시대의 토지·가옥·노비와 기타 재산의 소유·매매·양도·차용 등 매매계약이 성립하기 위하여 매수인, 매도인 쌍방의 합의 외에 대가의 수수목적물의 인도 시에 서면으로 작성한 계약서로 문권(文券)·문계(文契)라고도 한다. 주로 사적인 문서에 문계라는 용어를 쓰고, 공문서는 공문·관문서·문서라고 표현했다. 문권·문계는 중국·일본에서도 사용한 용어이지만 문기는 우리나라에서만 사용한 독특한 용어이다.

① 문기(文記)의 종류

특정물의 소유증명 [거래 문기]	• 토지(土地)문기 : 토지거래 및 매매 시에 매매계약서로 입안을 받도록 규정하고 있으며 입안을 받아야만 공적으로 인정되는 문서 • 노비(奴婢)문기 : 노비의 매매·양여·상환 등에 관한 문서 • 가사(家舍)문기 • 어장(漁場)문기 • 선척(船隻)문기 • 염분(鹽分)문기
재산 분배와 관련된 문기 [증여문기(贈與文記)]	• 화회(和會)문기 : 재산의 주인이 죽은 후 유족들이 모여 재산을 분배한 서류로 3년상을 마친 후 작성 • 분급(分給)문기 : 재산의 주인이 생전에 가족들에게 재산을 분배해 준 문서 • 깃부(衿付)문기 : 자녀에게 개인별로 분배 몫을 적어 나누어 준 문기 • 별급(別給)문기 : 경축 등의 특별한 사유로 타인에게 재산을 지급·기증한 문기 • 허여(許與)문기 : 특별한 사유 없이 자의로 타인에게 재산을 지급한 문서로 분쟁의 소지가 많아 관의 입안을 받았음
특정 권리나 영업권 등을 매매하는 문기	• 공인(貢人)문기 • 경주인(京主人)문기 • 기인(其人)문기 • 상고주인(商賈主人)문기 • 여객주인(旅客主人)문기 • 여각주인(旅閣主人)문기 • 선주인(船主人)문기 • 감관(監官)문기(궁장토 감관의 권리문기) • 도장(導掌)문기(궁장토 도장권)
관의 증명에 따른 분류	• 공문기(公文記) : 조선시대 관청의 증명을 필요로 하는 문기 • 사문기(私文記) : 조선시대 관청의 증명을 받지 않고 당사자 간에 임의로 작성한 문기
기타 문기	• 전당(典當)문기 : 금선대차 때 재부자가 자기 또는 타인의 소유부동산을 채권자에게 저당함에 그 부동산 문기를 첨부한 차용증서로 저당 수표라고도 한다. • 속신(贖身)·속량(贖良)문기 • 자매(自賣)문기 : 자신 또는 처자를 노비로 파는 문기

② 문기의 내용 : 토지소재지, 사표, 증인, 입회인, 매도 연월일, 매수인, 매매사유, 매매대금의 수취 여부, 담보문언, 권리전승의 유래 등을 기재

③ 문기의 작성
  ㉠ 문기는 당사자들 간에 작성하는 것이 보통이지만 몇 가지는 관의 공증을 거쳐야 했다.
  ㉡ 고려 말·조선 초에 토지와 노비 분쟁이 심해지자 조선 초기에 이들에 대한 공증제도를 강화했다.
  ㉢ 노비문기의 경우 반드시 매매사유, 노비의 전래처를 기록해야 하며, 족친 중에서 현관(顯官)이 아닌 자와 또는 현관이면서 족친이 아닌 자, 이웃 2~3명이 증필(證筆)해 4년 안에 신고하고 입안(入案)을 받아야 했다.

② 토지는 100일 이내에 해야 하며 매매자·매수자·증인은 모두 화압(花押 : 손도장의 일종)을 했다.
　　⑩ 토지거래 관련 문기를 작성할 때 양반은 직접 참여하지 않고 노비에게 위임해 노비의 이름으로 문기를 작성했다.

④ 문기의 특징
　　㉠ 문기는 당사자들 간에 작성하는 것이 보통이지만 몇 가지는 관의 공증을 거쳐야 하는데 이를 관서(官署)문기라고 한다(반대말은 白文記임).
　　㉡ 토지 또는 노비의 매매계약 성립요건으로 매매 사실의 사적공지수단과 증명수단으로 볼 수 있다.
　　㉢ 매매자·매수자·증인은 모두 화압(花押 : 손도장의 일종)을 하므로 입안 청구 및 소송에 있어서 유일한 증거로 제출될 수 있었다.
　　㉣ 토지의 전매(매매)내역을 파악할 수 있었다.
　　㉤ 새 문기 작성에 의해 거래 시 신문기 작성뿐만 아니라 이전에 작성한 문기(구문기)도 함께 양도하였다.
　　㉥ 전매할 때마다 문기가 추가되어 한 토지의 문기가 10통 이상 묶여 있는 경우도 많았다.

(2) 입안(立案)

재산권이나 상속권을 주장하는 데 절대적인 근거가 되었다. 고려시대에도 이 제도가 있었으나 조선시대의 실물이 많이 전하여진다. 「경국대전」에는 토지·가옥·노비는 매매계약 후 100일, 상속 후 1년 이내에 입안을 받도록 되어 있었다. 또 하나의 의미로 황무지 개간에 관한 인허가서를 말한다.

① 근거기록
　　㉠ 경국대전 : 토지·가옥·노비는 매매계약 후 100일, 상속 후 1년 이내에 입안을 받도록 되어 있었다(매매에 관한 증서).
　　㉡ 속대전(續大典) : 한광지처(閒曠之處)에는 기간자(起墾者)로서 주인을 삼는다. 미리 입안(立案)을 얻은 자가 스스로 이를 기간하지 않고 타인의 기간지를 빼앗은 자 및 입안을 사사로이 매매하는 자는 침전전택률로서 논한다(개간지 허가에 관한 증서).

② 입안의 문서 형식
　　㉠ 발급 날짜　　　　　　㉡ 담당관서의 실무자와 책임자 서명
　　㉢ 입안 관서　　　　　　㉣ 입안 발급을 요청하는 소지(所志)
　　㉤ 증명할 내용 기록　　　㉥ 관계 문서
　　㉦ 입안 사실을 명기　　　㉧ 관계인과 증인의 진술

③ 입안의 내용
　㉠ 매매나 상속으로 인한 토지·가옥·노비 및 기타 재산의 소유권 이전
　㉡ 재판 결과(決訟) : 재판의 승소자는 소송사실과 승소내용을 밝힌 입안을 받았다.
　㉢ 양자 입적(立後) : 양자를 들였을 경우 예조에 요청하여 그 사실을 증명 받아야 했다.

④ 개간허가에 관한 입안
　㉠ 속대전(續大典)에 근거 기록이 있음
　㉡ 황무지[한광지(閒曠地)]의 개간에 실지로 노력을 들인 자를 보호하여 소유권을 취득시키는 것을 원칙으로 하였다.
　㉢ 개간권리(입안)를 받아 남몰래 매매하는 사례도 있었다.
　㉣ 미리 개간허가만 받아놓고 그냥 내버려 두었다가 타인이 이를 개간하면 그때 비로소 자기가 개간허가를 받았다는 구실로 그 개간지를 빼앗은 예도 적지 않았다.

(3) 백문매매(白文賣買)

토지거래증서는 동서양을 막론하고 고대에서부터 작성되어 활용되어 왔으며 우리나라의 경우 현존하는 서류로 "신라장적문서"가 있다. 조선시대까지의 토지거래증서로서는 양안, 입안, 문기가 있으며 문기는 상속 및 증여 소송 등의 문서로서 권리변동의 효력을 발생하며 확정적 효력을 가지고 있으며 권리자임을 증명하는 권원증서이다. 백문매매는 문기의 일종으로 입안을 받지 않는 매매계약서를 일컫는 말이다.

① 문기의 내용
　㉠ 매수인　　　　　　　　　㉡ 토지소재지
　㉢ 매도의 연월일　　　　　　㉣ 권리전승의 유래
　㉤ 매매의 이유　　　　　　　㉥ 담보문언
　㉦ 매매대금의 수취 여부　　　㉧ 입회인
　㉨ 사표　　　　　　　　　　㉩ 증인 등 기재

② 문기의 작성
　㉠ 매수인, 매도인 쌍방의 합의 외에 대가의 수수목적물의 인도 시에 서면으로 계약서를 작성한다.
　㉡ 문기의 작성은 매매 당사자와 증인, 집필인이 작성한다.
　㉢ 구두에 의한 계약의 경우도 후에 문기를 작성한다.
　㉣ 구문기를 분실 또는 오손한 경우에는 그 사실을 증명하는 관의 입안 또는 입지를 성급 받아 문기를 작성한다.

③ 특징
　　㉠ 숙종 16년에는 토지매매문기에 입안을 받지 않는 문기로 효력이 인정되지 않았다.
　　㉡ 매매계약의 성립요건이며 공시수단임과 동시에 증명수단으로 볼 수 있다.
　　㉢ 문기는 입안 청구 및 소송에서 유일한 증거로 활용되었다.

4) 양전개정론(量田改正論)

(1) 정약용(丁若鏞, 1762~1836년) : 목민심서(牧民心書)
① 양전법 개정을 위해 정전제(井田制)의 시행을 전제로 하는 방량법과 어린도법의 시행을 주장
② 결부제를 경무법으로 고칠 것
③ 일자오결법, 사표법의 부정확성을 시정하기 위한 어린도 작성
④ 진기를 정확히 파악하기 위해 정전제나 어린도와 같은 국토의 조직적인 관리가 필요
⑤ 연사의 풍흉을 조사하는 데는 어린도를 세고하면 부정 방지할 수 있을 것
⑥ 나라 안의 전을 정방형으로 구분하여 사방이 백 척으로 된 정방형의 1결 형태로 작성

(2) 서유구(徐有榘, 1764~1845년) : 의상경계책(擬上經界策)
① 결부제 폐지, 어린도 작성, 구고삼각법에 의한 양전수법십오제 마련
② 양전법을 방량법과 어린도법으로 개정되어야 한다고 주장
③ 양전을 조직적, 하나의 원칙으로(전 국토를) 시행하기 위해 양전사업을 전담하는 전문 관사 설치 주장

(3) 이기(李沂, 1848~1909년) : 해학유서(海鶴遺書)
① 수등이척법(隨等異尺法)에 대한 개선으로 망척제(網尺制) 주장
② 도면의 필요성 강조, 정방향의 눈들을 가진 그물을 사용(망척제)
③ 전형(방전, 직전, 구고전, 규전, 제전)에 구애됨 없이 그물 한눈 한눈에 들어오는 것을 계산하도록 함

(4) 유길준(俞吉濬, 1856~1914년) : 서유견문(西遊見聞)
① 양전 후 지권을 발행. 리 단위 지적도 작성[전통도(田統圖)]
② 재정개혁을 위한 방안으로 지조 개정을 주장하였으나 시행되지 못함
③ 면장 밑에 호통장과 지통장을 두어 호통장이 호구, 지통장이 전제를 관장케 하고, 군에는 군감 밑에 호통감과 지통감을 두어 지통감이 양전업무를 관장케 하라고 주장
④ 측량을 하여 전국의 지적도를 마련한 후 지방관들이 매년 이를 조사하고 주에서는 5년에 한 번씩 개정, 호부에서는 10년에 한 번씩 개정
※ 이익의 균전론 : 실학자 이익(성호)이 주장한 토지개혁론으로, 국가에서 한 집에 필요한 평수를 정하여 농사를 짓도록 토지를 나누어 주던 제도

참고

구분	정약용(丁若鏞)	서유구(徐有榘)	이기(李沂)	유길준(俞吉濬)
양전 방안	• 결부제 폐지, 경무법으로 개혁 • 양전법안 개정		수등이척제에 대한 개선책으로 망척제를 주장	전 국토를 "리" 단위로 한 田統制(전통제)를 주장
특징	• 어린도 작성 • 정전제 강조 • 전을 정방향으로 구분 • 휴도 : 방량법의 일환으로 어린도의 가장 최소단위로 작성된 지적도	• 어린도 작성 • 구고삼각법에 의한 양전수법십오제를 마련	• 도면의 필요성을 강조 • 정방형의 눈들을 가진 그물눈금을 사용하여 면적 산출(망척제)	• 양전 후 지권을 발행 • 리 단위의 지적도 작성(전통도)
저서	목민심서(牧民心書)	의상경계책(擬上經界策)	해학유서(海鶴遺書)	서유견문(西遊見聞)

망척제 (罔尺制)	• 수등이척제((隨等異尺制)에 대한 개선으로 전을 측량할 때에 정방향의 눈을 가진 그물을 사용하고 그물 속에 들어온 그물눈을 계산하여 면적을 산출하는 방법이다. • 방, 원, 직 호형(弧形)에 구애됨이 없이 그물 한눈 한눈에 들어오는 것을 계산하도록 하였다.
수등이척제 (隨等異尺制)	• 조선시대의 첫 측량제도인 양전법(量田法)에 전품(田品)을 상·중·하의 3등급으로 나누어 척수(尺數)를 각각 다르게 계산하기 위해 사용했던 제도 • 상등전(上等田)의 척수는 농부수(農夫手)로 20뼘(指), 중등전(中等田)의 척수는 25뼘, 하등전(下等田)의 척수는 30뼘(指)으로 등급에 따라 타량(打量)하였다. • 이는 원시적인 방법으로 세종 25년 전제정비(田制整備)를 위해 임시관청인 전정제상정소(田制詳定所)를 설치하고 세종 26년에 전을 6등급으로 나누고 각 등급마다 척수를 달리하여 타량하였다. • 효종 4년 전품(田品)이 6등급 6종의 양전척(量田尺)으로 측량하던 수등이척의 양전제를 고쳐서 1등납의 양전적 길이로 통일하여 양선하도록 개정하였다.
어린도 (魚鱗圖)	일정한 구역의 전체 토지를 세분한 지적도의 모양이 물고기의 비늘이 연속적으로 잇닿아 있는 것 같아 붙여진 명칭으로 정확하게는 어린도책 앞에 있는 지도를 의미하나 일반적으로 어린도책과 같은 의미로 쓰인다.
여전법	• 주나라의 제도를 개정하여 정약용이 주장 • 산곡과 천원의 지세를 기준으로 구역을 획정하고, 그 경계선 안에 포괄되어 있는 지역을 1여로 한다. • 여 여섯을 합쳐서 이, 이 다섯을 합쳐서 방, 방 다섯을 합쳐서 읍이라 한다. • 여에는 여장을 두었으며 1여의 토지는 1여의 인민으로 하여금 공동으로 경작하도록 하였다. • 수확물은 공가에 바치는 세를 먼저 제하고 여장의 봉급을 제한 후 일역부에 기록된 노동량에 따라 여민에게 분배하는 제도이다.
전통도 (田統圖)	• 유길준이 저서 〈지제의〉에서 주장한 리 단위 지적도이다. • 전통마다 각각 자호를 매겼다. • 토지의 비옥도에 상관없이 주척 1척을 기준으로 양전을 하도록 주장하였다. • 전국의 토지를 정확하게 파악함에 따라 가경면적과 과세면적의 확보가 가능할 것으로 판단하였다.

휴도 (畦圖)	• 어린도의 가장 최소단위로 작성한 도면이다. • 도면 제작에 있어서 자오선 개념을 도입하였다. • 전국 농지의 정확한 파악을 위하여 작성한 것으로 방량(方量)으로 확정된 휴전(畦田)을 작성하였다. • 휴는 묵필로 자오선을 기준으로 그어지는 경위선으로 그 경계를 구획하였다. • 휴 내의 25개 묘도 각각 1구로써 경위선을 구획하였다. • 묘 내에 전답의 매 필지는 주필점선으로 구획하였다.

③ 구한국정부시대(대한제국시대)

광무(光武) 원년(1897년)에 고종은 광무라는 원호를 사용하여 국호를 대한제국으로 고쳐 즉위하고 양전·관계발급사업을 실시하였다. 광무 2년(1898년) 7월에 칙령 제25호로 양지아문 직원 및 처무규정을 공포하여 비로소 독립관청으로 양전사업을 위하여 양지아문을 설치하여 지적업무는 판적국에서 실시하고 지적이란 용어가 최초로 사용되었다.

1) 양지아문(量地衙門)

양지아문은 광무 2년(1898년) 7월에 칙령 제25호로 양지아문 직원 및 처무규정을 공포하여 비로소 독립관청으로 양전사업을 위하여 설치되었다. 양전사업에 종사하는 실무진으로는 양무감리, 양무위원, 조사위원 및 기술진이 있었다.

양전과정은 측량과 양안 작성과정으로 나누어지는데 양안 작성과정은 야초책(野草冊)을 작성하는 1단계, 중초책을 작성하는 2단계, 정서책으로 완성시키는 3단계로 나누어 진행하였으나 광무 5년 (1901년)에 이르러 전국적인 대흉년으로 일단 중단하게 되었다.

소유권 이전을 국가가 통제할 수 있는 장치로서 조선시대 시행하였던 입안(立案)에 대신하여 지계를 발행하는 제도를 채택하였다.

▶ 양안 작성과정

야초책 (野草冊)	• 1필마다 토지측량을 행한 결과를 최초로 기록하는 장부 • 전답과 초가·외가의 구별·배미·양전방향·전답 도형과 사표·실적(實積)·등급·결부·전답주 및 소작인 기록
중초책 (中草冊)	• 야초작업이 끝난 후 만든 양안의 초안 • 서사(書使) 1명, 산사(算師) 3명이 종사하고 면도감(面都監)이 감독
정서책 (正書冊)	• 광무양안 때 3단계 작업으로 완성한 양안으로 면에서 중초책을 완성하면 읍에서 취합하여 작성, 완성하는 정안(正案)이다. • 정안은 3부를 작성하여 1부는 양지아문에, 1부는 도(道)의 감영(監營)에, 1부는 읍(邑)에 보관하였다.

(1) 대한제국의 양전사업 관련 조직

양지아문 (量地衙門)	본부	총재관(總裁官)	양지아문 소속의 모든 사무 총관
		부총재관(副總裁官)	총재관 보좌, 양지아문 사무 정리
		기사원(記事員)	해당 아문의 일반서무 담당
		서기(書記)	해당 아문의 일반서무 담당
		고원(雇員)	여러 가지 잡역에 종사
		사령(使令)	여러 가지 잡역에 종사
		방직(房直)	여러 가지 잡역에 종사
	실무진	양무감리(量務監理)	각 지방에서 양전사무를 주관하고, 책임하에 양전 실시(도에 파견)
		양무위원(量務委員)	양전과 양안 작성의 업무수행(군에 파견)
		조사위원(調査委員)	양안의 세밀한 조사
	기술진	수기사(首技師)	양지아문령을 준수하여 양지사무 수행
		기수보(技手補)	수기사의 지휘하에 양전사무에 종사
		학원(學員)	측량의 실무에 종사
내부(內部)		토목국(土木局)	토지측량, 토지수용에 관한 사항 관장
		판적국(版籍局)	호구문서 · 지적 · 관유지 처분과 관리 · 관유지의 명목 등을 변경시키는 일에 관한 사항 관장
도지부 (度支部)		사세국(司稅局)	전세 · 유세지 조사, 지세의 부과 징수
농상공부 (農商工部)		농무국(農務局)	농업토목, 삼림시설병삼구역 및 경계조사
		광산국(鑛山局)	토성조사, 지형측량, 지질도, 토성도, 실측 지형도 등 작성

(2) 양지아문의 특징
① 양안에 기록된 전답도형 표기법은 토지 실상을 한층 효과적으로 파악
② 전답 도형을 설정하여 전답 형상과 위치를 쉽게 알 수 있도록 함
③ 각 토지에 실적수를 기입하여 절대면적을 표시
④ 매 필지마다 토지면적을 확정

(3) 양지아문의 대상
① 각 도에 양무감리를 두었으며 양무위원을 각 군에 파견, 견습생을 대동 양전 실시
② 전국에 전, 답, 화전, 가사, 염전까지 조사
③ 국세조사와 소유권에 대한 국가관리라는 차원에서 소유자 파악 시도
④ 무지주 없이 전국 부동산에 대한 소유자 파악

(4) 양지아문의 토지측량

① 개별 토지측량 후 소유권과 가사, 국가가 추인하는 사정과정을 절차로 함
② 개별 토지의 모습과 경계를 가능한 한 정확히 파악하여 장부에 등재
③ 근대적 토지측량제도를 도입, 전국의 토지를 측량하는 사업 추진
④ 양무감리는 각 도에, 양무위원은 각 군에 파견, 견습생을 대동하여 측량
⑤ 종래의 자호 지번제도를 그대로 적용
⑥ 토지 파악 단위는 결부제 채용
⑦ 양안은 격자양전 당시의 전답형 표기. 방형, 직형, 제형, 규형, 구고형 등 11가지 전답 도형을 사용하여 적용

2) 지계아문(地契衙門)

지계아문의 사업은 성격상 양지아문과 밀접한 관계가 있었고 지계발행사업의 방대함에 비추어 지계아문만이 전국의 지계사업을 전담하기에 벅찼다. 그래서 1902년 3월에 지계아문과 양지아문을 통합하였다. 즉, 지계가 발행되기 위해서는 토지대장에 의한 토지소유권자의 확인이 필요하여 양전의 시행은 지계의 시행과 병행되어야 했다. 기구의 통합과 업무의 통합도 이루게 되어 지계발행과 양전을 새 통합기구인 지계아문에서 수행하게 되었다.

러일전쟁에 의한 일본 군대의 주둔과 제1차 한일 협약을 강요당하게 되어 지계발행은 물론 양전사업마저도 중단되고 말았으며, 새로 탁지부에 양지국을 신설하여 양전업무를 담당시키고 지계발행 업무는 그 업무의 완료와 함께 당해 군으로 인계하여 1904년 4월 19일 지계아문은 폐지되었다.

(1) 목적

① 국가의 부동산에 대한 관리체계 확립
② 지가제도 도입
③ 지주납세제 실현
④ 일본인의 토지 잠매 방지

(2) 업무

① 지권(地券)의 발행과 양지 사무를 담당하는 지적중앙관서
② 관찰사가 지계감독사 겸임
③ 각 도에 지계감리를 1명씩 파견하여 지계발행의 모든 사무 관장
④ 1905년 을사조약 체결 이후 "토지가옥 증명규칙"에 의거 실질심사주의를 채택하여 토지가옥의 매매·교환·증여 시 "토지가옥 증명대장"에 기재하여 공시하였다.
⑤ 양안을 기본대장으로 사정을 거쳐 관계를 발급했다.

(3) 토지측량
　① 지계아문의 사업은 강원도, 충청도, 경기도 지역에서 시행
　② 양전과 관계사업은 대개 지계위원 혹은 사무원을 동원하여 실시
　③ 토지형상은 실제농지형태와 부합되게 다양한 형태로 양안에 등록
　④ 대한민국전답관계(大韓民國田畓官契)라는 지권 발급
　⑤ 종전 양안의 자호순서, 필지수, 양전방향 등을 그대로 준수

(4) 관계 발급
　① 1901년 지계아문을 설치하여 각 도에 지계감리를 두고 "대한제국전답관계"라는 지계 발급
　② 지계 발급대상은 전, 답, 산림, 천택, 가사의 소유권자는 의무적으로 관계 발급
　③ 전답의 소유주가 매매, 양여한 경우 관계(官契) 발급
　④ 구권인 매매문기를 강제적으로 회수하고 국가가 공인하는 계권 발급
　⑤ 관계의 발행은 매매 혹은 양여 시에 해당되며 전질(典質)의 경우에도 관의 허가를 받도록 함
　⑥ 지계는 양면 모두 인쇄된 것으로 이면에는 8개항의 규칙을 기록함
　⑦ 가계는 가옥의 소유에 대한 관의 인증, 지계는 전답의 소유에 대한 관의 인증으로 입안의 근대화로 볼 수 있음
　⑧ 충남, 강원도 일부에서 시행하다 토지조사의 미비, 인식 부족 등으로 중지됨
　⑨ 1904년 탁지부 양지국으로 흡수 축소되고 지계아문은 폐지됨
　⑩ 가계는 지계보다 10년 앞서 시행하였는데 지계와 같이 앞면에 가계문언이 인쇄되고 끝부분에 담당관, 매매당사자, 증인들의 서명, 당상관의 화압이 기재되었으며 뒷면에는 가계제도의 규칙이 인쇄됨
　⑪ 1905년 을사조약 체결 이후 "토지가옥증명규칙"에 의거하여 토지가옥의 매매・교환・증여 시에 토지가옥증명대장에 기재공시하는 실질심사주의를 채택

3) 양지국과 양지과

1904년 4월 19일 칙령 제11호로 탁지부 양지국 관제가 공포되었다. 이 양지국은 지계아문의 양전 기능과 기구만을 계승하여 상설기구로 설치된 것이며, 활발한 업무처리 없이 지계아문이 하던 일의 뒷마무리 처리에 불과했던 것으로 국내 토지측량에 관한 사항, 전답, 가사, 산림, 천택(川澤) 등에 관한 업무를 취급하였다. 설치 후 1년 뒤인 1905년 2월 탁지부 사세국에 양지과가 설치되어 흡수되었다.

탁지부 사세국 양지과에서 1908년 서울의 용산 시가지를, 1907년에는 대구 시내를, 1908년에는 평양시내와 전주 부근의 일부를 측량하였으며, 토지조사의 경험을 얻을 목적으로 경기도 부평군 일부 지역에서 1909년 11월 17일부터 1910년 2월 4일까지는 예비조사를 실시하고 1909년 11월 20일부터 1910년 2월 20일까지는 측량을 실시하였다.

4) 토지조사국

구한국 정부는 1910년 3월 15일 토지조사국을 설치하고 토지조사 및 측량에 관한 사항을 취급토록 하였다. 토지조사사업의 계획은 7년 8개월의 계속 사업으로 추진하고 측량업무는 대삼각측량, 소삼각측량, 도근측량, 세부측량의 4종으로 세분하여 추진하였다. 본 사업의 사무원 및 기술원 양성을 위하여 한성고등학교, 한성외국어학교 및 대구, 평양, 전주, 함흥의 각 도립 실업학교에 별과를 특설하여 기술원을 양성하였다. 토지조사국은 설치한 이래 6개월 반 만인 1910년 8월 29일 일제에 의한 국권 피탈(被奪)로 별다른 실적을 거두지 못하고 조선총독부 소속으로 개편되었다.

5) 가계(家契)와 지계제도(地契制度)

(1) 가계제도(家契制度)

가계는 가옥 소유에 대한 관의 인증이며, 즉 가옥 소유권 증명문서로 가권이라고도 하였다. 가옥을 매매 등으로 양도할 때에 발급하고 고종 30년에 한성부에서 처음으로 발급된 이래 개항지, 개시지(開市地)에서도 발급하였다. 가계제도는 소유권의 증명을 위한 근대적 제도였다.

① 1893년 서울에서 최초로 발급하여 점차 다른 도시로 파급되었다.
② 가옥 매매 시 구권을 반납하고 신권을 발급하도록 하였다.
③ 개항 시 개시지(開市地)에서도 발급하였다.
④ 1906년 가계발급규칙을 정하고 서울 · 개성 · 인천 · 수원 · 평양 · 대구 · 전주 등에서 시행하였으며, 토지가옥증명규칙 발효로 가계제도는 폐지되었다.

(2) 지계제도(地契制度)

지계는 전답의 소유에 대한 관의 인증으로 입안의 근대화로 볼 수 있으며 1901년 대한제국에서 과도기적으로 시행한 제도로 지계아문을 설치하고 각 도에 지계감리를 두어 "대한제국전답관계(大韓帝國田畓官契)"라는 지계를 발급하였다.

① 1883년 「인천항 일본거류지 차입약서」에 지권을 교부하도록 하였으며, 이것이 지계의 효시이다.
② 지계아문에서 토지의 측량과 지계를 발급하였다.
③ 지계는 과거 입안과 같은 공증제도로 전답의 소유에 대한 관의 인증을 실시하였다.
④ 지계 발급의 3단계
  ㉠ 제1단계 : 양전사업
  ㉡ 제2단계 : 양전 당시 양안에 게재된 소유자와 현재 실소유자와 일치 확인과정(사정)
  ㉢ 제3단계 : 사정의 내용에 기초하여 관계 발급
⑤ 지계에는 양면이 모두 인쇄되고 8개항 규칙이 기록됨

기초지식 대한제국전답관계(大韓帝國田畓官契)

대한제국은 국가 세원 확보와 토지소유자 파악을 위하여 갑오개혁 이후로 양전사업을 위한 기관의 설치와 폐쇄를 거듭하였는데 1901년 지계아문을 설치하여 지권(地券)의 발행 및 양지 사무를 하도록 하였다. 지계아문은 지권인 대한제국전답관계(大韓帝國田畓官契)는 토지문서로서 강원도, 충청도, 경기도지역에서 시행하였다.

1. 지권의 발행 주장
   ① 유길준은 1891년 저서 〈지제의(地制議)〉에서 지권발행을 주장
   ② 양식인 〈전지문권도식〉까지 제시하였으나 조정에서 수용하지 아니함
2. 전답관계

관장기관 및 조직	① 지계아문에서 업무를 총괄하였다. ② 관찰사를 지계감독사와 겸임하도록 하였다. ③ 각 도에 지계감리를 두어 "전답관계"를 발급하였다.

구성	① 전면에 '대한제국전답관계'가 오른쪽부터 왼쪽으로 인쇄되어 있다.
	② 사이에 태극문양이 새겨져 있다.
	③ 모두 17칸이며 내용은 한글과 한자를 혼용하여 종(縱)으로 적었다.
	④ 기록내용은 토지의 자호(字號), 면적(두락, 결부속), 사표, 시주, 가격(價格), 매주(賣主), 보증인 등이다.
	⑤ 뒷면에 8개 조항이 기재되어 있다.
	  • 대한제국 인민이 전답을 소유하면 필히 지계아문에서 관계를 발급받아야 한다.
	  • 이전의 문서는 무효로 한다.
	  • 토지의 매매나 양도 시 지방관청의 허가를 득해야 한다.
	  • 허가를 득하지 아니한 경우 매매나 양도계약이 성립되지 않아 원소유자가 소유권을 가진다.
	  • 토지매매 시 토지가격의 1/100을 해당 관청에 납부하여야 한다.

특징	① 지권(地券)으로 한국 최초로 인쇄된 토지문서이다.
	② 같은 것이 3쪽인데 하나는 지계아문에 하나는 소유자에게 하나는 지방관청 지계감리에 보관한다.
	③ 강원도, 충청남도, 경기도 일부에서 시행되었다.
	④ 전답관계는 조선시대의 토지대장, 즉 양안(量案)과 토지매매문서의 주요 내용을 결합하였다.
	  • 사표(四表)와 토지 등급 : 양안
	  • 매주(賣主)와 보증인의 이름과 주소 및 구입 당시의 토지 가격 : 매매문서

CHAPTER 03 예상문제

01 다음 중 고려시대의 지적관리 기구에 해당하지 않는 것은?
① 판적사
② 정치도감
③ 급전도감
④ 절급도감

해설
고려시대의 지적업무는 전기에는 호부, 후기에는 판도사에서 담당하였으며 지적 관련 임시부서로는 급전도감, 방고감전도감, 정치도감, 화자거집, 전민추고도감 등이 있었다.

02 다음 중 조선시대에 양전법의 개정을 주장한 사람이 아닌 것은?
① 이기
② 서유구
③ 정약용
④ 정도전

해설
양전개정론
19세기를 전후로 해서 양전법 개정에 대하여 방안을 제시한 사람은 정약용, 서유구, 이기 등이다.

03 다음 중 가계(家契)제도와 지계(地契)제도에 대한 설명이 틀린 것은?
① 지계제도에서 전답을 매매하는 경우는 관계(官契)를 받아야 한다.
② 지계는 외국인의 토지 소유를 장려하는 조항을 삽입하고 있다.
③ 지계는 본질적으로 입안과 같은 것으로 근대화된 것이다.
④ 가계제도는 지계제도보다 10년 앞서 시행되었다.

해설
1. 지계제도
 지계는 전답의 소유에 대한 관의 인증으로 입안의 근대화로 볼 수 있으며 1901년 대한제국에서 과도기적으로 시행한 제도로 지계아문을 설치하여 지계를 발급하였다.
2. 지계아문
 1) 1901년 지계아문을 설치하여 각 도에 지계감리를 두어 "대한제국전답관계"라는 지계를 발급
 2) 전답의 매매, 양여 시 소유주는 반드시 "관계"를 받도록 함
 3) 지계는 양면 모두 인쇄된 것으로 이면에는 8개항의 규칙을 기록함
 4) 가계는 가옥의 소유에 대한 관의 인증, 지계는 전답의 소유에 대한 관의 인증으로 입안의 근대화로 볼 수 있다.

정답 01 ① 02 ④ 03 ②

5) 충남, 강원도 일부에서 시행하다 토지조사의 미비, 인식부족 등으로 중지되었다.
6) 1904년 탁지부 양지국으로 흡수 축소되고 지계아문은 폐지되었다.
7) 가계는 지계보다 10년 앞서 시행하였는데 지계와 같이 앞면에 가계문언이 인쇄되고 끝부분에 담당관, 매매당사자, 증인들의 서명, 당상관의 화압이 기재되었으며, 뒷면에는 가계제도의 규칙이 인쇄되었다.
8) 1905년 을사조약 체결 이후 "토지가옥증명규칙"에 의거하여 토지가옥의 매매·교환·증여 시에 토지가옥증명대장에 기재공시하는 실질심사주의를 채택하였다.

04 신라시대에 시행한 토지측량 방식으로 토지를 여러 형태로 구분하여 측량하기 쉽도록 하였던 것은?

① 경무법 ② 연산법 ③ 결부제 ④ 구장산술

해설

구장산술
1. 구장산술의 특징
   1) 저자 및 편찬연대 미상인 동양 최고의 수학서적
   2) 시초는 중국으로 원, 명, 청, 조선을 거쳐 일본에까지 영향을 미침
   3) 삼국시대부터 산학관리의 시험 문제집으로 사용
   4) 수학의 내용을 제1장 방전부터 제9장 구고장까지 분류함
   5) 고대 농경사회의 수확량측정 및 토지를 측량하여 세금부과에 이용
   6) 특히 제9장 구고장은 토지의 면적계산과 측량술에 밀접한 관련이 있음
   7) 고대 중국의 일상적인 계산법이 망라된 중국수학의 결과물
2. 우리나라의 구장산술
   삼국시대부터 구장산술을 이용하여 토지를 측량하였으며 화사(畵使)가 회화적으로 지도나 도면을 만들었다.

05 고려 초기의 기록상으로 남아 있는 우리나라 최초의 토지조사측량자는?

① 송량경 ② 봉휴 ③ 산사 ④ 판도사

해설

이 고문서(정도사 형지기)의 내용은 토지의 조사, 토지대장의 작성, 그의 보관 등에 관한 일련의 토지 측(양전) 과정을 보여 주는 것으로 고려초기의 귀중한 자료이다. 탑지의 내용과 같이 2회에 걸친 조사에서 알 수 있는 것은 산사(천달)를 대동한 양전사의 중앙에서의 파견은 이미 고려초기부터 양전이 엄격히 실시되고 있었다는 것을 보여 주고 있다.
여기에는 또 실제 토지조사와 측량에 참가한 사람의 직과 이름이 기재되어 있는데 기록상으로는 광종 6년 송량경이 우리나라 최초의 토지조사측량자였으며 1년 후인 광종 7년에는 양전사 예언, 하전 봉휴, 산사 천달 등이 토지의 측량에 참가하였던 것을 알 수 있다.

정두사 5층 석탑에서 나온 조성형지기

06 지목을 지적도면에 등록하는 부호의 연결로 옳은 것은?
① 유원지 – 유
② 주차장 – 주
③ 공원 – 공
④ 하천 – 하

> **해설**

지목	부호	지목	부호	지목	부호	지목	부호
전	전	대	대	철도용지	철	공원	공
답	답	공장용지	공	제방	제	체육용지	체
과수원	과	학교용지	학	하천	천	유원지	원
목장용지	목	주차장	차	구거	구	종교용지	종
임야	임	주유소용지	주	유지	유	사적지	사
광천지	광	창고용지	창	양어장	양	묘지	묘
염전	염	도로	도	수도용지	수	잡종지	잡

07 다음 중 지목이 잡종지에 해당하지 않는 것은?
① 황무지
② 모래땅
③ 자갈땅
④ 야외시장

> **해설**

임야
산림 및 원야(原野)를 이루고 있는 수림지(樹林地)·죽림지·암석지·자갈땅·모래땅·습지·황무지 등의 토지

잡종지(雜種地)
다음 각 목의 토지. 다만, 원상회복을 조건으로 돌을 캐내는 곳 또는 흙을 파내는 곳으로 허가된 토지는 제외한다.
- 갈대밭, 실외에 물건을 쌓아두는 곳, 돌을 캐내는 곳, 흙을 파내는 곳, 야외시장 및 공동우물
- 변전소, 송신소, 수신소 및 송유시설 등의 부지
- 여객자동차터미널, 자동차운전학원 및 폐차장 등 자동차와 관련된 독립적인 시설물을 갖춘 부지
- 공항시설 및 항만시설 부지
- 도축장, 쓰레기처리장 및 오물처리장 등의 부지
- 그 밖에 다른 지목에 속하지 않는 토지

08 고려시대에 양전을 담당한 중앙기구로서의 특별관서가 아닌 것은?
① 급전도감
② 정치도감
③ 절급도감
④ 사출도감

> **해설**

고려시대의 지적업무는 전기에는 호부, 후기에는 판도사에서 담당하였으며 지적 관련 임시부서로는 급전도감, 방고감전도감, 정치도감, 화자거집, 전민추고도감 등이 있었다.

정답 06 ③ 07 ④ 08 ④

고려시대 토지제도의 특징
- 고려시대 길이의 단위는 척이며 면적의 단위는 경무법(초기), 결부제(후기)를 사용
- 고려 초기 중기에는 양전척을 사용
- 고려 말에는 전품을 상중하의 3등급으로 척수로 다르게 수등이척제를 사용
- 전지측량을 단행함으로써 토지제도와 지적제도("도행"이나 "작"이라는 토지대장)를 정비
- 지적 관리 기구로는 중앙에 호부(戶部)와 특별 관서로 급전도감, 정치도감 등을 두었다.
- 양안과 입안제도를 실시하였고 사표제도가 있었다.

09 백문매매(白文賣買)에 대한 설명으로 옳은 것은?

① 오늘날의 토지대장에 해당한다.
② 입안을 받지 않은 계약서를 말한다.
③ 조선건국 초기에 성행되었던 토지등기제도의 일종이다.
④ 구문기에서 소유자란이 없는 것을 뜻한다.

해설

백문매매는 입안을 받지 않은 매매계약서를 말한다.

10 조세, 토지관리 및 지적사무를 담당하였던 백제의 지적 담당기관은?

① 조부   ② 내두좌평
③ 공부   ④ 호조

해설

- 백제의 지적사무 담당 : 내두좌평 직할
- 산학박사 : 지적과 측량 담당
- 산사 : 측량법 시행
- 화사 : 지적도면 작성

11 일본의 지적 관련 법령으로 옳은 것은?

① 지적법   ② 부동산등기법
③ 국토기본법   ④ 지가공시법

12 토지대장과 임야대장에 등록하여야 할 사항이 아닌 것은?

① 지목   ② 면적
③ 소유권 지분   ④ 지번

정답 09 ② 10 ② 11 ② 12 ③

해설

토지대장 등의 등록사항(공간정보의 구축 및 관리 등에 관한 법률 제71조)
① 토지대장과 임야대장에는 다음 각 호의 사항을 등록하여야 한다.
  1. 토지의 소재
  2. 지번
  3. 지목
  4. 면적
  5. 소유자의 성명 또는 명칭, 주소 및 주민등록번호(국가, 지방자치단체, 법인, 법인 아닌 사단이나 재단 및 외국인의 경우에는 「부동산등기법」 제49조에 따라 부여된 등록번호를 말한다. 이하 같다)
  6. 그 밖에 국토교통부령으로 정하는 사항

13 지적에 관련된 행정조직으로 중앙에 주부(主簿)라는 직책을 두어 전부(田簿)에 관한 사항을 관장하게 하고 토지측량 단위로 경무법을 사용한 국가는?

① 백제　　② 신라　　③ 고구려　　④ 고려

해설

구분	고구려	백제	신라
길이단위	• 척(尺)단위를 사용 • 고구려 척	• 척(尺) 단위를 사용 • 백제척, 후한척, 남조척, 당척	• 척(尺) 단위를 사용 • 흥아발주척, 녹아발주척, 백아척, 목척
면적단위	경무법(경묘법)	두락제와 결부제	결부제
토지장부	봉역도 및 요동성총도	도적, 일본에 전래 능역도	장적(방전, 직전, 제전, 규전, 구고전, 원전, 호전, 환전)
측량방식	구장산술	구장산술	구장산술
토지담당 (부서 · 조직)	• 부서 : 주부 • 실무조직 : 사자	• 내두좌평 산학박사 : 지적 · 측량 담당 • 화사 : 도면작성 • 산사 : 측량시행	• 조부 : 토지세수 파악 • 산학박사 : 토지측량 및 면적측정
토지제도	토지국유제 원칙	토지국유제 원칙	토지국유제 원칙

14 통일신라시대 촌락단위의 토지 관리를 위한 장부로 조세의 징수와 부역(賦役)징발을 위한 기초자료로 활용하기 위한 문서는?

① 결수연명부　　② 장적문서　　③ 지세명기장　　④ 양안

해설

신라의 장적문서는 국가 세금징수를 목적으로 작성된 장부이며 지적공부 중 토지대장의 성격을 가지고 있는 현존하는 가장 오래된 문서 자료이다.
1. 장적문서는 1933년 일본에서 처음 발견되었는데 이 장부의 명칭은 장적문서, 민정문서, 장적, 촌락문서, 촌락장적 등 다양하게 불리고 있다.
2. 장적문서는 촌민지배 및 과세를 위하여 촌 내의 사정을 자세히 파악하여 문서로 작성하는 치밀성을 보이고 있다.

정답　13 ③　14 ②

3. 장적문서의 작성은 매 3년마다 일정한 방식에 의하여 기록하였고 발견된 문서에는 현재 신라 서원경 부근 4개 촌락에 대하여 촌락단위의 호주, 토지, 우마, 수목 등을 집계한 당시의 종합정보대장이었다.
4. 기재사항
   1) 촌명 및 촌락영역
   2) 호구수 및 우마수
   3) 토지종목 및 면적
   4) 뽕나무, 백자목, 추자목(호두나무)의 수량
   5) 호구의 감소, 우마의 감소, 수목의 감소 등을 기록

15 경국대전의 매매한에 따르면 토지와 가옥의 매매 시 얼마 이내에 입안을 받아야 한다고 규정하고 있는가?

① 1개월 ② 3개월 ③ 100일 ④ 150일

해설

1. 입안 : 토지매매를 증명하는 문서로 재산권이나 상속권을 주장하는 데 절대적인 근거가 되었다. 고려시대에도 이 제도가 있었으나 조선시대의 실물이 많이 전하여진다.
   1) "경국대전"에는 토지, 가옥, 노비는 매매 계약 후 100일, 상속 후 1년 이내에 입안을 받도록 되어 있다. 또 하나의 의미로 황무지 개간에 관한 인·허가서를 말한다.
   2) 입안 : 입안은 토지가옥의 매매를 국가에서 증명하는 제도로서, 현재의 등기권리증과 같다.
2. 문기 : 문기란 토지가옥의 매매 시에 매도인과 매수인의 합의 외에도 대가의 수수, 목적물 인도 시에 서면으로 작성하는 계약서로서, 문기 또는 명문문권이라 한다.

16 공훈의 차등에 따라 공신들에게 일정한 면적의 토지를 나누어 준 것으로, 고려시대 토지제도 정비의 효시가 된 것은?

① 관료전 ② 공신전 ③ 역분전 ④ 정전

해설

역분전은 고려시대 관계(官階)에 관계없이 공훈의 차등에 따라 지급된 토지를 말한다.

17 조선시대의 토지등록 장부인 양안을 새로이 작성하기 위해 양전을 실시한 원칙적인 주기는?

① 10년 ② 15년 ③ 20년 ④ 25년

해설

- 양안은 고려시대부터 사용된 토지장부이며 오늘날의 지적공부로 토지대장과 지적도 등의 내용을 사록하고 있었으며 전적이라고 부르기도 하였다.
- 토지실태와 징세파악 및 소유자확정 등의 토지과세대장으로 경국대전에는 20년에 한 번씩 양전을 실시하여 양안을 작성토록 한 기록이 있다.
- 조선시대의 양안에는 논밭의 소재지, 천자문의 자호, 지번, 영전방향, 토지형태, 지목, 사표, 장광척, 면적, 등급, 결부속, 소유자 등을 기재하였다.

정답 15 ③ 16 ③ 17 ③

18 경계점좌표등록부의 등록사항에 해당하지 않는 것은?

① 토지의 소재
② 지목
③ 지번
④ 좌표

> **해설**
>
> **경계점좌표등록부의 등록사항**
> - 토지의 소재
> - 지번
> - 좌표
> - 토지의 고유번호
> - 지적도면의 번호
> - 필지별 경계점좌표등록부의 장번호
> - 부호 및 부호도

19 정약용이 목민심서를 통해 주장한 양전개정론의 내용이 아닌 것은?

① 망척제의 시행
② 어린도의 제작
③ 경무법의 시행
④ 방량법의 시행

> **해설**
>
> **양전개정론**
> 19세기를 전후로 해서 양전법 개정에 대하여 방안을 제시한 사람은 정약용, 서유구, 이기 등이다.
>
> **정약용의 주장**
> 정약용은 그의 저서 "목민심서"를 통하여 양전법 개정을 위한 새로운 양전 방안으로 정전제의 시행을 전제로 하는 방량법과 어린도법의 시행을 주장하였다
> 1. 결부제하의 양전법의 결함이 전지를 측도하기 어려우므로 경무법으로 고칠 것
> 2. 일자오결법이나 사표법의 부정확성을 시정하기 위해 어린도를 작성할 것
> 3. 진기를 정확히 파악하기 위해서 어린도를 참고하면 부정을 방지할 수 있을 것

20 신라시대 장적문서(帳籍文書)에 대한 설명으로 틀린 것은?

① 현·촌명 및 촌락의 영역과 토지의 종목·면적 등이 기록되어 있다.
② 뽕나무, 백자목(柏子木), 추자목(楸子木) 등의 수량이 기록되어 있다.
③ 우리나라의 지적기록 중 가장 오래된 자료이지만 현존하지 않는다.
④ 장적문서의 기록에 남아 있는 지역은 지금의 청주 지방인 서원경 부근의 4개 촌락이다.

> **해설**
>
> 신라장적은 현존하는 최초의 우리나라 지적기록으로 신라 말기 지금의 청주지역인 서원경 부근 4개 촌락의 장적문서이다. 신라장적(新羅帳籍)은 신라 때 서원경(西原京, 청주) 지방 4개 촌의 장적(帳籍)으로, 당시 촌락의 경제 상황과 국가의 세무행정을 알 수 있는 자료이다. 신라 민정 문서 또는 신라 촌락 문서, 정창원 문서(正倉院文書)라고도 부른다. 신라의 율령정치는 물론 신라 사회의 구조를 구성하는 데 대단히 귀중한 자료이다.

정답 18 ② 19 ① 20 ③

21 가계(家契)에 대한 설명으로 틀린 것은?

① 본질적으로 입안과 같은 것이었으나 입안보다 근대화된 것이다.
② 매매 등으로 가옥을 양도할 때에 발급되었다.
③ 가옥의 소유에 대한 관(官)의 인증이다.
④ 1910년 한성부에서 처음으로 발급되었다.

해설

가계제도와 지계제도
1. 1901년 지계아문을 설치하여 각 도에 지계감리를 두어 "대한제국전답관계"라는 지계를 발급
2. 전답의 매매, 양여 시 소유주는 반드시 "관계"를 받도록 함
3. 지계는 양면 모두 인쇄된 것으로 이면에는 8개항의 규칙을 기록함
4. 가계는 가옥의 소유에 대한 관의 인증, 지계는 전답의 소유에 대한 관의 인증으로 입안의 근대화로 볼 수 있다.
5. 충청남도, 강원도 일부에서 시행하다 토지조사의 미비, 인식부족 등으로 중지되었다.
6. 1904년 탁지부 양지국으로 흡수 축소되고 지계아문은 폐지되었다.
7. 가계는 지계보다 10년 앞서 시행하였는데 지계와 같이 앞면에 가계문언이 인쇄되고 끝부분에 담당관, 매매당사자, 증인들의 서명, 당상관의 화압이 기재되었으며, 뒷면에는 가계제도의 규칙이 인쇄되었다.
8. 1905년 을사조약 체결 이후 "토지가옥증명규칙"에 의거하여 토지가옥의 매매, 교환, 증여 시에 토지가옥 증명대장에 기재, 공시하는 실질 심사주의를 채택하였다.

22 다음 중 조선시대의 문기(文記)는 오늘날의 무엇에 해당하는가?

① 토지대장
② 토지매매계약서
③ 토지증명규칙
④ 토지징세대장

해설

매매계약서(명문, 문권)
- 양안 : 오늘날의 토지대장
- 입안 : 등기권리증
- 가계 : 가옥소유권증명문서로 "가권"이라고도 한다.
- 지계 : 전답의 소유에 대한 증명문서
- 관계 : 관에서 발급하는 토지문서

23 다음 중 토지의 정확한 파악을 위하여 지번(자호)제도를 창설시킨 고려 말기의 토지제도는?

① 과전법
② 직전법
③ 경무법
④ 정전법

해설

과전법은 오늘날의 지번설정과 같은 자호제도를 창설하였으며 고려 말에 실시하였다.
- 길이단위 : 척 단위를 사용하였으며 양전척, 수등이척, 지척
- 면적단위 : 결부제, 경묘법

정답 21 ④ 22 ② 23 ①

- 토지장부 : 전적, 전안, 양전장적, 양전도장, 도전장, 도전정
- 측량방식 : 구장산술(방전, 직전, 구고전, 규전, 제전, 원전, 호전, 환전)
- 토지담당 : 고려전기 – 호부, 고려후기 – 판도사, 지방 – 향리담당
- 토지제도 : 양전(양전사), 전시과제도, 공전, 사전 구분

24 조선시대의 속대전(續大典)에 따르면 양안(量案)에서 토지의 위치로서 동, 서, 남, 북의 경계를 표시한 것을 무엇이라고 하였는가?

① 자번호 ② 사주(四柱) ③ 사표(四標) ④ 주명(主名)

해설

사표란 고려 및 조선시대의 토지대장인 양안에 수록된 사항으로서 토지의 경계를 표시한 것이며 그 위치로 동, 서, 남, 북의 인접지에 대한 지목, 자호, 주명(소유자)을 표시하였고 양안에 기록하거나 도면을 작성하여 놓은 것이다.

25 다음 중 고조선시대의 토지제도로 옳은 것은?

① 두락제 ② 수등이척제 ③ 과전법 ④ 정전제

해설

정전제(井田制)
고조선시대의 토지구획 방법으로 균형 있는 촌락의 설치와 토지의 분급 및 수확량을 파악하기 위하여 시행되었던 지적제도로서 당시 납세의 의무를 지게 하여 소득의 1/9을 조공으로 바치게 하였다.

26 다음 중 양안을 기본대장으로 하여 소유권자를 확인하는 사정 과정을 거쳐 관계를 발급하였던 기관은?

① 양지아문 ② 지계아문
③ 양전국   ④ 탁지부

해설

지계아문
- 1901년 지계아문을 설치하여 각 도에 지계감리를 두어 "대한제국전답관계"라는 지계를 발급
- 전답의 매매 · 양여 시 소유주는 반드시 "관계"를 받도록 함
- 지계는 양면 모두 인쇄된 것으로 이면에는 8개항의 규칙을 기록함
- 가계는 가옥의 소유에 대한 관의 인증, 지계는 전답의 소유에 대한 관의 인증으로 입안의 근대화로 볼 수 있음
- 충남, 강원도 일부에서 시행하다 토지조사의 미비, 인식부족 등으로 중지됨
- 1904년 탁지부 양지국으로 흡수 축소되고 지계아문은 폐지됨
- 가계는 지계보다 10년 앞서 시행하였는데 지계와 같이 앞면에 가계문언이 인쇄되고 끝부분에 담당관, 매매당사자, 증인들의 서명, 당상관의 화압이 기재되었으며, 뒷면에는 가계제도의 규칙이 인쇄됨
- 1905년 을사조약 체결 이후 "토지가옥증명규칙"에 의거하여 토지가옥의 매매 · 교환 · 증여 시에 토지가옥증명대장에 기재 공시하는 실질심사주의를 채택함

정답 24 ③ 25 ④ 26 ②

27 다음 중 광무양전(光武量田)에 대한 설명으로 옳지 않은 것은?

① 등급별 결부산출(結負産出) 등의 개선은 있었으나 면적을 척수(尺數)로 표준화하지 않았다.
② 양무위원을 두는 외에 조사위원을 두었다.
③ 정확한 측량을 위하여 외국인 기사를 고용하였다.
④ 양안의 기재는 전답(田畓)의 도형(圖形)을 기입하게 하였다.

해설

1898~1904년 추진된 광무양전사업(光武量田事業)은 근대적 토지제도와 지세제도를 수립하고자 전국적 차원에서 추진되었다. 사업의 실제 과정을 보면 양지아문(量地衙門)이 주도한 양전사업과 지계아문(地契衙門)의 양전·관계(官契) 발급 사업으로 전개되었다. 이때의 양안은 고종황제 집권 시에 작성되었기 때문에 일명 '광무양안(光武量案)'으로 불리는데, 광무양안은 그 이전의 양안과 형식 및 내용에 있어 큰 차이가 있었다. 우선 완전히 새롭게 토지를 측량해서 지번(地番)을 매겼기 때문에, 같은 토지의 지번이 과거의 경자양안(1720년 작성)의 지번과 완전히 달라지게 되었다. 또 경자양안과는 달리 광무양안에서는 지형을 도시(圖示)하였다. 또 면적을 척수(尺數)로써 표시하고, 등급에 따라 결부수(結負數)를 산출하여 기록하였다. 또 지주·소작관계가 이루어지고 있는 토지는 시주(時主 : 지주)와 시작(時作 : 소작인)의 성명을 기록하였다. 뿐만 아니라 가대지(家垈地)의 경우 가옥의 주인과 협호인(挾戶人)의 성명을 함께 기록하기도 하였다. 시작인의 성명 등을 기록한 것은 지세(地稅) 납부자가 시작인인 경우가 있었기 때문이다.

28 다음의 설명에 해당하는 학자는?

- 해학유서에서 망척제를 주장하였다.
- 전안을 작성하는 데는 반드시 도면과 지적이 있어야 비로소 자세하게 갖추어진 것이다.

① 정약용　　② 유진억　　③ 이기　　④ 서유구

해설

이기의 주장
수등이척제의 개선으로 망척제 주장(전지의 형태와 관계없이 그물형태의 정방향 모양으로 면적계산. 이기의 저서 [해학유서]에서 수등이척제에 대한 개선으로 망척제를 주장하였다)

29 다음 중 신라시대 구장산술에 따른 전(田)의 형태별 측정내용의 연결이 옳지 않은 것은?

① 방전(方田) : 정사각형의 토지로, 장(長)과 광(廣)을 측량한다.
② 규전(圭田) : 이등변삼각형의 토지로, 장(長)과 광(廣)을 측량한다.
③ 제전(梯田) : 사다리꼴의 토지로, 장(長)과 동활(東闊)·서활(西闊)을 측량한다.
④ 환전(環田) : 원형의 토지로, 주(周)와 경(徑)을 측량한다.

해설

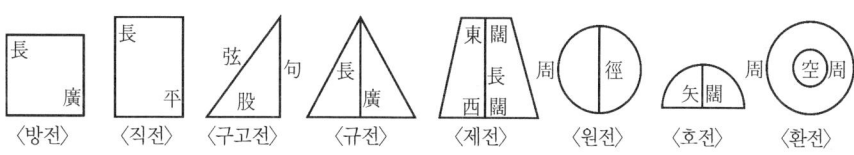

- 방전 : 정사각형의 토지로 장과 광을 측량
- 구고전 : 직삼각형의 토지로 구와 고를 측량
- 제전 : 사다리꼴의 토지로 장과 동활, 서활을 측량
- 직전 : 직사각형의 토지로 장과 평을 측량
- 규전 : 이등변삼각형의 토지로 장과 광을 측량

30 시대와 사용처, 비치처에 따라 다르게 불리는 양안의 명칭에 해당하지 않는 것은?

① 도적(圖籍)
② 성책(成册)
③ 전답타량안(田畓打量案)
④ 양전도행장(量田導行帳)

해설

양안의 명칭은 시대, 사용처, 관리처에 따라 각각 다르게 사용되었다.
- 고려시대 양안의 명칭 : 도전장(都田帳), 양전도장(量田都帳), 양전장적(量田帳籍), 도전정(導田丁), 도행(導行), 전적(田積), 적(籍), 전부(田簿), 안(案), 원적(元籍) 등
- 조선시대 양안의 명칭 : 양안, 양안등서책(量案謄書册), 전안(田案), 전답안(田畓案), 성책(成册), 양명등서차(量名謄書次), 전답결대장, 전답결타량정안, 전답타량책, 전답타량안, 전답결정안, 전답양안, 양전도행장 등

31 아래의 설명에 해당하는 토지제도는?

- 신라 말기에 극도로 문란해졌던 토지제도를 바로잡아 국가 재정을 확립하고, 민생을 안정시키기 위하여 관리들의 경제적 기반을 마련하도록 고려시대에 창안된 것이다.
- 문무 신하에게 지급된 전토(田土)인데 이는 공훈전적인 성격이 강했다.

① 반전제
② 역분전
③ 전부전
④ 경무전

해설

역분전
고려 태조가 시행한 토지분급제도이다. 공신들에게 그 공로에 따라 토지를 나누어 주었는데, 뒤에 공훈전으로 발전하였다. 940년(태조 23)에 후삼국의 통일 전쟁에서 공을 세운 조신(朝臣)·군사(軍士)들을 대상으로 나누어주었다. 지급 기준은 관계(官階)와 상관없이 고려 왕조에 대한 충성도와 공로의 대소에 의거했다. 지급액은 얼마였는지 분명하지 않으나, 박수경(朴守卿)에게 토지 200결(結)을 주었다는 것이 역분전 지급에 관한 유일한 기록이다. 역분전은 고려시대의 토지분급제도인 전시과제도의 선구가 되었다는 점에서 그 의미가 크다.

32 다음 중 우리나라 지적제도의 역할과 거리가 먼 것은?

① 토지재산권의 보호
② 토지기록의 법적 효력
③ 토지행정의 기초자료
④ 국가인적자원의 관리

해설

지적제도는 토지의 효율적인 관리와 소유권의 보호에 기여하는 것을 목적으로 하며 토지에 대한 물리적 현황을 등록, 공시한다.
- 효율적인 토지관리와 소유권 보호를 목적으로 한다.
- 국가적 필요에 의한 제도이다.
- 토지에 대한 물리적 현황의 등록, 공시제도이다.

정답 30 ① 31 ② 32 ④

33 고조선시대에 균형 있는 촌락의 설치와 토지분급 및 수확량의 파악을 위해 시행된 것은?
① 정전제(井田制) ② 결부제(結負制)
③ 두락제(斗落制) ④ 경무법(頃畝法)

해설

정전제 시행은 단기고사의 기자조선 제1세 때 백성들에게 농사일을 독려하였으며 납세의 의무를 알게 하여 소득의 1/9을 세금으로 하였다고 기록을 전하고 있다.

34 조선시대의 양전법에 따른 전의 형태에서 직각삼각형 형태의 전을 무엇이라고 하였는가?
① 방전(方田) ② 제전(梯田)
③ 구고전(勾股田) ④ 요고전(腰鼓田)

해설

- 구고전 : 직삼각형으로 된 전답
- 규전 : 삼각형의 전답, 밑변×높이×1/2
- 방전 : 사방의 길이가 같은 정사각형 모양의 전답
- 직전 : 긴 네모꼴의 전답
- 제전 : 사다리꼴 모양의 전답

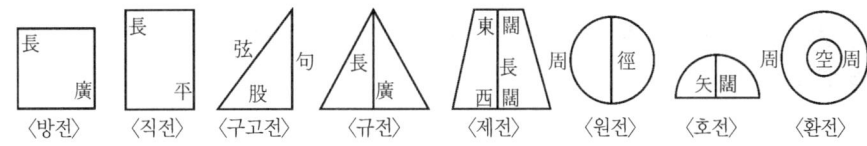

35 다음 중 지적도의 축척에 해당하지 않는 것은?
① 1/500 ② 1/1,200
③ 1/2,500 ④ 1/3,000

해설

도면의 축척

구분	축척
지적도의 축척	1/500, 1/600, 1/1,000, 1/1,200, 1/2,400, 1/3,000, 1/6,000(7종)
임야도의 축척	1/3,000, 1/6,000(2종)

36 19세기 전후로 양전개정론을 주장한 사람이 아닌 자는?
① 김정호 ② 정약용
③ 서유구 ④ 이기

정답 33 ① 34 ③ 35 ③ 36 ①

해설
- 양전론 : 정확한 측량을 하여 양안과 도면을 만들어 전제(田制)와 세제(稅制)를 바로잡아야 한다는 주장으로 양전개선론의 준말이다.
- 균전론 : 이익
- 경무법 : 정약용, 서유구

37 다음 중 수등이척법에 대한 설명으로 옳은 것은?

① 토지의 면적과 그 토지의 수확량을 이중으로 표시하는 독특한 계량법이었다.
② 토지의 등급마다 척수를 달리하여 타량하였다.
③ 토지의 면적 산정을 위한 측량의 기준을 정한 제도로 이에 대한 결과를 도적에 기록하였다.
④ 조선시대의 측량제도인 과전법에 토지 등급을 나누어 사용하였던 제도이다.

해설

수등이척제
고려 말기에서 조선시대의 토지측량제도인 양전법에 전품을 상, 중, 하의 3등급 또는 1등부터 6등까지의 6등급으로 각 토지를 등급에 따라 길이가 다른 양전척(量田尺)을 사용하여 타량하는 면적을 계산하던 제도를 말한다.

38 오늘날의 등기권리증과 같은 것으로 토지매매 사실에 대해 관청이 증명을 한 공증서로 조선시대에 사용되었던 것은?

① 입안   ② 양안
③ 문기   ④ 지계

해설

1. 입안 : 토지매매를 증명하는 문서로 재산권이나 상속권을 주장하는 데 절대적인 근거가 되었다. 고려시대에도 이 제도가 있었으나 조선시대의 실물이 많이 전하여진다.
   1) "경국대전"에는 토지, 가옥, 노비는 매매 계약 후 100일, 상속 후 1년 이내에 입안을 받도록 되어 있었다. 또 하나의 의미로 황무지 개간에 관한 인·허가서를 말한다.
   2) 입안 : 입안은 토지가옥의 매매를 국가에서 증명하는 제도로서, 현재의 등기권리증과 같다.
2. 문기 : 문기란 토지가옥의 매매 시에 매도인과 매수인의 합의 외에도 대가의 수수, 목적물 인도 시에 서면으로 작성하는 계약서로서, 문기 또는 명문문권이라 한다.

39 다음 중 신라시대에 토지측량을 위한 구장산술에 따른 토지 형태에 해당하지 않는 것은?

① 호전(弧田)   ② 구고전(句股田)
③ 구전(球田)   ④ 규전(圭田)

해설

신라시대 측량방식 : 구장산술(방전, 직전, 구고전, 규전, 제전, 원전, 호전, 환전)

정답 37 ② 38 ① 39 ③

40 다음 중 토지의 사정(査定)에 대한 설명으로 가장 옳은 것은?

① 소유자와 강계를 확정하는 행정처분이었다.
② 소유자가 강계를 결정하는 사법처분이었다.
③ 소유권에 불복하여 신청하는 소송 행위이었다.
④ 경계와 면적을 결정하는 지적조가 행위이었다.

해설

사정이란 토지조사부와 지적도에 의하여 토지의 소유자 및 그 강계를 확정하는 행정처분으로서 사정권자는 지방토지조사위원회의 자문을 받아 당시 토지조사국장이 사정하였다.

41 공간정보의 구축 및 관리 등에 관한 법률에 따른 용어의 정리로 옳지 않은 것은?

① '토지의 이동'이란 토지의 표시를 새로 정하거나 변경 또는 말소하는 것을 말한다.
② '지목'이란 토지의 주된 용도에 따라 토지의 종류를 구분하여 지적공부에 등록한 것을 말한다.
③ '등록전환'이란 임야대장 및 임야도에 등록된 토지를 토지대장 및 지적도에 옮겨 등록하는 것을 말한다.
④ '지번설정지역'이란 지번을 설정하는 단위지역으로서 동·리 또는 이에 준하는 행정동 단위의 지역을 말한다.

해설

- 지번부여지역 : 지번을 부여하는 단위지역으로서 동·리 또는 이에 준하는 지역
- 지목 : 토지의 주된 용도에 따라 토지의 종류를 구분하여 지적공부에 등록한 것
- 토지의 이동(異動) : 토지의 표시를 새로 정하거나 변경 또는 말소하는 것
- 등록전환 : 임야대장 및 임야도에 등록된 토지를 토지대장 및 지적도에 옮겨 등록하는 것

42 다음 중 지적제도에 대한 설명으로 옳지 않은 것은?

① 효율적인 토지 관리와 소유권 보호를 목적으로 한다.
② 토지에 대한 물리적 현황의 등록을 공시한다.
③ 행정구역 중심으로 운영되고 있다.
④ 토지에 대한 권리관계를 중심으로 지적공부에 등록한다.

해설

지적제도는 국가기관의 통치권이 미치는 모든 영토를 필지단위로 구획하여 토지에 대한 물리적 현황과 법적 권리관계를 지적공부에 등록공시하고 그 변경사항을 영속적으로 등록·관리하는 국가의 업무이다.

구분	지적	등기
공시의 내용	• 토지의 내용(사실)관계를 공시 • 권리의 객체를 공시하는 제도	• 토지·건물의 권리관계를 공시 • 권리주체를 공시하는 제도
관할기관	• 국토교통부, 시·도, 소관청(시·군·구) • 행정구역중심	• 사법부(지방법원, 지원 및 등기소) • 재판관할 중심

43 「지적측량 시행규칙」상 세부측량의 방법에 해당하지 않는 것은?

① 평판측량
② 수준측량
③ 위성측량
④ 드론측량

해설

지적측량의 구분 등(지적측량 시행규칙 제5조)
① 지적측량은 기초측량과 1필지의 경계와 면적을 정하는 세부측량으로 구분한다.
② 지적측량은 평판(平板)측량, 전자평판측량, 경위의(經緯儀)측량, 전파기(電波機) 또는 광파기(光波機)측량, 사진측량, 위성측량 및 드론측량 등의 방법에 따른다.

44 다음 중 고려의 전시과(田柴科)와 조선의 과전법 및 직전법의 효시가 된 신라시대의 토지제도는?

① 정전제
② 결부제
③ 역분전
④ 관료전

해설

관료전은 훗날 고려의 전시과와 조선의 과전법의 효시가 된 토지제도이다.

통일신라시대 토지제도
통일 전 귀족은 식읍(공훈), 녹읍(관직기준)을 받았으며, 녹읍은 백성들의 노동력도 징발
- 관료전 지급(신문왕 : 687) : 왕권강화책의 일환으로 녹읍을 폐지하고 관료전 지급
- 정전 지급(성덕왕 : 722) : 신라장적의 연수유답 · 전
- 녹읍의 부활(경덕왕 : 757) : 귀족들의 반발로 녹읍부활, 귀족의 경제적 기반이 됨

45 다음 중 우리나라 지적제도의 원리에 해당하는 것은?

① 형식적 심사주의
② 소극적 등록주의
③ 직권 등록주의
④ 성립 요건주의

해설

우리나라의 지적제도 : 국정주의, 형식주의, 공개주의, 실질적 심사주의, 직권 등록주의

46 양전법 개정을 위한 새로운 양전방안으로, 정전제의 시행을 전제로 하는 방량법과 어린도법을 주장한 학자는?

① 정약용
② 서유구
③ 이기
④ 정약전

해설

양전개정론
19세기를 전후로 해서 양전법 개정에 대하여 방안을 제시한 사람은 정약용, 서유구, 이기 등이다.

정답 43 ② 44 ④ 45 ③ 46 ①

정약용의 주장

정약용은 그의 저서 "목민심서"를 통하여 양전법 개정을 위한 새로운 양전방안으로 정전제의 시행을 전제로 하는 방량법과 어린도법의 시행을 주장하였다.
1. 결부제 하의 양전법의 결함이 전지를 측도하기 어려우므로 경무법으로 고칠 것
2. 일자오결법이나 사표법의 부정확성을 시정하기 위해 어린도를 작성할 것
3. 진기를 정확히 파악하기 위해서 어린도를 참고하면 부정을 방지할 수 있을 것

47 다음 중 조선시대의 양전법에 따른 전의 형태에서 직각삼각형 모양의 전을 가리키는 것은?

① 방전   ② 제전
③ 구고전   ④ 규전

해설

조선시대 전의 형태
- 방전 : 정사각형의 토지로 장과 광을 측량
- 직전 : 직사각형의 토지로 장과 평을 측량
- 구고전 : 직삼각형의 토지로 구와 고를 측량
- 규전 : 이등변삼각형의 토지로 장과 광을 측량
- 제전 : 사다리꼴의 토지로 장과 동활, 서활을 측량

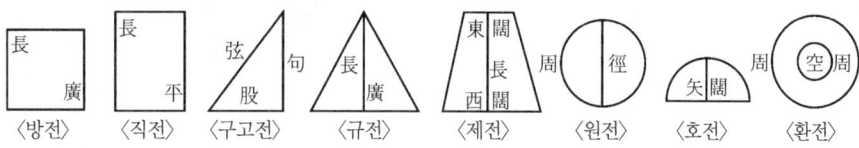

48 다음 중 조선시대의 양안(量案)에 관한 설명으로 옳지 않은 것은?

① 호조, 본도, 본읍에 보관하게 하였다.
② 오늘날의 토지대장과 같은 조선시대의 토지등록장부이다.
③ 양안의 소유자는 매 10년마다 측량하여 등재하였다.
④ 토지의 소재, 등급, 면적을 기록하였다.

해설

- 양안은 고려시대부터 사용된 토지장부이며 오늘날의 지적공부로 토지대장과 지적도 등의 내용을 사록하고 있었으며 전적이라고 부르기도 하였다.
- 토지실태와 징세파악 및 소유자확정 등의 토지과세대장으로 경국대전에는 20년에 한 번씩 양전을 실시하여 양안을 작성토록 한 기록이 있다.
- 조선시대의 양안에는 논밭의 소재지, 천자문의 자호, 지번, 영전방향, 토지형태, 지목, 사표, 장광척, 면적, 등급, 결부속, 소유자 등을 기재하였다.

49 다음 중 고구려의 토지 면적 측정에 관한 사항으로 옳지 않은 것은?

① 구고장은 측량에 따른 계산에 관한 문제를 다루었다.
② 면적의 단위로 '정, 단, 무, 보'를 사용하였다.
③ 방전장은 주로 논이나 밭의 넓이를 계산하였다.
④ 토지의 면적 단위는 경무법을 사용하였다.

해설

- 길이단위 : 척 단위를 사용하였으며 고구려척
- 면적단위 : 경무법
- 토지장부 : 봉역도 및 요동성총도
- 측량방식 : 구장산술(방전, 직전, 구고전, 규전, 제전, 원전, 호전, 환전)
- 토지담당 : 주부, 사자
- 토지제도 : 토지국유제 원칙

50 다음 중 오늘날의 토지대장과 같은 조선시대의 토지등록장부로 옳은 것은?

① 양안(量案)　　② 입안(立案)　　③ 문기(文記)　　④ 지권(地卷)

해설

양안

1. 20년마다 한 번씩 양전을 실시하여 결과를 양안에 기록(2부를 작성 1부는 호조, 1부는 각 군에 보관). 균전사를 파견하여 감독. 수령, 실무자의 위법사례를 적발하여 처리
   - 고려시대에는 경묘와 결부제를 사용, 수등이척제의 도입(3등급으로 분류, 지척 사용) 조선세종, 전제상정소를 설치(전분6등제, 연분9등법 실시), 주척 사용
   - 조선시대 결부법 중심으로 결·부·속·파·척으로 기준, 양안을 전안, 양안, 도행장이라고도 하였다.
   - 구한말 양전사업은 토지제도의 근대화를 시도한 것이었다.
2. 양안작성과정 : 1단계(야초책) – 2단계(중초책) – 3단계(정초책) 등이다.
3. 조선시대의 양안에는 논밭의 소재지, 천자문의 자호, 지번, 양전방향, 토지형태, 지목, 사표, 장광척, 면적, 등급, 결부속, 소유자 등을 기재하였다.
4. 양안의 명칭은 시대, 시대, 사용처, 관리처에 따라 각각 다르게 사용되었다.
   - 고려시대 양안의 명칭 : 도전장, 양전도장, 양전장적, 도전정, 도행, 전적, 적, 전부, 안, 원적 등
   - 조선시대 양안의 명칭 : 양안, 양안등서책, 전안, 전답안, 성책, 양명등서차, 전답결대장, 전답타량책, 전답타량안, 전답결정안, 전답양안, 양전도행장 등

51 다음 중 구한말에 운영된 지적업무 부서의 설치 순서로 옳은 것은?

① 탁지부 양지국 → 탁지부 양지과 → 양지아문 → 지계아문
② 양지아문 → 탁지부 양지국 → 탁지부 양지과 → 지계아문
③ 양지아문 → 지계아문 → 탁지부 양지국 → 탁지부 양지과
④ 지계아문 → 양지아문 → 탁지부 양지국 → 탁지부 양지과

정답 49 ② 50 ① 51 ③

해설

양지아문(광무2년, 1898) – 지계아문(1901년) – 양지국(1904년) – 양지과(1905년) – 임시재산정리국(1908) – 토지조사국(1910년)

52 다음 중 고려시대의 토지 소유 제도와 관계가 없는 것은?

① 전시과(田柴科) ② 과전(科田)
③ 사원전(寺院田) ④ 정전(丁田)

해설

과전법은 오늘날의 지번설정과 같은 자호제도를 창설하였으며 고려 말에 실시하였다.
1. 길이단위 : 척 단위를 사용하였으며 양전척, 수등이척, 지척
2. 면적단위 : 결부제, 경묘법
3. 토지장부 : 전적, 전안, 양전장적, 양전도장, 도전장, 도전정
4. 측량방식 : 구장산술(방전, 직전, 구고전, 규전, 제전, 원전, 호전, 환전)
5. 토지담당 : 고려전기 – 호부, 고려후기 – 판도사, 지방 – 향리 담당
6. 토지제도 : 양전(양전사), 전시과제도, 공전, 사전 구분
   - 전시과 : 고려 시대에 벼슬아치나 공신(功臣) 또는 각 관아에 토지 및 땔나무를 댈 임야를 나누어 주던 제도. 경종 1년(976)에 처음 제정하여 문종 30년(1076)에 완비하였다.
   - 과전 : 고려 말에 제정되어 조선시대 토지제도의 근간을 이룬 과전법제도에서 설정된 토지의 하나
   - 사원전 : 고려 시대에 사원에 속한 논밭이나 토지. 왕으로부터 기증받거나 신도들에게 시납받음으로써 이루어졌다.
   - 정전 : 신라시대 농민에게 지급된 토지이다.

53 다음 중 백제시대에 측량을 전담하였던 직책은?

① 산학박사(算學博士) ② 급전도감(給田都監)
③ 주부(主簿) ④ 풍백(風伯)

해설

- 백제의 지적사무 담당 : 내두좌평 직할
- 산학박사 : 지적과 측량 담당
- 산사 : 측량법 시행
- 화사 : 지적도면 작성

54 다음 중 조선시대의 양안에 기재된 내용으로 토지의 사방경계를 뜻하는 것은?

① 사표 ② 가경 ③ 성책 ④ 백문

해설

사표란 고려 및 조선시대의 토지대장인 양안에 수록된 사항으로서 토지의 경계를 표시한 것이며 그 위치로 동, 서, 남, 북의 인접지에 대한 지목, 자호, 주명(소유자)을 표시하였고 양안에 기록하거나 도면을 작성하여 놓은 것이다.

정답 52 ④ 53 ① 54 ①

55 다음 중 백제의 측량담당 전문기술사무 종사자는?

① 내두좌평   ② 양전사   ③ 구고장   ④ 산학박사

해설
- 백제의 지적사무 담당 : 내두좌평 직할
- 산학박사 : 지적과 측량 담당
- 산사 : 측량법 시행
- 화사 : 지적도면 작성

56 다음 중 매매계약서에 해당하는 것은?

① 양안   ② 문기   ③ 입안   ④ 지계

해설

매매계약서로 명문, 문권이라고 한다.
- 양안 : 오늘날의 토지대장
- 입안 : 등기권리증
- 가계 : 가옥소유권증명문서로 "가권"이라고도 함
- 지계 : 전답의 소유에 대한 증명문서
- 관계 : 관에서 발급하는 토지문서

57 지적과 등기가 이원화된 지적제도를 시행하는 나라는?

① 대만   ② 독일   ③ 네덜란드   ④ 일본

해설

지적과 등기가 이원화된 지적제도를 시행하는 나라는 독일이다.

58 다음 중 근대 지적제도가 창설되기 이전에 문란한 토지제도를 바로잡기 위하여 대한제국에서 과도기적으로 시행한 제도는?

① 양안제도   ② 입안제도   ③ 지계제도   ④ 사정제도

해설

지계제도
- 지계 : 전, 답의 소유에 대한 관의 인증으로 본질적으로 입안이 근대화된 것
- 충남, 강원도 일부에서 시행되었으나 백성들의 인식 부족으로 중지됨
- 토지의 측량과 관계의 발급기관은 지계아문에서 시행됨
- 외국인 토지소유를 금지하는 조항을 삽입함
- 양면이 모두 인쇄되고 이면에는 8개항의 규칙이 기록됨
- 지계아문에서 '대한제국전답관계'라는 지계발표 : 부동산 등기제도의 시작

정답 55 ④ 56 ② 57 ② 58 ③

59 다음 중 결수연명부에 관한 설명으로 옳은 것은?

① 강계(疆界) 지역을 조사하여 등록한 장부
② 소유권의 분계(分界)를 확정하는 대장
③ 지반의 고저가 있는 토지를 정리한 장부
④ 지세대장을 겸하여 토지조사준비를 위해 만든 과세부

해설

결수연명부는 징세대장 겸 토지조사준비를 위하여 만든 과세부로서 토지신고서의 작성에 사용되었다.

60 다음 중 전지(田地)를 측량할 때 정방형의 눈들을 가진 그물을 사용하여 전지가 그물 속에 들어온 그물눈을 계산하여 면적을 산출하는 방법은?

① 방전제 ② 망척제 ③ 방량제 ④ 결부제

해설

수등이척제에 대한 개선으로 망척제를 주장하였는데, 이 제도는 전지를 측량할 때에 정방형의 눈들을 가진 그물을 사용하여 전지의 그물 속에 들어온 그물눈을 계산하여 면적을 산출하는 방법이다.

61 대한제국시대의 행정조직이 아닌 것은?

① 사세청 ② 탁지부 ③ 양지아문 ④ 지계아문

해설

지적관리 행정기구

1. 전제상정소(임시관청)
   - 1443년 세종 때 토지, 조세제도의 조사연구와 신법의 제정을 위해 설치
   - 전제상정소준수조화(측량법규)라는 한국최초의 독자적 양전법규를 1653년 효종 때 만들었다.
2. 양전청(측량중앙관청으로 최초의 독립관청)
   1717년 숙종 때 균전청을 모방하여 설치하였다.
3. 판적국(내부관제)
   1895년 고종 때 설치하였으며 호적과에서는 호구적에 관한사항을 지적과에서는 지적에 관한사항을 담당하였다.
4. 양지아문(量地衙門 : 지적중앙관서)
   구한국정부시대[대한제국시대 : 광무(光武) 원년(1897년)]에 고종은 광무라는 원호를 사용하여 국호를 대한제국으로 고쳐 즉위하고 양전·관계발급사업을 실시하였다. 광무 2년(1898년) 7월에 칙령 제25호로 양지아문 직원 및 처무규정을 공포하여 비로서 독립관청으로 양전사업을 위하여 설치되었다. 광무 5년(1901년)에 이르러 전국적인 대흉년으로 일단 중단하게 되었다. 1901년 폐지하고 지계아문과 병행하다가 1902년에 지계아문으로 이관하였다.
5. 지계아문(地契衙門 : 지적중앙관서)
   1901년 고종 때 지계아문직원 및 처무규정에 의해 설치된 지적중앙관서로 관장업무는 지권(地券)의 발행, 양지 사무이다. 노일전쟁에 의한 일본 군대의 주둔과 제1차 한일협약을 강요당하게 되어 지계 발행은 물론 양전사업 마저도 중단하게 되었다. 새로 탁지부 양지국을 신설하여 양전업무를 담당하였다.

정답 59 ④ 60 ② 61 ①

6. 양지국(탁지부 하위기관)

　　1904년 고종 때 지계아문을 폐지하고 탁지부 소속의 양지국 설치, 이듬해 양지국을 폐지하고 사세국 소속의 양지과로 축소하였다.

62 다음 중 조선시대의 경국대전에 명시된 토지등록제도는?

① 공전제도　　② 사전제도　　③ 정전제도　　④ 양전제도

해설

경국대전에는 양안을 작성하여 호조, 본도, 본읍에 보관하도록 기록되어 있다. 조선시대의 토지장부로는 오늘날 토지대장과 같은 양안이 있었는데, 경국대전에 의하면 이 양안은 20년마다 한 번씩 양전을 실시하여 새로운 양안을 작성하였다.

63 다음 중 대한제국시대에 3편(片)으로 발급한 관계(官契)를 보존하는 기관(사람)에 해당하지 않는 것은?

① 본아문　　② 소유자　　③ 지방관청　　④ 탁지부

해설

- 제1편은 본아문에서 보존하였다.
- 제2편은 소유자가 보존하였다.
- 제3편은 지방관청에서 보존하였다.
- 탁지부 : 1895년(고종 32) 탁지아문(度支衙門)을 개칭한 것으로, 국가재정 전반을 담당하였다.

64 토지가옥의 매매계약이 성립하기 위하여 매수인과 매도인 쌍방의 합의 외에 대가의 수수목적물의 인도 시에 서면으로 작성한 계약서는?

① 문기　　② 입안　　③ 전안　　④ 양전

해설

문기는 현대의 토지거래계약서의 역할로 권원증서라고 할 수 있다.

65 다음 중 조선시대 토지제도인 양전법에서 규정한 전형(田形 : 토지의 모양) 5가지에 해당되지 않는 것은?

① 방전(方田)　　② 원전(圓田)　　③ 직전(直田)　　④ 규전(圭田)

해설

조선시대 전의 형태
- 방전 : 정사각형의 토지로 장과 광을 측량
- 직전 : 직사각형의 토지로 장과 평을 측량

정답 62 ④　63 ④　64 ①　65 ②

- 구고전 : 직삼각형의 토지로 구와 고를 측량
- 규전 : 이등변삼각형의 토지로 장과 광을 측량
- 사전 : 사다리꼴의 토지로 장과 동활, 서활을 측량

66 다음 중 조선시대의 양안에 대한 설명으로 옳지 않은 것은?

① 20년마다 한 번씩 양전을 실시하여 새로이 양안을 작성하게 하였다.
② 토지의 소재, 면적, 토지등급 등을 기록한 장부로 오늘날의 토지대장에 해당한다.
③ 양안은 호조, 본도, 본읍에 보관하게 하였다.
④ 양안의 명칭은 사용처, 비치기관에 관계없이 일정하였다.

해설

- 경국대전에는 20년마다 한 번씩 양전을 실시하여 새로이 양안을 작성하도록 규정하였으나 실제로는 규정대로 시행되지 못하고 수십 년 내지 백여 년이 지난 뒤에야 다시 양전을 실시할 수 있었다.
- 조선시대 양안의 명칭은 시대와 사용처, 비치처, 작성 시기에 따라 다르다.

67 다음 중 고려시대의 지적관리 기구에 해당하지 않는 것은?

① 판적사　　② 정치도감　　③ 급전도감　　④ 절급도감

해설

고려시대의 지적업무는 전기에는 호부, 후기에는 판도사에서 담당하였으며 지적 관련 임시부서로는 급전도감, 방고감전도감, 정치도감, 화자거집, 전민추고도감 등이 있었다.

68 다음 중 종래의 양전방법에 대한 개선으로 망척제를 주장한 학자의 저서는 무엇인가?

① 목민심서　　② 해학유서　　③ 의상경계책　　④ 구장산술

해설

이기의 주장
수등이척제의 개선으로 망척제 주장(전지의 형태와 관계없이 그물형태의 정방향 모양으로 면적계산. 이기의 저서 〈해학유서〉 에서 수등이척제에 대한 개선으로 망척제를 주장하였다).

69 다음 중 지권(地券)을 발행한 이유로 가장 적합한 것은?

① 토지소유의 보호　　② 토지거래 문란의 방지
③ 토지등급의 설정　　④ 관의 공적 소유권 보장

해설

지권을 발행한 이유는 토지의 상품화가 이루어지면서 발생하는 토지거래의 문란을 방지하기 위해서 이다.

 66 ④　67 ①　68 ②　69 ②

70 다음 중 아래와 같은 특징을 갖는 지적제도를 시행한 시대는?

- 토지대장은 양전도장, 양전장적, 전적 등 다양한 명칭으로 호칭되었다.
- 과전법의 실시와 함께 자호제도가 창설되어 정단위로 자호를 붙여 대장에 기록하였다.
- 수등이척제를 측량의 척도로 사용하였다.

① 고구려 ② 백제 ③ 조선 ④ 고려

해설

과전법은 오늘날의 지번설정과 같은 자호제도를 창설하였으며 고려 말에 실시하였다.
- 길이단위 : 척단위를 사용하였으며 양전척, 수등이척, 지척
- 면적단위 : 결부제, 경묘법
- 토지장부 : 전적, 전안, 양전장적, 양전도장, 도전장, 도전정
- 측량방식 : 구장산술(방전, 직전, 구고전, 규전, 제전, 원전, 호전, 환전)
- 토지담당 : 고려전기-호부, 고려후기-판도사, 지방-향리담당
- 토지제도 : 양전(양전사), 전시과제도, 공전, 사전구분

71 조선시대 매매에 따른 일종의 공증제도로 토지를 매매할 때 소유권 이전에 관하여 관에서 공적으로 증명하여 발급한 서류는?

① 명문(明文) ② 문권(文券)
③ 입안(立案) ④ 문기(文記)

해설

입안은 토지나 가옥에 대한 관의 인증서이며 명문 또는 문권 등의 이름으로 불리는 문기는 토지나 가옥의 매매계약서이다.

72 다음 중 양안에 기재된 사항에 해당하지 않는 것은?

① 신구 토지 소유자 ② 토지소재, 지번, 면적
③ 측량순서, 토지 등급 ④ 토지모양(지형), 사표(四標)

해설

조선시대의 양안에는 논밭의 소재지, 천자문의 자호, 지번, 영전방향, 토지형태, 지목, 사표, 장광척, 면적, 등급, 결부속, 소유자 등을 기재하였다.

73 양전개정론을 주장한 학자와 그 저서의 연결이 옳은 것은?

① 서유구 – 목민심서 ② 이기 – 해학유서
③ 정약용 – 경국대전 ④ 김정호 – 속대전

정답 70 ④ 71 ③ 72 ① 73 ②

해설
- 서유구 : 의상경계책이라는 저서를 통하여 양전개정을 주장하였다.
- 경국대전, 속대전 : 조선시대의 법전
- 정약용 : 목민심서

74 다음 중 양안에 토지를 표시함에 있어 양전의 순서에 따라 1필지마다 천자문(千字文)의 자(子)번호를 부여하였던 제도는?

① 수등이척제　② 결부법　③ 일자오결제　④ 집결제

해설
- 수등이척제는 고려말기에 농부의 손가락(자)을 기준으로 전품을 상, 중, 하 3등급으로 나누어 척수의 길이를 다르게 하여 면적을 계산하던 제도
- 결부는 곡화의 수량을 기준으로 해서 곡화의 1악을 1파, 10파-1속, 10속-1부, 100부-1결
- 경부법은 중국의 전지 면적단위법으로서 실적표준의 단위법으로 6척-1보, 100보-1무, 100무-경
- 일자오결제 : 자번호는 자(字)와 번호(番號)로서 천자문의 1자(字)는 폐경전, 기경전을 막론하고 5결이 되면 부여 하였다.

75 경국대전의 호전(戶典)에 따르면 조세의 정확성을 유지하기 위하여 양안을 개편하도록 몇 년마다 한 번씩 양전을 실시하도록 하였는가?

① 5년　② 10년　③ 15년　④ 20년

해설
경국대전에는 20년마다 한 번씩 양전을 실시하여 새로이 양안을 작성하도록 규정하였으나 실제로는 규정대로 시행되지 못하고 수십 년 내지 백여 년이 지난 뒤에야 다시 양전을 실시할 수 있었다.

76 다음 중 1720년부터 1723년 사이에 이탈리아 밀라노의 지적도 제작 사업에서 전 영토를 측량하기 위해 사용한 지적도의 축척으로 옳은 것은?

① 1/1,200　② 1/2,000　③ 1/2,400　④ 1/3,000

해설
1785~1789년에 축척 1/2,000의 이탈리아 밀라노 지역의 지적도는 각 토지의 생산 능력과 수입 및 소유자 등의 내용을 체계적으로 기록하였다.

77 다음 중 부여의 행정구역제도로서 국도를 중심으로 영토를 사방으로 구획하는 토지구획방법은 무엇인가?

① 사출도　② 사표도　③ 계면도　④ 휴도

정답 74 ③　75 ④　76 ②　77 ①

> **해설**
> 사출도는 그 당시 일종의 행정 구획으로, 출도(出道)라고 표현한 것은 중앙의 수도를 중심으로 하여 네 방향으로 통하는 길을 의미하는 것이다.

78 다음 중 신라시대에 시행한 토지측량 방식으로서 토지를 여러 형태로 구분하여 측량하였던 것은?
① 경무법
② 산학박사
③ 결부제
④ 구장산술

> **해설**
> 구장산술의 방전장 내용은 직전, 구고전, 규전, 사전, 방전, 원전, 호전, 환전 등이 있다.

79 다음 중 구한국 정부에서 문란한 토지제도를 바로잡기 위하여 시행하였던 근대적 공시제도의 과도기적 제도는?
① 입안제도
② 양안제도
③ 지권제도
④ 등기제도

> **해설**
> 우리나라의 부동산등기제도 연혁
> 1. 1기(조선 초~1893년) : 입안제도(입안 : 소유권이전사실을 관청에 신고하는 공증제도)
>   ※ 이 당시 사용되었던 문기(文記, 명문, 문권)는 국가의 공시제도가 아니라 사적 증서로서 오늘날의 부동산 매매계약서와 유사한 것이다.
> 2. 2기(1893~1905년) : 지권제도
>   • 가계 : 가옥의 소유에 관한 관의 인증
>   • 지계 : 토지에 대한 관의 인증
> 3. 3기(1906~1910년) : 증명제도, 근대적 등기제도의 시초
> 4. 4기(1910~1959년) : 일본제도의 의용
> 5. 5기(1960년~) : 현행 부동산등기제도

80 다음 중 입안을 받지 않은 매매계약서를 무엇이라 하였는가?
① 결연매매
② 지세명기
③ 휴도
④ 백문매매

> **해설**
> 문기의 분류
> • 신문기, 구문기, 명문문권, 매매문기 등 약 11종
> • 백문매매란 입안을 받지 않은 매매계약서

정답 78 ④ 79 ③ 80 ④

81 가계제도와 지계제도에 대한 설명으로 옳지 않은 것은?

① 가계제도는 조선시대의 입안제도에 비하여 비교적 간편하였다.
② 지계제도는 토지조사의 미비와 국민의 인식 부족으로 일부지역에서 실시하다가 중지되었다.
③ 지계제도가 가계제도보다 앞서 시행되었다.
④ 가계제도는 근대적 공시제도라고 할 수 있는 새로운 토지가옥증명제도의 시행으로 중지되었다.

해설

가계제도와 지계제도
- 1901년 지계아문을 설치하여 각 도에 지계감리를 두어 "대한제국전답관계"라는 지계를 발급
- 전답의 매매, 양여 시 소유주는 반드시 "관계"를 받도록 함
- 지계는 양면 모두 인쇄된 것으로 이면에는 8개항의 규칙을 기록함
- 가계는 가옥의 소유에 대한 관의 인증, 지계는 전답의 소유에 대한 관의 인증으로 입안의 근대화로 볼 수 있음
- 충청남도, 강원도 일부에서 시행하다 토지조사의 미비, 인식부족 등으로 중지됨
- 1904년 탁지부 양지국으로 흡수 축소되고 지계아문은 폐지됨
- 가계는 지계보다 10년 앞서 시행하였는데 지계와 같이 앞면에 가계문언이 인쇄되고 끝부분에 담당관, 매매당사자, 증인들의 서명, 당상관의 화압이 기재되었으며, 뒷면에는 가계제도의 규칙이 인쇄됨
- 1905년 을사조약 체결 이후 "토지가옥증명규칙"에 의거하여 토지가옥의 매매, 교환, 증여 시에 토지가옥 증명대장에 기재, 공시하는 실질 심사주의를 채택함

82 수등이척제에 대한 개선으로 망척제를 주장한 학자는?

① 이기   ② 정약용   ③ 정약전   ④ 서유구

해설

이기의 주장
수등이척제의 개선으로 망척제 주장(전지의 형태와 관계없이 그물형태의 정방형 모양으로 면적계산. 이기의 저서 [해학유서]에서 수등이척법에 대한 개선으로 망척제를 주장하였다.

83 대한제국시대에 양전사업을 위해 설치된 최초의 독립된 지적행정관청은?

① 양지아문   ② 지계아문
③ 탁지부   ④ 임시재산정리국

해설

양지아문
1. 1898년 6월 내부대신 박정양과 농공부대신 이도재가 토지측량에 관한 청의서를 제출
2. 1898년 11월 양지아문을 설치하고 전국의 양전업무를 관장토록 하여 최초의 양전독립기구 탄생함
3. 1901년 지계아문이 설치되어 양전업무를 이관한 후 1902년 양지아문 폐지됨
4. 미국인 기사 거렴(레이몬드 크림)을 초빙하여 서울 시내를 측량하고 견습생을 교육하였으며 전국의 양전을 실시
5. 민영환의 흥화학교 등 국내의 100여 개 학교에서도 측량교육을 실시함
6. 각 도에 양무감을 두고 각 군에 양무위원을 파견하여 견습생을 대동하고 양전함
7. 전국 토지의 약 1/3 가량 양전하였으나 국내의 사정으로 중지되었다.

정답 81 ③ 82 ① 83 ①

84 다음 중 사출도(四出道)라는 토지구획방법을 시행한 고대국가는?
① 부여
② 고조선
③ 옥저
④ 동예

해설
상고시대의 지적제도
1. 고조선
   - 단기고사에 균형 있는 촌락의 설치와 토지분급 및 수확량 파악을 위하여 정전제(井田制)를 실시한 기록이 있음
   - 고불 58년 국토와 산야를 측량하여 조세율을 개정함
   - 매륵 25년 오경박사 우문충이 토지를 측량하여 지도를 제작함
2. 부여
   - 사출도(四出道)라는 토지구획방법 시행
   - 읍락 간에 토지의 구분소유에 대한 법령이 존재함

85 조선시대에 정약용이 주장한 양전개정론의 내용에 해당하지 않는 것은?
① 방량법과 어린도법
② 정전제
③ 경무법
④ 망척제

해설
정약용의 주장
목민심서를 통하여 양전법 개정을 위한 새로운 양전 방안은 정전제의 시행을 전제로 한 방량법과 어린도법의 시행을 주장(일자오결법이나 사표의 부정확성 시정을 위함, 결부제 폐지, 경무법 개혁 주장)

86 신라시대에 토지측량을 위한 구장산술 방전장에서 설정하고 있는 토지 형태에 해당하지 않는 것은?
① 호전(弧田)
② 구고전(句股田)
③ 구전(球田)
④ 규전(圭田)

해설
구장산술 방전장의 내용
직전, 구고전, 규전, 사전, 방전, 원전, 호전, 환전

87 지적에 관련된 행정조직으로 중앙에 주부(主簿)라는 직책을 두어 전부(田簿)에 관한 사항을 관장하게 하고 토지측량 단위로서 면적계산은 경무법을 시행한 국가는?
① 백제
② 신라
③ 고구려
④ 고려

정답 84 ① 85 ④ 86 ③ 87 ③

해설

고구려
- 길이단위 : 척 단위를 사용하였으며 고구려 척
- 면적단위 : 경무법(경묘법)
- 토지장부 : 봉역도 및 요동성총도
- 측량방식 : 구장산술
- 토지담당(부서, 조직) : 주부, 사자
- 토지제도 : 토지국유제 원칙

백제
- 길이단위 : 척 단위를 사용하였으며 백제척, 후한척, 남조척, 당척
- 면적단위 : 두락제와 결부제
- 토지장부 : 도적, 일본에 전래 능역도
- 측량방식 : 구장산술
- 토지담당(부서, 조직) : 내두좌평, 산학박사, 화사
- 토지제도 : 토지국유제 원칙

신라
- 길이단위 : 척 단위를 사용하였으며 흥아발주척, 녹아발주척, 백아척, 목척
- 면적단위 : 결부제
- 토지장부 : 장적
- 측량방식 : 구장산술
- 토지담당(부서, 조직) : 품주, 창부, 산학박사
- 토지제도 : 토지국유제 원칙

88 다음 중 일자오결제에 대한 설명으로 옳지 않은 것은?

① 양전의 순서에 따라 1필지마다 천자문의 자번호를 부여하였다.
② 천자문의 각 자내(字內)에 다시 제일(第一), 제이(第二), 제삼(第三) 등의 번호를 붙였다.
③ 천자문의 1자는 기경전의 경우만 5결이 되면 부여하고 폐경전에는 부여하지 않았다.
④ 숙종 35년 해서양전사업에서는 일자오결의 양전 방식이 실시되었으나 폐단이 있었다.

해설

일자오결제의 개념
- 일자오결제도는 양전순서에 따라 토지에 천자문의 자번호를 부여한 제도이며 속대전, 대전화통에 기록되어 있다.
- 일자오결제도는 조선시대 인조 때 논의하고 숙종 때 실시하여 대한제국을 거쳐 일제 초기까지 약 160년 동안 사용된 지번 제도이다.

89 신라의 토지측량에 사용된 구장산술의 방전장 내용에 속하지 않는 토지형태는?

① 직전
② 양전
③ 환전
④ 구고전

정답 88 ③ 89 ②

해설

구장산술의 개념
- 저자 및 편찬연대 미상인 동양최고의 수학서적
- 시초는 중국으로 원, 명, 청, 조선을 거쳐 일본에까지 영향을 미침
- 삼국시대부터 산학관리의 시험 문제집으로 사용

구장산술의 특징
- 수학의 내용을 제1장 방전부터 제9장 구고장까지 분류함
- 고대 농경사회의 수확량 측정 및 토지를 측량하여 세금부과에 이용
- 특히 제9장 구고장은 토지의 면적계산과 측량술에 밀접한 관련이 있음
- 고대 중국의 일상적인 계산법이 망라된 중국수학의 결과물

구장산술의 형태
- 방전 : 직사각형의 밭, 논밭의 측량, 여러 모양의 논밭 넓이를 계산
- 속미 : 곡물의 환산
- 쇠분 : 안분비례계산법
- 소관 : 넓이계산법
- 상공 : 토목과 관련된 부피계산법
- 균수 : 조세의 운반 등의 부담을 안배하는 문제
- 영부족 : 과부속셈(2원 1차 방정식의 산술적 방법)
- 방정 : 다원1차방정식(현대수학의 방정식이란 말의 어원이 됨)
- 구고 : 구고현 이용 삼각계산, 피타고라스정리 개념과 유사, 측량과 가장 밀집

우리나라의 구장산술
삼국시대부터 구장산술을 이용하여 토지를 측량하였으나 화사가 지도나 도면을 만듦

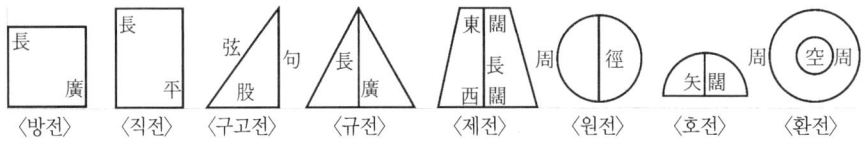

〈방전〉 〈직전〉 〈구고전〉 〈규전〉 〈제전〉 〈원전〉 〈호전〉 〈환전〉

90 「지적측량 시행규칙」지적측량성과를 측량성과로 결정하기 위한 지적측량성과와 검사 성과의 연결교차 허용범위(cm)로 옳지 않은 것은?

① 지적삼각점 : ±20
② 지적삼각보조점 : ±30
③ 경계점좌표등록부 시행지역의 경계점 : ±10
④ 경계점좌표등록부 시행지역의 지적도근점 : ±15

해설

지적측량성과의 결정(지적측량 시행규칙 제27조)
① 지적측량성과와 검사 성과의 연결교차가 다음 각 호의 허용범위 이내일 때에는 그 지적측량성과에 관하여 다른 입증을 할 수 있는 경우를 제외하고는 그 측량성과로 결정하여야 한다. 〈개정 2024. 12. 26.〉
   1. 지적삼각점 : ±20센티미터
   2. 지적삼각보조점 : ±25센티미터

정답 90 ②

3. 지적도근점
    가. 경계점좌표등록부 시행지역 : ±15센티미터
    나. 그 밖의 지역 : ±25센티미터
4. 경계점
    가. 경계점좌표등록부 시행지역 : ±10센티미터
    나. 그 밖의 지역 : ±100분의 3M센티미터(M은 축척분모). 이 경우 전자평판측량방법으로 측량하는 경우에는 ±100분의 2M센티미터로 한다.

91 다음 중 오늘날의 등기와 동일한 효력을 가진 증서가 아닌 것은?

① 입안(立案)
② 문기(文記)
③ 지계(地契)
④ 토지가옥증명

해설

우리나라의 부동산등기제도 연혁
1. 1기(조선 초~1893년) : 입안제도(입안 : 소유권이전 사실을 관청에 신고하는 공증제도)
    ※ 이 당시 사용되었던 문기(文記, 명문, 문권)는 국가의 공시제도가 아니라 사적 증서로서 오늘날의 부동산 매매계약서와 유사한 것이다.
2. 2기(1893~1905년) : 지권제도
    • 가계 : 가옥의 소유에 관한 관의 인증
    • 지계 : 토지에 대한 관의 인증
3. 3기(1906~1910년) : 증명제도, 근대적 등기제도의 시초
4. 4기(1910~1959년) : 일본제도의 의용
5. 5기(1960년~) : 현행 부동산등기제도

92 다음 중 토지의 정확한 파악을 위하여 지번(자호)제도를 창설시킨 고려말기 토지제도는?

① 과전법
② 직전법
③ 경무법
④ 정전법

해설

과전법은 고려 말과 조선 초기에 전제개혁을 통해 전국의 전답을 국유화하여 공전을 확보함으로써 국가재정의 기초를 다지기 위한 목적으로 시행하였으며 경작자는 백성이지만 등급에 따라 관리들에게 조세를 납부하였으며 토지의 정확한 파악을 위하여 지번(자호)제도를 도입하였다.

93 의상경계책(疑上境界策)을 통하여 양전법이 방량법과 어린도법으로 개정되어야 한다고 주장한 조선시대 학자는?

① 서유구
② 정약용
③ 이기
④ 유길준

정답 91 ② 92 ① 93 ①

해설
1. 조선시대 대표적인 실학자인 다산 정약용은 합리적인 양전법의 개정방안으로 종래의 경무법을 개혁하고 새롭고 객관적인 양전방안으로 정전재(井田制)의 시행을 전제로 하는 방량법과 일자오결법이나 사표법의 부정확성을 시정하기 위한 어린도법의 시행을 주장하였다.
2. 서유구는 그의 저서 [의상경계책]을 통하여 구래의 양전법이 방량법과 어린도법으로 개정되어야 한다고 주장하였다.

94 조선시대에 양안을 작성하여 보관한 곳은?

① 호조, 본도, 본읍
② 본도, 본읍, 조부
③ 호조, 호부, 조부
④ 본도, 조부, 호조

해설
양안은 고려와 조선시대에 양전에 의해 작성된 토지대장으로 전적(田籍)이라고도 하며 경국대전에 20년마다 양전을 실시하여 새로이 양안을 작성하여 호조, 본도, 본읍에 비치토록 규정함

95 고려시대 공을 세운 공신들에게 공훈의 차등에 따라 일정한 면적의 토지를 나누어 준 제도는?

① 관료전
② 공신전
③ 역분전
④ 정전

해설
역분전은 고려시대 관계(官階)에 관계없이 공훈의 차등에 따라 지급된 토지를 말한다.

정답 94 ① 95 ③

CHAPTER 04 토지·임야조사사업

SECTION 01 토지조사사업

1 사업의 개요

대한제국 정부(1897년 고종은 "광무"라는 원호를 사용하여 국호를 "대한제국"으로 고쳐 즉위)는 당시의 문란하였던 토지제도를 바로 잡자는 취지에서 1898~1903년에 123개 지역의 토지조사사업을 실시하여 1910년에 토지조사국 관제와 토지조사법을 제정·공포하며 토지조사 및 측량에 착수하였으나 한일합방[1910. 8. 22 조인, 1910. 8. 29(국치일) 발효]으로 일제는 1910년 10월 조선총독부 산하에 임시토지조사국을 설치하여 본격적인 토지조사사업을 전담하도록 하였으며, 1912년 8월 13일 제령 제2호로 토지조사령(土地調査令)과 토지조사령 시행규칙(土地調査令施行規則 : 조선총독부령 제6호)을 제정·공포하여 전국에 토지조사사업을 위한 측량을 실시하고 1914년 3월 6일 제령 제1호로 지세령(地稅令), 1914년 4월 25일 조선총독부령 제45호 토지대장규칙(土地臺帳規則) 및 1915년 1월 15일 조선총독부령 제1호 토지측량표규칙(土地測量標規則)에 의하여 그 성과인 토지대장과 지적도를 작성함으로써 근대적인 지적제도가 창설되었다.

2 토지조사사업의 목적

① 토지등기·지적제도에 대한 토지소유의 법적 증명제도를 확립
② 지세수입을 증대하기 위한 조세 수입체계의 확립
③ 국유지를 창출·조사하여 조선총독부 소유 토지의 확보
④ 일본 상업 고리대 자본의 토지점유가 보장되는 법률적 제도 확립
⑤ 일본식민에 대한 제도적 지원 대책 확립
⑥ 조선총독부의 미개간지 점유
⑦ 미곡의 일본 수출 증가를 위한 토지이용제도 정비
⑧ 일본의 공업화에 따른 노동력 부족을 우리나라 소작농으로 충당

③ 사업의 계획

조선총독부에서 시행한 토지조사사업은 4차에 걸쳐 수정·보완되었다.

제1차 계획	① 1910년 3월부터 1917년 10월까지 계획수립(7년 8개월) ② 기술자 양성으로 소삼각측량을 하도록 하고 조사담당기관은 중앙에 본부, 지방에 지국과 출장소를 두고 총무부, 조사부, 측량부로 나누고 조사가 완료되면 지권(地券)을 발급할 계획을 수립하였다. 1910년 8월 29일에 한일합방으로 인하여 일시 중단되었다.
제2차 계획	① 1910년 3월부터 1916년 12월까지 계획수립(7년 1개월) ② 동경원점[어악(御岳) 및 유명산(有名山)]을 기선으로 한국의 남단 절영도(絶影島)와 거제도(巨濟島)에 대삼각본점을 설치하고 이를 기초로 전국에 대삼각점을 설치하고 2차로 소삼각점, 3차로 도근점을 설치한 후 세부측량을 실시하였다.
제3차 계획	① 1910년 3월부터 1918년 9월까지 계획을 수립(8년 7개월)하였다. ② 지세명기장(地稅名寄帳) 작성과 1/50,000 지형도 작성을 위한 지형측량을 병행하였다.
제4차 계획	① 1910년 3월부터 1918년 12월까지 계획을 수립(8년 10개월)하였다. ② 새로운 업무 증가로 경비 증가는 물론 사업 완료 시기가 늦어지자 공정급(功程給)제도를 신설하여 작업별 공정표를 작성하여 조사기간을 3개월 연장하여 토지조사사업을 완료하도록 계획을 수립하였다. 토지조사 시범 사업부터 토지조사사업이 최종적으로 완료된 기간은 1909년 11월 17일부터 1919년 3월 31일까지 9년 4개월이 되었다.

※ 토지조사 시범 사업부터 토지조사사업이 최종적으로 완료된 기간 : 1909년 11월 17일부터 1919년 3월 31일까지(9년 4개월)

④ 사업의 내용

조선토지조사사업보고서 전문에 따르면 토지조사사업의 내용을 크게 나누어 보면 토지소유권의 조사, 토지가격의 조사, 지형·지모의 조사 등 3개 분야로 구분하여 조사하였다.

토지소유권 조사 (土地所有權 調査)	소유권 조사는 측량성과에 의거 토지의 소재, 지번, 지목, 면적과 소유권을 조사하여 토지대장에 등록하고 토지의 일필지에 대한 위치, 형상, 경계를 측정하여 지적도에 등록함으로써 토지의 경계와 소유권을 사정하여 토지소유권 제도의 확립과 토지등기제도의 설정을 기하도록 하였다.
토지가격 조사 (土地價格 調査)	시가지는 그 지목 여하에 불구하고 전부 시가(時價)에 따라 지가를 평정하고, 시가지 이외의 지역은 임대가격을 기초로 하였으며, 전·답, 지소 및 잡종지는 그 수익을 기초로 하여 지가를 결정하였다. 이러한 지가조사로 토지에 대한 과세기준을 통일함으로써 지세제도를 확립하는 데 유감이 없도록 하였다.
지형·지모 조사 (地形·地貌 調査)	지형·지모의 조사는 지형측량으로 지상에 있는 천위(天爲)·인위(人爲)의 지물을 묘화(描畵)하며 그 고저 분포의 관계를 표시하여 지도상에 등록하도록 하였다. 토지조사사업에서는 측량부문을 삼각측량, 도근측량, 세부측량, 면적계산, 제도, 이동지측량, 지형측량 등 7종으로 나누어 실시하였다. 이러한 측량을 수행하기 위하여 설치한 지적측량 기준점과 토지의 경계점 등을 기초로 세밀한 지형측량을 실시하여 지상의 중요한 지형·지물에 대한 각 도 단위의 1/50,000의 지형도가 작성되었다.

5 사업의 성과

토지조사부	토지소유권의 사정원부로 이용하기 위하여 토지소재, 지번, 지목, 면적, 토지소유자 등을 기록한 토지조사부가 있다.	
토지대장	토지조사부와 등급조사부 등의 자료에 의하여 작성한 토지대장이 있다.	
지적도	토지의 경계를 도화한 지적도를 3가지 축척으로 구분하였다.	
	시가지	1/600
	평야지	1/1,200
	산간지	1/2,400
강계(疆界)	① 지목을 구별하였다. ② 소유권의 분계(分界)를 확정하기 위한 것으로서 소유자 및 지목이 동일하고 연속된 토지를 1필로 함을 원칙으로 하였다.	
지목	지목은 과세지, 면세지, 비과세지 등 18종으로 구별하였다.	
	과세지	전, 답, 대, 지소, 임야, 잡종지
	공공용지에 속하는 면세지	사사지, 분묘지, 공원지, 철도용지, 수도용지
	비과세지	도로, 하천, 구거, 제방, 성첩, 철도선로, 수도선로

6 토지조사기관

1) 토지조사국(土地調査局)

근대적인 토지조사사업 실시를 위하여 구한말 대한제국에서 설치한 토지조사기관으로서 1910년 3월 14일 내각총리대신 이완용과 탁지부대신 고영희는 칙령 제23호로 토지조사국 관제를 공포하였다. 직원은 총재 1명(탁지부대신이 겸무), 부총재 1명, 부장 2명, 서기관 3명, 사무관 5명, 기사 7명, 주사 120명, 기수 270명을 두고 총재관방, 조사부, 측량부를 두었다. 1910년 8월 23일 토지조사법을 제정·공포하여 전국의 토지조사업무를 전담하고 1910년 8월 22일 한일합방조약이 체결되고 8월 25일 양국에서 승인된 이후 10월 1일 조선총독부의 임시토지조사국 설치로 폐지되었다.

▶ 토지조사국 관제

토지조사국(총재 : 탁지부대신)							
총재관방(總裁官房)		조사부(調査部)		측량부(測量部)			출장소(出張所)
서무과 (庶務課)	회계과 (會計課)	조사과 (調査課)	정리과 (整理課)	삼각과 (三角課)	측지과 (測地課)	제도과 (製圖課)	대구, 평양 전주, 함흥

2) 임시토지조사국(臨時土地調査局)

(1) 정의

한일합방조약(韓日合邦條約, 1910년 8월 22일)이 체결되고 1910년 8월 29일 발효되어 구한국의 토지조사국의 사무를 전부 계승하기 위해 1910년 9월 30일 조선총독부 임시토지조사국 관제가 일본 칙령 제361호로 공포되어 10월 1일부터 시행하게 되었다. 1913년 9월, 분과규정을 개정하여 아래와 같이 총무과, 기술과, 조리과, 측지과, 제도과, 정리과를 두었다.

▶ 임시토지조사국 관제

임시토지조사국(국장)									
총무과(總務課)				기술과(技術科)		조리과 (調理課)	측지과 (測地課)	제도과 (製圖課)	정리과 (整理課)
비서계 (秘書係)	회계계 (會計係)	계쟁지계 (界爭地契)	서무계 (庶務係)	삼각계 (三角係)	지형계 (地形係)				

(2) 특별조사기관

임시토지조사국의 특별조사기관에서는 특별세부측도 성과검사, 분쟁지 조사, 외업특별검사, 지지자료조사, 급여 및 장려(奬勵)제도의 조사, 고원(현 서기관)의 고사(考査) 등의 업무를 수행하였다. 당초 일필지 조사의 방법으로 우선 지압조사반에서 현지를 답사하여 지역적으로 개황도(槪況道)를 작성하였다.

> **참고**
>
> **개황도**
> 개황도는 일필지 조사를 끝마친 후 그 강계 및 지역을 보측하여 개황을 그리고 여기에 각종 조사사항을 기재함으로써 장부조제의 참고자료 또는 세부측량의 안내자료로 활용한 것이다.
>
> | 개황도의 기재사항 | ① 가지번 및 지번
② 지목 및 사용세목
③ 지주의 성명 및 이해관계인의 성명
④ 지위등급
⑤ 행정구역의 강계
⑥ 죽목, 초생지, 기타 강계의 목표로 할 수 있는 것
⑦ 삼각점, 도근점 |
> |---|---|
> | 개황도의 폐지 | • 1912년 11월부터 조사와 측량을 한꺼번에 하게 되어 안내도가 필요 없게 되었다.
• 지위 등급 조사 시 따로 세부 측량원도를 등사하여 이를 지위 등급도로 하였기 때문에 개황도를 폐지 |

7 토지조사사업 업무

소유권 및 지가조사 (9개 종목)	준비조사	행정구역인 리(里) · 동(洞)의 명칭과 구역 · 경계의 혼선을 정리하고, 지명의 통일과 강계(疆界)의 조사
	일필지조사	토지소유권을 확실히 하기 위해 필지(筆地)단위로 지주 · 강계 · 지목 · 지번 조사
	분쟁지조사	불분명한 국유지와 민유지, 미정리된 역둔토, 소유권이 불확실한 미개간지 정리
	지위등급조사	토지의 지목에 따라 수익성의 차이에 근거하여 지력의 우월을 구별
	장부조제	토지조사부 · 토지대장 · 토지대장집계부 · 지세명기장(地税名寄帳)
	지방토지조사위원회	토지조사령에 의해 설치된 기관으로 임시토지조사국장의 요구에 대한 소유자 및 강계에 대한 사정에 대한 자문기관
	고등토지조사위원회	토지의 사정에 대하여 불복이 있는 경우에는 사정공고기간(30일) 만료 후 60일 이내에 불복 신립하거나 재결이 있는 날로부터 3년 이내에 사정의 확정 또는 재결이 체벌 받을 만한 행위에 근거하여 재심의 재결을 하는 토지소유권의 확정에 관한 최고의 심의기관
	사정	토지조사부 및 지적도에 의하여 토지소유자 및 그 강계를 확정하는 행정처분으로 사정권자는 임시토지조사국장이 되고 지방토지조사위원회의 자문에 의하여 사정
	이동지정리	토지소유권을 비롯한 강계의 확정에 대하여 토지신고 이후의 각종 변동사항을 정리
측량(7종)	산각측량, 도근측량, 세부측량, 면적측량, 지적도 작성, 이동지측량, 지형측량	

1) 준비 조사

토지조사사업의 중점사업인 토지소유권 조사를 동 · 리별로 토지신고서를 받아 그 전체의 윤곽과 내용을 조사 · 정리하였으며 이를 준비 조사와 일필지 조사로 구분하였다.

준비 조사내용	① 토지조사의 홍보 ② 지방관공서가 가지고 있는 토지조사 참고자료의 조사 ③ 면 · 동 · 리의 명칭 및 강계조사 ④ 토지소유신고서 용지의 배부, 작성방법의 설명 및 이의 취집 ⑤ 지방 경제 상황 및 관습 조사 등

2) 일필지 조사

준비 조사와 도근측량 후 일필지측량과 동시에 시행하는 조사로 지주의 조사, 강계의 조사, 지번의 조사, 지목의 조사 등으로 분류하여 실시하였다.

조사방법	① 일필지 조사는 준비 조사와 현지 조사로 구분한다. ② 준비 조사는 기존 자료에 의하여 토지등록사항과 관련된 토지소유자, 면적, 도면자료, 기타 권리 등에 관한 자료를 수집하고 작업진행 예정표와 조사도를 작성하여 지적조사표를 만든다. ③ 현지 조사 시에는 경계표지와 표항을 설치하고 현지 조사사항을 기록하여 지적세부측량에 참고가 되도록 한다.
대상지와 제외지	**조사대상지**: 전, 답, 대, 잡종지, 임야, 공원지, 분묘지, 수도용지, 철도용지, 도로, 구거 하천, 사사지, 지소, 제방, 선로, 성첩 **제외된 지역**: 조사하지 않은 임야 속에 잠재 또는 접속되어 조사의 필요를 느끼지 않는 지역 또는 도서로서 조사하지 않은 지역
일필지 조사	실지조사에 의해 각 필지의 지주, 경계, 지목, 지번을 조사한 것이다. ① 지주의 조사 　• 민유지는 토지신고서, 국유지는 소속 관청의 국유지통지서에 의거함을 원칙 　• 특별한 이유가 없는 한 신고자를 지주로 인정하는 신고주의 원칙을 채택 　• 1필지에 대하여 2명 이상이 토지신고서를 제출하게 되면 분쟁지로 처리하였으며 화해를 통해 해결할 것을 원칙으로 하고, 화해가 이루어지지 않을 경우 분쟁지 조사를 실시하였다. ② 강계 및 지역의 조사 ③ 지번의 조사 ④ 지목의 조사 : 지목은 총 18종이다. 　• 과세대상 : 전·답·대(垈)·지소(池沼)·임야·잡종지 　• 면세지 : 사사지, 분묘지, 공원지, 철도용지, 수도용지 　• 비과세지 : 도로, 하천, 구거, 제방, 성첩, 철도선로, 수도선로 ⑤ 특별조사

3) 분쟁지 조사

조선 후기 양반이나 권문세족의 수탈을 피하기 위하여 궁방토에 투탁하는 경우가 많았는데 이로 인하여 역둔토조사나 토지조사사업 당시 국유지에 대한 소유권 분쟁과 민유지에 대하여도 권문세족과의 분쟁이 빈번하였다. 또한 토지의 경계에 대하여도 명확한 지형·지물이 없는 경우 분쟁이 있었다. 토지소유권에 관한 다툼이 있을 경우 일단 화해를 유도하고, 화해가 이루어지지 않은 경우에는 분쟁지로 처리하여 분쟁지 심사위원회에서 그 소유권을 결정하였다.

분쟁지 조사	① 외업조사 ② 내업조사 ③ 분쟁지심사위원회 심사
분쟁지 해결 절차	① 화해 : 1차적으로 화해를 통하여 해결 ② 분쟁지 심사위원회 　• 총독부 임시토지조사국 총무과장 외 5인의 위원으로 구성 　• 각 지방토지조사위원회의 자문을 받아 심사 　• 국유지 분쟁의 40%는 민유지로 판정

분쟁지 해결 절차	③ 고등토지조사위원회 • 총독부 정무총감 외 고등관 5인의 위원으로 구성 • 분쟁지 심사위원회 판결에 불복한 경우 재심사 • 약 40%가 불복자의 소유지로 판정
분쟁지 원인	① 토지 소속 불분명 ② 역둔토, 궁장토 등의 정리 미비 ③ 미간지, 제방 및 모경, 기타 모경(冒耕, 주인의 허락 없이 몰래 남의 땅에 농사짓는 것) ④ 소유증명의 서류 미비

4) 사정(査定)

임시토지조사국은 토지조사법, 토지조사령 등에 의하여 토지조사사업을 시행하고 토지소유자와 경계를 확정하였는데 이를 사정이라 한다. 임시토지조사국장의 사정은 이전의 권리와 무관한 창설적, 확정적 효력을 갖는 가장 중요한 업무라 할 수 있다. 임야조사사업에 있어서는 조선임야조사령에 의거 사정을 하였다.

(1) 사정과 재결의 법적 근거

① 사정은 공시되었고 공시기간 만료 후 60일 이내에 고등토지조사위원회(高等土地調査委員會)에 이의를 제출할 수 있도록 되었다(토지조사령 제11조).
② 토지조사령은 "토지소유자의 권리는 사정의 확정 또는 재결에 의하여 확정한다."고 규정하였다(제15조).
③ 그 확정의 효력 발생시기는 신고 또는 국유통지의 당일로 소급되었다(제10조).

(2) 사정방법

토지소유자 사정	• 토지의 소유자는 국가, 지방자치단체, 각종 법인, 법인에 유사한 단체, 개인 등이다. • 지주가 사망하고 상속자가 정해지지 않은 경우에는 사망자의 명으로 사정하였다. • 신사, 사원, 교회 등의 종교단체는 법인에 준하여 사정하였다. • 종중, 기타 단체 명의로 신고되었으나 법인 자격이 없는 것은 공유명의 또는 단체명의로 등록하였다.
강계 사정	• 강계라 함은 지적도상에 제도된 소유자가 다른 경계선을 말한다. • 지적도에 제도되어 있어도 지역선은 사정하지 않는다. • 사정선인 강계선은 불복신립이 인정되었다.
사정 불복	• 토지사정에 불복이 있는 경우 사정 공시 만료 후 60일 이내에 불복신청을 한다. • 사정, 재결이 있은 날로부터 3년 이내에 재결을 받을 만한 행위에 근거한 재판소의 판결을 확정한다.

(3) 강계선(疆界線), 지역선(地域線), 경계선(境界線)

강계선은 사정선이라고도 하며 토지조사 당시 확정된 소유자가 다른 토지 간의 사정된 경계선 또는 토지조사령에 의하여 임시토지조사국장의 사정을 거친 경계선을 말하며 강계는 지적도에 등록된 토지의 경계선인 강계선이 대상이었다. 토지조사 당시에는 강계선(사정선)으로 불렀으며 임야조사 당시에는 사정한 선도 경계선이라 불렀다.

강계선 (疆界線)	소유권에 대한 경계를 확정하는 역할을 하며 반드시 사정을 거친 경계선을 말하며 토지소유자 및 지목이 동일하고 지반이 연속된 토지를 1필지로 함을 원칙으로 한다. 강계선과 인접한 토지의 소유자는 반드시 다르다는 원칙이 성립되며 조선임야조사사업 당시 도장관의 사정에 의한 임야도면상의 경계는 경계선이라 하였고 강계선의 경우는 분쟁지에 대한 사정으로 생긴 경계선이라 할 수 있다.
지역선 (地域線)	지역선이라 함은 토지조사 당시 사정을 하지 않는 경계선을 말하며 동일인이 소유하는 토지일 경우에도 지반의 고저가 심하여 별필로 하는 경우의 경계선을 말한다. 지역선에 인접하는 토지의 소유자는 동일인일 수도 있고 다를 수도 있다. 지역선은 경계분쟁의 대상에서 제외되었으며 동일인의 소유지라도 지목이 상이하여 별필로 하는 경우의 경계선을 말한다. 지목이 다른 일필지를 표시하는 것을 말한다.
경계선 (境界線)	지적도상의 구획선을 경계라 지칭하고 강계선과 지역선으로 구분하며 강계선은 사정선이라고 하였으며 임야조사 당시의 사정선은 경계선이라고 했다. 최근 경계선의 의미는 강계선이나 지역선에 관계없이 2개의 인접한 토지 사이의 구획선을 말한다. 도해지적에서는 지적도나 임야도에 그려진 토지의 구획선을 말하는데 물론 지상에 있는 논둑, 밭둑, 표항 따위를 말하는 것은 아니다. 경계점좌표시행지역에서 경계선이라고 할 때에는 어떤 점의 좌표(우리나라 지적분야에서는 평면직각종횡선 수치와 그 이웃하는 점의 좌표)와의 연결을 말한다. 경계선의 종류에는 시대 및 등록방법에 따라 다르게 부르기도 하였다. 경계는 일반경계, 고정경계, 자연경계, 인공경계 등으로 사용처에 따라 다르게 부르기도 한다.

(4) 토지검사(土地檢査)

토지검사는 토지이동 사실 여부 확인을 위한 지압조사와 과세징수를 목적으로 한 토지검사로 분류되며 매년 6~9월 사이에 하는 것을 원칙으로 하였고 필요한 경우 임시로 할 수 있게 하였다. 지세관계법령의 규정에 따라 세무관리는 토지의 검사를 할 수 있도록 지세관계법령에 규정하였다.

▶ **토지검사 대상과 특징**

토지검사 대상	① 비과세지 ② 분할지의 지위품 등이 동일하지 않는 경우 ③ 각종 면세연기, 감세연기 또는 연기 · 연장하는 경우 ④ 지목 및 임대가격의 설정 또는 수정하는 경우 ⑤ 지적오류정정 등이 있었을 때 ⑥ 재해지면세지 및 사립확보용지면세

토지검사 특징	① 매년 6월에서 9월 사이에 실시하였으며 일반적으로 세무관서가 담당하였다. ② 필요시에는 수시로 할 수 있게 하였다. ③ 주목적은 토지의 이동에 관하여 이동신고·신청의 확인 등이다. ④ 기록사항은 토지검사수첩에 등재하였다.
토지검사의 생략	① 비과세지 상호 간의 지목변환일 경우 ② 조선지적협회 직원의 조사로 인정된 것 ③ 실지조사를 통하지 않고도 지목 및 임대가격이 도면이나 기타의 자료에 의해 적당하다고 인정되는 것

(5) 지압조사(地押調査)

지압조사란 무신고 이동지를 발견하기 위하여 실시하는 토지검사로서 토지검사의 일종이기는 하지만 이는 어디까지나 신고와 신청을 전제로 하지 않는다는 점이 특징이다. 지압조사는 일반적으로 등급도 등을 펼쳐들고 현지에서 지번 1로부터 시작하여 2, 3, 4, 5 등 순서적으로 실지와 도면을 대조하여 그 이동의 유무를 검사하는 방법을 사용하였다.

지압조사방법	① 지압조사는 지적약도 및 임야도를 현장에 휴대하여 정, 리, 동의 단위로 시행하였다. ② 지압조사 대상지역의 지적(임야)약도에 대하여 미리 이동정리 적부를 조사하여 누락된 부분은 보완 조치하였다. ③ 지적소관청은 지압조사에 의하여 무신고 이동지의 조사를 위해서는 그 집행계획서를 미리 수리조합과 지적협회 등에 통지하여 협력을 요구하였다. ④ 무신고 이동지 정리부에 조사결과 발견된 무신고 이동토지를 등재함으로써 정리의 만전을 기하였다. ⑤ 지번의 순서에 따라 실지와 도면의 대조를 통하여 이동의 유무를 조사하는 것을 원칙으로 하였다. ⑥ 업무의 통일, 직원의 훈련 등에 필요할 경우는 본조사 전에 모범조사를 실시하도록 하였다.

SECTION 02 임야조사사업

1 임야조사사업 의의

임야조사사업은 토지조사사업에서 제외된 임야와 임야 및 기 임야에 개재되어 있는 임야 이외의 토지를 조사대상으로 하였으며, 사업목적으로는

    첫째, 국민생활 및 일반경제 거래상 부동산 표시에 필요한 지번의 창설
    둘째, 임야의 위치 및 형상을 도면에 묘화하여 경계의 명확화
    셋째, 임야의 귀속 및 판명의 결여로 임정의 진흥 저해와 산야의 황폐, 각종 분규 등의 해결을 위한 소유권의 법적 확정
    넷째, 토지조사와 함께 전 국토에 대한 지적제도 확립
    다섯째, 각종 임야 정책의 기초자료 제공

등이다. 한편, 조사 및 측량기관은 부(府)나 면(面)이 되고 사정(査定)기관은 도지사가 되며 도지사의 산하에 임야심사위원회를 두어 분쟁지에 대한 재결 사무를 관장하게 하였다.

2 사업계획

임야조사사업은 1916년 경기도와 몇몇의 도에서 부분적으로 실시한 시험조사 결과에 따라 비교적 권리관념이 발달한 남한지방부터 조사를 시작하여 북한지방까지 조사하는 것으로 1917년부터 1922년까지 6년 동안에 완성하는 계획을 세웠다.

당초 계획에는 임야 내 개재(介在)된 토지를 조사대상에서 제외시켰으나 1918년 10월 임야조사령 시행규칙 개정으로 개재지(介在地)를 전부 조사토록 함으로써 조사예정 필수가 증가되어 인력증원과 조사기간을 2년 연장하여 1924년에 완료하는 것으로 계획을 변경하였다.

3 사업의 내용

임야조사사업의 실지 작업은 크게 소유권에 관한 조사와 일필지 경계측량으로 나눌 수가 있다. 소유권에 관한 조사는 사유지를 인정하였으며, 경계조사는 일필지마다 소유 또는 연고의 분계(分界)를 확정하는 것으로 모두 근접 관계자의 협의에 의하는 것으로 하여 그 소유자 또는 연고자로 하여금 일필지 주위에 표항(標抗)을 세우도록 하며, 지주, 관리인, 이해관계인 또는 그 대리인과 지주총대(地主總代)의 입회하에 결정한다.

일필지 측량에 있어서 축척은 경제적 가치가 있는 시가지 부근 지역에만 1/3,000의 축척을 사용하고 기타 지역은 원칙적으로 1/6,000의 축척을 사용하였으며, 지번은 실지 작업 후 일개 리·동을 통하여 실지가 연속되는 순서에 따라 번호를 정리하고 토지조사 때의 지번과 혼동 및 착오를 방지하기 위하여 지번에 "산"자를 붙여서 구분하였다. 한편, 도지사는 조사 측량한 사항에 대하여 일필

지마다 그 토지의 소유자와 경계를 사정 또는 재결에 의하여 확정하였으며, 사정에 대하여 불복이 있는 자는 공시기간 만료 후 60일 이내에 임야심사위원회에 신청하여 재결을 구하였다.

▶ 토지조사사업과 임야조사사업

구분		토지조사사업	임야조사사업
근거법령		토지조사령(1912.8.13 제령 제2호)	조선임야조사령(1918.5.1 제령 제5호)
조사기간		1910~1918년(8년 10개월)	1916~1924년(9개년)
측량기관		임시토지조사국	부(府)와 면(面)
사정기관		임시토지조사국장	도지사
재결기관		고등토지조사위원회	임야심사위원회
조사내용		• 토지소유권 • 토지가격 • 지형·지모	• 토지소유권 • 토지가격 • 지형·지모
조사대상		• 전국에 걸친 평야부토지 • 낙산 임야	• 토지조사에서 제외된 토지 • 산림 내 개재지(토지)
도면축척		1/600, 1/1,200, 1/2,400	1/3,000, 1/6,000
기선측량		13개소	
측량 기준점 설치	측량기준점	34,447점	
	삼각점	• 1등삼각점 : 400점 • 2등삼각점 : 2,401점 • 3등삼각점 : 6,297점 • 4등삼각점 : 25,349점	
	도근점	3,551,606점	
	수준점	2,823점(선로장 : 6,693km)	
	험조장	5개소(청진, 원산, 진남포, 목포, 인천)	

SECTION 03 토지·임야조사사업 당시의 지적과 등기제도

1 지적과 등기

1) 지적

토지의 사정과 재결을 통하여 확정된 경계와 소유자 및 기타 등록사항을 시·군의 소관청에서 토지의 표시사항에 대한 토지이동을 신고의무로 하고, 신고가 없는 경우 직권조사 처리도 가능하며, 처리방법은 실질적 심사주의에 의하고, 국가가 항상 토지의 현황을 파악하여 지적공부에 등록하는 적극적 등록주의를 채택한다. 지적공부를 토지대장, 지적도, 임야대장, 임야도로 하고 기타의 부속장부를 두고 있으나 토지만을 대상으로 하고 있다.

2) 등기

등기는 공시의 원칙에 따라 등기부를 작성하고 등기사항에 대하여 등기 신청주의에 의거 신청이 있을 때에만 등기하는 소극적 등기주의를 채택하고 형식적 심사주의에 따라 서면 심리를 원칙으로 하고 있었다. 토지와 건물을 별개의 독립한 부동산으로 하여 토지등기부와 건물등기부로 구분하였고, 소관청을 지방법원의 지원이나 등기소로 하였다.

지적과 등기제도는 토지의 표시와 권리 상태를 명시하는 등 공시제도로서 토지소유권의 보호는 물론 각종 토지 관련 행정의 기초자료 공급원으로서의 기능을 하고 있다.

2 지적과 등기의 형식

1) 지적의 형식

지적법령	토지조사령(1912년)과 임야조사령(1918년)에 의하여 토지조사와 임야조사를 완료한 후 지세령(1914년)과 토지대장규칙(1914년)·임야대장규칙(1920년)에 의하여 토지이동정리와 토지세를 징수하였으며, 광복 이후 지적법(1950년)과 지세령(1950년)이 분리·제정되어 비로소 지적법령이 체계화되었다.
활용	당초 세지적의 근간을 유지하면서 초기(1919~1934년)에는 조선총독부의 재무국과 도·시·군의 행정체제로 유지 관리되다가 세무행정이 분리되면서 재무부와 그 산하인 세무서에 이관되어 조세행정의 자료로 활용되었다. 따라서 국민의 소유권 보호와 측량의 기술 발전에는 미흡하다 할 것이다.
지적공부	초기에는 지적업무 이외에도 지형도 제작, 측량표 관리, 토지등급조사 등 보다 다양한 업무를 수행하였다. 초기의 지적공부는 그 종류에 있어서 수치지적부 이외에는 지금의 공부와 같으나 부속도부로서 토지조사부와 지세명기장, 토지대장집계부와 지적약도, 임야약도, 역둔토도 등도 중요한 관리 도서이다.

2) 지적공(장)부

토지조사사업을 통하여 토지의 사정이나 확정의 재결에 의하여 확정된 토지에 대하여 토지조사부, 토지대장, 토지대장집계부, 지세명기장 등의 장부를 조제하였는데 이를 지적장부라 한다. 지적장부를 통하여 전 국토의 파악과 실질적인 납세의무자를 결정하였다.

(1) 토지조사부

① 토지조사사업을 하면서 모든 토지소유자로 하여금 토지소유권을 신고하게 하여 토지사정원부로 사용되었다.(1911년 11월)
② 토지조사부에 소유자로 등재되는 것을 사정(원시취득)이라 한다. 토지조사부를 사정부라고도 한다.
③ 1동·리마다 지번순으로 지번, 가지번, 지목, 지적, 소유자 주소 및 성명, 신고 또는 통지 연월일, 분쟁과 기타 특수한 사고가 있는 경우 적요란에 그 내용을 기재한다.
④ 책의 말미에 지목별로 지적 및 필수를 집계하고 이를 다시 국유지와 민유지로 구분하여 합계를 냈다.
⑤ 소유자가 2인인 공유지는 이름을 연기라 하고, 3인 이상의 공유지에 대해서는 연명서를 작성하였다.
⑥ 토지조사부는 토지조사사업이 완료되어 토지대장을 작성으로 그 기능을 상실하였다.
⑦ 2004년 10월부터 일반인에게 공개하였다.
⑧ 보관기관은 국가기록원, 일부 지역은 해당 시·군·구청에 보관되어 있다.

(2) 토지대장

① 1필당 1매를 작성하며 동·리마다 별책을 함을 원칙으로 한다. 단, 매수가 적은 경우 합철할 수 있다.
② 지번지역 내 지번순서대로 순차적으로 편철하였다.
③ 공유자가 2명으로 그 소유권 비율이 동일한 경우 토지대장이 성명을 연기하고, 이외의 공유지에 대해서는 공유지연명부를 따로 작성하여야 한다.
④ 토지대장은 약 200매를 1책으로 하나, 토지이동 등의 사유로 인하여 취급상 불편한 경우 분철하여 사용하여야 한다.
⑤ 토지대장 등록사항
  ㉠ 토지의 소재, 지번, 지목, 면적
  ㉡ 사정 연월일
  ㉢ 토지등급 및 임대가격
  ㉣ 기준수확량 등급
  ㉤ 질권, 설정자의 주소, 성명

(3) 토지대장집계부

① 1개 면마다 국유지, 민유과세지, 민유비과세지로 구분하였다.
② 지목마다 지적, 지가, 필수를 기재하였다.
③ 부, 군, 도를 합계하였다.
④ 지목별, 등급별, 집계표 및 토지조사부의 합계와 대조하여 기재하였다.

(4) 지적도

① 초기의 지적도는 세부측량원도를 점진법 또는 직접날진법으로 등사하여 작성하였다.
② 정비작업은 수기법에서 활판인쇄를 하고 지번, 지목도 번호를 사용하여 작성하였다.
③ 도곽은 남북으로 1척1촌(33.33cm), 동서는 1척3촌7분5리(41.67cm)로 하였다.
④ 초기의 지적도에는 등고선을 표시하여 표고에 의한 지형 구별이 용이하도록 하였다.
⑤ 토지분할의 경우에는 지적도 정리 시 신강계선을 양홍선으로 정리하였으나 그 후에는 흑색으로 변경하였다.

(5) 임야도

① 도곽은 남북으로 1척3촌2리(40cm), 동서는 1척6촌5리(50cm)로 하였다.
② 등록사항은 임야경계와 토지소재, 지번, 지목, 지적도 시행지역은 담홍색, 하천은 청색, 임야 내 미등록 도로는 양홍색으로 묘화하였다.
③ 면적이 아주 넓은 국유·임야 등에 대하여는 1 : 50,000 지형도에 등록하여 임야도로 간주하였다.

(6) 간주지적도(看做地籍圖)와 산토지대장(山土地臺帳)

간주지적도 (看做地籍圖)	① 지적도로 간주하는 임야도를 간주지적도라 한다. ② 조선지세령 제5조3항에는 "조선총독이 지정하는 지역에서는 임야도로서 지적도로 간주한다."라고 규정하였다. ③ 총독부는 1924년을 시작으로 15차례 고시하였다. ④ 육지에서 멀리 떨어진 도서지역, 토지조사구역에서 멀리 떨어진 산간벽지(약 200間) 등을 지정하였다. ⑤ 전, 답, 대 등 과세지가 있을 경우 이를 지적도에 등록하지 아니하고 임야도에 존치(1/3,000, 1/6,000)하였다. ⑥ 임야도에 녹색 1호선으로 구역을 표시하였다. ⑦ 간주지적도에 대한 대장은 일반토지대장과 달리 별책이 있었는데 이를 별책·을호·산토지대장이라 한다.
산토지대장 (山土地臺帳)	① 간주지적도에 등록된 토지에 대하여 별책토지대장, 을호토지대장, 산토지대장이라 하여 별도로 작성되었다. ② 산토지대장에 등록면적은 30평 단위이다. ③ 산토지대장은 1975년 지적법 전문 개정 시 토지대장카드화 작업으로 m^2 단위로 환산하여 등록하였고, 전산화사업 이후 보관하고 있다.

(7) 간주임야도(看做林野圖)

1/25,000, 1/50,000 지형도를 임야도로 간주하는 것으로 임야조사사업 당시 임야의 필지가 광범위하여 임야도에 등록하기에 어려운 국유임야지역이 이에 해당된다.

간주임야도 시행지역	① 경북 일월산 ② 전북 덕유산 ③ 경남 지리산
특징	① 간주임야도에 등록된 지역은 국유임야지역이다. ② 대부분 측량 접근이 어려운 고산지대이다. ③ 행정구역 경계가 불확실하다. ④ 지번지역 단위가 없었다.
간주임야도의 정리	① 북한지역의 1/25,000 지역은 대부분 1/6,000로 개측하였음(1948년 이전) ② 1979~1984년 : 남원군 장수군 복구 및 개측사업으로 임야로 정비 ③ 1987년 이후 : 장수군을 시작으로 도상 또는 GPS측량방법으로 소관청직권등록

(8) 지세명기장(地稅名寄帳)

① 지세령 시행규칙 제1조의 규정에 의하여 면에 비치하는 문서
② 1918년경부터 작성된 것으로 보임
③ 지번과 지적, 지가세액, 납기구분, 납세관리인의 주소와 씨명 등이 기재
④ 토지조사부가 작성되고서 이에 근거하여 토지대장이 작성되면 토지대장집계표와 지세명기장을 조제하였다(조선총독부 임시토지조사국 조사규정 제10조).
⑤ 과세지에 대한 인적 편성주의에 따라 성명별 목록이 작성되었다.
⑥ 동명 2인인 경우에는 동리명, 통호명을 부가하여 식별하도록 하였다.

기초지식

과세지견취도(課稅地見取圖)

- 지세부과를 목적으로 만들어진 것으로 당초 신고제에 의한 결수연명부 작성과 세금징수를 하였는데 이를 보완할 필요성에 의해 만들어져 토지조사사업 당시 기초자료가 되었고 지적도 작성 이후 기능이 상실되었다. 과세견취도와 결수연명부는 부·군청에 보관하고 소유자로 간주되는 자에 대하여 납세액 및 기타 사실을 기재한 지세대장 및 도면이다.
- 토지 각 필지의 위치와 지형을 묘사하고 지번을 확인하거나 새로이 정하며, 토지소유권의 확립과 지주납세 촉진, 국유·민유의 구분, 진황지의 확인과 과세, 동·리의 경계 확인 등의 효과가 있었다.

조선총독부령(제20호) "과세견취도 작성의 건" 공포	• 제1조 : 면은 부윤 또는 군수의 지휘에 따라 지세를 부과할 견취도를 작성한다. • 제2조 : 토지소유자는 각 토지에 말목을 세우고 실지에 입회한다. • 작성시기는 부윤 또는 군수가 정한다. • 1912년 4월부터 시행하였다.
작성방법	• 축척 : 1/1,200 • 굴곡점이 없는 곡선으로 제도 • 북방 표시 • 부·군청에서는 소유자의 신고에 근거하여 조제
시행	• 1911년, 충남과 충북 일부 지역 시행 • 1912년, 전국 확대 • 1913년, 강원도, 평안북도, 함경남·북도 일부 지역 시행

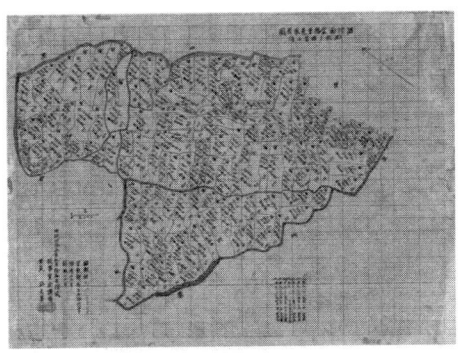

결수연명부(結數連名簿)

종래 사용 중인 깃기라는 지세수취대장을 폐지하고 1909년부터 전국적으로 결수연명부라는 새로운 형식의 징세대장을 작성하였다. 1911년 결수연명부 규칙을 제정하여 각 부·군·면마다 작성하여 비치토록 하였다. 이때 토지의 면적은 실제 면적이 아닌 두락제에 의한 수확량 또는 파종량을 기준으로 하는 결(結)·속(束)·부(負) 등의 단위를 사용하였다.

작성방법	• 과세지를 대상으로 함(비과세지 제외) • 면적 : 결부, 누락에 의해 부정확하게 파악
작성연혁	• 1909~1911년 사이에 세 차례 작성 • 1911년 10월 '결수연명부규칙' 제정 발포(각 부·군·면에 결수연명부를 비치·활용)
특징	• 1909년부터 만들어진 새로운 형식의 징세대장 • 지주를 납세자로 함 • 지주가 동장에게 신고하게 함(신고주의 방식의 도입, 지주신고의 원칙) • 지주명은 반드시 본명을 기재케 함(결수+두락수) • 결수연명부에 의거하여 토지신고서 조제
과세견취도 작성	실지조사가 결여되어 정확한 파악이 어려우므로 1912년 과세견취도를 작성
활용	• 과세의 기초자료 및 토지행정의 기초자료로 이용 • 토지조사사업 당시 결수연명부는 소유권 사정의 기초자료로 이용 • 일부의 분쟁지를 제외하고 결수연명부에 담긴 소유권을 그대로 인정

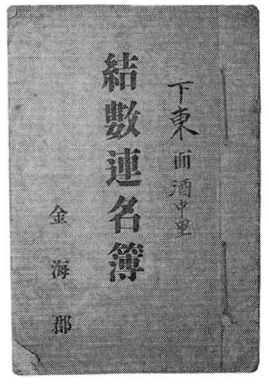
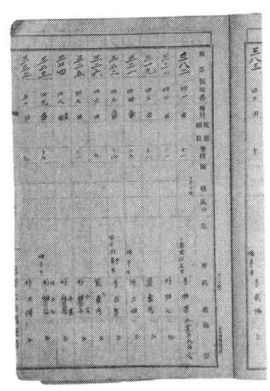
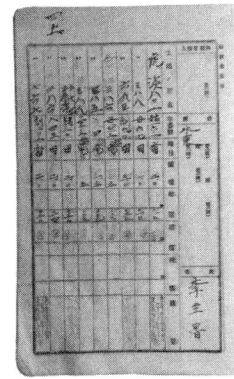

증보도(增補圖)와 부호도(符號圖)

- 증보도 : 본도(지적도)에 등록하지 못할 위치에 새로이 등록할 토지가 생긴 경우 만드는 지적도를 말한다.
- 부호도 : 지적도에 등록된 토지의 모형 안에 그 지번이나 지목을 주기할 수 없는 경우 별도로 작성한 것을 말한다.

증보도 (增補圖)	• 기존 등록된 지적도 이외의 지역에 새로이 등록할 토지가 생긴 경우 새로이 작성한 도면 • 증보도의 도면번호 위에는 "증보"라고 기재하였다. • 도면번호는 "增1, 增2, ……" 순서로 작성되며 도면의 왼쪽 상단의 색인표에도 이와 같이 작성하였다. • 도면전산화사업에 사용된 지적(임야)도 전산화작업지침에 의하면 "신규등록 등으로 작성된 증보도면은 해당 지역의 마지막 도면번호 다음 번호부터 순차적으로 부여"하도록 하였다. • 토지조사령에 의해 작성된 것으로 지적도와 대등한 도면으로 증보도가 지적도의 부속도면 혹은 보조도면이란 것은 잘못된 것으로 본다.
부호도 (符號圖)	• 부호란 지적도에 등록된 필지가 너무 작아서 지번, 지목을 주기할 수 없는 경우 해당 필지에 부호를 넣고 도곽 밖에 기재하는 것을 말한다. • 지적도곽 내 부호필지가 너무 많아서 해당 지적도에 부호의 지번을 기록하지 못하는 경우 다른 도면에 작성하였다. • 부호도는 지적도의 일부분으로 부속도면 또는 보조도면은 아니다.

역둔토도(驛屯土圖)

역둔토도는 역둔토의 분필조사를 시행하기 위하여 별도로 조제에 관계되는 지번, 지목, 지적조사 등에 의하여 측량원도에 있는 해당 지목의 1필지를 미농지(tracing paper)에 투사 묘시(猫示)한 것이다.
- 소도에 기재한 사항은 그대로 정리
- 분할선은 양홍선으로 정리
- 새로 등록하는 역둔토의 경계선은 흑색으로 정리
- 지번, 지목의 주기 중에서 보존가치가 없는 것은 양홍의 평행선으로 말소
- 소도에 기재된 일필지의 토지로서 역둔도가 아닐 경우에는 그 지번, 지목을 "×" 표로 말소

3) 등기의 형식

등기업무는 초기부터 지금까지 지방법원, 지원 또는 출장소에 등기소를 설치하고 있으며 부동산 등기부는 토지등기부와 건물등기부로 나누어 기록하고 각 등기부는 1필의 토지와 1통의 건물에 각각 1등기 용지를 둔다. 각각 용지에는 표제부와 갑·을구를 두어 표제부에는 부동산의 표시를, 갑구에는 소유권, 을구에는 기타 권리에 관한 사항을 기재한다. 등기의 신청에는 등기의 허락이나 원인 행위의 공증이 요구되지 않고 등기완료 시에 등기소에서 등기권리자에게 주어지는 등기필증의 제출이 요구된다.

SECTION 04 토지조사사업 당시의 지적측량

1 측량원점

1) 경위도 원점

구분	동경	북위	원방위각	위치
변경 전	127°03′05.1453″ ±0.0950″	37°16′31.9031″ ±0.063″	170°58′18.190″ ±0.148″	동학산 2등삼각점
현재	127°03′14″.8913	37°16′33″.3659	165°03′44″.538	원점으로부터 진북을 기준으로 오른쪽 방향으로 측정한 우주측지관측센터에 있는 위성기준점 안테나 참조점 중앙
원점 소재지	국토지리정보원 내(수원시 팔달구 원천동 11번지)			

2) 통일 원점

암기 서중동동

원점	위도	경도	시점
서부 원점	북위 38°	동경 124°~126°	토지조사사업 당시
중부 원점	북위 38°	동경 126°~128°	토지조사사업 당시
동부 원점	북위 38°	동경 128°~130°	토지조사사업 당시
동해 원점	북위 38°	동경 130°~132°	2003년 신설

3) 수준원점

험조장	청진, 원산, 목포, 진남포, 인천
위치	인천시 남구 용현동 253번지(인하대학교 내)
표고	인천만의 평균해수면으로부터 26.6871m이다.

4) 구소삼각원점

(1) 구소삼각원점

암기 망계조가등고율현구금소

망산(間)	126°22′24″.596	37°43′07″.060	경기(강화)
계양(間)	126°42′49″.124	37°33′01″.124	경기(부천, 김포, 인천)
조본(m)	127°14′07″.397	37°26′35″.262	경기(성남, 광주)
가리(間)	126°51′59″.430	37°25′30″.532	경기(안양, 인천, 시흥)
등경(間)	126°51′32″.845	37°11′52″.885	경기(수원, 화성, 평택)

고초(m)	127°14′41″.585	37°09′03″.530	경기(용인, 안성)
율곡(m)	128°57′30″.916	35°57′21″.322	경북(영천, 경산)
현창(m)	128°46′03″.947	35°51′46″.967	경북(경산, 대구)
구암(間)	128°35′46″.186	35°51′30″.878	경북(대구, 달성)
금산(間)	128°17′26″.070	35°43′46″.532	경북(고령)
소라(m)	128°43′36″.841	35°39′58″.199	경북(청도)

(2) 구소삼각측량   **암기** 시교김양강 진안양수요 남통안죽광 인양과부 대고청영현자하경

경기도	시흥, 교동, 김포, 양천, 강화, 진위, 안산, 양성, 수원, 용인, 남양, 통진, 안성, 죽산, 광주, 인천, 양지, 과천, 부평(19개 지역)
경상북도	대구, 고령, 청도, 영천, 현풍, 자인, 하양, 경산(8개 지역)

5) 특별소삼각원점   **암기** 마!나 전진광강으로 청회진 함평신의 가서 목군울었다. 나경원이가

목적	1910~1912년 임시토지조사국에서 시가지 지세를 급히 징수하여 재정 수요를 충당할 목적으로 실시
실시지역	마산, 나주, 전주, 진주, 광주, 강경, 청진, 회령, 진남포, 함흥, 평양, 신의주, 의주, 목포, 군산, 울릉도, 나남, 경성, 원산이며 지형상 대삼각측량으로 연결할 수 없는 울릉도에 독립된 원점을 정하였다.
원점	특별소삼각점의 원점은 그 측량지역의 서남단의 삼각점
수치	종·횡선 수치의 종선에 1만m, 횡선에 3만m로 가정

2 지적측량

1) 구한말 : 구소삼각측량

서울 및 대구·경북 부근에 부분적으로 소삼각측량을 시행하였으며 이를 구소삼각측량지역이라 부르고 측량지역은 27개 지역이며 지역 내에 있는 구소삼각원점 11개의 원점이 있으며 토지조사사업이 끝난 후에 일반삼각점과 계산상으로 연결을 하였으며 측량지역은 다음과 같다.

경기도	시흥, 교동, 김포, 양천, 강화, 진위, 안산, 양성, 수원, 용인, 남양, 통진, 안성, 죽산, 광주, 인천, 양지, 과천, 부평(19개 지역)
경상북도	대구, 고령, 청도, 영천, 현풍, 자인, 하양, 경산(8개 지역)

2) 토지조사 당시 지적측량

(1) 기선측량

암기 대노안하의평영간함길강혜고

우리나라의 기선측량은 1910년 6월 대전기선의 위치 선정을 시작으로 하여 1913년 10월 함경북도 고건원기선측량을 끝으로 전국의 13개소의 기선측량을 실시하였다. 기선측량은 삼각측량에 있어서 최소한 삼각형의 한 변을 알 수 있기 때문에 기선측량은 삼각측량에서 필수조건이라 할 수 있다.

▶ 기선의 위치와 길이

기선의 위치	기선길이(m)	기선의 위치	기선길이(m)
대전	2500.39410	간성	3126.11155
노량진	3075.97442	함흥	4000.91794
안동	2000.41516	길주	4226.45669
하동	2000.84321	강계	2524.33613
의주	2701.23491	혜산진	2175.31361
평양	4625.47770	고건원	3400.81838
영산포	3400.89002		

(2) 대삼각본점측량(측량기준점 : 총 34,447점)

1910년 경상남도를 시작하여 총 400점을 측정하였으며 본점망의 배치는 최종확대변을 기초로 하여 경도 20분 위도 15분의 방안 내 1개 점이 배치되도록 전국을 23개 삼각망으로 나누어 작업을 실시하였다. 당초 구상으로는 경위도원점을 한국의 중앙부에 설치하려고 하였으나 시간과 경비문제로 대마도의 유명산과 어령의 1등삼각점과 한국 남단의 거제도와 절영도를 연결하여 자연적으로 남에서 북으로 삼각망 계산이 진행되게 되었다(평균점 간 거리 : 30km, 400점).

(3) 대삼각보점측량

대삼각본점 상호 간의 거리가 멀어 바로 소삼각측량의 기지점으로 적합하지 않아 경도 20분 위도 15분의 방안 내에 기지본점을 포함 9점의 비율로 삼각점을 설치하여 각 삼각점 간의 거리를 약 10km가 되도록 하였으며 이것을 대삼각보점이라 한다(총 수 : 2,401점 측정, 평균점 간 거리 : 10km).

(4) 보통소삼각측량

대삼각측량을 기초로 하여 시행했으며 극히 제한된 일부분을 제외한 지역 전부가 이 구역으로 속하며 측량은 1등점과 2등점의 2종류로 나누어서 시행하였으며 대삼각보점에 의하여 측량한 것을 보통소삼각측량이라 한다(3등삼각점 : 6,297점, 5km, 4등삼각점 : 25,349점, 2.5km).

(5) 특별소삼각측량

1912년 임시토지조사국에서 시가지세를 조급하게 징수하여 재정수요에 충당할 목적으로 대삼각측량을 끝마치지 못한 평양, 울릉도 등 19개 지역에 대해서는 독립된 소삼각측량을 실시하여 후에 이를 통일원점지역의 삼각점과 연결하는 방식을 취하였다.

(6) 수준측량

험조장 설치	• 국토의 평균해수면을 결정하여 수준측량의 기초로 사용하기 위하여 설치 • 임시토지조사국에서 청진 · 원산(1911년), 진남포 · 목포(1912년), 인천(1914년) 설치 완료
수준점의 관측	• 기간 : 1910.3.~1915.11. • 관측점수 : 2,823점 • 측정선로의 길이 : 6,693km

▶ 대한제국토지제도의 발전과정(大韓帝國土地制度 發展過程)

조직	내부판적국	1895년 칙령 제53호 주현국, 토목국, 판적국(호구적 · 지적에 관한 사항), 위생국, 회계국
	양지아문	광무 2년(1898.7)
	지계아문	1901년 10월
	탁지부, 양지국	1904년
	탁지부, 사세국, 양지과	1905년 2월
	임시재산정리국	1908년
	토지조사국	구한국정부(1910.3.14)
	임시토지조사국	• 1910.8.22 : 한일합방조약 체결 • 1910.8.29 국치일 : 조선총독부 발효 • 1910.9.30 공포
토지 증명제도	입안제도	1892년까지(소유권 이전 사실을 관청에 신고하는 공증제도)
	지계제도	1893~1905년(가계 : 가옥의 소유에 관한 관의 인증, 지계 : 토지의 소유에 관한 관의 인증)
	토지가옥 증명제도	1906~1910년(근대적 등기제도의 시초)
	등기제도	토지조사 이후
구한말 토지조사사업	구소삼각 측량	서울 · 경기(19), 대구 · 경북(8)
토지조사사업	기선측량	• 13개소 : 대전, 노량진, 안동, 하동, 의주, 평양, 영산포, 간성, 함흥, 길주, 강계, 혜산진, 고건원 • 1910년 6월(2.5km), 1913년 10월(3.4km) • 안동(2,000.41516m), 평양(4,625.47770m), 12대회
	대삼각본점측량	• 변장평균 : 30km • 거제도 · 절영도 · 대마도의 유명산과 어악 – 400점

토지조사사업	대삼각보점측량	변장평균 : 10km, 2,401점
	소삼각1등점	• 변장평균 : 5km, 31,646점(1, 2등) • 보통소삼각측량, 특별소삼각측량
	소삼각2등점	변장평균 : 2.5km
	특별소삼각	
	검조장	청진, 원산(1911년), 진남포, 목포(1912년), 인천(1914년)
	수준측량	2,823점
	도근측량	3,551,606점
	세부측량	• 일필지, 면적계산, 제도, 지형측량 • 19,107,520필지
	지적조사	준비, 일필지, 분쟁지, 지위등급조사, 장부조제, 지방토지조사위원회, 고등토지조사위원회, 사정, 이동지 정리
임야조사사업		1916~1924년
토지등기제도		

CHAPTER 04 예상문제

01 토지조사사업에서 지목을 설정할 때 소유자 조사를 실시한 것은?

① 구거
② 성첩
③ 지소
④ 철도선로

해설

토지조사사업 당시 불조사지
1. 불조사의 원인
   - 예산, 인원 등에 비추어 경제가치가 없는 토지는 조사대상에서 제외
   - 기타 특수한 사정에 의하여 조사대상에서 제외
2. 불조사 토지의 종류
   조사하지 않은 임야 속에 존재하거나 혹은 이에 접속되어 조사의 필요성이 없는 경우
   - 도로, 하천, 구거, 제방, 성첩, 철도선로, 수도선로
   - 일시적인 시험경작으로 인정되는 전, 답
   - 경사 30° 이상의 화전(火田)

사정 당시의 지목
1. 과세지 : 전, 답, 대, 지소, 임야, 잡종지
2. 공공용지 : 사사지, 분묘지, 공원지, 철도용지, 수도용지
3. 비과세지 : 도로, 하천, 구거, 제방, 성첩, 철두선로, 수도선로

02 우리나라 임야조사사업 당시의 재결기관은?

① 고등토지조사위원회
② 임시토지조사국
③ 도지사
④ 임야심사위원회

해설

임야조사사업의 권리구제방안
- 임야조사사업 당시 사정에 대하여 불복이 있는 자는 공시기간 만료 후 60일 이내에 임야조사위원회에 신청을 하여 재결을 구할 수 있도록 하였다.
- 사정으로 확정되거나 재결을 거친 사항이라도 처벌받은 행위로 사정 또는 재결이 되었을 때, 증빙문서가 위조 또는 변조하여 처벌될 행위로 결정되었을 때, 형사소수의 개시 또는 실행이 되었을 때의 경우에는 사정이나 재결이 되었더라도 3년 내에 임야조사위원회에 재심을 신청할 수 있도록 하였다.

정답 01 ③ 02 ④

03 지적제도의 유형을 설치목적에 따라 구분한 것이 아닌 것은?

① 세지적
② 법지적
③ 다목적지적
④ 도해지적

해설

세지적 (Fiscal Cadastre)	토지에 대한 조세부과 시 그 세액을 결정함이 가장 큰 목적인 지적제도로서 일명 과세지적이라고도 한다. 세지적은 국가 재정세입의 대부분을 토지세에 의존하던 농경시대에 개발된 최초의 지적제도로서, 각 필지에 대한 세액을 정확하게 산정하기 위하여 면적단위로 운영되는 지적제도이다.
법지적 (Legal Cadastre)	세지적에서 발달한 지적제도로서 토지에 대한 사유권이 인정되면서 토지과세는 물론 토지거래의 안전을 도모하고, 국민의 토지소유권을 보호할 목적으로 개발된 지적제도로 소유지적이라고도 한다.
다목적지적 (Multi-purpose Cadastre)	1필지 단위로 토지와 관련된 기본적인 정보를 집중 관리하고, 계속하여 즉시 이용이 가능하도록 토지정보를 종합적으로 제공하여 주는 지적제도라 할 수 있다. 이러한 다목적지적제도는 종합지적, 통합지적, 유사지적, 경제지적, 정보지적이라고도 한다. 다목적지적제도는 1필지를 단위로 토지관련 정보를 종합적으로 등록하고, 그 변경사항을 항상 최신화하여 신속·정확하게 지속적으로 토지정보를 제공하는 데 주력하고 있다.

04 간주지적도에 등록한 토지의 토지대장을 일반적으로 토지대장과 별도로 작성하였던 것을 무엇이라 하였는가?

① 산토지대장
② 간주대장
③ 임야대장
④ 역둔토대장

해설

간주지적도에 대한 대장은 일반 토지대장과 달리 산토지대장, 별책토지대장, 을호토지대장에 등록하였다.

05 임야조사사업에서 실시한 일필지의 경계 측량에서 그 경계를 측정하는 방법으로 사용되지 않았던 것은?

① 도선법
② 지거법
③ 교회법
④ 광선법

해설

측량방법은 측판측량으로 실시하고, 지역별로 교회법, 도선법, 광선법, 종횡법 등에 의해서 일필지측량을 실시하였다.

06 토지조사사업의 특징으로 틀린 것은?

① 지적의 교육에 주력하였다.
② 사업의 조사, 준비, 홍보에 철저를 기하였다.
③ 역둔토 등을 사유화하여 토지소유권을 인정하였다.
④ 도로, 하천, 구거 등을 토지조사사업에서 제외하였다.

해설

토지조사사업
- 역둔토를 조사, 정리하여 무상으로 국유지를 창출하고, 조선총독부의 소유지를 확보하였다.
- 사법적인 성격을 갖고 업무를 수행하였으며 사법사업으로 토지조사사업의 준비를 철저히 하였다.
- 사전준비조사 및 홍보에 철저를 기했으며 우수한 기술인력 확보를 위해 측량교육에 주력하였다.
- 임야 내의 개재지는 조사를 하지 않아서 부분적인 사업이었다.
- 과세를 목적으로 하였으므로 도로, 하천, 구거 등 비과세 토지는 제외하였다.
- 근대적인 토지제도가 전국적으로 체계적이고 획일적으로 확립되었다.

07 토지조사사업 당시 지목 중 면세지에 포함되지 않는 것은?
① 사사지
② 철도용지
③ 잡종지
④ 공원지

해설

- 과세지, 면세지, 비과세지 : 18개 지목
- 과세지 : 전, 답, 대, 지소, 임야, 잡종지
- 면세지 : 사사지, 분묘지, 공원지, 철도용지, 수도용지
- 비과세지 : 도로, 하천, 구거, 제방, 성첩, 철도선로, 수도선로

08 임야조사사업의 조사 및 측량 기관은?
① 임시토지조사국
② 도지사
③ 부(府), 면(面)
④ 임야심사위원회

해설

- 1916~1924년 시행된 임야조사사업의 조사측량기관은 부나 면이며 소유자와 경계에 대한 사정권자는 도지사이다.
- 한편 1910~1918년 시행된 토지조사사업의 조사측량기관은 임시토지조사국이며 토지소유자와 강계에 대한 사정권자는 임시토지조사국장이다.

09 토지조사사업 당시 지목은 몇 종으로 구분하였는가?
① 17종
② 18종
③ 19종
④ 21종

해설

- 토지조사법 제3조 토지의 지목은 18종이다.
- 전, 답, 대, 지소, 임야, 잡종지, 사사지, 분묘지, 공원지, 철도용지, 수도용지, 도로, 하천, 구거, 제방, 성첩, 철도선로, 수도선로이다.

정답 07 ③ 08 ③ 09 ②

10 임시토지조사국에 대한 내용으로 옳은 것은?

① 사법기관
② 일반 단체
③ 국가행정기관
④ 지방자치단체

해설

임시토지조사국은 일제강점기인 1910년 8월 19일 조선총독부가 설치하여 토지조사사업 당시 토지조사부 및 지적도에 의하여 토지소유자 및 그 강계를 확정하는 행정처분을 하여 국가행정기관으로 보는 것이 타당하다.

11 다음 중 토지조사사업과 임야조사사업 당시에 작성하였던 지적도 또는 임야도의 축척에 해당하지 않는 것은?

① 1/1,000
② 1/1,200
③ 1/2,400
④ 1/3,000

해설

토지조사사업, 임야조사사업의 결과물인 지적도 축척은 1 : 600, 1 : 1,200, 1 : 2,400, 임야도 축척은 1 : 3,000, 1 : 6,000이었다.

12 토지조사사업에서 사정을 통하여 법정으로 확정하였던 사항으로 옳은 것은?

① 소유자와 강계
② 토지소재와 지번
③ 지번과 지목
④ 경계와 면적

해설

사정이란 토지조사부와 지적도에 의하여 토지의 소유자 및 그 강계를 확정하는 행정처분으로서 사정권자는 지방토지조사위원회의 자문을 받아 당시 토지조사국장이 사정하였다.

13 간주임야도에 대한 설명이 틀린 것은?

① 고산지대로 조사측량이 곤란하거나 정확도와 관계없는 대단위의 광대한 국유임야지역을 대상으로 시행하였다.
② 간주임야도에 등록된 소유자는 국가였다.
③ 임야도를 작성하지 않고 1/50,000 또는 1/25,000 지형도에 작성되었다.
④ 충청북도 청원군, 제천군, 괴산군 속리산 지역을 대상으로 시행되었다.

해설

간주임야도(看做林野圖)
1/25,000, 1/50,000 지형도를 임야도로 간주하는 것으로 임야조사사업 당시 임야의 필지가 광범위하여 임야도에 등록하기에 어려운 국유임야지역이 이에 해당된다.

정답 10 ③ 11 ① 12 ① 13 ④

1. 간주임야도 시행지역
   - 경북 일월산
   - 전북 덕유산
   - 경남 지리산
2. 특징
   - 간주임야도에 등록된 지역은 국유임야지역이다.
   - 대부분 측량 접근이 어려운 고산지대이다.
   - 행정구역 경계가 불확실하다.
   - 지번지역 단위가 없었다.
3. 간주임야도의 정리
   - 북한지역의 1/25,000 지역은 대부분 1/6,000로 개측하였음(1948년 이전)
   - 1979~1984년 : 남원군, 장수군 복구 및 개측 사업으로 임야로 정비
   - 1987년 이후 : 장수군을 시작으로 도상 또는 GPS측량방법으로 소관청 직권등록

14 임야조사사업의 특징에 대한 설명으로 틀린 것은?

① 임야는 토지에 비하여 경제적 가치가 높지 않아 분쟁이 적었다.
② 면적이 넓어 많은 예산을 투입하여 사업을 완성하였다.
③ 토지조사사업에 비해 적은 인원으로 업무를 수행하였다.
④ 토지조사사업을 시행하면서 축적된 기술을 이용하여 사업을 완성하였다.

해설

임야조사사업은 토지조사사업에 비하여 면적은 넓으나 투입경비는 적었다.
1. 임야조사사업의 실시는 1916년도부터 1922년도에 이르는 6년 동안에 전 사업을 완성하도록 하는 계획을 수립하였으나 2년 연장하게 되어 1924년에 사업을 완료하도록 계획을 변경하였으며 본 사업의 완료를 보게 되었다.
2. 조사대상에 있어서도 토지조사에서 제외된 임야 및 임야 내 게재시도 된 임야 이외의 토지로 되어 있었다.

15 토지조사사업의 목적과 가장 거리가 먼 것은?

① 토지소유의 증명제도 확립
② 토지소유의 합리화
③ 국토개발계획의 수립
④ 토지의 면적 단위 통일

해설

토지조사사업의 내용
1. 사업기간 : 1909년 6월(역둔토실지조사) 및 11월(경기도부청 시험측량)~1918년 11월 완료
2. 토지조사사업의 내용
   - 토지의 소유권 조사
   - 토지의 가격조사
   - 토지의 외모조사

정답 14 ② 15 ③

3. 사업시행기관
  - 조사 및 측량기관 : 임시토지조사국
  - 사정기관 : 토지조사국장
  - 분쟁지 재결 : 고등토지조사위원회
4. 토지조사사업의 내용
  - 토지등기제도, 지적제도에 대한 체계적인 증명 제도를 확립
  - 지세수입을 증대하기 위한 조세수입 체제를 확립
  - 국유지를 조사하여 조선총독부의 소유지를 확보
  - 토지의 지형, 지모를 조사하여 식량 수출증대정책에 대응하는 토지조사를 실시하기 위한 것
  - 토지의 가격조사는 지세제도의 확립을 위한 것
  - 토지의 외모조사는 국토의 지리를 밝히는 것 등으로 분류
  - 토지의 소유권 조사는 지적제도와 부동산등기제도의 확립을 위한 것

16 임시토지조사국의 특별 조사기관에서 수행한 업무가 아닌 것은?

① 외업특별검사
② 증명 및 등기필지조사
③ 분쟁지조사
④ 지지(地誌)자료조사

해설

특별 조사기관에서 수행한 업무
임시토지조사국의 특별조사기관에서는 특별세부측도 성과검사, 분쟁지조사, 외업특별검사, 지지자료조사, 급여 및 장려(壯麗)제도의 조사, 고원(현 서기관)의 고사(考査) 등의 업무를 수행하였다.

17 다음 중 1910년대의 토지조사사업에 따른 일필지 조사의 업무 내용에 해당하지 않는 것은?

① 지번조사
② 지주조사
③ 지목조사
④ 역둔토조사

해설

일필지 조사는 준비조사와 도근측량에 뒤이어 일필지 측량과 아울러 시행하여 1916년 11월에 모두 완료하였는데 업무종목별로 나누어 보면 지주조사, 강계 및 지역의 조사, 지목의 조사, 지번의 조사, 증명 및 등기필지의 조사 등이 있다.

18 다음 중 토지조사사업의 주요 목적과 거리가 먼 것은?

① 토지소유의 증명제도 확립
② 조세 수입 체계 확립
③ 토지에 대한 면적단위의 통일성 확보
④ 전문 지적측량사의 양성

정답 16 ② 17 ④ 18 ④

해설

1. 토지조사사업
   1) 토지소유권조사는 지적제도와 부동산등기제도의 확립을 위한 것
   2) 토지의 가격조사는 지세제도의 확립을 위한 것
   3) 토지의 외모조사는 국토의 지리를 밝히는 것
2. 토지조사사업의 내용과 목적
   1) 토지조사사업의 내용
      - 지적제도와 부동산등기제도의 확립을 위한 토지소유권 조사
      - 지세제도의 확립을 위한 토지의 가격조사
      - 국토의 지리를 밝히는 토지의 외모조사
   2) 토지조사사업의 목적
      - 소유권증명제도 및 조세수입체제 확립
      - 총독부 소유지의 확보
      - 소작농의 노동인력 흡수로 토지소유형태의 합리화를 꾀함
      - 면적단위의 통일성 확보
      - 일본 상업자본(고리대금업 등)의 토지점유를 보장하는 법률적 제도 확립
      - 식량 및 원료의 반출을 위한 토지이용제도의 정비

19 다음 토지조사사업 당시의 지목 중 비과세지에 해당하지 않는 것은?

① 도로
② 임야
③ 하천
④ 수도선로

해설
- 과세지목 : 전, 답, 대, 지소, 임야, 잡종지 등
- 비과세지목 : 사사지, 분묘지, 공원지, 철도용지, 수도용지, 도로, 하천, 구거, 제방, 성첩, 철도선로, 수도선로 등

20 다음 중 지압조사(地押調査)의 목적으로 알맞은 것은?

① 토지분할신청을 확인하는 것
② 무신고 이동지를 발견하는 것
③ 지적측량을 검사하기 위한 것
④ 신고된 토지등급을 확인하는 것

해설

지압조사
토지의 이동이 있는 경우에 토지소유자는 관계법령에 따라 소관청에 신고하여야 하나 이것이 잘 시행되지 못할 경우에 무신고 이동지를 발견할 목적으로 현지조사를 실시하는 것

정답 19 ② 20 ②

21 다음 중 지적과 등기의 관계에 대한 설명으로 옳지 않은 것은?

① 등기는 토지의 표시에 관하여는 지적을 기초로 한다.
② 지적과 등기는 목적물의 표시 내지 소유권의 표시에 관한 한 항상 부합되어야 한다.
③ 지적은 권리의 주체를, 등기는 권리의 객체를 다룬다.
④ 지적은 토지에 대한 사실관계를 공시하고 등기는 토지에 대한 권리관계를 공시한다.

해설

지적과 등기의 관계
- 등기대상이 동일토지라는 점에서 밀접한 관계이다.
- 등기와 등록은 그 목적물의 표시 및 소유권의 표시는 항상 부합되어야 한다.
- 등기에 있어서 토지표시에 관한 사항은 지적공부를 기초로 한다.
- 등록(지적)의 경우 소유권에 관한 사항은 등기부를 기초로 한다.
- 등기제도는 토지에 대한 법적 관리관계의 공시, 부동산물권의 공시수단 및 권리 변동의 효력발생 요건으로 거래의 안전을 위한 공시기능을 한다.
- 지적은 토지에 대한 사실관계의 기록이다.
- 지적제도는 동·리별 지번순으로 물적 편성주의를 채택하고 있다.
- 등기제도는 동·리별 접수순에서 지번순으로 물적 편성주의를 채택하고 있다.

22 다음 중 토지조사사업의 내용에 해당하지 않는 것은?

① 토지소유권조사
② 토지가격조사
③ 지형·외모조사
④ 호구조사

해설

토지조사사업 내용
- 토지소유권조사는 지적제도와 부동산등기제도의 확립을 위한 것
- 토지의 가격조사는 지세제도의 확립을 위한 것
- 토지의 외모조사는 국토의 지리를 밝히는 것

23 다음 중 임야조사사업 당시 도지사가 사정한 경계 및 소유자에 대해 불복이 있을 경우 사정 내용을 번복하기 위해 필요하였던 처분은?

① 임시토지조사국장의 재사정
② 임야심사위원회의 재결
③ 관할 고등법원의 확정판결
④ 고등토지조사위원회의 재결

해설

구분	토지조사사업	임야조사사업
기간	1910~1918년	1916~1924년
사정기간	임시토지조사국장	도지사
재결기간	고등토지조사위원회	임야조사위원회
측량기간	임시토지조사국	부와 면

24 다음 중 진행 방향에 따른 지번 부여 방법의 분류에 해당하는 것은?

① 자유식
② 분수식
③ 사행식
④ 도엽단위식

해설

진행방법
- 사행식 : 필지의 배열이 불규칙한 지역에서 진행순서에 따라 지번을 부여하는 방법으로 농촌지역의 지번부여에 적합하며 우리나라 토지의 대부분은 사행식에 의해 부여하며 지번 부여가 일정하지 않고 상하좌우로 분산되어 부여되는 결점이 있다.
- 기우식 : 도로를 중심으로 한쪽은 홀수인 기수, 다른 쪽은 짝수인 우수로 지번을 부여하는 방법으로 리·동·도·가 등의 시가지 지역의 지번부여방법으로 적합하고 교호식이라고도 한다.
- 단지식 : 단지마다 하나의 지번을 부여하고 단지 내 필지마다 부번을 부여하는 방법으로 단지식은 블록식이라고도 하며 도시개발사업 및 농지개량사업 시행지역 등의 지번부여에 적합하다.
- 절충식 : 사행식, 기우식, 단지식 등을 적당히 취사선택(取捨選擇)하여 부번(附番)하는 방식이다.

25 다음 중 토지조사사업의 조사내용에 해당되지 않는 것은?

① 지가의 조사
② 토지소유권의 조사
③ 지압의 조사
④ 지형·지모의 조사

해설

토지조사사업의 내용과 목적
1. 토지조사사업의 내용
   - 지적제도와 부동산등기제도의 확립을 위한 토지소유권 조사
   - 지세제도의 확립을 위한 토지의 가격조사
   - 국토의 지리를 밝히는 토지의 외모조사
2. 토지조사사업의 목적
   - 소유권증명제도 및 조세수입체제 확립
   - 총독부 소유지의 확보
- 소작농의 노동인력 흡수로 토지소유형태의 합리화를 꾀함
- 면적단위의 통일성 확보
- 일본 상업자본(고리대금업 등)의 토지점유를 보장하는 법률적 제도 확립
- 식량 및 원료의 반출을 위한 토지이용제도의 정비

정답 24 ③ 25 ③

26 다음 중 토지조사사업 당시 비과세지에 해당하지 않는 것은?

① 도로
② 구거
③ 성첩
④ 분묘지

해설

사정 당시의 지목
- 과세지 : 전, 답, 대, 지소, 임야, 잡종지
- 공공용지 : 사사지, 분묘지, 공원지, 철도용지, 수도용지
- 비과세지 : 도로, 하천, 구거, 제방, 성첩, 철도선로, 수도선로

27 다음 중 토지조사사업에 대한 설명으로 옳지 않은 것은?

① 축척 1/3,000과 1/6,000을 사용하여 1/25,000 지형도를 작성할 지형도의 세부측량을 함께 실시하였다.
② 토지조사사업은 사법적인 성격을 갖고 업무를 수행하였으며 연속성과 통일성이 있도록 하였다.
③ 토지조사사업의 내용은 토지소유권조사, 토지가격조사, 지형지모조사가 있다.
④ 토지조사사업은 일제가 식민지정책의 일환으로 실시하였다.

해설

사정이란 토지조사부와 지적도에 의하여 토지의 소유자 및 그 강계를 확정하는 행정처분이다.

토지조사사업
1. 사업기간 : 1909년 6월(역둔토실지조사) 및 11월(경기도 부천 시험측량)~1918년 11월 완료
2. 토지조사사업의 내용
    - 토지의 소유권 조사
    - 토지의 가격 및 외모 조사
3. 사업시행기간
    - 조사 및 측량기관 : 임시토지조사국
    - 사정기관 : 토지조사국장
    - 분쟁지 재결 : 고등토지조사위원회
4. 토지조사사업 내용
    - 토지등기제도, 지적제도에 대한 체계적인 증명제도 확립
    - 지세수입을 증대하기 위한 조세수입 체제를 확립
    - 국유지를 조사하여 조선총독부의 소유지를 확보
    - 토지의 지형, 지모를 조사하여 식량 수출증대정책에 대응하는 토지조사를 실시하기 위한 것
    - 토지의 가격조사는 지세제도의 확립을 위한 것
    - 토지의 외모조사는 국토의 지리를 밝히는 것 등으로 분류
    - 토지의 소유권 조사는 지적제도와 부동산 등기제도의 확립을 위한 것

정답 26 ④ 27 ①

28 지세징수를 위하여 이동지 정리를 끝낸 토지대장 중에서 민유과세지만을 뽑아 각 면마다 각 지번을 통하여 소유자별로 연기(連記)한 후 이것을 합산한 공부는?

① 별책토지대장
② 결수연명부
③ 실지조사부
④ 지세명기장

해설

지세명기장
- 지세령 시행규칙 제1조의 규정에 의하여 면에 비치하는 문서
- 1918년경부터 작성된 것으로 보임
- 지번과 지적, 지가세액, 납기구분, 납세관리인의 주소와 씨명 등을 기재
- 토지조사부가 작성되고서 이에 근거하여 토지대장이 작성되면 토지대장 집계표와 지세명기장을 조제함(조선총독부 임시토지조사국조사규정 제10조)
- 과세지에 대한 인적 편성주의에 따라 성명별 목록을 작성
- 동명 2인인 경우에는 동리명, 통호명을 부가하여 식별

29 다음 중 최초로 부동산(토지) 등기부를 작성할 때 등기내용을 확인하는 기초 장부로 사용하였던 것은?

① 토지조사부
② 재결조서
③ 토지가옥증명부
④ 토지대장

해설

토지대장을 기초장부로 사용하여 등기부가 작성되었다.

30 토지조사사업 당시 토지대장은 1동·리마다 조제하되 약 몇 매를 1책으로 하였는가?

① 약 200매
② 약 300매
③ 약 400매
④ 약 500매

해설

토지대장규칙의 부칙 제6호 본부는 200매를 1책으로 하였다.

31 다음 중 지권(地券)을 발행한 이유로 가장 적합한 것은?

① 토지소유의 보호
② 토지거래 문란의 방지
③ 토지등급의 설정
④ 관의 공적 소유권 보장

해설

토지조사사업 당시 지권의 발행 이유는 토지의 상품화가 이루어지면서 발생하는 토지거래의 문란을 방지하기 위한 것이다.

정답 28 ④ 29 ④ 30 ① 31 ②

32 토지조사사업 당시 토지의 사정된 경계선과 임야조사사업 당시 임야의 사정선을 표현한 명칭으로 모두 옳은 것은?

① 토지조사사업 – 경계, 임야조사사업 – 강계
② 토지조사사업 – 강계, 임야조사사업 – 경계
③ 토지조사사업 – 경계, 임야조사사업 – 지계
④ 토지조사사업 – 강계, 임야조사사업 – 강계

해설
- 임야조사사업(1916~1924년)의 조사측량기관은 부(附)나 면(面)이며 소유자와 경계에 대한 사정권자는 도지사이다.
- 토지조사사업(1910~1918년)의 조사측량기관은 임시토지조사국이며 토지소유자와 강계에 대한 사정권자는 임시토지조사국장이다.

33 다음 중 토지조사사업 당시의 토지에 대한 사정기관은?

① 임시토지조사국장
② 고등토지조사위원회
③ 도지사
④ 부와 면

해설
토지조사사업의 조사측량기관은 임시토지조사국이며 토지소유자와 강계에 대한 사정권자는 임시토지조사국장이다.

34 다음 중 토지조사사업 당시 일반적으로 지번을 붙이지 아니하였던 지목에 해당하는 것은?

① 지소
② 수도용지
③ 공원지
④ 철도선로

해설
토지조사령(1912.08.13) 제2호에 의거 도로, 구거, 하천, 제방, 성첩, 철도선로, 수도선로는 지번을 붙이지 아니할 수 있다.
- 과세지목 : 전, 답, 대, 지소, 임야, 잡종지 등
- 비과세지목 : 사사지, 분묘지, 공원지, 철도용지, 수도용지, 도로, 하천, 구거, 제방, 성첩, 철도선로, 수도선로 등

35 다음 중 토지조사사업 당시 불복신립 및 재결을 행하는 토지소유권의 확정에 관한 최고의 심의기관은?

① 도지사
② 임시토지조사국장
③ 고등토지조사위원회
④ 임야조사위원회

정답 32 ② 33 ① 34 ④ 35 ③

해설

토지조사사업과 임야조사사업의 비교

비교	토지조사사업	임야조사사업
근거법령	토지조사법, 토지조사령	조선임야조사령
사업기간	1910~1918년	1916~1924년
측량기관	임시토지조사국	부, 면
사정기관	임시토지조사국장	도지사
재결기관	고등토지조사위원회	임야심사위원회
조사대상토지	평야부의 토지, 낙산임야	임야, 산림 내 개재지
조사내용	토지소유권, 토지가격, 지형, 지모	토지소유권, 토지가격, 지형, 지모

36 다음 중 토지조사사업의 내용에 해당하지 않는 것은?

① 토지의 지형·지모조사
② 토지의 소유권조사
③ 토지의 가격조사
④ 토지의 지질조사

해설

- 토지의 소유권조사 : 지적제도와 부동산등기제도의 확립을 위한 것
- 토지의 가격조사 : 지세제도의 확립을 위한 것
- 토지의 외모조사 : 국토의 지리를 밝히는 것

37 1필지의 설명 중 옳지 않은 것은?

① 1필의 토지
② 1지번의 토지
③ 자연적인 토지 단위
④ 법적인 토지 단위

해설

필지의 특성
- 토지의 소유권이 미치는 범위와 한계를 나타낸다.
- 지형·지물에 의한 경계가 아니고 토지소유권의 구분에 의하여 인위적으로 구획된 것이다.
- 도면(지적도·임야도)에서는 경계점을 직선으로 연결한 선, 경계점좌표등록부에서는 경계점(평면직각종횡선수치)의 연결로 표시되며 폐합된 다각형으로 구획된다.
- 대장(토지대장·임야대장)에서는 하나의 지번에 의거하여 작성된 1장의 대장을 근거로 하여 필지를 구분한다.

38 지목의 설정원칙이 아닌 것은?

① 지목변경불변의 원칙
② 사용목적추종의 원칙
③ 용도경중의 원칙
④ 등록선후의 원칙

정답 36 ④ 37 ③ 38 ①

해설

지목의 설정 원칙
- 지목국정주의 원칙
- 1필지 1지목 원칙
- 등록선후의 원칙
- 일시변경불변의 원칙
- 지목법정주의 원칙
- 주지목 추종의 원칙
- 용도경중의 원칙
- 사용목적추종의 원칙

39 경계의 결정 원칙 중 경계불가분의 원칙과 관련이 없는 것은?

① 토지의 경계는 인접 토지에 공통으로 작용한다.
② 토지의 경계는 유일무이하다.
③ 경계선은 위치와 길이만 있고 너비가 없다.
④ 축척이 큰 도면의 경계를 따른다.

해설

경계의 결정 원칙

경계국정주의의 원칙	지적공부에 등록하는 경계는 국가가 조사·측량하여 결정한다는 원칙
경계불가분의 원칙	경계는 유일무이한 것으로 이를 분리할 수 없다는 원칙
등록선후의 원칙	동일한 경계가 축척이 서로 다른 도면에 각각 등록되어 있는 경우로서 경계가 상호 일치하지 않는 경우에는 경계에 잘못이 있는 경우를 제외하고 등록시기가 빠른 토지의 경계를 따른다는 원칙
축척종대의 원칙	동일한 경계가 축척이 서로 다른 도면에 각각 등록되어 있는 경우로서 경계가 상호 일치하지 않는 경우에는 경계에 잘못이 있는 경우를 제외하고 축척이 큰 것에 등록된 경계를 따른다는 원칙
경계직선주의	지적공부에 등록하는 경계는 직선으로 한다는 원칙

40 다음 중 토지조사사업의 목적으로 옳지 않은 것은?

① 국유지 조사로 조선총독부의 소유 토지 확보
② 부동산 표시에 반드시 필요한 지번 창설
③ 지세수입을 증대하기 위한 조세수입체제의 확립
④ 일본인의 토지 점유를 합법화하여 보장하는 법률적 제도의 확립

해설

- 역둔토를 조사, 정리하여 무상으로 국유지를 창출하고, 조선총독부의 소유지를 확보하였다.
- 사법적인 성격을 갖고 업무를 수행하였으며 사법사업으로 토지조사사업의 준비를 철저히 하였다.
- 사전준비조사 및 홍보에 철저를 기했으며 우수한 기술인력 확보를 위해 측량교육에 주력 하였다.
- 임야 내의 게재지는 조사를 하지 않아서 부분적인 사업이었다.
- 과세를 목적으로 하였으므로 도로, 하천, 구거 등 비과세 토지는 제외하였다.
- 근대적인 토지제도가 전국적으로 체계적이고 획일적으로 확립되었다.

정답 39 ④ 40 ②

41 다음 중 토지조사사업에서 지번의 설정을 생략한 지목은?

① 임야   ② 성첩   ③ 지소   ④ 잡종지

해설

토지조사령(1912.08.13)제2호에 의거 도로, 구거, 하천, 제방, 성첩, 철도선로, 수도선로는 지번을 붙이지 아니할 수 있다.
- 과세지목 : 전, 답, 대, 지소, 임야, 잡종지 등
- 비과세지목 : 사사지, 분묘지, 공원지, 철도용지, 수도용지, 도로, 하천, 구거, 제방, 성첩, 철도선로, 수도선로 등

42 다음 중 토지조사사업 당시 일부 지목에 대하여 지번을 부여하지 않았던 이유로 가장 옳은 것은?

① 소유자 확인 불명   ② 측량조사작업의 어려움
③ 경계선의 구분 곤란   ④ 과세적 가치의 희소

해설

토지조사법에 도로, 하천, 구거, 제방, 성첩, 철도선로, 수도선로 등의 토지는 지번을 부여하지 않을 수 있다고 규정하였는데 가장 중요한 이유는 과세적 가치가 없었기 때문이다.

43 다음 중 임야조사사업 당시의 사정(査定)기관으로 옳은 것은?

① 임시토지조사국장   ② 도지사
③ 임야조사위원회   ④ 읍·면장

해설

- 1916~1924년 시행된 임야조사사업의 조사측량기관은 부나 면이며 소유자와 경계에 대한 사정권자는 도지사이다.
- 한편 1910~1918년 시행된 토지조사사업의 조사측량기관은 임시토지조사국이며 토지소유자와 강계에 대한 사정권자는 임시토지조사국장이다.

44 다음 중 역토(驛土)에 대한 설명으로 옳지 않은 것은?

① 역토는 역참에 부속된 토지의 명칭이다.
② 역토의 수입은 국고수입으로 하였다.
③ 역토는 주로 군수비용을 충당하기 위한 토지이다.
④ 조선시대 초기에 역토에는 관둔전, 공수전 등이 있다.

해설

- 역토 : 역에 부속된 토지, 역 운영에 필요한 경비, 재정조달 목적
- 둔토 : 경국대전, 군사요지에 있는 미간지를 개간하여 군수품 충당 위해 마련된 토지
- 역둔토 : 갑오개혁 이후 역토와 둔토를 총칭하는 말로 궁내부 관리 당시의 역둔토에는 역토, 둔토, 목장, 제언, 답, 죽전, 제전, 송전, 노전, 초평, 시장, 봉대지기, 공해지기 등이 있었으나 탁지부로 이간한 후 궁장토, 능, 원, 묘 등의 국유지를 포함한 모든 토지를 총칭하여 역둔토라 함

정답 41 ②　42 ④　43 ②　44 ③

45 다음 중 토지조사사업의 일필지 조사내용에 해당하지 않는 것은?

① 지목의 조사
② 임차인 조사
③ 경계 및 지역의 조사
④ 증명 및 등기필토지의 조사

해설

일필지 조사는 준비조사와 도근측량에 뒤이어 일필지 측량과 아울러 시행하여 1916년 11월에 모두 완료하였는데 업무종목별로 나누어 보면 지주조사, 강계 및 지역의 조사, 지목의 조사, 지번의 조사, 증명 및 등기필지의 조사 등이 있다.

46 다음 중 토지조사사업 당시 확정된 소유자가 다른 토지 간의 사정된 경계선을 무엇이라고 하는가?

① 수사선
② 강계선
③ 지압선
④ 도곽선

해설

사정대상은 토지소유자 및 경계였다. 경계는 강계선이 사정선이다.
- 강계선 : 사정선, 토지조사사업 당시의 소유자가 다른 연접된 토지 간의 사정된 경계선
- 지역선 : 토지조사사업 당시의 소유자가 같고 지목이 다른 경우의 연접된 토지 경계선
- 경계선 : 임야조사사업 당시에는 강계선, 지역선 모두 경계선의 개념으로 불림

47 다음 중 토지조사사업 당시의 조사기관으로 옳은 것은?

① 임시토지조사국
② 부와 면
③ 도지사
④ 산림과

해설

- 1916~1924년 시행된 임야조사사업의 조사측량기관은 부나 면이며 소유자와 경계에 대한 사정권자는 도지사이다.
- 한편 1910~1918년 시행된 토지조사사업의 조사측량기관은 임시토지조사국이며 토지소유자와 강계에 대한 사정권자는 임시토지조사국장이다.

48 다음 중 토지조사사업의 내용에 해당하지 않는 것은?

① 토지소유권조사
② 토지가격조사
③ 분쟁 임야지 조사
④ 지모 조사

해설

① 토지의 소유권조사는 지적제도와 부동산등기제도의 확립을 위한 것
② 토지의 가격조사는 지세제도의 확립을 위한 것
④ 토지의 외모조사는 국토의 지리를 밝히는 것 등

정답 45 ② 46 ② 47 ① 48 ③

49 다음 중 토지조사사업의 토지 사정 당시 별필(別筆)로 하였던 사유에 해당하지 않는 것은?

① 도로, 하천 등에 의하여 자연구획을 이룬 것
② 토지의 소유자와 지목이 동일하고 연속된 것
③ 지반의 고저차가 심한 것
④ 특히 면적이 광대한 것

> **해설**
> 일필지의 강계선은 지목의 구별, 소유권의 분계를 확정하는 것으로 토지소유자 및 지목이 동일하고 연속된 토지를 1필지로 함을 원칙으로 한다. 다만 다음의 경우를 별필로 한다.
> 1. 도로, 하천, 구거, 제방, 성곽 등 자연적으로 경계를 이루는 것
> 2. 특히 면적이 광대하고 형상이 좁고 완곡한 것
> 3. 지반의 고저가 심하게 차이가 있는 것
> 4. 분쟁이 있는 것
> 5. 잡종지 중 염전 및 광천지로서 명확한 것
> 6. 전당권 설정의 증명이 있는 것
> 7. 소유권 증명을 거친 것은 증명번호마다 별필로 할 것
> 8. 시가지로서 연와병(煉瓦塀), 석탄(石炭), 기타 영구적 건물로서 구획된 지역
> 9. 조선총독부가 지정한 공공단체 소유의 공공용지

50 지적에서 토지의 경계라고 할 때 무엇을 의미하는가?

① 지상(地上)의 경계를 의미한다.
② 도면상(圖面上)의 경계를 의미한다.
③ 소유자가 다른 토지 사이의 경계를 의미한다.
④ 지목이 같은 토지 사이의 경계를 의미한다.

> **해설**
> **토지경계의 개념**
> 토지의 경계는 한 지역과 다른 지역을 구분하는 외적 표시이며 토지의 소유권 등 사법상의 권리의 범위를 표시하는 구획선이다. 두 인접한 토지를 분할하는 선 또는 경계를 표시하는 가상의 선으로서 지적도에 등록된 것을 법률적으로 유효한 경계로 본다.

51 다음 중 토지조사사업 당시 일필지조사의 내용에 해당하지 않는 것은?

① 지주조사
② 강계조사
③ 지목조사
④ 관습조사

> **해설**
> 일필지 조사는 준비조사와 도근측량에 뒤이어 일필지 측량과 아울러 시행하여 1916년 11월에 모두 완료하였는데 업무종목별로 나누어 보면 지주조사, 강계 및 지역의 조사, 지목의 조사, 지번의 조사, 증명 및 등기필지의 조사 등이 있다.

정답 49 ② 50 ② 51 ④

52 다음 중 토지의 사정(査定)에 대한 설명으로 옳지 않은 것은?

① 토지소유자와 강계를 확정하는 행정처분이다.
② 토지조사사업 당시 사정권자는 임시토지조사국장이다.
③ 대법원에서는 사정된 사항을 무효로 할 수 있었다.
④ 사정 사항에 재결을 받은 때의 효력발생은 재결일로 소급하였다.

해설

사정이란 토지조사부와 지적도에 의하여 토지의 소유자 및 그 강계를 확정하는 행정처분으로서 사정권자는 지방토지조사위원회의 자문을 받아 당시 토지조사국장이 사정하였다.

53 간주지적도에 등록된 토지는 토지대장과는 별도로 대장을 작성하였다. 다음 중 그 명칭에 해당하지 않는 것은?

① 산토지대장
② 별책토지대장
③ 임야토지대장
④ 을호토지대장

해설

간주지적도에 대한 대장은 일반 토지대장과 달리 산토지대장, 별책토지대장, 을호토지대장에 등록하였다.

54 다음 중 토지조사사업 당시의 재결기관으로 옳은 것은?

① 지방토지조사위원회
② 임시토지조사국장
③ 고등토지조사위원회
④ 도지사

해설

고등토지조사위원회는 재결을 하는 기관으로 토지소유권 확정에 관한 최고의 심의 기관이었다.

구분	토지조사사업	임야조사사업
기간	1910~1918년	1916~1924년
사정기간	임시토지조사국장	도지사
재결기간	고등토지조사위원회	임야조사위원회
측량기간	임시토지조사국	부와 면

55 다음 중 초기의 지적도와 임야도에 대한 설명으로 옳은 것은?

① 초기의 지적도에는 등고선을 표시하여 표고에 의한 지형구별이 용이하도록 하였다.
② 지적도의 도곽은 남북으로 41.67cm, 동서는 33.33cm로 하였다.
③ 임야도는 크기가 남북이 50cm, 동서가 40cm이며 지적도 시행지역은 담홍색으로 표시하여 구분하였다.
④ 임야도에서 하천은 양홍색, 임야 내 미등록 도로는 청색으로 묘화하였다.

정답 52 ③ 53 ③ 54 ③ 55 ①

해설
- 초기의 지적도는 세부측량결과도를 점사법 또는 직접 자사법으로 등사하여 작성하고 정비작업은 수기법에서 활판인쇄를 하고 지번, 지목도 번호기를 사용하여 작성되었다.
- 지적도와 일람도는 당초에 켄트지에 그린 그대로 소관청에 인계하였으나 열람 이동 정리 등 사용이 빈번하여 파손이 생기므로 1917년 이후에는 지적도와 일람도에 한지를 이첨하였으며 이전에 작성된 것도 모두 한지를 이첨하여 사용하였다. 지적도의 도곽은 남북으로 33.33cm, 동서는 41.67cm로 하였다.
- 임야도는 그 크기가 남북이 40cm, 동서가 50cm이며, 등록사항은 임야경계와 토지소재, 지번, 지목이며 지적도 시행지역은 붉은 색으로 엷게 채색 표시하여 구분하였고 하천·구거 등은 남색, 임야 내 미등록 도로는 붉은 색으로 그렸다.

56 토지조사사업 초기의 임야도 표기방식에 대한 설명으로 적절하지 않은 것은?

① 임야 내 미등록 도로는 양홍색으로 표시한다.
② 임야 경계와 토지 소재, 지번, 지목을 등록한다.
③ 모든 국유임야는 1/25,000 지형도를 임야도로 간주하여 적용한다.
④ 임야도 크기는 남북 1척 3촌 2리(40cm), 동서 1척 6촌 5리(50cm)이다.

해설

55번 해설 참고

57 다음 중 임야조사사업에 대한 설명으로 옳지 않은 것은?

① 토지조사사업에서 제외된 임야를 대상으로 하였다.
② 임야 내에 개재된 임야 이외의 토지를 대상으로 하였다.
③ 농경지 사이에 있는 5만평 이하의 낙산 임야를 대상으로 하였다.
④ 1916년 시험 조사로부터 1924년까지 시행하였다.

해설

1. 임야조사사업의 실시는 1916년도부터 1922년도에 이르는 6년 동안에 전 사업을 완성하도록 하는 계획을 수립하였으나 2년 연장하게 되어 1924년에 사업을 완료하도록 계획을 변경하였으며 본 사업의 완료를 보게 되었다.
2. 조사대상에 있어서도 토지조사에 제외된 임야 및 임야 내 게재지 된 임야 이외의 토지로 되어 있었다.

58 다음 중 토지조사사업에서 사정(査定)하였던 사항은?

① 소유자　　　　　　　② 지번
③ 지목　　　　　　　　④ 면적

해설

사정의 효력은 토지의 소유자 및 그 강계를 확정하는 행정처분으로 원시취득의 효력을 가졌다.

정답 56 ③　57 ③　58 ①

59 다음 중 토지조사사업 당시 불복신립 및 재결을 행하는 토지소유권의 확정에 관한 최고의 심의기관은?

① 도지사
② 임시토지조사국장
③ 고등토지조사위원회
④ 임야조사위원회

해설

토지소유권의 사정 결과 이의 내용에 불복하는 사람이 공시기간 만료 후 60일 이내에 고등토지조사위원회에 의의를 신청하여 재결을 구할 수 있다.

60 다음 중 토지조사사업 당시 사정을 하기에 앞선 절차는 무엇이었는가?

① 조선총독부의 심의
② 지방토지위원회의 자문
③ 토지조사부의 심의
④ 중앙토지위원회의 자문

해설

토지조사령 제9조
임시토지조사국장은 지방토지조사위원회에 자문하여 토지의 소유자 및 그 강계를 사정하였다.

61 1필지로 정할 수 있는 기준에 해당하지 않는 것은?

① 지번부여지역 안의 토지로 소유자가 동일한 토지
② 지번부여지역 안의 토지로 용도가 동일한 토지
③ 지번부여지역 안의 토지로 지가가 동일한 토지
④ 지번부여지역 안의 토지로 지반이 연속된 토지

해설

1필지로 정할 수 있는 기준
- 지번부여지역의 동일
- 토지소유자 동일
- 용도의 동일
- 지반이 연속

62 대부분의 일반 농촌지역에서 주로 사용되며, 토지의 배열이 불규칙한 경우 인접해 있는 필지로 진행방향에 따라 연속적으로 지번을 부여하는 방식은?

① 사행식(蛇行式)
② 기우식(奇偶式)
③ 교호식(交互式)
④ 단지식(團地式)

정답 59 ③ 60 ② 61 ③ 62 ①

> **해설**

진행방법

사행식	필지의 배열이 불규칙한 지역에서 진행순서에 따라 지번을 부여하는 방법으로 농촌지역의 지번 부여에 적합하며 우리나라 토지의 대부분은 사행식에 의해 부여하며 지번 부여가 일정하지 않고 상하좌우로 분산되어 부여되는 결점이 있다.
기우식	도로를 중심으로 한쪽은 홀수인 기수, 다른 쪽은 짝수인 우수로 지번을 부여하는 방법으로 리·동·도·가 등의 시가지 지역의 지번부여방법으로 적합하고 교호식이라고도 한다.
단지식	단지마다 하나의 지번을 부여하고 단지 내 필지마다 부번을 부여하는 방법으로 단지식은 블록식이라고도 하며 도시개발사업 및 농지개량사업 시행지역 등의 지번 부여에 적합하다.
절충식	사행식·기우식·단지식 등을 적당히 취사선택(取捨選擇)하여 부번(附番)하는 방식이다.

63 지세징수를 위하여 이동지 정리를 끝낸 토지대장 중에서 민유과세지만을 뽑아 각 면마다 지번을 통하여 소유자별로 연기(連記)한 후 이것을 합산한 공부는?

① 별책토지대장　　　　　　② 결수연명부
③ 지세명기장　　　　　　　④ 실지조사부

> **해설**

지세명기장
• 지세징수를 위하여 이동정리를 끝낸 토지대장 중에서 민유과세지만을 뽑아 각 면마다 소유자별로 연기하여 이를 합계한 것을 지세명기장이라 한다.
• 과세지에 대한 인적 편성주의에 따라 성명별 목록을 작성한 것이다.
• 200매를 1책으로 책머리에 소유자 색인을 붙이고 책 끝에는 면계를 붙였다.
• 동명이인인 경우에는 동리명, 통호명을 부기하여 식별하도록 하였다.

64 토지조사사업에서 측량에 관계되는 사항을 구분한 7가지 항목에 해당하지 않는 것은?

① 삼각측량　　　　　　　　② 천문측량
③ 지형측량　　　　　　　　④ 이동지측량

> **해설**

토지조사의 내용(사무와 측량으로 구분)
1. 사무(9개 종목)
　① 준비조사　　② 일필지조사　　③ 분쟁지조사
　④ 지위등급조사　⑤ 장부조사　　⑥ 지방토지조사위원회
　⑦ 사정　　　　⑧ 고등토지조사위원회　⑨ 이동지정리
2. 측량(7종)
　① 삼각측량　　② 도근측량　　③ 면적계산
　④ 세부측량　　⑤ 지적도 등의 조제　⑥ 이동지측량
　⑦ 지형측량

정답　63 ③　64 ②

65 다음의 설명에서 ( )에 들어갈 알맞은 명칭은?

> 지역선은 토지조사사업 당시 소유자는 같으나 지목이 다른 관계로 별필의 토지경계선과 소유자를 알 수 없는 토지와의 구획선, 토지조사 시행지와 미시행지와의 경계선을 말하나 토지조사 시행지와 미시행지와의 경계선은 별도로 ( )이라고도 불렀다.

① 지계선 ② 강계선
③ 지구선 ④ 구역선

강계선
토지조사사업 당시 강계선과 지역선을 구별하였다.
- 강계선 : 사정선으로서 토지조사 당시 확정된 소유자가 다른 토지 간의 경계선이며, 강계선의 상대는 소유자와 지목이 다르다는 원칙이 성립된다.
- 지역선 : 소유자가 같은 토지와의 구획선 또는 소유자를 알 수 없는 토지와의 구획선 및 토지조사사업의 시행지와 미시행지와의 지계선을 지역선이라 한다.
- 경계선 : 임야조사사업 시의 사정선으로서 강계선과 같은 개념이다.

66 다음 중 토지조사사업 당시 작성한 지형도의 종류에 속하지 않는 것은?

① 축척 1/5,000도면 ② 축척 1/10,000도면
③ 축척 1/25,000도면 ④ 축척 1/50,000도면

토지조사사업 당시 제작된 지형도

구분	원도수(장)	면적(방리)
1/50,000	724	14,065.00
1/25,000	144	760.55
1/10,000	54	52.06
특수지형도	3	21.30
계	925	14,899.16

67 토지조사사업 당시 필지를 구분함에 있어 일필지의 강계(疆界)를 설정할 때, 별필로 하였던 경우가 아닌 것은?

① 특히 면적이 협소한 것
② 지반의 고저가 심하게 차이 있는 것
③ 심히 형상이 구부러지거나 협장한 것
④ 도로, 하천, 구거, 제방, 성곽 등에 의하여 자연으로 구획을 이룬 것

해설

토지조사사업 당시 필지구분
1. 일필지구분의 원칙 : 소유자와 지목이 동일하고 토지가 연접(連接)되어 있는 경우
2. 별필구분의 표준
- 도로, 하천, 구거, 제방, 성첩 등에 의하여 자연적으로 구획된 것
- 토지의 면적이 특히 넓은 것
- 토지의 형상이 심하게 구부러졌거나 가느다란 것
- 지력(地力)이 현저하게 다른 것
- 지반에 심한 고저차가 있는 것
- 분쟁이 있는 것
- 시가지에 벽돌담, 돌담 등 영구적인 시설물로 구획되어 있는 것

68 토지조사사업에서 일필지 조사의 내용과 가장 거리가 먼 것은?

① 지목의 조사
② 지주의 조사
③ 지번의 조사
④ 미개간지의 조사

해설

일필지조사는 준비조사와 도근측량에 이어 일필지측량과 동시에 시행하여 1916년 11월에 종료하였으며 일필지 조사로는 지주의 조사, 강계의 조사, 지목의 조사, 지번의 조사로 분류하여 조사하였다.

69 다음 중 토지조사사업 당시 별필(別筆)로 하였던 경우에 해당하지 않는 것은?

① 분쟁지로서 명확한 경계나 권리 한계가 불분명한 것
② 도로, 하천, 구거 등에 의하여 자연으로 구획된 것
③ 전당권 설정의 증명이 있는 경우 그 증명마다 별필로 취급한 것
④ 조선총독부가 지정한 개인 소유의 공공 토지

해설

토지조사사업 당시 필지 구분
1. 토지조사사업 당시 불조사지
   1) 임야 속에 존재(存在)하거나 혹은 이에 접속되어 조사의 필요성이 없는 경우
   2) 임야 속에 점재(點在)하여 특수 사정으로 조사하지 않은 토지
   3) 도서(島嶼)로서 조사하지 않은 경우
2. 필지구분의 표준
   1) 일필지로 하는 것이 기본 원칙이다.
   2) 소유자 및 지목이 동일하고 토지가 연접되어 있는 경우
3. 별필 구분의 표준
   1) 도로, 하천, 구거, 제방, 성첩 등에 의하여 자연적으로 구획된 것
   2) 토지의 면적이 특히 넓은 것
   3) 토지의 형상이 심하게 구부러졌거나 가느다란 것

정답 68 ④ 69 ④

4) 지력이 현저하게 다른 것
5) 지반에 심한 고저차가 있는 것
6) 분쟁이 있는 것
7) 시가지에서 벽돌담, 돌담 등 영구적인 시설물로 구획되어 있는 것

70 토지조사사업 당시 소유자는 같으나 지목이 상이하여 별필(別筆)로 해야 하는 토지들의 강계선과, 소유자를 알 수 없는 토지와의 구획선을 무엇이라 하는가?

① 강계선(疆界線)
② 경계선(境界線)
③ 지역선(地域線)
④ 지세선(地勢線)

해설

- 강계선 : 소유자가 다른 토지와의 경계선
- 지역선 : 소유자가 같으나 지목이 달라서 별필로 해야 하는 구획선, 소유자를 알 수 없는 토지와의 구획선, 조사지와 불조사지와의 경계선

71 임야조사사업 당시 임야대장에 등록된 정(町), 단(段), 무(畝), 보(步)의 면적을 평으로 환산한 값이 틀린 것은?

① 1정(町)=3,000평
② 1단(段)=300평
③ 1무(畝)=30평
④ 1보(步)=3평

해설

- 1정 : 10단=100무=3,000보=3,000평
- 1단 : 10무=300보=300평
- 1무 : 30보=30평
- 1보 : 1평
- 1홉 : 1/10보

※ 예를 들면 7단 6무이면 6 무=180보=180평이므로 2,280평이 된다.

72 다음 중 토지조사사업 당시 분쟁의 원인에 해당되지 않는 것은?

① 미개간지
② 토지소속의 불분명
③ 역둔토의 정리 미비
④ 토지 점유권 증명의 미비

해설

분쟁지 원인
- 토지소속의 불명확
- 역둔토의 정리미비
- 세제의 결함
- 미간지 및 제언의 모경
- 권리증명의 불분명
- 권리서식의 불비

정답 70 ③ 71 ④ 72 ④

CHAPTER 05 지적관리

SECTION 01 토지의 등록

1 토지등록의 의의

1) 토지의 정의

토지는 인간의 힘이 작용함이 없이 자연에 의하여 공급된 것으로 국가 형성의 기초이며 국민생활의 기본조건이다. 토지소유권의 객체인 토지에 대하여 「민법」 제99조제1항은 "토지 및 그 정착물은 부동산이다"라고 하여 부동산으로 규정하고 있다. 이에 대하여 토지를 "인위적으로 구획된 지면에 사회 관념상 지표의 지배에 필요하고 충분한 범위 내에서 그 상하를 포함시킨 것" 또는 "일정한 범위에 걸친 지면에 정당한 이익이 있는 범위 내에서 수직의 상하를 포함시킨 것"으로 정의한다.

2) 토지등록의 필요성

토지등록이 소유권과 조세를 위한 목적만이 아니고 인구의 증가와 도시화, 산업화에 따라 고도로 분화하는 사회구조의 안정관리를 위한 각종 토지정보를 제공하는 데 그 중요성이 있는 것이다. 토지를 국토의 전반에 걸쳐서 일정한 사항을 등록한 공부는 국가의 재정직·행정적인 목적 달성을 위한 공적장부로서의 역할과 국민 개개인의 이익과 관련되어 토지소유자의 권리를 확실히 해주고 토지거래를 안전하고 신속하게 해주는 사법상의 장부로서 역할을 수행하기 위하여 필요하다.

2 토지의 조사·등록 등

1) 등록주체 및 등록사항

국토교통부장관(국가)은 모든 토지에 대하여 필지별로 소재·지번·지목·면적·경계 또는 좌표 등을 조사·측량하여 지적공부에 등록하여야 한다.

2) 등록신청 및 등록사항의 결정

신청에 의한 경우	지적공부에 등록하는 지번·지목·면적·경계 또는 좌표는 토지의 이동이 있을 때 토지소유자(법인이 아닌 사단이나 재단의 경우에는 그 대표자나 관리인을 말한다)의 신청을 받아 지적소관청이 결정한다.
직권에 의한 경우	신청이 없으면 지적소관청이 직권으로 조사·측량하여 결정할 수 있다.

3) 직권에 의한 등록사항의 정리

토지이동현황 조사계획 수립	① 지적소관청은 토지의 이동현황을 직권으로 조사·측량하여 토지의 지번·지목·면적·경계 또는 좌표를 결정하려는 때에는 토지이동현황 조사계획을 수립하여야 한다. ② 토지이동현황 조사계획은 시·군·구별로 수립하되, 부득이한 사유가 있는 때에는 읍·면·동별로 수립할 수 있다.
토지이동조사부 작성	지적소관청은 토지이동현황 조사계획에 따라 토지의 이동현황을 조사한 때에는 토지이동조사부에 토지의 이동현황을 적어야 한다.
지적공부정리	지적소관청은 토지이동현황 조사결과에 따라 토지의 지번·지목·면적·경계 또는 좌표를 결정한 때에는 위의 내용에 따라 지적공부를 정리하여야 한다.
토지이동정리결의서 작성	지적소관청은 지적공부를 정리하려는 때에는 토지이동조사부를 근거로 토지이동조서를 작성하여 토지이동정리 결의서에 첨부하여야 하며, 토지이동조서의 아래 부분 여백에 "공간정보의 구축 및 관리 등에 관한 법률」 제64조제2항 단서에 따른 직권정리"라고 적어야 한다.

3 토지등록의 효력

암기 구공확강

토지등록과 그 공시내용의 법률적 효력은 일반적으로 행정처분에 의한 구속력, 공정력, 확정력, 강제력이 있다.

행정처분의 **구**속력(拘束力)	행정처분의 구속력은 행정행위가 법정요건을 갖추어 행하여진 경우에는 그 내용에 따라 상대방과 행정청을 구속하는 효력, 즉 토지등록의 행정처분이 유효하는 한 정당한 절차 없이 그 존재를 부정하거나 효력을 기피할 수 없다는 효력을 말한다.
토지등록의 **공**정력(公正力)	공정력은 토지등록에 있어서의 행정처분이 유효하게 성립하기 위한 요건을 완전히 갖추지 못하여 하자가 있다고 인정될 때도 절대 무효인 경우를 제외하고는 그 효력을 부인할 수 없는 것으로서 무하자 추정 또는 적법성이 추정되는 것으로 일단 권한 있는 기관에 의하여 취소되기 전에는 상대방 또는 제3자도 이에 구속되고 그 효력을 부정하지 못함을 의미한다.
토지등록의 **확**정력(確定力)	확정력이란 행정행위의 불가쟁력(不可爭力)이라고도 하는데 확정력은 일단 유효하게 등록된 사항은 일정한 기간이 경과한 뒤에는 그 상대방이나 이해관계인이 그 효력을 다툴 수 없을 뿐만 아니라 소관청 자신도 특별한 사유가 없는 한 그 처분행위를 다툴 수 없는 것이다.
토지등록의 **강**제력(强制力)	강제력은 지적측량이나 토지등록사항에 대하여 사법권의 힘을 빌릴 것이 없이 행정청 자체의 명의로서 자력으로 집행할 수 있는 강력한 효력으로 강제집행력(强制執行力)이라고도 한다.

4 토지등록의 원칙

토지의 등록(Land Registration)은 국가기관인 소관청이 토지등록사항의 공시를 위해 토지에 관한 공부를 비치하고 소유자나 이해관계인에게 필요한 정보를 제공하기 위한 행정행위이다. 세계적으로 볼 때 토지등록은 지적과 등기를 의미하나 우리나라에서는 지적만을 토지의 등록이라 보며 이러한 토지등록의 제원칙은 발전과정, 전통, 관습에 따라 여러 가지로 분류된다. 토지등록제도는 등록, 신청, 특정화, 국정주의, 직권주의, 공시, 공신의 원칙으로 구분할 수 있다.

1) 토지등록의 원칙(土地登錄의 原則)

암기 등신특정공신

등록의 원칙 (登錄의 原則)	토지에 관한 모든 표시사항을 지적공부에 반드시 등록하여야 하며 토지의 이동이 이루어지려면 지적공부에 그 변동사항을 등록하여야 한다는 토지등록의 원칙으로 토지표시의 등록주의(登錄主義 : Booking Principle)라고 할 수 있다. 적극적 등록제도(Positive System)와 법지적(Legal Cadastre)을 채택하고 있는 나라에서 적용하고 있는 원리로서 토지의 모든 권리 행사는 토지대장 또는 토지등록부에 등록하지 않고는 모든 법률상의 효력을 갖지 못하는 원칙으로 형식주의(Principle of Formality) 규정이라고 할 수 있다.
신청의 원칙 (申請의 原則)	토지의 등록은 토지소유자의 신청을 전제로 하되 신청이 없을 때는 직권으로 직접 조사하거나 측량하여 처리하도록 규정하고 있다.
특정화의 원칙 (特定化의 原則)	토지등록제도에 있어서 특정화의 원칙(Principle of Speciality)은 권리의 객체로서 모든 토지는 반드시 특정적이면서도 단순하며 명확한 방법에 의하여 인식될 수 있도록 개별화함을 의미하는데 이 원칙이 실제적으로 지적과 등기와의 관련성을 성취시켜 주는 열쇠가 된다.
국정주의 및 직권주의 (國定主義 및 職權主義)	국정주의(Principle of National Decision)는 지적공부의 등록사항인 토지의 지번, 지목, 경계, 좌표, 면적의 결정은 국가의 공권력에 의하여 국가만이 결정할 수 있는 원칙이다. 직권주의는 모든 필지는 필지단위로 구획하여 국가기관인 소관청이 직권으로 조사 · 정리하여 지적공부에 등록 공시하여야 한다는 원칙이다.
공시의 원칙, 공개주의 (公示의 原則, 公開主義)	토지등록의 법적 지위에 있어서 토지이동이나 물권의 변동은 반드시 외부에 알려야 한다는 원칙을 공시의 원칙(Principle of Public Notification) 또는 공개주의(Principle of Publicity)라고 한다. 토지에 관한 등록사항을 지적공부에 등록하여 일반인에게 공시하여 토지소유자는 물론 이해관계자 및 기타 누구나 이용할 수 있도록 하는 것이다.
공신의 원칙 (公信의 原則)	공신의 원칙(Principle of Public Confidence)은 물권의 존재를 추측케 하는 표상, 즉 공시방법을 신뢰하여 거래한 자는 비록 그 공시방법이 진실한 권리관계에 일치하고 있지 않더라도 그 공시된 대로의 권리를 인정하여 이를 보호하여야 한다는 것이 공신의 원칙이다. 즉 공신의 원칙은 선의의 거래자를 보호하여 진실로 그러한 등기 내용과 같은 권리관계가 존재한 것처럼 법률효과를 인정하려는 법률법칙을 말한다.

5 토지등록제도의 유형

토지의 등록(Land Registration)이란 주권이 미치는 국토를 공적장부에 기록·보관·공시하는 것을 말하는 것으로 세계 지적학적 관점으로 볼 때는 지적과 등기를 모두 포함하는 개념이나 우리나라에서는 지적만을 의미한다고 할 수 있다. 이러한 토지제도는 각 나라마다 적합한 제도를 채택하고 있으며 우리나라는 적극적 등록제도를 채택·운영하고 있다.

1) 토지등록제도의 유형

암기 날권소적토

날인증서 등록제도 (捺印證書登錄制度)	토지의 이익에 영향을 미치는 문서의 공적 등기를 보전하는 것을 날인증서등록제도(Registration of Deed)라고 한다. 기본적인 원칙은 등록된 문서가 등록되지 않은 문서 또는 뒤늦게 등록된 서류보다 우선권을 갖는다. 즉 특정한 거래가 발생했다는 것은 나타나지만 그 관계자들이 법적으로 그 거래를 수행할 권리가 주어졌다는 것을 입증하지 못하므로 거래의 유효성을 증명하지 못한다. 그러므로 토지거래를 하려는 자는 매도인 등의 토지에 대한 권원(Title) 조사가 필요하다.
권원등록제도 (權原登錄制度)	권원등록(Registration of Title)제도는 공적 기관에서 보존되는 특정한 사람에게 귀속된 명확히 한정된 단위의 토지에 대한 권리와 그러한 권리들이 존속되는 한계에 대한 권위 있는 등록이다. 소유권 등록은 언제나 최후의 권리이며 정부는 등록한 이후에 이루어지는 거래의 유효성에 대해 책임을 진다.
소극적 등록제도 (消極的登錄制度)	소극적 등록제도(Negative System)는 기본적으로 거래와 그에 관한 거래증서의 변경기록을 수행하는 것이며, 일필지의 소유권이 거래되면서 발생되는 거래증서를 변경 등록하는 것이다. 네덜란드, 영국, 프랑스, 이탈리아, 미국의 일부 주 및 캐나다 등에서 시행되고 있다.
적극적 등록제도 (積極的登錄制度)	적극적 등록제도(Positive System)하에서의 토지등록은 일필지의 개념으로 법적인 권리보장이 인증되고 정부에 의해서 그러한 합법성과 효력이 발생한다. 이 제도의 기본원칙은 지적공부에 등록되지 아니한 토지는 그 토지에 대한 어떠한 권리도 인정될 수 없고 등록은 강제되고 의무적이며 공적인 지적측량이 시행되지 않는 한 토지등기도 허가되지 않는다는 이론이 지배적이다. 적극적 등록제도의 발달된 형태는 토렌스 시스템이다.
토렌스 시스템 (Torrens System)	토렌스 시스템은 오스트레일리아 Robert Torrens경에 의해 창안된 것으로 토지의 권원(權原, Title)을 명확히 하고 토지거래에 따른 변동사항 정리를 용이하게 하여 권리증서의 발행을 편리하게 하는 것이 그 목적이다. 이 제도의 기본원리는 법률적으로 토지의 권리를 확인하는 대신에 토지의 권원을 등록하는 행위이다.
	거울이론 (Mirror Principle) — 토지권리증서의 등록은 토지의 거래 사실을 완벽하게 반영하는 거울과 같다는 입장의 이론이다. 소유권에 관한 현재의 법적 상태는 오직 등기부에 의해서만 이론의 여지없이 완벽하게 보여진다는 원리이며 주정부에 의하여 적법성을 보장받는다.

토렌스 시스템 (Torrens System)	커튼이론 (Curtain Principle)	토지등록업무가 커튼 뒤에 놓인 공정성과 신빙성에 대하여 관여할 필요도 없고 관여해서도 안 되는 매입신청자를 위한 유일한 정보의 이론이다. 토렌스 제도의 의해 한 번 권리증명서가 발급되면 당해 토지의 과거 이해관계에 대하여 모두 무효화시키고 현재의 소유권을 되돌아볼 필요가 없다는 것이다.
	보험이론 (Insurance Principle)	토지등록이 인간의 과실로 인하여 착오가 발생한 경우 피해를 입은 사람은 피해보상에 대하여 법률적으로 선의의 제3자와 동등한 입장이 되어야 한다는 이론으로 권원증명서에 등기된 모든 정보는 정부에 의하여 보장된다는 원리이다.

2) 지적공부의 등록방법

토지소유자의 신청 여부 또는 등록시점에 따라 분산등록제도와 일괄등록제도로 구분하고 있다.

분산등록제도 (Sporadic System)	지적공부 등록방법에 따른 분류로 토지의 매매가 이루어지거나 소유자가 등록을 요구하는 경우 필요시에 한하여 토지를 지적공부에 등록하는 제도를 말한다. • 국토면적이 넓으나 비교적 인구가 적고 도시지역에 집중하여 거주하고 있는 국가에서 채택(미국, 호주) • 국토관리를 지형도에 의존하는 경향이 있으며 전국적인 지적도가 작성되어 있지 아니하기 때문에 지형도를 기본도(Base Map)로 활용한다. • 토지의 등록이 점진적으로 이루어지며 도시지역만 지적도를 작성하고 산간, 사막 지역은 지적도를 작성하지 않는다. • 일시에 많은 예산이 소요되지 않는 장점이 있지만 지적공부 등록에 대한 예측이 불가능해진다.
일괄등록제도 (Systematic System)	지적공부 등록방법에 따른 분류로 일정 지역 내의 모든 필지를 일시에 체계적으로 조사·측량하여 한꺼번에 지적공부에 등록하는 제도를 말한다. • 비교적 국토면적이 좁고 인구가 많은 국가에서 채택하며 동시에 지적공부에 등록하여 관리한다. • 초기에 많은 예산이 소요되나 분산등록제도에 비해 소유권의 안전한 보호와 국토의 체계적 이용관리가 가능하다. • 지형도보다 상대적으로 정확도가 높은 지적도를 기본도(Base Map)로 사용하여 국토관리를 하고 있으며 우리나라와 대만에서 채택하고 있다.

6 토지등록의 편성

토지등록의 편성은 편성방법에 따라 물적·인적·연대적 편성주의 등과 같이 다양한 방법을 적용할 수 있다

물적 편성주의 (物的 編成主義)	물적 편성주의(System des Real Foliums)란 개개의 토지를 중심으로 등록부를 편성하는 것으로서 1토지에 1용지를 두는 경우이다. 등록객체인 토지를 필지로 구획하고 이를 등록단위로 하므로 토지의 이용·관리·개발 측면에서는 편리하나 권리주체인 소유자별 파악이 곤란하다.
인적 편성주의 (人的 編成主義)	인적 편성주의(System des Personal Foliums)란 개개의 토지소유자를 중심으로 등록부를 편성하는 것으로 토지대장이나 등기부를 소유자별로 작성하여 동일소유자에 속하는 모든 토지는 당해 소유자의 대장에 기록하는 방식이다.
연대적 편성주의 (年代的 編成主義)	연대적 편성주의(Chronologisch System)란 당사자 신청의 순서에 따라 순차로 등록부에 기록하는 것으로 프랑스의 등기부와 미국에서 일부 사용되는 리코딩 시스템(Recoding System)이 이에 속한다. 등기부의 편성방법으로서는 유효하나 공시의 작용을 하지 못하는 단점이 있다.
물적·인적 편성주의 (物的·人的 編成主義)	물적·인적 편성주의(System der Real·Personal Foliums)란 물적 편성주의를 기본으로 등록부를 편성하되 인적 편성주의의 요소를 가미한 것이다. 즉 소유자별 토지등록부를 동시에 설치함으로써 효과적인 토지행정을 수행하는 방법이다.

SECTION 02 토지의 등록정보

1 필지

필지란 지번부여지역 안의 토지로서 소유자와 용도가 동일하고 지반이 연속된 토지를 기준으로 구획되는 토지의 등록단위를 말한다.

1) 필지의 특성

① 토지의 소유권이 미치는 범위와 한계를 나타낸다.
② 지형·지물에 의한 경계가 아니고 토지소유권의 구분에 의하여 인위적으로 구획된 것이다.
③ 도면(지적도·임야도)에서는 경계점을 직선으로 연결한 선, 경계점좌표등록부에서는 경계점(평면직각종횡선 수치)의 연결로 표시되며 폐합된 다각형으로 구획된다.
④ 대장(토지대장·임야대장)에서는 하나의 지번에 의거 작성된 1장의 대장에 의거 필지를 구분한다.

2) 1필지로 정할 수 있는 기준

토지의 등록단위인 1필지를 정하기 위하여는 다음의 기준에 적합하여야 한다.

지번부여지역의 동일	1필지로 획정하고자 하는 토지는 지번부여지역(행정구역인 법정 동·리 또는 이에 준하는 지역)이 같아야 한다. 따라서 1필지의 토지에 동·리 및 이에 준하는 지역이 다른 경우 1필지로 획정할 수 없다.
토지소유자 동일	1필지로 획정하고자 하는 토지는 소유자가 동일하여야 한다. 따라서 1필지로 획정하고자 하는 토지의 소유자가 각각 다른 경우에는 1필지로 획정할 수 없다. 또한 소유권 이외의 권리관계까지도 동일하여야 한다.
용도의 동일	1필지로 획정하고자 하는 토지는 지목이 동일하여야 한다. 따라서 1필지 내 토지의 일부가 주된 사용목적 또는 용도가 다른 경우에는 1필지로 획정할 수 없다. 다만, 주된 토지에 편입할 수 있는 토지의 경우에는 필지 내 토지의 일부가 지목이 다른 경우라도 주지목추정의 원칙에 의하여 1필지로 획정할 수 있다.
지반의 연속	1필지로 획정하고자 하는 토지는 지형·지물(도로, 구거, 하천, 계곡, 능선) 등에 의하여 지반이 끊기지 않고 지반이 연속되어야 한다. 즉 1필지로 하고자 하는 토지는 지반이 연속되지 않은 토지가 있을 경우 별필지로 획정하여야 한다.

3) 주된 용도의 토지에 편입할 수 있는 토지(양입지)

지번부여지역 및 소유자·용도가 동일하고 지반이 연속된 경우 등 1필지로 정할 수 있는 기준에 적합하나, 토지의 일부분의 용도가 다른 경우 "주지목추종의 원칙"에 의하여 주된 용도의 토지에 편입하여 1필지로 정할 수 있다.

대상 토지	• 용도의 토지의 편의를 위하여 설치된 도로·구거(溝渠 : 도랑) 등의 부지 • 주된 용도의 토지에 접속하거나 주된 용도의 토지로 둘러싸인 토지로서 다른 용도로 사용되고 있는 토지
주된 용도의 토지에 편입할 수 없는 토지	• 종된 토지의 지목이 대인 경우 • 종된 용도의 토지 면적이 주된 용도의 토지면적의 10%를 초과하는 경우 • 종된 용도의 토지 면적이 330m²를 초과하는 경우

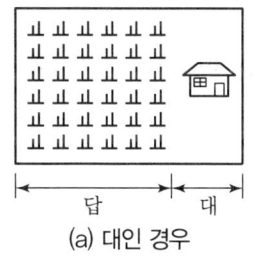
(a) 대인 경우

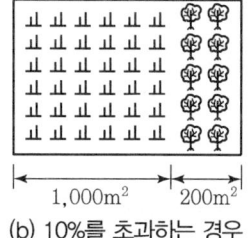
(b) 10%를 초과하는 경우

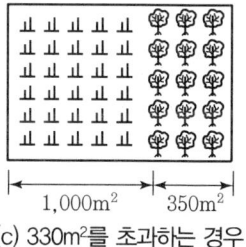
(c) 330m²를 초과하는 경우

| 주된 용도의 토지에 편입할 수 없는 토지 |

2 지번

1) 지번의 정의

지번(Parcel Number or Lot Number)이라 함은 필지에 부여하여 지적공부에 등록한 번호로서 국가(지적소관청)가 인위적으로 구획된 1필지별로 1지번을 부여하여 지적공부에 등록하는 것으로 토지의 고정성과 개별성을 확보하기 위하여 지적소관청이 지번부여지역인 법정 동·리 단위로 기번하여 필지마다 아라비아숫자로 순차적으로 연속하여 부여한 번호를 말한다.

2) 지번의 특성

지번은 특정성, 동질성, 종속성, 불가분성, 연속성을 가지고 있다. 지번부여지역에 속한 필지들은 지번에 의해 개별성을 보장받게 되기 때문에 지번은 특정성을 지니게 되며, 단식지번과 성질상 부번이 없는 단식지번이 복식지번보다 우세한 것 같지만 지번으로서의 역할에는 하등과 우열의 경중이 없으므로 지번은 유형과 크기에 관계없이 동질성을 지니게 된다. 또한 지번은 부여지역 및 이미 설정된 지번 등에 의해 형성되기 때문에 종속성을 지니게 된다. 지번은 물권변동 또는 설정에 따른 각 권리에 의해 분리되지 않는 불가분성을 지니게 된다.

3) 지번의 기능

① 필지를 구별하는 개별성과 특정성의 기능을 갖는다.
② 거주지 또는 주소표기의 기준으로 이용된다.
③ 위치 파악의 기준으로 이용된다.
④ 각종 토지 관련 정보시스템에서 검색키(식별자·색인키)로서의 기능을 갖는다.

4) 지번의 구성 및 부여방법

(1) 지번의 구성

① 지번(地番)은 아라비아숫자로 표기하되, 임야대장 및 임야도에 등록하는 토지의 지번은 숫자 앞에 "산"자를 붙인다.
② 지번은 본번(本番)과 부번(副番)으로 구성하되, 본번과 부번 사이에 "-" 표시로 연결한다. 이 경우 "-" 표시는 "의"라고 읽는다.

▶ 지번의 구성

구분	본번으로 구성	본번과 부번으로 구성
토지대장(지적도)	1, 2, 3, 4, …, 9, 10	1-1, 1-2, 1-3, …, 1-10
임야대장(임야도)	산1, 산2, 산3, …, 산10	산1-1, 산1-2, …, 산1-10

(2) 지번부여 기준

① 지번은 지적소관청이 지번부여지역별로 차례대로 부여한다.
② 지번은 북서에서 남동으로 순차적으로 부여한다.

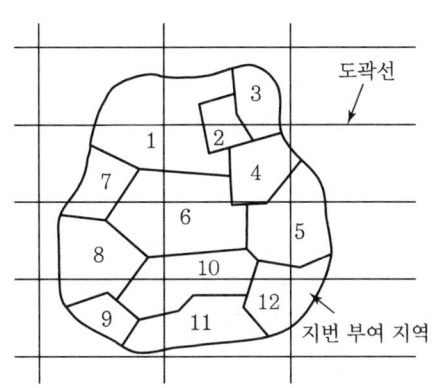

| 지번부여지역에 의한 지번부여(지역단위법) |

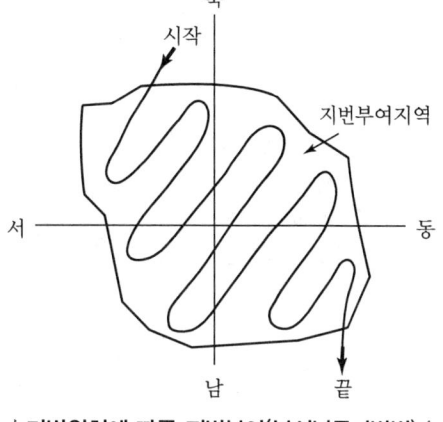

| 기번위치에 따른 지번부여(북서남동기번법) |

(3) 지번부여방법

▶ 토지이동에 따른 지번의 부여방법

토지이동 종류		지번의 부여방법
부여방법		① 지번(地番)은 아라비아숫자로 표기하되, 임야대장 및 임야도에 등록하는 토지의 지번은 숫자 앞에 "산"자를 붙인다. ② 지번은 본번(本番)과 부번(副番)으로 구성하되, 본번과 부번 사이에 "-" 표시로 연결한나. 이 경우 "-" 표시는 "의"라고 읽는다. ③ 법 제66조에 따른 지번의 부여방법은 다음 각 호와 같다. 1. 지번은 북서에서 남동으로 순차적으로 부여할 것
신규등록 · 등록전환	원칙	지번부여지역에서 인접 토지의 본번에 부번을 붙여서 지번을 부여한다.
	예외	다음의 경우에는 그 지번부여지역의 최종 본번의 다음 순번부터 본번으로 하여 순차적으로 지번을 부여할 수 있다. ① 대상 토지가 그 지번부여지역의 최종 지번의 토지에 인접하여 있는 경우 ② 대상 토지가 이미 등록된 토지와 멀리 떨어져 있어서 등록된 토지의 본번에 부번을 부여하는 것이 불합리한 경우 ③ 대상 토지가 여러 필지로 되어 있는 경우
분할	원칙	분할 후의 필지 중 1필지의 지번은 분할 전의 지번으로 하고, 나머지 필지의 지번은 본번의 최종 부번 다음 순번으로 부번을 부여한다.
	예외	주거 · 사무실 등의 건축물이 있는 필지에 대해서는 분할 전의 지번을 우선하여 부여하여야 한다.

토지이동종류		지번의 부여방법
합병	원칙	합병 대상 지번 중 선순위의 지번을 그 지번으로 하되, 본번으로 된 지번이 있을 때에는 본번 중 선순위의 지번을 합병 후의 지번으로 한다.
	예외	토지소유자가 합병 전의 필지에 주거·사무실 등의 건축물이 있어서 그 건축물이 위치한 지번을 합병 후의 지번으로 신청할 때에는 그 지번을 합병 후의 지번으로 부여하여야 한다.
지적확정측량을 실시한 지역의 각 필지에 지번을 새로 부여하는 경우	원칙	다음 각목의 지번을 제외한 본번으로 부여한다. ① 지적확정측량을 실시한 지역 안의 종전의 지번과 지적확정측량을 실시한 지역 밖에 있는 본번이 같은 지번이 있을 때 그 지번 ② 지적확정측량을 실시한 지역의 경계에 걸쳐 있는 지번
	예외	부여할 수 있는 종전 지번의 수가 새로 부여할 지번의 수보다 적을 때에는 블록단위로 하나의 본번을 부여한 후 필지별로 부번을 부여하거나, 그 지번부여지역의 최종 본번 다음 순번부터 본번으로 하여 차례로 지번을 부여할 수 있다.
지적확정측량에 준용		가. 법 제66조제2항(지적소관청은 지적공부에 등록된 지번을 변경할 필요가 있다고 인정하면 시·도지사나 대도시 시장의 승인을 받아 지번부여지역의 전부 또는 일부에 대하여 지번을 새로 부여할 수 있다)에 따라 지번부여지역의 지번을 변경할 때 나. 법 제85조제2항(지번부여지역의 일부가 행정구역의 개편으로 다른 지번부여지역에 속하게 되었으면 지적소관청은 새로 속하게 된 지번부여지역의 지번을 부여하여야 한다)에 따른 행정구역 개편에 따라 새로 지번을 부여할 때 다. 제72조제1항(지적소관청은 축척변경 시행지역의 각 필지별 지번·지목·면적·경계 또는 좌표를 새로 정하여야 한다)에 따라 축척변경 시행지역의 필지에 지번을 부여할 때
도시개발사업 등의 준공 전		도시개발사업 등이 준공되기 전에 사업시행자가 지번부여를 신청하는 경우에는 국토교통부령으로 정하는 바에 따라 지번을 부여할 수 있다. 지적소관청은 도시개발사업 등이 준공되기 전에 지번을 부여하는 때에는 사업계획도에 따르되, 지적확정측량을 실시한 지역의 각 필지에 지번을 새로 부여하는 경우의 지번부여방식에 따라 지번을 부여하여야 한다.

5) 지번의 부여체계 및 방법

(1) 지번의 부여체계

계층형	계층형 지번부여체계(Hierarchical Identification Systems)라 함은 일정한 계층에 따라 지번을 부여하는 제도로서 권과 쪽, 도면번호와 구획번호, 자치단체·블록·서브블록·필지번호, 자치단체와 가로명 등의 방법으로 구분할 수 있다.
격자형	격자형 지번부여체계(Grid Identification Systems)라 함은 격자(Grid)를 사용하여 지번을 부여하는 제도를 말하며, 격자는 어떠한 점과 선에 대한 좌표체계의 기준으로 사용되며 지도상에 동일한 정사각형을 형성해 주는 수평과 수직선으로 구성되어 있다.
혼합형	혼합형 지번부여체계(Hybrid Hierarchial/Grid Identifiers)라 함은 계층형 지번부여체계와 격자형 지번부여체계를 혼용해서 지번을 부여하는 제도를 말한다. 예를 들면 지방과 시·군은 명칭 또는 번호로서 구별하고, 필지에 대한 더 자세한 구별은 격자체계를 따르도록 지번을 부여할 수 있다.

(2) 지번의 부여방법

암기 사기단 지도단 동서 즐(분)기자

진행방법	사행식	필지의 배열이 불규칙한 지역에서 진행순서에 따라 지번을 부여하는 방법으로 농촌지역의 지번부여에 적합하며 우리나라 토지의 대부분은 사행식에 의해 부여하며 지번부여가 일정하지 않고 상하좌우로 분산되어 부여되는 결점이 있다.
	기우식	도로를 중심으로 한쪽은 홀수인 기수, 다른 쪽은 짝수인 우수로 지번을 부여하는 방법으로 리·동·도·가 등의 시가지 지역의 지번부여방법으로 적합하고 교호식이라고도 한다.
	단지식	단지마다 하나의 지번을 부여하고 단지 내 필지마다 부번을 부여하는 방법으로 단지식은 블록식이라고도 하며 도시개발사업 및 농지개량사업 시행지역 등의 지번부여에 적합하다.
부여단위	지역 단위법	1개의 지번부여지역 전체를 대상으로 순차적으로 부여하고 지역이 작거나 지적도나 임야도의 장수가 많지 않은 지역의 지번부여에 적합하다. 토지의 구획이 잘된 시가지 등에서 노선의 권장이 비교적 긴 지역에 적합하다.
	도엽 단위법	1개의 지번부여지역을 지적도 또는 임야도의 도엽단위로 세분하여 도엽의 순서에 따라 순차적으로 지번을 부여하는 방법으로 지번부여지역이 넓거나 지적도 또는 임야도의 장수가 많은 지역에 적합하다.
	단지 단위법	1개의 지번부여지역을 단지단위로 세분하여 단지의 순서에 따라 순차적으로 지번을 부여하는 방법으로 토지의 위치를 쉽고 편리하게 이용하는 데 가장 큰 목적이 있다. 특히 소규모 단지로 구성된 토지구획정리 및 농지개량사업 시행지역 등에 적합하다.
기번위치	북동 기번법	북동쪽에서 기번하여 남서쪽으로 순차적으로 지번을 부여하는 방법으로 한자로 지번을 부여하는 지역에 적합하다.
	북서 기번법	북서쪽에서 기번하여 남동쪽으로 순차적으로 지번을 부여하는 방법으로 아라비아숫자로 지번을 부여하는 지역에 적합하다.

일반적	분수식 지번 제도 (Fraction System)	본번을 분자로 부번을 분모로 한 분수 형태의 지번을 부여하는 제도로 본번을 변경하지 않고 부여하는 방법이다. 분할 후의 지번이 어느 지번에서 파생되었는지 그 유래 파악이 곤란하고 지번을 주소로 활용할 수 없다는 단점이 있다. 예를 들면 237번지가 3필지로 분할되면 237/1, 237/2, 237/3, 237/4로 표시된다. 그리고 최종 부번이 237의 5번지이고 237/2을 2필지로 분할할 경우 237/2번지는 소멸되고 237/6, 237/7로 표시된다.
	기번제도 (Filiation System)	237번지를 4필지로 분할할 때 분할지번은 237a, 237b, 237c, 237d로 표시한다. 다시 237c를 3필지로 분할할 경우는 237c1, 237c2, 237c3으로 표시한다. 인접지번 또는 지번의 자릿수와 함께 본번의 번호로 구성되어 지번의 발생근거를 쉽게 파악할 수 있으며 사정지번이 본번지로 편철 보존될 수 있다. 또한 지번의 이동내역의 연혁을 파악하기 용이하고 여러 차례 분할될 경우 지번 배열이 혼잡할 수 있다. 벨기에 등에서 채택하고 있다.
	자유부번 (Free Numbering System)	237번지, 238번지, 239번지로 표시되고 인접지에 등록전환이나 신규등록이 발생되어 지번을 부여할 경우 최종지번이 240번지이면 241번지로 표시된다. 분할하여 새로이 발생되는 241번지, 242번지로 표시된다. 새로운 경계를 부여하기까지의 모든 절차상의 번호가 영원히 소멸하고 토지등록구역에서 사용되지 않는 최종지번 다음 번호로 바뀐다. 분할 후에는 종전지번을 사용하지 않고 지번부여구역 내 최종지번의 다음 지번으로 부여하는 제도로 부번이 없기 때문에 지번을 표기하는 데 용이하며 분할의 유래를 파악하기 위해서는 별도의 보고장부나 전산화가 필요하다. 그러나 지번을 주소로 사용할 수 없는 단점이 있다.

3 지목

1) 지목의 정의

지목(Land Category)이라 함은 토지의 주된 용도에 따라 토지의 종류를 분류한 유형으로서 필지를 구성하는 하나의 요소이다. 토지관리의 효율화를 위하여 필지마다 지형, 토성 또는 용도 등 토지의 현상에 따라 구분된 토지의 종류에 붙이는 법률상의 명칭이다.

2) 지목의 분류

토지 현황	지형지목	지표면의 형태, 토지의 고저, 수륙의 분포 상태 등 땅이 생긴 모양에 따라 지목을 결정하는 것을 지형지목이라 한다. 지형은 주로 그 형성과정에 따라 하식지(河蝕地), 빙하기, 해안지, 분지, 습곡지, 화산지 등으로 구분한다.
	토성지목	토지의 성질(토성, 토질)인 지층이나 암석 또는 토양의 종류 등에 따라 결정한 지목을 토성지목이라고 한다. 토성은 암석지, 조사지(租沙地), 점토(粘土地), 사토지(砂土地), 양토(壤土地), 식토지(植土地) 등으로 구분한다.
	용도지목	토지의 용도에 따라 결정하는 지목을 용도지목이라고 한다. 우리나라에서 채택하고 있으며 지형 및 토양 등과 관계없이 토지의 현실적 용도를 주로 하기 때문에 일상생활과 가장 밀접한 관계를 맺게 된다.

소재 지역	농촌형 지목	농어촌 소재에 형성된 지목을 농촌형 지목이라고 한다. 임야, 전, 답, 과수원, 목장용지 등을 말한다.
	도시형 지목	도시지역에 형성된 지목을 도시형 지목이라고 한다. 공장용지, 수도용지, 학교용지도로, 공원, 체육용지 등이 있다.
산업별	1차 산업형 지목	농업 및 어업 위주의 용도로 이용되고 있는 지목을 말한다.
	2차 산업형 지목	토지의 용도가 제조업 중심으로 이용되고 있는 지목을 말한다.
	3차 산업형 지목	토지의 용도가 서비스 산업 위주로 이용되는 것으로 도시형 지목이 해당된다.
국가 발전	후진국형 지목	토지이용이 1차 산업의 핵심과 농·어업에 주로 이용되는 지목을 말한다.
	선진국형 지목	토지이용 형태가 3차 산업, 서비스업 형태의 토지이용에 관련된 지목을 말한다.
구성 내용	단식 지목	하나의 필지에 하나의 기준으로 분류한 지목을 단식 지목이라 한다. 토지의 현황은 지형, 토성, 용도별로 분류할 수 있기 때문에 지목도 이들 기준으로 분류할 수 있다. 우리나라가 채택하고 있다.
	복식 지목	일필지 토지에 둘 이상의 기준에 따라 분류하는 지목을 복식 지목이라 한다. 복식 지목은 토지의 이용이 다목적인 지역에 적합하며, 독일의 영구녹지대 중 녹지대라는 것은 용도지목이면서 다른 기준인 토성까지 더하여 표시하기 때문에 복식 지목의 유형에 속한다.

3) 지목의 설정원칙

암기 일주등용일사

일필일지목의 원칙	일필지의 토지에는 1개의 지목만을 설정하여야 한다는 원칙
주지목 추정의 원칙	주된 토지의 사용목적 또는 용도에 따라 지목을 정하여야 한다는 원칙
등록 선후의 원칙	지목이 서로 중복될 때는 먼저 등록된 토지의 사용목적 또는 용도에 따라 지목을 설정하여야 한다는 원칙
용도 경중의 원칙	지목이 중복될 때는 중요한 토지의 사용목적 또는 용도에 따라 지목을 설정
일시변경 불변의 원칙	임시적이고 일시적인 용도의 변경이 있는 경우에는 등록전환을 하거나 지목변경을 할 수 없다는 원칙
사용목적 추종의 원칙	도시계획사업 등의 완료로 인하여 조성된 토지는 사용목적에 따라 지목을 설정하여야 한다는 원칙

4) 지목의 표현방법

현행 우리나라에서는 지적도, 임야도의 도면에는 부호로 지목을 표기하며 토지대장과 임야대장에는 지목 명칭 전체를 표시하고 있다. 따라서 같은 필지의 표현방법이 대장과 도면이 불일치하고 있어 혼란이 오는 경우도 있다. 또한 지목의 표현방법은 지목 명칭의 첫 번째 문자를 지목 표기의 부호로 사용하는 지목으로서 「전, 답, 과, 목, 임, 광, 염, 대, 학, 주, 창, 도, 철, 제, 구, 유, 양, 수, 공, 체, 종, 사, 묘, 잡」 등 24개 지목이 두문자 표기 지목이며 지목 명칭의 두 번째 문자를 지목 표기의 부호로 사용하는 지목으로서 「장, 차, 천, 원」 등이 차문자 표기지목이다.

토지조사사업 당시 지목(18개) (토지조사령 제3조)	과세지 : 전, 답, 대(垈), 지소(池沼), 임야(林野), 잡종지(雜種地)(6개) 비과세지 : 도로, 하천, 구거, 제방, 성첩, 철도선로, 수도선로(7개) 면세지 : 사사지, 분묘지, 공원지, 철도용지, 수도용지(5개)	
1918년 지세령 개정(19개)	지소(池沼) : 지소(池沼), 유지로 세분	
1950년 구 지적법(21개)	잡종지(雜種地) : 잡종지, 염전, 광천지로 세분	
1975년 지적법 2차 개정 (24개)	통합	• 철도용지 + 철도선로 = 철도용지 • 수도용지 + 수도선로 = 수도용지 • 유지 + 지소 = 유지
	신설	과수원 · 목장용지 · 공장용지 · 학교용지 · 유원지 · 운동장(6개)
	명칭 변경	• 공원지 ⇒ 공원　　• 사사지 ⇒ 종교용지 • 성첩 ⇒ 사적지　　• 분묘지 ⇒ 묘지 • 운동장 ⇒ 체육용지
2001년 지적법 10차 개정 (28개)	주차장 · 주유소용지 · 창고용지 · 양어장(4개 신설)	

현행(28개)

지목	부호	지목	부호	지목	부호	지목	부호
전	전	대	대	철도용지	철	공원	공
답	답	공장용지	장	제방	제	체육용지	체
과수원	과	학교용지	학	하천	천	유원지	원
목장용지	목	주차장	차	구거	구	종교용지	종
임야	임	주유소용지	주	유지	유	사적지	사
광천지	광	창고용지	창	양어장	양	묘지	묘
염전	염	도로	도	수도용지	수	잡종지	잡

5) 지목의 구분(영 제58조)

전(田)	물을 상시적으로 이용하지 않고 곡물·원예작물(과수류는 제외한다)·약초·뽕나무·닥나무·묘목·관상수 등의 식물을 주로 재배하는 토지와 식용(食用)으로 죽순을 재배하는 토지
답(畓)	물을 상시적으로 직접 이용하여 벼·연(蓮)·미나리·왕골 등의 식물을 주로 재배하는 토지
과수원 (果樹園)	사과·배·밤·호두·귤나무 등 과수류를 집단적으로 재배하는 토지와 이에 접속된 저장고 등 부속시설물의 부지. 다만, 주거용 건축물의 부지는 "대"로 한다.
목장용지 (牧場用地)	다음의 토지. 다만, 주거용 건축물의 부지는 "대"로 한다. ① 축산업 및 낙농업을 하기 위하여 초지를 조성한 토지 ②「축산법」제2조제1호에 따른 가축을 사육하는 축사 등의 부지 ③ ① 및 ②의 토지와 접속된 부속시설물의 부지
임야(林野)	산림 및 원야(原野)를 이루고 있는 수림지(樹林地)·죽림지·암석지·자갈땅·모래땅·습지·황무지 등의 토지
광천지 (鑛泉地)	지하에서 온수·약수·석유류 등이 용출되는 용출구(湧出口)와 그 유지(維持)에 사용되는 부지. 다만, 온수·약수·석유류 등을 일정한 장소로 운송하는 송수관·송유관 및 저장시설의 부지는 제외한다.
염전(鹽田)	바닷물을 끌어들여 소금을 채취하기 위하여 조성된 토지와 이에 접속된 제염장(製鹽場) 등 부속시설물의 부지. 다만, 천일제염 방식으로 하지 아니하고 동력으로 바닷물을 끌어들여 소금을 제조하는 공장시설물의 부지는 제외한다.
대(垈)	다음의 토지는 "대"로 한다. ① 영구적 건축물 중 주거·사무실·점포와 박물관·극장·미술관 등 문화시설과 이에 접속된 정원 및 부속시설물의 부지 ②「국토의 계획 및 이용에 관한 법률」등 관계 법령에 따른 택지조성공사가 준공된 토지
공장용지 (工場用地)	다음의 토지는 "공장용지"로 한다. ① 제조업을 하고 있는 공장시설물의 부지 ②「산업집적활성화 및 공장설립에 관한 법률」등 관계 법령에 따른 공장부지 조성공사가 준공된 토지 ③ ① 및 ②의 토지와 같은 구역에 있는 의료시설 등 부속시설물의 부지
학교용지 (學敎用地)	학교의 교사(校舍)와 이에 접속된 체육장 등 부속시설물의 부지
주차장 (駐車場)	자동차 등의 주차에 필요한 독립적인 시설을 갖춘 부지와 주차전용 건축물 및 이에 접속된 부속시설물의 부지. 다만, 다음의 어느 하나에 해당하는 시설의 부지는 제외한다. ①「주차장법」제2조제1호가목 및 다목에 따른 노상주차장 및 부설주차장(「주차장법」제19조제4항에 따라 시설물의 부지 인근에 설치된 부설주차장은 제외한다) ② 자동차 등의 판매 목적으로 설치된 물류장 및 야외전시장

지목	내용
주유소용지 (注油所用地)	다음의 토지는 "주유소용지"로 한다. 다만, 자동차·선박·기차 등의 제작 또는 정비공장 안에 설치된 급유·송유시설 등의 부지는 제외한다. ① 석유·석유제품 또는 액화석유가스, 전기 또는 수소 등의 판매를 위하여 일정한 설비를 갖춘 시설물의 부지 ② 저유소(貯油所) 및 원유저장소의 부지와 이에 접속된 부속시설물의 부지
창고용지 (倉庫用地)	물건 등을 보관하거나 저장하기 위하여 독립적으로 설치된 보관시설물의 부지와 이에 접속된 부속시설물의 부지
도로(道路)	다음의 토지는 "도로"로 한다. 다만, 아파트·공장 등 단일 용도의 일정한 단지 안에 설치된 통로 등은 제외한다. ① 일반 공중(公衆)의 교통 운수를 위하여 보행이나 차량 운행에 필요한 일정한 설비 또는 형태를 갖추어 이용되는 토지 ② 「도로법」 등 관계 법령에 따라 도로로 개설된 토지 ③ 고속도로의 휴게소 부지 ④ 2필지 이상에 진입하는 통로로 이용되는 토지
철도용지 (鐵道用地)	교통 운수를 위하여 일정한 궤도 등의 설비와 형태를 갖추어 이용되는 토지와 이에 접속된 역사(驛舍)·차고·발전시설 및 공작창(工作廠) 등 부속시설물의 부지
제방(堤防)	조수·자연유수(自然流水)·모래·바람 등을 막기 위하여 설치된 방조제·방수제·방사제·방파제 등의 부지
하천(河川)	자연의 유수(流水)가 있거나 있을 것으로 예상되는 토지
구거(溝渠)	용수(用水) 또는 배수(排水)를 위하여 일정한 형태를 갖춘 인공적인 수로·둑 및 그 부속시설물의 부지와 자연의 유수(流水)가 있거나 있을 것으로 예상되는 소규모 수로부지
유지(溜地)	물이 고이거나 상시적으로 물을 저장하고 있는 댐·저수지·소류지·호수·연못 등의 토지와 연·왕골 등이 자생하는 배수가 잘되지 아니하는 토지는 "유지"로 한다.
양어장(養魚場)	육상에 인공으로 조성된 수산생물의 번식 또는 양식을 위한 시설을 갖춘 부지와 이에 접속된 부속시설물의 부지
수도용지 (水道用地)	물을 정수하여 공급하기 위한 취수·저수·도수(導水)·정수·송수 및 배수 시설의 부지 및 이에 접속된 부속시설물의 부지
공원(公園)	일반 공중의 보건·휴양 및 정서생활에 이용하기 위한 시설을 갖춘 토지로서「국토의 계획 및 이용에 관한 법률」에 따라 공원 또는 녹지로 결정·고시된 토지
체육용지 (體育用地)	국민의 건강증진 등을 위한 체육활동에 적합한 시설과 형태를 갖춘 종합운동장·실내체육관·야구장·골프장·스키장·승마장·경륜장 등 체육시설의 토지와 이에 접속된 부속시설물의 부지. 다만, 체육시설로서의 영속성과 독립성이 미흡한 정구장·골프연습장·실내수영장 및 체육도장, 유수(流水)를 이용한 요트장 및 카누장 등의 토지는 제외한다.
유원지(遊園地)	일반 공중의 위락·휴양 등에 적합한 시설물을 종합적으로 갖춘 수영장·유선장(遊船場)·낚시터·어린이놀이터·동물원·식물원·민속촌·경마장·야영장 등의 토지와 이에 접속된 부속시설물의 부지. 다만, 이들 시설과의 거리 등으로 보아 독립적인 것으로 인정되는 숙식시설 및 유기장(遊技場)의 부지와 하천·구거 또는 유지[공유(公有)인 것으로 한정한다]로 분류되는 것은 제외한다.

종교용지 (宗敎用地)	일반 공중의 종교의식을 위하여 예배·법요·설교·제사 등을 하기 위한 교회·사찰·향교 등 건축물의 부지와 이에 접속된 부속시설물의 부지
사적지(史蹟地)	국가유산으로 지정된 역사적인 유적·고적·기념물 등을 보존하기 위하여 구획된 토지. 다만, 학교용지·공원·종교용지 등 다른 지목으로 된 토지에 있는 유적·고적·기념물 등을 보호하기 위하여 구획된 토지는 제외한다.
묘지(墓地)	사람의 시체나 유골이 매장된 토지, 「도시공원 및 녹지 등에 관한 법률」에 따른 묘지공원으로 결정·고시된 토지 및 「장사 등에 관한 법률」 제2조제9호에 따른 봉안시설과 이에 접속된 부속시설물의 부지. 다만, 묘지의 관리를 위한 건축물의 부지는 "대"로 한다.
잡종지(雜種地)	다음 각 목의 토지. 다만, 원상회복을 조건으로 돌을 캐내는 곳 또는 흙을 파내는 곳으로 허가된 토지는 제외한다. 가. 갈대밭, 실외에 물건을 쌓아두는 곳, 돌을 캐내는 곳, 흙을 파내는 곳, 야외시장 및 공동우물 나. 변전소, 송신소, 수신소 및 송유시설 등의 부지 다. 여객자동차터미널, 자동차운전학원 및 폐차장 등 자동차와 관련된 독립적인 시설물을 갖춘 부지 라. 공항시설 및 항만시설 부지 마. 도축장, 쓰레기처리장 및 오물처리장 등의 부지 바. 그 밖에 다른 지목에 속하지 않는 토지

4 경계

1) 토지경계의 개념

토지의 경계는 한 지역과 다른 지역을 구분하는 외적 표시이며 토지의 소유권 등 사법상의 권리의 범위를 표시하는 구획선이다. 두 인접한 토지를 분할하는 선 또는 경계를 표시하는 가상의 선으로서 지적도에 등록된 것을 법률적으로 유효한 경계로 본다.

2) 경계의 구분

경계특성		
	일반경계	일반경계(General Boundary 또는 Unfixed Boundary)라 함은 특정 토지에 대한 소유권이 오랜 기간 동안 존속하였기 때문에 담장·울타리·구거·제방·도로 등 자연적 또는 인위적 형태의 지형·지물을 필지별 경계로 인식하는 것이다.
	고정경계	고정경계(Fixed Boundary)라 함은 특정 토지에 대한 경계점의 지상에 석주·철주·말뚝 등의 경계표지를 설치하거나 또는 이를 정확하게 측량하여 지적도상에 등록·관리하는 경계이다.
	보증경계	지적측량사에 의하여 정밀 지적측량이 행해지고 지적관리청의 사정(査定)에 의하여 행정처리가 완료되어 측정된 토지경계를 의미한다.

물리적	자연적 경계	자연적 경계란 토지의 경계가 지상에서 계곡, 산등선, 하천, 호수, 해안, 구거 등 자연적 지형·지물에 의하여 경계로 인식될 수 있는 경계로서 지상경계이며 관습법상 인정되는 경계를 말한다.
	인공적 경계	인공적 경계란 담장, 울타리, 철조망, 운하, 철도선로, 경계석, 경계표지 등을 이용하여 인위적으로 설정된 경계로 지상경계이며 사람에 의해 설정된 경계를 말한다.
법률적	공간정보의 구축 및 관리 등에 관한 법률상 경계	공간정보의 구축 및 관리 등에 관한 법률상 경계란 소관청이 자연적 또는 인위적인 사유로 항상 변하고 있는 지표상의 경계를 지적측량을 실시하여 소유권이 미치는 범위와 면적 등을 정하여 지적도 또는 임야도에 등록 공시한 구획선 또는 경계점좌표등록부에 등록된 좌표의 연결을 말한다.(법 제2조)
	민법상 경계	민법상의 경계란 실제 토지 위에 설치한 담장이나 전·답 등의 구획된 둑 또는 주요 지형·지형에 의하여 구획된 구거 등을 말하는 것으로 일반적으로 지표상의 경계를 말한다.(민법 제237조, 제239조)
	형법상 경계	형법상의 경계란 소유권·지상권·임차권 등 토지에 관한 사법상의 권리의 범위를 표시하는 지상의 경계(권리의 장소적 한계를 나타내는 지표)뿐만 아니라 도·시·군·읍·면·동·리의 경계 등 공법상의 관계에 있는 토지의 지상경계도 포함된다.(형법 제370조)
일반적	지상경계	지상경계란 도상경계를 지상에 복원한 경계를 말한다.
	도상경계	도상경계란 지적도나 임야도의 도면상에 표시된 경계이며 공부상 경계라고도 한다.
	법정경계	법정경계란 공간정보의 구축 및 관리 등에 관한 법률상 도상경계와 법원이 인정하는 경계확정의 판결에 의한 경계를 말한다.
	사실경계	사실경계란 사실상·현실상의 경계이며 인접한 필지의 소유자 간에 존재하는 경계를 말한다.

3) 현지 경계의 결정방법

점유설(占有說)	현재 점유하고 있는 구획선이 하나일 경우에는 그를 양지(兩地)의 경계로 결정하는 방법이다. 토지소유권의 경계는 불명하지만 양지(兩地)의 소유자가 각자 점유하는 지역이 명확한 하나의 선으로서 구분되어 있을 때에는 이 하나의 선을 소유지의 경계로 하여야 할 것이다. 우리나라 민법에도 "점유자는 소유의 의사로 선의·평온·공연하게 점유한 것으로 추정한다."라고 명백히 규정하고 있다(민법 제197조 참조).
평분설(平分說)	점유 상태를 확정할 수 없을 경우에 분쟁지를 이등분하여 각각 양지(兩地)에 소속시키는 방법이다. 경계가 불명하고 또 점유 상태까지 확정할 수 없는 경우에는 분쟁지를 물리적으로 평분하여 쌍방 토지에 소속시켜야 할 것이다. 이는 분쟁당사자를 대등한 입장에서 자기의 점유 경계선을 상대방과는 다르게 주장하기 때문에 이에 대한 해결은 마땅히 평등하게 배분하는 것이 합리적이기 때문이다.
보완설(補完說)	새로이 결정한 경계가 다른 확정된 자료에 비추어 볼 때 형평상 타당하지 못할 때에는 상당한 보완을 하여 경계를 결정하는 방법이다. 현 점유설에 의거하거나 혹은 평분하여 경계를 결정하고자 할 때 그 새로이 결정되는 경계가 이미 조사된 신빙성 있는 다른 자료와 일치하지 않을 경우에는 이 자료를 감안하여 공평하고도 적당한 방법에 따라 그 경계를 보완하여야 할 것이다.

4) 경계의 결정 원칙

암기 국불선종직

경계**국정**주의의 원칙	지적공부에 등록하는 경계는 국가가 조사·측량하여 결정한다는 원칙
경계**불**가분의 원칙	경계는 유일무이한 것으로 이를 분리할 수 없다는 원칙
등록**선**후의 원칙	동일한 경계가 축척이 서로 다른 도면에 각각 등록되어 있는 경우로서 경계가 상호 일치하지 않는 경우에는 경계에 잘못이 있는 경우를 제외하고 등록시기가 빠른 토지의 경계를 따른다는 원칙
축척**종**대의 원칙	동일한 경계가 축척이 서로 다른 도면에 각각 등록되어 있는 경우로서 경계가 상호 일치하지 않는 경우에는 경계에 잘못이 있는 경우를 제외하고 축척이 큰 것에 등록된 경계를 따른다는 원칙
경계**직**선주의	지적공부에 등록하는 경계는 직선으로 한다는 원칙

5) 경계의 설정기준

(1) 지상경계의 위치표시

토지의 지상경계는 둑, 담장이나 그 밖에 구획의 목표가 될 만한 구조물 및 경계점표지 등으로 표시한다.

(2) 지상경계점 등록부

암기 토지경계는 공계점이다.

① 지적소관청은 토지의 이동(異動)에 따라 지상경계를 새로 정한 경우에는 지상경계점 등록부를 작성·관리하여야 한다.

② 지상경계점 등록부 등록사항

지적소관청이 지상경계점을 등록하려는 때에는 지상경계점 등록부에 다음의 사항을 등록하여야 한다.
- 토지의 소재
- 지번
- 경계점 좌표(경계점 좌표등록부 시행지역에 한정한다)
- 경계점 위치 설명도
- 공부상 지목과 실제 토지이용 지목
- 경계점의 사진 파일
- 경계점 표지의 종류 및 경계점 위치

(3) 지상경계의 결정

① 지상경계를 새롭게 결정하려는 경우

㉠ 연접되는 토지 사이에 고저가 없는 경우는 그 지물 또는 구조물 등의 중앙
㉡ 연접되는 토지 사이에 고저가 있는 경우는 그 지물 또는 구조물 등의 하단부

ⓒ 토지가 해면 또는 수면에 접하는 경우에는 최대만조위 또는 최대만수위가 되는 선
ⓔ 도로·구거 등의 토지에 절토된 부분이 있는 경우에는 그 경사면의 상단부
ⓜ 공유수면매립지의 토지 중 제방 등을 토지에 편입하여 등록하는 경우에는 바깥쪽 어깨부분

② 지상경계의 구획을 형성하는 구조물 등의 소유자가 다른 경우
지상경계의 구획을 형성하는 구조물 등의 소유자가 다른 경우에는 ①의 ㉠부터 ㉢까지의 규정에도 불구하고 그 소유권에 따라 지상경계를 결정한다.

5 면적

1) 면적의 개념

면적이라 함은 지적공부에 등록된 필지의 수평면상의 넓이를 말한다. 면적은 토지조사사업 이후부터 1975년 「지적법」 전문개정 전까지는 척관법에 따라 평(坪)과 보(步)를 단위로 한 지적(地積)이라 하였으며 제2차 「지적법」 개정 시 지적(地籍)과 혼동되어 면적(面積)으로 개정하였다.

2) 면적결정 기준

① 면적결정은 지적측량에 의하여 결정한다.
② 다만, 합병에 따른 면적은 지적측량을 실시하지 않고 합병 전의 각 필지의 면적을 합산하여 결정한다.

3) 면적측정 대상

① 지적공부를 복구하는 경우
② 신규등록을 하는 경우
③ 등록전환을 하는 경우
④ 분할을 하는 경우
⑤ 도시개발사업 등으로 새로이 경계를 확정하는 경우
⑥ 축척변경을 하는 경우
⑦ 등록사항(면적 또는 경계) 정정을 하는 경우
⑧ 경계복원측량 및 지적현황측량 등에 의하여 면적측정을 필요로 하는 경우

4) 면적의 단위와 결정방법

(1) 면적의 단위

면적의 단위는 m^2로 한다.

(2) 면적의 결정

① 제곱미터(지적도 또는 임야도의 축척이 1/1,000, 1/1,200, 1/2,400, 1/3,000, 1/6,000 인 지역에 한하여 면적의 단위는 m^2로 한다)

② 제곱미터 이하 한 자리 : 지적도의 축척이 1/600인 지역과 경계점좌표등록부에 등록하는 지역의 토지 면적은 m^2 이하 한 자리 단위($0.1m^2$)로 한다.

(3) 측량계산의 끝수처리

① 제곱미터 단위로 면적을 결정할 때

토지의 면적에 $1m^2$ 미만의 끝수가 있는 경우 $0.5m^2$ 미만일 때에는 버리고, $0.5m^2$를 초과하는 때에는 올리며, $0.5m^2$일 때에는 구하려는 끝자리의 숫자가 0 또는 짝수이면 버리고 홀수이면 올린다. 다만, 1필지의 면적이 $1m^2$ 미만일 때에는 $1m^2$로 한다.

② 제곱미터 이하 한 자리 단위로 면적을 결정할 때

$0.1m^2$ 미만의 끝수가 있는 경우 $0.05m^2$ 미만일 때에는 버리고, $0.05m^2$를 초과할 때에는 올리며, $0.05m^2$일 때에는 구하려는 끝자리의 숫자가 0 또는 짝수이면 버리고 홀수이면 올린다. 다만, 1필지의 면적이 $0.1m^2$ 미만일 때에는 $0.1m^2$로 한다.

▶ **면적의 단위와 끝수처리**

축척	경계점좌표등록부 시행지역, 1/600	그 이외의 지역
등록단위	$0.1m^2$	$1m^2$
최소등록단위	$0.1m^2$	$1m^2$
끝수처리	반올림하되 등록하고자 하는 자릿수의 다음 수가 5인 경우에 한하여 5사5입(五捨五入)법을 적용한다.	

(4) 측량계산의 끝수처리

① 대상 : 방위각의 각치(角値), 종횡선의 수치, 거리 계산

② 끝수처리 방법

㉠ 구하려는 끝자리의 다음 숫자가 5 미만일 때 : 버린다.

㉡ 구하려는 끝자리의 다음 숫자가 5를 초과할 때 : 올린다.

㉢ 구하려는 끝자리의 다음 숫자가 5일 때 : 구하려는 끝자리의 숫자가 0 또는 짝수이면 버리고 홀수이면 올린다.

▶ 면적의 끝수처리(예)

경계점좌표등록부시행지역, 1/600		기타 축척	
산출면적(m²)	결정면적(m²)	산출면적(m²)	결정면적(m²)
123.44	123.4	123.4	123
123.46	123.5	123.6	124
123.45	123.4	123.5	124
123.55	123.6	124.5	124
123.451	123.5	124.51	125

③ 예외 규정 : 전자계산조직을 이용하여 연산할 때에는 최종수치에만 끝수처리방법을 적용한다.

5) 면적측정방법

(1) 좌표면적계산법

경위의측량방법으로 세부측량을 실시하여 필지의 경계를 경계점좌표등록부에 등록하는 지역에 사용되며, 면적은 좌표에 의한 수학적 계산에 의하여 산출한다.

(2) 전자면적측정기

측판측량방법으로 세부측량을 실시하여 필지의 경계를 지적도 또는 임야도에 등록하는 지역에 사용되며, 면적은 전자식 면적측정기에 의하여 산출한다.

> **참고**
> 「지적법 시행령」 개정(2002.1.26)에 따라 삼사법과 플래니미터법에 의한 면적측정방법이 제외되었다.

6) 면적의 단위

면적의 단위는 제곱미터(m²)이다. 면적의 단위는 토지조사사업 당시에는 토지대장 등록지에는 평(坪), 임야대장 등록지는 정, 단, 무, 보를 사용하였다. 그러나 1975년 12월 31일 「지적법」 전면개정시 제곱미터(m²)를 사용하도록 규정하였으며 현재에 이르고 있다.

▶ 면적의 단위

구분		1910~1975.12.30	1975.12.31~현재
토지대장		평(坪)	제곱미터(m²)
임야대장		정, 단, 무(묘), 보	

※ 1정은 3,000평, 1단은 300평, 1무는 30평, 1보는 1평

7) 면적환산

(1) 평 또는 보 → 제곱미터(m²)

$$평(坪) \text{ 또는 } 보(步) \times \frac{400}{121} = 제곱미터(m^2)$$

(2) 제곱미터(m²) → 평

$$제곱미터(m^2) \times \frac{121}{400} = 평(坪) \text{ 또는 } 보(步)$$

(3) 면적환산의 근거(평 → m²)

「지적법 시행규칙」(1976.5.7, 내무부령 제208호) 부칙 제3항에 "영 부칙 제4조의 규정에 의하여 면적단위를 환산 등록하는 경우의 환산기준은 다음에 의한다."라고 규정되어 있으며, 이 공식의 산출근거는 다음과 같다.

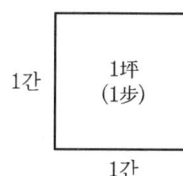

1평=1보, 1m=0.55간, 2m=1.1간, 20m=11간

기초지식

- 1합(合)(합 또는 홉)=1/10평
- 1무(畝)(무 또는 묘)=30평
- 1정(町)=3,000평=100묘(畝)=10단(段)
- 1보(步)=1평=10홉
- 1단(段)=300평=10묘

CHAPTER 05 예상문제

01 필지의 배열이 불규칙한 지역에서 뱀이 기어가는 모습과 같이 지번을 부여하는 방식으로, 과거 우리나라에서 지번 부여방법으로 가장 많이 사용된 것은?

① 단지식
② 절충식
③ 사행식
④ 기우식

해설

사행식 지번부여 방법
- 필지의 배열이 불규칙한 지역에서 진행순서에 따라 지번을 부여하는 방법
- 농촌지역의 지번부여에 적합
- 우리나라 토지의 대부분
- 지번부여가 일정하지 않고 상하좌우로 분산되어 부여되는 단점

02 다음 중 일필지에 대한 설명이 틀린 것은?

① 인위적인 토지 단위
② 자연적인 토지 단위
③ 법률적 토지 단위
④ 토지의 등록 단위

해설

정의(공간정보의 구축 및 관리 등에 관한 법률 제2조)
이 법에서 사용하는 용어의 뜻은 다음과 같다.
21. "필지"란 대통령령으로 정하는 바에 따라 구획되는 토지의 등록단위를 말한다.

03 토지사정선의 설명 중 가장 옳은 것은?

① 시장, 군수가 측량한 모든 경계선이다.
② 임시토지조사국에서 측량한 모든 경계선이다.
③ 강계선(彊界線)은 모두 사정선이다.
④ 토지의 분할선 또는 경계 감정선이다.

정답 01 ③ 02 ② 03 ③

해설

강계선(疆界線)
사정선이라고도 하며 토지조사 당시 확정된 소유자가 다른 토지 간의 사정된 경계선 또는 토지조사령에 의하여 임시토지조사국장의 사정을 거친 경계선이다. 토지소유자 및 지목이 동일하고 지반이 연속된 토지를 1필지로 함을 원칙으로 한다. 강계는 지적도에 등록된 토지의 경계선인 강계선이 대상이었다. 토지조사 당시에는 강계선(사정선)으로 불렸으며 임야조사 당시에는 사정한 선(線)도 경계선이라 불렀다.

지역선(地域線)
토지조사 당시 사정을 하지 않는 경계선이다. 동일인이 소유하는 토지일 경우에도 지반의 고저가 심하여 별필로 하는 경우의 경계선이다.

경계선(境界線)
지적도상의 구획선을 경계라 지칭하고 강계선과 지역선으로 구분하며 강계선은 사정선이라고 하였으며 임야조사 당시의 사정선은 경계선이라고 했다. 최근 경계선의 의미는 강계선이나 지역선에 관계없이 2개의 인접한 토지 사이의 구획선을 말한다.

04 경계의 특징에 대한 설명이 틀린 것은?

① 필지 사이에는 1개의 경계가 존재한다.
② 경계는 크기가 없는 기하학적인 의미를 갖는다.
③ 경계는 면적을 갖고 있으므로 분할이 가능하다.
④ 경계는 경계점 사이를 직선으로 연결한 것이다.

해설

경계의 특성
- 인접한 필지 간에 성립한다.
- 각종 공사 등에서 거리를 재는 기준선이 된다.
- 필지 간의 이질성을 구분하는 구분선의 역할을 한다.
- 인위적으로 만든 인공선이다.
- 위치와 길이는 있으나 면적과 넓이는 없다.

05 물권의 배타성을 인식하게 하기 위하여 누구나 토지의 등록사항을 인식하고 활용할 수 있도록 공개하는 등기의 원칙은?

① 공시의 원칙 ② 공신의 원칙
③ 공증의 원칙 ④ 신의의 원칙

해설

- 등록의 원칙 : 토지에 관한 모든 표시사항은 지적공부에 반드시 등록해야 함
- 신청의 원칙 : 지적정리는 신청에 의함을 원칙으로 함
- 특성화의 원칙 : 모든 토지는 명확히 인식될 수 있도록 개별화되어야 함
- 국정주의 및 직권주의 : 지적공부의 등록사항인 토지표시사항은 국가의 공권력에 의하여 국가만이 결정할 수 있는 원칙 및 모든 필지는 필지단위로 구획하여 국가기관인 소관청이 직권으로 조사·정리하여 지적공부에 등록·공시하여야 한다는 원칙

정답 04 ③ 05 ①

- 공시의 원칙 : 토지 이동이나 물권의 변동은 반드시 외부에 알려져야 한다는 원칙
- 공신의 원칙 : 공시된 대로 권리가 존재하는 것으로 서로 공신하는 것이며 토지등록제도 운영의 출발점임

06 지목의 결정 원칙으로 옳은 것은?

① 1필지에 2지목을 설정할 수 있다.
② 1필지에 2 이상의 지목이 중복될 때에는 해당 필지의 지목은 설정하지 않는다.
③ 지목은 주된 사용 목적과 용도에 따라 정한다.
④ 양어장의 지목은 '지소'이다.

해설

지목의 설정방법 등(공간정보의 구축 및 관리 등에 관한 법률 시행령 제59조)
① 법 제67조제1항에 따른 지목의 설정은 다음 각 호의 방법에 따른다.
  1. 필지마다 하나의 지목을 설정할 것
  2. 1필지가 둘 이상의 용도로 활용되는 경우에는 주된 용도에 따라 지목을 설정할 것
② 토지가 일시적 또는 임시적인 용도로 사용될 때에는 지목을 변경하지 아니한다.

07 개개의 토지를 중심으로 토지 등록부를 편성하는 것으로 우리나라 토지대장에서 사용하는 등기의 편성유형은?

① 물적 편성주의
② 인적 편성주의
③ 연대적 편성주의
④ 물적 · 인적 편성주의

해설

1. 토지등록부의 편성방법
   - 물적 편성주의 : 토지를 중심으로 대장 작성
   - 인적 편성주의 : 소유자를 중심으로 대장 작성
   - 연대적 편성주의 : 신청순서에 따라 대장 작성
   - 물적 · 인적 편성주의 : 물적 주의에 인적 주의 요소를 가미
2. 물적 편성주의
   - 우리나라는 토지대장의 편성에 대하여 물적 편성주의를 채택하고 있다.
   - 물적 편성주의는 개별 토지를 중심으로 등록부를 편성하는 제도로서 1토지에 1등기용지를 둔다.
   - 물적 편성주의는 지번순서에 따라 등록되고, 분할 시 본번과 관련하여 편철한다.

08 토지를 지적공부에 등록하기 위하여 우리나라에서 적용하고 있는 지적의 원리에 해당하지 않는 것은?

① 국정주의
② 소극적 등록주의
③ 실질적 심사주의
④ 형식주의

정답 06 ③ 07 ① 08 ②

해설

지적법의 5대 기본이념
1. 지적국정주의 : 지적 사무는 국가의 고유 사무로 지적에 관한 사항인 토지의 지번, 지목, 경계, 좌표 및 면적의 결정은 국가 공권력으로서 결정한다는 것으로 아무리 전문기술자나 법률가라 하더라도 개인이나 법인의 자격으로는 토지표시사항의 결정 권한이 없고 국가만이 가능하다는 것이다.
2. 지적형식주의 : 모든 영토를 필지단위로 구획하여 지번, 지목, 경계 또는 좌표와 면적 등을 정하여 국가 기관의 장인 시장, 군수, 구청장이 비치하고 있는 공식장부를 지적공부에 등록, 공시하여야만 공식적인 효력이 인정된다는 이념
3. 지적공개주의
   • 지적공부에 등록된 사항과 실지상황이 적합하지 않은 경우에는 실지상황에 따라 지적공부를 변경, 등록한다.
   • 지적공부를 직접 열람하거나 등본에 의하여 외부에서 알 수 있는 방법
   • 지적공부에 등록된 사항을 실지에 복원하여 등록된 결정사항을 실지에 표시하는 방법
4. 실질적 심사주의(사실심사주의) : 지적공부에 새로이 등록하는 사항이나 이미 등록된 사항의 변경등록은 국가기관인 소관청이 지적법령에 정한 절차상의 적법성뿐만 아니라 실체법상 사실관계의 부합 여부를 심사하여 지적공부에 등록하여야 한다는 이념
5. 직권등록주의 : 새로이 등록할 토지가 발생하거나 등록된 토지에 이동 사항이 있을 때에는 소유권, 기타 신청권자의 신청이 없더라도 소관청이 직권으로 할 수 있다.

09 토지의 등록주의에 대한 내용으로 틀린 것은?

① 등록할 가치가 있는 토지만을 등록한다.
② 지적공부에 미등록된 토지는 토지등록주의의 미비이다.
③ 전 국토는 지적공부에 등록되어야 한다.
④ 토지의 이동이 지적공부에 등록되지 않으면 공시의 효력이 없다.

해설

토지등록의 원칙
• 토지에 관한 모든 표시사항을 지적공부에 반드시 등록해야 하며 토지의 이동이 생기면 지적공부에 변동 사항을 정리 등록해야 한다는 원칙으로서 토지표시의 등록주의라고도 한다.
• 적극적 등록주의와 법지적을 채택하는 나라에서 적용되며 토지에 관한 모든 사항은 지적공부에 등록되어야 토지권리의 법률상 효력을 인정받는 원칙으로서 형식주의 규정이라 할 수 있다.

10 토렌스 시스템의 기본이론 중 '토지권리증서의 등록은 토지의 거래사실을 이론의 여지없이 완벽하게 반영한다.'는 원칙을 말하는 것은?

① 사진이론　　　　　　　　② 커튼이론
③ 보험이론　　　　　　　　④ 거울이론

해설

토렌스 시스템의 3대 기본원칙
런던 왕립등기소장 T.B. Ruoff가 주장하여 캐나다의 Magwood가 구체화한 기본이론이다.

정답　09 ①　10 ④

1. 거울이론(Mirror Principle)
   - 소유권에 관한 현재의 법적 상태는 오직 등기부에 의해서만 이론의 여지없이 완벽하게 보여진다는 원리이다.
   - 토지권리증서의 등록은 토지거래의 사실을 이론의 여지없이 완벽하게 반영하는 거울과 같다는 이론이다.
   - 소유권증서와 관련된 모든 현재의 사실이 소유권의 원본에 확실히 반영된다는 원칙이다.
2. 커튼이론(Curtain Principle)
   - 소유권의 법적 상태와 관련한 확실성을 보장하기 위하여 단지 현재의 등기부에 등기된 사항만 논의되어야 한다는 이론이다.
   - 현재의 소유권증서는 완전한 것이며 이전의 증서나 왕실 증여를 추적할 필요가 없다는 것이다.
   - 토렌스제도에 의해 한번 권리증명서가 발급되면 당해 토지에 대한 이전의 모든 이해관계는 무효가 되며 현재의 소유권을 되돌아볼 필요가 없다는 것이다.
3. 보험이론(Insurance Principle)
   - 권원증명서에 등기된 모든 정보는 정부에 의하여 보장된다는 원리이다.
   - 토지등록이 토지의 권리를 아주 정확하게 반영한 것이나 인간의 과실로 인하여 착오가 발생하는 경우에 피해를 입은 사람은 누구나 피해보상에 관한 한 법률적으로 선의의 제3자와 동등한 입장에 놓여야만 된다는 이론이다.
   - 토지의 등록을 뒷받침하며 어떠한 경로로 인한 소유자의 손실을 방지하기 위하여 수정될 수 있다는 이론이다.
   - 금전적 보상을 위한 이론이며 손실된 토지의 복구를 의미하는 것은 아니다.

11. 스위스, 네덜란드에서 채택하고 있는 지번 표기의 유형으로 지번의 완전한 변경 내용을 알 수 있는 보조장부의 보존이 필요한 것은?

① 순차식 지번제도
② 자유식 지번제도
③ 분수식 지번제도
④ 복합식 지번제도

해설

스위스, 호주, 네덜란드 등에서 채택하고 있다.

12. 지적공부에 등록하는 경계에 있어 경계불가분의 원칙이 적용되는 가장 큰 이유는?

① 면적의 크기에 따르므로
② 설치자의 소속으로 결정하기 때문에
③ 경계의 중앙 선택 원칙 때문에
④ 경계선은 길이와 위치만 존재하기 때문에

해설

- 토지의 경계는 유일무이한 것으로 위치와 길이만 있을 뿐 넓이는 없는 것으로 기하학상의 선과 동일한 성질을 갖고 있다.
- 경계점이란 지적공부에 등록하는 필지를 구획하는 선의 굴곡점과 경계점좌표등록부에 등록하는 평면직각종횡선 수치의 교차점을 말한다.
- 경계란 필지별로 경계점 간을 직선으로 연결하여 지적공부에 등록한 선을 말한다.

13. 다음 중 지번 부여 방식이 아닌 것은?

① 사행식
② 교호식
③ 선별식
④ 단지식

정답 11 ② 12 ④ 13 ③

해설

진행방향에 따른 지번부여방법
1. 사행식
   - 필지의 배열이 불규칙한 지역에서 진행순서에 따라 지번을 부여하는 방법
   - 진행방향에 따라 지번이 순차적으로 연속된다.
   - 농촌지역에 적합하나, 상하좌우로 볼 때 어느 방향에서는 지번이 뛰어넘는 단점이 있다.
2. 기우식(교호식)
   - 도로를 중심으로 하여 한쪽은 홀수인 기수로, 그 반대쪽은 짝수인 우수로 지번을 부여하는 방법으로서 교호식이라고도 한다.
   - 시가지 지역의 지번설정에 적합하다.
3. 단지식(Block식)
   - 1단지마다 하나의 지번을 부여하고 단지 내 필지들은 부번을 부여하는 방법으로서 블록식이라고도 한다.
   - 토지구획정리사업 및 농지개량사업시행지역에 적합하다.

14 다음 중 우리나라 토지등록의 일반 원칙이 아닌 것은?

① 심사의 형식주의
② 적극적 등록주의
③ 등록 공시주의
④ 등록의 직권주의

해설

- 우리나라 지적제도는 실질적 심사주의를 채택하고 있다.
- 지적국정주의, 지적형식주의, 지적공개주의를 3개 기본이념이라 하고, 실질적 심사주의와 직권등록주의를 더하여 5대 이념이라 한다.

15 다음 중 지목이 종교용지에 해당하지 않는 것은?

① 교회
② 사찰
③ 향교
④ 묘지

해설

지목의 구분(공간정보의 구축 및 관리 등에 관한 법률 시행령 제58조)
법 제67조제1항에 따른 지목의 구분은 다음 각 호의 기준에 따른다.
25. 종교용지 : 일반 공중의 종교의식을 위하여 예배 · 법요 · 설교 · 제사 등을 하기 위한 교회 · 사찰 · 향교 등 건축물의 부지와 이에 접속된 부속시설물의 부지

16 토지현황에 의한 지목 분류에 해당하지 않는 것은?

① 지형지목
② 단식지목
③ 용도지목
④ 토성지목

정답 14 ① 15 ④ 16 ②

해설

구분		특징
토지현황별	지형지목	토지에 대한 지표면의 형태, 토지의 고저 등 토지의 생긴 모양에 따라 지목을 결정하는 것
	토성지목	토지의 성질에 따라 결정하는 지목
	용도지목	토지의 용도에 따라 결정하는 지목으로 우리나라에서 채택하고 있음
소재지역별	농촌형 지목	전, 답, 임야, 과수원, 목장용지, 염전, 광천지, 제방, 유지, 잡종지 등이 속함
	도시형 지목	대, 공장용지, 수도용지, 학교용지, 도로, 공원, 체육용지 등
산업별	1차 산업형 지목	일필지의 토지이용도가 농업과 어업 위주의 용도로 이용
	2차 산업형 지목	일필지의 토지이용도가 제조업 중심으로 이용
	3차 산업형 지목	일필지의 토지이용도가 서비스산업 중심으로 이용
국가발전별	선진국형 지목	3차 산업, 즉 서비스업에 주로 이용
	후진국형 지목	1차 산업용지의 핵심인 농업, 어업에 주로 이용
구성내용별	단식지목	1개 필지에 대하여 그 용도에 따라 지목을 분류
	복식지목	둘 이상의 기준에 따라 일필지의 토지에 지목 부여

17 일필지의 특징으로 옳지 않은 것은?

① 법률적인 단위구역이다.　　② 폐합다각형으로 구성한다.
③ 토지등록의 기본단위이다.　　④ 자연적 구획인 단위토지이다.

해설

- 필지는 법적으로 물권이 미치는 권리의 객체로서 일필지는 토지의 등록단위, 소유단위, 이용단위가 된다.
- 토지소유자와 용도가 동일하고 지반이 연속된 하나의 지번이 부여되는 토지의 등록단위이다.
- 토지에 대한 물권의 효력이 미치는 범위를 정하고 거래단위로서 개별화, 특정화시키기 위하여 인위적으로 구획한 법적 등록단위이다.
- 위치파악의 기준이 되는 것은 토지의 소재 및 지번이다.

18 토지의 표시사항 중 토지를 특정화시킬 수 있는 가장 단순하고 명확한 토지식별자는?

① 경계　　② 지목　　③ 소유자　　④ 지번

해설

1. 지번이라 함은 토지의 특성화를 위하여 지번부여지역별로 필지마다 하나씩 부여하여 지적공부에 등록한 번호를 말한다. 지번은 토지의 지리적 위치의 고정성과 개별성을 확보하기 위하여 소관청이 지번부여지역인 법정 리, 동별로 필지마다 아리비아 숫자로 순차적으로 부여한다.
2. 지번
   - 물권객체 단위
   - 필지의 구분
   - 위치추정

정답　17 ④　18 ④

19 토지의 개별성, 독립성을 인정하여 물권객체로 설정할 수 있도록 다른 토지와 구별되게 한 토지표시 사항은?

① 지번
② 지목
③ 면적
④ 토지등급

해설

18번 해설 참고

20 토지등록부의 편성방법 중 인적 편성주의에 대한 설명으로 옳은 것은?

① 토지등록의 신청순서에 따라 순차적으로 등록부를 편성하는 방법이다.
② 토지의 소유자를 중심으로 등록부를 편성하는 방법이다.
③ 소유자별 토지등록카드와 토지대장을 동시에 설치하는 방법이다.
④ 개별 토지를 중심으로 등록부를 편성하는 방법이다.

해설

토지등록부의 편성방법
• 물적 편성주의 : 토지를 중심으로 대장 작성
• 인적 편성주의 : 소유자를 중심으로 대장 작성
• 연대적 편성주의 : 신청순서에 따라 대장 작성
• 물적·인적 편성주의 : 물적 주의에 인적 주의 요소를 가미

21 지표면의 형태, 지형의 고저, 수륙의 분포상태 등 땅이 생긴 모양에 따라 결정하는 지목은?

① 토성지목
② 지형지목
③ 용도지목
④ 복식지목

해설

토지현황에 의한 지목의 분류
• 지형지목 : 토지에 대한 지표면의 형태, 토지의 고저 등 토지의 생긴 모양에 따라 지목을 결정하는 것을 의미한다.
• 토성지목 : 토지의 성질에 따라 결정하는 지목
• 용도지목 : 토지의 용도에 따라 결정하는 지목으로 우리나라에서 채택하고 있다.

22 토지의 이익에 영향을 미치는 문서의 공적 등기를 보전하는 것을 주된 목적으로 하는 등록 제도는?

① 날인증서등록제도
② 권원 등록제도
③ 토렌스 시스템
④ 적극적 등록제도

정답 19 ① 20 ② 21 ② 22 ①

> [해설]
>
> 날인증서등록제도
> - 토지의 이익에 영향을 미치는 공적 등기를 보전하는 제도
> - 기본원칙 : 모든 등록된 문서는 미등록문서와 후순위등록문서보다 우선권을 갖는다.
> - 단점 : 문서는 거래에 대한 기록에 불과하므로 당사자의 법적 권리에 대한 부여관계를 입증하지 못하고 따라서 그 거래의 유효성을 증명하지 못한다.

23 다음 중 토렌스 시스템의 기본원리에 해당하지 않는 것은?

① 거울이론
② 거래이론
③ 커튼이론
④ 보험이론

> [해설]
>
> 토렌스 시스템의 기본이론은 거울이론, 보험이론, 커튼이론이다.

24 동일한 지번부여지역 내에서 최종 지번이 1075이고, 지번이 545인 필지를 분할하여 1076, 1077로 표시하는 것과 같은 부여 방식은?

① 분수식 지번제도
② 기번식 지번제도
③ 자유식 지번제도
④ 사행식 부번제도

> [해설]
>
> 자유부번제도(Free Numbering System)의 부번방식에 대한 설명이며 분할 후에 종전지번을 사용하지 않고 지번부여 구역 내 최종지번의 다음 지번을 부여하는 제도로 부번이 없기 때문에 지번을 표기하는 데 용이하지만 지번을 주소로 사용할 수 없는 단점을 가지고 있다.

25 다음 중 개별 토지를 중심으로 등록부를 편성하는 토지대장의 편성 방법은?

① 물적 편성주의
② 인적 편성주의
③ 연대적 편성주의
④ 물적 · 인적 편성주의

> [해설]
>
> - 물적 편성주의 : 물적 편성주의라 함은 개개의 토지를 중심으로 해서 등록부를 편성하는 것으로서 1토지에 1등기용지를 두는 경우
> - 인적 편성주의 : 개개의 토지소유자를 중심으로 해서 편성하는 것인데 토지대장이나 등부를 소유자별로 작성하여 동일소유자에 속하는 모든 토지는 당해 소유자의 대장에 기록하는 방식
> - 연대적 편성주의 : 어떤 특정한 기준을 두지 않고 당사자의 신청순서에 따라서 순차로 기록해 가는 것이며 프랑스의 등기부, 미국의 여러 곳에서 아직도 사용되는 리코딩 시스템이 이에 속한다. 이것은 등기부 편성방법으로서는 가장 유효하다.
> - 물적 · 인적 편성주의 : 물적 편성주의를 기준으로 하여 운영하되 인적 편성주의 요소를 가미하는 것

정답 23 ② 24 ③ 25 ①

26 다음 중 토렌스 시스템과 가장 밀접한 관계가 있는 것은?

① 적극적 등록주의
② 인본적 등록주의
③ 소극적 등록주의
④ 도해적 등록주의

해설

적극적 등록주의에서는 토지의 등록에 대한 효력이 국가에 의해 보장되기 때문에 선의의 제3자에 대해서도 토지등록상의 문제로 인한 피해는 법적으로 보호한다. 토지의 등록은 강제되고 의무적이며 사실심사주의에 의하며 적극적 등록제도의 발달된 형태로 토렌스 시스템(Torrens System)이 유명하다.

27 다음 중 지적공부에 등록하는 경계의 특성으로서 경계불가분의 원칙이 적용되는 가장 적합한 이유는?

① 경계는 경계점을 직선으로 연결한 선이기 때문이다.
② 경계는 위치만 존재하기 때문이다.
③ 각 필지의 면적이 다르기 때문이다.
④ 경계를 설치한 사람의 소속이 다르기 때문이다.

해설

토지의 경계는 유일무이한 것으로 위치와 길이만 있을 뿐 넓이는 없는 것으로 기하학상의 선과 동일한 성질을 갖고 있다.
※ 경계불가분의 원칙 : 같은 토지에 2개 이상의 경계가 있을 수 없으며 양 필지 사이에 공통적으로 작용한다.

28 다음 지번의 진행방향에 따른 분류 중 도로를 중심으로 한쪽은 홀수로, 반대쪽은 짝수로 지번을 부여하는 방법은?

① 기우식
② 사행식
③ 단지식
④ 혼합식

해설

진행방향에 따른 지번부여방법
1. 사행식
   - 필지의 배열이 불규칙한 지역에서 진행순서에 따라 지번을 부여하는 방법
   - 진행방향에 따라 지번이 순차적으로 연속됨
   - 농촌지역에 적합하나, 상하좌우로 볼 때 어느 방향에서는 지번이 뛰어넘는 단점이 있음
2. 기우식(교호식)
   - 도로를 중심으로 하여 한쪽은 홀수인 기수로, 그 반대쪽은 짝수인 우수로 지번을 부여하는 방법으로서 교호식이라고도 함
   - 시가지 지역의 지번설정에 적합
3. 단지식(Block식)
   - 1단지마다 하나의 지번을 부여하고 단지 내 필지들은 부번을 부여하는 방법으로서 블록식이라고도 함
   - 토지구획정리사업 및 농지개량사업시행지역에 적합
4. 절충식 : 사행식, 기우식 등을 적당히 혼합선택하여 지번을 부여하는 방식

정답 26 ① 27 ② 28 ①

29 다음 중 토지등록업무가 공정성과 신빙성에 관여할 필요도 없고 관여해서도 안 되는 구매자를 위한 유일한 정보의 기초라고 하는 토렌스 시스템의 기본 이론은?

① 거울이론
② 커튼이론
③ 보험이론
④ 공신이론

해설

토렌스 시스템의 3대 기본원칙
런던 왕립등기소장 T.B. Ruoff가 주장하여 캐나다의 Magwood가 구체화한 기본이론이다.

1. 거울이론(Mirror Principle)
   - 소유권에 관한 현재의 법적 상태는 오직 등기부에 의해서만 이론의 여지없이 완벽하게 보여진다는 원리이다.
   - 토지권리증서의 등록은 토지거래의 사실을 이론의 여지없이 완벽하게 반영하는 거울과 같다는 이론이다.
   - 소유권증서와 관련된 모든 현재의 사실이 소유권의 원본에 확실히 반영된다는 원칙이다.
2. 커튼이론(Curtain Principle)
   - 소유권의 법적 상태와 관련한 확실성을 보장하기 위하여 단지 현재의 등기부에 등기된 사항만 논의되어야 한다는 이론이다.
   - 현재의 소유권증서는 완전한 것이며 이전의 증서나 왕실 증여를 추적할 필요가 없다는 것이다.
   - 토렌스제도에 의해 한번 권리증명서가 발급되면 당해 토지에 대한 이전의 모든 이해관계는 무효가 되며 현재의 소유권을 되돌아볼 필요가 없다는 것이다.
3. 보험이론(Insurance Principle)
   - 권원증명서에 등기된 모든 정보는 정부에 의하여 보장된다는 원리이다.
   - 토지등록이 토지의 권리를 아주 정확하게 반영한 것이나 인간의 과실로 인하여 착오가 발생하는 경우에 피해를 입은 사람은 누구나 피해보상에 관한 한 법률적으로 선의의 제3자와 동등한 입장에 놓여야만 된다는 이론이다.
   - 토지의 등록을 뒷받침하며 어떠한 경로로 인한 소유자의 손실을 방지하기 위하여 수정될 수 있다는 이론이다.
   - 금전적 보상을 위한 이론이며 손실된 토지의 복구를 의미하는 것은 아니다.

30 다음 중 권원등록제도(Registration of Title)에 대한 설명으로 옳은 것은?

① 토지의 이익에 영향을 미치는 문서의 공적 등기를 보전하는 제도이다.
② 보험회사의 토지중개 거래제도이다.
③ 소유권 등록 이후에 이루어지는 거래의 유효성에 대하여 정부가 책임을 진다.
④ 토지소유권의 공시보호제도이다.

해설

권원등록은 공적기관에서 보존되는 특정한 사람에게 귀속된 명확히 한정된 단위의 토지에 대한 권리와 그러한 권리들이 존속되는 한계에 대한 권위 있는 등록이다.

토지등록제도의 종류
- 날인증서 등록제도(Registration of Deed) : 문서의 공적등기를 등록 보전하는 제도
- 권원 등록제도(Registration of Title) : 날인증서제도의 결점을 보완한 제도
- 소극적 등록제도(Negative System) : 거래문서를 등록 보전하는 제도
- 적극적 등록제도(Positive System) : 등록 없이는 어떠한 효력도 발생하지 않는다는 이론의 제도
- 토렌스 시스템(Torrens System) : 적극적 등록제도의 발달된 형태

정답 29 ② 30 ③

31 다음 중 지적도 및 임야도에 등록된 경계선과 가장 관계가 깊은 것은?

① 토지 소유권의 범위
② 지적 통계
③ 토지의 이용
④ 토지의 지목

해설

지적도 및 임야도에 등록된 경계선은 토지 소유권의 범위를 나타내는 것이다.

32 다음 중 물권의 객체로서 토지를 외부에서 인식할 수 있는 토지등록의 원칙은?

① 공신(公信)의 원칙
② 공증(公證)의 원칙
③ 공시(公示)의 원칙
④ 공고(公告)의 원칙

해설

토지등록의 법적 지위에 있어서 토지이동이나 물권의 변동은 반드시 외부에 알려져야 한다는 원칙

33 다음 중 적극적 등록제도와 거리가 먼 것은?

① 토렌스시스템
② 영국, 프랑스, 네덜란드
③ 토지등록의 효력은 정부에 의해 보장된다.
④ 지적공부에 등록된 토지만이 권리가 인정된다.

해설

적극적 등록제도
- 등록은 일필지의 개념으로 법적인 권리보장이 인증되고 정부에 의해서 그러한 합법성과 효력이 발생
- 지적공부에 등록되지 않는 토지는 어떠한 권리도 인정될 수 없고 등록은 강제되고 의무적이며 공적인 지적측량이 시행되지 않는 한 토지등기도 허가되지 않는다는 이론이 지배적이다.
- 적극적 등록제도의 발달된 형태로 유명한 것은 토렌스 시스템이 있다.

소극적 등록제도
- 일필지의 소유권이 거래되면서 발생하는 거래증서를 변경·등록하는 제도이다.
- 거래행위에 따른 토지등록은 사유재산 양도증서의 작성, 거래증서의 작성으로 구분되며 등록의무는 없고 신청에 의한다.
- 토지등록부는 거래사항의 기록일 뿐 권리 자체의 등록과 보장을 의미하지는 않는다.
- 거래증서의 등록은 정부에 의해서 수행되지만 서류의 합법성 또는 유용성에 대한 사실조사가 이루어지는 것은 아니다.
- 양도증서의 작성은 사인 간의 계약에 의하여 발생하고 거래증서의 등록은 법률가에 의해 취급된다.
- 이 제도는 지적측량과 측량도면을 필요로 한다.
- 네덜란드, 영국, 프랑스, 미국의 일부 주에서 시행되며 오늘날 나라마다 보완되어 다양하게 변환된 형태로 나타난다.

정답 31 ① 32 ③ 33 ②

34 다음 중 동일한 경계가 축척이 다른 도면에 각각 등록된 경우 축척이 큰 것에 따라 경계를 결정하는 원칙은?

① 축척종대의 원칙
② 경계불가분의 원칙
③ 양입지의 원칙
④ 지적복구의 원칙

해설

경계의 결정 원칙
1. 축척종대의 원칙
   - 동일한 경계가 다른 도면에 각각 등록되어 있는 때에는 큰 축척에 따르는 원칙이다.
   - 이는 정밀도가 더 높다고 인정되기 때문이다.
2. 경계불가분의 원칙
   - 경계는 유일무이한 것으로 어느 한쪽의 필지에만 전속되는 것이 아니고 인접 토지에 공통으로 작용하므로 이를 분리할 수 없다는 원칙이다.
   - 따라서 경계선은 위치와 길이가 있을 뿐 면적과 넓이는 없다.

35 다음 중 지번의 특성에 해당하지 않는 것은?

① 특정성
② 종속성
③ 연속성
④ 형평성

해설

지번
- 개념 : 지번이란 토지의 특정화를 위해 지번부여지역별로 기번하여 필지마다 하나씩 붙이는 번호로서, 토지의 고정성 및 개별성을 확보하기 위해 소관청이 지번부여지역인 법정 리·동단위로 기번하여 필지마다 아라비아숫자 1, 2, 3 등 순차적으로 연속하여 부여한 번호를 말한다.
- 특성 : 특정성, 동질성, 종속성, 불가분성, 연속성
- 역할 : 장소의 기준, 물권표시의 기준, 공간계획의 기준
- 기능 : 토지의 특정화, 토지의 개별화, 토지의 고정화, 토지의 식별, 위치의 확인

36 다음 중 지번을 설정하는 이유와 가장 거리가 먼 것은?

① 토지의 특정화
② 지리적 위치의 고정성 확보
③ 입체적 토지 표시
④ 토지의 개별화

해설

지번이라 함은 토지의 특정화를 위하여 지번부여 지역별로 지번하여 필지마다 하나씩 붙이는 번호를 말하며 지번은 필지를 개별화, 특정화시키며 토지의 식별과 위치의 확인에 활용된다.

정답 34 ① 35 ④ 36 ③

37 아래의 설명에 해당하는 지번부여제도는?

인접 지번 또는 지번의 자릿수와 함께 본번의 번호로 구성되어 지번의 발생근거를 쉽게 파악할 수 있으며 사정 지번이 본번지로 편철 보존될 수 있다. 지번의 이동내역 연혁을 파악하기 용이하나, 여러 차례 분할될 경우 반복정리로 인하여 지번의 배열이 복잡하다.

① 분수식(分數式) 지번부여제도
② 자유식 지번부여제도
③ 기번식(幾番式) 지번부여제도
④ 블록식 지번부여제도

해설

기번식 지번부여제도
- 인접지번 또는 지번의 자릿수와 함께 본번의 번호로 구성되어 지번의 발생근거와 이동 연혁을 쉽게 파악
- 사정지번이 본번지로 편철 보존
- 여러 차례 분할될 경우 지번배열이 혼잡할 수 있다.
- 벨기에 등에서 채택

지번의 부여방법

진행방법에 따른 분류	부여단위에 따른 분류	기번위치에 따른 분류	일반적 지번부여 방법
• 사행식 • 기우식 • 단지식	• 지역단위법 • 도엽단위법 • 단지단위법	• 북동기번법 • 북서기번법	• 분수식 지번제도 • 기번 제도 • 자유부번

38 소극적 등록제도에 대한 설명으로 옳지 않은 것은?

① 토지 등록을 의무화하고 있지 않다.
② 서류의 합법성에 대한 사실조사가 이루어지는 것은 아니다.
③ 권리자체의 등록이다.
④ 지적측량과 측량도면을 필요로 한다.

해설

소극적 등록제도
- 일필지의 소유권이 거래되면서 발생하는 거래 증서를 변경, 등록하는 제도
- 거래행위에 따른 토지등록은 사유재산 양도증서의 작성, 거래증서의 작성으로 구분되며 등록의 의무는 없고 신청에 의한다.
- 토지등록부는 거래사항의 기록일 뿐 권리 자체의 등록과 보장을 의미하지는 않는다.
- 거래증서의 등록은 정부에 의해서 수행되지만 서류의 합법성 또는 유용성에 대한 사실조사가 이루어지는 것은 아니다.
- 양도증서의 작성은 사인 간의 계약에 의하여 발생하고 거래증서의 등록은 법률가에 의해 취급된다.
- 이 제도는 지적측량과 측량도면을 필요로 한다.
- 네덜란드, 영국, 프랑스, 미국의 일부 주에서 시행된다.

정답 37 ③ 38 ③

소극적 등록제도와 적극적 등록제도

소극적 등록제도(Negative Cadastre)	적극적 등록제도(Positive Cadastre)
• 네거티브 시스템 • 토지소유자의 신청 시 신청한 사항에 대해서만 등록(신청주의) • 권리보험제도 • 형식적 심사주의 • 공신력 불인정 • 네덜란드, 영국, 프랑스, 이탈리아, 캐나다	• 포지티브 시스템 • 소유자의 신청과 관계없이 국가가 직권으로 조사 등록의 의무를 가짐(직권등록주의) • 토렌스 시스템 • 실질적 심사주의 • 공신력 인정 • 대만, 일본, 오스트레일리아, 뉴질랜드

39 현행 지목 중 차문자(次文字)를 따르지 않는 것은?

① 주차장 ② 유원지
③ 공장용지 ④ 종교용지

해설

두 번째 문자로 지목을 표기하는 것
- 공장용지 → 장
- 유원지 → 원
- 하천 → 천
- 주차장 → 차

40 토지 표시 사항 중 물권객체를 구분하여 표상(表象)할 수 있는 역할을 하는 것은?

① 지번 ② 지목
③ 경계 ④ 소유자

해설

지번은 토지의 위치를 구분하고 등록단위의 공시라고도 할 수 있으며 물권의 객체로서 역할을 한다.

41 경계의 결정 원칙 중 경계불가분의 원칙과 관련이 없는 것은?

① 토지의 경계는 인접 토지에 공통으로 작용한다.
② 토지의 경계는 유일무이하다.
③ 경계선은 위치와 길이만 있고 넓이가 없다.
④ 축척이 큰 도면의 경계를 따른다.

해설

- 경계불가분의 원칙 : 토지의 경계는 유일무이한 것으로 위치와 길이만 있을 뿐 넓이는 없는 것으로 기하학상의 선과 동일한 성질을 갖고 있다.
- 축척종대의 원칙 : 경계가 축척이 다른 도면에 각각 등록되어 있을 때에는 그 경계는 축척이 큰 도면에 따라야 한다는 것을 말한다.

정답 39 ④ 40 ① 41 ④

42 토지등록제도에 있어서 권리의 객체로서 모든 토지를 반드시 특정적이면서도 단순하고 명확한 방법에 의하여 인식될 수 있도록 개별화함을 의미하는 토지 등록 원칙은?

① 공신의 원칙
② 특정화의 원칙
③ 신청의 원칙
④ 등록의 원칙

해설

- 등록의 원칙 : 토지에 관한 모든 표시사항은 지적공부에 반드시 등록해야 한다.
- 신청의 원칙 : 지적정리는 신청에 의함을 원칙으로 한다.
- 특성화의 원칙 : 모든 토지는 명확히 인식될 수 있도록 개별화되어야 한다.
- 공시의 원칙 : 토지 이동이나 물권의 변동은 반드시 외부에 알려져야 한다는 원칙이다.
- 공신의 원칙 : 공시된 대로 권리가 존재하는 것으로 서로 공신하는 것이며 토지등록제도 운영의 출발점이다.

43 지적공부정리를 위한 토지이동의 신청을 하는 경우, 측량을 요하지 않는 토지이동은?

① 등록전환
② 면적정정
③ 경계정정
④ 합병

해설

측량을 요하지 않는 토지이동 : 지목변경, 합병

44 다음 중 진행방향에 따른 지번 부여 방법의 분류에 해당하는 것은?

① 자유식법
② 분수식법
③ 사행법
④ 도엽단위법

해설

진행방법에 따른 분류	부여단위에 따른 분류	기번위치에 따른 분류	일반적 지번부여 방법
• 사행식 • 기우식 • 단지식	• 지역단위법 • 도엽단위법 • 단지단위법	• 북동기번법 • 북서기번법	• 분수식 지번제도 • 기번 제도 • 자유부번

45 토지의 등록 사항 중 경계의 역할로 옳지 않은 것은?

① 토지의 위치 결정
② 소유권의 범위 결정
③ 토지의 용도 결정
④ 필지의 형상 결정

해설

- 경계란 한 지역과 다른 지역을 구분하는 외적 표시이고 토지의 소유권 등 사법상의 권리의 범위를 표시하는 구획선이다.
- 지적측량에 의하여 지번별로 구획하여 지적도면에 등록한 선 또는 좌표를 연결한 선으로 소유권의 범위를 결정 및 필지의 형상을 결정한다.

정답 42 ② 43 ④ 44 ③ 45 ③

- 경계의 특징은 위치와 거리만 있고 면적과 넓이는 없다.
- 필지별로 경계점 간을 직선으로 연결하여 지적공부에 등록한 선을 말한다.

46 지목부호는 다음 중 어느 공부에 표기하는가?

① 토지대장
② 지적도
③ 임야대장
④ 경계점좌표등록부

해설

지목의 표현방법
현행 우리나라에서는 지적도, 임야도의 도면에는 부호로 지목을 표기하며 토지대장과 임야대장에는 지목명칭 전체를 표시하고 있다. 따라서 같은 필지의 표현방법이 대장과 도면이 불일치하고 있어 혼란이 오는 경우도 있다. 또한 지목의 표현방법은 지목 명칭의 첫 번째 문자를 지목 표기의 부호로 사용하는 지목으로서「전, 답, 과, 목, 임, 광, 염, 대, 학, 주, 창, 도, 철, 제, 구, 유, 양, 수, 공, 체, 종, 사, 묘, 잡」등 24개 지목이 두문자 표기 지목이며 지목 명칭의 두 번째 문자를 지목 표기의 부호로 사용하는 지목으로서「장, 차, 천, 원」등이 차문자 표기지목이다.

47 다음 중 경계의 특징에 대한 설명으로 옳지 않은 것은?

① 제도(製圖)상의 폭만큼 실제 넓이를 인정한다.
② 필지 사이의 경계는 1개만 존재한다.
③ 인접한 토지에 공통으로 작용한다.
④ 경계점 간 최단거리를 연결한 것이다.

해설

경계에 대한 원칙
- 경계국정주의
- 경계직선주의
- 경계불가분의 원칙 : 같은 토지에 2개 이상의 경계가 있을 수 없으며 양 필지 사이에 공통적으로 작용한다.
- 축척종대의 원칙
- 행정구역상의 설정기준 : 도로/하천/구거 등을 기준으로 하는 경우 → 중앙을 경계로 설정

48 다음 중 적극적 등록제도에 대한 설명으로 옳지 않은 것은?

① 토지 등록을 의무로 하지 않는다.
② 지적공부에 등록되지 않은 토지에는 어떠한 권리도 인정되지 않는다.
③ 적극적 등록제도의 발달된 형태로 토렌스 시스템이 있다.
④ 선의의 제3자에 대하여 토지 등록상의 피해는 법적으로 보장된다.

정답 46 ② 47 ① 48 ①

해설

적극적 등록제도의 특징
- 모든 토지를 공부에 강제등록시키는 제도
- 등록되지 않은 토지는 어떠한 권리도 인정될 수 없고 강제적, 의무적인 등록제도
- 선의의 제3자 법적보호, 정부에 소송제기, 부당성에 대한 보상을 받을 수 있음
- 적극적 등록제도에서 발달한 형태가 토렌스 시스템
- 한국, 스위스, 오스트리아, 호주, 일본, 대만, 미국의 일부 주에서 채택

49 공유지연명부의 등록사항이 아닌 것은?
① 지목
② 토지의 고유번호
③ 소유권 지분
④ 소유자의 주민등록번호

해설

공유지연명부에 다음 사항을 등록하여야 한다.
- 토지의 소재
- 지번
- 소유권 지분
- 소유자의 성명 또는 명칭, 주소 및 주민등록번호
- 토지의 고유번호
- 필지별 공유지연명부의 장번호
- 토지소유자가 변경된 날과 그 원인

50 다음 중 토렌스 시스템(Torrens System)이 창안된 국가는?
① 영국
② 프랑스
③ 네덜란드
④ 오스트레일리아

해설

오스트레일리아의 Robert Torrens경에 의해 창안된 시스템으로 토지권리 등록법안의 기초가 됨

51 다음 중 지적공부의 등록사항을 국가가 결정하여 등록하는 이유로 가장 옳은 것은?
① 토지의 경제성을 고려하여 등록하기 위하여
② 지역적 특성을 고려하여 등록하기 위하여
③ 지적의 공신력 제고를 위하여
④ 공정한 손실 보상을 위하여

해설

지적국정주의라 함은 지적공부의 등록사항인 토지소재, 지번, 경계, 좌표, 면적 등은 국가의 공권력에 의해 국가만이 결정할 수 있는 권한을 가진다는 이념이며 국가가 모든 토지를 조사 의무적으로 등록하게 하는 제도이다. 이는 행정의 통일성, 일관성, 획일성을 부과하기 위함으로써 국토의 효율적 관리와 국민의 토지소유권보호에 기여함을 목적으로 한다.

정답 49 ① 50 ④ 51 ③

52 지번의 부여방법 중 진행방향에 따른 분류가 아닌 것은?

① 절충식
② 오결식
③ 사행식
④ 기우식

해설

진행방향에 따른 지번 부여방법
1. 사행식
   - 필지의 배열이 불규칙한 지역에서 진행순서에 따라 지번을 부여하는 방법
   - 진행방향에 따라 지번이 순차적으로 연속됨
   - 농촌지역에 적합하나 상하좌우로 볼 때 어느 방향에서는 지번을 뛰어넘는 단점이 있음
2. 기우식(교호식)
   - 도로를 중심으로 하여 한쪽은 홀수인 기수로, 그 반대쪽은 짝수인 우수로 지번을 부여하는 방법으로서 교호식이라고도 함
   - 시가지 지역의 지번설정에 적합
3. 단지식(Block식)
   - 1단지마다 하나의 지번을 부여하고 단지 내 필지들은 부번을 부여하는 방법으로서 블록식이라고도 함
   - 토지구획정리사업 및 농지개량사업시행지역에 적합
4. 절충식 : 사행식, 기우식 등을 적당히 혼합선택하여 지번을 부여하는 방식

53 다음 중 토지대장의 일반적인 편성 방법이 아닌 것은?

① 물적 편성주의
② 인적 편성주의
③ 연대적 편성주의
④ 구역별 편성주의

해설

토지대장의 일반적 편성 방법으로는 물적 편성주의, 인적 편성주의, 연대적 편성주의가 있다.

54 다음 중 아래와 관련 있는 일필지의 경계설정 기준에 관한 설명에 해당하는 것은?

- 점유자는 소유의 의사로 선의, 평온 및 공연하게 점유한 것으로 추정한다.(우리나라 민법)
- 경계쟁의의 경우에 있어서 정당한 경계가 알려지지 않을 때에는 점유상태로써 경계의 표준으로 한다.(독일 민법)

① 경계가 불분명하고 점유형태를 확정할 수 없을 때 분쟁지를 물리적으로 평분하여 쌍방의 토지에 소유시킨다.
② 현재 소유자가 각자 점유하고 있는 지역이 명확한 1개의 선으로 구분되어 있을 때, 이 선을 경계로 한다.
③ 새로이 결정하는 경계가 다른 확실한 자료와 비교하여 공평, 합당하지 못할 때에는 상당한 보완을 한다.
④ 점유형태를 확인할 수 없을 때 먼저 등록한 소유자에 소유시킨다.

정답 52 ② 53 ④ 54 ②

해설

점유설
- 토지소유권의 경계는 이웃하는 소유자가 각자 점유하는 지역이 1개의 선으로써 구분되어 있을 때는 이 선을 토지의 경계선으로 한다.
- 점유설은 지적공부에 의한 경계복원이 불가능한 경우의 지상경계결정에서는 가장 중요한 원칙이 된다.

평분설
- 경계가 분명하고 또 점유상태에서 확정할 수 없을 경우에는 분쟁지를 물리적으로 평분하여 쌍방토지에 소속시킨다.
- 점유상태를 확정할 수 없을 경우에는 분쟁지를 평분하여 양 필지에 소속하여 경계로 한다.

보완설
- 현 점유선에 의하거나 혹은 평분하여 경계를 결정하고자 할 때에 새로 결정되는 경계가 이미 조사된 신빙할 만한 다른 자료와 일치하지 않을 경우에는 이 자료를 감안하여 공평한 방법에 따라 경계를 보완하여야 한다.
- 우리나라에서는 토지조사사업 당시부터 토지의 경계설정기준을 정하여 오늘에 이르기까지 관습적으로 사용하고 있다.

55 다음 중 소극적 등록제도의 설명에 해당하는 것은?

① 토지의 등록은 신청에 의한다.
② 토지등록의 효력이 정부에 의해 보장된다.
③ 국가가 직권으로 조사하여 등록한다.
④ 선의의 제3자에 대하여도 법적으로 보호된다.

해설

소극적 등록제도
- 일필지의 소유권이 거래되면서 발생하는 거래증서를 변경, 등록하는 제도이다.
- 거래행위에 따른 토지등록은 사유재산 양도증서의 자성, 거래증서의 자성으로 구분되며 등록의무는 없고 신청에 의한다.
- 토지등록부는 거래사항의 기록일 뿐 권리 자체의 등록과 보장을 의미하지는 않는다.
- 거래증서의 등록은 정부에 의해서 수행되지만 서류의 합병성 또는 유용성에 대한 사실조사가 이루어지는 것은 아니다.
- 양도증서의 작성은 사인 간의 계약에 의하여 발생하고 거래증서의 등록은 법률가에 의해 취급된다.
- 이 제도는 지적측량과 측량도면을 필요로 한다.
- 네덜란드, 영국, 프랑스, 미국의 일부 주에서 시행된다.

56 다음 중 경계불가분의 원칙에 관한 설명으로 옳은 것은?

① 토지의 경계는 인접 토지에 공통으로 작용한다.
② 같은 토지에 2개 이상의 경계가 있을 수 있다.
③ 3개의 단위 토지 간을 구획하는 선이다.
④ 토지의 경계에는 위치, 길이, 넓이가 있다.

해설

경계에 대한 원칙
- 경계국정주의
- 경계직선주의

정답 55 ① 56 ①

- 경계불가분의 원칙 : 같은 토지에 2개 이상의 경계가 있을 수 없으며 양 필지 사이에 공통적으로 작용
- 축척종대의 원칙
- 행정구역상의 설정기준 – 도로/하천/구거 등을 기준으로 하는 경우 → 중앙을 경계로 설정

57 다음 중 토지 등록방법인 인적 편성주의에 대한 설명으로 옳은 것은?

① 개개의 토지를 중심으로 등록부를 편성하는 방식이다.
② 동일 소유자에게 속하는 모든 토지를 당해 소유자의 대장에 기록하는 방식이다.
③ 당사자의 신청순서에 따라 순차적으로 등록·편성하는 방식이다.
④ 2개 이상의 토지를 하나의 등기용지인 공동용지를 사용하여 등록하는 방식이다.

해설

- 물적 편성주의 : 개개의 토지를 중심으로 해서 등록부를 편성하는 것으로서 1토지에 1등기용지를 두는 경우
- 인적 편성주의 : 개개의 토지소유자를 중심으로 해서 편성하는 것인데 토지대장이나 등부를 소유자별로 작성하여 동일소유자에 속하는 모든 토지는 당해 소유자의 대장에 기록하는 방식
- 물적·인적 편성주의 : 물적 편성주의를 기준으로 하여 운영하되 인적 편성주의 요소를 가미하는 것
- 연대적 편성주의 : 어떤 특정한 기준을 두지 않고 당사자의 신청순서에 따라서 순차로 기록해 가는 것이며 프랑스의 등기부, 미국의 여러 곳에서 아직도 사용되는 리코딩 시스템이 이에 속함. 이것은 등기부 편성방법으로서는 가장 유효함

58 다음 지번의 부번 방법 중 진행방법에 의한 분류에 해당하지 않는 것은?

① 사행식법　　　　　　　　② 기우식법
③ 단지식법　　　　　　　　④ 도엽단위법

해설

- 진행방향에 따른 분류 : 사행식, 기우식, 절충식
- 부여단위에 따른 분류 : 지역단위법, 도엽단위법, 단지단위법
- 지번부여 위치에 따른 분류 : 북동기번법, 남동기번법

59 다음 중 토지의 권원을 명확히 하고 토지거래에 따른 변동사항의 정리를 용이하게 하여 권리증서의 발행을 손쉽게 하고자 창안된 토지 등록제도는?

① 날인등록제도　　　　　　② 소극적 등록제도
③ 토렌스 시스템　　　　　　④ 토지정보시스템

해설

- 토렌스제도는 1858년에 호주에서 처음 시작된 제도로 국가에서 인정하는 공공등기부에 소유자의 토지에 대한 권리를 등록함으로써 법적인 권리가 보장되는 제도이다.
- 개인소유 토지 발생 건에 대해 강제적으로 신규등록절차를 받도록 한다.

정답 57 ② 58 ④ 59 ③

60 다음 중 지적에서의 '경계'에 대한 설명으로 옳지 않은 것은?

① 경계불가분의 원칙을 적용한다.
② 지상의 말뚝, 울타리와 같은 목표물로 구획된 선을 말한다.
③ 지적공부에 등록된 경계에 의하여 토지 소유권의 범위가 확정된다.
④ 필지별로 경계점들을 직선으로 연결하여 지적공부에 등록한 선을 말한다.

해설
1. 토지의 경계는 유일무이한 것으로 위치와 길이만 있을 뿐 넓이는 없는 것으로 기하학상의 선과 동일한 성질을 갖고 있다.
2. 경계점이란 지적공부에 등록하는 필지를 구획하는 선의 굴곡점과 경계점좌표등록부에 등록하는 평면직각종횡선 수치의 교차점을 말한다.
3. 경계란 필지별로 경계점 간을 직선으로 연결하여 지적공부에 등록한 선을 말한다.
4. 경계에 대한 원칙
   • 경계국정주의
   • 경계직선주의
   • 경계불가분의 원칙 : 같은 토지에 2개 이상의 경계가 있을 수 없으며 양 필지 사이에 공통적으로 작용
   • 축척종대의 원칙
   • 행정구역상의 설정기준 : 도로/하천/구거 등을 기준으로 하는 경우 → 중앙을 경계로 설정

61 다음 중 우리나라 법정 지목의 성격으로 옳은 것은?

① 경제지목
② 지형지목
③ 용도지목
④ 토성지

해설
정의(공간정보의 구축 및 관리 등에 관한 법률 제2조)
이 법에서 사용하는 용어의 뜻은 다음과 같다.
24. "지목"이란 토지의 주된 용도에 따라 토지의 종류를 구분하여 지적공부에 등록한 것을 말한다.

62 다음 중 축척이 다른 2개의 도면에 동일한 필지의 경계가 각각 등록되어 있을 때 토지의 경계를 결정하는 원칙으로 옳은 것은?

① 토지소유자에게 유리한 쪽에 따른다.
② 축척이 작은 것에 따른다.
③ 축척이 큰 것에 따른다.
④ 축척의 평균치에 따른다.

해설
경계에 대한 원칙
• 경계국정주의
• 경계직선주의
• 경계불가분의 원칙 : 같은 토지에 2개 이상의 경계가 있을 수 없으며 양 필지 사이에 공통적으로 작용한다.
• 축척종대의 원칙
• 행정구역상의 설정기준 : 도로/하천/구거 등을 기준으로 하는 경우 → 중앙을 경계로 설정

정답 60 ② 61 ③ 62 ③

63 다음 중 지번의 역할에 해당하지 않는 것은?

① 물권 객체 단위
② 필지의 구분
③ 위치 추정
④ 토지이용 구분

해설

토지의 등록단위인 토지를 개별화하고 특정화하여 토지거래의 객체성 확보를 위해 붙인 아라비아 숫자를 말하며 지번의 기능에는 토지의 특성화, 토지의 개별화, 토지의 고정화, 토지의 식별, 위치의 확인 등이 있다.

64 다음 중 도로 · 철도 · 하천 · 제방 등의 지목이 서로 중복되는 경우 지목을 결정하기 위하여 고려하는 사항으로 가장 거리가 먼 것은?

① 용도의 경중
② 등록시기의 선후
③ 일필일목의 원칙
④ 공시지가의 고저

해설

지목의 설정방법 등(공간정보의 구축 및 관리 등에 관한 법률 시행령 제59조)
① 법 제67조제1항에 따른 지목의 설정은 다음 각 호의 방법에 따른다.
  1. 필지마다 하나의 지목을 설정할 것
  2. 1필지가 둘 이상의 용도로 활용되는 경우에는 주된 용도에 따라 지목을 설정할 것
② 토지가 일시적 또는 임시적인 용도로 사용될 때에는 지목을 변경하지 아니한다.

65 다음 중 일반적인 토지대장 편성방법이 아닌 것은?

① 조사적 편성주의
② 인적 편성주의
③ 물적 편성주의
④ 연대적 편성주의

해설

- 물적 편성주의 : 물적 편성주의라 함은 개개의 토지를 중심으로 해서 등록부를 편성하는 것으로서 1토지에 1등기용지를 두는 경우
- 인적 편성주의 : 개개의 토지소유자를 중심으로 해서 편성하는 것인데 토지대장이나 등부를 소유자별로 작성하여 동일소유자에 속하는 모든 토지는 당해 소유자의 대장에 기록하는 방식
- 물적 · 인적 편성주의 : 물적 편성주의를 기준으로 하여 운영하되 인적 편성주의 요소를 가미하는 것
- 연대적 편성주의 : 어떤 특정한 기준을 두지 않고 당사자의 신청순서에 따라서 순차로 기록해 가는 것이며 프랑스의 등기부, 미국의 여러 곳에서 아직도 사용되는 리코딩 시스템이 이에 속함. 이것은 등기부 편성방법으로서는 가장 유효함

66 다음 중 우리나라의 지목은 무엇을 기준으로 구분하는가?

① 토지의 주된 사용목적
② 토지의 모양
③ 토양의 성질
④ 토지의 크기

정답 63 ④ 64 ④ 65 ① 66 ①

> 해설
>
> 우리나라는 주된 토지의 사용목적에 따라 구분하는 용도지목을 채택한다.

67 다음 중 경계불가분의 원칙에 대한 설명으로 옳은 것은?

① 토지의 경계는 인접 토지에 공통으로 작용한다.
② 토지의 경계는 작은 말뚝으로 표시한다.
③ 토지의 경계는 1필지에만 전속한다.
④ 토지의 경계를 결정할 때에는 측량을 하여야 한다.

> 해설
>
> - 토지의 경계는 유일무이한 것으로 위치와 길이만 있을 뿐 넓이는 없는 것으로 기하학상의 선과 동일한 성질을 갖고 있다.
> - 경계점이란 지적공부에 등록하는 필지를 구획하는 선의 굴곡점과 경계점좌표등록부에 등록하는 평면직각종횡선 수치의 교차점을 말한다.
> - 경계란 필지별로 경계점간을 직선으로 연결하여 지적공부에 등록한 선을 말한다.

68 다음 중 토지등록제도의 유형에 포함되지 않는 것은?

① 날인증서 등록제도
② 적극적 등록제도
③ 소극적 등록제도
④ 임시 등록제도

> 해설
>
> 토지의 등록제도 유형에는 날인증서등록제도, 권원등록제도, 소극적 등록제도, 적극적 등록제도가 있다.

69 다음 중 토렌스 시스템의 기본이론인 거울이론에 대한 설명으로 옳은 것은?

① 토지권리증서의 등록은 토지의 거래 사실을 완벽하게 반영한다.
② 토지등록부는 매입신청자를 위한 유일한 정보의 기초이다.
③ 선의의 제3자는 토지의 권리자와 동등한 입장에 놓여야 한다.
④ 토지권리에 대한 사실 심사 시 권리의 진실성에 직접 관여하여야 한다.

> 해설
>
> 거울이론은 토지권리증서의 등록은 토지의 거래사실을 이론의 여지가 없이 완벽하게 반영하는 거울과 같다는 입장이다.

70 다음 중 두문자(頭文字) 표기방식의 지목이 아닌 것은?

① 사적지
② 양어장
③ 과수원
④ 유원지

정답 67 ① 68 ④ 69 ① 70 ④

해설

지목의 이름은 두 번째의(차문자) 문자로 지목을 표기하는 것으로는 공장용지-장, 하천-천, 유원지-원, 주차장-차

71 다음 중 1단지마다 하나의 본번을 부여하고 단지 내 필지마다 부번을 부여하는 방법으로, 토지구획 및 농지개량사업 시행지역 등의 지번설정에 적합한 것은?

① 선별식
② 사행식
③ 단지식
④ 기우식

해설

단지단위법은 지적도의 배열에 관계없이 몇 필의 토지가 1개의 집단을 형성하고 있는 시가지계획지구나 경지정리지구 등에 적합한 방법이다. 또한 토지의 색출을 용이하게 하려는 데 가장 큰 목적이 있다.

72 다음 중 일반적인 지목의 설정원칙에 해당하지 않는 것은?

① 일시변경불변의 원칙
② 지목변경불변의 원칙
③ 사용목적 추종의 원칙
④ 주지목 추종의 원칙

해설

지목의 설정 원칙
- 1필 1지목의 원칙
- 등록선후의 원칙
- 일시변경 불변의 원칙
- 주지목 추종의 원칙
- 용도경중의 원칙
- 사용목적 추종의 원칙

73 특별한 기준을 두지 않고 당사자가 신청하는 시간적 순서에 따라 순차로 기록해 가는 토지대장의 편성 방법은?

① 물적 편성주의
② 인적 편성주의
③ 연대적 편성주의
④ 물적 · 인적 편성주의

해설

- 물적 편성주의 : 물적 편성주의라 함은 개개의 토지를 중심으로 해서 등록부를 편성하는 것으로서 1토지에 1등기용지를 두는 경우
- 인적 편성주의 : 개개의 토지소유자를 중심으로 해서 편성하는 것인데 토지대장이나 등부를 소유자별로 작성하여 동일소유자에 속하는 모든 토지는 당해 소유자의 대장에 기록하는 방식
- 물적 · 인적 편성주의 : 물적 편성주의를 기준으로 하여 운영하되 인적 편성주의 요소를 가미하는 것
- 연대적 편성주의 : 어떤 특정한 기준을 두지 않고 당사자의 신청순서에 따라서 순차로 기록해 가는 것이며 프랑스의 등기부, 미국의 여러 곳에서 아직도 사용되는 리코딩 시스템이 이에 속함. 이것은 등기부 편성방법으로서는 가장 유효함

정답 71 ③ 72 ② 73 ③

74 다음 중 지번의 구성 및 부여방법 기준에 대한 설명으로 옳지 않은 것은?

① 지번은 지번부여지역별로 차례대로 부여한다.
② 지번은 북서에서 남동으로 순차적으로 부여한다.
③ 지번은 분수 형식으로 구성한다.
④ 지번은 본번과 부번으로 구성한다.

해설

지번의 구성 및 부여방법 등(공간정보의 구축 및 관리 등에 관한 법률 시행령 제56조)
① 지번(地番)은 아라비아숫자로 표기하되, 임야대장 및 임야도에 등록하는 토지의 지번은 숫자 앞에 "산"자를 붙인다.
② 지번은 본번(本番)과 부번(副番)으로 구성하되, 본번과 부번 사이에 "-" 표시로 연결한다. 이 경우 "-" 표시는 "의"라고 읽는다.
③ 법 제66조에 따른 지번의 부여방법은 다음 각 호와 같다.
   1. 지번은 북서에서 남동으로 순차적으로 부여할 것
   2. 신규등록 및 등록전환의 경우에는 그 지번부여지역에서 인접토지의 본번에 부번을 붙여서 지번을 부여할 것

75 다음 중 우리나라의 현행 법정지목에 해당하지 않는 것은?

① 주차장
② 양식장
③ 잡종지
④ 주유소용지

해설

양어장 : 육상에 인공으로 조성된 수산생물의 번식 또는 양식을 위한 시설을 갖춘 부지와 이에 접속된 부속시설물의 부지

76 다음 중 토렌스 시스템에 대한 설명으로 옳은 것은?

① 미국의 토렌스 지방에서 처음 시행되었다.
② 실질적 심사에 의한 권원조사를 하지만 공신력은 없다.
③ 기본이론으로 거울이론, 커튼이론, 보험이론이 있다.
④ 피해자가 발생하여도 국가가 보상할 책임이 없다.

해설

- 토렌스 시스템은 영국 런던 왕립등기소장인 Theodore B. Ruoff에 의해서 주장되고 캐나다의 Magwood에 의하여 구체화되었다.
- 토렌스 시스템은 토지의 권원을 명확히 하고 토지거래에 따른 변동사항 정리를 용이하게 하여 권리증서의 발행을 손쉽게 하고자 창안된 토지등록제도이다.
- 토렌스 시스템의 기본이론은 커튼이론, 거울이론, 보험이론이다.

정답 74 ③　75 ②　76 ③

77 다음 중 지번(地番)의 역할과 가장 거리가 먼 것은?

① 토지 위치 추측
② 물권객체의 구분
③ 등록 공시 단위의 표상
④ 토지 규모 추측

해설
토지의 등록단위인 토지를 개별화하고 특정화하여 토지거래의 객체성 확보를 위해 붙인 아라비아 숫자를 말하며, 지번의 기능에는 토지의 특성화, 토지의 개별화, 토지의 고정화, 토지의 식별, 위치의 확인 등이 있다.

78 다음 중 토렌스 시스템의 커튼이론(Curtain Principle)에 대한 설명으로 가장 옳은 것은?

① 토지등록 업무는 매입 신청자를 위한 유일한 정보의 기초이다.
② 토지등록이 토지의 권리 관계를 완전하게 반영한다.
③ 선의의 제3자에게는 보험 효과를 갖는다.
④ 사실심사 시 권리의 진실성에 직접 관여하여야 한다.

해설
- 거울이론 : 토지권리증서의 등록은 토지의 거래사실을 이론의 여지없이 완벽하게 반영한다.
- 보험이론 : 토지등록이 토지의 권리를 아주 정확하게 반영하나 인간의 과실로 착오가 발생하는 경우에 피해보상에 관한 한 법률적으로 선의의 제3자와 동등한 입장에 놓여야만 된다.

79 다음 중 아래의 설명에 해당하지 않는 토지등록의 유형은?

- 모든 토지는 지적공부에 등록하여야 한다.
- 지적공부에 등록되지 않는 토지는 어떠한 권리도 인정될 수 없다.

① 적극적 등록제도
② 실질적 심사제도
③ 권원등록제도
④ 날인증서등록제도

해설
적극적 등록주의하에서는 모든 토지는 등록이 강제되며 의무적이다. 또한 국가에 의해 법적인 권리보장이 인증되기 때문에 국가는 토지표시사항에 대하여 항상 실제와 공부가 일치하도록 하고 있다.

80 토렌스 시스템의 기본 이론 중 "토지권리증서의 등록은 토지의 거래사실을 이론의 여지없이 완벽하게 반영한다."는 원칙을 말하는 것은?

① 사전이론
② 커튼이론
③ 보험이론
④ 거울이론

정답 77 ④ 78 ① 79 ① 80 ④

해설

토렌스 시스템의 3대 기본원칙
런던 왕립등기소장 T.B.Ruoff씨가 주장하여 캐나다의 Magwood가 구체화한 기본이론이다.
- 거울이론(Mirror Principle) : 토지권리증서의 등록은 토지거래의 사실을 이론의 여지없이 완벽하게 반영하는 거울과 같다는 이론이다.
- 커튼이론(Curtain Principie) : 현재의 소유권증서는 완전한 것이며 이전의 증서나 왕실증여를 추적할 필요가 없다는 것이다.
- 보험이론(Insurance Principle) : 토지등록이 토지의 권리를 아주 정확하게 반영한 것이나 인간의 과실로 인하여 착오가 발생하는 경우에 피해를 입은 사람은 누구나 피해보상에 관한 한 법률적으로 선의의 제3자와 동등한 입장에 놓여야만 된다는 이론이다.

81 지번의 부여방법 중 사행식에 대한 설명으로 옳지 않은 것은?

① 우리나라 지번의 대부분이 사행식에 의하여 부여되었다.
② 필지의 배열이 불규칙한 지역에서 많이 사용한다.
③ 도로를 중심으로 한쪽은 홀수로 다른 쪽은 짝수로 부여한다.
④ 각 토지의 순서를 빠짐없이 따라가기 때문에 뱀이 기어가는 형상이 된다.

해설

진행방향에 따른 지번부여방법
1. 사행식
   - 필지의 배열이 불규칙한 지역에서 진행순서에 따라 지번을 부여하는 방법이다.
   - 진행방향에 따라 지번이 순차적으로 연속된다.
   - 농촌지역에 적합하나, 상하좌우로 볼 때 어느 방향에서는 지번이 뛰어넘는 단점이 있다.
2. 기우식(교호식)
   - 도로를 중심으로 하여 한쪽은 홀수인 기수로, 그 반대쪽은 짝수인 우수로 지번을 부여하는 방법으로서 교호식이라고도 한다.
   - 시가지 지역의 지번설정에 적합하다.
3. 단지식(Block식)
   - 1단지마다 하나의 지번을 부여하고 단지 내 필지들은 부번을 부여하는 방법으로서 블록식이라고도 한다.
   - 토지구획정리사업 및 농지개량사업시행지역에 적합하다.

82 동일한 경계가 축척이 다른 두 도면에 각각 등록된 경우 경계결정에서 적용되는 원칙은?

① 일필일목의 원칙
② 축척종대의 원칙
③ 경계불가분의 원칙
④ 주지목추종의 원칙

해설

경계의 결정 원칙
- 축척종대의 원칙 : 동일한 경계가 다른 도면에 각각 등록되어 있는 때에는 큰 축척에 따르는 원칙
- 경계불가분의 원칙 : 경계는 유일무이한 것으로 어느 한쪽의 필지에만 전속되는 것이 아니고 인접 토지에 공통으로 적용하므로 이를 분리할 수 없다는 원칙

정답 81 ③ 82 ②

83 토지를 지적공부에 등록함으로써 발생하는 효력이 아닌 것은?

① 구속력 ② 확정력
③ 공신력 ④ 강제력

해설

토지등록의 법률적 효력
- 구속력 : 토지등록의 내용에 대해 소관청 자신이나 소유자 및 이해관계인을 기속하는 효력으로서 토지등록은 완료와 동시에 구속력이 발생하여 그것이 유효하게 존재하는 한 그 내용을 존중하고 복종해야 하며 결코 정당한 절차 없이 그 존재나 효력을 기피할 수 없다.
- 공정력 : 토지등록이 유효의 성립요건을 갖추지 못하여 하자가 인정될 때라도 절대 무효인 경우를 제외하고는 소관청, 감독청, 법원 등의 기관에 의하여 쟁송 또는 직권으로 그 내용을 취소할 때까지 그 행위는 적법한 추정을 받고 그 누구도 부인하지 못하는 효력이다.
- 확정력 : 일단 유효하게 성립된 토지등록은 일정한 기간이 경과한 뒤에 그 상대방이나 기타 이해관계인이 그 효력을 다툴 수 없으며 소관청도 특별한 사유가 없는 한 그 성과를 변경할 수 없다는 효력을 말하며 "불가쟁력" 또는 "형식적 확정력"이라 한다.
- 강제력 : 강제력이란 행정행위의 실현을 사법부에 의존하지 않고 행정청 자체의 권한으로 집행할 수 있는 효력으로서 "집행력" 또는 "제재력"이라고도 한다.

84 물권의 배타성을 인식하게 하기 위하여 누구나 토지의 등록사항을 인식하고 활용할 수 있도록 공개하는 등기의 원칙은?

① 공시의 원칙 ② 공신의 원칙
③ 공증의 원칙 ④ 신의의 원칙

해설

토지등록의 원칙
- 등록의 원칙 : 토지에 관한 모든 표시사항을 지적공부에 반드시 등록하여야 하며 토지의 이동은 지적공부에 그 변동사항을 등록하여야 한다는 원칙
- 신청의 원칙 : 지적법상 지적정리는 토지소유자의 신청을 전제로 하되 신청이 없으면 직권으로 직접 조사·측량하여 처리하는 원칙
- 특정화의 원칙 : 권리객체로서의 모든 토지는 지번에 의하여 특정적이며 명확한 방법에 의하여 인식될 수 있도록 개별화하는 원칙
- 국정주의 및 직권주의 : 국정주의란 지적사무는 국가의 고유한 사무로 지적에 관한 사항인 토지의 지번·지목·경계·좌표 및 면적 등은 국가가 결정한다는 원칙이며, 직권주의는 토지 표시사항의 변동이 있을 때에는 소유자 등의 신청이 없더라도 소관청이 직권으로 조사·정리하는 원칙이다.
- 공시의 원칙과 공개주의 : 토지에 관한 등록사항을 지적공부에 등록하여 이를 일반인에게 공시하여 토지소유자는 물론 이해관계자 및 누구나 이용할 수 있도록 토지의 등록 사항을 항상 공개하는 원칙
- 공신의 원칙 : 공부를 신뢰한 선의의 거래자를 보호하여 진실로 그러한 공부내용과 같은 권리관계가 존재한 것처럼 법률효과를 인정하려는 원칙

정답 83 ③ 84 ①

85 다음 중 양입지에 대한 설명으로 옳지 않은 것은?

① 주된 용도의 토지에 접속되거나 주된 용도의 토지로 둘러싸인 다른 용도로 사용되고 있는 토지는 양입지로 할 수 있다.
② 주된 용도의 토지의 편의를 위하여 설치된 대·도로·구거 등의 부지는 양입지로 할 수 있다.
③ 종된 용도의 토지면적이 주된 용도의 토지면적의 10%를 초과하는 경우에는 양입지로할 수 있다.
④ 주된 용도의 토지에 편입되어 1필지로 획정되는 종된 토지를 양입지라고 한다.

> 해설

양입지(量入地)의 개념
- 주된 지목의 토지에 둘러싸여 있거나 접속되어 있는 지목이 다른 종된 토지
- 토지조사 당시 그 면적이 작은 것은 주된 지목의 토지에 병합
- 작은 면적의 죽림지, 초생지 등은 대부분 접속하여 있는 토지에 병합
- 토지조사 당시 일필지 경계에 대한 필지구분의 표준인 "지주 및 지목이 동일하고 토지가 연접한 경우"에 대한 예외 구분

1필지로 정할 수 있는 기준(공간정보의 구축 및 관리 등에 관한 법률 시행령 제5조)
① 법 제2조제21호에 따라 지번부여지역의 토지로서 소유자와 용도가 같고 지반이 연속된 토지는 1필지로 할 수 있다.
② 제1항에도 불구하고 다음 각 호의 어느 하나에 해당하는 토지는 주된 용도의 토지에 편입하여 1필지로 할 수 있다. 다만, 종된 용도의 토지의 지목(地目)이 "대"(垈)인 경우와 종된 용도의 토지 면적이 주된 용도의 토지 면적의 10퍼센트를 초과하거나 330제곱미터를 초과하는 경우에는 그러하지 아니하다.
  1. 주된 용도의 토지의 편의를 위하여 설치된 도로·구거(溝渠 : 도랑) 등의 부지
  2. 주된 용도의 토지에 접속되거나 주된 용도의 토지로 둘러싸인 토지로서 다른 용도로 사용되고 있는 토지

86 지목의 부호를 표기할 때 차문자를 사용하는 지목에 해당하는 것은?

① 임야
② 공원
③ 주유소용지
④ 공장용지

> 해설

지목의 표기방법
1. 대장 : 지목 명칭 전체를 기재
2. 도면 : 지목을 뜻하는 부호를 기재
   - 두문자 표기지목 : 지목의 첫 번째 문자를 지목표기의 부호로 사용하는 지목으로, 전, 답, 대 등 24개 지목이 여기에 해당한다.
   - 차문자 표기지목 : 지목의 두 번째 문자를 지목표기의 부호로 사용하는 지목으로, 장(공장용지), 천(하천), 원(유원지), 차(주차장)로 표기한다.

87 다음 중 일반적인 현지의 경계결정과 관련한 방법과 가장 거리가 먼 것은?

① 보증설
② 보완설
③ 평분설
④ 점유설

정답 85 ② 86 ④ 87 ①

해설

지상경계결정의 처리방법
- 점유설 : 현재 점유하고 있는 구획선이 하나일 경우 그를 양 토지의 경계로 한다.
- 평분설 : 점유상태를 확정할 수 없는 경우에는 분쟁지를 2등분하여 양지에 소속시킨다.
- 보완설 : 새로이 결정한 경계가 다른 확정된 자료에 비추어 볼 때 형평타당하지 못할 때에는 그에 따른 상당한 보완을 한다.

88 토지 소유자가 동일하고 지반이 연속된 토지로 지목이 다른 경우에 별개의 필지로 획정하지 않고 주된 지목의 토지에 편입되어 1필지로 획정되는 종된 토지를 무엇이라 하는가?

① 개재지
② 휴면지
③ 건부지
④ 양입지

해설

양입지
1. 개념 : 일필지조사 중 강계 및 지역의 조사를 함에 있어 본 토지에 둘러싸여 있거나 접속하여 있는 지목이 다른 토지로서 그 면적이 작은 것은 본 토지에 병합하고 도로, 하천, 구거에 접속되어 있는 작은 면적의 죽림지, 초생지 등은 대개 이를 그 접속하는 토지에 병합하였다. 이처럼 다른 지목에 병합하여 조사할 토지를 양입지라 하였다.
2. 특징
   - 주된 지목의 토지에 둘러싸여 있거나 접속되어 있는 토지
   - 토지조사 당시 그 면적이 작은 것은 주된 지목의 토지에 병합함
   - 작은 면적의 죽림지, 초생지 등은 대부분 접속하여 있는 토지에 병합함
   - 토지조사 당시 일필지 경계에 대한 필지구분의 표준인 지주 및 지목이 동일하고 토지가 연접한 경우에 대한 예외 구분

89 다음 토지등록제도의 이점 중 성격이 가장 다른 하나는?

① 토지소유권의 안전성을 증진시킬 수 있다.
② 개인 간의 토지거래에 있어서 용이성을 기할 수 있다.
③ 제3자에 대한 대항력을 확보한다.
④ 토지의 공개념을 실현할 수 있다.

해설

토지의 공개념이라 함은 토지의 소유와 처분 등 소유자의 배타적, 절대적 권리를 공공의 이익을 위하여 적절히 제한할 수 있다는 개념으로 일반적 토지등록제도의 이점과는 성격이 다르다고 볼 수 있다.

90 다음 중 필지의 배열이 불규칙한 지역에서 지번을 부여하는 대표적인 방식으로, 과거 우리나라에서 지번부여방법으로 가장 많이 사용된 것은?

① 단지식
② 절충식
③ 사행식
④ 기우식

정답 88 ④ 89 ④ 90 ③

> [해설]

사행식 지번부여 방법
- 필지의 배열이 불규칙한 지역에서 진행순서에 따라 지번을 부여하는 방법
- 농촌지역의 지번부여에 적합
- 우리나라 토지의 대부분
- 지번부여가 일정하지 않고 상하좌우로 분산되어 부여되는 단점

91 우리나라 지번기번방법의 변화를 바르게 설명한 것은?

① 남동기번법에서 남서기번법으로 바뀌었다.
② 남서기번법에서 남동기번법으로 바뀌었다.
③ 북서기번법에서 북동기번법으로 바뀌었다.
④ 북동기번법에서 북서기번법으로 바뀌었다.

> [해설]

우리나라는 한자로 지번을 부여하던 때 사용하던 북동기번법 부여방식을 아라비아숫자로 지번을 부여하기 시작한 1976년 이후 북서기번법으로 지번을 부여하고 있다.

92 다음 중 소극적 토지등록제도를 채택하고 있는 국가는?

① 영국
② 호주
③ 한국
④ 일본

> [해설]

소극적 등록제도를 채택하는 국가
네덜란드, 영국, 프랑스, 이탈리아, 캐나다

93 토지에 고유번호를 부여하는 이유 중 옳지 않은 것은?

① 토지의 소재파악을 용이하게 한다.
② 토지의 분류와 색출을 신속 정확하게 한다.
③ 토지의 사용을 효율화한다.
④ 토지의 소재와 지번을 공부에 등록할 경우 코드화하기 위함이다.

> [해설]

필지를 개별화하기 위해 불가변성의 고유번호를 부여한 것을 말한다. 토지정보시스템에서 식별자의 역할은 분석과 색출을 용이하게 하며 코드화를 위해 부여한다.

정답 91 ④ 92 ① 93 ③

94 다음 중 지적공부에서 토지의 등록사항을 말소할 수 있는 경우에 해당하는 것은?

① 비과세지의 지목을 변환한 때
② 영구히 해면으로 된 때
③ 과세지의 지목을 변환한 때
④ 과세지가 비과세지로 되었을 때

해설

지적공부에 등록된 토지가 바다로 되어 원상회복이 불가능하거나 다른 지목으로도 변경이 불가능할 경우 토지소유자는 토지등록사항의 말소 신청을 하여야 한다.

95 다음 중 지상경계를 새로 결정하려는 경우의 기준이 옳지 않은 것은?

① 연접되는 토지 간에 높낮이 차이가 없는 경우 그 구조물 등의 중앙
② 연접되는 토지 간에 높낮이 차이가 있는 경우 그 구조물 등의 상단부
③ 토지가 해면 또는 수면에 접하는 경우 최대만조위 또는 최대만수위가 되는 선
④ 공유수면매립지의 토지 중 제방 등을 토지에 편입하여 등록하는 경우 바깥쪽 어깨부분

해설

지상 경계의 결정기준 등(공간정보의 구축 및 관리 등에 관한 법률 시행령 제55조)
① 법 제65조제1항에 따른 지상 경계의 결정기준은 다음 각 호의 구분에 따른다.
  1. 연접되는 토지 간에 높낮이 차이가 없는 경우 : 그 구조물 등의 중앙
  2. 연접되는 토지 간에 높낮이 차이가 있는 경우 : 그 구조물 등의 하단부
  3. 도로·구거 등의 토지에 절토(땅깎기)된 부분이 있는 경우 : 그 경사면의 상단부
  4. 토지가 해면 또는 수면에 접하는 경우 : 최대만조위 또는 최대만수위가 되는 선
  5. 공유수면매립지의 토지 중 제방 등을 토지에 편입하여 등록하는 경우 : 바깥쪽 어깨부분

정답 94 ② 95 ②

CHAPTER 06 지적공부

SECTION 01 지적공부의 개요

1 지적공부의 정의

1) 지적공부
토지에 대한 물리적 현황과 소유자 등을 조사·측량하여 결정한 성과를 최종적으로 등록하여 토지에 대한 물권이 미치는 한계와 그 내용을 공시하는 국가의 공적장부이다.

2) 지적공부의 종류
① 토지대장·임야대장
② 공유지연명부·대지권등록부
③ 지적도·임야도
④ 경계점좌표등록부
⑤ 지적파일

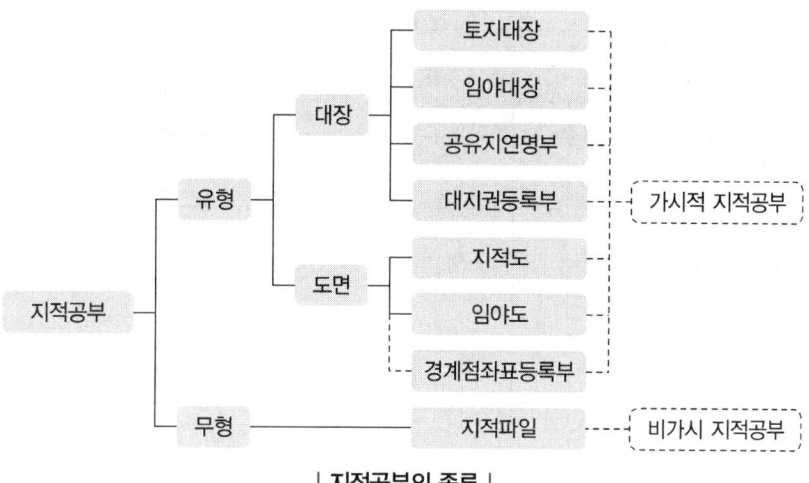

| 지적공부의 종류 |

▶ 지적공부의 변천내용과 형식

구분	1910~1924년	1925~1975년	1976~1990년	1991~2001년	2002년~현재
지적공부의 변천	토지대장 임야대장 지적도 임야도	토지대장 임야대장 지적도 임야도	토지대장 임야대장 지적도 임야도 수치지적부	토지대장 임야대장 지적도 임야도 수치지적부 지적파일	토지대장 임야대장 공유지연명부 대지권등록부 지적도 임야도 경계점좌표등록부 지적파일
대장 형식	부책식 대장	부책식 대장	카드식 대장	카드식 대장 전산파일	지적파일
도면 형식	종이도면	종이도면	종이도면	전산파일	지적파일

2 토지·임야대장

1) 개요

토지조사사업과 임야조사사업의 결과에 의하여 토지 및 임야에 대한 소재, 지번, 지목, 면적, 소유자, 등록번호 등의 내용을 대장에 기록한 지적공부이다.

2) 대장의 등록사항

토지대장과 임야대장에는 다음의 사항을 등록하여야 한다.

① 토지의 소재
② 지번
③ 지목
④ 면적
⑤ 소유자의 성명 또는 명칭, 주소 및 주민등록번호
⑥ 토지의 고유번호

기초지식 | 행정구역체계별 자릿수

구분	시·도	시·군·구	읍·면·동	리	대장 구분	본번	부번
자릿수	2자리	3자리	3자리	2자리	1자리	4자리	4자리

예) 서울특별시 도봉구 도봉동 30 → 1132010800 - 10030 - 0000
　　경기도 용인시 기흥구 하갈동 산3 → 4146310400 - 20003 - 0000
　　강원도 양양군 강현면 회룡리 100 → 4283035030 - 10100 - 0000

---

⑦ 도면번호
⑧ 필지별 대장의 장번호
⑨ 축척
⑩ 토지의 이동사유
⑪ 토지소유자가 변동된 날과 그 원인
⑫ 토지등급 또는 기준수확량 등급과 그 설정·수정 연월일
⑬ 개별공시지가와 그 기준일
⑭ 용도지역

3) 공유지연명부

(1) 개요

1필지의 토지소유자가 2인 이상인 때에는 소유자에 관한 사항을 별도로 등록하기 위하여 작성하는 지적공부를 말한다.

(2) 등록사항

공유지연명부에 다음 사항을 등록하여야 한다.

① 토지의 소재
② 지번

③ 소유권 지분
④ 소유자의 성명 또는 명칭, 주소 및 주민등록번호
⑤ 토지의 고유번호
⑥ 필지별 공유지연명부의 장번호
⑦ 토지소유자가 변경된 날과 그 원인

4) 대지권등록부

(1) 개요

토지대장 또는 임야대장에 등록하는 토지가 부동산등기법에 따라 대지권등기가 되어 있는 경우에 작성하는 지적공부를 말한다.

(2) 등록사항

대지권등기가 되어 있는 경우에 작성하는 대지권등록부에는 다음 사항을 등록하여야 한다.
① 토지의 소재
② 지번
③ 대지권 비율
④ 소유자의 성명 또는 명칭, 주소 및 주민등록번호
⑤ 토지의 고유번호
⑥ 전유부분의 건물 표시
⑦ 건물의 명칭
⑧ 집합건물별 대지권등록부의 장번호
⑨ 토지소유자가 변경된 날과 그 원인
⑩ 소유권 지분

5) 지적도 · 임야도

(1) 개요

토지조사사업과 임야조사사업의 결과로 1필지의 경계를 획정하여 도면에 등록한 지적공부를 말한다.

(2) 도면의 등록사항

지적도 · 임야도에는 다음 사항을 등록하여야 한다.

등록사항	내용
토지의 소재	지번부여지역인 법정 동·리 단위까지 기재한다.
지번	지번은 본번 또는 본번과 부번으로 구성하고 아라비아 숫자로 표기하고, 임야도에 등록하는 지번은 본번 앞에 "산"자를 붙여 표기한다.
지목	지목을 도면에 표기할 때에는 부호로 표기한다.
경계	지적도·임야도(도해지역)에서는 경계점을 직선으로 연결한 선으로, 경계점좌표등록부(수치지역)에서는 좌표의 연결로 경계를 등록한다.
도면의 색인도	인접 도면의 연결순서를 표시하기 위하여 기재한 도표와 번호를 말하는 것으로 도곽선 왼쪽 윗부분 여백 중앙에 가로 7mm, 세로 6mm 크기의 직사각형을 중앙에 두고 그의 4변에 접하여 동일규격의 직사각형 4개를 그려 표기한다.
도면의 제명 및 축척	제명이라 함은 도곽선 윗부분 여백의 중앙에 "시군구·읍면·리동 지적(임야)도 ○○장중 제○○호 축척 ○○분의 1"이라 횡서로 표기하는 것을 말하며 수치측량시행지역의 도면은 제명의 "지적도" 다음에 "(좌표)"라 표기한다.
도곽선 및 그 수치	① 도곽선은 지적기준점의 전개, 방위, 인접 도면과의 접합, 도곽의 신축보정 등에 따른 기준선으로의 역할을 하기 때문에 모든 지적도와 임야도에 도곽선을 등록하여야 한다. ② 도곽선의 수치는 해당 지적도에 등록된 토지가 위치하는 좌표, 즉 당해 지적도에 표시된 토지와 원점까지의 거리를 말한다. 도곽선의 수치는 일반원점으로부터 계산하여 종선수치에 600,000m, 횡선수치에 200,000m를 각각 가산하여 언제나 정수가 되도록 하여 도면별 도곽의 북동쪽과 남서쪽의 모서리에 등록하여야 한다. → 세계측지계에 따르지 아니하는 지적측량의 경우에는 가우스상사 이승 투영법으로 표시하되, 직각좌표계 투영원점의 가산(加算)수치를 각각 $X(N)$ 500,000m(제주도 지역 550,000m), $Y(E)$ 200,000m로 하여 사용할 수 있다.
좌표에 의하여 계산된 경계점 간 거리 (경계점좌표등록부 시행지역)	수치측량시행지역의 지적도에는 각 필지별 경계점의 거리를 1cm까지 등록한다. 그러나 경계점 간의 거리가 짧아 거리의 등록이 불가능할 경우에는 생략할 수 있다.
삼각점 및 지적측량기준점의 위치	지적도와 임야도 시행지역에 영구적인 지적기준점이 설치된 지적삼각점·지적삼각보조점·지적도근점 및 삼각점의 위치를 도면상에 등록한다.
건축물 및 구조물 등의 위치	건축법 등에 의한 적법한 건축물 및 구조물의 위치를 도면상에 등록한다.
지적소관청의 직인	도면이 원본임을 확인하고 위조와 변조를 방지하기 위하여 도면의 오른쪽 아래 끝부분에 "작성 또는 재작성 연월일"과 "사유"를 기재하고 지적소관청의 직인을 날인한다. 다만, 정보처리시스템을 이용하여 관리하는 지적도면의 경우에는 그러하지 아니한다.
경계점좌표등록부를 갖춰 두는 지역	경계점좌표등록부를 갖춰 두는 지역의 지적도에는 해당 도면의 제명 끝에 "(좌표)"라고 표시하고, 도곽선(圖廓線)의 오른쪽 아래 끝에 "이 도면에 의하여 측량을 할 수 없음"이라고 기재하여야 한다.

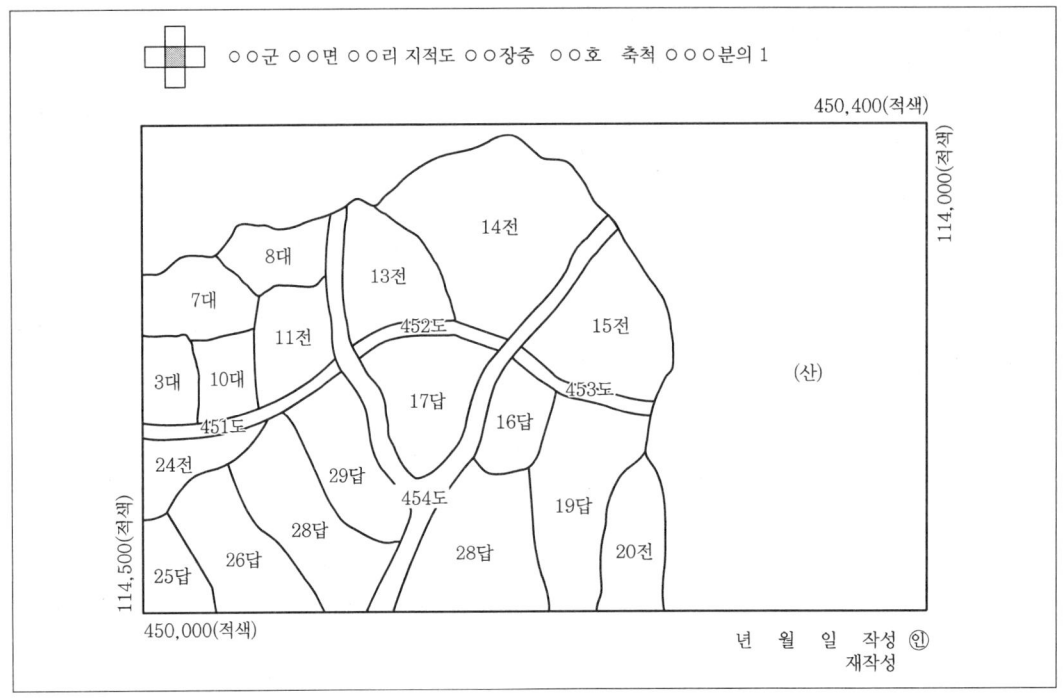

| 지적도 |

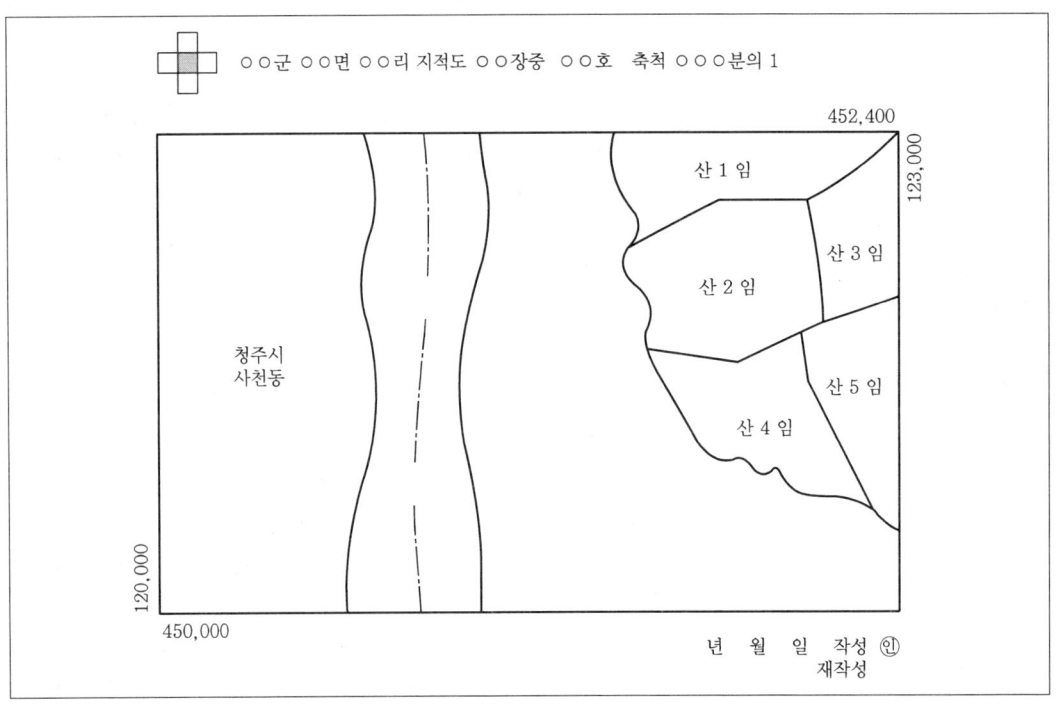

| 임야도 |

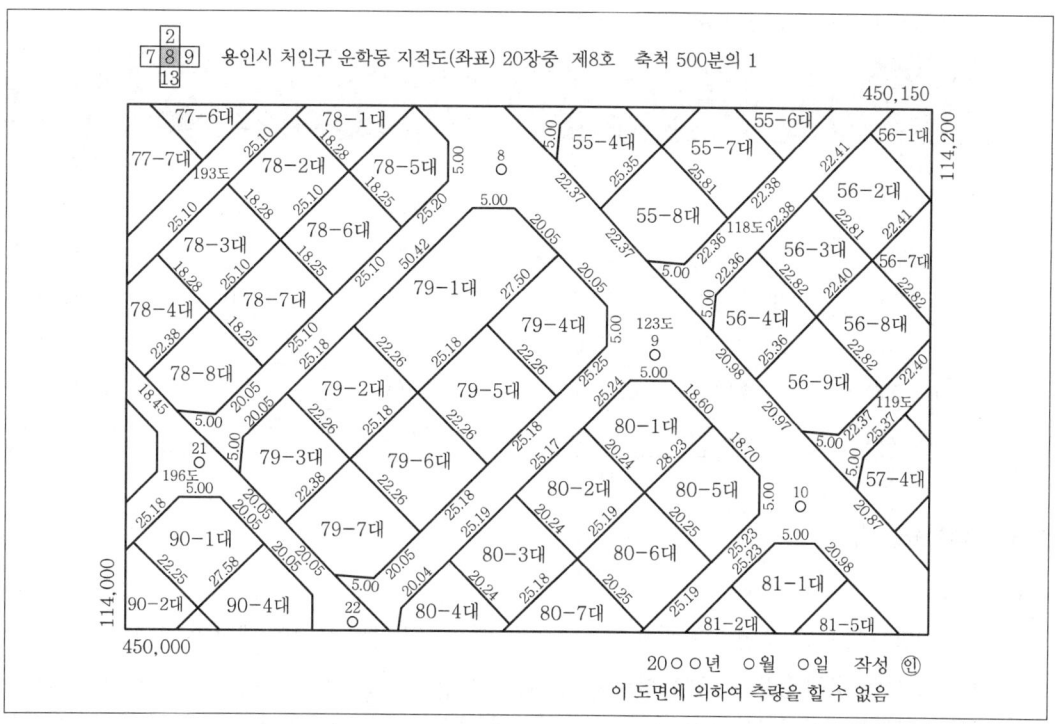

| 경계점좌표등록부를 갖춰 두는 지역의 지적도 |

(3) 도면의 축척

지적도의 축척은 1/500, 1/600, 1/1,000, 1/1,200, 1/2,400, 1/3,000, 1/6,000으로 7종이며, 임야도의 축척은 1/3,000, 1/6,000으로 2종이다.

▶ 도면의 축척

구분	축척
지적도의 축척	1/500, 1/600, 1/1,000, 1/1,200, 1/2,400, 1/3,000, 1/6,000(7종)
임야도의 축척	1/3,000, 1/6,000(2종)

(4) 도면의 도곽 크기 및 면적

토지조사사업 당시 지적도의 크기는 세로 1.1척(尺), 가로 1.375척(尺)으로 작성되었으며 이를 미터법으로 환산하면 세로 33.3333cm, 가로 41.6667cm이다. 또한 임야도의 크기는 세로 1.32척(尺), 가로 1.65척(尺)으로 작성되었으며 이를 미터법으로 환산하면 세로 40cm, 가로 50cm이다. 이 당시 지적도의 축척은 1/600, 1/1,200, 1/2,400이었으며 임야도의 축척은 1/3,000, 1/6,000이었다. 그 후 1975년 12월 31일 지적법 전면 개정을 통해 미터법이 도입됨에 따라 지적도의 축척이 1/500, 1/1,000이 추가되었으며 이 경우 도곽의 크기는 세로 30cm, 가로 40cm로 하였다.

▶ 지적도·임야도의 도곽 크기 및 도곽 면적

축척	도상		지상		도곽 내의 전체면적(m²)
	세로(cm)	가로(cm)	세로(m)	가로(m)	
1/500	30	40	150	200	30,000
1/1,000	30	40	300	400	120,000
1/600	33.3333	41.6667	200	250	50,000
1/1,200	33.3333	41.6667	400	500	200,000
1/2,400	33.3333	41.6667	800	1000	800,000
1/3,000	40	50	1,200	1,500	1,800,000
1/6,000	40	50	2,400	3,000	7,200,000

6) 경계점좌표등록부

(1) 개요

도시개발사업 등으로 인하여 필요하다고 인정되는 지역 안의 토지에 대하여 경계점좌표등록부를 작성하여 갖춰 둔다. 경계점좌표등록부는 토지의 경계점 위치를 평면직각종횡선 수치인 좌표로 등록하는 지적공부를 말하며 1975년부터 작성하기 시작하였다. 이 당시는 "수치지적부"라고 하였으나 2001년 1월 26일 「지적법」 개정으로 현재는 "경계점좌표등록부"라고 한다.

(2) 등록사항 및 특징

등록사항	① 토지의 소재 ② 지번 ③ 좌표 ④ 토지의 고유번호 ⑤ 지적도면의 번호 ⑥ 필지별 경계점좌표등록부의 장번호 ⑦ 부호 및 부호도
경계점좌표등록부를 갖춰 두는 토지	① 지적확정측량을 실시하여 경계점을 좌표로 등록한 지역 ② 축척변경을 위한 측량을 실시하여 경계점을 좌표로 등록한 지역
경계점좌표등록부의 특징	① 형태는 대장을, 내용은 도면의 성격을 지닌 대장 형태의 도면이다. ② 각 필지의 경계를 평면직각종횡선 수치($X \cdot Y$)로 표시한다. ③ 경계점좌표등록부는 토지의 형상을 나타낼 수 없으므로 지적도(좌표)를 함께 비치한다. ④ 측량결과도는 도시개발사업 등의 시행지역(농지의 구획정리지역은 제외)과 축척변경시행지역의 축척은 1/500로 한다. 다만, 농지구획정리시행지역은 1/1,000로 하되, 필요한 경우에는 미리 시·도지사의 승인을 얻어 1/6,000까지 작성할 수 있다.

경계점좌표등록부

고유번호			도면번호		장번호	
토지소재		지번		비고		

부 호 도	부호	좌 표		부호	좌 표	
		X	Y		X	Y
		m	m		m	m

270mm × 190mm (켄트특수합지 15g/매)

▶ **지적공부의 등록사항**

등록사항		지적공부	대장				도면		경계점좌표 등록부
			토지 대장	임야 대장	공유지 연명부	대지권 등록부	지적도	임야도	
토지표시사항	토지의 소재		○	○	○	○	○	○	○
	지번		○	○	○	○	○	○	○
	지목		○	○	×	×	○	○	×
	면적		○	○	×	×	×	×	×
	토지의 이동사유		○	○	×	×	×	×	×
	경계		×	×	×	×	○	○	×
	좌표		×	×	×	×	×	×	○
	경계점 간 거리		×	×	×	×	○(좌표)	×	×
소유권표시사항	소유자가 변경된 날과 그 원인		○	○	○	○	×	×	×
	성명		○	○	○	○	×	×	×
	주소		○	○	○	○	×	×	×
	주민등록번호		○	○	○	○	×	×	×
	소유권 지분		×	×	○	○	×	×	×
	대지권 비율		×	×	×	○	×	×	×
	건물의 명칭		×	×	×	○	×	×	×
	전유 구분의 건물 표시		×	×	×	○	×	×	×

등록사항		지적공부	대장				도면		경계점좌표등록부
			토지대장	임야대장	공유지연명부	대지권등록부	지적도	임야도	
기타 표시 사항	토지등급사항		O	O	×	×	×	×	×
	개별공시지가와 그 기준일		O	O	×	×	×	×	×
	고유번호		O	O	O	O	×	×	O
	필지별 대장의 장번호		O	O	O	O	×	×	×
	도면의 제명		×	×	×	×	O	O	×
	도면번호		O	O	×	O	O	O	O
	도면의 색인도		×	×	×	×	O	O	×
	필지별 장번호		O	O	×	×	O	O	×
	축척		O	O	×	×	O	O	×
	도곽선 및 수치		×	×	×	×	O	O	×
	부호도		×	×	×	×	×	×	O
	삼각점 및 지적측량기준점의 위치		×	×	×	×	O	O	×
	건축물 및 구조물의 위치		×	×	×	×	O	O	×
	직인		O	O	×	×	O	O	×
	직인날인번호		O	O	×	×	×	×	O

※ O 등록   × 미등록   △ 참고사항

암기 소, 지는 공통이고, 목장도 = 축장도, 면장, 경도는, 좌경이요.
소경도, 도공대의 고도가 없고,
소대장, 지분은 공, 대에만 있다.
이동개기건전하면 부도 없이 인지도건좌하다.

	구분	소재	지번	지목=축척	면적	경계	좌표	소유자	도면번호	고유번호	소유권(지분)	대지권(비율)	기타 등록사항
대장	토지, 임야대장	●	●	장 ●	장 ●			장 ●	장 ●	장 ●			토지이동사유 개별공시지가 기준수확량등급
	공유지연명부	●	●					공 ●		공 ●	공 ●		
	대지권등록부	●	●					대 ●		대 ●	대 ●	대 ●	건물의 명칭 전유건물 표시
	경계점좌표등록부	●	●				경 ●		경 ●	경 ●			부호, 부호도
도면	지적·임야도	●	●	도 ●		도 ●			도 ●				색인도 지적기준점 위치 도곽선과 수치 건축물의 위치 좌표에 의한 계산거리

암기 장공대경도

구분	소재	지번	지목=축척	면적	경계	좌표	소유자	도면번호	고유번호	소유권(지분)	대지권(비율)
토지, 임야대장	●	●	●	●	×	×	●	●	●	×	×
공유지연명부	●	●	×	×	×	×	●	×	●	●	×
대지권등록부	●	●	×	×	×	×	●	×	●	●	●
경계점좌표등록부	●	●	×	×	×	●	×	●	●	×	×
지적·임야도	●	●	●	×	●	×	×	●	×	×	×

7) 일람도와 지번색인표

지적소관청은 지적도면의 관리에 필요한 경우에는 지번부여지역마다 일람도와 지번색인표를 작성하여 갖춰 둘 수 있다.

(1) 일람도

일람도란 지적도나 임야도의 배치와 관리 및 토지가 등록된 도호를 쉽게 알 수 있도록 하기 위하여 작성한 도면을 말한다.

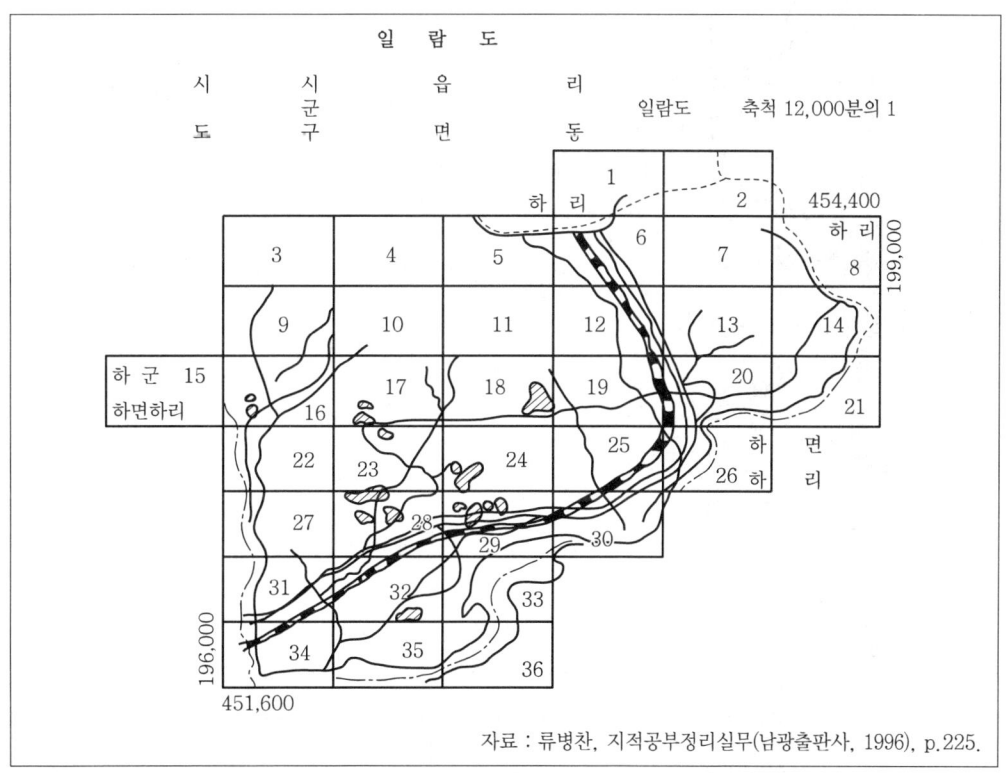

| 일람도 |

① 일람도의 작성 · 비치 및 등재사항

일람도의 작성 · 비치	• 일람도는 도면축척의 1/10로 작성하는 것이 원칙이며 도면의 수가 4장 미만의 경우에는 작성을 생략할 수 있다. • 일람도와 지번색인표는 지번부여지역별로 도면 순으로 보관하되, 각 장별로 보호대에 넣어야 한다.
일람도의 등재사항	• 지번부여지역의 경계 및 인접지역의 행정구역 명칭 • 도면의 제명 및 축척 • 도곽선 및 도곽선수치 • 도면번호 • 하천 · 도로 · 철도 · 유지 · 취락 등 주요 지형 · 지물의 표시

② 일람도의 제도기준

일람도의 축척	그 도면축척의 1/10로 한다. 다만, 도면의 장 수가 많아서 1장에 작성할 수 없는 경우에는 축척을 줄여서 작성할 수 있으며, 도면의 장 수가 4장 미만인 경우에는 일람도의 작성을 하지 아니할 수 있다.
제명 및 축척	일람도 윗부분에 "○○시 · 도 ○○시 · 군 · 구 ○○읍 · 면 ○○동 · 리 일람도 축척 ○○○○분의 1"이라 제도한다. 이 경우 경계점좌표등록부 시행지역은 제명 중 일람도 다음에 "(좌표)"라 기재하며, 그 제도방법은 다음과 같다. • 글자의 크기는 9mm로 하고 글자 사이의 간격은 글자 크기의 2분의 1 정도 띄운다. • 축척은 제명 끝에 20mm를 띄운다.
도면번호	지번부여지역 · 축척 및 지적도 · 임야도 · 경계점좌표등록부 등록지별로 일련번호를 부여한다. 이 경우 신규등록 및 등록전환으로 새로 도면을 작성하는 경우의 도면번호는 그 지역 마지막 도면번호의 다음 번호부터 새로 부여한다. 다만, 도면과 확정측량결과도의 도곽선 차이가 0.5mm 이상인 경우에는 확정측량결과도에 의하여 새로 도면을 작성하는 경우에는 종전 도면번호에 "-1"과 같이 부호를 부여한다.

③ 일람도의 제도방법

도곽선	도곽선은 0.1mm의 폭으로, 도곽선의 수치는 도곽선 왼쪽 아랫부분과 오른쪽 윗부분의 종횡선교차점 바깥쪽에 2mm 크기의 아라비아숫자로 제도한다.
도면번호	도면번호는 3mm의 크기로 한다.
동 · 리 명칭	인접 동 · 리 명칭은 4mm, 그 밖의 행정구역 명칭은 5mm의 크기로 한다.
지방도로	지방도로 이상은 검은색 0.2mm 폭의 2선으로, 그 밖의 도로는 0.1mm의 폭으로 제도한다.
철도용지	철도용지는 붉은색 0.2mm 폭의 2선으로 제도한다.
수도용지	수도용지 중 선로는 남색 0.1mm 폭의 2선으로 제도한다.
하천 · 구거 · 유지	하천 · 구거 · 유지는 남색 0.1mm의 폭의 2선으로 제도하고 그 내부를 남색으로 엷게 채색한다. 다만, 적은 양의 물이 흐르는 하천 및 구거는 0.1mm의 남색 선으로 제도한다.

취락지 · 건물	취락지 · 건물 등은 0.1mm의 폭으로 제도하고 그 내부를 검은색으로 엷게 채색한다.
삼각점 및 지적기준점	삼각점 및 지적기준점의 제도는 지적도면에서의 삼각점 및 지적기준점의 제도에 관한 방법에 의한다.
도시개발사업 · 축척변경	도시개발사업 · 축척변경 등이 완료된 때에는 지구경계를 붉은색 0.1mm의 폭으로 제도한 후 지구 안을 붉은색으로 엷게 채색하고 그 중앙에 사업명 및 사업완료 연도를 기재한다.

(2) 지번색인표

지번색인표란 필지별 당해 토지가 등록된 도면을 용이하게 알 수 있도록 작성해 놓은 도표를 말한다.

▶ **지번색인표의 등재사항 및 제도**

등재사항	• 제명 • 지번 • 도면번호 • 결번
제도	• 제명은 지번색인표 윗부분에 9mm의 크기로 "○○시 · 도 ○○시 · 군 · 구 ○○ 읍 · 면 ○○동 · 리 지번색인표"라 제도한다. • 지번색인표에는 도면번호별로 그 도면에 등록된 지번을, 토지의 이동으로 결번이 생긴 때에는 결번란에 그 지번을 제도한다.

SECTION 02 지적공부의 복구

1 개요

지적공부의 전부 또는 일부가 천재 · 지변이나 그 밖의 재난으로 인하여 멸실 · 훼손된 때에는 자료조사를 토대로 하여 멸실 당시의 지적공부를 다시 복원하는 것을 말한다.

2 복구방법 및 복구자료

지적소관청(정보처리시스템에 따른 지적공부의 경우에는 시 · 도지사, 시장 · 군수 또는 구청장)은 지적공부의 전부 또는 일부가 멸실되거나 훼손된 경우에는 지체없이 이를 복구하여야 한다.

토지의 표시에 관한 사항	지적소관청이 지적공부를 복구할 때에는 멸실 · 훼손 당시의 지적공부와 가장 부합된다고 인정되는 관계 자료에 따라 토지의 표시에 관한 사항을 복구하여야 한다.
소유자에 관한 사항	부동산등기부나 법원의 확정판결에 따라 복구하여야 한다.

지적공부의 복구자료	지적공부의 복구에 관한 관계 자료(이하 "복구자료"라 한다)는 다음과 같다. ① 지적공부의 등본 ② 측량 결과도 ③ 토지이동정리 결의서 ④ 토지(건물)등기사항증명서 등 등기사실을 증명하는 서류 ⑤ 지적소관청이 작성하거나 발행한 지적공부의 등록내용을 증명하는 서류 ⑥ 법 제69조제3항에 따라 복제된 지적공부 ⑦ 법원의 확정판결서 정본 또는 사본

❸ 복구절차

복구 관련 자료조사	지적소관청은 지적공부를 복구하려는 경우에는 복구자료를 조사하여야 한다.
지적복구자료조사서 및 복구 자료도 작성	지적소관청은 조사된 복구자료 중 토지대장·임야대장 및 공유지연명부의 등록내용을 증명하는 서류 등에 따라 지적복구자료 조사서를 작성하고, 지적도면의 등록내용을 증명하는 서류 등에 따라 복구자료도를 작성하여야 한다.
복구측량	작성된 복구자료도에 따라 측정한 면적과 지적복구자료 조사서의 조사된 면적의 증감이 $A = 0.026^2 M\sqrt{F}$에 따른 허용범위를 초과하거나 복구자료도를 작성할 복구자료가 없는 경우에는 복구측량을 하여야 한다.(여기서, A는 오차허용면적, M은 축척분모, F는 조사된 면적을 말한다)
복구면적 결정	지적복구자료 조사서의 조사된 면적이 $0.026^2 M\sqrt{F}$에 따른 허용범위 이내인 경우에는 그 면적을 복구면적으로 결정하여야 한다.
경계·면적의 조정	복구측량을 한 결과가 복구자료와 부합하지 아니하는 때에는 토지소유자 및 이해관계인의 동의를 받아 경계 또는 면적 등을 조정할 수 있다. 이 경우 경계를 조정할 시 경계점표지를 설치하여야 한다.
토지표시의 게시	지적소관청은 복구자료의 조사 또는 복구측량 등이 완료되어 지적공부를 복구하려는 경우에는 복구하려는 토지의 표시 등을 시·군·구 게시판 및 인터넷 홈페이지에 15일 이상 게시하여야 한다.
이의신청	복구하려는 토지의 표시 등에 이의가 있는 자는 게시기간 내에 지적소관청에 이의신청을 할 수 있다. 이 경우 이의신청을 받은 지적소관청은 이의사유를 검토하여 이유가 있다고 인정되는 때에는 그 시정에 필요한 조치를 하여야 한다.
대장과 도면의 복구	• 지적소관청은 토지표시의 게시 및 이의신청에 따른 절차를 이행한 때에는 지적복구자료 조사서, 복구자료도 또는 복구측량결과도 등에 따라 토지대장·임야대장·공유지연명부 또는 지적도면을 복구하여야 한다. • 토지대장·임야대장 또는 공유지연명부는 복구되고 지적도면은 복구되지 아니한 토지가 축척변경 시행지역이나 도시개발사업 등의 시행지역에 편입될 시 지적도면을 복구하지 아니할 수 있다.

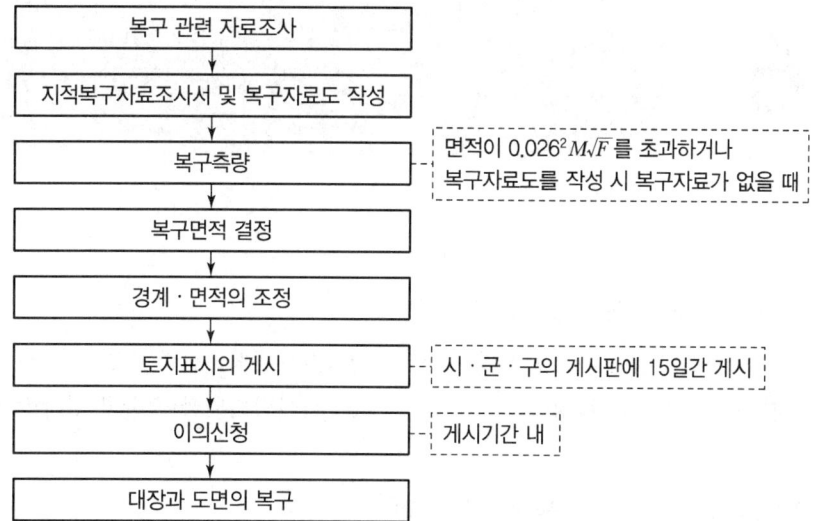

| 지적복구 업무처리 절차 |

CHAPTER 06 예상문제

01 지적전산화의 목적과 거리가 먼 것은?

① 토지관련 정책자료의 다목적 활용
② 지방행정전산화 촉진
③ 국토기본도의 정확한 작성
④ 지적민원의 신속하고 정확한 처리

해설

국토기본도의 작성은 지적전산화의 목적과는 거리가 멀다.

토지정보체계 구축의 필요성
- 토지와 관련된 정책자료의 다목적 활용
- 토지관련 과세자료로 활용
- 지적민원사항의 신속하고 정확한 처리
- 지방행정 전산화의 획기적인 계기 마련
- 수작업으로 인한 오류 방지
- 여러 종류의 도면과 대장을 효율적이고 통합적인 관리
- 지적공부의 노후화 극복
- 여러 공공기관 및 부서 간의 토지정보를 공유

02 지적전산화의 목적으로 가장 거리가 먼 것은?

① 지적민원처리의 신속성
② 전산화를 통한 중앙통제
③ 관련업무의 능률과 정확도 향상
④ 토지관련 정책자료의 다목적 활용

해설

지적전산화의 목적
- 국가지리정보사업에 기본정보로 관련 기관의 다목적 활용을 위한 기반조성
- 지적도면의 신·축으로 인한 원형보관, 관리의 어려움 해소
- 지적관련 민원 사항의 신속·정확한 처리
- 토지소유권 등 변동자료의 신속한 파악과 관리
- 토지관련 정책 자료의 다목적 활용
- 체계적이고 과학적인 지적사무와 지적행정의 실현
- 전국 통일시스템의 활용으로 각 시·도 분산시스템 상호간 또는 중앙시스템 간의 인터페이스 완전확보
- 토지기록 관련 변동자료의 온라인 즉시처리로 기존 배치처리에서 오는 업무의 이중성 배제
- 지적공부의 전산화 및 전산파일 유지로 지적서고의 팽창 방지
- 토지기록관련 자체와 상부 보고문서의 전산처리로 업무처리의 능률 및 정확도 향상
- 최신의 자료 확보로 지적통계와 정책정보의 정확성 제고 및 온라인에 의한 신속성 확보
- 지적도면관리 전산화의 기초 확립

정답 01 ③ 02 ②

03 토지정보 전산화의 목적에 해당하지 않는 것은?
① 체계적이고 과학적인 토지 관련 정책 자료와 지적행정을 실현할 수 있다.
② 지적서고의 확장을 방지할 수 있다.
③ 지적정보의 정확성을 높이고 업무의 신속성을 확보할 수 있다.
④ 지적공부를 소유자와 실시간으로 공유할 수 있다.

해설

2번 해설 참고

04 다음 중 지적전산화의 목적으로 옳지 않은 것은?
① 토지소유자의 현황파악
② 토지관련 정책자료의 다목적 활용
③ 지적 관련 민원의 신속한 처리
④ 전산화를 통한 중앙 통제권 강화

해설

2번 해설 참고

05 다음 중 지적전산화의 목적으로 옳지 않은 것은?
① 체계적이고 효율적인 지적행정을 실현한다.
② 지적 관련 민원을 신속하고 정확하게 처리한다.
③ 지적통계와 정책정보의 정확성을 제고한다.
④ 전자 정부 구현을 통한 전자산업의 활성화를 도모한다.

해설

2번 해설 참고

06 다음 중 지적전산화의 목적으로 가장 거리가 먼 것은?
① 업무처리의 능률 및 정확도 향상
② 신속하고 정확한 지적민원의 처리
③ 토지 관련 정책 자료의 다목적 활용
④ 토지가격의 현황 파악

해설

2번 해설 참고

정답 03 ④ 04 ④ 05 ④ 06 ④

07 지적전산화의 필요성으로 가장 거리가 먼 것은?

① 지적민원처리의 신속성
② 지적전산화를 통한 중앙통제
③ 관련업무의 능률과 정확도 향상
④ 토지관련 정책자료의 다목적 활용

해설

2번 해설 참고

08 다음 중 토지기록전산화의 목적으로 보기 어려운 것은?

① 지적공부의 전산화 및 전산파일 유지로 지적서고의 체계적 관리 및 확대
② 체계적이고 효율적인 지적사무와 지적행정의 실현
③ 최신 자료에 의한 지적통계와 주민정보의 정확성 제고 및 온라인에 의한 신속성 확보
④ 전국적인 등본의 열람이 가능하게 하여 민원인의 편의 증진

해설

1. 지적공부 전산화의 목적
   지적공부를 체계적이고 과학적인 토지 관련 정책 자료와 지적행정의 실현으로 실시간 자료 확보 및 지적통계와 정책정보의 정확성 제고 및 온라인에 의한 신속성을 확보하여 다목적지적에 활용할 수 있도록 한다.
2. 대장전산화(토지기록전산화)
   - 관리적 효과 : 토지정보관리의 과학화, 주민편익 위주의 민원쇄신, 지방행정 전산화 기반 조성
   - 정책적 효과 : 토지정책정보의 공동이용, 건전한 토지거래질서 확립, 국토의 효율적인 이용관리

09 토지기록 전산화 작업의 목적과 거리가 먼 내용은?

① 토지관련 정책자료의 다목적 활용
② 민원의 신속하고 정확한 처리
③ 토지 소유 현황의 파악
④ 중앙 통제형 행정전산화의 촉진

해설

2번 해설 참고

10 지적정보센터의 효율적인 관리 및 운영을 위한 토지 관련 자료 등에 속하지 않는 것은?

① 지적위성기준점 관측자료
② 건축물 과세 평가자료
③ 주민등록 전산자료
④ 공시지가 전산자료

해설

지적위성기준점 관측 자료는 국토지리정보원에서 관리한다.

정답 07 ② 08 ① 09 ④ 10 ①

11 지적공부정리 신청이 있을 때에 검토하여 정리하여야 할 사항에 속하지 않는 것은?

① 신청사항과 지적전산자료의 일치 여부
② 지적측량성과자료의 적정 여부
③ 첨부된 서류의 적정 여부
④ 지적측량 입회의 확인 여부

해설

지적공부정리 신청 시 지적측량 입회인에 관한 사항의 확인 검토는 하지 않는다.

12 지적전산용 네트워크 기본장비와 거리가 가장 먼 것은?

① 교환장비　　　② 전송장비
③ 보안장비　　　④ DLT 장비

해설

DLT(Digital Linear Tape)는 컴퓨터 데이터 저장 및 보관을 위해 사용되는 자기 테이프 및 드라이브 시스템으로 지적전산용 네트워크의 기본장비와 거리가 멀다.

13 지적전산자료의 유지관리 업무를 원활히 수행하기 위하여 지정하는 지적전산자료관리 책임관은?

① 사용기관의 전산업무담당과장
② 사용기관의 전산업무담당국장
③ 사용기관의 지적업무담당과장
④ 사용기관의 지적업무담당국장

해설

지적전산자료의 유지관리 업무를 원활히 수행하기 위하여 사용기관의 지적업무담당과장을 지적전산자료관리 책임관으로 지정한다.

14 지적정보전산화에 있어 속성정보를 구축하는 방법 중 거리가 가장 먼 것은?

① 민원인이 직접 조사하는 경우
② 관련기관의 통보에 의한 경우
③ 민원신청에 의한 경우
④ 담당공무원이 부여하는 경우

해설

지적정보전산화에 있어 속성정보는 대장정보를 말하며 지적국정주의 원칙에 의거하여 민원인이 직접 조사하여 구축하는 것은 불가능하다.

정답 11 ④　12 ④　13 ③　14 ①

15 지적전산정보처리 조직의 사용자권한등록파일에 등록하는 사용자권한 중에서 틀린 것은?

① 지적통계의 관리
② 표준지공시지가 변동의 관리
③ 개인별 토지소유현황의 조회
④ 토지관련 정책정보의 관리

해설

사용자 권한
사용자의 신규등록, 사용자 등록의 변경 및 삭제, 법인 아닌 사단·재단 등록번호의 업무관리, 법인 아닌 사단·재단 등록번호의 직권수정, 개별공시지가 변동의 관리, 지적전산코드의 입력·수정 및 삭제, 지적전산코드의 조회, 지적전산자료의 조회, 지적통계의 관리, 토지관련 정책정보의 관리, 토지이동신청의 접수, 토지이동의 정리, 토지소유자 변경의 관리, 토지등급 및 기준수확량등급 변동의 관리, 지적공부의 열람 및 등본교부의 관리, 일반 지적업무의 관리, 일일마감관리, 지적전산자료의 정비, 개인별 토지소유현황의 조회, 비밀번호 변경

16 우리나라에서 정부가 지정한 지적전산화 업무의 최초 시범지역은?

① 대전
② 수원
③ 부산
④ 서울

해설

지적전산화 업무의 시범사업으로 대장전산화업무를 시행하였으며 대전광역시 2개구로 입력사항으로는 토지표시사항, 소유권 표시사항, 기타사항 등이 있다.

17 1980년 이후 현재 지번 부여 원칙으로 옳은 것은?

① 북서에서 남동으로 순차적으로 부여
② 남서에서 북동으로 순차적으로 부여
③ 북동에서 남서로 순차적으로 부여
④ 남동에서 북서로 순차적으로 부여

해설

지번의 구성 및 부여방법 등(공간정보의 구축 및 관리 등에 관한 법 시행령 제56조)
① 지번(地番)은 아라비아숫자로 표기하되, 임야대장 및 임야도에 등록하는 토지의 지번은 숫자 앞에 "산"자를 붙인다.
② 지번은 본번(本番)과 부번(副番)으로 구성하되, 본번과 부번 사이에 "-" 표시로 연결한다. 이 경우 "-" 표시는 "의"라고 읽는다.
③ 법 제66조에 따른 지번의 부여방법은 다음 각 호와 같다.
  1. 지번은 북서에서 남동으로 순차적으로 부여할 것

18 지적전산자료의 이용 및 활용에 관한 사항 중 틀린 것은?

① 필요한 최소한도 안에서 신청하여야 한다.
② 지적파일 자체를 제공하라고 신청할 수는 없다.
③ 지적공부의 형식으로는 복사할 수 없다.
④ 승인받은 자료의 이용·활용에 관한 사용료는 무료이다.

정답 15 ② 16 ① 17 ① 18 ④

해설

지적전산자료의 이용 또는 활용에 관한 승인을 얻은 자는 국토교통부령이 정하는 사용료를 납부하여야 한다. 다만, 국가 또는 지방자치단체에 대하여는 사용료를 면제한다.

19 지적전산자료의 이용에 관한 설명으로 옳은 것은?

① 시·군·구 단위의 지적전산자료를 얻어야 한다.
② 시·도 단위의 지적전산자료를 이용하고자 하는 자는 시·도지사 또는 행정안전부장관의 승인을 얻어야 한다.
③ 전국 단위의 지적전산자료를 이용하고자 하는 자는 국토교통부장관의 승인을 얻어야 한다.
④ 심사 및 승인을 거쳐 지적전산자료를 이용하는 자는 사용료를 면제한다.

해설

지적전산자료의 이용(공간정보의 구축 및 관리 등에 관한 법률 제76조)
지적공부에 관한 전산자료를 이용 또는 활용하고자 하는 자는 다음 각 호의 구분에 따라 국토교통부장관, 시·도지사 또는 지적소관청에 지적전산자료를 신청하여야 한다.
- 전국 단위의 지적전산자료 : 국토교통부장관, 시·도지사 또는 지적소관청
- 시·도 단위의 지적전산자료 : 시·도지사 또는 지적소관청
- 시·군·구(자치구가 아닌 구 포함) 단위의 지적전산자료 : 지적소관청

20 지적공부의 등록사항 중에서 토지소유자에 관한 사항에 잘못이 있어 등록사항으로 정정하는 경우 확인자료에 해당되지 않는 것은?

① 등기필증
② 토지대장 및 매매계약서
③ 등기부등본
④ 등기관서에서 제공한 등기전산 정보자료

해설

소관청이 직권으로 등록사항을 정정하는 경우에 그 정정사항이 토지소유자에 관한 사항인 경우에는 등기필증, 등기부등·초본 또는 등기관서에서 제공한 등기전산정보자료에 의하여야 한다. 다만, 미등기 토지로서 규정에 의하여 신청한 정정사항이 토지소유자의 성명 또는 명칭, 주민등록번호, 주소 등에 관한 사항으로서 명백히 잘못 기재된 경우에는 가족관계기록사항에 관한 증명서·주민등록등본 등 관계서류에 의한다.

21 다음 중 도해지적에 대한 설명으로 거리가 먼 것은?

① 축척의 크기에 따라 허용오차가 다르다.
② 도면의 신축방지와 보관관리가 어렵다.
③ 소요되는 비용과 시간이 비교적 저렴하다.
④ 지적측량결과를 지상에 복원할 때 측량 당시의 정확도로 재현할 수 있다.

정답 19 ③ 20 ② 21 ④

해설

구분	도해지적	수치지적
등록방법	경계점을 도면에 그림으로 표현	경계점을 좌표로 표현
측량방법	측판측량	경위의 측량
장점	• 측량비용 저렴 • 고도의 기술을 요하지 않음 • 시각적으로 형상 파악에 유리	• 정확도 · 정밀도 높은 측량 • 도면 신축에 영향을 받지 않음
단점	• 정확도 및 정밀도 저하 • 도면의 신축에 영향을 받음	• 고가의 측량장비 구입 등 측량비용이 높음 • 고도의 전문기술 필요 • 형상 파악이 곤란

22 토지등록제도에 있어서 권리의 객체로서 모든 토지를 반드시 특정적이면서도 단순하고 명확한 방법에 의하여 인식될 수 있도록 개별화함을 의미하는 토지 등록 원칙은?

① 공신의 원칙
② 특정화의 원칙
③ 신청의 원칙
④ 등록의 원칙

해설
- 등록의 원칙 : 토지에 관한 모든 표시사항은 지적공부에 반드시 등록해야 한다.
- 신청의 원칙 : 지적정리는 신청에 의함을 원칙으로 한다.
- 특정화의 원칙 : 모든 토지는 명확히 인식될 수 있도록 개별화되어야 한다.
- 국정주의 및 직권주의 : 국정주의(Principle of National Decision)는 지적공부의 등록사항인 토지의 지번, 지목, 경계, 좌표, 면적의 결정은 국가의 공권력에 의하여 국가만이 결정할 수 있는 원칙이다. 직권주의는 모든 필지는 필지단위로 구획하여 국가기관인 소관청이 직권으로 조사정리하여 지적공부에 등록 공시하여야 한다는 원칙이다.
- 공시의 원칙 : 토지 이동이나 물권의 변동은 반드시 외부에 알려져야 한다는 원칙이다.
- 공신의 원칙 : 공시된 대로 권리가 존재하는 것으로 서로 공신하는 것이며 토지등록제도운영의 출발점이다.

23 다음 중 축척이 다른 2개의 도면에 동일한 필지의 경계가 각각 등록되어 있을 때 토지의 경계를 결정하는 원칙으로 옳은 것은?

① 토지소유자에게 유리한 쪽에 따른다.
② 축척이 작은 것에 따른다.
③ 축척이 큰 것에 따른다.
④ 축척의 평균치에 따른다.

해설
- 경계불가분의 원칙 : 토지의 경계는 유일무이한 것으로 위치와 길이만 있을 뿐 넓이는 없는 것으로 기하학상의 선과 동일한 성질을 갖고 있다.
- 축척종대의 원칙 : 경계가 축척이 다른 도면에 각각 등록되어 있을 때에는 그 경계는 축척이 큰 도면에 따라야 한다는 것을 말한다.

정답 22 ② 23 ③

24 지적공부정리 신청이 있을 때에 검토하여 정리하여야 할 사항에 속하지 않는 것은?

① 신청사항과 지적전산자료의 일치 여부
② 지적측량성과자료의 적정 여부
③ 첨부된 서류의 적정 여부
④ 지적측량 입회의 확인 여부

해설
지적공부정리 신청 시 지적측량 입회인에 관한 사항의 확인 검토는 하지 않는다.

25 다음 중 지적도 도곽선의 역할로 거리가 먼 것은?

① 인접 도면과의 접합 기준선
② 중복된 경계선 결정의 기준
③ 지적기준점 전개의 기준
④ 도면 신축량 측정의 기준선

해설
도곽선의 역할
- 인접 도면의 접합 기준선
- 도북방위선의 표시
- 지적측량기준점의 전개 기준선
- 도곽신축량 측정의 기준
- 실지경계와의 부합여부 기준
- 도곽의 신축보정 등의 경우 기준선의 역할
- 도곽선의 신축량이 0.5mm 이상인 경우에는 도면을 재작성한다.
- 도곽선의 역할은 인접 도면과의 접합기준선, 도북방위선의 표시, 기초점 전개의 기준선, 도면 신축량 측정의 기준선으로서 거리 및 면적보정, 소도와 실지의 부합여부 확인 기준 등이다.

26 지적도의 축척에 관한 설명으로 틀린 것은?

① 축척이 분수로 표현될 때에 분자가 같으면 분모가 큰 것이 축척이 크다.
② 일반적으로 축척이 크면 정밀도가 높다.
③ 지도상에서의 거리와 지표상에서의 거리의 관계를 나타내는 것이다.
④ 지적도의 축척 표시는 분수식 방법을 사용하고 있다.

해설
축척의 분모는 작을수록 대축척이다.

정답 24 ④ 25 ② 26 ①

27 지적도의 도곽선이 갖는 역할로 틀린 것은?

① 도면 신축량 측정의 기준선이 된다.
② 인접 도면과 접합 기준선이 된다.
③ 도북 방위선의 표시에 해당된다.
④ 면적의 통계 산출에 이용된다.

해설

25번 해설 참고

28 초기의 지적도에 대한 설명으로 옳지 않은 것은?

① 지적도에는 토지 경계와 지번, 지목이 등록되었다.
② 지적도 도곽 내의 산림에는 등고선을 표시하여 표고에 의한 지형구별이 용이하도록 하였다.
③ 토지분할의 경우에는 지적도 정리 시 신 강계선을 흑색으로 정리하였으나 그 후 양홍색으로 변경하였다.
④ 조사지역 외의 토지에 대해서는 이용현황에 따라 활자로 (山), (海), (湖), 道, 川, (溝) 등으로 표기하였다.

해설

토지분할의 경우에는 지적도 정리 시 신 강계선을 양홍색으로 정리하였으나 그 후 흑색으로 변경하였다.

29 다음 중 도곽선의 역할로 가장 거리가 먼 것은?

① 기초점 전개의 기준
② 지적 원점 결정의 기준
③ 도면 신축량 측정의 기준
④ 인접 도면과 접합 기준

해설

25번 해설 참고

30 지적도나 임야도에서 도곽선의 역할로 가장 거리가 먼 것은?

① 지적측량기준점 전개 시의 기준
② 도곽신축 보정 시의 기준
③ 도면접합 시의 기준
④ 토지합병 시의 필지결정기준

해설

25번 해설 참고

정답 27 ④ 28 ③ 29 ② 30 ④

31 다음의 지적공부 중 대장에 해당하지 않는 것은?

① 경계점좌표등록부
② 공유지연명부
③ 대지권등록부
④ 토지대장

해설

지적공부의 종류
경계점좌표 등록부란 수치지역의 지적도이다.
- 대장 : 토지대장, 임야대장, 공유지연명부, 대지권등록부
- 도면 : 지적도, 임야도
- 경계점좌표등록부
- 지적전산파일

32 실제 수림지로 이용하고 있는 토지를 지적공부에 등록할 경우 면적의 성격은?

① 지적공부에 등록한 필지의 경사면상 넓이
② 지적공부에 등록한 필지의 입체면상 넓이
③ 지적공부에 등록한 필지의 수평사면상 넓이
④ 지적공부에 등록한 필지의 타원체면상 넓이

해설

면적
- 일반적으로 면적은 수평면상의 면적, 구면상의 면적, 경사면상의 면적으로 구분한다.
- 현행 지적법에서는 면적을 지적측량에 의하여 지적공부상에 등록된 토지의 수평면적이라고 규정하고 있다.
- 면적은 토지조사 사업 이후부터 1975년 지적법 전문개정 전까지는 척관법에 따라 평과 보를 단위로 한 지적이라 부르다가 시석과 혼농되어 제2차 지적법 개정 시 면적으로 개정하여 지금에 이르고 있다.

33 다음 중 초기의 지적도와 임야도에 대한 설명으로 옳은 것은?

① 초기의 지적도에는 등고선을 표시하여 표고에 의한 지형구별이 용이하도록 하였다.
② 지적도의 도곽은 남북으로 41.67cm, 동서는 33.33cm로 하였다.
③ 임야도는 크기가 남북이 50cm, 동서가 40cm이며 지적도 시행지역은 담홍색으로 표시하여 구분하였다.
④ 임야도에서 하천은 양홍색, 임야 내 미등록 도로는 청색으로 묘화하였다.

해설

① 초기의 지적도는 세부측량결과도를 점사법 또는 직접 자사법으로 등사하여 작성하고 정비작업은 수기법에서 활판인쇄를 하고 지번, 지목도 번호기를 사용하여 작성되었다.
② 지적도와 일람도는 당초에 켄트지에 그린 그대로 소관청에 인계하였으나 열람 이동 정리 등 사용이 빈번하여 파손이 생기므로 1917년 이후에는 지적도와 일람도에 한지를 이첨하였으며 이전에 작성된 것도 모두 한지를 이첨하여 사용하였다. 지적도의 도곽은 남북으로 33.33cm, 동서는 41.67cm로 하였다.

정답 31 ① 32 ③ 33 ①

③ 임야도는 그 크기가 남북이 40cm, 동서가 50cm이며, 등록사항은 임야경계와 토지소재, 지번, 지목이며 지적도 시행지역은 붉은 색으로 엷게 채색 표시하여 구분하였고 하천·구거 등은 남색, 임야 내 미등록 도로는 붉은 색으로 그렸다
④ 토지분할의 경우에는 지적도 정리 시 신 강계선을 양홍색으로 정리하였으나 그 후 흑색으로 변경하였다.

34 지적공부 등록사항의 정정은 누가 하는가?

① 도지사   ② 소관청   ③ 토지소유자   ④ 지적위원회

해설

등록사항의 정정
- 토지소유자는 지적공부의 등록사항에 잘못이 있음을 발견한 때에는 소관청에 그 정정을 신청할 수 있다.
- 소관청은 지적공부의 등록사항에 잘못이 있음을 발견한 때에는 대통령령이 정하는 바에 의하여 직권으로 조사·측량하여 정정할 수 있다.

35 우리나라 지적제도에서 채택하고 있는 지목유형은?

① 토성(土性)지목   ② 용도(用途)지목
③ 지형(地形)지목   ④ 신청(申請)지목

해설

토지현황에 의한 지목의 분류
- 지형지목 : 토지에 대한 지표면의 형태, 토지의 고저 등 토지의 생긴 모양에 따라 지목을 결정하는 것
- 토성지목 : 토지의 성질에 따라 결정하는 지목
- 용도지목 : 토지의 용도에 따라 결정하는 지목으로 우리나라에서 채택하고 있음

36 다음 중 경계점좌표등록부를 갖춰 두는 지역에 있는 각 필지의 경계점을 측정할 때에 측점번호의 부여 방법으로 옳은 것은?

① 오른쪽 위에서부터 왼쪽으로 경계를 따라 일련번호를 부여한다.
② 왼쪽 위에서부터 오른쪽으로 경계를 따라 일련번호를 부여한다.
③ 오른쪽 아래에서부터 왼쪽으로 경계를 따라 일련번호를 부여한다.
④ 왼쪽 아래에서부터 오른쪽으로 경계를 따라 일련번호를 부여한다.

해설

경계점좌표등록부를 갖춰 두는 지역의 측량(지적측량 시행규칙 제23조)
① 경계점좌표등록부를 갖춰 두는 지역에 있는 각 필지의 경계점을 측정할 때에는 도선법·방사법 또는 교회법에 따라 좌표를 산출하여야 한다. 다만, 필지의 경계점이 지형·지물에 가로막혀 경위의를 사용할 수 없는 경우에는 간접적인 방법으로 경계점의 좌표를 산출할 수 있다.
② 제1항에 따른 각 필지의 경계점 측점번호는 왼쪽 위에서부터 오른쪽으로 경계를 따라 일련번호를 부여한다.
③ 기존의 경계점좌표등록부를 갖춰 두는 지역의 경계점에 접속하여 경위의측량방법 등으로 지적확정측량을 하는 경우 동일한 경계점의 측량성과가 서로 다를 때에는 경계점좌표등록부에 등록된 좌표를 그 경계점의 좌표로 본다. 이 경우 동일한 경계점의 측량성과의 차이는 제27조제1항제4호 가목의 허용범위 이내여야 한다.

정답 34 ② 35 ② 36 ②

37 다음 중 축척이 2,400분의 1인 지적도의 지상규격으로 옳은 것은?

① 300m×400m
② 400m×500m
③ 800m×1,000m
④ 1,200m×1,500m

해설

축척	도곽선 크기(m)	도곽 내 포용면적(m²)	축척	도곽선 크기(m)	도곽 내 포용면적(m²)
1/500	150×200	30,000	1/2,400	800×1,000	800,000
1/600	200×250	50,000	1/3,000	1,200×1,500	1,800,000
1/1,000	300×400	120,000	1/6,000	2,400×3,000	7,200,000
1/1,200	400×500	200,000			

정답 37 ③

CHAPTER 07 토지의 이동신청 및 지적정리

SECTION 01 토지의 이동

1 개요

토지의 이동이란 토지의 표시를 새로이 정하거나 변경 또는 말소하는 것을 말한다.

2 토지이동의 종류

신규등록, 등록전환, 분할, 합병, 지목변경, 축척변경, 도시개발사업 등의 신고 등

지적측량을 요하는 경우	신규등록, 등록전환, 분할, 축척변경, 도시개발사업 등의 신고
지적측량을 요하지 않는 경우	합병, 지목변경

3 토지이동 처리절차

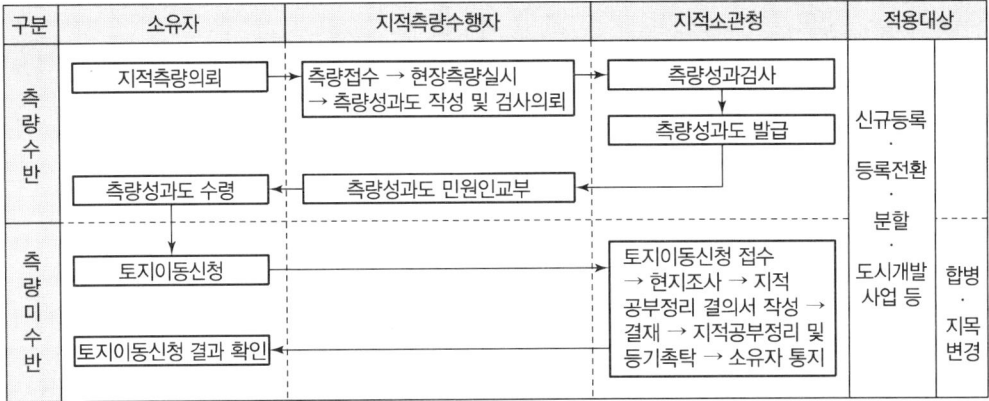

4 토지이동의 신청 및 토지표시사항 결정권자

신청권자	토지소유자, 사업시행자, 대위신청자
결정권자	국가(지적소관청)가 토지이동에 따른 토지표시사항을 결정

■ 공간정보의 구축 및 관리 등에 관한 법률 시행규칙 [별지 제75호서식] 〈개정 2022. 4. 6.〉

토지이동 신청서

※ 뒤쪽의 수수료와 처리기간을 확인하시고, [ ]에는 해당되는 곳에 ✓ 표시를 합니다. (앞쪽)

접수번호	접수일	발급일	처리기간	뒤쪽 참조

신청구분	[ ] 토지(임야)신규등록 [ ] 토지(임야)분할 [ ] 토지(임야)지목변경 [ ] 등록전환 [ ] 토지(임야)합병 [ ] 토지(임야)등록사항정정 [ ] 기타

신청인	성명		생년월일	
	주소		전화번호	

신 청 내 용

토지소재			이동 전			이동 후			토지이동 결의일 및 이동사유
시·군·구	읍·면	동·리	지번	지목	면적(㎡)	지번	지목	면적(㎡)	

위와 같이 관계 증명 서류를 첨부하여 신청합니다.

년   월   일

신청인   (서명 또는 인)

시장 · 군수 · 구청장 귀하

신청인 제출서류	없음	수입증지 첨부란
담당 공무원 확인 사항	토지(임야)합병 신청의 경우 다음 각 호의 사항 1. 토지등기사항증명서 2. 법인등기사항증명서(신청인이 법인인 경우에만 확인합니다) 3. 주민등록표 초본(신청인이 개인인 경우에만 확인합니다)	「공간정보의 구축 및 관리 등에 관한 법률 시행규칙」 제115조제1항에 따른 수수료(뒤쪽 참조)

행정정보 공동이용 동의서

본인은 이 건 업무처리와 관련하여 담당 공무원이 「전자정부법」 제36조제1항에 따른 행정정보의 공동이용을 통하여 위의 담당 공무원 확인 사항의 서류를 확인하는 것에 동의합니다. * 동의하지 않는 경우에는 신청인이 직접 관련 서류를 제출해야 합니다.

신청인   (서명 또는 인)

210mm×297mm[일반용지 60g/㎡]

SECTION 02 토지이동의 내용

1 신규등록

개요	새로이 조성된 토지 및 등록이 누락되어 있는 토지를 지적공부에 등록하는 것을 말한다.
대상토지	① 공유수면매립준공 토지 ② 미등록 공공용 토지(도로 · 구거 · 하천 등) ③ 기타 미등록 토지
신청기한	신규등록 사유발생일로부터 60일 이내 지적소관청에 신청
신청 및 첨부서류	신규등록을 신청하고자 하는 때에는 신규등록사유를 기재한 신청서에 다음의 서류를 첨부하여 지적소관청에 제출하여야 한다. ① 소유권에 관한 서류 • 법원의 확정판결서 정본 또는 사본 • 「공유수면 관리 및 매립에 관한 법률」에 따른 준공검사확인증 사본 • 법률 제6389호 지적법개정법률 부칙 제5조에 따라 도시계획구역의 토지를 그 지방자치단체의 명의로 등록하는 때에는 기획재정부장관과 협의한 문서의 사본 • 그 밖에 소유권을 증명할 수 있는 서류의 사본 ☞ 위에 해당하는 서류를 해당 지적소관청이 관리하는 경우에는 지적소관청의 확인으로 그 서류의 제출을 갈음할 수 있다.

2 등록전환

개요	임야대장 및 임야도에 등록된 토지를 토지대장 및 지적도에 옮겨 등록하는 것을 말한다.
목적	등록전환은 도면의 정밀도를 높이는 데 목적이 있다.

대상 토지	① 법 제78조에 따라 등록전환을 신청할 수 있는 경우는 다음 각 호와 같다. 〈개정 2020.6.9〉
	  1. 「산지관리법」에 따른 산지전용허가 · 신고, 산지일시사용허가 · 신고, 「건축법」에 따른 건축허가 · 신고 또는 그 밖의 관계 법령에 따른 개발행위 허가 등을 받은 경우
	  2. 대부분의 토지가 등록전환되어 나머지 토지를 임야도에 계속 존치하는 것이 불합리한 경우
	  3. 임야도에 등록된 토지가 사실상 형질변경되었으나 지목변경을 할 수 없는 경우
	  4. 도시 · 군관리계획선에 따라 토지를 분할하는 경우
	② 삭제 〈2020.6.9〉
	③ 토지소유자는 법 제78조에 따라 등록전환을 신청할 때에는 등록전환 사유를 적은 신청서에 국토교통부령으로 정하는 서류를 첨부하여 지적소관청에 제출하여야 한다. 〈개정 2013.3.23〉

신청기한	등록전환 사유발생일로부터 60일 이내에 지적소관청에 신청

3 분할

개요	분할이란 지적공부에 등록된 1필지를 2필지 이상으로 나누어 등록하는 것을 말한다.
대상 토지	① 법 제79조 제1항에 따라 분할을 신청할 수 있는 경우는 다음 각 호와 같다. 다만, 관계 법령에 따라 해당 토지에 대한 분할이 개발행위 허가 등의 대상인 경우에는 개발행위 허가 등을 받은 이후에 분할을 신청할 수 있다. 〈개정 2014.1.17, 2020.6.9〉 1. 소유권 이전, 매매 등을 위하여 필요한 경우 2. 토지이용상 불합리한 지상경계를 시정하기 위한 경우 3. 삭제 〈2020.6.9〉
신청기한	1필지의 일부가 형질변경 등으로 용도가 변경된 날로부터 60일 이내에 지적소관청에 분할을 신청
신청 및 첨부서류	토지의 분할을 신청하고자 하는 때에는 분할사유를 기재한 신청서에 다음의 서류를 첨부하여 지적소관청에 제출하여야 한다. • 분할사유에 관한 서류 　－분할 허가 대상인 토지의 경우에는 그 허가서 사본 　－법원의 확정판결에 따라 토지를 분할하는 경우에는 확정판결서 정본 또는 사본 ☞ 1필지의 일부가 형질변경 등으로 용도가 변경되어 분할을 신청할 때에는 지목변경신청서를 함께 제출하여야 한다. ☞ 위에 해당하는 서류를 해당 지적소관청이 관리하는 경우에는 지적소관청의 확인으로 그 서류의 제출을 갈음할 수 있다.

4 합병

개요	지적공부에 등록된 2필지 이상을 1필지로 합하여 등록하는 것을 말한다.
대상 토지	①「주택법」에 따른 공동주택의 부지 ② 도로, 제방, 하천, 구거, 유지, 공장용지, 학교용지, 철도용지, 수도용지, 공원, 체육용지 등 다른 지목의 토지로서 연접하여 있으나 구획 내에 2필지 이상으로 등록된 토지
합병 신청을 할 수 없는 경우	① 합병하려는 토지의 지번부여지역, 지목 또는 소유자가 서로 다른 경우 ② 합병하려는 토지에 다음의 등기 외의 등기가 있는 경우 　• 소유권 · 지상권 · 전세권 또는 임차권의 등기 　• 승역지(承役地)에 대한 지역권의 등기 　• 합병하려는 토지 전부에 대한 등기원인(登記原因) 및 그 연월일과 접수번호가 같은 저당권의 등기 　• 합병하려는 토지 전부에 대한「부동산등기법」제81조제1항 각 호의 등기사항이 동일한 신탁등기 ③ 그 밖에 합병하려는 토지의 지적도 및 임야도의 축척이 서로 다른 경우 등 　1. 합병하려는 토지의 지적도 및 임야도의 축척이 서로 다른 경우 　2. 합병하려는 각 필지가 서로 연접하지 않은 경우 　3. 합병하려는 토지가 등기된 토지와 등기되지 아니한 토지인 경우 　4. 합병하려는 각 필지의 지목은 같으나 일부 토지의 용도가 다르게 되어 분할대상 토지인 경우. 다만, 합병 신청과 동시에 토지의 용도에 따라 분할 신청을 하는 경우는 제외한다.

합병 신청을 할 수 없는 경우	5. 합병하려는 토지의 소유자별 공유지분이 다른 경우 6. 합병하려는 토지가 구획정리, 경지정리 또는 축척변경을 시행하고 있는 지역의 토지와 그 지역 밖의 토지인 경우 7. 합병하려는 토지 소유자의 주소가 서로 다른 경우. 다만, 제1항에 따른 신청을 접수받은 지적소관청이「전자정부법」제36조제1항에 따른 행정정보의 공동이용을 통하여 다음 각 목의 사항을 확인(신청인이 주민등록표 초본 확인에 동의하지 않는 경우에는 해당 자료를 첨부하도록 하여 확인)한 결과 토지 소유자가 동일인임을 확인할 수 있는 경우는 제외한다. 　가. 토지등기사항증명서 　나. 법인등기사항증명서(신청인이 법인인 경우만 해당한다) 　다. 주민등록표 초본(신청인이 개인인 경우만 해당한다)
신청기한	① 토지소유자가 필요로 하는 합병신청은 신청기한이 없다. ② 토지소유자는「주택법」에 따른 공동주택의 부지, 도로, 제방, 하천, 구거, 유지, 공장용지, 학교용지, 철도용지, 수도용지, 공원, 체육용지 등 다른 지목의 토지로서 합병하여야 할 토지가 있으면 그 사유가 발생한 날부터 60일 이내에 지적소관청에 합병을 신청하여야 한다.

5 지목변경

개요	지적공부에 등록된 지목을 다른 지목으로 바꾸어 등록하는 것을 말한다.
지목변경 대상	①「국토의 계획 및 이용에 관한 법률」등 관계 법령에 따른 토지의 형질변경 등의 공사가 준공된 경우 ② 토지나 건축물의 용도가 변경된 경우 ③ 도시개발사업 등의 원활한 추진을 위하여 사업시행자가 공사 준공 전에 토지의 합병을 신청하는 경우
신청기한	지목변경 사유발생일로부터 60일 이내에 지적소관청에 신청

6 바다로 된 토지의 등록말소 및 회복

개요	등록말소	바다로 된 토지의 등록말소는 지적공부에 등록된 토지가 지형의 변화 등으로 바다로 된 경우로서 원상으로 회복할 수 없거나 다른 지목의 토지로 될 가능성이 없는 토지를 말소하는 것을 말한다.
	회복	등록말소된 토지가 다시 토지로 회복된 경우 지적공부를 회복하는 것을 말한다.
신청기한		① 지적소관청은 지적공부에 등록된 토지가 지형의 변화 등으로 바다로 된 경우로서 원상(原狀)으로 회복될 수 없거나 다른 지목의 토지로 될 가능성이 없는 경우에는 지적공부에 등록된 토지소유자에게 지적공부의 등록말소 신청을 하도록 통지하여야 한다. ② 지적소관청은 토지소유자가 통지를 받은 날부터 90일 이내에 등록말소 신청을 하지 아니하면 등록을 말소한다. ③ 지적소관청은 말소한 토지가 지형의 변화 등으로 다시 토지가 된 경우에는 회복등록을 할 수 있다.

7 축척변경

1) 개요
지적도에 등록된 경계점의 정밀도를 높이기 위하여 작은 축척을 큰 축척으로 변경하여 등록하는 것을 말한다.

2) 축척변경의 시행

축척변경 시행자	지적소관청이 시행한다.
축척변경위원회	축척변경에 관한 사항을 심의·의결하기 위하여 지적소관청에 축척변경위원회를 둔다.
축척변경 대상(사유)	지적소관청은 지적도가 다음의 어느 하나에 해당하는 경우에는 토지소유자의 신청 또는 지적소관청의 직권으로 일정한 지역을 정하여 그 지역의 축척을 변경할 수 있다. ① 잦은 토지의 이동으로 1필지의 규모가 작아서 소축척으로는 지적측량성과의 결정이나 토지의 이동에 따른 정리를 하기가 곤란한 경우 ② 하나의 지번부여지역에 서로 다른 축척의 지적도가 있는 경우 ③ 그 밖에 지적공부를 관리하기 위하여 필요하다고 인정되는 경우
축척변경 승인	지적소관청은 축척변경을 하려면 축척변경 시행지역의 토지소유자 3분의 2 이상의 동의를 받아 축척변경위원회의 의결을 거친 후 시·도지사 또는 대도시 시장의 승인을 받아야 한다.
축척변경위원회의 의결 및 시·도지사의 승인을 거치지 않는 경우	다음의 어느 하나에 해당하는 경우에는 축척변경위원회의 의결 및 시·도지사 또는 대도시 시장의 승인 없이 축척변경을 할 수 있다. ① 합병하려는 토지가 축척이 다른 지적도에 각각 등록되어 있어 축척변경을 하는 경우 ② 도시개발사업 등의 시행지역에 있는 토지로서 그 사업 시행에서 제외된 토지의 축척변경을 하는 경우

3) 축척변경 시행절차

(1) 토지소유자의 신청 등

토지소유자의 신청	축척변경을 신청하는 토지소유자는 다음의 서류를 첨부하여 지적소관청에 제출하여야 한다. ① 축척변경 사유를 적은 신청서 ② 토지소유자 3분의 2 이상의 동의서
토지소유자의 동의	지적소관청이 축척변경을 하고자 하는 때에는 축척변경 시행지역 안의 토지소유자 3분의 2 이상의 동의를 얻어야 한다.
축척변경위원회 의결	5인 이상 10인 이내로 구성된 축척변경위원회의 의결을 거쳐야 한다.

축척변경 승인신청 **암기** 변명은 동의가 필요	지적소관청이 축척변경을 할 때에는 축척변경사유를 적은 승인신청서에 다음의 서류를 첨부하여 시·도지사 또는 대도시 시장에게 제출하여야 한다. 이 경우 시·도지사 또는 대도시 시장은 「전자정부법」 제36조제1항에 따른 행정정보의 공동이용을 통하여 축척변경 대상지역의 지적도를 확인하여야 한다. ① 축척변경의 사유 ② 지번 등 명세 ③ 토지소유자의 동의서(축척변경 시행지역 안의 토지소유자 3분의 2 이상) ④ 축척변경위원회의 의결서 사본 ⑤ 축척변경 승인을 위하여 시·도지사 또는 대도시 시장이 필요하다고 인정하는 서류
지적소관청 통지	신청을 받은 시·도지사 또는 대도시 시장은 축척변경 사유 등을 심사한 후 그 승인 여부를 지적소관청에 통지하여야 한다.
축척변경시행 공고 **암기** 기지목청소세	① 시행공고 • 지적소관청은 시·도지사 또는 대도시 시장으로부터 축척변경 승인을 받았을 때에는 지체 없이 다음의 공고내용을 20일 이상 공고하여야 한다. • 시행공고는 시·군·구(자치구가 아닌 구를 포함한다) 및 축척변경 시행지역 동·리의 게시판에 주민이 볼 수 있도록 게시하여야 한다. ② 공고내용 • 축척변경의 목적, 시행지역 및 시행기간 • 축척변경의 시행에 따른 청산방법 • 축척변경의 시행에 따른 토지소유자 등의 협조에 관한 사항 • 축척변경의 시행에 관한 세부계획
경계점표지 설치	축척변경 시행지역의 토지소유자 또는 점유자는 시행공고가 된 날(이하 "시행공고일"이라 한다)부터 30일 이내에 시행공고일 현재 점유하고 있는 경계에 경계점표지를 설치하여야 한다.
토지의 표시사항의 결정	① 지적소관청은 축척변경 시행지역의 각 필지별 지번·지목·면적·경계 또는 좌표를 새로 정하여야 한다. ② 지적소관청이 축척변경을 위한 측량을 할 때에는 토지소유자 또는 점유자가 설치한 경계점표지를 기준으로 새로운 축척에 따라 면적·경계 또는 좌표를 정하여야 한다. ③ 법 제83조 제3항 단서에 해당되어 축척을 변경할 때에는 ①에도 불구하고 각 필지별 지번·지목 및 경계는 종전의 지적공부에 따르고 면적만 새로 정하여야 한다. ④ 면적을 새로 정하는 때에는 축척변경 측량결과도에 따라야 한다. ⑤ 축척변경 측량결과도에 따라 면적을 측정한 결과 축척변경 전의 면적과 축척변경 후의 면적의 오차가 $0.026^2 M\sqrt{F}$에 따른 허용범위 이내인 경우에는 축척변경 전의 면적을 결정 면적으로 하고, 허용면적을 초과하는 경우에는 축척변경 후의 면적을 결정 면적으로 한다. (A는 오차 허용면적, M은 축척이 변경될 지적도의 축척분모, F는 축척변경 전의 면적)

토지의 표시사항의 결정	⑥ 경계점좌표등록부를 갖춰 두지 아니하는 지역을 경계점좌표등록부를 갖춰 두는 지역으로 축척변경을 하는 경우에는 그 필지의 경계점을 평판(平板) 측량방법이나 전자평판(電子平板) 측량방법으로 지상에 복원시킨 후 경위의(經緯儀) 측량방법 등으로 경계점좌표를 구하여야 한다. 이 경우 면적은 경계점좌표에 따라 결정하여야 한다.
지번별 조서의 작성	지적소관청은 축척변경에 관한 측량을 완료하였을 때에는 시행공고일 현재의 지적공부상의 면적과 측량 후의 면적을 비교하여 그 변동사항을 표시한 축척변경 지번별 조서를 작성하여야 한다.

(2) 청산

지적소관청은 축척변경에 관한 측량을 한 결과 측량 전에 비하여 면적의 증감이 있는 경우에는 그 증감면적에 대하여 청산을 하여야 한다.

청산금의 산정 및 공고	① 증감면적에 대한 청산을 할 때에는 축척변경위원회의 의결을 거쳐 지번별로 m^2당 금액(이하 "지번별 m^2당 금액"이라 한다)을 정하여야 한다. 이 경우 지적소관청은 시행공고일 현재를 기준으로 그 축척변경 시행지역의 토지에 대하여 지번별 m^2당 금액을 미리 조사하여 축척변경위원회에 제출하여야 한다. ② 청산금은 축척변경 지번별 조서의 필지별 증감면적에 지번별 m^2당 금액을 곱하여 산정한다. ③ 지적소관청은 청산금을 산정하였을 때에는 청산금 조서(축척변경 지번별 조서에 필지별 청산금 명세를 적은 것을 말한다)를 작성하고, 청산금이 결정되었다는 뜻을 15일 이상 공고하여 일반인이 열람할 수 있게 하여야 한다.
청산금의 초과액과 부족액의 부담	청산금을 산정한 결과 증가된 면적에 대한 청산금의 합계와 감소된 면적에 대한 청산금의 합계에 차액이 생긴 경우 ① 초과액은 그 지방자치단체의 수입으로 한다. ② 부족액은 그 지방자치단체가 부담한다.
청산금의 산정 제외	① 필지별 증감면적이 $0.026^2 M\sqrt{F}$에 따른 허용범위 이내인 경우. 다만, 축척변경위원회의 의결이 있는 경우는 청산금을 산정한다. ② 토지소유자 전원이 청산하지 아니하기로 합의하여 서면으로 제출한 경우
청산금의 납부고지 및 수령통지	① 지적소관청은 청산금의 결정을 공고한 날부터 20일 이내에 토지소유자에게 청산금의 납부고지 또는 수령통지를 하여야 한다. ② 납부고지를 받은 자는 그 고지를 받은 날부터 6개월 이내에 청산금을 지적소관청에 내야 한다. 〈개정 2017.1.10〉 ③ 지적소관청은 수령통지를 한 날부터 6개월 이내에 청산금을 지급하여야 한다. ④ 지적소관청은 청산금을 지급받을 자가 행방불명 등으로 받을 수 없거나 받기를 거부할 때에는 그 청산금을 공탁할 수 있다.
이의신청	납부고지되거나 수령통지된 청산금에 관하여 이의가 있는 자는 납부고지 또는 수령통지를 받은 날부터 1개월 이내에 지적소관청에 이의신청을 할 수 있다.

이의신청 심의·의결	이의신청을 받은 지적소관청은 1개월 이내에 축척변경위원회의 심의·의결을 거쳐 그 인용(認容) 여부를 결정한 후 지체 없이 그 내용을 이의신청인에게 통지하여야 한다.
청산금 미납부 시 조치	지적소관청은 청산금을 내야 하는 자가 1월 이내에 청산금에 관한 이의신청을 하지 아니하고, 3월 이내에 청산금을 내지 아니하면 지방세 체납처분의 예에 따라 징수할 수 있다.

(3) 축척변경의 확정공고

청산금의 납부 및 지급이 완료되었을 때에는 지적소관청은 지체 없이 축척변경의 확정공고를 하여야 한다.

확정공고 내용 **암기** 소지척은 청도에서	축척변경의 확정공고에는 다음의 사항이 포함되어야 한다. ① 토지의 소재 및 지역명 ② 축척변경 전·후의 면적을 대비한 축척변경 지번별 조서 ③ 청산금조서 ④ 지적도의 축척
지적공부정리 및 등기촉탁	① 지적소관청은 확정공고를 하였을 때에는 지체 없이 축척변경에 따라 확정된 사항을 지적공부에 등록하여야 하며, 관할등기소에 토지표시변경 등기촉탁을 하여야 한다. ② 지적공부에 등록하는 때에는 다음의 기준에 따라야 한다. • 토지대장은 확정공고된 축척변경 지번별 조서에 따를 것 • 지적도는 확정측량 결과도 또는 경계점좌표에 따를 것
토지의 이동	축척변경 시행지역의 토지는 확정공고일에 토지의 이동이 있는 것으로 본다.

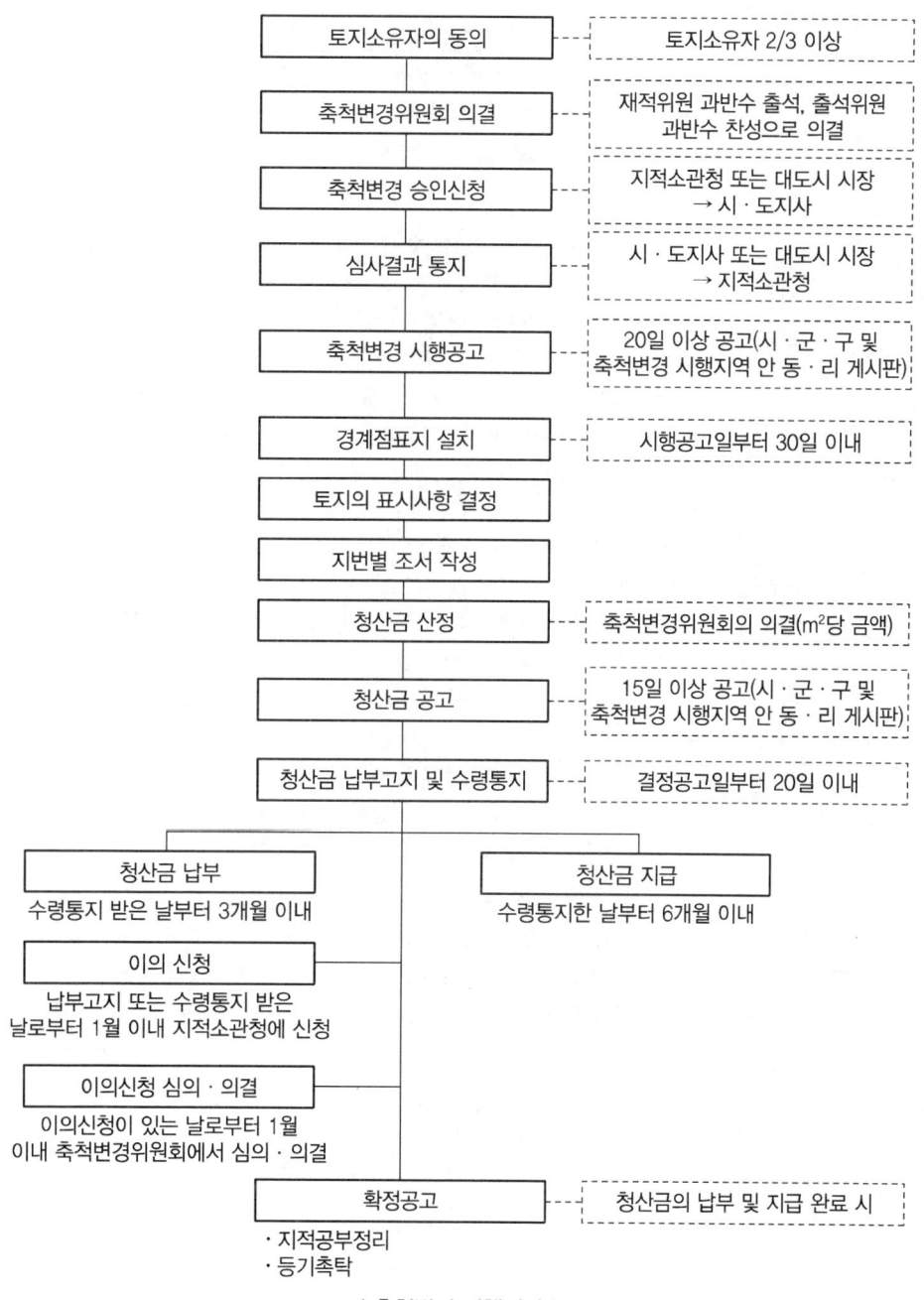

| 축척변경 시행절차 |

8 등록사항 정정

1) 개요 및 지적측량의 금지

개요	지적공부에 등록된 등록사항에 오류가 있을 경우 지적소관청의 직권 또는 소유자의 신청에 의하여 등록사항을 정정하는 것을 말한다.
토지소유자의 신청	토지소유자는 지적공부의 등록사항에 잘못이 있음을 발견하면 지적소관청에 그 정정을 신청할 수 있다.
지적소관청의 직권 정정	지적소관청은 지적공부의 등록사항에 잘못이 있음을 발견하면 직권으로 조사·측량하여 정정할 수 있다. 직권으로 조사·측량하여 정정할 수 있는 경우는 다음과 같다. ① 토지이동정리 결의서의 내용과 다르게 정리된 경우 ② 지적도 및 임야도에 등록된 필지가 면적의 증감 없이 경계의 위치만 잘못된 경우 ③ 1필지가 각각 다른 지적도나 임야도에 등록되어 있는 경우로서 지적공부에 등록된 면적과 측량한 실제면적은 일치하지만 지적도나 임야도에 등록된 경계가 서로 접합되지 않아 지적도나 임야도에 등록된 경계를 지상의 경계에 맞추어 정정하여야 하는 토지가 발견된 경우 ④ 지적공부의 작성 또는 재작성 당시 잘못 정리된 경우 ⑤ 지적측량성과와 다르게 정리된 경우 ⑥ 지적위원회의 의결에 의하여 지적공부의 등록사항을 정정하여야 하는 경우 ⑦ 지적공부의 등록사항이 잘못 입력된 경우 ⑧ 「부동산등기법」에 따른 통지가 있는 경우(지적소관청의 착오로 잘못 합병한 경우만 해당한다) ⑨ 법률 제2801호 지적법개정법률 부칙 제3조에 따른 면적 환산이 잘못된 경우지적소관청은 위의 어느 하나에 해당하는 토지가 있을 때에는 지체 없이 관계 서류에 따라 지적공부의 등록사항을 정정하여야 한다.
신청 및 첨부서류	토지소유자는 지적공부의 등록사항에 대한 정정을 신청할 때에는 정정사유를 적은 신청서에 다음의 구분에 따른 서류를 첨부하여 지적소관청에 제출하여야 한다. • 경계 또는 면적의 변경을 가져오는 경우 : 등록사항 정정 측량성과도 • 그 밖의 등록사항을 정정하는 경우 : 변경사항을 확인할 수 있는 서류
토지의 경계 변경 시	토지소유자의 신청에 의한 등록사항의 정정으로 인접 토지의 경계가 변경되는 경우에는 다음의 어느 하나에 해당하는 서류를 지적소관청에 제출하여야 한다. ① 인접 토지소유자의 승낙서 ② 인접 토지소유자가 승낙하지 아니하는 경우에는 이에 대항할 수 있는 확정판결서 정본(正本)

2) 토지소유자에 관한 등록사항 정정

① 지적소관청이 등록사항을 정정할 때 그 정정사항이 토지소유자에 관한 사항인 경우에는 등기필증, 등기완료통지서, 등기사항증명서 또는 등기관서에서 제공한 등기전산정보자료에 따라 정정하여야 한다.

② 다만, 미등기 토지에 대하여 토지소유자의 성명 또는 명칭, 주민등록번호, 주소 등에 관한 사항의 정정을 신청한 경우로서 그 등록사항이 명백히 잘못된 경우에는 가족관계 기록사항에 관한 증명서에 따라 정정하여야 한다.

미등기토지의 소유자 정정 적용 대상토지	• 미등기 토지로서 소유자의 정정에 관한 사항과 토지조사 당시에 사정 또는 재결 등에 의하여 대장에 소유자는 등록하였으나, 소유자의 주소가 등록되어 있지 아니한 토지 • 종전 「지적법 시행령」(대통령령 제497호, 1951년 4월 1일 제정) 제3조제4호의 규정에 의하여 국유지를 매각ㆍ교환 또는 양여에 의하여 취득한 토지(이하 "국유지의 취득"이라 한다)의 소유자 주소가 대장에 등록되어 있지 아니한 미등기 토지로 한다. • 소유권확인청구의 소에 의한 확정판결이 있었거나, 이에 관한 소송이 법원에 진행 중인 토지를 제외한다.
조사ㆍ등록	미등기 토지의 소유자 주소를 대장에 등록하고자 하는 때에는 사정ㆍ재결 또는 국유지의 취득 당시 최초 주소를 조사하여 등록한다.
확인 조사처리	미등기 토지의 소유자 정정 등에 관한 신청이 있는 때에는 14일 이내에 다음 사항을 확인하여 처리한다. • 적용대상 토지 여부 • 대장상 소유자와 가족관계등록부ㆍ제적부에 등재된 자와의 동일인 여부 • 적용대상 토지에 대한 확정판결이나 소송의 진행 여부 • 첨부서류의 적합여부 • 그 밖에 지적소관청이 필요하다고 인정되는 사항
자료의 제출 또는 보완	지적소관청은 미등기 토지의 소유자 정정을 위한 조사를 하는 때에는 기간을 정하여 신청인에게 필요한 자료의 제출 또는 보완을 요구할 수 있다.
결과 통지	지적소관청은 대장에 소유자의 주소 등을 등록한 때에는 지체 없이 신청인에게 그 내용을 통지하여야 한다.

9 등기촉탁

개요	등기촉탁이라 함은 지적공부의 토지의 표시사항(토지의 소재·지번·지목·면적·경계 등)을 변경 정리한 경우 토지소유자를 대신하여 지적소관청이 관할등기소에 등기 신청하는 것을 말한다. ☞ 등기촉탁은 국가가 자기를 위하여 하는 등기로 본다.
등기촉탁 대상	① 지적공부의 등록된 토지의 표시사항(토지의 소재·지번·지목·면적·경계 등)을 변경 정리한 경우 ② 지번을 변경한 때 ③ 바다로 된 토지를 등록말소한 때 ④ 축척변경을 한 때 ⑤ 행정구역의 개편으로 새로이 지번을 정할 때 ⑥ 직권으로 등록사항을 정정한 때 → 등기촉탁대상 제외 : 신규등록은 토지소유자가 보존등기를 하여야 하므로 등기촉탁의 대상에서 제외된다.

CHAPTER 07 예상문제

01 다음 중 지적측량에 의해 결정되는 사항이 아닌 것은?
① 필지의 좌표
② 필지의 경계
③ 필지의 면적
④ 필지의 등급

해설
필지의 등급은 지적측량에 의한 결정사항이 아니다.

02 1970년에 공포된 지적측량사규정 시행 당시 국가공무원으로서 그 소속 관서의 지적측량 사무에 종사하는 자를 무엇이라 하였는가?
① 대행측량사
② 상치측량사
③ 감정측량사
④ 지정측량사

해설
지적측량사규정에서 지적측량사를 상치측량사(국가공무원), 대행측량사(위탁, 수탁자)로 구분한다.

03 다음 지적측량의 행정적 효력 중 지적공부에 유효하게 등록된 표시사항은 일정한 기간이 경과된 후 그 상대방이나 이해관계인이 그 효력을 다툴 수 없으며 소관청 자체도 특별한 사유가 있는 경우를 제외하고 그 성과를 변경할 수 없는 처분행위의 효력은?
① 구속력
② 확정력
③ 강제력
④ 추정력

해설
지적측량의 법률적 효력
- 구속력 : 지적측량의 내용에 대해 소관청 자신이 소유자 및 이해관계인을 기속하는 효력으로서 지적측량은 완료와 동시에 구속력이 발생하여 측량결과에 대해 그것이 유효하게 존재하는 한 그 내용을 존중하고 복종해야 하며 결코 정당한 절차 없이 그 존재나 효력을 기피할 수 없다.
- 공정력 : 지적측량이 유효의 성립요건을 갖추지 못하여 하자가 인정될 때라도 절대무효인 경우를 제외하고는 소관청, 감독청, 법원 등의 기관에 의하여 쟁송 또는 직권으로 그 내용을 취소할 때까지 그 행위는 적법한 추정을 받고 그 누구도 부인하지 못하는 효력이다.

정답 01 ④ 02 ② 03 ②

- 확정력 : 일단 유효하게 성립된 지적측량은 일정한 기간이 경과한 뒤에 그 상대방이나 기타 이해관계인이 그 효력을 다툴 수 없으며 소관청도 특별한 사유가 없는 한 그 성과를 변경할 수 없다는 효력을 말하며 "불가쟁력" 또는 "형식적 확정력"이라 한다.
- 강제력 : 강제력이란 행정행위의 실현을 사법부에 의존하지 않고 행정청 자체의 권한으로 집행할 수 있는 효력으로 "집행력" 또는 "제재력"이라고도 한다.

04 다음 중 토지조사사업의 주된 내용으로 거리가 먼 것은?

① 토지의 소유권 보호
② 토지의 행정구역 조사
③ 토지의 외모 조사
④ 토지의 가격 조사

해설

토지조사사업
- 토지소유권 조사는 지적제도와 부동산등기제도의 확립을 위한 것
- 토지의 가격조사는 지세제도의 확립을 위한 것
- 토지의 외모조사는 국토의 지리를 밝히는 것

05 지적측량의 법률적 효력 중 지적측량의 내용에 대해 소관청이나 소유자 및 관계인을 기속하는 효력을 말하며, 정당한 절차가 없이 지적측량의 결과에 대해 부정하거나 효력을 기피할 수 없는 것은?

① 확장력
② 공정력
③ 구속력
④ 강제력

해설

구속력
지적측량의 내용에 대해 소관청 자신이나 소유자 및 이해관계인을 기속하는 효력으로서 지적측량은 완료와 동시에 구속력이 발생하여 측량결과에 대해 그것이 유효하게 존재하는 한 그 내용을 존중하고 복종해야 하며 결코 정당한 절차 없이 그 존재나 효력을 기피할 수 없다.

06 다음의 내용과 관련 있는 일필지의 경계설정 기준에 관한 설명에 해당하는 것은?

- 점유자는 소유의 의사로 선의, 평온 및 공연하게 점유한 것으로 추정한다.(우리나라 민법)
- 경계 쟁의 경우에 있어서 정당한 경계가 알려지지 않을 때에는 점유상태로서 경계의 표준으로 한다.(독일민법)

① 경계가 불분명하고 점유형태를 확정할 수 없을 때 분쟁지를 물리적으로 평분하여 쌍방의 토지에 소유시킨다.
② 현재의 소유자가 각자 점유하고 있는 지역이 명확한 1개의 선으로 구분되어 있을 때, 이 선을 경계로 한다.
③ 새로이 결정하는 경계가 다른 확실한 자료와 비교하여 공평, 합당하지 못할 때에는 상당한 보완을 한다.
④ 점유형태를 확인할 수 없을 때 먼저 등록한 소유자에게 소유시킨다.

정답 04 ② 05 ③ 06 ②

> [해설]

경계의 결정방법의 하나인 점유론
토지소유권의 경계는 불명하지만 양자의 소유자가 각자 점유하는 지역이 명확한 1개의 선으로서 구분되어 있을 때는 이 하나의 선을 소유지의 경계로 해야 한다는 논리이다. 우리나라에도 "점유자는 소유의 의사로 선의·평온·공연하게 점유한 것으로 추정한다."라고 명백히 규정하고 있다. 독일에는 "경계쟁의의 경우에 있어서 정당한 경계가 알려지지 않을 때에는 점유상태로서 경계의 표준으로 한다."는 규정이 있는데, 이는 이해당사자의 의사에 따른 점유를 우선하는 민법태도에 따른 것이다.

07 토지 면적을 새로이 측정해야 하는 경우에 해당되지 않는 토지이동은?
① 등록전환
② 토지분할
③ 지목변경
④ 경계정정

> [해설]

지목변경은 면적측정의 대상이 아니다.

08 지적측량에 사용되는 구소삼각지역의 직각좌표계 원점에 해당하지 않는 것은?
① 계양원점
② 칠곡원점
③ 현창원점
④ 소라원점

> [해설]

직각좌표의 기준(제7조제3항 관련)(공간정보의 구축 및 관리 등에 관한 법률 시행령 [별표 2])

명칭	원점의 경위도	
망산원점	경도 : 동경 126°22′24″.596	위도 : 북위 37°43′07″.060
계양원점	경도 : 동경 126°42′49″.685	위도 : 북위 37°33′01″.124
조본원점	경도 : 동경 127°14′07″.397	위도 : 북위 37°26′35″.262
가리원점	경도 : 동경 126°51′59″.430	위도 : 북위 37°25′30″.532
등경원점	경도 : 동경 126°51′32″.845	위도 : 북위 37°11′52″.885
고초원점	경도 : 동경 127°14′41″.585	위도 : 북위 37°09′03″.530
율곡원점	경도 : 동경 128°57′30″.916	위도 : 북위 35°57′21″.322
현창원점	경도 : 동경 128°46′03″.947	위도 : 북위 35°51′46″.967
구암원점	경도 : 동경 128°35′46″.186	위도 : 북위 35°51′30″.878
금산원점	경도 : 동경 128°17′26″.070	위도 : 북위 35°43′46″.532
소라원점	경도 : 동경 128°43′36″.841	위도 : 북위 35°39′58″.199

[비고]
가. 조본원점·고초원점·율곡원점·현창원점 및 소라원점의 평면직각종횡선수치의 단위는 미터로 하고, 망산원점·계양원점·가리원점·등경원점·구암원점 및 금산원점의 평면직각종횡선수치의 단위는 간(間)으로 한다. 이 경우 각각의 원점에 대한 평면직각종횡선수치는 0으로 한다.
나. 특별소삼각측량지역[전주, 강경, 마산, 진주, 광주(光州), 나주(羅州), 목포, 군산, 울릉도 등]에 분포된 소삼각측량지역은 별도의 원점을 사용할 수 있다.

정답 07 ③ 08 ②

09 공유수면매립지의 토지 중 제방 등을 토지에 편입하여 등록하는 경우 지상경계의 결정 기준으로 옳은 것은?

① 구조물의 하단부
② 구조물의 중앙부
③ 최소만수위가 되는 선
④ 바깥쪽 어깨부분

> 해설

지상 경계의 결정기준 등(공간정보의 구축 및 관리 등에 관한 법률 시행령 제55조)
① 법 제65조제1항에 따른 지상 경계의 결정기준은 다음 각 호의 구분에 따른다.
  1. 연접되는 토지 간에 높낮이 차이가 없는 경우 : 그 구조물 등의 중앙
  2. 연접되는 토지 간에 높낮이 차이가 있는 경우 : 그 구조물 등의 하단부
  3. 도로·구거 등의 토지에 절토(땅깎기)된 부분이 있는 경우 : 그 경사면의 상단부
  4. 토지가 해면 또는 수면에 접하는 경우 : 최대만조위 또는 최대만수위가 되는 선
  5. 공유수면매립지의 토지 중 제방 등을 토지에 편입하여 등록하는 경우 : 바깥쪽 어깨부분
② 지상 경계의 구획을 형성하는 구조물 등의 소유자가 다른 경우에는 제1항제1호부터 제3호까지의 규정에도 불구하고 그 소유권에 따라 지상 경계를 결정한다.

10 지상 경계의 구획을 형성하는 구조물 등의 소유자가 다른 경우 지상 경계를 새로이 결정하는 방법으로 옳은 것은?

① 그 소유권에 따라 지상 경계를 결정한다.
② 면적이 넓은 쪽을 따라 지상 경계를 결정한다.
③ 그 구조물 등의 중앙을 따라 지상 경계를 결정한다.
④ 도상 경계에 따라 지상 경계를 결정한다.

> 해설

9번 해설 참고

11 지적측량에서 기초측량에 해당하지 않는 것은?

① 지적삼각보조점측량
② 지적삼각점측량
③ 지적도근점측량
④ 세부측량

> 해설

지적측량의 구분 등(지적측량시행규칙 제5조)
① 지적측량은 기초측량과, 1필지의 경계와 면적을 정하는 세부측량으로 구분한다.
② 지적측량은 평판측량, 전자평판측량, 경위의측량, 전파기 또는 광파기측량, 사진측량, 위성측량 및 드론측량 등의 방법에 따른다.

정답 09 ④ 10 ① 11 ④

12 상한과 종 · 횡선차의 부호에 대한 설명이 옳은 것은?(단, Δx : 종선차, Δy : 횡선차)

① 1상한에서 Δx는 $(-)$, Δy는 $(-)$이다.
② 2상한에서 Δx는 $(-)$, Δy는 $(+)$이다.
③ 3상한에서 Δx는 $(-)$, Δy는 $(+)$이다.
④ 4상한에서 Δx는 $(+)$, Δy는 $(+)$이다.

> **해설**
> ① 1상한 Δx는 $(+)$, Δy는 $(+)$
> ② 2상한 Δx는 $(-)$, Δy는 $(+)$
> ③ 3상한 Δx는 $(-)$, Δy는 $(-)$
> ④ 4상한 Δx는 $(+)$, Δy는 $(-)$

13 토지조사사업 당시의 삼각측량에서 기선은 전국에 몇 개소를 설치하였는가?

① 7개소　　② 10개소　　③ 13개소　　④ 16개소

> **해설**
> • 기선측량은 1910년 6월에 대전기선을 시작으로 1913년 10월 고건원기선을 측량함으로써 13개소를 설치하였다.
> • 대전, 노량진, 안동, 하동, 의주, 평양, 영산포, 간성, 함흥, 길주, 강계, 혜산진, 고건원

14 구소삼각점인 율곡원점의 좌표로 옳은 것은?

① $X=200,000\text{m}$, $Y=500,000\text{m}$
② $X=500,000\text{m}$, $Y=200,000\text{m}$
③ $X=20,000\text{m}$, $Y=50,000\text{m}$
④ $X=0\text{m}$, $Y=0\text{m}$

> **해설**
> 직각좌표의 기준(제7조제3항 관련)(공간정보의 구축 및 관리 등에 관한 법률 시행령 [별표 2])
> 1. 직각좌표계 원점
>
> | 명칭 | 원점의 경위도 | 투영원점의 가산(加算)수치 | 원점축척계수 | 적용 구역 |
> |---|---|---|---|---|
> | 서부좌표계 | 경도 : 동경 125°00′
위도 : 북위 38°00′ | $X(N)$ 600,000m
$Y(E)$ 200,000m | 1.0000 | 동경 124°~126° |
> | 중부좌표계 | 경도 : 동경 127°00′
위도 : 북위 38°00′ | $X(N)$ 600,000m
$Y(E)$ 200,000m | 1.0000 | 동경 126°~128° |
> | 동부좌표계 | 경도 : 동경 129°00′
위도 : 북위 38°00′ | $X(N)$ 600,000m
$Y(E)$ 200,000m | 1.0000 | 동경 128°~130° |
> | 동해좌표계 | 경도 : 동경 131°00′
위도 : 북위 38°00′ | $X(N)$ 600,000m
$Y(E)$ 200,000m | 1.0000 | 동경 130°~132° |
>
> ※ 비고
> 가. 각 좌표계에서의 직각좌표는 다음의 조건에 따라 T · M(Transverse Mercator, 횡단 머케이터) 방법으로 표시한다.
> 　1) X축은 좌표계 원점의 자오선에 일치하여야 하고, 진북방향을 정$(+)$으로 표시하며, Y축은 X축에 직교하는 축으로서 진동방향을 정$(+)$으로 한다.

정답 12 ②　13 ③　14 ④

2) 세계측지계에 따르지 아니하는 지적측량의 경우에는 가우스상사이중투영법으로 표시하되, 직각좌표계 투영원점의 가산(加算)수치를 각각 X(N) 500,000미터(제주도지역 550,000미터), Y(E) 200,000m로 하여 사용할 수 있다.

나. 국토교통부장관은 지리정보의 위치측정을 위하여 필요하다고 인정할 때에는 직각좌표의 기준을 따로 정할 수 있다. 이 경우 국토교통부장관은 그 내용을 고시하여야 한다.

2. 지적측량에 사용되는 구소삼각지역의 직각좌표계 원점

명칭	원점의 경위도	
망산원점	경도 : 동경 126°22′24″.596	위도 : 북위 37°43′07″.060
계양원점	경도 : 동경 126°42′49″.685	위도 : 북위 37°33′01″.124
조본원점	경도 : 동경 127°14′07″.397	위도 : 북위 37°26′35″.262
가리원점	경도 : 동경 126°51′59″.430	위도 : 북위 37°25′30″.532
등경원점	경도 : 동경 126°51′32″.845	위도 : 북위 37°11′52″.885
고초원점	경도 : 동경 127°14′41″.585	위도 : 북위 37°09′03″.530
율곡원점	경도 : 동경 128°57′30″.916	위도 : 북위 35°57′21″.322
현창원점	경도 : 동경 128°46′03″.947	위도 : 북위 35°51′46″.967
구암원점	경도 : 동경 128°35′46″.186	위도 : 북위 35°51′30″.878
금산원점	경도 : 동경 128°17′26″.070	위도 : 북위 35°43′46″.532
소라원점	경도 : 동경 128°43′36″.841	위도 : 북위 35°39′58″.199

※ 비고
가. 조본원점·고초원점·율곡원점·현창원점 및 소라원점의 평면직각종횡선 수치의 단위는 m로 하고, 망산원점·계양원점·가리원점·등경원점·구암원점 및 금산원점의 평면직각종횡선 수치의 단위는 간(間)으로 한다. 이 경우 각각의 원점에 대한 평면직각종횡선 수치는 0으로 한다.
나. 특별소삼각측량지역[전주, 강경, 마산, 진주, 광주(光州), 나주(羅州), 목포, 군산, 울릉도 등]에 분포된 소삼각측량지역은 별도의 원점을 사용할 수 있다.

15 다음 중 경계복원측량을 가장 잘 설명한 것은?

① 지적도상 경계의 수정을 위한 측량이다.
② 경계점을 지표상에 복원하기 위한 측량이다.
③ 지상의 토지구획선을 지적도에 등록하기 위한 측량이다.
④ 지적도 도곽선에 걸쳐 있는 필지를 도곽선 안에 제도하기 위한 측량이다.

해설

경계복원측량이란 경계점을 지표상에 복원하기 위한 측량이다.

16 가리원점의 평면직각종횡선수치는 얼마인가?

① $X=0$m, $Y=0$m
② $X=10,000$m, $Y=30,000$m
③ $X=500,000$m, $Y=200,000$m
④ $X=550,000$m, $Y=200,000$m

정답 15 ② 16 ①

해설
① 구소삼각원점의 평면직각종횡선수치 : $X=0$m, $Y=0$m
② 구소삼각원점 암기 망계조가등고 율현구금소
- 조본, 고초, 율곡, 현창, 소라원점 : 미터(m)
- 망산, 계양, 가리, 등경, 구암, 금산원점 : 간(間)

17 지적기준점성과의 관리에 관한 내용이 옳은 것은?

① 지적삼각점성과는 시·도지사가 관리한다.
② 지적삼각보조점성과는 시·도지사가 관리한다.
③ 지적도근점성과는 시·도지사가 관리한다.
④ 삼각점성과는 시·도지사가 관리한다.

해설
지적기준점성과의 관리 등(지적측량시행규칙 제3조)
법 제27조제1항에 따른 지적기준점성과의 관리는 다음 각 호에 따른다.
1. 지적삼각점성과는 특별시장·광역시장·특별자치시장·도지사 또는 특별자치도지사(이하 "시·도지사"라 한다)가 관리하고, 지적삼각보조점성과 및 지적도근점성과는 지적소관청이 관리할 것
2. 지적소관청이 지적삼각점을 설치하거나 변경하였을 때에는 그 측량성과를 시·도지사에게 통보할 것
3. 지적소관청은 지형·지물 등의 변동으로 인하여 지적삼각점성과가 다르게 된 때에는 지체 없이 그 측량성과를 수정하고 그 내용을 시·도지사에게 통보할 것

18 다음 중 지적측량의 성격으로 가장 타당한 것은?

① 법률적 규제를 받는 기속측량이다.
② 건축물의 관리를 위한 입체측량이다.
③ 토지이용을 규제하는 사법측량이다.
④ 공익사업의 수행을 위한 공공측량이다.

해설
지적측량의 구속력이란 지적측량의 내용에 대해 소관청 자신이나 소유자 및 이해관계인을 기속하는 효력으로서 지적측량은 완료와 동시에 구속력이 발생하여 측량결과에 대해 그것이 유효하게 존재하는 한 그 내용을 존중하고 복종해야 하며 결코 정당한 절차 없이 그 존재나 효력을 기피할 수 없다.

19 다음 중 지적측량의 방법에 해당하지 않는 것은?

① 경위의측량
② 전파기측량
③ 관성측량
④ 위성측량

> **해설**

지적측량의 방법 등(지적측량 시행규칙 제7조)
① 법 제23조제2항에 따른 지적측량의 방법은 다음 각 호의 어느 하나에 따른다.
1. 지적삼각점측량 : 위성기준점, 통합기준점, 삼각점 및 지적삼각점을 기초로 하여 경위의측량방법, 전파기 또는 광파기측량방법, 위성측량방법 및 국토교통부장관이 승인한 측량방법에 따르되, 그 계산은 평균계산법이나 망평균계산법에 따를 것
2. 지적삼각보조점측량 : 위성기준점, 통합기준점, 삼각점, 지적삼각점 및 지적삼각보조점을 기초로 하여 경위의측량방법, 전파기 또는 광파기측량방법, 위성측량방법 및 국토교통부장관이 승인한 측량방법에 따르되, 그 계산은 교회법(交會法) 또는 다각망도선법에 따를 것
3. 지적도근점측량 : 위성기준점, 통합기준점, 삼각점 및 지적기준점을 기초로 하여 경위의측량방법, 전파기 또는 광파기측량방법, 위성측량방법 및 국토교통부장관이 승인한 측량방법에 따르되, 그 계산은 도선법, 교회법 및 다각망도선법에 따를 것
4. 세부측량 : 위성기준점, 통합기준점, 지적기준점 및 경계점을 기초로 하여 경위의측량방법, 평판측량방법, 전자평판측량방법, 위성측량방법 및 드론측량방법에 따를 것

20 다음 중 지적기준점측량의 절차가 옳은 것은?
① 계획의 수립 → 준비 및 현지답사 → 선점 및 조표 → 관측 및 계산과 성과표의 작성
② 계획의 수립 → 선점 및 조표 → 준비 및 현지답사 → 관측 및 계산과 성과표의 작성
③ 계획의 수립 → 선점 및 조표 → 관측 및 계산과 성과표의 작성 → 준비 및 현지답사
④ 계획의 수립 → 준비 및 현지답사 → 관측 및 계산과 성과표의 작성 → 선점 및 조표

> **해설**

계획 → 답사 → 선점 → 조표 → 관측 → 계산 → 성과정리

21 다음 중 지적측량을 실시하지 않아도 되는 경우는?
① 지적기준점을 정하는 경우
② 지적측량성과를 검사하는 경우
③ 경계점을 지상에 복원하는 경우
④ 토지를 합병하고 면적을 결정하는 경우

> **해설**

토지를 합병하고 면적을 결정하는 경우에는 지적측량을 수반하지 아니한다.

22 다음 중 경계점좌표등록부를 갖춰 두는 지역에 있는 각 필지의 경계점을 측정할 때에 측점번호의 부여 방법으로 옳은 것은?
① 오른쪽 위에서부터 왼쪽으로 경계를 따라 일련번호를 부여한다.
② 왼쪽 위에서부터 오른쪽으로 경계를 따라 일련번호를 부여한다.
③ 오른쪽 아래에서부터 왼쪽으로 경계를 따라 일련번호를 부여한다.
④ 왼쪽 아래에서부터 오른쪽으로 경계를 따라 일련번호를 부여한다.

정답 20 ① 21 ④ 22 ②

해설

경계점좌표등록부를 갖춰 두는 지역의 측량(지적측량 시행규칙 제23조)
① 경계점좌표등록부를 갖춰 두는 지역에 있는 각 필지의 경계점을 측정할 때에는 도선법·방사법 또는 교회법에 따라 좌표를 산출하여야 한다. 다만, 필지의 경계점이 지형·지물에 가로막혀 경위의를 사용할 수 없는 경우에는 간접적인 방법으로 경계점의 좌표를 산출할 수 있다.
② 제1항에 따른 각 필지의 경계점 측점번호는 왼쪽 위에서부터 오른쪽으로 경계를 따라 일련번호를 부여한다.
③ 기존의 경계점좌표등록부를 갖춰 두는 지역의 경계점에 접속하여 경위의측량방법 등으로 지적확정측량을 하는 경우 동일한 경계점의 측량성과가 서로 다를 때에는 경계점좌표등록부에 등록된 좌표를 그 경계점의 좌표로 본다. 이 경우 동일한 경계점의 측량성과의 차이는 제27조제1항제4호 가목의 허용범위 이내여야 한다.

23 다음 중 분할에 따른 지상 경계를 지상건축물을 걸리게 결정할 수 있는 경우가 아닌 것은?

① 법원의 확정판결이 있는 경우
② 공공사업 등에 따라 학교용지·도로·철도용지 등의 지목으로 되는 토지를 분할하는 경우
③ 국가나 지방자치단체의 장이 토지를 취득하기 위하여 분할하는 경우
④ 도시개발사업 등의 사업시행자가 사업지구의 경계를 결정하기 위하여 토지를 분할하는 경우

해설

지상 경계의 결정기준 등(공간정보의 구축 및 관리 등에 관한 법률 시행령 제55조)
③ 다음 각 호의 어느 하나에 해당하는 경우에는 지상 경계점에 법 제65조제1항에 따른 경계점표지를 설치하여 측량할 수 있다.
 1. 법 제86조제1항에 따른 도시개발사업 등의 사업시행자가 사업지구의 경계를 결정하기 위하여 토지를 분할하려는 경우
 2. 법 제87조제1호 및 제2호에 따른 사업시행자와 행정기관의 장 또는 지방자치단체의 장이 토지를 취득하기 위하여 분할하려는 경우
 3. 「국토의 계획 및 이용에 관한 법률」 제30조제6항에 따른 도시·군관리계획 결정고시와 같은 법 제32조제4항에 따른 지형도면 고시가 된 지역의 도시·군관리계획선에 따라 토지를 분할하려는 경우
④ 분할에 따른 지상 경계는 지상건축물을 걸리게 결정해서는 아니 된다. 다만, 다음 각 호의 어느 하나에 해당하는 경우에는 그러하지 아니하다.
 1. 법원의 확정판결이 있는 경우
 2. 법 제87조제1호에 해당하는 토지를 분할하는 경우
 3. 제3항제1호 또는 제3호에 따라 토지를 분할하는 경우

[참고] **신청의 대위(공간정보의 구축 및 관리 등에 관한 법률 제87조)**
다음 각 호의 어느 하나에 해당하는 자는 이 법에 따라 토지소유자가 하여야 하는 신청을 대신할 수 있다.
 1. 공공사업 등에 따라 학교용지·도로·철도용지·제방·하천·구거·유지·수도용지 등의 지목으로 되는 토지인 경우 : 해당 사업의 시행자

24 다음 중 지적삼각점성과를 관리하는 자는?

① 지적소관청
② 시·도지사
③ 국토교통부장관
④ 행정안전부장관

정답 23 ③ 24 ②

해설

17번 해설 참고

25 다음 구소삼각지역의 직각좌표계 원점 중 평면직각종횡선 수치의 단위를 간(間)으로 하는 것은?

① 조본원점 ② 고초원점 ③ 율곡원점 ④ 계양원점

해설

직각좌표의 기준(제7조제3항 관련)(공간정보의 구축 및 관리 등에 관한 법률 시행령 [별표 2])
2. 지적측량에 사용되는 구소삼각지역의 직각좌표계 원점

명칭	원점의 경위도	
망산원점	경도 : 동경 126°22′24″.596	위도 : 북위 37°43′07″.060
계양원점	경도 : 동경 126°42′49″.685	위도 : 북위 37°33′01″.124
조본원점	경도 : 동경 127°14′07″.397	위도 : 북위 37°26′35″.262
가리원점	경도 : 동경 126°51′59″.430	위도 : 북위 37°25′30″.532
등경원점	경도 : 동경 126°51′32″.845	위도 : 북위 37°11′52″.885
고초원점	경도 : 동경 127°14′41″.585	위도 : 북위 37°09′03″.530
율곡원점	경도 : 동경 128°57′30″.916	위도 : 북위 35°57′21″.322
현창원점	경도 : 동경 128°46′03″.947	위도 : 북위 35°51′46″.967
구암원점	경도 : 동경 128°35′46″.186	위도 : 북위 35°51′30″.878
금산원점	경도 : 동경 128°17′26″.070	위도 : 북위 35°43′46″.532
소라원점	경도 : 동경 128°43′36″.841	위도 : 북위 35°39′58″.199

※ 비고
가. 조본원점·고초원점·율곡원점·현창원점 및 소라원점의 평면직각종횡선 수치의 단위는 m로 하고, 망산원점·계양원점·가리원점·등경원점·구암원점 및 금산원점의 평면직각종횡선 수치의 단위는 간(間)으로 한다. 이 경우 각각의 원점에 대한 평면직각종횡선 수치는 0으로 한다.
나. 특별소삼각측량지역[전주, 강경, 마산, 진주, 광주(光州), 나주(羅州), 목포, 군산, 울릉도 등]에 분포된 소삼각측량지역은 별도의 원점을 사용할 수 있다.

26 우리나라 토지 조사 당시 대삼각 측량에서 대삼각점의 평균 점간 거리는 얼마로 하였는가?

① 30km ② 20km ③ 15km ④ 10km

해설

구분	종류	평균변장	토지조사사업 당시	설치 근거
삼각점	1등삼각점	30km	대삼각본점	토지조사법
	2등삼각점	10km	대삼각보점	토지조사법
	3등삼각점	5km	소삼각1등점	토지조사법
	4등삼각점	2.5km	소삼각2등점	토지조사법
지적삼각점	지적삼각점	2.5~5.0km	없음	지적법
	지적삼각보조점	1~3km	없음	지적법

정답 25 ④ 26 ①

27 다음 중 지상경계를 새로 결정하려는 경우의 기준이 옳지 않은 것은?

① 연접되는 토지 간에 높낮이 차이가 없는 경우 그 구조물 등의 중앙
② 연접되는 토지 간에 높낮이 차이가 있는 경우 그 구조물 등의 상단부
③ 토지가 해면 또는 수면에 접하는 경우 최대만조위 또는 최대만수위가 되는 선
④ 공유수면매립지의 토지 중 제방 등을 토지에 편입하여 등록하는 경우 바깥쪽 어깨부분

해설

지상 경계의 결정기준 등(공간정보의 구축 및 관리 등에 관한 법률 시행령 제55조)
① 법 제65조제1항에 따른 지상 경계의 결정기준은 다음 각 호의 구분에 따른다.
   1. 연접되는 토지 간에 높낮이 차이가 없는 경우 : 그 구조물 등의 중앙
   2. 연접되는 토지 간에 높낮이 차이가 있는 경우 : 그 구조물 등의 하단부
   3. 도로·구거 등의 토지에 절토(땅깎기)된 부분이 있는 경우 : 그 경사면의 상단부
   4. 토지가 해면 또는 수면에 접하는 경우 : 최대만조위 또는 최대만수위가 되는 선
   5. 공유수면매립지의 토지 중 제방 등을 토지에 편입하여 등록하는 경우: 바깥쪽 어깨부분

28 지적기준점측량의 순서가 옳게 나열된 것은?

   ㉠ 계획의 수립
   ㉡ 준비 및 현지답사
   ㉢ 선점 및 조표
   ㉣ 관측 및 계산과 성과표의 작성

① ㉠ → ㉡ → ㉣ → ㉢
② ㉠ → ㉡ → ㉢ → ㉣
③ ㉡ → ㉠ → ㉣ → ㉢
④ ㉡ → ㉠ → ㉢ → ㉣

해설

계획수립 → 답사 → 선점 → 조표 → 관측 → 계산 → 성과표 작성

29 지적측량의 구분으로 옳은 것은?

① 삼각측량, 도해측량
② 수치측량, 기초측량
③ 기초측량, 세부측량
④ 수치측량, 세부측량

정답 27 ② 28 ② 29 ③

해설

지적측량의 구분

기초측량	• 경위의 측량방법 • 전파기 또는 광파기 측량방법 • 사진측량방법 • 위성측량방법	지적삼각측량	• 경위의 측량 방법 • 전파기 또는 광파기 측량 방법 (평균계산법, 망평균계산법)
		지적삼각보조측량	• 경위의 측량 방법 • 전파기 또는 광파기 측량 방법 (교회법, 다각망도선법)
		지적위성기준측량	정지측량, 이동측량, 실시간이동측량
		지적도근측량	• 경위의 측량 방법 • 전파기 또는 광파기 측량 방법 (도선법, 교회법, 다각망도선법)
세부측량	• 경위의 측량방법 • 측판측량방법	측판측량	도해측량(교회법, 도선법, 방사법)
		경위의 측량	경계점좌표측량(도선법, 방사법)

30 다음 중 지적측량에 대한 설명으로 옳지 않은 것은?

① 경계점을 지상에 복원하는 경우 지적측량을 하여야 한다.
② 특별소삼각측량지역에 분포된 소삼각측량지역은 별도의 원점을 사용할 수 있다.
③ 조본원점과 고초원점의 평면직각종횡선수치의 단위는 간(間)으로 한다.
④ 지적측량의 방법 및 절차 등에 필요한 사항은 국토교통부령으로 정한다.

해설

직각좌표의 기준(제7조제3항 관련)(공간정보의 구축 및 관리 등에 관한 법률 시행령 [별표 2])
2. 지적측량에 사용되는 구소삼각지역의 직각좌표계 원점

명칭	원점의 경위도	
망산원점	경도 : 동경 126°22′24″.596	위도 : 북위 37°43′07″.060
계양원점	경도 : 동경 126°42′49″.685	위도 : 북위 37°33′01″.124
조본원점	경도 : 동경 127°14′07″.397	위도 : 북위 37°26′35″.262
가리원점	경도 : 동경 126°51′59″.430	위도 : 북위 37°25′30″.532
등경원점	경도 : 동경 126°51′32″.845	위도 : 북위 37°11′52″.885
고초원점	경도 : 동경 127°14′41″.585	위도 : 북위 37°09′03″.530
율곡원점	경도 : 동경 128°57′30″.916	위도 : 북위 35°57′21″.322
현창원점	경도 : 동경 128°46′03″.947	위도 : 북위 35°51′46″.967
구암원점	경도 : 동경 128°35′46″.186	위도 : 북위 35°51′30″.878
금산원점	경도 : 동경 128°17′26″.070	위도 : 북위 35°43′46″.532
소라원점	경도 : 동경 128°43′36″.841	위도 : 북위 35°39′58″.199

※ 비고
가. 조본원점·고초원점·율곡원점·현창원점 및 소라원점의 평면직각종횡선 수치의 단위는 m로 하고, 망산원점·계양원점·가리원점·등경원점·구암원점 및 금산원점의 평면직각종횡선 수치의 단위는 간(間)으로 한다. 이 경우 각각의 원점에 대한 평면직각종횡선 수치는 0으로 한다.

정답 30 ③

나. 특별소삼각측량지역[전주, 강경, 마산, 진주, 광주(光州), 나주(羅州), 목포, 군산, 울릉도 등]에 분포된 소삼각측량지역은 별도의 원점을 사용할 수 있다.

31 다음 중 직각좌표의 기준이 되는 직각좌표계 원점에 해당하지 않는 것은?

① 동부좌표계 원점 : 북위 38°선과 동경 129°선의 교점
② 중부좌표계 원점 : 북위 38°선과 동경 127°선의 교점
③ 서부좌표계 원점 : 북위 38°선과 동경 125°선의 교점
④ 남부좌표계 원점 : 북위 38°선과 동경 123°선의 교점

> 해설

명칭	경도	위도	명칭	경도	위도
서부원점	동경 125°	북위 38°	동부원점	동경 129°	북위 38°
중부원점	동경 127°	북위 38°	동해원점	동경 131°	북위 38°

32 지적기준점표지의 점간거리 기준에 적합하지 않은 것은?

① 교회법에 따른 지적삼각보조점표지의 점간거리를 평균 2km로 하였다.
② 지적삼각점표지의 점간거리를 평균 4km로 하였다.
③ 지적위성기준점의 점간거리를 평균 10km로 하였다.
④ 다각망도선법에 따른 지적도근점표지의 점간거리를 평균 400m로 하였다.

> 해설

• 지적삼각측량 점간거리 : 2~5km
• 지적삼각보조측량 : 경위의 측량방법, 전파(광파)기 교회법 : 1~3km
• 경위의 측량방법, 전파(광파)기다각망도선법 : 0.5~1km, 1도선거리 4km 이하
• 다각망도선법에 따른 지적도근점표지의 점간거리 : 500m 이하
• 지적위성기준점의 점간거리는 평균 30km~50km로 할 것

33 다음 중 지적측량을 하여야 하는 경우로 옳지 않은 것은?

① 지적공부를 복구하는 경우
② 지적측량성과를 검사하는 경우
③ 경계점을 지상에 복원하는 경우
④ 지적측량기준점 표지를 설치하는 경우

> 해설

지적측량의 대상
• 토지의 경계좌표를 등록하기 위한 측량
• 토지의 경계를 공부상에 이동 정리하기 위한 측량
• 토지를 새로 지적공부에 등록하기 위한 측량
• 멸실된 지적공부를 복구할 때
• 경계를 지표상에 복원함에 있어 측량을 필요로 할 때

정답 31 ④ 32 ③ 33 ④

34 토지조사사업 당시의 삼각측량에서 기선은 전국에 몇 개소를 설치하였는가?

① 7개소
② 10개소
③ 13개소
④ 16개소

해설
- 기선측량은 1910년 6월에 대전기선을 시작으로 1913년 10월 고건원기선을 측량함으로써 13개소를 설치하였다.
- 대전, 노량진, 안동, 하동, 의주, 평양, 영산포, 간성, 함흥, 길주, 강계, 혜산진, 고건원

35 다음 중 지적측량을 실시하지 않아도 되는 경우는?

① 지적기준점을 정하는 경우
② 지적측량성과를 검사하는 경우
③ 경계점을 지상에 복원하는 경우
④ 토지를 합병하고 면적을 결정하는 경우

해설
토지를 합병하고 면적을 결정하는 경우에는 지적측량을 수반하지 아니한다.

정답 34 ③ 35 ④

CHAPTER 08 지적측량

SECTION 01 지적측량 개요

1 지적측량의 실시

다음의 어느 하나에 해당하는 경우에는 지적측량을 하여야 한다.

① 지적기준점을 정하는 경우
② 지적측량 성과를 검사하는 경우
③ 다음의 어느 하나에 해당하는 경우로서 측량을 할 필요가 있는 경우
　㉠ 지적공부를 복구하는 경우
　㉡ 토지를 신규등록하는 경우
　㉢ 토지를 등록전환하는 경우
　㉣ 토지를 분할하는 경우
　㉤ 바다가 된 토지의 등록을 말소하는 경우
　㉥ 축척을 변경하는 경우
　㉦ 지적공부의 등록사항을 정정하는 경우
　㉧ 도시개발사업 등의 시행지역에서 토지의 이동이 있는 경우
④ 경계점을 지상에 복원하는 경우
⑤ 지적현황측량 : 지상건축물 등의 현황을 지적도 및 임야도에 등록된 경계와 대비하여 표시

2 지적측량의 구분

1) 지적측량의 구분

지적측량은 기초측량과 세부측량으로 구분하며, 기초측량은 지적기준점을 정하기 위한 측량을 세부측량은 1필지의 경계와 면적을 정하는 측량을 말한다.

기초측량	세부측량의 기초로 사용하는 기준점인 위치를 결정하는 골조측량으로 주로 경위의측량방법과 전자파측거기측량방법 및 사진측량방법, 위성측량방법으로 실시한다.
세부측량	① 필지의 위치, 경계, 면적 등의 세부사항을 결정하는 측량으로 주로 측판측량방법과 경위의측량방법 및 사진측량방법, 위성측량방법으로 실시한다. ② 지적확정측량과 시지역의 축척변경측량은 경위의측량방법, 전파기 또는 광파기측량방법으로 실시한다. ③ 농지개발사업 등으로 농지가 협소할 때에는 측판측량방법이나 사진측량방법으로 할 수 있다.

2) 측량 정도별 분류

도해지적측량	측량성과를 지적도나 임야도와 같은 도면상에 표현하는 측량으로, 도면의 축척에 따라 그 성과의 정도가 다르다.
수치지적측량	측량성과를 수치지적부나 측량부와 같은 장부에 평면직각좌표로 표현하는 측량으로 그 성과의 정도는 축척과 무관하다.

3) 측량 목적별 분류

조사측량	새로운 지적의 창설이나 기존 지적의 개편을 목적으로 실시하는 전국 규모의 측량으로, 우리나라의 기존 지적은 토지조사측량(1910~1919년)과 임야조사측량(1916~1924년)에 의해 창설되었다.
신규등록측량	기존 지적공부에 새로운 토지를 등록하기 위해 실시하는 측량이다.
토지분할측량	지적공부에 등록된 1필지의 토지를 2필지 이상으로 분할하기 위해 실시하는 측량이다.
등록전환측량	임야도에 등록된 토지를 지적도에 옮겨 등록하기 위해 실시하는 측량이다.
경계정정측량	지적공부에 등록되어 있는 경계를 정정하기 위해 실시하는 측량이다.
지적확정측량	도시계획, 구획정리, 농지개량 등의 사업을 시행하는 지구 내 토지의 필지별 지적을 새로이 확정하기 위해 실시하는 측량이다.
축척변경측량	지적도나 임야도의 축척을 대축척으로 변경하는 지구 내 토지의 필지별 지적을 새로이 확정하기 위해 실시하는 측량이다.
지적복구측량	전란, 화재 등으로 분·소실된 지적공부를 복구할 목적으로 실시하는 측량으로 멸실 당시의 지적공부에 등록되었던 내용을 기초로 하는 측량이다.
경계복원측량	지적공부에 등록된 토지의 경계를 지상에 복원할 목적으로 실시하는 측량으로 등록 당시의 측량방법을 기초로 하는 측량이다.
지적현황측량	지상구조물 또는 지하시설물의 점유관계를 지적공부에 등록된 경계와 대비하여 표시할 목적으로 실시하는 측량으로 성과의 도시가 필요한 측량이다.
기초측량	지적측량의 기초점인 지적삼각점, 지적삼각보조점 및 지적도근점의 위치를 결정하기 위해 실시하는 측량으로 기초점의 위치는 평면직각좌표로 표현한다.

3 지적측량의 방법

지적측량의 방법으로는 평판측량, 전자평판측량, 경위의측량, 전파기 또는 광파기측량, 사진측량, 위성측량 및 드론측량 등의 방법에 따른다. 〈개정 2024.12.26.〉

▶ 지적측량의 측량방법

구분	내용
평판측량	평판을 이용하여 토지의 경계를 도해적(선)으로 표현하는 측량방법
전자평판측량	전자평판과 광파기를 이용하여 토지의 경계를 도해적(선)으로 표현하는 측량방법
경위의측량	트랜싯 또는 데오돌라이트 및 토털스테이션 등의 기계를 이용하여 지적기준점 및 토지의 경계를 수치(좌표)로 표현하는 측량방법
전파기 또는 광파기측량	전파 또는 광파거리측정기를 이용하여 주로 거리측량에 이용되는 측량방법
사진측량	지상 또는 항공에서 촬영한 사진을 이용하여 토지의 형상과 위치를 나타내는 측량방법
위성측량	인공위성으로부터 발사되는 전파를 수신하여 지표상의 측점에 대한 3차원의 위치를 구하는 측량방법
드론측량	• 드론이란 조종자가 탑승하지 아니한 상태로 항행할 수 있는 비행체로서 국토교통부령으로 정하는 기준을 충족하는 다음 각 목의 어느 하나에 해당하는 기기를 말한다. 가. 「항공안전법」 제2조제3호에 따른 무인비행장치 나. 「항공안전법」 제2조제6호에 따른 무인항공기 다. 그 밖에 원격 · 자동 · 자율 등 국토교통부령으로 정하는 방식에 따라 항행하는 비행체 • 드론을 활용하여 지적측량 및 지적재조사측량에 이용되는 측량 방법

4 지적측량의 실시기준

지적삼각점측량 · 지적삼각보조점측량 · 지적도근점측량 · 세부측량은 다음의 어느 하나에 해당하는 경우에 실시한다.

지적삼각점측량 · 지적삼각보조점측량	① 측량지역의 지형상 지적삼각점이나 지적삼각보조점의 설치 또는 재설치가 필요한 경우 ② 지적도근점의 설치 또는 재설치를 위하여 지적삼각점이나 지적삼각보조점의 설치가 필요한 경우 ③ 세부측량을 하기 위하여 지적삼각점 또는 지적삼각보조점의 설치가 필요한 경우
지적도근점측량	① 축척변경을 위한 측량을 하는 경우 ② 도시개발사업 등으로 인하여 지적확정측량을 하는 경우 ③ 「국토의 계획 및 이용에 관한 법률」 제7조제1호의 도시지역에서 세부측량을 하는 경우 ④ 측량지역의 면적이 해당 지적도 1장에 해당하는 면적 이상인 경우 ⑤ 세부측량을 하기 위하여 특히 필요한 경우

세부측량	① 지적기준점을 정하는 경우
	② 토지이동을 위한 지적측량
	  • 지적공부를 복구하는 경우 • 토지를 신규등록하는 경우
	  • 토지를 등록전환하는 경우 • 토지를 분할하는 경우
	  • 바다가 된 토지의 등록을 말소하는 경우 • 축척을 변경하는 경우
	  • 지적공부의 등록사항을 정정하는 경우
	  • 도시개발사업 등의 시행지역에서 토지의 이동이 있는 경우
	③ 경계점을 지상에 복원하는 경우
	④ 지적현황측량

▶ **지적측량의 구분 및 측량방법과 계산방법**

구분	종류	기초	측량방법	계산방법
기초 측량	지적삼각점측량	• 위성기준점 • 통합기준점 • 삼각점 • 지적삼각점	• 경위의측량 • 전파기 또는 광파기 측량 • 위성측량방법 • 국토교통부장관이 승인한 측량방법	• 평균계산법 • 망평균계산법
	지적삼각보조점측량	• 위성기준점 • 통합기준점 • 삼각점 • 지적삼각점 • 지적삼각보조점		• 교회법 • 다각망도선법
	지적도근점측량	• 위성기준점 • 통합기준점 • 삼각점 • 지적삼각점 • 지적삼각보조점 • 지적도근점		• 도선법 • 교회법 • 다각망도선법

세부
측량
	• 복구측량
	• 신규등록측량
	• 등록전환측량
	• 분할측량
	• 등록말소측량
	• 축척변경측량
	• 등록사항정정측량
	• 지적확정측량
	• 경계복원측량
	• 지적현황측량
		• 위성기준점
		• 통합기준점
		• 지적기준점
		  - 지적삼각점
		  - 지적삼각보조점
		  - 지적도근점
		• 경계점
			• 경위의측량
			• 평판측량
			• 전자평판측량
			• 위성측량
			• 드론측량
				• 교회법
				• 도선법
				• 방사법

SECTION 02 기초측량

기초측량이라 함은 지적측량의 기초가 되는 지적기준점의 설치를 위하여 실시하는 측량을 말한다.

1 기초측량의 종류

지적삼각점측량 · 지적삼각보조점측량 · 지적도근점측량이 있다.

2 지적삼각점측량

지적삼각점측량은 지적기준점 중 지적삼각점의 위치를 결정하기 위하여 실시하는 측량을 말한다. 지적삼각점측량이라는 말은 지적측량의 기초가 되는 점의 위치를 삼각법에 의하여 측정한다는 뜻에서 유래되었으며, 현재 지적측량 중 가장 정밀하게 측량되고 있다.

1) 지적삼각측량의 조건

① 지적삼각측량을 하는 때에는 미리 지적삼각점표지를 설치하여야 한다.
② 지적삼각점의 명칭은 측량지역이 소재하고 있는 시·도의 명칭 중 두 글자를 선택하고 시·도 단위로 일련번호를 붙여서 정한다.
③ 지적삼각점은 유심다각망·삽입망·사각망·삼각쇄 또는 삼각망으로 구성하여야 한다.
④ 삼각형의 각 내각은 $30°$ 이상 $120°$ 이하로 한다. 다만, 망평균계산법에 의하는 경우에는 그러하지 아니하다.
⑤ 점간거리는 2~5km 정도로 한다.

2) 지적삼각점측량의 순서

(1) 순서

암기 계답선조관계정

지적삼각점측량은 아래와 같이 실시한다.

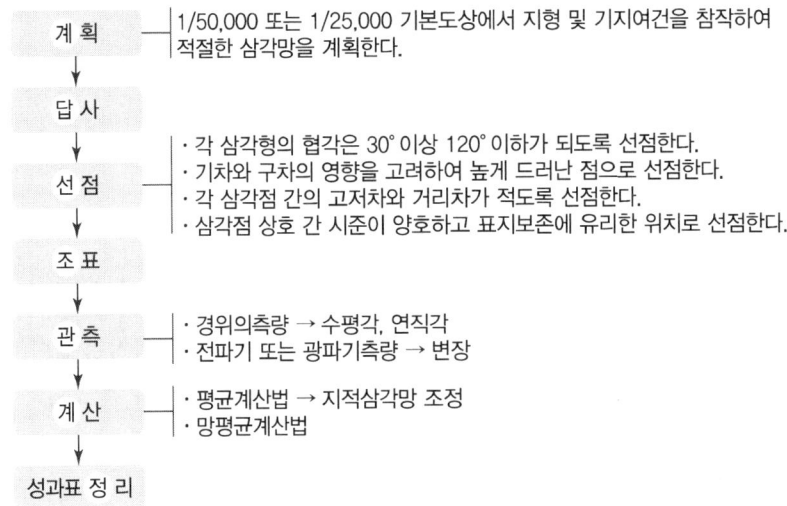

| 지적삼각점측량의 작업순서 |

(2) 기지점 방위각 및 거리계산

기지점 방위각 및 거리는 기지점인 지적삼각점 $A(X_A, Y_A)$와 $B(X_B, Y_B)$ 사이의 방위각과 거리를 계산하는 것을 말한다.

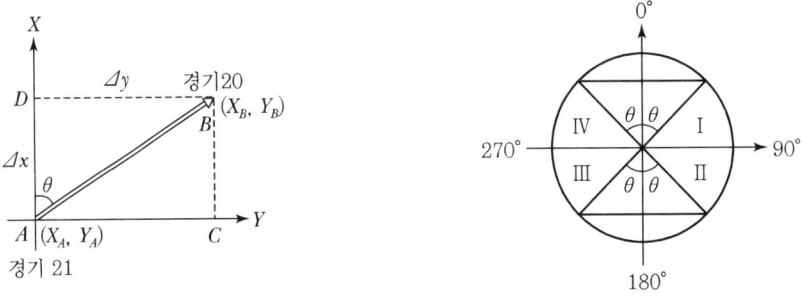

① 방위(θ) 및 방위각(V) 계산

종선차(Δx)	$\Delta x = X_B - X_A$
횡선차(Δy)	$\Delta y = Y_B - Y_A$
θ의 계산	$\tan\theta = \left|\dfrac{\Delta y}{\Delta x}\right| \rightarrow \theta = \tan^{-1}\left|\dfrac{\Delta y}{\Delta x}\right|$

방위각(V)의 계산	Ⅰ상한	$V = \theta = $ 방위각
	Ⅱ상한	$V = 180° - \theta$
	Ⅲ상한	$V = \theta + 180°$
	Ⅳ상한	$V = 360° - \theta$

② 거리($\overline{AB}$)계산

㉠ $\overline{AB} = \dfrac{\Delta y}{\sin\theta}$ or $\dfrac{\Delta x}{\cos\theta}$

㉡ $\overline{AB} = \sqrt{\Delta x^2 + \Delta y^2}$

▶ **지적삼각점의 망구성**

삼각쇄 (단열삼각망)	① 폭이 좁고 긴 지역에 적합하다. ② 노선·하천측량에 주로 이용한다. ③ 측량이 신속하고 경비가 절감되지만 정밀도가 낮다.	
유심다각망 (유심삼각망)	① 한 점을 중심으로 여러 개의 삼각형을 결합시킨 삼각망이다. ② 넓은 지역에 주로 이용한다. ③ 농지측량 및 평탄한 지역에 사용된다. ④ 정밀도는 비교적 높은 편이다.	
사각망 (사변형삼각망)	① 사각형의 각 정점을 연결하여 구성한 삼각망이다. ② 조건식의 수가 가장 많아 정밀도가 가장 높다.	
삽입망	삼각쇄와 유심다각망의 장점을 결합하여 구성한 삼각망으로, 지적삼각측량에서 가장 흔하게 사용한다.	
삼각망	두 개 이상의 기선을 이용하는 삼각망으로, 그 형태에 구애됨이 없이 최소제곱법의 원리에 따라 관측값을 정밀하게 조정한다.	

3) 지적삼각점측량의 관측 및 계산

(1) 경위의측량방법에 의하는 경우

관측	관측은 10초독(秒讀) 이상의 경위의를 사용할 것
수평각 관측	수평각 관측은 3대회(윤곽도는 0°, 60°, 120°로 한다)의 방향관측법에 따를 것
수평각의 측각공차	1방향각은 30초 이내, 1측회의 폐색은 ±30초 이내, 삼각형의 내각관측치의 합과 180°와의 차는 ±30초 이내, 기지각과의 차는 ±40초 이내로 한다.

1방향각	1측회의 폐색	삼각형의 내각관측치의 합과 180°와의 차	기지각과의 차
30초 이내	±30초 이내	±30초 이내	±40초 이내

(2) 전파 또는 광파기측량방법에 의하는 경우

관측	전파 또는 광파측거기는 표준편차가 ±(5mm+5ppm) 이상인 정밀측거기를 사용할 것
점간거리	점간거리는 5회 측정하여 그 측정치의 최대치와 최소치의 교차가 평균치의 10만분의 1 이하일 때에는 그 평균치를 측정거리로 하고, 원점에 투영된 평면거리에 따라 계산할 것
삼각형의 내각	삼각형의 내각은 세 변의 평면거리에 따라 계산하며, 기지각과의 차(差)에 관하여는 ±40초 이내로 할 것

(3) 연직각의 관측과 계산

관측	각 측점에서 정반(正反)으로 각 2회 관측할 것
계산	관측치의 최대치와 최소치의 교차가 30초 이내일 때에는 그 평균치를 연직각으로 할 것
표고	2개의 기지점(旣知點)에서 소구점(所求點)의 표고를 계산한 결과 그 교차가 0.05m +0.05(S_1+S_2)m 이하일 때에는 그 평균치를 표고로 할 것. 이 경우 S_1과 S_2는 기지점에서 소구점까지의 평면거리로서 km 단위로 표시한 수를 말한다.

(4) 지적삼각점의 계산

계산방법	지적삼각점의 계산은 진수(眞數)를 사용하여 각규약(角規約)과 변규약(邊規約)에 따른 평균계산법 또는 망평균계산법에 따른다.
계산단위	각은 초, 변의 길이·좌표 또는 표고는 cm, 진수는 6자리 이상, 경위도는 초 아래 3자리, 자오선수차는 초 아래 1자리로 한다.

각	변의 길이, 좌표 또는 표고	진수	경위도	자오선수차
초	cm	6자리 이상	초 아래 3자리	초 아래 1자리

3 지적삼각보조점측량

지적삼각보조점측량은 지적기준점 중 지적삼각보조점의 위치를 결정하기 위하여 실시하는 측량을 말하는 것으로 지적삼각점측량의 보조적 역할을 한다는 뜻에서 명칭이 유래되었다.

1) 지적삼각보조점측량의 세부방법

측량방법	삼각점과 지적삼각점을 기초로 하여 경위의측량방법, 전파기 또는 광파기측량방법에 의한다. → 지적삼각보조점측량을 할 때에 필요한 경우에는 미리 지적삼각보조점표지를 설치하여야 한다.
계산방법	지적삼각보조점측량의 계산은 교회법 또는 다각망도선법에 의한다.
지적삼각 보조점의 명칭	지적삼각보조점은 측량지역별로 설치순서에 따라 일련번호를 부여하되, 영구표지를 설치하는 경우에는 시·군·구별로 일련번호를 부여한다. 이 경우 지적삼각보조점의 일련번호 앞에 "보"자를 붙인다.
지적삼각 보조점의 망구성	지적삼각보조점은 교회망 또는 교점다각망(交點多角網)으로 구성하여야 한다.
지적삼각보조점 표지의 점간거리	지적삼각보조점 표지의 설치 시 점간거리는 평균 1km 내지 3km로 한다. 다만, 다각망도선법에 의하는 때에는 평균 0.5km 이상 1km 이하로 한다.
성과의 기재	지적삼각보조점 성과 결정을 위한 관측 및 계산의 과정은 지적삼각보조점측량부에 적어야 한다.

2) 지적삼각보조점측량의 기준

(1) 경위의측량방법과 전파기 또는 광파기측량방법에 따라 교회법으로 실시하는 경우

측량방법	3방향의 교회에 따를 것. 다만, 지형상 부득이하여 2방향의 교회에 의하여 결정하려는 경우에는 각 내각을 관측하여 각 내각의 관측치의 합계와 180°와의 차가 ±40초 이내일 때에는 이를 각 내각에 고르게 배분하여 사용할 수 있다.
삼각형의 각 내각	삼각형의 각 내각은 30° 이상 120° 이하로 할 것

(2) 전파기 또는 광파기측량방법에 따라 다각망도선법으로 실시하는 경우

측량방법	3개 이상의 기지점을 포함한 결합다각방식에 따를 것
1도선의 점의 수	1도선의 점의 수는 기지점과 교점을 포함하여 5개 이하로 할 것(1도선이란 기지점과 교점 간 또는 교점과 교점 간을 말한다)
1도선의 거리	1도선의 거리는 4km 이하로 할 것(1도선의 거리는 기지점과 교점 또는 교점과 교점 간의 점간거리의 총합계를 말한다)

3) 지적삼각보조점의 관측과 계산

(1) 경위의측량방법과 교회법에 따른 관측과 계산

관측	관측은 20초독 이상의 경위의를 사용할 것
수평각 관측	수평각 관측은 2대회(윤곽도는 0°, 90°로 한다)의 방향관측법에 따를 것
수평각의 측각공차	1방향각은 40초 이내, 1측회의 폐색은 ±40초 이내, 삼각형의 내각관측치의 합과 180°와의 차는 ±50초 이내, 기지각과의 차는 ±50초 이내로 한다. 이 경우 삼각형 내각의 관측치를 합한 값과 180°와의 차는 내각을 전부 관측한 경우에 적용한다.

1방향각	1측회의 폐색	삼각형의 내각관측치의 합과 180°와의 차	기지각과의 차
40초 이내	±40초 이내	±50초 이내	±50초 이내

계산단위	각은 초, 변의 길이 및 좌표는 cm, 진수는 6자리 이상으로 한다.

각	변의 길이 및 좌표	진수
초	cm	6자리 이상

위치의 연결교차	2개의 삼각형으로부터 계산한 위치의 연결교차($\sqrt{종선교차^2 + 횡선교차^2}$)가 0.30m 이하일 때에는 그 평균치를 지적삼각보조점의 위치로 할 것. 이 경우 기지점과 소구점 사이의 방위각 및 거리는 평균치에 따라 새로 계산하여 정한다.

(2) 전파기 또는 광파기 측량방법과 교회법에 따른 관측과 계산

관측		전파 또는 광파측거기는 표준편차가 ±(5mm+5ppm) 이상의 정밀측거기를 사용
점간거리		5회 측정하여 그 측정치의 최대치와 최소치의 교차가 평균치의 10만분의 1 이하인 때에는 그 평균치를 측정거리로 하고, 원점에 투영된 평면거리에 따라 계산
삼각형	내각	세 변의 평면거리에 의하여 계산
	기지각과의 차	±50초 이내
연직각	관측	각 측점에서 정반으로 2회 관측
	계산	관측치의 최대치와 최소치의 교차가 30초 이내인 때에는 그 평균치를 연직각으로 한다.
	표고	2개의 기지점에서 소구점의 표고를 계산한 결과 그 교차가 $0.05\text{m}+0.05(S_1+S_2)\text{m}$ 이하인 때에는 그 평균치를 표고로 한다.(S_1, S_2는 기지점에서 소구점까지의 평면거리로서 km 단위로 표시한 수)
기지각과의 차		±50초 이내

각	변의 길이 및 좌표	진수
초	cm	6자리 이상

위치의 연결교차	2개의 삼각형으로부터 계산한 위치의 연결교차($\sqrt{종선교차^2 + 횡선교차^2}$)가 0.30m 이하인 때에 그 평균치를 지적삼각보조점의 위치로 한다. 이 경우 기지점과 소구점 사이의 방위각 및 거리는 평균치에 의하여 계산하여 정한다.

(3) 경위의측량방법, 전파기 또는 광파기측량방법과 다각망도선법에 따른 관측과 계산
① 관측 및 계산 등

관측	관측은 20초독 이상의 경위의를 사용할 것
수평각 관측	• 수평각관측은 2대회(윤곽도는 0°, 90°로 한다)의 방향관측법에 따를 것 • 수평각관측은 다음 기준에 의한 배각법(倍角法)에 따를 수 있으며, 1회 측정각과 3회 측정각의 평균치에 대한 교차는 30초 이내로 한다. | 종별	각	측정 횟수	거리	진수	좌표 | |---|---|---|---|---|---| | 배각법 | 초 | 3회 | cm | 5자리 이상 | cm |
수평각의 측각공차	수평각의 측각공차는 다음 표에 따를 것. 이 경우 삼각형 내각의 관측치를 합한 값과 180°와의 차는 내각을 전부 관측한 때에 적용한다. | 종별	1방향각	1측회의 폐색	삼각형의 내각관측치의 합과 180°와의 차	기지각과의 차 | |---|---|---|---|---| | 공차 | 40초 이내 | ±40초 이내 | ±50초 이내 | ±50초 이내 |
계산단위	각은 초, 변의 길이 및 좌표는 cm, 진수는 6자리 이상으로 한다. 	각	변의 길이 및 좌표	진수	 |---|---|---| | 초 | cm | 6자리 이상 |
점간거리 측정	관측은 전파 또는 광파측거기는 표준편차가 ±(5mm+5ppm) 이상의 정밀측거기를 사용하고, 점간거리는 5회 측정하여 그 측정치의 최대치와 최소치의 교차가 평균치의 10만분의 1 이하인 때에는 그 평균치를 측정거리로 하고, 원점에 투영된 평면거리에 의하여 계산하며, 삼각형 내각은 세 변의 평면거리에 의하여 계산하고 기지각과의 차 ±50초 이내로 하여야 한다.
관측	전파 또는 광파측거기는 표순편차가 ±(5mm+5ppm) 이상의 정밀측거기를 사용
점간거리	5회 측정하여 그 측정치의 최대치와 최소치의 교차가 평균치의 10만분의 1 이하인 때에는 그 평균치를 측정거리로 하고, 원점에 투영된 평면거리에 의하여 계산
삼각형 / 내각	세 변의 평면거리에 의하여 계산
삼각형 / 기지각과의 차	±50초 이내
연직각 / 관측	각 측점에서 정반으로 2회 관측
연직각 / 계산	관측치의 최대치와 최소치의 교차가 30초 이내인 때에는 그 평균치를 연직각으로 한다.
연직각 / 표고	2개의 기지점에서 소구점의 표고를 계산한 결과 그 교차가 $0.05\text{m}+0.05(S_1+S_2)\text{m}$ 이하인 때에는 그 평균치를 표고로 한다(S_1, S_2는 기지점에서 소구점까지의 평면거리로서 km로 표시한 수).

② 도선별 평균방위각과 관측방위각의 폐색오차 및 종 · 횡선오차 배분

도선별 평균방위각과 관측방위각의 폐색오차	$\pm 10\sqrt{n}$ (초) 이내로 한다(n은 폐색변을 포함한 변의 수).
도선별 연결오차	$0.05 \times S$(m) 이하로 할 것(S는 도선의 거리를 1천으로 나눈 수)
측각오차의 배분	측선장에 반비례하여 각 측선의 관측각에 배분한다. $$K = -\frac{e}{R} \times r$$ 여기서, K : 각 측선에 배부할 초단위의 각도 e : 초단위의 오차 R : 폐색변을 포함한 각 측선장 반수의 총합계 r : 각 측선장의 반수. 이 경우 반수는 측선장 1m에 대하여 1천을 기준으로 한 수
종선오차 및 횡선오차의 배분	각 측선의 종선차 또는 횡선차 길이에 비례하여 배분한다. $$T = -\frac{e}{L} \times l$$ 여기서, T : 각 측선의 종선차 또는 횡선차에 배부할 cm 단위의 수치 e : 종선오차 또는 횡선오차 L : 종선차 또는 횡선차의 절대치의 합계 l : 각 측선의 종선차 또는 횡선차임

4 지적도근점측량

지적도근점측량은 지적기준점 중 지적도근점의 위치를 결정하기 위하여 실시하는 측량을 말한다. 지적도근점측량이란 명칭은 도면의 근본이 되는 지적도근점을 설치하기 위하여 행하는 측량이라는 뜻에서 붙여진 이름이다.

1) 지적도근점측량의 세부방법

(1) 측량방법 및 계산방법

측량방법	지적도근점측량은 위성기준점, 통합기준점, 삼각점, 지적삼각점 · 지적삼각보조점 및 지적도근점을 기초로 하여 경위의측량방법 · 전파기 또는 광파기측량방법에 의한다(지적도근점측량을 할 때에는 미리 지적도근점표지를 설치하여야 한다).
계산방법	지적도근점측량의 계산은 도선법 · 교회법 또는 다각망도선법에 의한다.

(2) 지적도근점의 번호

구분	도근점 번호	각 도선의 교점
영구표지를 설치하는 경우	시 · 군 · 구별로 설치순서에 따라 일련번호를 부여	지적도근점의 번호 앞에 "교"자를 붙인다.
영구표지를 설치하지 않는 경우	시행지역별로 설치순서에 따라 일련번호를 부여	

(3) 도선의 구분 및 도선명

지적도근점측량의 도선은 다음의 기준에 따라 1등도선과 2등도선으로 구분한다.

도선	구분	도선명 표기
1등도선	위성기준점, 통합기준점, 삼각점, 지적삼각점 및 지적삼각보조점의 상호 간을 연결하는 도선 또는 다각망도선으로 할 것	가·나·다 순으로 표기
2등도선	위성기준점, 통합기준점, 삼각점, 지적삼각점 및 지적삼각보조점과 지적도근점을 연결하거나 지적도근점 상호 간을 연결하는 도선으로 할 것	ㄱ·ㄴ·ㄷ 순으로 표기

(4) 지적도근점의 도선 구성 및 점간거리

도선 구성	지적도근점은 결합도선·폐합도선(廢合道線)·왕복도선 및 다각망도선으로 구성하여야 한다.
성과기재	지적도근점 성과 결정을 위한 관측 및 계산의 과정은 그 내용을 지적도근점측량부에 적어야 한다.
점간거리	지적도근점표지의 설치 시 점간거리는 평균 50m 내지 500m 이하로 한다.

(5) 지적도근점측량의 기준

① 경위의측량방법에 따라 도선법으로 실시하는 경우

㉠ 도선은 위성기준점, 통합기준점, 삼각점, 지적삼각점, 지적삼각보조점 및 지적도근점의 상호 간을 연결하는 결합도선에 따를 것. 다만, 지형상 부득이한 경우에는 폐합도선 또는 왕복도선에 따를 수 있다.

㉡ 1도선의 점의 수는 40점 이하로 할 것. 다만, 지형상 부득이한 경우에는 50점까지로 할 수 있다.

② 경위의측량방법이나 전파기 또는 광파기측량방법에 따라 다각망도선법으로 실시하는 경우

㉠ 3점 이상의 기지점을 포함한 결합다각방식에 따를 것

㉡ 1도선의 점의 수는 20개 이하로 할 것

③ 지적도근점의 관측 및 계산

경위의측량방법, 전파기 또는 광파기측량방법과 도선법 또는 다각망도선법에 따른 지적도근점의 관측과 계산은 다음의 기준에 따른다.

㉠ 수평각 관측 : 수평각의 관측은 시가지 지역, 축척변경지역 및 경계점좌표등록부 시행지역에 대하여는 배각법에 따르고, 그 밖의 지역에 대하여는 배각법과 방위각법을 혼용할 수 있으며 관측은 20초독 이상의 경위의를 사용하여야 한다.

▶ 수평각 관측

지역	관측방법	관측
시가지지역, 축척변경지역 경계점좌표등록부 시행지역	배각법	20초독 이상의 경위의를 사용할 것
그 밖의 지역	배각법과 방위각법을 혼용	

ⓒ 관측과 계산

종별	각	측정 횟수	거리	진수	좌표
배각법	초	3회	cm	5자리 이상	cm
방위각법	분	1회	cm	5자리 이상	cm

ⓒ 점간거리의 측정 및 연직각 관측

점간거리 측정	2회 측정하여 그 측정치의 교차가 평균치의 1/3,000 이하일 때에는 그 평균치를 점간거리로 할 것. 이 경우 점간거리가 경사(傾斜)거리일 때에는 수평거리로 계산하여야 한다.
연직각 관측	올려본 각과 내려본 각을 관측하여 그 교차가 90초 이내일 때에는 그 평균치를 연직각으로 할 것

(6) 지적도근점의 각도관측을 할 때의 폐색오차의 허용범위

도선법과 다각망도선법에 따른 지적도근점의 각도관측을 할 때의 폐색오차의 허용범위는 다음의 기준에 따른다.

① 배각법에 따르는 경우
   ㉠ 1회 측정각과 3회 측정각의 평균값에 대한 교차는 30초 이내로 한다.
   ㉡ 1도선의 기지방위각 또는 평균방위각과 관측방위각의 폐색오차 : 1도선의 기지방위각 또는 평균방위각과 관측방위각의 폐색오차는 1등도선은 $\pm 20\sqrt{n}$(초) 이내, 2등도선은 $\pm 30\sqrt{n}$(초) 이내로 하여야 한다.

▶ 1도선의 폐색오차(배각법)

구분	1도선의 폐색오차	비고
1등도선	$\pm 20\sqrt{n}$(초) 이내	n은 폐색변을 포함한 변의 수를 말함
2등도선	$\pm 30\sqrt{n}$(초) 이내	

② 방위각법에 따르는 경우
   1도선의 폐색오차는 1등도선은 $\pm\sqrt{n}$(분) 이내, 2등도선은 $\pm 1.5\sqrt{n}$(분) 이내로 하여야 한다.

▶ 1도선의 폐색오차(방위각법)

도선	1도선의 폐색오차	비고
1등도선	$\pm\sqrt{n}$ (분) 이내	n은 폐색변을 포함한 변수임
2등도선	$\pm 1.5\sqrt{n}$ (분) 이내	

(7) 지적도근점의 각도관측을 할 때의 측각오차의 배분   **암기** 배측반 방변비

각도의 측정결과가 허용범위 이내인 경우 그 오차의 배분은 다음의 기준에 따른다.

▶ 지적도근측량의 측각오차의 배분

도선	측각오차의 배분 산식	배분기준
배각법	$K = -\dfrac{e}{R} \times r$	측선장에 반비례하여 각 측선의 관측각에 배분
	여기서, K : 각 측선에 배분할 초단위의 각도, e : 초단위의 오차, R : 폐색변을 포함한 각 측선장의 반수의 총합계, r : 각 측선장의 반수 (이 경우 반수는 측선장 1m에 대하여 1천을 기준으로 한 수를 말한다)	
방위각법	$K_n = -\dfrac{e}{S} \times s$	변의 수에 비례하여 각 측선의 방위각에 배분
	여기서, K_n : 각 측선의 순서대로 배분할 분단위의 각도, e : 분단위의 오차, S : 폐색변을 포함한 변의 수, s : 각 측선의 순서	

(8) 지적도근점측량에서의 연결오차의 허용범위

① **연결오차의 허용범위** : 지적도근점측량에서 연결오차의 허용범위는 다음의 기준에 따른다.

▶ 연결오차의 허용범위

도선	연결오차의 허용범위	비고
1등도선	해당 지역 축척분모의 $\dfrac{1}{100}\sqrt{n}$ (cm) 이하로 할 것	n은 각 측선의 수평거리의 총합계를 100으로 나눈 수임
2등도선	해당 지역 축척분모의 $\dfrac{1.5}{100}\sqrt{n}$ (cm) 이하로 할 것	

② **축척분모의 적용 예외** : 1등도선과 2등도선에 대한 연결오차 허용범위를 적용함에 있어서 경계점좌표등록부를 갖춰 두는 지역의 축척분모는 500으로 하고, 축척이 1/6,000인 지역의 축척분모는 3천으로 할 것. 이 경우 하나의 도선에 속하여 있는 지역의 축척이 2 이상일 때에는 대축척의 축척분모에 따른다.

(9) 지적도근점측량에서의 종선 및 횡선오차의 배분　　　　　　　　　　　　암기 ▶ 배종비 방측비

지적도근점측량에 따라 계산된 연결오차가 허용범위 이내인 경우 그 오차의 배분은 다음의 기준에 따른다. 종선 또는 횡선의 오차가 매우 작아 이를 배분하기 곤란할 때 배각법에서는 종선차 및 횡선차가 긴 것부터, 방위각법에서는 측선장이 긴 것부터 차례로 배분하여 종선 및 횡선의 수치를 결정할 수 있다.

▶ 지적도근측량에 있어서 종선 및 횡선차의 배분

도선	종선 및 횡선차의 배분 산식	배분기준	종선 또는 횡선의 오차가 매우 작아 배분하기 곤란한 때
배각법	$T = -\dfrac{e}{L} \times l$	각 측선의 종선차 또는 횡선차 길이에 비례하여 배분	종선차 및 횡선차가 긴 것부터 배분
	여기서, T : 각 측선의 종선차 또는 횡선차에 배분할 cm 단위의 수치, e : 종선오차 또는 횡선오차, L : 종선차 또는 횡선차의 절대치의 합계, l : 각 측선의 종선차 또는 횡선차		
방위각법	$C = -\dfrac{e}{L} \times l$	각 측선장에 비례하여 배분	측선장이 긴 것부터 순차로 배분
	여기서, C : 각 측선의 종선차 또는 횡선차에 배분할 cm 단위의 수치, e : 종선오차 또는 횡선오차, L : 각 측선장의 총합계, l : 각 측선의 측선장		

SECTION 03 세부측량

세부측량은 기초측량을 근거로 일필지별로 경계와 면적을 정하여 지적공부에 등록하거나 등록된 경계를 지표상에 복원할 경우 실시하는 측량을 말한다. 이러한 세부측량은 "세밀한 부분의 측량"이라는 뜻을 지니고 있으며, 이 말을 줄여 세부측량이라고 하며, 일필지별로 세밀한 사항을 측정한다고 하여 "일필지측량"이라고도 한다.

1 지적도 등의 전산자료 제공

지적소관청은 지적측량수행자가 제출한 지적측량 수행계획서에 따라 지적측량을 하려는 지역의 지적도, 임야도 및 토지대장, 임야대장, 경계점좌표등록부에 관한 전산자료를 지적측량수행자에게 제공하여야 한다.

2 측량준비 파일의 작성

1) 평판측량방법으로 세부측량을 할 때

암기 측근도 행적도 0.5

측량준비도	① 측량대상 토지의 경계선 · 지번 및 지목 ② 인근 토지의 경계선 · 지번 및 지목 ③ 임야도를 갖춰 두는 지역에서 인근 지적도의 축척으로 측량을 할 때에는 임야도에 표시된 경계점의 좌표를 구하여 지적도에 전개(展開)한 경계선. 다만, 임야도에 표시된 경계점의 좌표를 구할 수 없거나 그 좌표에 따라 확대하여 그리는 것이 부적당한 경우에는 축척비율에 따라 확대한 경계선을 말한다. ④ 행정구역선과 그 명칭 ⑤ 지적기준점 및 그 번호와 지적기준점 간의 거리, 지적기준점의 좌표, 그 밖에 측량의 기점이 될 수 있는 기지점 ⑥ 도곽선(圖廓線)과 그 수치 ⑦ 도곽선의 신축이 0.5mm 이상일 때에는 그 신축량 및 보정(補正)계수 ⑧ 그 밖에 국토교통부장관이 정하는 사항

2) 경위의측량방법으로 세부측량을 할 때

암기 측근행적경선

측량준비도	① 측량대상 토지의 경계와 경계점의 좌표 및 부호도 · 지번 · 지목 ② 인근 토지의 경계와 경계점의 좌표 및 부호도 · 지번 · 지목 ③ 행정구역선과 그 명칭 ④ 지적기준점 및 그 번호와 지적기준점 간의 방위각 및 그 거리 ⑤ 경계점 간 계산거리 ⑥ 도곽선과 그 수치 ⑦ 그 밖에 국토교통부장관이 정하는 사항

3) 지적측량성과의 연혁 자료를 요청

지적측량수행자는 측량준비 파일로 지적측량성과를 결정할 수 없는 경우에는 지적소관청에 지적측량성과의 연혁 자료를 요청할 수 있다.

3 세부측량의 기준 및 방법

1) 평판측량

(1) 평판측량방법의 기준

거리측정단위	지적도를 갖춰 두는 지역에서는 5cm, 임야도를 갖춰 두는 지역에서는 50cm로 한다.
측량결과도	측량결과도는 그 토지가 등록된 도면과 동일한 축척으로 작성할 것
보조점 설치	세부측량의 기준이 되는 위성기준점, 통합기준점, 삼각점, 지적삼각점, 지적삼각보조점, 지적도근점 및 기지점이 부족한 경우에는 측량상 필요한 위치에 보조점을 설치하여 활용할 것
경계점의 부합 여부 확인	경계점은 기지점을 기준으로 하여 지상경계선과 도상경계선의 부합 여부를 현형법(現形法)·도상원호(圖上圓弧)교회법·지상원호(地上圓弧)교회법 또는 거리비교확인법 등으로 확인하여 정할 것
관측방법	평판측량방법에 따른 세부측량은 교회법·도선법 및 방사법(放射法)에 따른다.

(2) 평판측량방법에 따른 세부측량

교회법	평판측량방법에 따른 세부측량을 교회법으로 하는 경우에는 다음의 기준에 따른다. ① 전방교회법 또는 측방교회법에 따를 것 ② 3방향 이상의 교회에 따를 것 ③ 방향각의 교각은 30° 이상 150° 이하로 할 것 ④ 방향선의 도상길이는 평판의 방위표정(方位標定)에 사용한 방향선의 도상길이 이하로서 10cm 이하로 할 것. 다만, 광파조준의(光波照準儀) 또는 광파측거기를 사용하는 경우에는 30cm 이하로 할 수 있다. ⑤ 측량결과 시오(示誤)삼각형이 생긴 경우 내접원의 지름이 1mm 이하일 때에는 그 중심을 점의 위치로 할 것
도선법	평판측량방법에 따른 세부측량을 도선법으로 하는 경우에는 다음의 기준에 따른다. ① 위성기준점, 통합기준점, 삼각점, 지적삼각점, 지적삼각보조점 및 지적도근점, 그 밖에 명확한 기지점 사이를 서로 연결할 것 ② 도선의 측선장은 도상길이 8cm 이하로 할 것. 다만, 광파조준의 또는 광파측거기를 사용할 때에는 30cm 이하로 할 수 있다. ③ 도선의 변은 20개 이하로 할 것 ④ 도선의 폐색오차가 도상길이 $\frac{\sqrt{N}}{3}$(mm) 이하인 경우 그 오차는 다음의 계산식에 따라 이를 각 점에 배분하여 그 점의 위치로 할 것 $M_n = \frac{e}{N} \times n$ 여기서, M_n : 각 점에 순서대로 배분할 mm 단위의 도상길이, e : mm 단위의 오차, N : 변의 수, n : 변의 순서
방사법	평판측량방법에 따른 세부측량을 방사법으로 하는 경우에는 1방향선의 도상길이는 10cm 이하로 한다. 다만, 광파조준의 또는 광파측거기를 사용할 때에는 30cm 이하로 할 수 있다.

(3) 도곽신축에 따른 거리보정

평판측량방법으로 거리를 측정하는 경우 도곽선의 신축량이 0.5mm 이상일 때에는 다음의 계산식에 따른 보정량을 산출하여 도곽선이 늘어난 경우에는 실측거리에 보정량을 더하고, 줄어든 경우에는 실측거리에서 보정량을 뺀다.

$$보정량 = \frac{신축량(지상) \times 4}{도곽선길이합계(지상)} \times 실측거리$$

(4) 수평거리의 계산

평판측량방법에 따라 경사거리를 측정하는 경우의 수평거리의 계산은 다음의 기준에 따른다.

조준의[엘리데이드(Alidade)]를 사용한 경우	$D = l \dfrac{1}{\sqrt{1+\left(\dfrac{n}{100}\right)^2}}$	여기서, D : 수평거리 l : 경사거리 n : 경사분획
망원경조준의 (망원경엘리데이드)를 사용한 경우	$D = l\cos\theta$ 또는 $l\sin a$	여기서, D : 수평거리 l : 경사거리 θ : 연직각 a : 천정각 또는 천저각
평판측량방법에 있어 도상에 영향을 미치지 아니하는 지상거리의 축척별 허용범위	$\dfrac{M}{10}$ (mm)	여기서, M : 축척분모

2) 경위의측량방법

(1) 경위의측량방법의 기준

거리측정단위	거리측정단위는 1cm로 할 것
측량결과도 작성	① 측량결과도는 그 토지의 지적도와 동일한 축척으로 작성한다. ② 도시개발사업 등의 시행지역(농지의 구획정리지역은 제외한다)과 축척변경 시행지역은 500분의 1로 한다. ③ 농지의 구획정리 시행지역은 1/1,000로 하되, 필요한 경우에는 미리 시·도지사의 승인을 받아 1/6,000까지 작성할 수 있다.
곡선경계	토지의 경계가 곡선인 경우에는 가급적 현재 상태와 다르게 되지 아니하도록 경계점을 측정하여 연결할 것. 이 경우 직선으로 연결하는 곡선의 중앙종거(中央縱距)의 길이는 5cm 이상 10cm 이하로 한다.

(2) 경위의측량방법에 의한 세부측량의 관측 및 계산

① 경계점표지 설치 및 연직각 관측

경계점표지 설치	미리 각 경계점에 표지를 설치하여야 한다. 다만, 부득이한 경우에는 그러하지 아니하다.
관측방법	도선법 또는 방사법에 따를 것
관측 시 사용기계	관측은 20초독 이상의 경위의를 사용할 것
수평각 관측	수평각의 관측은 1대회의 방향관측법이나 2배각의 배각법에 따를 것. 다만, 방향관측법인 경우에는 1측회의 폐색을 하지 아니할 수 있다.
연직각 관측	연직각의 관측은 정반으로 1회 관측하여 그 교차가 5분 이내일 때에는 그 평균치를 연직각으로 하되, 분단위로 독정(讀定)할 것

② 수평각의 측각공차

종별	1방향각	1회 측정각과 2회 측정각의 평균값에 대한 교차
공차	60초 이내	40초 이내

③ 경계점의 거리측정

경계점의 거리측정	점간거리를 측정하는 경우에는 2회 측정하여 그 측정치의 교차가 평균치의 1/3,000 이하일 때에는 그 평균치를 점간거리로 할 것. 이 경우 점간거리가 경사(傾斜)거리일 때에는 수평거리로 계산하여야 한다.		
계산방법	각은 초, 변의 길이 및 좌표는 cm, 진수는 5자리 이상으로 한다.		
	각	변의 길이 및 좌표	진수
	초	cm	5자리 이상

3) 전자평판측량방법

(1) 전자평판측량방법

측량결과도	측량결과도는 그 토지가 등록된 도면과 동일한 축척으로 작성할 것
보조점 설치	세부측량의 기준이 되는 위성기준점, 통합기준점, 삼각점, 지적삼각점, 지적삼각보조점, 지적도근점 및 기지점이 부족한 경우에는 측량상 필요한 위치에 보조점을 설치하여 활용할 것
경계점의 부합 여부 확인	경계점은 기지점을 기준으로 하여 지상경계선과 도상경계선의 부합 여부를 현형법(現形法) · 도상원호(圖上圓弧)교회법 · 지상원호(地上圓弧)교회법 또는 거리비교확인법 등으로 확인하여 정할 것
관측방법	전자평판측량방법에 따른 세부측량은 교회법 · 도선법 및 방사법(放射法)에 따른다.

(2) 전자평판측량방법에 따른 세부측량

교회법	전자평판측량방법에 따른 세부측량을 교회법으로 하는 경우에는 다음의 기준에 따른다. ① 전방교회법 또는 측방교회법에 따를 것 ② 3방향 이상의 교회에 따를 것 ③ 방향각의 교각은 30° 이상 150° 이하로 할 것 ④ 방향선의 도상길이는 평판의 방위표정(方位標定)에 사용한 방향선의 도상길이 이하로서 10cm 이하로 할 것. 다만, 광파조준의(光波照準儀) 또는 광파측거기를 사용하는 경우에는 30cm 이하로 할 수 있다. ⑤ 측량결과 시오(示誤)삼각형이 생긴 경우 내접원의 지름이 1mm 이하일 때에는 그 중심을 점의 위치로 할 것
도선법	전자평판측량방법에 따른 세부측량을 도선법으로 하는 경우에는 다음의 기준에 따른다. ① 위성기준점, 통합기준점, 삼각점, 지적삼각점, 지적삼각보조점 및 지적도근점, 그 밖에 명확한 기지점 사이를 서로 연결할 것 ② 도선의 측선장은 도상길이가 8cm 이하로 할 것. 다만, 광파조준의 또는 광파측거기를 사용할 때에는 30cm 이하로 할 수 있다. ③ 도선의 변은 20개 이하로 할 것 ④ 도선의 폐색오차가 도상길이 $\frac{\sqrt{N}}{3}$ (mm) 이하인 경우 그 오차는 다음의 계산식에 따라 이를 각 점에 배분하여 그 점의 위치로 할 것 $M_n = \frac{e}{N} \times n$ 여기서, M_n : 각 점에 순서대로 배분할 mm 단위의 도상길이 e : mm 단위의 오차 N : 변의 수 n : 변의 순서
방사법	전자평판측량방법에 따른 세부측량을 방사법으로 하는 경우에는 1방향선의 도상길이는 10cm 이하로 한다. 다만, 광파조준의 또는 광파측거기를 사용할 때에는 30cm 이하로 할 수 있다.

4 임야도를 갖춰 두는 지역의 세부측량

임야도를 갖춰 두는 지역	① 임야도를 갖춰 두는 지역의 세부측량은 위성기준점, 통합기준점, 삼각점, 지적삼각점, 지적삼각보조점 및 지적도근점에 따른다. ② 다만, 다음의 어느 하나에 해당하는 경우에는 위성기준점, 통합기준점, 삼각점, 지적삼각점, 지적삼각보조점 및 지적도근점에 따라 측량하지 아니하고 지적도의 축척으로 측량한 후 그 성과에 따라 임야측량결과도를 작성할 수 있다. • 측량대상 토지가 지적도를 갖춰 두는 지역에 인접하여 있고 지적도의 기지점이 정확하다고 인정되는 경우 • 임야도에 도곽선이 없는 경우
지적도의 축척으로 측량하고자 하는 경우	① 임야도상의 경계는 임야도에 표시된 경계점의 좌표를 구하여 지적도에 전개한 경계선. 다만, 임야도에 표시된 경계점의 좌표를 구할 수 없거나 그 좌표에 의하여 확대하여 그리는 것이 부적당한 때에는 축척비율에 따라 확대한 경계선에 의하여야 한다. ② 지적도의 축척으로 측량할 때에는 임야도상의 경계는 임야도에 표시된 경계점의 좌표를 구하여 지적도에 전개(展開)한 경계에 따라야 하며, 지적도의 축척에 따른 측량성과를 임야도의 축척으로 측량결과도에 표시할 때에는 지적도의 축척에 따른 측량결과도에 표시된 경계점의 좌표를 구하여 임야측량결과도에 전개하여야 한다. 다만, 다음의 어느 하나에 해당하는 경우에는 축척비율에 따라 줄여서 임야측량결과도를 작성한다. • 경계점의 좌표를 구할 수 없는 경우 • 경계점의 좌표에 따라 줄여서 그리는 것이 부적당한 경우

5 지적확정측량

① 지적확정측량을 하는 경우 필지별 경계점은 위성기준점, 통합기준점, 삼각점, 지적삼각점, 지적삼각보조점 및 지적도근점에 따라 측정하여야 한다.
② 지적확정측량을 할 때에는 미리 사업계획도와 도면을 대조하여 각 필지의 위치 등을 확인하여야 한다.
③ 도시개발사업 등으로 지적확정측량을 하려는 지역에 임야도를 갖춰 두는 지역의 토지가 있는 경우에는 등록전환을 하지 아니할 수 있다.

6 경계점좌표등록부를 갖춰 두는 지역의 측량

경계점 측정방법	경계점좌표등록부를 갖춰 두는 지역에 있는 각 필지의 경계점을 측정할 때에는 도선법·방사법 또는 교회법에 따라 좌표를 산출하여야 한다. 다만, 필지의 경계점이 지형·지물에 가로막혀 경위의를 사용할 수 없는 경우에는 간접적인 방법으로 경계점의 좌표를 산출할 수 있다.
경계점 측점번호	각 필지의 경계점 측점번호는 왼쪽 위에서부터 오른쪽으로 경계를 따라 일련번호를 부여한다.
동일한 경계점의 측량성과	기존의 경계점좌표등록부를 갖춰 두는 지역의 경계점에 접속하여 경위의측량방법 등으로 지적확정측량을 하는 경우 동일한 경계점의 측량성과가 서로 다를 때에는 경계점좌표등록부에 등록된 좌표를 그 경계점의 좌표로 본다. 이 경우 동일한 경계점의 측량성과의 차이는 0.10m 이내여야 한다.

7 경계복원측량의 기준 등

① 등록할 당시 측량성과의 착오 또는 경계오인 등의 사유로 경계가 잘못 등록된 경우

경계점을 지표상에 복원하기 위한 경계복원측량을 하려는 경우 경계를 지적공부에 등록할 당시 측량성과의 착오 또는 경계오인 등의 사유로 경계가 잘못 등록되었다고 판단될 때에는 등록사항을 정정한 후 측량하여야 한다.

② 경계점표지 설치

경계복원측량에 따라 지표상에 복원할 토지의 경계점에는 경계점표지를 설치하여야 한다. 다만, 건축물이 경계에 걸쳐 있거나 부득이하여 경계점표지를 설치할 수 없는 경우에는 그러하지 아니하다.

8 지적현황측량

지적현황측량은 다음의 방법으로 실시한다.
① 지상건축물 등에 대한 측량은 지상, 지표 및 지하에 대한 현황을 지적도, 임야도에 등록된 경계와 대비하여 표시할 것
② 건축허가에 따라 처음으로 시공된 옹벽, 기둥 등 측량이 가능한 건축구조물에 대한 현황을 지적도, 임야도에 등록된 경계와 대비하여 표시할 것

9 세부측량 성과의 작성

1) 평판측량방법

암기 측근도 행적도 0.5 측량도 신규 대상 연혁 검사하라.

(1) 측량결과도의 기재사항

평판측량방법으로 세부측량을 한 경우 측량결과도에 다음의 사항을 적어야 한다. 다만, 1년 이내에 작성된 경계복원측량 또는 지적현황측량결과도와 지적도, 임야도의 도곽신축 차이가 0.5mm 이하인 경우에는 종전의 측량결과도에 함께 작성할 수 있다.

① 측량준비파일의 사항
- 측량대상 토지의 경계선 · 지번 및 지목
- 인근 토지의 경계선 · 지번 및 지목
- 임야도를 갖춰 두는 지역에서 인근 지적도의 축척으로 측량을 할 때에는 임야도에 표시된 경계점의 좌표를 구하여 지적도에 전개(展開)한 경계선. 다만, 임야도에 표시된 경계점의 좌표를 구할 수 없거나 그 좌표에 따라 확대하여 그리는 것이 부적당한 경우에는 축척비율에 따라 확대한 경계선을 말한다.
- 행정구역선과 그 명칭
- 지적기준점 및 그 번호와 지적기준점 간의 거리, 지적기준점의 좌표, 그 밖에 측량의 기점이 될 수 있는 기지점
- 도곽선(圖廓線)과 그 수치
- 도곽선의 신축이 0.5mm 이상일 때에는 그 신축량 및 보정(補正) 계수
- 그 밖에 국토교통부장관이 정하는 사항

② 측정점의 위치, 측량기하적 및 지상에서 측정한 거리
③ 측량대상 토지의 토지이동 전의 지번과 지목(2개의 붉은 선으로 말소한다)
④ 측량결과도의 제명 및 번호(연도별로 붙인다)와 도면번호
⑤ 신규등록 또는 등록전환하려는 경계선 및 분할경계선
⑥ 측량대상 토지의 점유현황선
⑦ 해당 필지 및 인접 필지의 측량 연혁
⑧ 측량 및 검사의 연월일, 측량자 및 검사자의 성명 · 소속 및 자격등급 또는 기술등급

2) 경위의측량방법

암기 측근행적경선은 측량대상 신규 제명 연혁 검사하라.

(1) 측량결과도의 기재사항

경위의측량방법으로 세부측량을 하였을 때에는 측량결과도 및 측량계산부에 그 성과를 적되, 측량결과도에는 다음의 사항을 적어야 한다.

① 측량준비파일의 사항
- 측량대상 토지의 경계와 경계점의 좌표 및 부호도 · 지번 · 지목

- 인근 토지의 경계와 경계점의 좌표 및 부호도 · 지번 · 지목
- 행정구역선과 그 명칭
- 지적기준점 및 그 번호와 지적기준점 간의 방위각 및 그 거리
- 경계점 간 계산거리
- 도곽선과 그 수치
- 그 밖에 국토교통부장관이 정하는 사항

② 측정점의 위치(측량계산부의 좌표를 전개하여 적는다), 지상에서 측정한 거리 및 방위각
③ 측량대상 토지의 경계점 간 실측거리
④ 측량대상 토지의 토지이동 전의 지번과 지목(2개의 붉은색으로 말소한다)
⑤ 측량대상 토지의 점유현황선
⑥ 신규등록 또는 등록전환하려는 경계선 및 분할경계선
⑦ 측량결과도의 제명 및 번호(연도별로 붙인다)와 지적도의 도면번호
⑧ 해당 필지 및 인접 필지의 측량 연혁
⑨ 측량 및 검사의 연월일, 측량자 및 검사자의 성명 · 소속 및 자격등급 또는 기술등급

(2) 경계점 간 실측거리와 계산거리의 교차

"측량대상 토지의 경계점 간 실측거리"와 경계점의 좌표에 따라 계산한 거리의 교차는 $3+\dfrac{L}{10}$ (cm) 이내여야 한다. 이 경우 L은 실측거리로서 m로 표시한 수치를 말한다.

3) 전자평판측량방법

전자평판측량방법으로 세부측량을 한 경우에는 평판측량방법으로 세부측량을 한 경우를 준용하여 측량성과파일을 작성하여야 한다.

10 면적측정

면적측정의 대상	세부측량을 하는 경우 다음의 어느 하나에 해당하면 필지마다 면적을 측정하여야 한다. ① 지적공부의 복구 · 신규등록 · 등록전환 · 분할 및 축척변경을 하는 경우 ② 면적 또는 경계를 정정하는 경우 ③ 도시개발사업 등으로 인한 토지의 이동에 따라 토지의 표시를 새로 결정하는 경우 ④ 경계복원측량 및 지적현황측량에 면적측정이 수반되는 경우
면적측정 대상 제외	• 경계복원측량과 지적현황측량을 하는 경우에는 필지마다 면적을 측정하지 아니한다. • 토지이동 중 합병 · 지번변경 · 지목변경 등은 지적측량을 수반하지 않으므로 면적측정대상에서 제외된다.

1) 면적측정 방법과 기준

(1) 면적측정 방법

좌표면적계산법 또는 전자면적측정기에 의한다.

면적측정 방법	대상지역	측량방법
좌표면적계산법	경계점좌표등록부 등록지	경위의측량
전자면적측정기	지적도 · 임야도 등록지	측판측량

(2) 면적측정 기준

좌표면적 계산법	대상지역	경위의측량방법으로 세부측량을 한 지역
	필지별 면적측정	경계점 좌표에 따를 것
	산출면적 단위	$1/1{,}000\text{m}^2$까지 계산하여 $1/10\text{m}^2$ 단위로 정할 것
전자면적 측정기	측정방법	도상에서 2회 측정하여 그 교차가 다음 계산식에 따른 허용면적 이하일 때에는 그 평균치를 측정면적으로 할 것 $A = 0.023^2 M\sqrt{F}$ 여기서, A : 허용면적, M : 축척분모 F : 2회 측정한 면적의 합계를 2로 나눈 수
	측정면적 단위	측정면적은 $1/1{,}000\text{m}^2$까지 계산하여 $1/10\text{m}^2$ 단위로 정할 것

(3) 도곽신축에 따른 면적보정

면적을 측정하는 경우 도곽선의 길이에 0.5mm 이상의 신축이 있을 때에는 이를 보정하여야 한다. 이 경우 도곽선의 신축량 및 보정계수의 계산은 다음의 계산식에 따른다.

도곽선의 신축량 계산	$S = \dfrac{\Delta X_1 + \Delta X_2 + \Delta Y_1 + \Delta Y_2}{4}$ 여기서, S : 신축량, ΔX_1 : 왼쪽 종선의 신축된 차 ΔX_2 : 오른쪽 종선의 신축된 차, ΔY_1 : 위쪽 횡선의 신축된 차 ΔY_2 : 아래쪽 횡선의 신축된 차 이 경우 신축된 차(mm) $= \dfrac{1{,}000(L - L_o)}{M}$ 여기서, L : 신축된 도곽선지상길이, L_o : 도곽선지상길이, M : 축척분모
도곽선의 보정계수계산	$Z = \dfrac{X \cdot Y}{\Delta X \cdot \Delta Y}$ 여기서, Z : 보정계수, X : 도곽선종선길이, Y : 도곽선횡선길이 ΔX : 신축된 도곽선종선길이의 합/2 ΔY : 신축된 도곽선횡선길이의 합/2
분할 시 면적측정 특례	면적이 $5{,}000\text{m}^2$ 이상인 필지를 분할하는 경우 분할 후의 면적이 분할 전 면적의 80% 이상이 되는 필지의 면적을 측정할 때에는 분할 전 면적의 20% 미만이 되는 필지의 면적을 먼저 측정한 후, 분할 전 면적에서 그 측정된 면적을 빼는 방법으로 할 수 있다. 다만, 동일한 측량결과도에서 측정할 수 있는 경우와 좌표면적계산법에 따라 면적을 측정하는 경우에는 그러하지 아니하다.

SECTION 04 지적측량 의뢰 및 검사

1 지적측량의 의뢰 등

1) 지적측량 의뢰

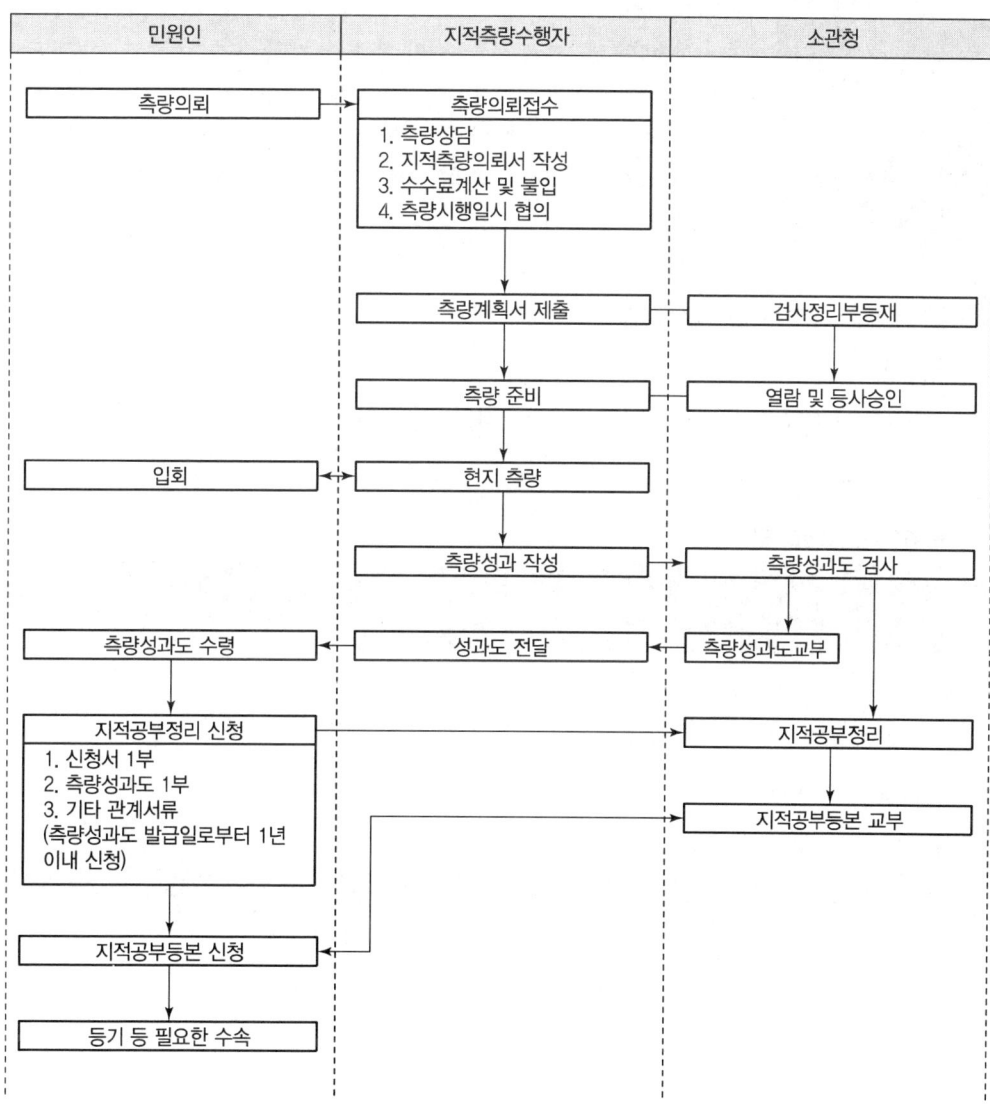

▶ **지적측량 절차**

지적측량 의뢰	토지소유자 등 이해관계인은 지적측량을 할 필요가 있는 경우에는 다음의 어느 하나에 해당하는 자(이하 "지적측량수행자"라 한다)에게 지적측량을 의뢰하여야 한다. ① 지적측량업의 등록을 한 자 ② 한국국토정보공사
지적측량 의뢰서 제출	지적측량을 의뢰하려는 자는 지적측량 의뢰서에 의뢰 사유를 증명하는 서류를 첨부하여 지적측량수행자에게 제출하여야 한다.
지적측량 수행계획서 제출	지적측량수행자는 지적측량 의뢰를 받은 때에는 측량기간, 측량일자 및 측량수수료 등을 적은 지적측량 수행계획서를 그 다음 날까지 지적소관청에 제출하여야 한다.
지적측량 성과결정	지적측량수행자는 지적측량 의뢰를 받으면 지적측량을 하여 그 측량성과를 결정하여야 한다.

2) 지적측량의 측량기간 및 검사기간

(1) 측량기간

지적측량의 측량기간은 5일로 하며 측량검사기간은 4일로 한다.

(2) 지적기준점 설치의 경우

▶ **지적측량 측량기간**

구분	지적기준점 수	
	15점 이하	15점 초과
측량기간	4일	4일+초과하는 4개 점마다 1일을 가산
검사기간	4일	4일+초과하는 4개 점마다 1일을 가산

(3) 합의에 의한 경우

▶ **지적측량 측량 및 검사기간**

구분	합의에 의한 경우
측량기간	협의기간의 3/4
검사기간	협의기간의 1/4

2 지적측량성과의 검사

측량성과의 검사	지적측량수행자가 지적측량을 하였으면 시·도지사, 대도시 시장(「지방자치법」 제3조제3항에 따라 자치구가 아닌 구가 설치된 시의 시장을 말한다) 또는 지적소관청으로부터 측량성과에 대한 검사를 받아야 한다.
측량성과검사를 요하지 않는 세부측량	지적공부를 정리하지 아니하는 측량으로서 다음의 세부측량은 시·도지사 또는 소관청에게 측량성과에 대한 검사를 받지 않는다. ① 경계복원측량　　　　　　② 지적현황측량
측량성과의 검사방법 및 절차	① 지적측량수행자는 측량부·측량결과도·면적측정부, 측량성과 파일 등 측량성과에 관한 자료를 지적소관청에 제출하여 그 성과의 정확성에 관한 검사를 받아야 한다. 다만, 지적삼각점측량성과 및 경위의측량방법으로 실시한 지적확정측량성과인 경우에는 시·도지사, 대도시 시장(「지방자치법」 제3조제3항에 따라 자치구가 아닌 구가 설치된 시의 시장을 말한다. 이하 같다)에게 검사를 받아야 한다. ② 시·도지사나 대도시 시장은 검사를 하였을 때에는 그 결과를 지적소관청에 통지하여야 한다. ③ 지적소관청은 측량성과가 정확하다고 인정하면 지적측량성과도를 지적측량수행자에게 발급하여야 하며, 지적측량수행자는 측량의뢰인에게 그 측량성과도를 지체 없이 발급하여야 한다. 이 경우 검사를 받지 아니한 지적측량성과도는 측량의뢰인에게 발급할 수 없다.

3 지적측량성과의 결정

1) 지적측량성과와 검사성과의 연결교차

지적측량성과와 검사성과의 연결교차가 다음의 허용범위 이내일 때에는 그 지적측량성과에 관하여 다른 입증을 할 수 있는 경우를 제외하고는 그 측량성과로 결정하여야 한다.

지적삼각점	지적삼각보조점	지적도근점		경계점		
		경계점좌표 등록부시행지역	그 밖의 지역	경계점좌표 등록부시행지역	그 밖의 지역	전자평판 측량방법
20cm 이내	25cm 이내	15cm 이내	25cm 이내	10cm 이내	$\frac{3}{100}M(cm)$ 이내	$\frac{2}{100}M(cm)$ 이내

※ 비고 : M은 축척분모

2) 지적측량성과를 전자계산기로 계산한 때

지적측량성과를 전자계산기기로 계산하였을 때에는 그 계산성과자료를 측량부 및 면적측정부로 본다.

4 합병 등에 따른 면적 등의 결정방법

1) 신규등록 · 등록전환 · 분할 및 경계정정 등
새로이 측량하여 각 필지의 경계 또는 좌표와 면적을 정한다.

2) 토지합병
합병에 따른 경계 · 좌표 또는 면적은 따로 지적측량을 하지 아니하고 다음의 구분에 따라 결정한다.

합병 후 필지의 경계 또는 좌표	합병 전 각 필지의 경계 또는 좌표 중 합병으로 필요 없게 된 부분을 말소하여 결정
합병 후 필지의 면적	합병 전 각 필지의 면적을 합산하여 결정

3) 등록전환이나 분할에 따른 면적 오차의 허용범위 및 배분 등
등록전환이나 분할을 위하여 면적을 정할 때에 발생하는 오차의 허용범위 및 처리방법은 다음과 같다.

등록전환을 하는 경우	① 임야대장의 면적과 등록전환될 면적의 오차 허용범위는 다음의 계산식에 따른다. 이 경우 오차의 허용범위를 계산할 때 축척이 1/3,000인 지역의 축척분모는 6,000으로 한다. $A = 0.026^2 M\sqrt{F}$ 여기서, A : 오차 허용면적 M : 임야도 축척분모 F : 등록전환될 면적 ② 임야대장의 면적과 등록전환될 면적의 차이가 ①의 계산식에 따른 허용범위 이내인 경우에는 등록전환될 면적을 등록전환 면적으로 결정하고, 허용범위를 초과하는 경우에는 임야대장의 면적 또는 임야도의 경계를 지적소관청이 직권으로 정정하여야 한다.
토지를 분할하는 경우	① 분할 후의 각 필지의 면적의 합계와 분할 전 면적과의 오차의 허용범위는 $A = 0.026^2 M\sqrt{F}$의 계산식에 따른다. 축척이 1/3,000인 지역의 축척분모는 6,000으로 한다. 여기서, A : 오차 허용면적 M : 축척분모 F : 원면적 ② 분할 전후 면적의 차이가 ①의 계산식에 따른 허용범위 이내인 경우에는 그 오차를 분할 후의 각 필지의 면적에 따라 나누고, 허용범위를 초과하는 경우에는 지적공부(地籍公簿)상의 면적 또는 경계를 정정하여야 한다. ③ 분할 전후 면적의 차이를 배분한 산출면적은 다음의 계산식에 따라 필요한 자리까지 계산하고, 결정면적은 원면적과 일치하도록 산출면적의 구하려는 끝자리의 다음 숫자가 큰 것부터 순차로 올려서 정하되, 구하려는 끝자리의 다음 숫자가 서로 같을 때에는 산출면적이 큰 것을 올려서 정한다.

토지를 분할하는 경우	$r = \dfrac{F}{A} \times a$ 여기서, r : 각 필지의 산출면적 F : 원면적 A : 측정면적 합계 또는 보정면적 합계 a : 각 필지의 측정면적 또는 보정면적
경계점좌표등록부가 있는 지역의 토지분할	경계점좌표등록부가 있는 지역의 토지분할을 위하여 면적을 정할 때에는 위 "토지를 분할하는 경우"의 ②에도 불구하고 다음의 기준에 따른다. • 분할 후 각 필지의 면적합계가 분할 전 면적보다 많은 경우에는 구하려는 끝자리의 다음 숫자가 작은 것부터 순차적으로 버려서 정하되, 분할 전 면적에 증감이 없도록 할 것 • 분할 후 각 필지의 면적합계가 분할 전 면적보다 적은 경우에는 구하려는 끝자리의 다음 숫자가 큰 것부터 순차적으로 올려서 정하되, 분할 전 면적에 증감이 없도록 할 것

SECTION 05 지적기준점 성과의 관리

1 지적기준점 성과의 보관 및 열람 등

시·도지사나 지적소관청은 지적기준점 성과(지적기준점에 의한 측량성과를 말한다)와 그 측량기록을 보관하고 일반인이 열람할 수 있도록 하여야 한다.

1) 지적기준점 성과의 열람 및 등본 발급 신청

지적기준점 성과의 등본이나 그 측량기록의 사본을 발급받으려는 자는 시·도지사나 지적소관청에 그 발급을 신청하여야 한다.

구분	등본 발급 신청
지적삼각점 성과	특별시장·광역시장·도지사 또는 특별자치도지사(이하 "시·도지사"라 한다)
지적삼각보조점 성과 및 지적도근점 성과	지적소관청

2) 지적기준점 성과의 열람 및 등본 발급

지적기준점 성과 또는 그 측량부의 열람이나 등본 발급 신청을 받은 해당 기관은 이를 열람하게 하거나 지적기준점 성과 등본을 발급하여야 한다.

2 지적기준점 성과의 관리

▶ 지적기준점 성과의 관리

구분	성과 관리
지적삼각점 성과	특별시장 · 광역시장 · 도지사 또는 특별자치도지사
지적삼각보조점 성과	지적소관청
지적도근점 성과	지적소관청

① 지적소관청이 지적삼각점을 설치하거나 변경하였을 때에는 그 측량성과를 시 · 도지사에게 통보하여야 한다.
② 지적소관청은 지형 · 지물 등의 변동으로 인하여 지적삼각점 성과가 다르게 될 때에는 지체 없이 그 측량 성과를 수정하고 그 내용을 시 · 도지사에게 통보하여야 한다.

3 지적기준점 성과표의 기록 · 관리 등

암기 지좌경자명소는 번위표도표지도 지도사

지적삼각점 성과표	시 · 도지사가 지적삼각점 성과를 관리할 때에는 다음 사항을 지적삼각점 성과표에 기록 · 관리하여야 한다. ① 지적삼각점의 명칭과 기준 원점명 ② 좌표 및 표고 ③ 경도 및 위도(필요한 경우로 한정한다) ④ 자오선수차(子午線收差) ⑤ 시준점(視準點)의 명칭, 방위각 및 거리 ⑥ 소재지와 측량연월일 ⑦ 그 밖의 참고사항
지적삼각보조점 성과표 및 지적도근점 성과표	지적소관청이 지적삼각보조점 성과 및 지적도근점 성과를 관리할 때에는 다음의 사항을 지적삼각보조점 성과표 및 지적도근점 성과표에 기록 · 관리하여야 한다. ① 지적삼각보조점 또는 지적도근점의 번호 ①의2. 근경사진 및 위치의 약도(위치의 약도는 원경사진, 항공사진으로 대체할 수 있다) ② 좌표와 직각좌표계 원점명 ③ 경도와 위도(필요한 경우로 한정한다) ④ 표고(필요한 경우로 한정한다) ⑤ 소재지와 측량연월일 ⑥ 도선등급 및 도선명 ⑦ 표지의 재질 ⑧ 도면번호 ⑨ 설치기관 〈삭제 2024.12.26.〉 ⑩ 조사연월일, 조사자의 직위 · 성명 및 조사내용
지적삼각보조점 성과표 및 지적도근점 성과표의 조사내용	조사내용은 지적삼각보조점 및 지적도근점표지의 멸실 유무, 사고 원인, 경계의 부합 여부 등을 적는다. 이 경우 경계와 부합되지 아니할 때에는 그 사유를 적는다.

SECTION 06 지적위원회

1 지적위원회

지적측량에 대한 적부심사(適否審査) 청구사항을 심의·의결하기 위하여 국토교통부에 중앙지적위원회를 두고, 특별시·광역시·도 또는 특별자치도(이하 "시·도"라 한다)에 지방지적위원회를 둔다.

1) 위원회의 구성
① 중앙 및 지방지적위원회는 각각 위원장 1명과 부위원장 1명을 포함하여 5명 이상 10명 이하의 위원으로 구성한다.
② 중앙지적위원회 위원장은 국토교통부의 지적업무 담당 국장이, 부위원장은 국토교통부의 지적업무 담당 과장이 된다.
③ 지방지적위원회 위원장은 시·도의 지적업무 담당 국장이, 부위원장은 시·도의 지적업무 담당 과장이 된다.

구분	위원수	위원장	부위원장	위원임기	위원임명
중앙 지적위원회	5명 이상 10명 이하 (위원장, 부위원장 포함)	국토교통부 지적업무 담당 국장	국토교통부 지적업무 담당 과장	2년 (위원장, 부위원장 제외)	국토교통부장관
지방 지적위원회	5인 이상 10인 이내 (위원장, 부위원장 포함)	시·도 지적업무 담당 국장	시·도 지적업무 담당 과장	2년 (위원상, 부위원상 제외)	시·도지사

2) 위원 및 간사

위원	① 중앙지적위원회는 국토교통부장관이, 지방지적위원회 위원은 특별시장·광역시장·도지사 또는 특별자치도지사(이하 "시·도지사"라 한다)가 지적에 관한 학식과 경험이 풍부한 자 중에서 임명 또는 위촉한다. ② 중앙 및 지방지적위원회의 위원에게는 예산의 범위에서 출석수당과 여비, 그 밖의 실비를 지급할 수 있다. 다만, 공무원인 위원이 그 소관 업무와 직접적으로 관련되어 출석하는 경우에는 그러하지 아니하다.
간사	① 중앙지적위원회의 간사는 국토교통부의 지적업무 담당 공무원 중에서 국토교통부장관이 임명한다. ② 지방지적위원회의 간사는 시·도의 지적업무 담당 공무원 중에서 시·도지사가 임명한다. ③ 간사는 회의 준비, 회의록 작성 및 회의 결과에 따른 업무 등 지적위원회의 서무를 담당한다.

3) 위원회의 회의 등

위원회 소집	① 중앙지적위원회위원장은 중앙지적위원회의 회의를 소집하고 그 의장이 되며, 지방지적위원회위원장은 지방지적위원회의 회의를 소집하고 그 의장이 된다. ② 위원장이 부득이한 사유로 직무를 수행할 수 없을 때에는 부위원장이 그 직무를 대행하고, 위원장 및 부위원장이 모두 부득이한 사유로 직무를 수행할 수 없을 때에는 위원장이 미리 지명한 위원이 그 직무를 대행한다. ③ 위원장이 위원회의 회의를 소집할 때에는 회의 일시·장소 및 심의 안건을 회의 5일 전까지 각 위원에게 서면으로 통지하여야 한다.
회의 개의 및 의결	위원회의 회의는 재적위원 과반수의 출석으로 개의(開議)하고, 출석위원 과반수의 찬성으로 의결한다.
의견 조회 및 현지조사	① 위원회는 관계인을 출석하게 하여 의견을 들을 수 있으며, 필요하면 현지조사를 할 수 있다. ② 위원회가 현지조사를 하려는 경우에는 관계 공무원을 지정하여 지적측량 및 자료조사 등 현지조사를 하고 그 결과를 보고하게 할 수 있으며, 필요할 때에는 지적측량업의 등록을 한 자나 한국국토정보공사의 어느 하나에 해당하는 자(이하 "지적측량수행자"라 한다)에게 그 소속 지적기술자를 참여시키도록 요청할 수 있다.
심의 및 의결 불가 대상	위원이 중앙지적위원회는 지적측량적부재심사, 지방지적위원회는 지적측량적부심사 시 그 측량 사안에 관하여 관련이 있는 경우에는 그 안건의 심의 또는 의결에 참석할 수 없다.

2 지적측량 적부심사

토지소유자, 이해관계인 또는 지적측량수행자는 지적측량 성과에 대하여 다툼이 있는 경우에는 관할 시·도지사에게 지적측량 적부심사를 청구할 수 있다.

1) 지적측량 적부심사 절차

암기 30일 60일 30일 7일 90일 위성이 연기하면 계측하라.

지적측량 적부심사 청구	지적측량 적부심사(適否審査)를 청구하려는 토지소유자, 이해관계인 또는 지적측량수행자는 지적측량을 신청하여 측량을 실시한 후 심사청구서에 그 측량성과와 심사청구 경위서를 첨부하여 시·도지사에게 제출하여야 한다.
지방지적위원회 회부	지적측량 적부심사청구를 받은 시·도지사는 30일 이내에 다음의 사항을 조사하여 지방지적위원회에 회부하여야 한다. ① 다툼이 되는 지적측량의 경위 및 그 성과 ② 해당 토지에 대한 토지이동 및 소유권 변동 연혁 ③ 해당 토지 주변의 측량기준점, 경계, 주요 구조물 등 현황 실측도
현지 조사자의 지정	시·도지사는 조사측량 성과를 작성하기 위하여 필요한 경우에는 관계 공무원을 지정하여 지적측량을 하게 할 수 있으며, 필요하면 지적측량수행자에게 그 소속 지적기술자를 참여시키도록 요청할 수 있다.

심의 및 의결	① 지적측량 적부심사청구를 회부 받은 지방지적위원회는 그 심사청구를 회부 받은 날부터 60일 이내에 심의·의결하여야 한다. 다만, 부득이한 경우에는 그 심의기간을 해당 지적위원회의 의결을 거쳐 30일 이내에서 한 번만 연장할 수 있다. ② 지방지적위원회는 지적측량 적부심사를 의결하였으면 위원장과 참석위원 전원이 서명 및 날인한 지적측량 적부심사 의결서를 지체 없이 시·도지사에게 송부하여야 한다.
적부심사청구인 및 이해관계인에게 통지	① 시·도지사는 의결서를 받은 날부터 7일 이내에 지적측량 적부심사 청구인 및 이해관계인에게 그 의결서를 통지하여야 한다. ② 시·도지사가 지적측량 적부심사 의결서를 지적측량 적부심사 청구인 및 이해관계인에게 통지할 때에는 재심사를 청구할 수 있음을 서면으로 알려야 한다. ③ 의결서를 받은 자가 지방지적위원회의 의결에 불복하는 경우에는 그 의결서를 받은 날부터 90일 이내에 국토교통부장관에게 재심사를 청구할 수 있다.
의결서 사본을 지적소관청에 송부	시·도지사는 지방지적위원회의 의결서를 받은 후 해당 지적측량 적부심사 청구인 및 이해관계인이 90일 이내에 재심사를 청구하지 아니하면 그 의결서 사본을 지적소관청에 보내야 하며, 중앙지적위원회의 의결서를 받은 경우에는 그 의결서 사본에 지방지적위원회의 의결서 사본을 첨부하여 지적소관청에 보내야 한다.
지적공부의 등록사항 정정·측량성과 수정	지방지적위원회의 의결서 사본을 받은 지적소관청은 그 내용에 따라 지적공부의 등록사항을 정정하거나 측량성과를 수정하여야 한다.

2) 재심사 절차

재심사 청구	① 지적측량 적부심사 의결서를 통지 받은 자가 지방지적위원회의 의결에 불복하는 때에는 의결서를 통지 받은 날부터 90일 이내에 국토교통부장관을 거쳐 중앙지적위원회에 재심사를 청구할 수 있다. ② 지적측량 적부심사의 재심사 청구를 하려는 자는 재심사 청구서에 다음의 서류를 첨부하여 국토교통부장관에게 제출하여야 한다. • 지방지적위원회의 지적측량 적부심사 의결서 사본 • 재심사 청구 사유
중앙지적위원회 회부	① 지적측량 적부심사 청구서를 받은 국토교통부장관은 30일 이내에 다음 사항을 조사하여 중앙지적위원회에 회부하여야 한다. • 측량자별 측량경위 및 측량성과 • 당해 토지에 대한 토지이동연혁·소유권변동연혁 및 조사측량성과 ② 국토교통부장관은 조사측량성과를 작성하기 위하여 필요한 경우 관계 공무원이나 지적측량업의 등록을 한 자나 한국국토정보공사의 어느 하나에게 그 소속 지적기술자를 참여시키도록 요청할 수 있다.
심의 및 의결	① 지적측량 적부심사 청구서를 회부 받은 중앙지적위원회는 그 날로부터 60일 이내에 심의·의결하여야 한다. 다만, 부득이한 경우 1차에 한하여 당해 중앙지적위원회의 의결로써 30일을 넘지 아니하는 범위 안에서 그 기간을 연장할 수 있다.

심의 및 의결	② 중앙지적위원회가 재심사를 의결하였을 때에는 위원장과 참석위원 전원이 서명 및 날인한 의결서를 지체 없이 국토교통부장관에게 송부하여야 한다.
적부심사청구인 및 이해관계인 등의 통지	① 국토교통부장관은 의결서를 송부 받은 날부터 7일 이내에 적부재심사청구인 및 이해관계인에게 통지하여야 한다. ② 중앙지적위원회로부터 의결서를 받은 국토교통부장관은 그 의결서를 관할 시·도지사에게 송부하여야 한다.
의결서 사본을 지적소관청에 송부	시·도지사는 당해 지적측량 적부심사 청구인 또는 이해관계인이 재심사 청구를 한 때에는 송부받은 중앙지적위원회의 의결서 사본에 지방지적위원회 의결서 사본을 첨부하여 지적소관청에 송부하여야 한다.
지적공부의 등록사항 정정·측량성과 수정	중앙지적위원회의 의결서 사본을 받은 지적소관청은 그 내용에 따라 지적공부의 등록사항을 정정하거나 측량성과를 수정하여야 한다.

3) 청구 금지

지방지적위원회의 의결이 있은 후 90일 이내에 재심사를 청구하지 아니하거나 중앙지적위원회의 의결이 있는 경우에는 해당 지적측량성과에 대하여 다시 지적측량 적부심사청구를 할 수 없다.

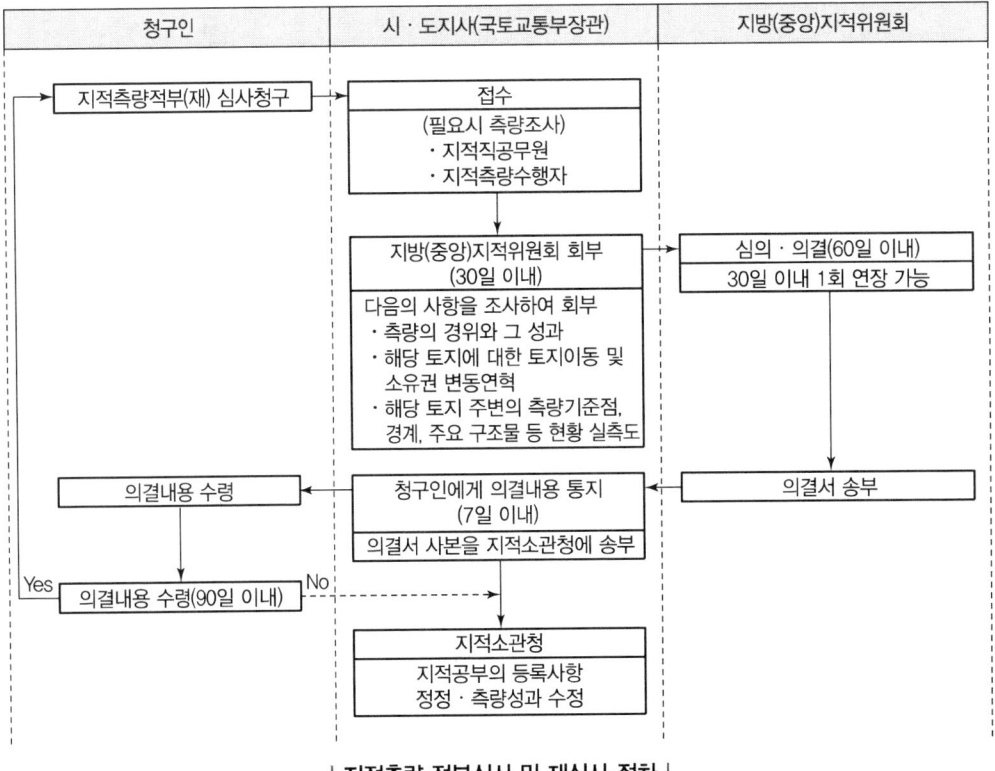

| 지적측량 적부심사 및 재심사 절차 |

CHAPTER 08 예상문제

01 지적측량에서 기초측량에 해당하지 않는 것은?

① 지적삼각보조점측량
② 지적삼각점측량
③ 지적도근점측량
④ 세부측량

해설

지적측량의 구분 등(지적측량 시행규칙 제5조)
① 지적측량은 기초측량과 1필지의 경계와 면적을 정하는 세부측량으로 구분한다.
② 지적측량은 평판측량, 전자평판측량, 경위의측량, 전파기 또는 광파기측량, 사진측량, 위성측량 및 드론측량 등의 방법에 따른다.

02 다음 중 지적측량의 성격으로 가장 타당한 것은?

① 법률적 규제를 받는 기속측량이다.
② 건축물의 관리를 위한 입체측량이다.
③ 토지이용을 규제하는 사법측량이다.
④ 공익사업의 수행을 위한 공공측량이다.

해설

지적측량의 구속력이란 지적측량의 내용에 대해 소관청 자신이나 소유자 및 이해관계인을 기속하는 효력으로서 지적측량은 완료와 동시에 구속력이 발생하여 측량결과에 대해 그것이 유효하게 존재하는 한 그 내용을 존중하고 복종해야 하며 결코 정당한 절차 없이 그 존재나 효력을 기피할 수 없다.

03 지적도근점의 망 구성형태가 아닌 것은?

① 결합도선
② 폐합도선
③ 다각망도선
④ 개방도선

해설

지적도근점측량(지적측량 시행규칙 제12조)
④ 지적도근점은 결합도선 · 폐합도선(廢合道線) · 왕복도선 및 다각망도선으로 구성하여야 한다.

정답 01 ④ 02 ① 03 ④

04 세부측량을 하는 경우 필지마다 면적을 측정하여야 하는 경우가 아닌 것은?

① 분할 ② 합병
③ 등록전환 ④ 지적공부의 복구

해설

지적측량의 실시 등(공간정보의 구축 및 관리 등에 관한 법률 제23조)
① 다음 각 호의 어느 하나에 해당하는 경우에는 지적측량을 하여야 한다.
  1. 제7조제1항제3호에 따른 지적기준점을 정하는 경우
  2. 제25조에 따라 지적측량성과를 검사하는 경우
  3. 다음 각 목의 어느 하나에 해당하는 경우로서 측량을 할 필요가 있는 경우
    가. 제74조에 따라 지적공부를 복구하는 경우
    나. 제77조에 따라 토지를 신규등록하는 경우
    다. 제78조에 따라 토지를 등록전환하는 경우
    라. 제79조에 따라 토지를 분할하는 경우
    마. 제82조에 따라 바다가 된 토지의 등록을 말소하는 경우
    바. 제83조에 따라 축척을 변경하는 경우
    사. 제84조에 따라 지적공부의 등록사항을 정정하는 경우
    아. 제86조에 따라 도시개발사업 등의 시행지역에서 토지의 이동이 있는 경우
    자. 지적재조사에 관한 특별법에 따른 지적재조사사업에 따라 토지의 이동이 있는 경우

05 평판측량의 장점으로 옳지 않은 것은?

① 내업이 적어 작업이 신속하다.
② 고저 측량이 용이하게 이루어진다.
③ 측량장비가 간편하고 사용이 편리하다.
④ 측량 결과를 현장에서 즉시 작도(作圖)할 수 있다.

해설

평판측량의 장점
- 현지에서 직접 측량결과를 제도하므로 필요한 사항을 관측하는 중에 빠뜨리는 일이 없다.
- 측량의 과실을 발견하기 쉽다.
- 측량방법이 간단하며 계산이나 제도 등의 내업이 적으므로 작업이 신속히 행하여진다.

06 지적기준점성과의 관리에 관한 내용이 옳은 것은?

① 지적삼각점성과는 시·도지사가 관리한다.
② 지적삼각보조점성과는 시·도지사가 관리한다.
③ 지적도근점성과는 시·도지사가 관리한다.
④ 삼각점성과는 시·도지사가 관리한다.

정답 04 ② 05 ② 06 ①

> **해설**
>
> 지적기준점성과의 관리 등(지적측량 시행규칙 제3조)
> 법 제27조제1항에 따른 지적기준점성과의 관리는 다음 각 호에 따른다.
> 1. 지적삼각점성과는 특별시장·광역시장·특별자치시장·도지사 또는 특별자치도지사(이하 "시·도지사"라 한다)가 관리하고, 지적삼각보조점성과 및 지적도근점성과는 지적소관청이 관리할 것
> 2. 지적소관청이 지적삼각점을 설치하거나 변경하였을 때에는 그 측량성과를 시·도지사에게 통보할 것
> 3. 지적소관청은 지형·지물 등의 변동으로 인하여 지적삼각점성과가 다르게 된 때에는 지체 없이 그 측량성과를 수정하고 그 내용을 시·도지사에게 통보할 것

07 경계점좌표등록부를 갖춰 두는 지역에 있는 각 필지의 경계점을 측정할 때에 좌표를 산출하는 방법 기준에 해당하지 않는 것은?(단, 필지의 경계점이 지형지물에 가로막혀 경위의를 사용할 수 없는 경우는 고려하지 않는다.)

① 도선법
② 방사법
③ 교회법
④ 현형법

> **해설**
>
> 경계점좌표등록부를 갖춰 두는 지역의 측량(지적측량 시행규칙 제23조)
> ① 경계점좌표등록부를 갖춰 두는 지역에 있는 각 필지의 경계점을 측정할 때에는 도선법·방사법 또는 교회법에 따라 좌표를 산출하여야 한다. 다만, 필지의 경계점이 지형·지물에 가로막혀 경위의를 사용할 수 없는 경우에는 간접적인 방법으로 경계점의 좌표를 산출할 수 있다.

08 우리나라 지목의 구분 및 결정기준은?

① 토지의 주된 사용목적
② 토지의 모양
③ 토양의 성질
④ 토지의 크기

> **해설**
>
> 정의(공간정보의 구축 및 관리 등에 관한 법률 제2조)
> 이 법에서 사용하는 용어의 뜻은 다음과 같다.
> 24. "지목"이란 토지의 주된 용도에 따라 토지의 종류를 구분하여 지적공부에 등록한 것을 말한다.

09 지적도근점측량의 도선에 관한 설명으로 틀린 것은?

① 삼각점 및 지적삼각보조점의 상호 간을 연결하는 도선은 1등도선이다.
② 지적삼각점 및 지적삼각보조점의 상호 간을 연결하는 다각망도선은 1등도선이다.
③ 지적도근점 상호 간을 연결하는 도선은 2등도선이다.
④ 2등도선은 삼각점을 기준으로 한 개방도선이다.

정답 06 ① 07 ④ 08 ① 09 ④

해설

지적도근점측량(지적측량 시행규칙 제12조)
③ 지적도근점측량의 도선은 다음 각 호의 기준에 따라 1등도선과 2등도선으로 구분한다.
  1. 1등도선은 위성기준점, 통합기준점, 삼각점, 지적삼각점 및 지적삼각보조점의 상호 간을 연결하는 도선 또는 다각망도선으로 할 것
  2. 2등도선은 위성기준점, 통합기준점, 삼각점, 지적삼각점 및 지적삼각보조점과 지적도근점을 연결하거나 지적도근점 상호 간을 연결하는 도선으로 할 것
  3. 1등도선은 가·나·다 순으로 표기하고, 2등도선은 ㄱ·ㄴ·ㄷ 순으로 표기할 것

10 평판측량방법에 따른 세부측량에서 지적도를 갖춰 두는 지역에서의 거리측정단위는 얼마로 하여야 하는가?

① 1cm ② 5cm ③ 10cm ④ 50cm

해설

세부측량의 기준 및 방법 등(지적측량 시행규칙 제18조)
① 평판측량방법에 따른 세부측량은 다음 각 호의 기준에 따른다.
  1. 거리측정단위는 지적도를 갖춰 두는 지역에서는 5센티미터로 하고, 임야도를 갖춰 두는 지역에서는 50센티미터로 할 것
  2. 측량결과도는 그 토지가 등록된 도면과 동일한 축척으로 작성할 것
  3. 세부측량의 기준이 되는 위성기준점, 통합기준점, 삼각점, 지적삼각점, 지적삼각보조점, 지적도근점 및 기지점이 부족하거나 이를 활용할 수 없는 경우에는 측량상 필요한 위치에 보조점을 설치하여 활용할 것
  4. 경계점은 기지점을 기준으로 하여 지상경계선과 도상경계선의 부합 여부를 현형법(現形法)·도상원호(圖上圓弧)교회법·지상원호(地上圓弧)교회법 또는 거리비교확인법 등으로 확인하여 정할 것

11 평판측량방법에 의한 세부측량의 기준 및 방법에 대한 설명이 옳지 않은 것은?

① 지적도를 갖춰 두는 지역에서의 거리측정단위는 5cm로 한다.
② 임야도를 갖춰 두는 지역에서의 거리측정단위는 50cm로 한다.
③ 측량결과도는 축척 500분의 1로 작성한다.
④ 기지점이 부족한 경우에는 측량상 필요한 위치에 보조점을 설치하여 활용한다.

해설

10번 해설 참고

12 좌표면적계산법에 따른 면적측정에서 산출면적은 얼마의 단위까지 계산하여야 하는가?

① 10,000분의 1제곱미터 ② 1,000분의 1제곱미터
③ 100분의 1제곱미터 ④ 10분의 1제곱미터

정답 10 ②　11 ③　12 ②

> [해설]
>
> 면적측정의 방법 등(지적측량 시행규칙 제20조)
> ① 좌표면적계산법 또는 전산처리방법에 따른 면적측정은 다음 각 호의 기준에 따른다.
>   1. 경위의측량방법으로 세부측량을 한 지역의 필지별 면적측정은 경계점 좌표에 따를 것
>   2. 측정면적은 1천분의 1제곱미터까지 측정하고, 산출면적은 다음 각 목의 구분에 따른 단위로 정할 것
>   가. 지적도의 축척이 600분의 1인 지역 및 경계점좌표등록부에 등록하는 지역 : 100분의 1제곱미터
>   나. 그 밖의 지역 : 10분의 1제곱미터

13 다음 중 경계복원측량을 가장 잘 설명한 것은?

① 지적도상 경계의 수정을 위한 측량이다.
② 경계점을 지표상에 복원하기 위한 측량이다.
③ 지상의 토지구획선을 지적도에 등록하기 위한 측량이다.
④ 지적도 도곽선에 걸쳐 있는 필지를 도곽선 안에 제도하기 위한 측량이다.

> [해설]
>
> 경계복원측량이란 경계점을 지표상에 복원하기 위한 측량이다.

14 상한과 종·횡선차의 부호에 대한 설명이 옳은 것은?(단, Δx : 종선차, Δy : 횡선차)

① 1상한에서 Δx는 (−), Δy는 (−)이다.
② 2상한에서 Δx는 (−), Δy는 (+)이다.
③ 3상한에서 Δx는 (−), Δy는 (+)이다.
④ 4상한에서 Δx는 (+), Δy는 (+)이다.

> [해설]
>
> ① 1상한 Δx는 (+), Δy는 (+)　　② 2상한 Δx는 (−), Δy는 (+)
> ③ 3상한 Δx는 (−), Δy는 (−)　　④ 4상한 Δx는 (+), Δy는 (−)

15 평판측량방법에 따른 세부측량을 방사법으로 하는 경우 1방향선의 도상길이는 얼마 이하로 하는가?(단, 광파조준의 또는 광파측거기를 사용하는 경우는 고려하지 않는다.)

① 10cm　　② 20cm　　③ 30cm　　④ 40cm

> [해설]
>
> 세부측량의 기준 및 방법 등(지적측량 시행규칙 제18조)
> ⑤ 평판측량방법에 따른 세부측량을 방사법으로 하는 경우에는 1방향선의 도상길이는 10센티미터 이하로 한다. 다만, 광파조준의 또는 광파측거기를 사용할 때에는 30센티미터 이하로 할 수 있다.

정답　13 ②　14 ②　15 ①

16 평판측량방법에 있어서 도상에 영향을 미치지 아니하는 지상거리의 축척별 허용범위 기준으로 옳은 것은?

① $\dfrac{M}{5}$ mm   ② $\dfrac{M}{10}$ mm   ③ $\dfrac{M}{20}$ mm   ④ $\dfrac{M}{30}$ mm

해설

세부측량의 기준 및 방법 등(지적측량 시행규칙 제18조)
⑧ 평판측량방법에 있어서 도상에 영향을 미치지 아니하는 지상거리의 축척별 허용범위는 $\dfrac{M}{10}$ 밀리미터로 한다. 이 경우 M은 축척분모를 말한다.

17 평판측량방법으로 거리를 측정하여 도곽선이 줄어든 경우 실측거리의 보정방법으로 옳은 것은?

① 실측거리에서 보정량을 더한다.
② 실측거리에서 보정량을 뺀다.
③ 실측거리에서 보정량을 곱한다.
④ 실측거리에서 보정량을 나눈다.

해설

세부측량의 기준 및 방법 등(지적측량 시행규칙 제18조)
⑥ 평판측량방법으로 거리를 측정하는 경우 도곽선의 신축량이 0.5밀리미터 이상일 때에는 다음의 계산식에 따른 보정량을 산출하여 도곽선이 늘어난 경우에는 실측거리에 보정량을 더하고, 줄어든 경우에는 실측거리에서 보정량을 뺀다.

$$보정량 = \dfrac{신축량(지상) \times 4}{도곽선길이합계(지상)} \times 실측거리$$

18 지적기준점측량의 절차가 바르게 나열된 것은?

① 준비 및 현지답사 → 선점 및 조표 → 계획의 수립 → 관측 및 계산과 성과표의 작성
② 계획의 수립 → 준비 및 현지답사 → 선점 및 조표 → 관측 및 계산과 성과표의 작성
③ 준비 및 현지답사 → 계획의 수립 → 선점 및 조표 → 관측 및 계산과 성과표의 작성
④ 계획의 수립 → 선점 및 조표 → 준비 및 현지답사 → 관측 및 계산과 성과표의 작성

해설

지적기준점측량의 절차
계획 → 답사 → 선점 → 조표 → 관측 → 계산 → 성과표의 작성

19 다음 중 지적측량에 대한 설명으로 옳지 않은 것은?

① 경계점을 지상에 복원하는 경우 지적측량을 하여야 한다.
② 특별소삼각측량지역에 분포된 소삼각측량지역은 별도의 원점을 사용할 수 있다.
③ 율곡원점과 현창원점의 평면직각종횡선수치의 단위는 간(間)으로 한다.
④ 지적측량의 방법 및 절차 등에 필요한 사항은 국토교통부령으로 정한다.

정답 16 ② 17 ② 18 ② 19 ③

해설

직각좌표의 기준(제7조제3항 관련)(공간정보의 구축 및 관리 등에 관한 법률 시행령 [별표 2])
2. 지적측량에 사용되는 구소삼각지역의 직각좌표계 원점

명칭	원점의 경위도	
망산원점	경도 : 동경 126°22′24″.596	위도 : 북위 37°43′07″.060
계양원점	경도 : 동경 126°42′49″.685	위도 : 북위 37°33′01″.124
조본원점	경도 : 동경 127°14′07″.397	위도 : 북위 37°26′35″.262
가리원점	경도 : 동경 126°51′59″.430	위도 : 북위 37°25′30″.532
등경원점	경도 : 동경 126°51′32″.845	위도 : 북위 37°11′52″.885
고초원점	경도 : 동경 127°14′41″.585	위도 : 북위 37°09′03″.530
율곡원점	경도 : 동경 128°57′30″.916	위도 : 북위 35°57′21″.322
현창원점	경도 : 동경 128°46′03″.947	위도 : 북위 35°51′46″.967
구암원점	경도 : 동경 128°35′46″.186	위도 : 북위 35°51′30″.878
금산원점	경도 : 동경 128°17′26″.070	위도 : 북위 35°43′46″.532
소라원점	경도 : 동경 128°43′36″.841	위도 : 북위 35°39′58″.199

※ 비고
가. 조본원점 · 고초원점 · 율곡원점 · 현창원점 및 소라원점의 평면직각종횡선 수치의 단위는 m로 하고, 망산원점 · 계양원점 · 가리원점 · 등경원점 · 구암원점 및 금산원점의 평면직각종횡선 수치의 단위는 간(間)으로 한다. 이 경우 각각의 원점에 대한 평면직각종횡선 수치는 0으로 한다.
나. 특별소삼각측량지역[전주, 강경, 마산, 진주, 광주(光州), 나주(羅州), 목포, 군산, 울릉도 등]에 분포된 소삼각측량지역은 별도의 원점을 사용할 수 있다.

20 다음 그림과 같이 A점과 B점 사이에 장애물이 있을 때, AB의 거리는 얼마인가?(단, AC = 170m, CD = 25m, DE = 30m, $AB//DE$)

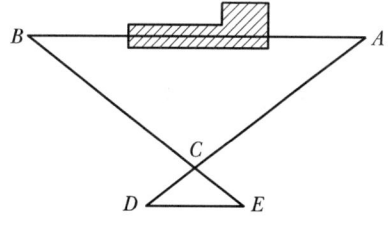

① 102m ② 120m
③ 204m ④ 360m

해설

비례식으로 $DE : BA = DC : CA$
$30 : X = 25 : 170$
$X = \dfrac{170 \times 30}{25} = 204\text{m}$

정답 20 ③

21 실제 지상거리가 24m이고 이를 도상에 나타낸 거리가 2cm인 도면의 축척으로 옳은 것은?

① 1/600 ② 1/1,000 ③ 1/1,200 ④ 1/6,000

해설

$M = \dfrac{1}{m} = \dfrac{l}{L}$ 에서 $\dfrac{1}{m} = \dfrac{0.02}{24} = \dfrac{1}{1,200}$

[참고] • 도상거리 = 실제거리/축척
  • 실제거리 = 축척 × 도상거리

22 다음 그림에서 측선 $\overline{CD}$의 방위로 옳은 것은?

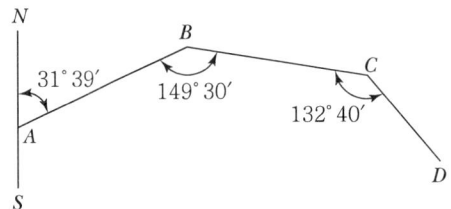

① E 70°19′ S ② S 70°31′ E
③ N 30°19′ W ④ W 70°41′ N

해설

- AB 방위각 = 31°19′
- BC 방위각 = 31°19′ + 180° − 149°30′ = 62°09′
- CD 방위각 = 62°09′ + 180° − 132°40′ = 109°29′

따라서 180° − 109°29′ = S 70°31′ E

23 다음 중 축척 1,000분의 1인 지적도에서 도곽선의 신축량이 각각 $\Delta X = -2\text{mm}$, $\Delta Y = -2\text{mm}$일 때 도곽선의 보정계수로 옳은 것은?

① 0.0145 ② 0.9884 ③ 1.0045 ④ 1.0118

해설

$Z = \dfrac{X \cdot Y}{\Delta X \cdot \Delta Y} = \dfrac{300 \times 400}{(300 - 0.2) \times (400 - 0.2)} = 1.0118$

축척	도곽선 크기(m)	도곽 내 포용면적(m²)	축척	도곽선 크기(m)	도곽 내 포용면적(m²)
1/500	150×200	30,000	1/2,400	800×1,000	800,000
1/600	200×250	50,000	1/3,000	1,200×1,500	1,800,000
1/1,000	300×400	120,000	1/6,000	2,400×3,000	7,200,000
1/1,200	400×500	200,000			

정답 21 ③ 22 ② 23 ④

24 삼각형의 세 변의 길이가 아래와 같을 때, ∠BAC의 값은?

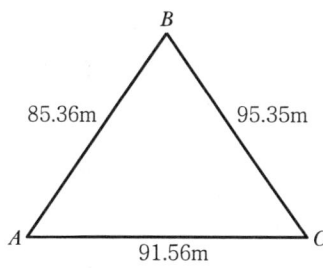

① 96°50′41″ ② 86°50′41″
③ 65°06′48″ ④ 22°40′21″

해설

$$\angle BAC = \cos^{-1}\frac{c^2+b^2-a^2}{2cb}$$
$$= \cos^{-1}\frac{85.36^2+91.56^2-95.35^2}{2\times 85.36\times 91.56}$$
$$= 65°06′48.33″$$

25 다음 그림에서 AP의 방위각(V_A^P)이 $31°54′13″$, $\angle P(\gamma)$가 $58°34′46″$일 때 BP의 방위각 (V_B^P)은 얼마인가?

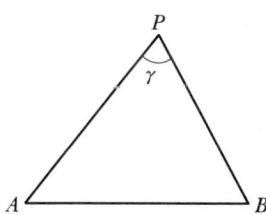

① 333°19′27″ ② 153°19′27″
③ 211°54′13″ ④ 320°54′13″

해설

AP 방위각 $= 31°54′13″$
PB 방위각 $= 31°54′13″ + 180° - 58°34′46″$
$\qquad = 153°19′27″$
따라서, BP의 방위각 $= 153°19′27″ - 180°$
$\qquad = -26°40′33″$ (PB의 역방위각이므로 -180)
$\qquad = -26°40′33″ + 360°$
$\qquad = 333°19′27″$ ($-$이므로 $+360$)

정답 24 ③ 25 ①

26 평판측량방법에 따라 측정한 경사거리가 23.6m이고, 조준의의 경사분획이 20이었다면 수평거리는 얼마인가?

① 23.0m
② 23.1m
③ 23.3m
④ 23.5m

해설

$\theta = \tan^{-1} \dfrac{20}{100} = 11°18'36''$

수평거리 = 거리 × cos θ
= 23.6 × cos11°18'36''
= 23.1m

별해) 경사거리 l을 재고 수평거리를 구하는 방법

$D = \dfrac{100l}{\sqrt{100^2 + n^2}} = \dfrac{l}{\sqrt{1 + \left(\dfrac{n}{100}\right)^2}}$

$= \dfrac{23.6}{\sqrt{1 + \left(\dfrac{20}{100}\right)^2}} = 23.1$

27 지적삼각보조측량에서 방향 $A-B$의 $\Delta x = -119.76$m, $\Delta y = -209.10$m, 방향 $B-C$의 $\Delta x = -156.60$m, $\Delta y = -64.50$m일 때 $A-C$ 방향의 Δx와 Δy는 얼마인가?

① $\Delta x = -36.84$m, $\Delta y = -144.60$m
② $\Delta x = -276.36$m, $\Delta y = -273.60$m
③ $\Delta x = +36.84$m, $\Delta y = +144.60$m
④ $\Delta x = +276.36$m, $\Delta y = +273.60$m

해설

$A-B \Delta x + B-C \Delta x = -119.76\text{m} + (-156.60\text{m}) = -276.36\text{m}$
$A-B \Delta y + B-C \Delta y = -209.10\text{m} + (-64.50\text{m}) = -273.60\text{m}$

28 다음 중 지상 500m²를 도면상에 5cm²로 나타낼 수 있는 도면의 축척은 얼마인가?

① 1/500
② 1/600
③ 1/10,000
④ 1/1,200

해설

축척 = $\dfrac{\text{도상거리}}{\text{실거리}} = \dfrac{500}{0.05} = \dfrac{1}{10,000}$

정답 26 ② 27 ② 28 ③

29 다음과 같은 지적도근점측량에서 교회법을 시행하여 36에서 A점을 본 방위각이 57°, 37에서 A점을 본 방위각이 315°일 때 A점의 교각은 얼마인가?

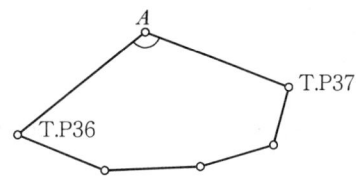

① 78° ② 102° ③ 168° ④ 192°

해설

36에서 A점을 본 방위각이 57°이다. 37에서 A점을 본 방위각이 315°이면
$V_A^{36} = 57° + 180° = 237°$
$V_A^{37} = 315° - 180° = 135°$
∴ $237° - 135° = 102°$

30 두 변의 길이가 각각 65.25m, 57.45m이고 끼인각의 크기가 62°36′40″인 삼각형의 면적은 얼마인가?

① 1,445.5m² ② 1,554.5m²
③ 1,664.5m² ④ 1,775.5m²

해설

$\frac{1}{2} ab \sin \alpha = \frac{1}{2} \times 65.25 \times 57.45 \times \sin 62°36′40″$
$= 1,664.205$

31 삼각형의 각 변이 길이가 각각 30m, 40m, 50m일 때 이 삼각형의 면적으로 옳은 것은?

① 600m² ② 756m²
③ 1,000m² ④ 1,200m²

해설

삼변법에 의한 계산
$S = \frac{1}{2}(30 + 40 + 50) = 60$
$S = \sqrt{S(S-a)(S-b)(S-c)}$
$= \sqrt{60(60-30)(60-40)(60-50)}$
$= 600 \text{m}^2$

정답 29 ② 30 ③ 31 ①

32 지적도근점의 종선차의 부호가 (−)이고 횡선차의 부호가 (+)인 측선은 어느 상한에 위치하는가?

① 제1상한　　② 제2상한　　③ 제3상한　　④ 제4상한

해설

상한별 방위각

상한	종선차(Δx)	횡선차(Δy)	방위각
1상한	+	+	θ각
2상한	−	+	$180 - \theta$
3상한	−	−	$180 + \theta$
4상한	+	−	$360 - \theta$

33 좌표의 종선차(Δx)의 부호가 (+), 횡선차의 부호(Δy)가 (−)일 때 방위각은 몇 상한에 위치하는가?

① 1상한　　② 2상한　　③ 3상한　　④ 4상한

해설

① 1상한($\Delta X = +$, $\Delta Y = +$)
② 2상한($\Delta X = -$, $\Delta Y = +$)
③ 3상한($\Delta X = -$, $\Delta Y = +$)
④ 4상한($\Delta X = +$, $\Delta Y = -$)

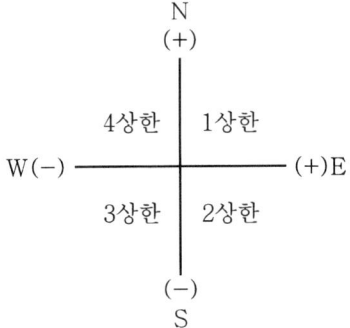

34 두 점의 좌표가 다음과 같을 때 방위각 V_A^B의 크기는 얼마인가?

점명	종선좌표(m)	횡선좌표(m)
A	395674.32	192899.25
B	397845.01	190256.39

① 50°36′08″　　　　　② 61°36′08″
③ 309°23′52″　　　　 ④ 328°23′52″

해설

종선차($\Delta X = X_b - X_a$), 횡선차($\Delta Y = Y_b - Y_a$)
- 종선차 : 397845.01 − 395674.32 = 2170.69
- 횡선차 : 190256.39 − 192899.25 = −2642.86

정답 32 ③　33 ④　34 ③

- 거리계산 : $\sqrt{\Delta X^2 + \Delta Y^2} = 3420.029833$
- 방위 : $\tan^{-1} \Delta Y/\Delta X = 50°36'8.37''$
- 방위각 : 4상한이므로 $360° - 50°36'8.37'' = 309°23'51.6''$

35 다음 중 표준줄자와 비교하여 3.4cm가 짧은 50m 줄자를 이용하여 측정한 거리가 355m인 경우 실제거리로 옳은 것은?

① 354.76m
② 354.98m
③ 355.12m
④ 355.24m

해설

1. 실제길이 $= \dfrac{\text{부정길이}}{\text{표준길이}} \times \text{관측길이} = \dfrac{50-0.034}{50} \times 355 = 354.7568\text{m}$

2. $\dfrac{\text{측정거리}}{\text{줄자길이}} = \text{측정횟수}$

    $\dfrac{355\text{m}}{50\text{m}} = 7.1$회, 7.1회 $\times 34\text{mm} = 241.4\text{mm} = 0.24\text{m}$

    신가축감에 의해 $355\text{m} - 0.24\text{m} = 354.76\text{m}$

36 점 간 거리 200m를 축척 1/500인 도상에 등록한 경우 점 간 거리의 도상길이는 얼마인가?

① 20cm
② 40cm
③ 50cm
④ 80cm

해설

$M = \dfrac{1}{m} = \dfrac{\text{도상거리}(l)}{\text{실제거리}(L)}$ 축척 $= \dfrac{\text{실거리}}{\text{도상거리}}$

$\dfrac{1}{500} = \dfrac{l}{200}$ 에서

$l = \dfrac{200}{500} = 0.4\text{m} = 40\text{cm}$

37 축척이 1/500인 도면 1매의 면적이 1,000m²이라면, 도면의 축척을 1/1,000으로 하였을 때 도면 1매의 면적은 얼마인가?

① 2,000m²
② 3,000m²
③ 4,000m²
④ 5,000m²

해설

비례식으로 풀면

$500^2 : 1,000^2 = 1,000\text{m}^2 : x$

$x = 1,000^2 \times \dfrac{1,000}{500^2} = 4,000\text{m}^2$

정답 35 ① 36 ② 37 ③

38 평판측량방법에 따라 조준의를 사용하여 경사거리를 측정한 결과가 아래와 같은 경우 수평거리로 옳은 것은?(단, 경사거리는 82.1m, 경사분획은 6.5이다.)

① 79.9m
② 80.9m
③ 81.9m
④ 82.9m

해설

$\theta = \tan^{-1}$

$\theta = \tan^{-1} \frac{6.5}{100}$

$\theta = 34°38'38''$

수평거리는 $82.1 \times \cos 34°38'38'' = 81.927$

세부측량의 기준 및 방법(지적측량 시행규칙 제18조)
⑦ 평판측량방법에 따라 경사거리를 측정하는 경우의 수평거리계산

$D = l \dfrac{1}{\sqrt{1+\left(\dfrac{n}{100}\right)^2}} = 82.1 \times \dfrac{1}{\sqrt{1+\left(\dfrac{6.5}{100}\right)^2}} = 81.9\text{m}$ (D는 수평거리, l는 경사거리, n은 경사분획)

39 측선의 방위각이 120°일 때, 다음 중 그 측선의 방위 표시로 옳은 것은?

① S 60°E
② N 60°E
③ N 60°W
④ S 60°W

해설

방위는 N과 S를 기준으로 나타낸다.
- 1상한 : θ
- 2상한 : $180-\theta$
- 3상한 : $180+\theta$
- 4상한 : $360-\theta$

40 지적삼각보조점측량을 하기 위한 기지점의 좌표가 아래와 같을 때 서영 1에서 서영 2로의 방위각과 두 점 간의 거리가 모두 옳은 것은?

점명	X좌표(m)	Y좌표(m)
서영 1	6963.82	3764.27
서영 2	6993.75	3534.28

① 82°35′08″, 231.93m
② 277°24′52″, 229.99m
③ 277°24′52″, 231.93m
④ 82°36′08″, 229.99m

정답 38 ③ 39 ① 40 ③

해설

1. 종선차($\Delta X = X_b - X_a$), 횡선차($\Delta Y = Y_b - Y_a$)
   종선차 6993.75−6963.82=29.93, 횡선차 3534.28−3764.72=−229.99
   ∴ 거리계산 : $\sqrt{\Delta X^2 + \Delta Y^2} = 231.9293$
2. 방위 : $\tan^{-1} \Delta Y/\Delta X = 82°35'0.62''$
   방위각은 4상한이므로 360°−82°35'7.51''=277°24'52.4''

41 다음 중 전자면적측정기에 따른 면적측정 기준으로 옳지 않은 것은?

① 도상에서 2회 측정한다.
② 측정면적은 100분의 1제곱미터까지 계산한다.
③ 산출면적은 10분의 1제곱미터 단위로 정한다.
④ 교차가 허용면적 이하일 때에는 그 평균치를 측정면적으로 한다.

해설

면적측정의 방법 등(지적측량 시행규칙 제20조)
② 전자면적측정기에 따른 면적측정은 다음 각 호의 기준에 따른다.
  1. 도상에서 2회 측정하여 그 교차가 다음 계산식에 따른 허용면적 이하일 때에는 그 평균치를 측정면적으로 할 것
     $A = 0.023^2 M\sqrt{F}$
     (A는 허용면적, M은 축척분모, F는 2회 측정한 면적의 합계를 2로 나눈 수)
  2. 측정면적은 1천분의 1제곱미터까지 측정하고, 산출면적은 10분의 1제곱미터 단위로 정할 것

42 다음 중 경위의측량방법에 따른 세부측량에서 측량결과도의 작성 기준으로 옳은 것은?

① 축척변경 시행지역의 측량결과도는 1/1,000로 작성한다.
② 농지의 구획정리 시행지역의 측량결과도는 1/500로 작성한다.
③ 축척변경 시행지역의 측량결과도는 필요한 경우 미리 시·도지사의 승인을 얻어 1/1,000까지 작성할 수 있다.
④ 측량결과도는 그 토지의 지적도와 동일한 축척으로 작성하여야 한다.

해설

세부측량의 기준 및 방법 등(지적측량 시행규칙 제18조)
⑨ 경위의 측량방법에 따른 세부측량은 다음 각 호의 기준에 따른다.
  1. 거리측정단위는 1센티미터로 할 것
  2. 측량결과도는 그 토지의 지적도와 동일한 축척으로 작성할 것. 다만, 지적확정측량 시행지역(농지의 구획정리 시행지역은 제외한다)과 축척변경 시행지역은 500분의 1로 하고, 농지의 구획정리 시행지역은 1천분의 1로 하되, 필요한 경우에는 미리 시·도지사의 승인을 받아 6천분의 1까지 작성할 수 있다.
  3. 토지의 경계가 곡선인 경우에는 가급적 현재 상태와 다르게 되지 아니하도록 경계점을 측정할 것. 이 경우 직선으로 연결하는 곡선의 중앙종거의 길이는 5센티미터 이상 10센티미터 이하로 한다.

정답 41 ② 42 ④

43 우리나라 토지 조사 당시 대삼각 측량에서 대삼각점의 평균 점 간 거리는 얼마로 하였는가?

① 30km ② 20km ③ 15km ④ 10km

해설

구분	종류	평균변장	토지조사사업 당시	설치 근거
삼각점	1등삼각점	30km	대삼각본점	토지조사법
	2등삼각점	10km	대삼각보점	토지조사법
	3등삼각점	5km	소삼각1등점	토지조사법
	4등삼각점	2.5km	소삼각2등점	토지조사법
지적삼각점	지적삼각점	2.5~5.0km	없음	지적법
	지적삼각보조점	1~3km	없음	지적법

44 전자면적측정기로 도상에서 2회 측정한 면적의 평균이 250m²일 때, 교차의 허용면적이 최대 얼마 이하일 때에 평균치를 측정면적으로 할 수 있는가?(단, 축척은 1200분의 1이다.)

① 8.6m² ② 9.0m² ③ 10.0m² ④ 12.8m²

해설

면적측정의 방법 등(지적측량 시행규칙 제20조)
② 전자면적측정기에 따른 면적측정은 다음 각 호의 기준에 따른다.
  1. 도상에서 2회 측정하여 그 교차가 다음 계산식에 따른 허용면적 이하일 때에는 그 평균치를 측정면적으로 할 것
  $A = 0.023^2 M\sqrt{F}$
  $= 0.023^2 \times 1{,}200\sqrt{250} = 10.037\,\mathrm{m}^2$

45 다음 중 경위의측량방법과 평판측량방법으로 세부측량을 할 때 측량준비 파일 작성에 공통적으로 포함하는 사항이 아닌 것은?

① 측량대상 토지의 지번 및 지목
② 인근 토지의 경계점의 좌표 및 경계선
③ 행정구역선과 그 명칭
④ 도곽선과 그 수치

해설

측량준비도 또는 측량준비 파일의 작성(지적측량 시행규칙 제17조)
① 지적측량수행자는 제18조제1항에 따라 평판측량방법 또는 같은 조 제11항에 따른 전자평판측량방법으로 세부측량을 할 때에는 지적도, 임야도에 따라 다음 각 호의 사항을 포함한 측량준비도 또는 측량준비 파일을 작성해야 한다.
  1. 측량대상 토지의 경계선·지번 및 지목
  2. 인근 토지의 경계선·지번 및 지목
  3. 임야도를 갖춰 두는 지역에서 인근 지적도의 축척으로 측량을 할 때에는 임야도에 표시된 경계점의 좌표를 구하여 지적도에 전개(展開)한 경계선. 다만, 임야도에 표시된 경계점의 좌표를 구할 수 없거나 그 좌표에 따라 확대하여 그리는 것이 부적당한 경우에는 축척비율에 따라 확대한 경계선을 말한다.

정답 43 ① 44 ③ 45 ②

4. 행정구역선과 그 명칭
5. 지적기준점 및 그 번호와 지적기준점 간의 거리, 지적기준점의 좌표, 그 밖에 측량의 기점이 될 수 있는 기지점
6. 도곽선(圖廓線)과 그 수치
7. 도곽선의 신축이 0.5밀리미터 이상일 때에는 그 신축량 및 보정(補正) 계수
8. 그 밖에 국토교통부장관이 정하는 사항

46 다음 중 평판측량방법에 따른 세부측량의 기준 및 방법으로 옳은 것은?

① 전방교회법 또는 후방교회법에 따른다.
② 측량결과 시오삼각형이 생긴 경우 외접원의 지름이 1mm 이하일 때에 그 중심을 점의 위치로 한다.
③ 거리를 측정하여 도곽선의 신축량이 0.5mm 이상으로 늘어난 경우에는 실측거리에서 보정량을 뺀다.
④ 경계점은 기지점을 기준으로 하여 지상경계선과 도상경계선의 부합 여부를 현형법, 도상원호교회법, 지상원호교회법 또는 거리비교확인법 등으로 확인하여 정한다.

> **해설**

세부측량의 기준 및 방법 등(지적측량 시행규칙 제18조)
① 평판측량방법에 따른 세부측량은 다음 각 호의 기준에 따른다.
  1. 거리측정단위는 지적도를 갖춰 두는 지역에서는 5센티미터로 하고, 임야도를 갖춰 두는 지역에서는 50센티미터로 할 것
  2. 측량결과도는 그 토지가 등록된 도면과 동일한 축척으로 작성할 것
  3. 세부측량의 기준이 되는 위성기준점, 통합기준점, 삼각점, 지적삼각점, 지적삼각보조점, 지적도근점 및 기지점이 부족하거나 이를 활용할 수 없는 경우에는 측량상 필요한 위치에 보조점을 설치하여 활용할 것
  4. 경계점은 기지점을 기준으로 하여 지상경계선과 도상경계선의 부합 여부를 현형법(現形法)·도상원호(圖上圓弧)교회법·지상원호(地上圓弧)교회법 또는 거리비교확인법 등으로 확인하여 정할 것
② 평판측량방법에 따른 세부측량은 교회법·도선법 및 방사법에 따른다.
③ 평판측량방법에 따른 세부측량을 교회법으로 하는 경우에는 다음 각 호의 기준에 따른다.
  1. 전방교회법 또는 측방교회법에 따를 것
  2. 3방향 이상의 교회에 따를 것
  3. 방향각의 교각은 30도 이상 150도 이하로 할 것
  4. 방향선의 도상길이는 평판의 방위표정(方位標定)에 사용한 방향선의 도상길이 이하로서 10센티미터 이하로 할 것. 다만, 광파조준의(光波照準儀) 또는 광파측거기를 사용하는 경우에는 30센티미터 이하로 할 수 있다.
  5. 측량결과 시오(示誤)삼각형이 생긴 경우 내접원의 지름이 1밀리미터 이하일 때에는 그 중심을 점의 위치로 할 것

47 다음 중 지적삼각보조점 표지의 점 간 거리는 평균 얼마를 기준으로 하여 설치하여야 하는가?(단, 다각망도선법에 따르는 경우는 고려하지 않는다.)

① 0.5km 이상 1km 이하
② 1km 이상 3km 이하
③ 2km 이상 4km 이하
④ 3km 이상 5km 이하

정답 46 ④ 47 ②

해설

지적삼각측량 점 간 거리
1. 지적삼각측량 : 2~5km
2. 지적삼각보조측량 : 교회법 1~3km, 다각망도선법 0.5~1km
3. 지적도근측량 : 도선법 50~500m

48 다음 중 지적도근점측량의 도선 구분으로 옳은 것은?

① 1등도선은 가·나·다 순으로 표기하고, 2등도선은 ㄱ·ㄴ·ㄷ순으로 표기한다.
② 1등도선은 가·나·다 순으로 표기하고, 2등도선은 (1)·(2)·(3) 순으로 표기한다.
③ 1등도선은 ㄱ·ㄴ·ㄷ순으로 표기하고, 2등도선은 가·나·다 순으로 표기한다.
④ 1등도선은 (1)·(2)·(3) 순으로 표기하고, 2등도선은 가·나·다 순으로 표기한다.

해설

도선의 표기는 1등도선은 가, 나, 다 순으로, 2등도선은 ㄱ, ㄴ, ㄷ 순으로

49 다음 중 지적도근점측량의 기준으로 사용할 수 없는 것은?

① 통합기준점   ② 위성기준점   ③ 지적삼각점   ④ 지적경계점

해설

지적측량의 방법 등(지적측량 시행규칙 제7조)
3. 지적도근점측량 : 위성기준점, 통합기준점, 삼각점 및 지적기준점을 기초로 하여 경위의측량방법, 전파기 또는 광파기측량방법, 위성측량방법 및 국토교통부장관이 승인한 측량방법에 따르되, 그 계산은 도선법, 교회법 및 다각망도선법에 따를 것

50 다음 중 지적 관련법규에 따른 면적측정 방법에 해당하는 것은?

① 지상삼사법   ② 도상삼사법   ③ 스타디아법   ④ 좌표면적계산법

해설

면적측정의 방법 등(지적측량 시행규칙 제20조)
① 좌표면적계산법 또는 전산처리방법에 따른 면적측정은 다음 각 호의 기준에 따른다.
  1. 경위의측량방법으로 세부측량을 한 지역의 필지별 면적측정은 경계점 좌표에 따를 것
  2. 산출면적은 1천분의 1제곱미터까지 측정하고, 산출면적은 다음 각 목의 구분에 따른 단위로 정할 것
    가. 지적도의 축척이 600분의 1인 지역 및 경계점좌표등록부에 등록하는 지역 : 100분의 1제곱미터
    나. 그 밖의 지역 : 10분의 1제곱미터
② 전자면적측정기에 따른 면적측정은 다음 각 호의 기준에 따른다.
  1. 도상에서 2회 측정하여 그 교차가 다음 계산식에 따른 허용면적 이하일 때에는 그 평균치를 측정면적으로 할 것
    $A = 0.023^2 M\sqrt{F}$ (A는 허용면적, M은 축척분모, F는 2회 측정한 면적의 합계를 2로 나눈 수)
  2. 측정면적은 1천분의 1제곱미터까지 측정하고, 산출면적은 10분의 1제곱미터 단위로 정할 것

정답 48 ① 49 ④ 50 ④

51 다음 중 지적측량의 방법에 해당하지 않는 것은?

① 경위의측량 ② 전파기측량
③ 관성측량 ④ 위성측량

해설

지적측량의 방법 등(지적측량 시행규칙 제7조)
① 법 제23조제2항에 따른 지적측량의 방법은 다음 각 호의 어느 하나에 따른다.
1. 지적삼각점측량 : 위성기준점, 통합기준점, 삼각점 및 지적삼각점을 기초로 하여 경위의측량방법, 전파기 또는 광파기 측량방법, 위성측량방법 및 국토교통부장관이 승인한 측량방법에 따르되, 그 계산은 평균계산법이나 망평균계산법에 따를 것
2. 지적삼각보조점측량 : 위성기준점, 통합기준점, 삼각점, 지적삼각점 및 지적삼각보조점을 기초로 하여 경위의측량방법, 전파기 또는 광파기측량방법, 위성측량방법 및 국토교통부장관이 승인한 측량방법에 따르되, 그 계산은 교회법(交會法) 또는 다각망도선법에 따를 것
3. 지적도근점측량 : 위성기준점, 통합기준점, 삼각점 및 지적기준점을 기초로 하여 경위의측량방법, 전파기 또는 광파기 측량방법, 위성측량방법 및 국토교통부장관이 승인한 측량방법에 따르되, 그 계산은 도선법, 교회법 및 다각망도선법에 따를 것
4. 세부측량 : 위성기준점, 통합기준점, 지적기준점 및 경계점을 기초로 하여 경위의측량방법, 평판측량방법, 전자평판측량방법, 위성측량방법 및 드론측량방법에 따를 것

52 다음 중 지적삼각보조점성과표 및 지적도근점성과표에 기록·관리하여야 하는 사항에 해당하지 않는 것은?

① 지적삼각보조점 또는 지적도근점의 번호
② 소재지와 설치 및 재설치연월일
③ 도신등급 및 도선명
④ 측량성과 보관장소

해설

지적기준점성과표의 기록·관리 등(지적측량 시행규칙 제4조)
② 제3조에 따라 지적소관청이 지적삼각보조점성과 및 지적도근점성과를 관리할 때에는 다음 각 호의 사항을 지적삼각보조점성과표 및 지적도근점성과표에 기록·관리하여야 한다.
1. 지적삼각보조점 또는 지적도근점의 번호
1의2. 근경사진 및 위치의 약도(위치의 약도는 원경사진·항공사진으로 대체할 수 있다)
2. 좌표와 직각좌표계 원점명
3. 경도와 위도(필요한 경우로 한정한다)
4. 표고(필요한 경우로 한정한다)
5. 소재지와 설치 및 재설치연월일
6. 도선등급 및 도선명
7. 표지의 재질
8. 지적도·임야도의 번호
9. 삭제
10. 조사연월일, 조사자의 직위·성명 및 조사 내용

53 다음 중 지적소관청이 지적삼각보조점성과표에 기록·관리하여야 하는 사항에 해당하는 것은?

① 표지의 재질
② 시준점의 명칭
③ 방위각 및 거리
④ 자오선수차

해설

52번 해설 참고

54 세부측량을 하는 경우 필지마다 면적을 측정하여야 하는 경우가 아닌 것은?

① 지적공부를 복구하는 경우
② 신규등록을 하는 경우
③ 경계를 정정하는 경우
④ 토지합병을 하는 경우

해설

토지를 합병하는 경우 지적측량을 요하지 않음

55 축척변경 시행지역에서 경위의측량방법에 따른 세부측량을 실시할 경우, 측량결과도는 얼마의 축척으로 작성하여야 하는가?(단, 시·도지사의 승인을 얻는 경우는 고려하지 않는다.)

① 1/500
② 1/1,000
③ 1/3,000
④ 1/6,000

해설

측량결과도
당해 토지의 지적도와 동일한 축척으로 작성
• 도시개발사업시행지역과 축척변경시행지역 : 1/500
• 농지구획정리사업 : 1/1,000
• 필요한 경우 미리 시·도지사의 승인을 얻어 : 1/6,000
  ⇒ 직선으로 연결하는 부분에 해당하는 곡선의 중앙종거의 길이 : 5~10cm으로 한다.

56 평판측량방법에 따른 세부측량을 도선법으로 하는 경우 도선의 폐색오차를 각 점에 배분하는 방법으로 옳은 것은?

① 변의 길이에 반비례하여 배분한다.
② 변의 순서에 반비례하여 배분한다.
③ 변의 길이에 비례하여 배분한다.
④ 변의 순서에 비례하여 배분한다.

정답 53 ① 54 ④ 55 ① 56 ④

해설

$M_n = \dfrac{e}{N} \times n$

여기서 M_n : 각 점에 순서대로 배분할 밀리미터 단위의 도상길이
 e : 밀리미터 단위의 오차
 N : 변의 수
 n : 변의 순서

평판측량에 따른 세부측량을 도선법으로 하는 경우 도선의 폐색오차는 변의 순서에 비례하여 배분한다.

57 지적삼각보조점측량에서 지적삼각보조점을 구성할 수 있는 망 형태가 옳은 것은?

① 유심다각망 또는 교점다각망
② 사각망 또는 교점다각망
③ 삼각쇄망 또는 교점다각망
④ 교회망 또는 교점다각망

해설

지적삼각보조점측량(지적측량 시행규칙 제10조)
③ 지적삼각보조점은 교회망 또는 교점다각망(交點多角網)으로 구성하여야 한다.

58 평판측량방법으로 세부측량을 할 때에 지적도, 임야도에 따라 측량준비 파일에 포함하여 작성하여야 할 사항에 해당하지 않는 것은?

① 측량방법 및 측량기하적
② 지적기준점 및 그 번호
③ 인근 토지의 지번, 지목 및 경계선
④ 측량대상 토지의 경계선, 지번 및 지목

해설

측량준비도 또는 측량준비 파일의 작성(지적측량 시행규칙 제17조)
① 지적측량수행자는 제18조제1항에 따라 평판측량방법 또는 같은 조 제1항에 따른 전자평판측량방법으로 세부측량을 할 때에는 지적도, 임야도에 따라 다음 각 호의 사항을 포함한 측량준비도 또는 측량준비 파일을 작성해야 한다.
 1. 측량대상 토지의 경계선·지번 및 지목
 2. 인근 토지의 경계선·지번 및 지목
 3. 임야도를 갖춰 두는 지역에서 인근 지적도의 축척으로 측량을 할 때에는 임야도에 표시된 경계점의 좌표를 구하여 지적도에 전개(展開)한 경계선. 다만, 임야도에 표시된 경계점의 좌표를 구할 수 없거나 그 좌표에 따라 확대하여 그리는 것이 부적당한 경우에는 축척비율에 따라 확대한 경계선을 말한다.
 4. 행정구역선과 그 명칭
 5. 지적기준점 및 그 번호와 지적기준점 간의 거리, 지적기준점의 좌표, 그 밖에 측량의 기점이 될 수 있는 기지점
 6. 도곽선(圖廓線)과 그 수치
 7. 도곽선의 신축이 0.5밀리미터 이상일 때에는 그 신축량 및 보정(補正) 계수
 8. 그 밖에 국토교통부장관이 정하는 사항

정답 57 ④ 58 ①

59 다음 중 경위의 측량방법에 따른 세부측량에서 토지의 경계가 곡선인 경우 직선으로 연결하는 곡선의 중앙종거의 길이 기준으로 옳은 것은?

① 1cm 이상 5cm 이하
② 3cm 이상 5cm 이하
③ 5cm 이상 7cm 이하
④ 5cm 이상 10cm 이하

해설

세부측량의 기준 및 방법 등(지적측량 시행규칙 제18조)
⑨ 경위의측량방법에 따른 세부측량은 다음 각 호의 기준에 따른다.
1. 거리측정단위는 1센티미터로 할 것
2. 측량결과도는 그 토지의 지적도와 동일한 축척으로 작성할 것. 다만, 지적확정측량 시행지역(농지의 구획정리 시행지역은 제외한다)과 축척변경 시행지역은 500분의 1로 하고, 농지의 구획정리 시행지역은 1천분의 1로 하되, 필요한 경우에는 미리 시·도지사의 승인을 받아 6천분의 1까지 작성할 수 있다.
3. 토지의 경계가 곡선인 경우에는 가급적 현재 상태와 다르게 되지 아니하도록 경계점을 측정하여 연결할 것. 이 경우 직선으로 연결하는 곡선의 중앙종거(中央縱距)의 길이는 5센티미터 이상 10센티미터 이하로 한다.

60 다음 중 경위의 측량방법에 따른 세부측량에서의 거리 측정 단위로 옳은 것은?

① 1cm ② 5cm ③ 10cm ④ 1m

해설

59번 해설 참고

61 다음 중 축척이 600분의 1인 지역에서, 평판측량 방법에 있어서 도상에 영향을 미치지 아니하는 지상거리의 허용범위는 얼마인가?

① 60mm 이내
② 100mm 이내
③ 120mm 이내
④ 240mm 이내

해설

세부측량의 기준 및 방법 등(지적측량 시행규칙 제18조)
⑧ 평판측량방법에 있어서 도상에 영향을 미치지 아니하는 지상거리의 축척별 허용범위는 $\frac{M}{10}$ 밀리미터로 한다. 이 경우 M은 축척분모를 말한다.

62 다음 중 지적기준점측량의 절차가 옳은 것은?

① 계획의 수립 → 준비 및 현지답사 → 선점 및 조표 → 관측 및 계산과 성과표의 작성
② 계획의 수립 → 선점 및 조표 → 준비 및 현지답사 → 관측 및 계산과 성과표의 작성
③ 계획의 수립 → 선점 및 조표 → 관측 및 계산과 성과표의 작성 → 준비 및 현지답사
④ 계획의 수립 → 준비 및 현지답사 → 관측 및 계산과 성과표의 작성 → 선점 및 조표

정답 59 ④ 60 ① 61 ① 62 ①

해설

계획 → 답사 → 선점 → 조표 → 관측 → 계산 → 성과정리

63 다음 중 세부측량을 하는 경우 필지마다 면적을 측정하여야 하는 경우에 해당하지 않는 것은?
① 분할
② 등록전환
③ 지목변경
④ 지적공부 복구

해설

전, 답, 과수원과 같이 농지의 경우 상호 지목변경은 실지 사용하고 있는 용도에 따라 측량을 하지 아니하고 지목변경을 할 수 있다.

면적측정의 대상
- 지적공부를 복구하는 경우
- 신규등록을 하는 경우
- 등록전환을 하는 경우
- 분할을 하는 경우
- 도시개발사업 등으로 새로이 토지의 표시를 결정하는 경우
- 축척변경을 하는 경우
- 면적 또는 경계를 정정하는 경우

64 경위의측량방법으로 세부측량을 하였을 때 측량대상 토지의 경계점 간 실측거리와 경계점을 좌표에 의하여 계산한 거리의 교차는 최대 얼마 이내이어야 하는가?(단, L은 실측거리로서 m 단위로 표시한 수치를 말한다.)

① $\frac{3L}{10}$ cm 이내
② $3+\frac{L}{10}$ cm 이내
③ $\frac{3L}{100}$ cm 이내
④ $3+\frac{L}{100}$ cm 이내

해설

측량대상토지의 경계점 간 실측거리와 경계점의 좌표에 의한 계산거리의 교차
$3+\frac{L}{10}$ cm 이내
이 경우 L은 실측거리로서 미터단위로 표시한 수치를 말한다.

65 다음 중 지적측량을 해야 하는 경우로 옳지 않은 것은?
① 지적공부를 복구하는 경우
② 지적측량성과를 검사하는 경우
③ 경계점을 지상에 복원하는 경우
④ 지적측량기준점 표지를 설치하는 경우

정답 63 ③ 64 ② 65 ④

> **해설**
>
> 지적측량의 대상
> - 토지의 경계좌표를 등록하기 위한 측량
> - 토지의 경계를 공부상에 이동 정리하기 위한 측량
> - 토지를 새로 지적공부에 등록하기 위한 측량
> - 멸실된 지적공부를 복구할 때
> - 경계를 지표상에 복원함에 있어 측량을 필요로 할 때

66 다음 중 지적확정측량을 하는 경우 필지별 경계점을 측정하기 위한 기준점에 해당하지 않는 것은?

① 필계점 ② 삼각점
③ 지적삼각점 ④ 지적삼각보조점

> **해설**
>
> 기준점 : 삼각점, 지적삼각점, 지적삼각보조점, 도근점

67 평판측량방법에 따른 세부측량을 교회법으로 실시한 측량 결과 시오삼각형이 생긴 경우 내접원의 지름이 최대 얼마 이하인 때에는 그 중심을 점의 위치로 하는가?

① 1mm ② 2mm ③ 3mm ④ 4mm

> **해설**
>
> 세부측량의 기준 및 방법 등(지적측량 시행규칙 제18조)
> ③ 평판측량방법에 따른 세부측량을 교회법으로 하는 경우에는 다음 각 호의 기준에 따른다.
>   5. 측량 결과 시오삼각형이 생긴 경우 내접원의 지름이 1밀리미터 이하일 때에는 그 중심을 점의 위치로 할 것

68 다음 중 두 점간의 실거리 300m를 도상에 6mm로 표시한 도면의 축척은 얼마인가?

① $\dfrac{1}{20,000}$ ② $\dfrac{1}{25,000}$ ③ $\dfrac{1}{50,000}$ ④ $\dfrac{1}{100,000}$

> **해설**
>
> 300m=300,000mm이므로 $S=\dfrac{6}{300,000}$

69 축척이 1/3,000인 지역의 토지를 등록전환하는 경우 임야대장의 면적과 등록전환될 면적의 오차 허용범위를 계산하기 위한 축척분모는 얼마로 하여야 하는가?

① 1,000 ② 1,200 ③ 3,000 ④ 6,000

정답 66 ① 67 ① 68 ③ 69 ④

해설

$A = 0.026^2 M\sqrt{F}$

여기서, A : 오차허용면적
M : 축척분모
F : 원면적으로 하되 축척이 3천분의 1인 지역의 축척분모는 6천으로 한다.

70 축척 1/1,200 지역에서 전자면적측정기에 따른 면적을 도상에서 2회 측정한 결과가 654.8m²이었을 때 평균치를 측정 면적으로 하기 위하여 교차는 얼마 이하이어야 하는가?

① 16m²   ② 17m²
③ 18m²   ④ 19m²

해설

$A = 0.023^2 M\sqrt{F} = 0.023^2 \times 1,200 \times \sqrt{654.8} = 16.24$

71 다음 중 지적측량의 구분이 옳은 것은?

① 기초측량, 세부측량   ② 확정측량, 세부측량
③ 기초측량, 삼각측량   ④ 세부측량, 삼각측량

해설

• 기초측량 : 지적삼각측량, 지적삼각보조측량, 도근측량
• 세부측량 : 도선법, 방사법, 교회법

72 경위의측량방법에 따른 세부측량의 기준에 대한 설명으로 옳지 않은 것은?

① 거리측정단위는 1cm로 한다.
② 연직각의 관측은 정반으로 1회 관측한다.
③ 1방향각의 측각공차는 60초 이내이다.
④ 축척변경 시행지역의 측량결과도는 1/1,000로 작성한다.

해설

당해 토지의 지적도와 동일한 축척으로 작성
• 도시개발사업 시행지역과 축척변경 시행지역 : 1/500
• 농지구획정리사업 : 1/1,000
• 필요한 경우 미리 시·도지사의 승인을 얻어 : 1/6,000

정답 70 ① 71 ① 72 ④

73 다음 중 좌표면적계산법으로 면적측정을 하는 경우 측정면적의 계산단위 기준은?

① $\frac{1}{1,000} m^2$까지 ② $\frac{1}{100} m^2$까지

③ $\frac{1}{10} m^2$까지 ④ $1m^2$까지

해설

면적측정의 방법 등(지적측량 시행규칙 제20조)
① 좌표면적계산법 또는 전산처리방법에 따른 면적측정은 다음 각 호의 기준에 따른다.
  1. 경위의측량방법으로 세부측량을 한 지역의 필지별 면적측정은 경계점 좌표에 따를 것
  2. 측정면적은 1천분의 1제곱미터까지 측정하고, 산출면적은 다음 각 목의 구분에 따른 단위로 정할 것
    가. 지적도의 축척이 600분의 1인 지역 및 경계점좌표등록부에 등록하는 지역 : 100분의 1제곱미터
    나. 그 밖의 지역 : 10분의 1제곱미터

74 다음 중 좌표면적계산법에 따른 면적측정을 하는 경우 면적을 정하는 단위 기준으로 옳은 것은?

① 10분의 1제곱미터 단위로 정한다. ② 100분의 1제곱미터 단위로 정한다.
③ 1,000분의 1제곱미터 단위로 정한다. ④ 10,000분의 1제곱미터 단위로 정한다.

해설

73번 해설 참고

75 지적측량 시행규칙상 지적기준점표지의 설치기준 등으로 옳지 않은 것은?

① 지적삼각점표지의 점간거리는 평균 2km 이상 5km 이하로 한다.
② 지적삼각보조점표지의 점간거리는 다각도선법에 따르는 경우에는 평균 0.5km 이상 1km 이하로 한다.
③ 지적도근점표지의 점간거리는 평균 600m 이상 900m 이하로 한다.
④ 지적소관청은 연 1회 이상 지적기준점표지의 이상 유무를 조사하여야 한다.

해설

지적기준점표지의 설치·관리 등(지적측량 시행규칙 제2조)
① 「공간정보의 구축 및 관리 등에 관한 법률」(이하 "법"이라 한다) 제8조제1항에 따른 지적기준점표지의 설치는 다음 각 호의 기준에 따른다.
  1. 지적삼각점표지의 점간거리는 평균 2킬로미터 이상 5킬로미터 이하로 할 것
  2. 지적삼각보조점표지의 점간거리는 평균 1킬로미터 이상 3킬로미터 이하로 할 것. 다만, 다각망도선법(多角網道線法)에 따르는 경우에는 평균 0.5킬로미터 이상 1킬로미터 이하로 한다.
  3. 지적도근점표지의 점간거리는 평균 50미터 이상 500미터 이하로 할 것 〈개정 2024.12.26.〉
② 지적소관청은 연 1회 이상 지적기준점표지의 이상 유무를 조사하여야 한다. 이 경우 멸실되거나 훼손된 지적기준점표지를 계속 보존할 필요가 없을 때에는 폐기할 수 있다.
③ 지적소관청이 관리하는 지적기준점표지가 멸실되거나 훼손되었을 때에는 지적소관청은 다시 설치하거나 보수하여야 한다.

정답 73 ① 74 ① 75 ③

76 다음 중 평판측량방법에 따른 세부측량을 방사법으로 하는 경우에 1방향선의 도상길이는 최대 얼마 이하로 하여야 하는가?(단, 광파조준의 또는 광파측거기를 사용하는 경우는 고려하지 않는다.)

① 5cm
② 10cm
③ 20cm
④ 30cm

해설

지적측량도표

종류		방향선 길이
경위의측량방법	도선법	
	방사법	
측판측량방법	교회법	10cm 이하, 광파조준 사용 시 30cm 이하
	도선법	8cm 이하, 광파조준 사용 시 30cm 이하
	방사법	10cm 이하, 광파조준 사용 시 30cm 이하

77 지적측량의 구분으로 옳은 것은?

① 삼각측량, 도해측량
② 수치측량, 기초측량
③ 기초측량, 세부측량
④ 수치측량, 세부측량

해설

지적측량의 구분

기초측량	• 경위의 측량방법 • 전파기 또는 광파기 측량방법 • 사진측량방법 • 위성측량방법	지적삼각측량	• 경위의 측량 방법 • 전파기 또는 광파기 측량 방법 (평균계산법, 망평균계산법)
		지적삼각보조측량	• 경위의 측량 방법 • 전파기 또는 광파기 측량 방법 (교회법, 다각망도선법)
		지적위성기준측량	정지측량, 이동측량, 실시간이동측량
		지적도근측량	• 경위의 측량 방법 • 전파기 또는 광파기 측량 방법 (도선법, 교회법, 다각망도선법)
세부측량	• 경위의 측량방법 • 측판측량방법	측판측량	도해측량(교회법, 도선법, 방사법)
		경위의 측량	경계점좌표측량(도선법, 방사법)

78 경계점좌표등록부 시행지역에서 경계점의 지적측량성과와 검사 성과의 연결교차 허용범위 기준으로 옳은 것은?

① 1cm
② 10cm
③ 15cm
④ 20cm

정답 76 ② 77 ③ 78 ②

> [해설]
>
> 지적측량성과의 결정(지적측량 시행규칙 제27조)
>
> | | | | |
> |---|---|---|---|
> | 지적측량성과 결정 | 지적삼각점 | | 20cm |
> | | 지적삼각보조점 | | 25cm |
> | | 지적도근점 | 경계점좌표등록부 시행지역 | 15cm |
> | | | 그 밖의 지역 | 25cm |
> | | 경계점 | 경계점좌표등록부 시행지역 | 10cm |
> | | | 그 밖의 지역 | 100분의 3M cm (M은 축척분모) |
> | | | 전자평판측량방법 | 100분의 2M cm(M은 축척분모) |
> | 지적확정측량성과 검사기준 | 지적삼각점 | | ±20cm |
> | | 지적삼각보조점 | | ±25cm |
> | | 지적도근점 | | ±15cm(도선을 달리하여 검사) |
> | | 경계점 | | ±10cm |
> | 지적위성측량의 성과검사기준 | 지적삼각점 | | ±20cm |
> | | 지적삼각보조점 | | ±25cm |
> | | 지적도근점 | | ±15cm(도선을 달리하여 검사) |
> | | 경계점 | | ±10cm |
> | 지적재조사측량성과 결정 | 지적기준점 | | ±0.03m |
> | | 경계점 | | ±0.07m |
> | 지적공부세계측지계 변환규정 (변환성과 검증) | 경계점좌표등록부 시행지역 | | 5cm |
> | | 그 밖의 지역 | | 10cm |
> | 지적공부세계측지계 변환규정 (공통점 결정) | 경계점좌표등록부 시행지역 | | 7.5cm |
> | | 그 밖의 지역 | | 12.5cm |

79 다음 중 지적측량성과와 검사성과의 연결교차의 허용범위 기준이 옳은 것은?

① 지적도근점(경계점좌표등록부 시행지역) : 20cm 이내
② 경계점(경계점좌표등록부 시행지역) : 10cm 이내
③ 경계점(경계점좌표등록부 시행지역 제외) : 기준 없음
④ 지적도근점(경계점좌표등록부 시행지역 제외) : 20cm 이내

> [해설]
>
> 78번 해설 참고

  79 ②

80 지적도근점의 번호를 부여하는 방법 기준으로 옳은 것은?

① 영구표지를 설치하지 아니하는 경우에는 동·리별로 일련번호를 부여한다.
② 영구표지를 설치하지 아니하는 경우에는 읍·면별로 일련번호를 부여한다.
③ 영구표지를 설치하는 경우에는 시·군·구별로 일련번호를 부여한다.
④ 영구표지를 설치하는 경우에는 시·도별로 일련번호를 부여한다.

해설

지적도근점측량(지적측량 시행규칙 제12조)
① 지적도근점측량을 할 때에는 미리 지적도근점표지를 설치하여야 한다.
② 지적도근점의 번호는 영구표지를 설치하는 경우에는 시·군·구별로, 영구표지를 설치하지 아니하는 경우에는 시행지역별로 설치순서에 따라 일련번호를 부여한다. 이 경우 각 도선의 교점은 지적도근점의 번호 앞에 "교"자를 붙인다.

81 광파기측량방법에 따라 다각망도선법으로 지적도근점측량을 할 때 1도선의 점의 수는 몇 개 이하로 하여야 하는가?

① 10개 ② 20개 ③ 30개 ④ 40개

해설

지적도근점측량(지적측량 시행규칙 제12조)
⑥ 경위의 측량방법이나 전파기 또는 광파기측량방법에 따라 다각망도선법으로 지적도근점측량을 할 때에는 다음 각 호의 기준에 따른다.
1. 3점 이상의 기지점을 포함한 결합다각방식에 따를 것
2. 1도선의 점의 수는 20점 이하로 할 것

82 다음 중 지적도근점 측량을 실시하는 경우에 해당하지 않는 것은?

① 도시개발사업 등으로 인하여 지적확정측량을 하는 경우
② 측량지역의 면적이 해당 지적도 1장에 해당하는 면적 이상인 경우
③ 축척변경을 위한 측량을 하는 경우
④ 지적도근점의 재설치를 위하여 지적삼각점의 설치가 필요한 경우

해설

지적측량의 실시기준(지적측량 시행규칙 제6조)
② 지적도근점측량은 다음 각 호의 어느 하나에 해당하는 경우에 실시한다.
1. 법 제83조에 따라 축척변경을 위한 측량을 하는 경우
2. 법 제86조에 따른 도시개발사업 등으로 인하여 지적확정측량을 하는 경우
3. 「국토의 계획 및 이용에 관한 법률」 제7조제1호의 도시지역에서 세부측량을 하는 경우
4. 측량지역의 면적이 해당 지적도 1장에 해당하는 면적 이상인 경우
5. 세부측량을 하기 위하여 특히 필요한 경우
③ 세부측량은 법 제23조제1항제2호·제3호·제4호 및 제5호의 경우에 실시한다.

정답 80 ③ 81 ② 82 ④

83 경위의 측량방법으로 세부측량을 하였을 때, 측량대상 토지의 경계점 간 실측거리와 경계점의 좌표에 따라 계산한 거리의 교차 기준으로 옳은 것은?(단, L은 실측거리로서 미터단위로 표시한 수치다.)

① $2+\dfrac{L}{10}$ cm 이내
② $3+\dfrac{L}{10}$ cm 이내
③ $4+\dfrac{L}{10}$ cm 이내
④ $5+\dfrac{L}{10}$ cm 이내

해설

세부측량성과의 작성(지적측량 시행규칙 제26조)
③ 제2항제3호에 따른 측량대상 토지의 경계점 간 실측거리와 경계점의 좌표에 따라 계산한 거리의 교차는 $3+\dfrac{L}{10}$ 센티미터 이내여야 한다. 이 경우 L은 실측거리로서 미터단위로 표시한 수치를 말한다.

84 다음 중 지적삼각보조점 성과를 관리하여야 하는 자는?

① 지적소관청
② 시·도지사
③ 국토교통부장관
④ 행정안전부장관

해설

지적기준점성과의 관리 등(지적측량시행규칙 제3조)
법 제27조제1항에 따른 지적기준점성과의 관리는 다음 각 호에 따른다. 〈개정 2024.12.26.〉
1. 지적삼각점성과는 특별시장·광역시장·특별자치시장·도지사 또는 특별자치도지사(이하 "시·도지사"라 한다)가 관리하고, 지적삼각보조점성과 및 지적도근점성과는 지적소관청이 관리할 것
2. 지적소관청이 지적삼각점을 설치하거나 변경하였을 때에는 그 측량성과를 시·도지사에게 통보할 것
3. 지적소관청은 지형·지물 등의 변동으로 인하여 지적삼각점성과가 다르게 된 때에는 지체 없이 그 측량성과를 수정하고 그 내용을 시·도지사에게 통보할 것

85 축척이 1,200분의 1인 지적도 1도곽의 포용 면적은 얼마인가?

① 30,000m²
② 5,000m²
③ 200,000m²
④ 800,000m²

해설

축척	도곽선 크기(m)	도곽 내 포용면적(m²)	축척	도곽선 크기(m)	도곽 내 포용면적(m²)
1/500	150×200	30,000	1/2,400	800×1,000	800,000
1/600	200×250	50,000	1/3,000	1,200×1,500	1,800,000
1/1,000	300×400	120,000	1/6,000	2,400×3,000	7,200,000
1/1,200	400×500	200,000			

정답 83 ② 84 ① 85 ③

CHAPTER 09 공간정보의 구축 및 관리 등에 관한 법률

SECTION 01 지적에 관한 법률

1 공간정보의 구축 및 관리 등에 관한 법률 목적

이 법은 측량의 기준 및 절차와 지적공부(地籍公簿)의 작성 및 관리 등에 관한 사항을 규정함으로써 국토의 효율적 관리(공법적 성격)와 국민의 소유권 보호(사법적 성격)에 기여함을 목적으로 한다.

2 지적에 관한 법률의 성격

암기 기토절강

토지의 등록공시에 관한 **기본법**	지적에 관한 법률에 의하여 지적공부에 토지표시사항이 등록·공시되어야 등기부가 창설되므로 토지의 등록공시에 관한 기본법이라 할 수 있다. ☞ 토지공시법은 공간정보의 구축 및 관리 등에 관한 법과 부동산등기법이 있다.
사법적 성격을 지닌 **토지공법**	지적에 관한 법률은 효율적인 토지관리와 소유권 보호에 기여함을 목적으로 하고 있으므로 토지소유권 보호라는 사법적 성격과 효율적인 토지관리를 위한 공법적 성격을 함께 나타내고 있다.
실체법적 성격을 지닌 **절차법**	지적에 관한 법률은 토지와 관련된 정보를 조사·측량하여 지적공부에 등록·관리하고, 등록된 정보를 제공하는 데 있어 필요한 절차와 방법을 규정하고 있으므로 절차법적 성격을 지니고 있으며, 국가기관의 장인 시장·군수·구청장 및 토지소유자가 하여야 할 행위와 의무 등에 관한 사항도 규정하고 있으므로 실체법적 성격을 지니고 있다.
임의법적 성격을 지닌 **강행법**	지적에 관한 법률은 토지소유자의 의사에 따라 토지등록 및 토지이동을 신청할 수 있는 임의법적 성격과, 일정한 기한 내 신청이 없는 경우 국가가 강제적으로 지적공부에 등록·공시하는 강행법적 성격을 지니고 있다.

③ 지적에 관한 법률의 기본이념

「공간정보의 구축 및 관리 등에 관한 법률」 중 지적에 관한 법률은 지적사무의 기본법으로서 지적국정주의, 지적형식주의, 지적공개주의, 실질적 심사주의, 직권등록주의를 기본이념으로 채택하고 있다. 이 중 지적국정주의, 지적형식주의, 지적공개주의를 측량·수로조사 및 지적에 관한 법의 3대 기본이념이라고도 한다.

> **참고**
>
> **기본이념** 　　　　　　　　　　　　　　　　　　　　　　　　　**암기** 국형공실직
>
> ① 지적국정주의 : 지적공부의 등록사항인 토지표시사항을 국가만이 결정할 수 있는 권한을 가진다는 이념이다.
> ② 지적형식주의 : 국가가 결정한 토지에 대한 물리적 현황과 법적 권리관계 등을 외부에서 인식할 수 있도록 일정한 법정의 형식을 갖추어 지적공부에 등록하여야만 효력이 발생한다는 이념으로 「지적등록주의」라고도 한다.
> ③ 지적공개주의 : 지적공부에 등록된 사항을 토지소유자나 이해관계인은 물론 일반인에게도 공개한다는 이념이다.
> ④ 실질적 심사주의 : 토지에 대한 사실관계를 정확하게 지적공부에 등록·공시하기 위하여 토지를 새로이 지적공부에 등록하거나 등록된 사항을 변경 등록하고자 할 경우 소관청은 실질적인 심사를 실시하여야 한다는 이념으로서 「사실심사주의」라고도 한다.
> ⑤ 직권등록주의 : 국가는 의무적으로 통치권이 미치는 모든 토지에 대한 일정한 사항을 직권으로 조사·측량하여 지적공부에 등록·공시하여야 한다는 이념으로서 「적극적등록주의」 또는 「등록강제주의」라고도 한다.

SECTION 02 공간정보의 구축 및 관리 등에 관한 법률의 연혁

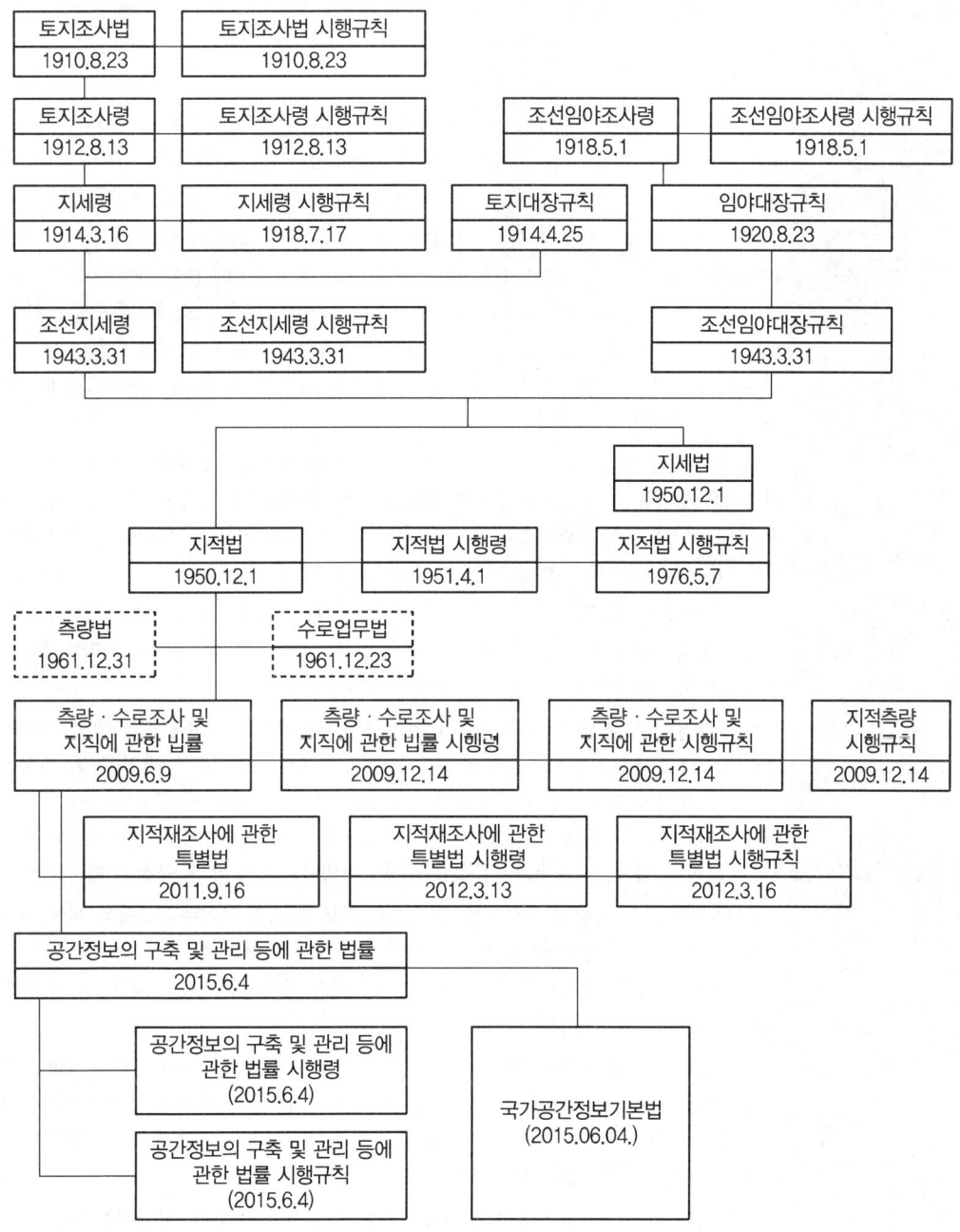

| 공간정보의 구축 및 관리 등에 관한 법률의 연혁 |

토지조사법 (土地調査法)	현행과 같은 근대적 지적에 관한 법률의 체제는 1910년 8월 23일(대한제국시대) 법률 제7호로 제정 공포된 토지조사법에서 그 기원을 찾아 볼 수 있으나, 1910년 8월 29일 한일합방에 의한 국권피탈로 대한제국이 멸망한 이후 실질적인 효력이 상실되었다.
토지조사령 (土地調査令)	그 후 대한제국을 강점한 일본은 토지소유권 제도의 확립이라는 명분하에 토지 찬탈과 토지과세를 위하여 토지조사사업을 실시하였으며 이를 위하여 토지조사령(1912.8.13 제령 제2호)을 공포하고 시행하였다.
지세령 (地稅令)	1914년에 지세령(1914.3.6 제령 제1호)과 토지대장규칙(1914.4.25 조선총독부령 제45호) 및 토지측량표규칙(1915.1.15 조선총독부령 제1호)을 제정하여 토지조사사업의 성과를 담은 토지대장과 지적도의 등록사항과 변경·정리방법 등을 규정하였다.
토지대장규칙 (土地臺帳規則)	1914년 4월 25일 조선총독부령 제45호로 전문 8조로 구성되어 있으며 이는 1914년 3월 16일 제령 제1호로 공포된 지세령 제5항에 규정된 토지대장에 관한 사항을 규정하는 데 그 목적이 있었다. 1923년 10월 15일 조선총독부령 제120호로 토지대장규칙은 일부 개정되어 제3조에 "따로 고시하는 지역에서는 토지대장에 등록한 토지에 대하여 임야도로서 지적도로 간주함"이라고 추가함으로써 우리나라에 "별책토지대장, 을호토지대장"이라는 용어가 탄생하게 되었다.
조선임야조사령 (朝鮮林野調査令)	1918년 5월 조선임야조사령(1918.5.1 제령 제5호)을 제정·공포하여 임야조사사업을 전국적으로 확대 실시하게 되었으며 1920년 8월 임야대장규칙(1920.8.23 조선총독부령 제113호)을 제정·공포하고 이 규칙에 의하여 임야조사사업의 성과를 담은 임야대장과 임야도의 등록사항과 변경정리방법 등을 규정하였다.
임야대장규칙 (林野臺帳規則)	임야대장규칙은 1920년 8월 23일 조선총독부령 제113호로 전문 6조의 임야대장규칙을 제정하여 임야관계 지적공부를 부(府), 군(郡), 도(島)에 비치하는 근거를 마련하였으며 임야대장 등록지의 면적은 무(畝)를 단위로 하였다.
토지측량규정 (土地測量規程)	1921년 3월 18일 조선총독부 훈령 제10호로 전문 62조의 토지측량규정을 제정하였다. 이 규정에는 새로이 토지대장에 등록할 토지 또는 토지대장에 등록한 토지의 측량, 면적산정 및 지적도정리에 관한 사항을 규정하였다. 1925년 5월 5일 훈령 제33호로 개정 시 7개 조항을 추가하여 전문 69조가 되었으며 토지측량규정은 해방 후까지도 계속 시행되어 오다가 1954년 11월 12일 지적측량규정을 제정·시행함과 동시에 본 규정은 폐지되었다.
임야측량규정 (林野測量規程)	1935년 6월 12일 조선총독부 훈령 제27호로 전문 26조의 임야측량규정을 제정하였다. 이 규정에는 새로이 임야대장에 등록한 토지 및 등록한 토지의 측량, 면적산정, 임야도 정리에 관한 사항을 규정하였으며 1954년 11월 12일 지적측량규정을 제정·시행함에 동시에 본 규정은 폐지되었다.
조선지세령 (朝鮮地稅令)	1943년 3월 조선총독부는 지적에 관한 사항과 지세에 관한 사항을 동시에 규정한 조선지세령(1943.3.31 제령 제6호)을 공포하였다. 조선지세령은 지적사무와 지세사무에 관한 사항이 서로 다른 규정을 두어 이질적인 내용이 혼합되어 당시의 지적행정수행에 지장이 많아 독자적인 지적법을 제정하기에 이르렀다.
조선임야대장규칙 (朝鮮林野臺帳規則)	1943년 3월 31일 조선총독부령 제69호로 전문 22조의 조선임야대장규칙을 제정하였다. 이로써 1920년 8월 23일 제정되어 사용되어 온 임야대장규칙은 폐지되었다.

구지적법 (舊地籍法)	구지적법은 대한제국에서 근대적인 지적제도를 창설하기 위하여 1910년 8월에 토지조사법을 제정한 후 약 40년인 1950년 12월 1일 법률 제165호로 41개 주문으로 제정된 최초의 지적에 관한 독립법령이다. 구지적법은 이전까지 시행해오던 조선지세령, 동법시행규칙, 조선임야대장규칙 중에서 지적에 관한 사항을 분리하여 제정하였으며 지세에 관한 사항은 지세법(1950.12.1)을 제정하였다. 이어서 1951년 4월 1일 지적법 시행령을 제정·시행하였으며, 지적측량에 관한 사항은 토지측량규정(1921.3.18)과 임야측량규정(1953.6.12)을 통합하여 1954년 11월 12일 지적측량규정을 제정하고 그 이후 1960년 12월 31일 지적측량을 할 수 있는 자격과 지적측량사시험 등을 규정한 지적측량사규정을 제정하여 법률적인 정비를 완료하였다. 그 후 지금까지 15차에 거친 법개정을 통하여 지적법이 폐지(2009.6.9)되고 오늘날 측량·수로조사 및 지적에 관한 법률이 2009년 6월 9일 법률 제9774호로 제정되었고, 2014년 6월 3일 「공간정보의 구축 및 관리 등에 관한 법률(법률 제12738호)」로 제명을 변경하였다.

CHAPTER 09 예상문제

01 토지의 면적이 3,600m²인 토지를 축척 1/600인 지적도에 등록하는 경우 지적도상 도상면적은?

① 0.0001m² ② 0.001m² ③ 0.01m² ④ 0.1m²

해설

$\left(\dfrac{1}{m}\right)^2 = \dfrac{도상면적}{실제면적}$ $\left(\dfrac{1}{600}\right)^2 = \dfrac{도상면적}{3,600}$ $\therefore 도상면적 = \dfrac{3,600}{600^2} = 0.01\text{m}^2$

02 그림과 같이 ∠AOB = 75°, 반지름 R = 10m일 때 △AOB의 넓이는?

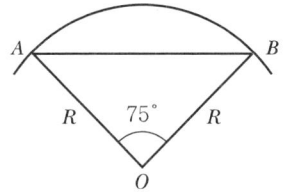

① 48.30m² ② 38.37m² ③ 30.44m² ④ 25.88m²

해설

$A = \dfrac{1}{2}ab\sin\alpha = \dfrac{1}{2} \times 10 \times 10 \times \sin 75° = 40.30\text{m}^2$

03 그림은 축척 1 : 500으로 측량하여 얻은 결과이다. 실제 면적은?

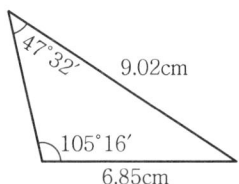

① 70.6m² ② 176.5m² ③ 353.03m² ④ 402.02m²

해설

$A = \dfrac{1}{2}ab\sin\alpha = \dfrac{1}{2} \times 9.02 \times 6.85 \times \sin 27°12' = 14.12\text{cm}^2$

$A_0 = m^2 \times 도상면적 = 500^2 \times 14.12 = 3,530,000\text{cm}^2 = 353.03\text{m}^2$

정답 01 ③ 02 ① 03 ③

04 축척 1/1,200 도상에서 그림과 같은 토지의 면적은?

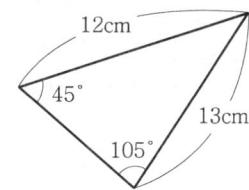

① 2,150m² ② 5,616m² ③ 2,421m² ④ 2,540m²

삼각형 내각 = 180° − (105° + 45°) = 30°

$A = \frac{1}{2}ab\sin\alpha = \frac{1}{2} \times 12 \times 13 \times \sin 30° = 39\text{cm}^2$

$\left(\frac{1}{m}\right)^2 = \frac{\text{도상면적}}{\text{실제면적}}$ 에서

실제면적 = 39 × 1,200² = 56,160,000cm² = 5,616m²

05 1필지의 면적이 1m² 미만인 농촌산간지역의 토지를 토지대장 또는 임야대장에 등록하는 방법으로 옳은 것은?

① 0.5m² 미만이면 등록하지 않는다.
② 0.5m² 이상이면 0.5m²로 등록한다.
③ 1m²로 등록한다.
④ 0m²로 등록한다.

면적의 결정 및 측량계산의 끝수처리(공간정보의 구축 및 관리 등에 관한 법률 시행령 제60조)
① 면적의 결정은 다음 각 호의 방법에 따른다.
　1. 토지의 면적에 1제곱미터 미만의 끝수가 있는 경우 0.5제곱미터 미만일 때에는 버리고 0.5제곱미터를 초과하는 때에는 올리며, 0.5제곱미터일 때에는 구하려는 끝자리의 숫자가 0 또는 짝수이면 버리고 홀수이면 올린다. 다만, 1필지의 면적이 1제곱미터 미만일 때에는 1제곱미터로 한다.
　2. 지적도의 축척이 600분의 1인 지역과 경계점좌표등록부에 등록하는 지역의 토지 면적은 제1호에도 불구하고 제곱미터 이하 한 자리 단위로 하되, 0.1제곱미터 미만의 끝수가 있는 경우 0.05제곱미터 미만일 때에는 버리고 0.05제곱미터를 초과할 때에는 올리며, 0.05제곱미터일 때에는 구하려는 끝자리의 숫자가 0 또는 짝수이면 버리고 홀수이면 올린다. 다만, 1필지의 면적이 0.1제곱미터 미만일 때에는 0.1제곱미터로 한다.

06 지적공부에 등록하는 면적은?

① 지구 구면상의 면적　　② 입체적 지표상의 넓이
③ 수평면상의 넓이　　　④ 경사면상의 넓이

> [해설]
>
> 정의(공간정보의 구축 및 관리 등에 관한 법률 제2조)
> 이 법에서 사용하는 용어의 뜻은 다음과 같다.
> 27. "면적"이란 지적공부에 등록한 필지의 수평면상 넓이를 말한다.

07 축척 1/1,000 도면에서 도곽선의 신축량이 가로, 세로 각각 +2.0mm일 때 면적보정계수는?

① 1.0117 ② 0.9884
③ 1.1035 ④ 0.9965

> [해설]
>
> 도곽선의 보정계수계산
> $$Z = \frac{X \cdot Y}{\Delta X \cdot \Delta Y} = \frac{300 \times 400}{(300+2) \times (400+2)} = 0.9884$$
>
> 여기서, Z : 보정계수
> X : 도곽선종선길이
> Y : 도곽선횡선길이
> ΔX : 신축된 도곽선종선길이의 합÷2
> ΔY : 신축된 도곽선횡선길이의 합÷2
>
> **도면의 도곽 크기**
>
> | 축척 | 도상거리 | | 지상거리 | | 포용면적(m²) |
> | --- | --- | --- | --- | --- | --- |
> | | 세로(cm) | 가로(cm) | 세로(m) | 가로(m) | |
> | 1/500 | 30 | 40 | 150 | 200 | 30,000 |
> | 1/1,000 | 30 | 40 | 300 | 400 | 120,000 |
> | 1/600 | 33.3333 | 41.6667 | 200 | 250 | 50,000 |
> | 1/1,200 | 33.3333 | 41.6667 | 400 | 500 | 200,000 |
> | 1/2,400 | 33.3333 | 41.6667 | 800 | 1,000 | 800,000 |
> | 1/3,000 | 40 | 50 | 1,200 | 1,500 | 1,800,000 |
> | 1/6,000 | 40 | 50 | 2,400 | 3,000 | 7,200,000 |

08 축척이 1/1,000인 지적도상에 1변이 3cm로 등록된 정사각형 모양인 토지의 실제면적은 얼마인가?

① 570m² ② 600m² ③ 750m² ④ 900m²

> [해설]
>
> $$\left(\frac{1}{m}\right)^2 = \frac{도상면적}{실제면적} \quad \left(\frac{1}{1,000}\right)^2 = \frac{0.03 \times 0.03}{실제면적}$$
>
> ∴ 실제면적 $= 1,000^2 \times 0.0009 = 900\text{m}^2$

정답 07 ② 08 ④

09 축척 1/1,200 지적도 1필지를 분할할 경우 원면적 3,000m²에 대한 신구면적 오차의 허용범위는?

① ±30m² ② ±38m²
③ ±44m² ④ ±54m²

해설

$A = 0.026^2 M\sqrt{F}$
$= 1.026^2 \times 1,200\sqrt{3,000} = \pm 44.4\text{m}^2 = \pm 44\text{m}^2$

10 지적측량의 면적측정방법으로 옳게 짝지어진 것은?(단, 지적측량 시행규칙에 따름)

① 삼사법, 전자면적측정기 ② 전자면적측정기법, 플래니미터법
③ 전자면적측정기법, 좌표면적계산법 ④ 좌표면적계산법, 삼사법

해설

면적측정의 방법 등(지적측량 시행규칙 제20조)
① 좌표면적계산법 또는 전산처리방법에 따른다.

11 도곽선의 신축량(S)의 계산식으로 맞는 것은?(단, ΔX_1은 왼쪽 종선의 신축된 차, ΔX_2은 오른쪽 종선의 신축된 차, ΔY_1은 위쪽 횡선의 신축된 차, ΔY_2은 아래쪽 횡선의 신축된 차)

① $S = \dfrac{\Delta X_1 + \Delta X_2 - \Delta Y_1 + \Delta Y_2}{4}$

② $S = \dfrac{\Delta X_1 - \Delta X_2 + \Delta Y_1 - \Delta Y_2}{4}$

③ $S = \dfrac{\Delta X_1 + \Delta X_2 + \Delta Y_1 + \Delta Y_2}{4}$

④ $S = \dfrac{\Delta X_1 - \Delta X_2 - \Delta Y_1 - \Delta Y_2}{4}$

해설

면적측정의 방법 등(지적측량 시행규칙 제20조)
도곽선의 신축량계산
$S = \dfrac{\Delta X_1 + \Delta X_2 + \Delta Y_1 + \Delta Y_2}{4}$

(S는 신축량, ΔX_1는 왼쪽 종선의 신축된 차, ΔX_2는 오른쪽 종선의 신축된 차, ΔY_1는 윗쪽 횡선의 신축된 차, ΔY_2는 아래쪽 횡선의 신축된 차)

12 축척 1/600에 등록할 토지의 면적이 78.445m²로 산출되었을 때 지적공부에 등록하는 면적은?

① 78m² ② 78.5m²
③ 78.45m² ④ 78.4m²

정답 09 ③ 10 ③ 11 ③ 12 ④

> **해설**
>
> 면적의 결정 및 측량계산의 끝수처리(공간정보의 구축 및 관리 등에 관한 법률 시행령 제60조)
> ① 면적의 결정은 다음 각 호의 방법에 따른다.
>   1. 토지의 면적에 1제곱미터 미만의 끝수가 있는 경우 0.5제곱미터 미만일 때에는 버리고 0.5제곱미터를 초과하는 때에는 올리며, 0.5제곱미터일 때에는 구하려는 끝자리의 숫자가 0 또는 짝수이면 버리고 홀수이면 올린다. 다만, 1필지의 면적이 1제곱미터 미만일 때에는 1제곱미터로 한다.
>   2. 지적도의 축척이 600분의 1인 지역과 경계점좌표등록부에 등록하는 지역의 토지 면적은 제1호에도 불구하고 제곱미터 이하 한 자리 단위로 하되, 0.1제곱미터 미만의 끝수가 있는 경우 0.05제곱미터 미만일 때에는 버리고 0.05제곱미터를 초과할 때에는 올리며, 0.05제곱미터일 때에는 구하려는 끝자리의 숫자가 0 또는 짝수이면 버리고 홀수이면 올린다. 다만, 1필지의 면적이 0.1제곱미터 미만일 때에는 0.1제곱미터로 한다.

13 $A(5, 5)$, $B(5, 15)$, $C(10, 20)$, $D(15, 20)$일 때 면적을 구하시오.

① 60
② 62.5
③ 80
④ 87.5

> **해설**
>
> | 측점 | x | y | $(x_{i-1}-x_{i+1}) \times y_i$ |
> | --- | --- | --- | --- |
> | A | 5 | 5 | $(15-5) \times 5 = 50$ |
> | B | 5 | 15 | $(5-10) \times 15 = -75$ |
> | C | 10 | 20 | $(5-15) \times 20 = -200$ |
> | D | 15 | 20 | $(10-5) \times 20 = 100$ |
> | 배면적 | | | 125 |
> | 면적 | | | $\dfrac{125}{2} = 62.5$ |

14 전자면적측정기에 따른 면적의 측정은 도상에서 몇 회 측정하여 그 교차가 허용면적 이하일 때 평균 몇 회를 측정면적으로 하는가?

① 2회
② 3회
③ 4회
④ 5회

> **해설**
>
> **지적측량 시행규칙 제20조(면적측정의 방법 등)**
> ② 전자면적측정기에 따른 면적측정은 다음 각 호의 기준에 따른다. 〈개정 2024.12.26.〉
>   1. 도상에서 2회 측정하여 그 교차가 다음 계산식에 따른 허용면적 이하일 때에는 그 평균치를 측정면적으로 할 것
> $A = 0.023^2 M\sqrt{F}$
>   (A는 허용면적, M은 축척분모, F는 2회 측정한 면적의 합계를 2로 나눈 수)
>   2. 측정면적은 1천분의 1제곱미터까지 측정하고, 산출면적은 10분의 1제곱미터 단위로 정할 것

정답 13 ② 14 ①

15 1필지의 모양이 다음과 같은 경우 토지의 면적은?

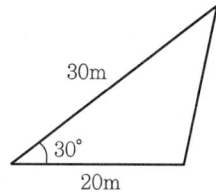

① 500m²   ② 350m²   ③ 200m²   ④ 150m²

해설

$$A = \frac{1}{2}ab\sin\alpha = \frac{1}{2} \times 30 \times 20 \times \sin 30° = 150\text{m}^2$$

16 다음 중 면적측정을 하여야 할 대상이 아닌 것은?

① 토지합병   ② 등록전환
③ 토지분할   ④ 축척변경

해설

면적측정의 대상(지적측량 시행규칙 제19조)
세부측량을 하는 경우 다음 각 호의 어느 하나에 해당하면 필지마다 면적을 측정해야 한다.
1. 지적공부의 복구·신규등록·등록전환·분할 및 축척변경을 하는 경우
2. 법 제84조에 따라 면적 또는 경계를 정정하는 경우
3. 지적확정측량을 하는 경우
4. 지적현황측량에 면적측정이 수반되는 경우

토지의 이동에 따른 면적 등의 결정방법(공간정보의 구축 및 관리 등에 관한 법률 제26조)
① 합병에 따른 경계·좌표 또는 면적은 따로 지적측량을 하지 아니하고 다음 각 호의 구분에 따라 결정한다.
  1. 합병 후 필지의 경계 또는 좌표 : 합병 전 각 필지의 경계 또는 좌표 중 합병으로 필요 없게 된 부분을 말소하여 결정
  2. 합병 후 필지의 면적 : 합병 전 각 필지의 면적을 합산하여 결정
  ※ 합병·지목변경, 지번변경 : 면적측정 대상 아님

17 축척 1/1,200 지적도상에 1변이 1.5인 정사각형으로 등록된 토지의 면적은 몇 m²인가?

① 180m²   ② 225m²
③ 270m²   ④ 324m²

해설

$$\left(\frac{1}{m}\right)^2 = \frac{\text{도상면적}}{\text{실제면적}}$$

$$\left(\frac{1}{1,200}\right)^2 = \frac{0.015 \times 0.015}{\text{실제면적}}$$

실제면적 $= 1,200^2 \times 0.000225 = 324\text{m}^2$

정답 15 ④ 16 ① 17 ④

18 전자면적측정기로 면적을 측정하는 경우 산출면적을 정할 때 단위로 옳은 것은?

① $\dfrac{1}{10}m^2$ ② $\dfrac{1}{100}m^2$

③ $\dfrac{1}{0.1}m^2$ ④ $\dfrac{1}{1,000}m^2$

해설

면적측정의 방법 등(지적측량 시행규칙 제20조)
② 전자면적측정기에 따른 면적측정은 다음 각 호의 기준에 따른다. 〈개정 2024.12.26.〉
　1. 도상에서 2회 측정하여 그 교차가 다음 계산식에 따른 허용면적 이하일 때에는 그 평균치를 측정면적으로 할 것
　　$A = 0.023^2 M\sqrt{F}$
　　(A는 허용면적, M은 축척분모, F는 2회 측정한 면적의 합계를 2로 나눈 수)
　2. 측정면적은 1천분의 1제곱미터까지 측정하고, 산출면적은 10분의 1제곱미터 단위로 정할 것

19 축척 1/1,200 지역에서 원면적이 878m²인 토지의 신구면적 허용오차는?

① ±20m² ② ±22m²
③ ±24m² ④ ±26m²

해설

$A = 0.026^2 M\sqrt{F}$
$ = 0.026^2 \times 1,200\sqrt{878} = \pm 24.036m^2 = \pm 24m^2$

20 축척 1/600 지역에서 1필지 면적을 좌표면적계산법으로 계산하여 245.45m²를 산출하였다. 이 필지의 결정면적은?

① 245.45m² ② 245.4m²
③ 245.5m² ④ 246m²

해설

12번 해설 참고

21 축척 1/1,200 지역에서 면적 결정의 최소단위는?

① 0.1m² ② 1m²
③ 5m² ④ 10m²

해설

12번 해설 참고

정답 18 ① 19 ③ 20 ② 21 ②

22 축척 1/1,200인 지적도 도곽선의 왼쪽 종선의 신축된 차 $\Delta X_1 = -5$mm, 오른쪽 종선의 신축된 차 $\Delta X_2 = -5$mm, 위쪽 횡선의 신축된 차 $\Delta Y_1 = -3$mm, 아래쪽 횡선의 신축된 차, $\Delta Y_2 = -3$mm일 때 도곽선의 신축량은?

① -2mm
② -3mm
③ -4mm
④ -5mm

해설

도곽선의 신축량 계산
$$S = \frac{\Delta X_1 + \Delta X_2 + \Delta Y_1 + \Delta Y_2}{4}$$
$$= \frac{-(5+5+3+3)}{4} = -4\text{mm}$$

23 다음 그림에서 $\overline{AB}$의 거리는 얼마인가?(단, $\overline{AC}=10$m, $\overline{CD}=5$m, $\overline{DE}=7$m, $\overline{AB}//\overline{DE}$이다.)

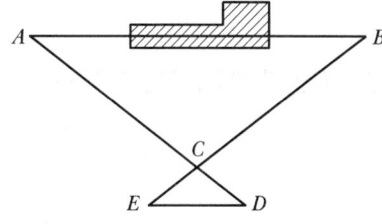

① 3.5m
② 14m
③ 21m
④ 28m

해설

$AB : DE = AC : CD$
$\therefore AB = \dfrac{AC \times DE}{CD} = \dfrac{10 \times 7}{5} = 14$m

24 축척 1/600 지역에서 원면적이 100m²인 토지를 분할하는 경우 토지의 신구면적의 오차허용범위는?

① 96~104m²
② 94~106m²
③ 93~107m²
④ 92~108m²

해설

$A = 0.026^2 M \sqrt{F}$
$= 0.026^2 \times 600 \sqrt{100} = \pm 4.056 = \pm 4$m²
따라서, 토지의 신구면적의 오차허용범위는 96~104m²이다.

정답 22 ③ 23 ② 24 ①

25 전자면적측정기에 의한 면적측정방법에 대한 설명으로 틀린 것은?(단, A : 허용면적, M : 축척분모, F : 측정면적의 평균)

① 경위의측량방법으로 시행한 지역에서 사용한다.
② 교차의 허용면적 산식은 $A = 0.023^2 M\sqrt{F}$이다.
③ 측정면적은 1/1,000m² 까지 계산하여 1/10m² 단위로 정한다.
④ 도상에서 2회 측정하여 교차가 허용면적 이하인 때에는 그 평균치를 측정면적으로 한다.

> **해설**
>
> 면적측정의 방법 등(지적측량 시행규칙 제20조)
> ① 좌표면적계산법 또는 전산처리방법에 따른 면적측정은 다음 각 호의 기준에 따른다. 〈개정 2024.12.26.〉
> ② 전자면적측정기에 따른 면적측정은 다음 각 호의 기준에 따른다. 〈개정 2024.12.26.〉
> 1. 도상에서 2회 측정하여 그 교차가 다음 계산식에 따른 허용면적 이하일 때에는 그 평균치를 측정면적으로 할 것
> $A = 0.023^2 M\sqrt{F}$
>   (A는 허용면적, M은 축척분모, F는 2회 측정한 면적의 합계를 2로 나눈 수)
> 2. 측정면적은 1천분의 1제곱미터까지 측정하고, 산출면적은 10분의 1제곱미터 단위로 정할 것

26 좌표면적계산법에 따른 면적측정 시 산출면적은 얼마의 단위까지 계산하는가?

① 1/10m² 까지 계산
② 1/100m² 까지 계산
③ 1/1,000m² 까지 계산
④ 1/100,000m² 까지 계산

> **해설**
>
> 1. 경위의측량방법으로 세부측량을 한 지역의 필지별 면적측정은 경계점좌표에 따를 것
> 2. 측정면적은 1천분의 1제곱미터까지 측정하고, 산출면적은 다음 각 목의 구분에 따른 단위로 정할 것
> 가. 지적도의 축척이 600분의 1인 지역 및 경계점좌표등록부에 등록하는 지역 : 100분의 1제곱미터
> 나. 그 밖의 지역 : 10분의 1제곱미터

27 분할하는 토지의 신구면적 오차의 허용범위를 계산함에 있어 축척 1/3,000 지역의 축척분모는?

① 3,000으로 한다.
② 6,000으로 한다.
③ 12,000으로 한다.
④ 24,000으로 한다.

> **해설**
>
> 등록전환이나 분할에 따른 면적 오차의 허용범위 및 배분 등(공간정보의 구축 및 관리 등에 관한 법률 시행령 제19조)
> 가. 임야대장의 면적과 등록전환될 면적의 오차 허용범위는 다음의 계산식에 따른다. 이 경우 오차의 허용범위를 계산할 때 축척이 3천분의 1인 지역의 축척분모는 6천으로 한다.
> $A = 0.026^2 M\sqrt{F}$
>   (A는 오차 허용면적, M은 임야도 축척분모, F는 등록전환될 면적)

정답 25 ① 26 ③ 27 ②

28 분할하는 토지의 신구면적 오차를 배분한 면적산출식은?(단, F는 원면적, A는 측정면적 합계, a는 각 필자의 측정면적)

① $\dfrac{A}{F} \times a$
② $\dfrac{F}{a} \times A$
③ $\dfrac{F}{A} \times a$
④ $A \times F \times a$

해설

등록전환이나 분할에 따른 면적 오차의 허용범위 및 배분 등(공간정보의 구축 및 관리 등에 관한 법률 시행령 제19조)
다. 분할 전후 면적의 차이를 배분한 산출면적은 다음의 계산식에 따라 필요한 자리까지 계산하고, 결정면적은 원면적과 일치하도록 산출면적의 구하려는 끝자리의 다음 숫자가 큰 것부터 순차로 올려서 정하되, 구하려는 끝자리의 다음 숫자가 서로 같을 때에는 산출면적이 큰 것을 올려서 정한다.
$r = \dfrac{F}{A} \times a$ (r은 각 필지의 산출면적, F는 원면적, A는 측정면적 합계 또는 보정면적 합계, a는 각 필지의 측정면적 또는 보정면적)

29 다음 중 지적측량 시행규칙에 따라 현재 필지별 면적측정의 방법으로 사용할 수 있는 것은?

① 삼사법
② 자동복사계산법
③ 플래니미터법
④ 좌표면적계산법

해설

면적측정의 방법 등(지적측량 시행규칙 제20조)
① 좌표면적계산법 또는 전산처리방법에 따른 면적측정은 다음 각 호의 기준에 따른다. 〈개정 2024.12.26.〉
  1. 경위의측량방법으로 세부측량을 한 지역의 필지별 면적측정은 경계점좌표에 따를 것
  2. 측정면적은 1천분의 1제곱미터까지 측정하고, 산출면적은 다음 각 목의 구분에 따른 단위로 정할 것
    가. 지적도의 축척이 600분의 1인 지역 및 경계점좌표등록부에 등록하는 지역 : 100분의 1제곱미터
    나. 그 밖의 지역 : 10분의 1제곱미터

30 도해지역의 토지를 전자면적측정기로 2회 측정한 결과, 측정면적이 허용오차 이내일 경우 면적의 처리방법으로 옳은 것은?

① 작은 면적을 사용한다.
② 큰 면적을 사용한다.
③ 평균하여 사용한다.
④ 재측정해야 한다.

해설

면적측정의 방법 등(지적측량 시행규칙 제20조)
② 전자면적측정기에 따른 면적측정은 다음 각 호의 기준에 따른다. 〈개정 2024.12.26.〉
  1. 도상에서 2회 측정하여 그 교차가 다음 계산식에 따른 허용면적 이하일 때에는 그 평균치를 측정면적으로 할 것

정답 28 ③ 29 ④ 30 ③

31 전자면적측정기에 따른 면적측정 시 산출면적에 대한 단위기준으로 옳은 것은?

① 측정면적은 1만분의 1제곱미터까지 측정하고, 산출면적은 100분의 1제곱미터 단위로 결정한다.
② 측정면적은 1만분의 1제곱미터까지 측정하고, 산출면적은 10분의 1제곱미터 단위로 결정한다.
③ 측정면적은 1천분의 1제곱미터까지 측정하고, 산출면적은 100분의 1제곱미터 단위로 결정한다.
④ 측정면적은 1천분의 1제곱미터까지 측정하고, 산출면적은 10분의 1제곱미터 단위로 결정한다.

해설

면적측정의 방법 등(지적측량 시행규칙 제20조)
① 좌표면적계산법 또는 전산처리방법에 따른 면적측정은 다음 각 호의 기준에 따른다. 〈개정 2024.12.26.〉
  1. 경위의측량방법으로 세부측량을 한 지역의 필지별 면적측정은 경계점 좌표에 따를 것
  2. 측정면적은 1천분의 1제곱미터까지 측정하고, 산출면적은 다음 각 목의 구분에 따른 단위로 정할 것
    가. 지적도의 축척이 600분의 1인 지역 및 경계점좌표등록부에 등록하는 지역 : 100분의 1제곱미터
    나. 그 밖의 지역 : 10분의 1제곱미터
② 전자면적측정기에 따른 면적측정은 다음 각 호의 기준에 따른다. 〈개정 2024.12.26.〉
  1. 도상에서 2회 측정하여 그 교차가 다음 계산식에 따른 허용면적 이하일 때에는 그 평균치를 측정면적으로 할 것
    $A = 0.023^2 M\sqrt{F}$ (A는 허용면적, M은 축척분모, F는 2회 측정한 면적의 합계를 2로 나눈 수)
  2. 측정면적은 1천분의 1제곱미터까지 측정하고, 산출면적은 10분의 1제곱미터 단위로 정할 것

32 축척 1/600 지적도 1도곽 포용면적은 축척 1/1,200 지적도 1도곽 포용면적의 몇 배에 해당하는가?

① 1/2배   ② 1/4배   ③ 2배   ④ 4배

해설

도면의 도곽 크기

축척	도상거리 세로(cm)	도상거리 가로(cm)	지상거리 세로(m)	지상거리 가로(m)	포용면적(m²)
1/500	30	40	150	200	30,000
1/1,000	30	40	300	400	120,000
1/600	33.3333	41.6667	200	250	50,000
1/1,200	33.3333	41.6667	400	500	200,000
1/2,400	33.3333	41.6667	800	1,000	800,000
1/3,000	40	50	1,200	1,500	1,800,000
1/6,000	40	50	2,400	3,000	7,200,000

∴ $\frac{50,000}{200,000} = \frac{1}{4}$ 배

33 다음 중 면적의 결정방법으로 옳은 것은?

① 지적도의 축척이 1/600인 지역의 면적단위는 제곱미터로 한다.
② 지적도의 축척이 1/600인 지역의 면적단위는 제곱미터 이하 한 자리로 한다.
③ 지적도의 축척이 1/600인 지역의 1필지의 면적이 1제곱미터 미만인 경우는 1제곱미터로 면적을 결정한다.
④ 지적도의 축척이 1/600인 지역의 1필지의 면적이 0.1제곱미터 미만인 경우는 버린다.

해설

면적의 결정 및 측량계산의 끝수처리(공간정보의 구축 및 관리 등에 관한 법률 제60조)
① 면적의 결정은 다음 각 호의 방법에 따른다.
  1. 토지의 면적에 1제곱미터 미만의 끝수가 있는 경우 0.5제곱미터 미만일 때에는 버리고 0.5제곱미터를 초과하는 때에는 올리며, 0.5제곱미터일 때에는 구하려는 끝자리의 숫자가 0 또는 짝수이면 버리고 홀수이면 올린다. 다만, 1필지의 면적이 1제곱미터 미만일 때에는 1제곱미터로 한다.
  2. 지적도의 축척이 600분의 1인 지역과 경계점좌표등록부에 등록하는 지역의 토지 면적은 제1호에도 불구하고 제곱미터 이하 한 자리 단위로 하되, 0.1제곱미터 미만의 끝수가 있는 경우 0.05제곱미터 미만일 때에는 버리고 0.05제곱미터를 초과할 때에는 올리며, 0.05제곱미터일 때에는 구하려는 끝자리의 숫자가 0 또는 짝수이면 버리고 홀수이면 올린다. 다만, 1필지의 면적이 0.1제곱미터 미만일 때에는 0.1제곱미터로 한다.
② 방위각의 각치(角値), 종횡선의 수치 또는 거리를 계산하는 경우 구하려는 끝자리의 다음 숫자가 5 미만일 때에는 버리고 5를 초과할 때에는 올리며, 5일 때에는 구하려는 끝자리의 숫자가 0 또는 짝수이면 버리고 홀수이면 올린다. 다만, 전자계산조직을 이용하여 연산할 때에는 최종수치에만 이를 적용한다.

34 축척 1/1,200인 지적도에서 1필지 측정면적이 123.245m²이었다면 결정면적은 얼마인가?

① 123.2m²
② 123.3m²
③ 120m²
④ 123m²

해설

12번 해설 참고

35 경계점좌표등록부를 비치하는 지역의 토지면적은 어떻게 표시하는가?

① m² 단위가지 표시
② m² 이하 한 자리 단위까지 표시
③ m² 이하 두 자리 단위까지 표시
④ m² 이하 세 자리 단위까지 표시

해설

면적의 결정 및 측량계산의 끝수처리(지적측량 시행규칙 제60조)
2. 지적도의 축척이 600분의 1인 지역과 경계점좌표등록부에 등록하는 지역의 토지 면적은 제1호에도 불구하고 제곱미터 이하 한 자리 단위로 하되, 0.1제곱미터 미만의 끝수가 있는 경우 0.05제곱미터 미만일 때에는 버리고 0.05제곱미터를 초과할 때에는 올리며, 0.05제곱미터일 때에는 구하려는 끝자리의 숫자가 0 또는 짝수이면 버리고 홀수이면 올린다. 다만, 1필지의 면적이 0.1제곱미터 미만일 때에는 0.1제곱미터로 한다.

정답 33 ② 34 ④ 35 ②

36 축척 1/1,200 지역의 지적도 25매를 행정구역이 변경되어 1/600 지적도로 만들려고 한다. 몇 매가 되는가?

① 25매　　　　　　　　　② 50매
③ 75매　　　　　　　　　④ 100매

해설

도면의 도곽 크기

축척	도상거리		지상거리		포용면적(m²)
	세로(cm)	가로(cm)	세로(m)	가로(m)	
1/600	33.3333	41.6667	200	250	50,000
1/1,200	33.3333	41.6667	400	500	200,000

축척 1/1,200 지적도 1매의 포용면적은 1/600 지적도 4매의 면적
∴ 25×4＝100매

37 어느 지적도의 각 변의 길이를 측정한 바 $\Delta X_1 = -2$mm, $\Delta X_2 = -3$mm, $\Delta Y_1 = +1$mm, $\Delta Y_2 = -4$mm였다. 이때의 도곽선의 신축량은?

① +2mm　　　　　　　　② -2mm
③ +2.5mm　　　　　　　④ -2.5mm

해설

도곽선의 신축량계산

$$S = \frac{\Delta X_1 + \Delta X_2 + \Delta Y_1 + \Delta Y_2}{4} = \frac{-(2+3-1+4)}{4} = -2\text{mm}$$

(S는 신축량, ΔX_1는 왼쪽 종선의 신축된 차, ΔX_2는 오른쪽 종선의 신축된 차, ΔY_1는 윗쪽 횡선의 신축된 차, ΔY_2는 아래쪽 횡선의 신축된 차)

PART 02

필기 기출문제

- **2011년** 기출문제
- **2012년** 기출문제
- **2013년** 기출문제
- **2014년** 기출문제
- **2015년** 기출문제
- **2016년** 기출문제

2011년 기출문제

01 다음 중 지적의 일반적인 특성과 가장 거리가 먼 것은?
① 역사성
② 공개성
③ 개발성
④ 전문성

해설
현대지적의 성격은 역사성과 영구성, 반복적 민원성, 전문성과 기술성, 서비스성과 윤리성, 정보원으로서의 성격을 갖는다.

02 다음 중 필지의 배열이 불규칙한 지역에서 진행순서에 따라 지번을 부여하여, 진행방향으로 지번이 순차적으로 연속되는 지번부여방법은?
① 사행식
② 단지식
③ 부번식
④ 합병식

해설

사행식	• 필지의 배열이 불규칙한 지역에서 진행순서에 따라 지번을 부여하는 방법이다. • 진행방향에 따라 지번이 순차적으로 연속된다. • 농촌지역에 적합하나, 상하좌우로 볼 때 어느 방향에서는 지번이 뛰어넘는 단점이 있다.
기우식 (교호식)	• 도로를 중심으로 하여 한쪽은 홀수인 기수로, 그 반대쪽은 짝수인 우수로 지번을 부여하는 방법으로서 교호식이리고도 한다. • 시가지 지역의 지번 설정에 적합하다.
단지식 (Block식)	• 1단지마다 하나의 지번을 부여하고 단지 내 필지들은 부번을 부여하는 방법으로서 블록식이라고도 한다. • 토지구획정리사업 및 농지개량사업 시행지역에 적합하다.

03 다음 중 지적도근측량의 도선 구분이 가장 옳은 것은?
① ㄱ도선과 ㄴ도선
② 가도선과 나도선
③ 1등도선과 2등도선
④ A도선과 B도선

해설

도선	구분	도선명 표기
1등도선	위성기준점, 통합기준점, 삼각점, 지적삼각점 및 지적삼각보조점의 상호 간을 연결하는 도선 또는 다각망도선으로 할 것	가·나·다 순으로 표기
2등도선	위성기준점, 통합기준점, 삼각점, 지적삼각점 및 지적삼각보조점과 지적도근점을 연결하거나 지적도근점 상호 간을 연결하는 도선으로 할 것	ㄱ·ㄴ·ㄷ 순으로 표기

정답 01 ③ 02 ① 03 ③

04 평판측량방법에 따라 조준의를 사용하여 측정한 경사거리가 86.6m이고 경사분획이 17이었을 때 수평거리는 얼마인가?

① 88.3m   ② 88.7m   ③ 89.1m   ④ 89.9m

해설

수평거리$(D) = D : L = 100 : \sqrt{100^2 + n(경사분획)^2}$

$D = \dfrac{100L}{\sqrt{100^2 + n^2}}$

$= \dfrac{1}{\sqrt{1 + \left(\dfrac{n}{100}\right)^2}} \times L = \dfrac{1}{\sqrt{1 + \left(\dfrac{17}{100}\right)^2}} \times 89.6 = 88.3\text{m}$

---

05 두 점 간의 거리가 96m이고 종선차가 34m일 때 방위각은?

① 20°44′33″   ② 69°15′27″
③ 200°44′33″   ④ 249°15′27″

해설

$\overline{AB}^2 = \Delta x^2 + \Delta y^2$ 에서

$\Delta y = \sqrt{(AB)^2 - \Delta x^2} = \sqrt{96^2 - 34^2} = 89.7775$

$\theta = \tan^{-1} \dfrac{\Delta y}{\Delta x} = \tan^{-1} \dfrac{89.7775}{34} = 69°15′27.43″ (1상환)$

※ $\cos\theta = \dfrac{\Delta x}{AB}$

$\theta = \cos^{-1} \dfrac{34}{96} = 69°15′27.43″ (1상환)$

---

06 현행 지적 관련 법률에서 규정하고 있는 지목의 종류는?

① 16개   ② 20개   ③ 24개   ④ 28개

해설

지목	부호	지목	부호	지목	부호	지목	부호
전	전	대	대	철도용지	철	공원	공
답	답	공장용지	장	제방	제	체육용지	체
과수원	과	학교용지	학	하천	천	유원지	원
목장용지	목	주차장	차	구거	구	종교용지	종
임야	임	주유소용지	주	유지	유	사적지	사
광천지	광	창고용지	창	양어장	양	묘지	묘
염전	염	도로	도	수도용지	수	잡종지	잡

정답 04 ①   05 ②   06 ④

07 공유수면매립지의 토지 중 제방 등을 토지에 편입하여 등록하는 경우 지상경계를 새로이 결정하는 기준은?

① 최대만조위
② 구조물 중앙
③ 최저수위
④ 바깥쪽 어깨부분

해설

지상경계를 새로이 결정하려는 경우
- 연접되는 토지 사이에 고저가 없는 경우는 그 지물 또는 구조물 등의 중앙
- 연접되는 토지 사이에 고저가 있는 경우는 그 지물 또는 구조물 등의 하단부
- 토지가 해면 또는 수면에 접하는 경우에는 최대만조위 또는 최대만수위가 되는 선
- 도로·구거 등의 토지에 절토된 부분이 있는 경우에는 그 경사면의 상단부
- 공유수면매립지의 토지 중 제방 등을 토지에 편입하여 등록하는 경우에는 바깥쪽 어깨부분

08 토지등록의 원리로 우리나라에서 적용해 온 지적의 원리에 해당하지 않는 것은?

① 자유주의
② 형식주의
③ 공개주의
④ 국정주의

해설

토지등록의 원칙(土地登錄의 原則)

등록의 원칙 (登錄의 原則)	토지에 관한 모든 표시사항을 지적공부에 반드시 등록하여야 하며 토지의 이동이 이루어지려면 지적공부에 그 변동사항을 등록하여야 한다는 토지등록의 원칙으로 토지표시의 등록주의(登錄主義 : Booking Principle)라고 할 수 있다. 적극적 등록제도(Positive System)와 법지적(Legal Cadastre)을 채택하고 있는 나라에서 적용하고 있는 원리로서 토지의 모든 권리의 행사는 토지대장 또는 토지등록부에 등록하지 않고는 모든 법률상의 효력을 갖지 못하는 원칙으로 형식주의(Principle of Formality) 규정이라고 할 수 있다.
신청의 원칙 (申請의 原則)	토지의 등록은 토지소유자의 신청을 전제로 하되 신청이 없을 때는 직권으로 직접 조사하거나 측량하여 처리하도록 규정하고 있다.
특정화의 원칙 (特定化의 原則)	토지등록제도에 있어서 특정화의 원칙(Principle of Speciality)은 권리의 객체로서 모든 토지는 반드시 특정적이면서도 단순하며 명확한 방법에 의하여 인식될 수 있도록 개별화함을 의미하는데 이 원칙이 실제적으로 지적과 등기와의 관련성을 성취시켜 주는 열쇠가 된다.
국정주의 및 직권주의 (國定主義 및 職權主義)	국정주의(Principle of National Decision)는 지적공부의 등록사항인 토지의 지번, 지목, 경계, 좌표, 면적의 결정은 국가의 공권력에 의하여 국가만이 결정할 수 있는 원칙이다. 직권주의는 모든 필지는 필지단위로 구획하여 국가기관인 소관청이 직권으로 조사·정리하여 지적공부에 등록 공시하여야 한다는 원칙이다.
공시의 원칙, 공개주의 (公示의 原則, 公開主義)	토지등록의 법적 지위에 있어서 토지이동이나 물권의 변동은 반드시 외부에 알려야 한다는 원칙을 공시의 원칙(Principle of Public Notification) 또는 공개주의(Principle Of Publicity)라고 한다. 토지에 관한 등록사항을 지적공부에 등록하여 일반인에게 공시하여 토지소유자는 물론 이해관계자 및 기타 누구나 이용할 수 있도록 하는 것이다.
공신의 원칙 (公信의 原則)	공신의 원칙(Principle of Public Confidence)은 물권의 존재를 추측케 하는 표상, 즉 공시방법을 신뢰하여 거래한 자는 비록 그 공시방법이 진실한 권리관계에 일치하고 있지 않더라도 그 공시된 대로의 권리를 인정하여 이를 보호하여야 한다는 것이 공신의 원칙이다. 즉 공신의 원칙은 선의의 거래자를 보호하여 진실로 그러한 등기내용과 같은 권리관계가 존재한 것처럼 법률효과를 인정하려는 법률법칙을 말한다.

정답 07 ④ 08 ①

09 다음 중 임야조사사업에 대한 설명으로 옳지 않은 것은?

① 임야는 토지에 비하여 경제적 가치가 높지 않아 분쟁은 적었다.
② 토지조사사업에 비해 적은 인원으로 업무를 수행하였다.
③ 역둔토로 국유화하여 공공연한 토지수탈을 감행하였다.
④ 적은 예산으로 사업을 완성하였다.

해설

1) 토지조사사업의 목적
   - 토지등기 · 지적제도에 대한 토지소유의 법적 증명제도를 확립
   - 지세수입을 증대하기 위한 조세 수입체계의 확립
   - 국유지를 창출 · 조사하여 조선총독부 소유 토지의 확보
   - 일본 상업 고리대 자본의 토지점유가 보장되는 법률적 제도 확립
   - 일본식민에 대한 제도적 지원 대책 확립
   - 조선총독부의 미개간지 점유
   - 미곡의 일본 수출 증가를 위한 토지이용제도 정비
   - 일본의 공업화에 따른 노동력 부족을 우리나라 소작농으로 충당

2) 임야조사사업
   토지조사사업에서 제외된 임야와 임야 및 기 임야에 개재되어 있는 임야 이외의 토지를 조사대상으로 하였다. 조사 및 측량기관은 부(府)나 면(面)이 되고 사정(査定)기관은 도지사가 되며 도지사의 산하에 임야심사위원회를 두어 분쟁지에 대한 재결 사무를 관장하게 하였다. 사업목적은 다음과 같다.
   - 국민생활 및 일반경제 거래상 부동산 표시에 필요한 지번의 창설
   - 임야의 위치 및 형상을 도면에 묘화하여 경계의 명확화
   - 임야의 귀속 및 판명의 결여로 임정의 진흥 저해와 산야의 황폐, 각종 분규 등의 해결을 위한 소유권의 법적 확정
   - 토지조사와 함께 전 국토에 대한 지적제도 확립
   - 각종 임야정책의 기초자료 제공

10 다음 중 평판측량방법에 따른 세부측량의 방법에 해당하지 않는 것은?

① 교회법
② 도선법
③ 방사법
④ 지거법

해설

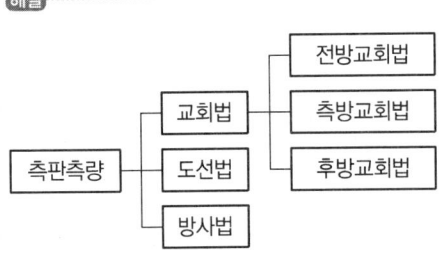

11 다음 중 도면에 실선과 허선을 각각 3mm로 연결하고, 허선에 0.3mm의 점 2개를 제도하는 행정구역선은?

① 시·도계
② 시·군계
③ 읍·면계
④ 동·리계

해설

도면에 등록하는 행정구역선은 0.4mm 폭으로 다음과 같이 제도한다. 다만, 동·리의 행정구역선은 0.2mm 폭으로 한다.

행정구역	제도방법	내용
국계	(4, 3, 0.3)	실선 4mm와 허선 3mm로 연결하고 실선 중앙에 실선과 직각으로 교차하는 1mm의 실선을 긋고, 허선에 직경 0.3mm의 점 2개를 제도한다.
시·도계	(4, 2, 0.3)	실선 4mm와 허선 2mm로 연결하고 실선 중앙에 실선과 직각으로 교차하는 1mm의 실선을 긋고, 허선에 직경 0.3mm의 점 1개를 제도한다.
시·군계	(3, 3, 0.3)	실선과 허선을 각각 3mm로 연결하고, 허선에 0.3mm의 점 2개를 제도한다.
읍·면·구계	(3, 2, 0.3)	실선 3mm와 허선 2mm로 연결하고, 허선에 0.3mm의 점 1개를 제도한다.
동·리계	(3, 1)	실선 3mm와 허선 1mm로 연결하여 제도한다.
행정구역선		행정구역선은 경계에서 약간 띄워서 그 외부에 제도한다.
행정구역선이 2종 이상 겹칠 때		행정구역선이 2종 이상 겹치는 경우에는 최상급 행정구역선만 제도한다
행정구역의 명칭		도면 여백의 대소에 따라 4~6mm의 크기로 경계 및 지적기준점 등을 피하여 같은 간격으로 띄워서 제도한다.
도로·철도·하천·유지 등의 고유명칭		도로·철도·하천·유지 등의 고유명칭은 3~4mm의 크기로 같은 간격으로 띄워서 제도한다.

12 다음 중 토지소유자가 지적공부의 등록사항에 잘못이 있음을 발견하고 소관청에 그 정정을 신청함으로 인하여 인접 토지의 경계가 변경되는 경우 그 정정방법으로 가장 옳은 것은?

① 소관청의 직권으로 처리한다.
② 큰 면적의 토지소유자의 의견으로 처리한다.
③ 인접 토지소유자의 승낙서에 의한다.
④ 지적공부만 정정한다.

해설

인접 토지의 경계가 변경되는 경우에는 다음의 어느 하나에 해당하는 서류를 지적소관청에 제출하여야 한다.
1) 인접 토지소유자의 승낙서
2) 인접 토지소유자가 승낙하지 아니하는 경우에는 이에 대항할 수 있는 확정판결서 정본

정답 11 ② 12 ③

13 다음 중 임야조사사업 당시의 사정기관으로 옳은 것은?

① 임야심사위원회 ② 토지조사위원회
③ 도지사 ④ 법원

> **해설**

구분	토지조사사업	임야조사사업
근거법령	토지조사령(1912.8.13 제령 제2호)	조선임야조사령(1918.5.1 제령 제5호)
조사기간	1910~1918년(8년 10개월)	1916~1924년(9개년)
측량기관	임시토지조사국	부(府)와 면(面)
사정기관	임시토지조사국장	도지사
재결기관	고등토지조사위원회	임야심사위원회
조사내용	토지소유권, 토지가격, 지형·지모	토지소유권, 토지가격, 지형·지모
조사대상	전국에 걸친 평야부 토지 낙산 임야	토지조사에서 제외된 토지 산림 내 개재지(토지)
도면축척	1/600, 1/1,200, 1/2,400	1/3,000, 1/6,000

14 다음 중 지적의 발전 단계별 분류에 해당하지 않는 것은?

① 세지적 ② 도해지적
③ 법지적 ④ 다목적지적

> **해설**

발전 단계에 의한 분류

세지적 (Fiscal Cadastre)	세지적이라 함은 토지에 대한 조세부과 시 그 세액을 결정함이 가장 큰 목적인 지적제도로서 일명 과세지적이라고도 한다. 세지적은 국가 재정세입의 대부분을 토지세에 의존하던 농경시대에 개발된 최초의 지적제도로서, 각 필지에 대한 세액을 정확하게 산정하기 위하여 면적단위로 운영되는 지적제도이다. 따라서 각 필지의 측지학적 위치보다는 재산가치를 판단할 수 있는 면적을 정확하게 결정하여 등록하는 데 주력하였다.
법지적 (Legal Cadastre)	법지적이라 함은 세지적에서 발달한 지적제도로서 토지에 대한 사유권이 인정되면서 토지과세는 물론 토지거래의 안전을 도모하고, 국민의 토지소유권을 보호할 목적으로 개발된 지적제도로 소유지적이라고도 한다. 이러한 법지적은 프랑스혁명 이전까지 토지의 소유가 인정되지 않았던 일반시민도 토지소유가 가능해졌기 때문에, 권리보호의 필요성에서 세지적 목적 이외에 토지소유권 보호라는 새로운 목적이 추가된 지적제도이다. 이것이 현대에서는 가장 일반적인 지적의 개념으로 소유지적 또는 경계지적으로도 불리어지고 있다.
다목적지적 (Multi-purpose Cadastre)	다목적지적이라 함은 1필지단위로 토지와 관련된 기본적인 정보를 집중 관리하고, 계속하여 즉시 이용이 가능하도록 토지정보를 종합적으로 제공하여 주는 지적제도라 할 수 있다. 이러한 다목적지적제도는 종합지적, 통합지적, 유사지적, 경제지적, 정보지적이라고도 한다. 다목적지적제도는 1필지를 단위로 토지 관련 정보를 종합적으로 등록하고, 그 변경사항을 항상 최신화하여 신속·정확하게 지속적으로 토지정보를 제공하는 데 주력하고 있다.

15 지적의 지목은 사람의 신분에 관한 기록인 호적의 무엇과 비교할 수 있는가?

① 본관　　　② 성명　　　③ 성별　　　④ 호주

해설

지적과 호적의 비교

구분		기재사항					
지적	토지(필지)	토지소재	지번	고유번호	지목	면적	소유자
호적	사람(개인)	본관	성명	주민등록번호	성별	가족사항	호주

16 다음 중 임야도의 축척 구분이 옳은 것은?

① 1/1,000, 1/3,000
② 1/1,200, 4/3,000
③ 1/1,200, 1/6,000
④ 1/3,000, 1/6,000

해설

도면의 축척

구분	축척
지적도의 축척	1/500, 1/600, 1/1,000, 1/1,200, 1/2,400, 1/3,000, 1/6,000(7종)
임야도의 축척	1/3,000, 1/6,000(2종)

17 다음 중 지적측량의 면적측정방법으로만 옳게 나열한 것은?(단, 지적측량 시행규칙에 따른다.)

① 삼사법, 전자면적측정기법
② 전자면적측정기법, 플래니미터법
③ 전자면적측정기법, 좌표면적계산법
④ 좌표면적계산법, 삼사법

해설

좌표면적계산법에 따른 면적측정과 전자면적측정기에 따른 면적측정이 있다.

18 다음 중 지적도에 등록하여야 하는 사항이 아닌 것은?

① 지번　　　② 지목　　　③ 면적　　　④ 경계

해설

지적도 및 임야도에 등록하여야 할 사항
토지의 소재, 지번, 지목, 경계, 도면의 색인도, 도면의 제명 및 축척, 도곽선 및 그 수치, 좌표에 의하여 계산된 경계점 간 거리(경계점좌표등록부 시행지역), 삼각점 및 지적측량기준점의 위치, 건축물 및 구조물 등의 위치, 지적소관청의 직인, 경계점좌표등록부를 갖춰 두는 지역

정답　15 ③　16 ④　17 ③　18 ③

19 다음 중 지번을 부여하는 방법으로 옳은 것은?

① 지번은 북서에서 남동으로 순차적으로 부여한다.
② 지번은 북동에서 남서로 순차적으로 부여한다.
③ 지번은 남에서 북으로 순차적으로 부여한다.
④ 지번은 동에서 서로 순차적으로 부여한다.

해설

지번부여 기준
- 지번은 지적소관청이 지번부여지역별로 차례대로 부여한다.
- 지번은 북서에서 남동으로 순차적으로 부여한다.

20 다음 중 등록전환에 대한 설명으로 옳은 것은?

① 임야대장 및 임야도에 등록된 토지를 토지대장 및 지적도에 옮겨 등록하는 것
② 지적도에 등록된 토지를 임야도에 옮겨 등록하는 것
③ 토지대장에 등록된 토지를 임야대장에 옮겨 등록하는 것
④ 경계점좌표등록부에 등록된 사항을 임야대장에 옮겨 등록하는 것

해설

등록전환 : 임야대장 및 임야도에 등록된 토지를 토지대장 및 지적도에 옮겨 등록하는 것을 말한다.

21 토지조사사업 당시 사정한 사항을 재심사하여 확정한 처분을 무엇이라 하는가?

① 결정   ② 재결   ③ 재사정   ④ 토지조사

해설

토지조사사업 당시 사정한 사항을 재심사하여 확정한 처분은 재결(裁決)이다.

22 다음 중 지번색인표의 등재사항으로만 나열된 것은?

① 제명, 지번, 도면번호, 결번
② 지번, 지목, 결번, 도면번호
③ 축척, 지번, 본번, 결번
④ 지번, 경계, 결번, 제명

해설

지번색인표의 등재사항 및 제도

등재사항	제명, 지번, 도면번호, 결번
제도	• 제명은 지번색인표 윗부분에 9mm의 크기로 "○○시·도 ○○시·군·구 ○○읍·면 ○○동·리 지번색인표"라 제도한다. • 지번색인표에는 도면번호별로 그 도면에 등록된 지번을, 토지의 이동으로 결번이 생긴 때에는 결번 란에 그 지번을 제도한다.

정답 19 ① 20 ① 21 ② 22 ①

23 다음 중 중앙지적위원회의 구성 기준에 대한 아래 설명에서 ㉠~㉢에 들어갈 내용이 모두 옳은 것은?

> 중앙지적위원회는 위원장 (㉠)과 부위원장 (㉡)을 포함하여 (㉢)의 위원으로 구성한다.

① ㉠ 1명, ㉡ 1명, ㉢ 5명 이상 10명 이하
② ㉠ 1명, ㉡ 1명, ㉢ 7명 이상 11명 이하
③ ㉠ 1명, ㉡ 2명, ㉢ 7명 이상 11명 이하
④ ㉠ 1명, ㉡ 2명, ㉢ 15명 이상 20명 이하

해설

위원회의 구성
- 중앙 및 지방지적위원회는 각각 위원장 1명과 부위원장 1명을 포함하여 5명 이상 10명 이하의 위원으로 구성한다.
- 중앙지적위원회 위원장은 국토교통부의 지적업무 담당 국장이, 부위원장은 국토교통부의 지적업무 담당 과장이 된다.
- 지방지적위원회 위원장은 시·도의 지적업무 담당 국장이, 부위원장은 시·도의 지적업무 담당 과장이 된다.

지적위원회의 구성

구분	위원수	위원장	부위원장	위원임기	위원임명
중앙지적 위원회	5명 이상 10명 이하 (위원장, 부위원장 포함)	국토교통부 지적업무 담당 국장	국토교통부 지적업무 담당 과장	2년(위원장, 부위원장 제외)	국토교통부장관
지방지적 위원회	5인 이상 10인 이내 (위원장, 부위원장 포함)	시·도 지적업무 담당 국장	시·도 지적업무 담당 과장	2년(위원장, 부위원장 제외)	시·도지사

24 다음 중 지적측량을 필요로 하는 토지의 이동과 거리가 먼 것은?

① 등록전환　② 분할　③ 지목변경　④ 신규등록

해설

지적측량을 하여야 하는 경우
- 토지를 신규등록하는 경우
- 지적공부를 복구하는 경우
- 토지를 등록전환하는 경우
- 토지를 분할하는 경우
- 도시개발사업 등의 지적확정측량을 하는 경우
- 축척변경을 하는 경우
- 등록사항 정정을 하는 경우
- 경계를 지상에 복원하기 위한 경계복원측량을 하는 경우
- 지적측량 수행자가 실시한 측량을 검사하기 위한 검사 측량을 하는 경우
- 지적측량 기준점의 설치를 위한 기초측량을 하는 경우
- 지상구조물과 지형, 지물의 점유하는 위치 현황을 지적도 또는 임야도에 등록된 경계와 대비하여 표시하기 위한 현황 측량을 하는 경우
- 바다로 된 토지의 등록말소 신청을 할 경우와 말소된 토지를 회복하는 경우

정답　23 ①　24 ③

25 축척이 1/1,000인 지적도의 포용면적 규격은 얼마인가?

① 3,000m² ② 80,000m²
③ 5,000m² ④ 120,000m²

해설

지적도 · 임야도의 도곽 크기 및 도곽 면적

축척	도상		지상		도곽 내의 전체 면적(m²)
	세로(cm)	가로(cm)	세로(m)	가로(m)	
1/500	30	40	150	200	30,000
1/1,000	30	40	300	400	120,000
1/600	33.3333	41.6667	200	250	50,000
1/1,200	33.3333	41.6667	400	500	200,000
1/2,400	33.3333	41.6667	800	1000	800,000
1/3,000	40	50	1,200	1,500	1,800,000
1/6,000	40	50	2,400	3,000	7,200,000

26 다음 중 현행 지적 관련 법률에 따른 지적공부에 해당하지 않는 것은?

① 공유지연명부 ② 토지대장
③ 토지조사부 ④ 지적도

해설

지적공부의 종류

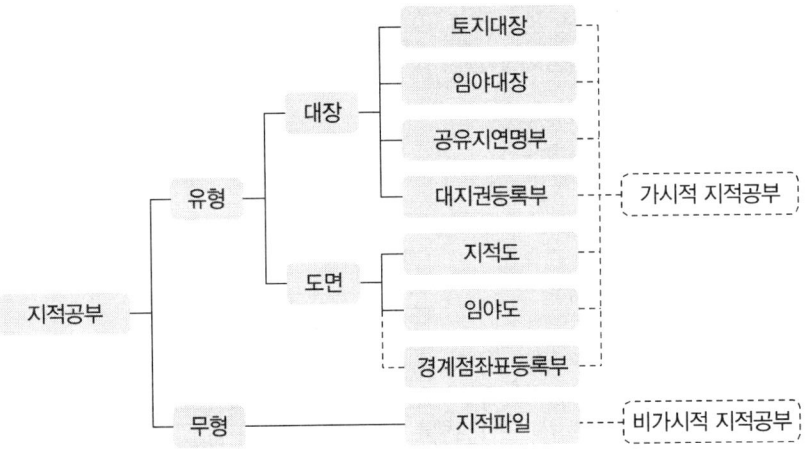

정답 25 ④ 26 ③

27 다음 중 경계점좌표등록부의 정리방법 기준에 대한 설명으로 옳은 것은?

① 부호도의 각 필지의 경계점 부호는 왼쪽 위에서부터 오른쪽으로 경계를 따라 부여한다.
② 합병으로 존치되는 필지의 부호도는 그대로 유지한다.
③ 합병으로 인하여 말소된 필지의 경계점좌표등록부는 폐기한다.
④ 토지대장에 등록된 토지는 경계점좌표등록부를 작성할 수 없다.

해설

부호도의 각 필지의 경계점 부호는 왼쪽 위에서부터 오른쪽으로 경계를 따라 아라비아숫자로 연속하여 부여한다.

28 미지점에 측판을 세우고 기지점을 시준한 방향선에 의한 위치를 측정하는 방법은?

① 전방교회법 ② 후방교회법 ③ 측방교회법 ④ 원호교회법

해설

교회법
교회법은 방향선의 교회로서 점의 위치를 결정하는 방법으로 전방교회법, 측방교회법, 후방교회법으로 구분하며 전방교회법은 방향선법과 원호교회법으로 구분하고 원호교회법은 지상원호교회법과 도상원호교회법으로 나눈다.

전방교회법 (기지점)	장애물이 있어 직접거리측량이 곤란할 때 2개 이상의 기지점을 측점으로 하여 미지점의 위치를 결정하는 방법이다.
후방교회법 (미지점)	지상의 기지점 3개에 대하여 구하고자 하는 임의의 점에 평판을 세우고 도상의 점에 각각 측침을 꽂고 앨리데이드로 시준하여 2개 이상의 방향선이 교차되는 도상의 점을 구하는 방법이다.
측방교회법 (기지+미지점)	측방교회법은 전방교회법과 후방교회법을 병용한 방법으로 기지점 2점 중 한 점에 접근하기 곤란한 기지의 2점을 이용하여 미지점을 구하는 방법이다.

29 다음 중 지적의 기능으로 가장 거리가 먼 것은?

① 토지등기의 기초
② 토지거래의 기준
③ 토지감정평가의 기초
④ 토지표고측정의 기준

해설

지적의 기능

토지등기의 기초 (선등록 후등기)	지적공부에 토지표시사항인 토지소재, 지번, 지목, 면적, 경계와 소유자가 등록되면 이를 기초로 토지소유자가 등기소에 소유권보존등기를 신청함으로써 토지등기부가 생성된다. 즉, 토지표시사항은 토지등기부의 표제부에 소유자는 갑구에 등록한다.
토지평가의 기초 (선등록 후평가)	토지평가는 지적공부에 등록한 토지에 한하여 이루어지며, 평가는 지적공부에 등록된 토지표시사항을 기초자료로 이용하고 있다.
토지과세의 기초 (선등록 후과세)	토지에 대한 각종 국세와 지방세는 지적공부에 등록된 필지를 단위로 면적과 지목 등 기초자료를 이용하여 결정한 개별공시지가(지가공시 및 토지 등의 평가에 관한 법률)를 과세의 기초자료로 하고 있다.
토지거래의 기초 (선등록 후거래)	토지거래는 지적공부에 등록된 필지단위로 이루어지며, 공부에 등록된 토지표시사항(소재, 지번, 지목, 면적, 경계 등)과 등기부에 등재된 소유권 및 기타 권리관계를 기초로 하여 거래가 이루어지고 있다.

정답 27 ① 28 ② 29 ④

토지이용계획의 기초 (선등록 후계획)	각종 토지이용계획(국토계획, 도시관리계획, 도시개발, 도시재개발 등)은 지적공부에 등록된 토지표시사항을 기초자료로 활용하고 있다.
주소 표기의 기초 (선등록 후설정)	민법에서의 주소, 호적법에서의 본적 및 주소, 주민등록법에서의 거주지·지번·본적, 인감증명법에서의 주소와 기타 법령에 의한 주소·거주지·지번은 모두 지적공부에 등록된 토지소재와 지번을 기초로 하고 있다.

30 다음 그림에서 $\overline{AB}$의 거리는 얼마인가?(단, $\overline{AC}$=10m, $\overline{CD}$=5m, $\overline{ED}$=7m, $\overline{AB}//\overline{DE}$이다.)

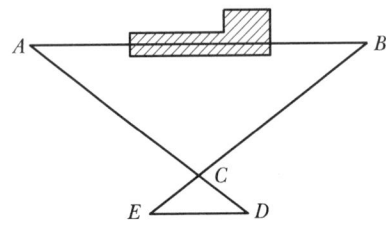

① 3.5m ② 14m ③ 21m ④ 28m

해설

$AB : DE = AC : CD$

$AB = \dfrac{ED \times AC}{CD} = \dfrac{7m \times 10m}{5m} = 14m$

31 각 도곽선의 신축된 차가 ΔX_1=-3mm, ΔX_2=-4mm, ΔY_1=-4mm, ΔY_2=-5mm일 때 신축량은?

① -3mm
② -4mm
③ -5mm
④ -6mm

해설

도곽선의 신축량 계산

$S = \dfrac{\Delta X_1 + \Delta X_2 + \Delta Y_1 + \Delta Y_2}{4}$

여기서, S : 신축량, ΔX_1 : 왼쪽 종선의 신축된 차, ΔX_2 : 오른쪽 종선의 신축된 차
ΔY_1 : 위쪽 횡선의 신축된 차, ΔY_2 : 아래쪽 횡선의 신축된 차

$S = \dfrac{\Delta X_1 + \Delta X_2 + \Delta Y_1 + \Delta Y_2}{4} = \dfrac{-3-4-4-5}{4} = -4mm$

32 다음 중 축척변경위원회의 심의·의결사항이 아닌 것은?

① 축척변경 시행계획에 관한 사항
② 청산금의 이의신청에 관한 사항
③ 지번별 m^2당 금액의 결정에 관한 사항
④ 지번별 측량방법에 관한 사항

정답 30 ② 31 ② 32 ④

해설

축척변경위원회

개요		축척변경에 관한 사항을 심의·의결하는 위원회이다.
구성	인원	• 5명 이상 10명 이하의 위원으로 구성한다. • 위원의 2분의 1 이상을 토지소유자로 하여야 한다. 이 경우 그 축척변경 시행지역의 토지소유자가 5명 이하일 때에는 토지소유자 전원을 위원으로 위촉하여야 한다.
	위원장	위원장은 위원 중에서 지적소관청이 지명한다.
	위원	위원은 다음의 사람 중에서 지적소관청이 위촉한다. • 해당 축척변경 시행지역의 토지소유자로서 지역 사정에 정통한 사람 • 지적에 관하여 전문지식을 가진 사람
기능		축척변경위원회는 지적소관청이 회부하는 다음의 사항을 심의·의결한다. • 축척변경 시행계획에 관한 사항 • 지번별 ㎡당 금액의 결정과 청산금의 산정에 관한 사항 • 청산금의 이의신청에 관한 사항 • 그 밖에 축척변경과 관련하여 지적소관청이 회의에 부치는 사항

33 다음 중 지적기준점에 해당하지 않는 것은?

① 지적삼각점
② 지적삼각보조점
③ 공간삼각점
④ 지적도근점

해설

지적기준점
특별시장·광역시장·도지사 또는 특별자치도지사(이하 "시·도지사"라 한다)나 지적소관청이 지적측량을 정확하고 효율적으로 시행하기 위하여 국가기준점을 기준으로 하여 따로 정하는 측량기준점

지적삼각점 (地籍三角點)	지적측량 시 수평위치 측량의 기준으로 사용하기 위하여 국가기준점을 기준으로 하여 정한 기준점
지적삼각보조점	지적측량 시 수평위치 측량의 기준으로 사용하기 위하여 국가기준점과 지적삼각점을 기준으로 하여 정한 기준점
지적도근점 (地籍圖根點)	지적측량 시 필지에 대한 수평위치 측량 기준으로 사용하기 위하여 국가기준점, 지적삼각점, 지적삼각보조점 및 다른 지적도근점을 기초로 하여 정한 기준점

34 다음 중 공유지연명부에 등록하여야 할 사항이 아닌 것은?

① 소유자의 성명
② 소유자의 주소
③ 소유자의 주민등록번호
④ 소유면적과 지목

해설

공유지연명부의 등록사항
- 토지의 소재
- 소유권 지분
- 토지의 고유번호
- 토지소유자가 변경된 날과 그 원인
- 지번
- 소유자의 성명 또는 명칭, 주소 및 주민등록번호
- 필지별 공유지연명부의 장번호

정답 33 ③ 34 ④

35 다음 중 토지조사사업 당시 작성된 지적도의 축척이 아닌 것은?

① 1/600
② 1/1,000
③ 1/1,200
④ 1/2,400

해설

구분	토지조사사업	임야조사사업
근거법령	토지조사령(1912.8.13 제령 제2호)	조선임야조사령(1918.5.1 제령 제5호)
조사기간	1910~1918년(8년 10개월)	1916~1924년(9개년)
측량기관	임시토지조사국	부(府)와 면(面)
사정기관	임시토지조사국장	도지사
재결기관	고등토지조사위원회	임야심사위원회
조사내용	토지소유권, 토지가격, 지형·지모	토지소유권, 토지가격, 지형·지모
조사대상	전국에 걸친 평야부 토지 낙산 임야	토지조사에서 제외된 토지 산림 내 개재지(토지)
도면축척	1/600, 1/1,200, 1/2,400	1/3,000, 1/6,000

36 다음 중 토지의 이용에 따른 지목의 구분이 옳지 않은 것은?

① 일반 공중의 위락·휴양에 적합한 시설물을 갖춘 경마장 - 유원지
② 자동차 정비공장 안에 설치된 송유시설 부지 - 주유소용지
③ 축산업을 하기 위하여 초지를 조성한 토지 - 목장용지
④ 산림을 이루고 있는 수림지 - 임야

해설

주유소용지
- 석유·석유제품 또는 액화석유가스 등의 판매를 위하여 일정한 설비를 갖춘 시설물의 부지
- 저유소(貯油所) 및 원유저장소의 부지와 이에 접속된 부속시설물의 부지
- 자동차·선박·기차 등의 제작 또는 정비공장 안에 설치된 급유·송유시설 등의 부지는 제외

37 다음 중 지적공부에 등록하는 지번·지목·면적·경계 또는 좌표는 토지의 이동이 있을 때 토지소유자의 신청을 받아 누가 결정하는가?

① 토지소유자
② 지적소관청
③ 한국국토정보공사
④ 지적측량업자

해설

지적공부에 등록하는 지번·지목·면적·경계 또는 좌표는 토지의 이동이 있을 때 토지소유자(법인이 아닌 사단이나 재단의 경우에는 그 대표자나 관리인을 말한다. 이하 같다)의 신청을 받아 지적소관청이 결정한다. 다만, 신청이 없으면 지적소관청이 직권으로 조사·측량하여 결정할 수 있다.

정답 35 ② 36 ② 37 ②

38 다음 중 토지의 합병을 신청할 수 없는 경우가 아닌 것은?

① 합병하려는 토지가 등기된 토지와 등기되지 아니한 토지인 경우
② 합병하려는 각 필지의 면적이 서로 다른 경우
③ 합병하려는 토지의 지적도 및 임야도의 축척이 서로 다른 경우
④ 합병하려는 각 필지가 서로 연접하지 않은 경우

해설

합병신청을 할 수 없는 경우
1) 합병하려는 토지의 지번부여지역, 지목 또는 소유자가 서로 다른 경우
2) 합병하려는 토지에 다음의 등기 외의 등기가 있는 경우
   - 소유권·지상권·전세권 또는 임차권의 등기
   - 승역지(承役地)에 대한 지역권의 등기
   - 합병하려는 토지 전부에 대한 등기원인(登記原因) 및 그 연월일과 접수번호가 같은 저당권의 등기
3) 그 밖에 합병하려는 토지의 지적도 및 임야도의 축척이 서로 다른 경우 등
   - 합병하려는 토지의 지적도 및 임야도의 축척이 서로 다른 경우
   - 합병하려는 각 필지가 서로 연접하지 않은 경우
   - 합병하려는 토지가 등기된 토지와 등기되지 아니한 토지인 경우
   - 합병하려는 각 필지의 지목은 같으나 일부 토지의 용도가 다르게 되어 분할대상 토지인 경우. 다만, 합병신청과 동시에 토지의 용도에 따라 분할신청을 하는 경우는 제외
   - 합병하려는 토지의 소유자별 공유지분이 다른 경우
   - 합병하려는 토지가 구획정리, 경지정리 또는 축척변경을 시행하고 있는 지역의 토지와 그 지역 밖의 토지인 경우
   - 합병하려는 토지 소유자의 주소가 서로 다른 경우. 다만, 제1항에 따른 신청을 접수받은 지적소관청이 「전자정부법」 제36조제1항에 따른 행정정보의 공동이용을 통하여 다음 각 목의 사항을 확인(신청인이 주민등록표 초본 확인에 동의하지 않는 경우에는 해당 자료를 첨부하도록 하여 확인)한 결과 토지 소유자가 동일인임을 확인할 수 있는 경우는 제외한다.
     – 토지등기사항증명서
     – 법인등기사항증명서(신청인이 법인인 경우만 해당한다)
     – 주민등록표 초본(신청인이 개인인 경우만 해당한다)

39 경위의측량방법으로 세부측량을 하는 경우 측량결과도에 기재하여야 할 사항이 아닌 것은?

① 지상에서 측정한 거리 및 방위각
② 측량대상 토지의 경계점 간 실측거리
③ 지적도의 도면번호
④ 도곽선의 신축량과 보정계수

해설

1. 측량결과도의 기재사항
   경위의측량방법으로 세부측량을 하였을 때에는 측량결과도 및 측량계산부에 그 성과를 적되, 측량결과도에는 다음의 사항을 적어야 한다.
   1) 측량준비파일의 사항
      - 측량대상 토지의 경계선·지번 및 지목
      - 인근 토지의 경계선·지번 및 지목
      - 임야도를 갖춰 두는 지역에서 인근 지적도의 축척으로 측량을 할 때에는 임야도에 표시된 경계점의 좌표를 구하여 지적도에 전개(展開)한 경계선. 다만, 임야도에 표시된 경계점의 좌표를 구할 수 없거나 그 좌표에 따라 확대하여 그리는 것이 부적당한 경우에는 축척비율에 따라 확대한 경계선을 말한다.

정답 38 ② 39 ④

- 행정구역선과 그 명칭
- 지적기준점 및 그 번호와 지적기준점 간의 거리, 지적기준점의 좌표, 그 밖에 측량의 기점이 될 수 있는 기지점
- 도곽선(圖廓線)과 그 수치
- 도곽선의 신축이 0.5mm 이상일 때에는 그 신축량 및 보정(補正)계수
- 그 밖에 국토교통부장관이 정하는 사항

2) 측정점의 위치(측량계산부의 좌표를 전개하여 적는다), 지상에서 측정한 거리 및 방위각
3) 측량대상 토지의 경계점 간 실측거리
4) 측량대상 토지의 토지이동 전의 지번과 지목(2개의 붉은색으로 말소한다)
5) 측량결과도의 제명 및 번호(연도별로 붙인다)와 지적도의 도면번호
6) 신규등록 또는 등록전환하려는 경계선 및 분할경계선
7) 측량대상 토지의 점유현황선
8) 측량 및 검사의 연월일, 측량자 및 검사자의 성명·소속 및 자격등급

2. 경계점 간 실측거리와 계산거리의 교차
측량대상 토지의 경계점 간 실측거리와 경계점의 좌표에 따라 계산한 거리의 교차는 $3+\dfrac{L}{10}$ [cm] 이내여야 한다.
(여기서, L : 실측거리로서 미터단위로 표시한 수치)

40 다음 중 도면에 등록하는 도곽선은 얼마의 폭으로 제도하여야 하는가?

① 0.05mm ② 0.1mm ③ 0.2mm ④ 0.3mm

해설

면에 등록하는 도곽선은 0.1mm의 폭으로, 도곽선의 수치는 도곽선 왼쪽 아랫부분과 오른쪽 윗부분의 종횡선교차점 바깥쪽에 2mm 크기의 아라비아숫자로 제도한다.

41 다음 중 지적공부의 정리방법 기준에 대한 설명으로 옳지 않은 것은?

① 지적공부를 이용하여 지적측량을 한 때에는 지적측량 성과파일에 의하여 지적공부를 정리하여서는 아니 된다.
② 지적공부의 정리사항 중 도곽선과 그 수치 및 말소는 붉은색으로 한다.
③ 지적공부에 등록된 사항은 칼로 긁거나 덮어서 고쳐 정리하여서는 아니 된다.
④ 지적확정측량·축척변경 및 지번변경에 따른 토지이동의 경우를 제외하고는 폐쇄 또는 말소된 지번은 다시 사용할 수 없다.

해설

토지의 이동에 따른 도면정리는 지적공부를 이용하여 지적측량을 한 때에는 지적측량 성과파일에 의하여 지적공부를 정리할 수 있다.

42 다음 중 토지등록 장부로서 오늘날의 토지대장과 같은 양안이 있었던 시대는?

① 고구려 ② 백제 ③ 고려 ④ 조선

정답 40 ② 41 ① 42 ④

해설

양안(量案)은 조선시대에 토지의 실제 경작 상황을 파악하기 위해 실시한 토지측량제도인 양전(量田)에 의해 작성된 토지대장으로 전세(田稅) 징수의 기본 장부이며 전안(田案), 전적(田籍), 도행장(道行帳)이라고도 한다.

43 다음 중 지적측량의 구분이 가장 옳은 것은?
① 기초측량과 세부측량
② 삼각측량과 도근측량
③ 경위의측량과 평판측량
④ 사진측량과 위성측량

해설

기초측량	세부측량의 기초로 사용하는 지적삼각점, 지적삼각보조점, 지적도근점 등의 기준점인 위치를 결정하는 골조측량으로 주로 경위의측량방법과 전자파측거기측량방법 및 사진측량방법, 위성측량방법으로 실시한다.
세부측량	• 필지의 위치, 경계, 면적 등의 세부사항을 결정하는 측량으로 주로 측판측량방법과 경위의측량방법 및 사진측량방법, 위성측량방법으로 실시한다. • 지적확정측량과 시지역의 축척변경측량은 경위의측량방법, 전파기 또는 광파기측량방법으로 실시한다. • 농지개발사업 등으로 농지가 협소할 때에는 측판측량방법이나 사진측량방법으로 할 수 있다.

44 방위각법에 의한 지적도근점측량에서 각의 관측과 계산단위 기준은 얼마인가?
① 라디안
② 초
③ 분
④ 도

해설

지적도근점의 관측과 계산

구분	각	측정 횟수	거리	진수	좌표
배각법	초	3회	cm	5자리 이상	cm
방위각법	분	1회	cm	5자리 이상	cm

45 다음 오차의 종류 중 최소제곱법에 의한 확률법칙에 의해 처리가 가능한 것은?
① 누차
② 착오
③ 정오차
④ 우연오차

해설

과실(착오, 과대오차 ; Blunders, Mistakes)	관측자의 미숙과 부주의에 의해 일어나는 오차로서 눈금읽기나 야장기입을 잘못한 경우를 포함하며 주의를 하면 방지할 수 있다.
정오차(계통오차, 누차 ; Constant, Systematic Error)	일정한 관측값이 일정한 조건하에서 같은 크기와 같은 방향으로 발생되는 오차를 말하며 관측 횟수에 따라 오차가 누적되므로 누차라고도 한다. 이는 원인과 상태를 알면 제거할 수 있다. • 기계적 오차 : 관측에 사용되는 기계의 불안전성 때문에 생기는 오차 • 물리적 오차 : 관측 중 온도변화, 광선굴절 등 자연현상에 의해 생기는 오차 • 개인적 오차 : 관측자 개인의 시각, 청각, 습관 등에 의해 생기는 오차
부정오차(우연오차, 상차 ; Random Error)	일어나는 원인이 확실치 않고 관측할 때 조건이 순간적으로 변화하기 때문에 원인을 찾기 힘들거나 알 수 없는 오차를 말한다. 때때로 부정오차는 서로 상쇄되므로 상차라고도 하며, 부정오차는 대체로 확률법칙에 의해 처리되는 데 최소제곱법이 널리 이용된다.

정답 43 ① 44 ③ 45 ④

46 다음 중 지적 관련 법률에 따른 경계의 의미로 옳은 것은?

① 담장, 둑, 철조망 등 인위적으로 설치한 경계
② 계곡, 능선 등 자연적으로 형성된 경계
③ 눈으로 식별할 수 있는 형태를 갖는 선
④ 지적공부에 등록한 선

해설

경계 : 필지별로 경계점들을 직선으로 연결하여 지적공부에 등록한 선을 말한다.

47 축척 1/1,200인 지역의 원면적이 900m²인 토지를 분할하는 경우, 분할 후 각 필지의 면적의 합계와 분할 전 면적과의 오차의 최대허용범위는 얼마인가?

① ±14m² ② ±18m² ③ ±24m² ④ ±36m²

해설

오차 최대허용범위 $= 0.026^2 M\sqrt{F}$
$= 0.026^2 \times 1,200 \times \sqrt{900} = 24.3\text{m}^2$

여기서, M : 축척분모, F : 원면적

48 다음 중 도곽선의 역할에 대한 설명으로 옳지 않은 것은?

① 인접 도면과의 접한 기준이다.
② 면적측정 방법 결정의 기준이다.
③ 기준점 전개의 기준이다.
④ 도곽의 신축량을 측정하는 기준이다.

해설

도곽선의 역할
- 인접 도면과의 접합 기준선 역할
- 측량준비도와 측량결과도에서 도북방향의 역할
- 지적측량기준점 전개 시의 기준선 역할
- 도면의 신축 발생 시 측정의 기준선으로 면적 보정
- 외업에서 준비도와 실지의 부합 여부 확인 기준

49 다음 중 각을 측정할 수 있는 장비에 해당하지 않는 것은?

① 트랜싯
② 데오돌라이트
③ 앨리데이드
④ 토털스테이션

해설

각 측정장비는 어떤 점에서 시준한 두 점 사이의 끼인각을 측정하는 장비에는 트랜싯, 데오돌라이트, 토털스테이션 등이 있으며, 앨리데이드는 측판측량에 사용하는 측량장비이다.

정답 46 ④ 47 ③ 48 ② 49 ③

50 다음 중 트랜싯의 3축에 해당하지 않는 것은?

① 시준축　　② 수평축　　③ 상부축　　④ 수직축

해설
트랜싯의 3축 : 연직축, 수평축, 시준축

51 다음 그림에 대한 설명으로 옳은 것은?(단, 도면의 모든 선은 실선으로 간주한다.)

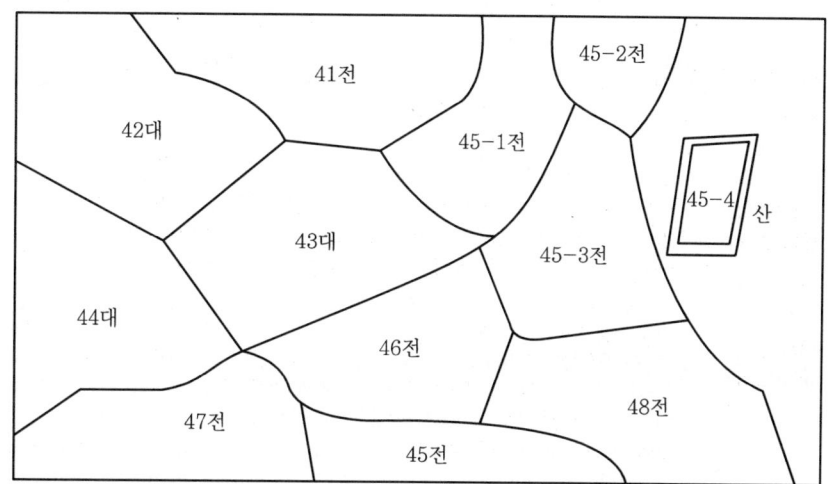

① 주소 정정에 따른 도면 정리이다.　　② 위치 정정에 따른 도면이다.
③ 분할에 따른 도면이다.　　　　　　　④ 합병에 따른 도면이다.

해설
45-4전에 대한 위치 정정도면이다.

52 지번부여지역 안의 토지로서 토지에 대한 물권의 효력이 미치는 범위를 정하고 거래단위로서 개별화시키기 위하여 인위적으로 구획한 법적 등록 단위를 무엇이라고 하는가?

① 필지　　② 대지　　③ 획지　　④ 택지

해설
필지 : 대통령령으로 정하는 바에 따라 구획되는 토지의 등록단위를 말한다.

53 세 변의 길이가 각각 12m, 16m, 20m인 삼각형 모양의 토지면적은 얼마인가?

① 60m²　　② 96m²　　③ 120m²　　④ 186m²

정답 50 ③ 51 ② 52 ① 53 ②

> **해설**
>
> 헤론의 공식 $= \sqrt{s(s-a)(s-b)(s-c)}$
>
> $s = \dfrac{a+b+c}{2} = \dfrac{(12+16+20)}{2} = 24$
>
> ∴ 토지면적$(A) = \sqrt{24(24-12)(24-16)(24-20)} = 96\text{m}^2$

54 지적공부를 열람하거나 등본에 의하여 외부에서 알 수 있도록 하는 것과 가장 관계가 밀접한 것은?

① 지적공개주의 ② 지적형식주의
③ 일필일목의 원칙 ④ 경계불가분의 원칙

> **해설**

국정주의 (國定主義)	국정주의라 함은 지적공부의 등록사항인 토지소재, 지번, 지목, 경계 또는 좌표와 면적은 국가의 공권력에 의해 오직 국가만이 결정할 수 있는 권한을 가진다는 이념으로 소유자가 자연인, 국가, 지방자치단체, 법인 또는 비법인 사단·재단 등에 관계없이 필지를 구성하는 기본요소 등은 국가기관의 장인 시장, 군수, 구청장이 등록이나 행정처분으로 결정한다는 이념이다.
형식주의 (形式主義)	형식주의라 함은 국가의 통치권이 미치는 모든 영토를 필지단위로 구획하여 지번, 지목, 경계, 좌표, 면적 등을 정한 다음 국가기관의 장인·시장·군수·구청장이 비치하고 있는 공적장부인 지적공부에 등록·공시해야 효력이 인정된다는 이념이다. 따라서 모든 토지는 지적공부에 등록·공시해야만 토지등기가 가능하게 되어서 토지에 대한 평가, 과세, 거래, 토지이용계획 등의 기존 자료로 활용될 수 있는데 이는 형식주의에 의한 공시효력을 인정하고 있기 때문이라 할 수 있다.
공개주의 (公開主義)	공개주의라 함은 지적공부에 등록된 사항은 토지소유자나 이해관계인 등 일반 국민에게 신속·정확하게 공개하여 모든 국민이 공평하게 이용할 수 있도록 해야 한다는 이념으로 국가의 통치권이 미치는 모든 영토를 지적공부에 등록·공시하여 국가기관의 행정 목적에만 이용하는 것이 아니라 다른 국가기관이나 지방자치단체 및 공공기관 및 일반 국민에게 공개해서 국가 및 개인의 각종 토지정책의 기초자료로 활용할 수 있다는 이념이다.
실질적 심사주의 (實質的審査主義)	실질적 심사주의는 지적공부에 새로이 등록하는 사항이나 이미 등록된 사항의 변경 등록은 국가기관의 장인 시장·군수·구청장이 지적법령에 의한 절차상의 적법성뿐만 아니라 실체법상 사실관계의 부합여부를 조사하여 지적공부에 등록하여야 한다는 이념으로 사실심사주의라고도 한다. 따라서 지적측량수행자가 실시한 측량성과는 반드시 소관청이 측량검사를 실시해야 하며 지목변경, 합병 등 토지이동신청이 있는 경우에는 현지 출장하여 토지확인조사를 실시하여 사실관계와 부합 여부를 확인한 후 지적공부를 정리해야 한다.
직권등록주의 (職權登錄主義)	직권등록주의라 함은 국가의 통치권이 미치는 모든 영토를 필지단위로 구획하여 국가기관의 장인 시장·군수·구청장이 강제적으로 지적공부에 등록·공시하여야 한다는 이념으로서 등록강제주의 또는 적극적 등록주의라고도 한다. 따라서 소관청은 지적법 제3조의 규정에 따라 모든 토지를 지적공부에 등록해야 하며 미등록 토지를 발견하였을 때에는 이를 직권으로 조사·측량하여 토지소재, 지번, 지목, 경계 또는 좌표와 면적 및 소유자 등을 지적공부에 새로이 등록하여야 한다.

55 다음 중 일람도에 등재하여야 하는 사항이 아닌 것은?

① 도곽선 ② 기초점 ③ 도면번호 ④ 도면의 축척

> **해설**
>
> 일람도의 등재사항
> • 지번부여지역의 경계 및 인접지역의 행정구역 명칭

정답 54 ① 55 ②

- 도면의 제명 및 축척
- 도곽선 및 도곽선수치
- 도면번호
- 하천·도로·철도·유지·취락 등 주요 지형·지물의 표시

56 다음 중 주된 용도의 토지에 편입하여 1필지로 할 수 있는 경우가 아닌 것은?

① 종된 용도의 토지의 지목이 "대"인 경우
② 종된 용도의 토지의 편의를 위하여 설치된 도로 부지
③ 종된 용도의 토지로 둘러싸인 토지로서 다른 용도로 사용되고 있는 토지
④ 종된 용도의 토지의 편의를 위하여 설치된 구거 부지

해설

주된 용도의 토지에 편입할 수 있는 토지(양입지)
지번부여지역 및 소유자·용도가 동일하고 지반이 연속된 경우 등 1필지로 정할 수 있는 기준에 적합하나 토지의 일부분의 용도가 다른 경우 주지목추종의 원칙에 의하여 주된 용도의 토지에 편입하여 1필지로 정할 수 있다.

대상 토지	• 주된 용도의 토지 편의를 위하여 설치된 도로·구거(溝渠 : 도랑) 등의 부지 • 주된 용도의 토지에 접속하거나 주된 용도의 토지로 둘러싸인 토지로서 다른 용도로 사용되고 있는 토지
주된 용도의 토지에 편입할 수 없는 토지	• 종된 토지의 지목이 대인 경우 • 종된 용도의 토지면적이 주된 용도의 토지면적의 10%를 초과하는 경우 • 종된 용도의 토지면적이 330m²를 초과하는 경우

57 도면에 등록하는 지적측량기준점의 명칭과 번호는 얼마의 크기로 제도하여야 하는가?

① 1.5mm 내지 2.0mm
② 2.0mm 내지 3.0mm
③ 2.5mm 내지 4.0mm
④ 2.5mm 내지 5.0mm

해설

명칭과 번호
지적측량기준점의 명칭과 번호는 그 지적측량기준점의 윗부분에 명조체의 2mm 내지 3mm의 크기로 제도한다. 다만, 레터링으로 작성하는 경우에는 고딕체로 할 수 있으며 경계에 닿는 경우에는 적당한 위치에 제도할 수 있다.

58 다음 중 지적소관청이 토지의 표시 변경에 관하여 관할 등기관서에 그 등기를 촉탁하여야 하는 경우에 해당하지 않는 것은?

① 축척변경을 하는 경우
② 지적공부에 등록된 지번을 변경하는 경우
③ 잘못된 지적공부의 등록사항을 정정하는 경우
④ 토지의 신규등록을 하는 경우

정답 56 ① 57 ② 58 ④

해설

지적소관청은 지번·지목·면적·경계 또는 좌표의 토지 이동이 있을 때(신규등록은 제외한다), 지번변경, 바다로 된 토지의 등록말소, 축척변경, 등록사항의 정정 또는 행정구역의 명칭변경에 따른 사유로 토지의 표시 변경에 관한 등기를 할 필요가 있는 경우에는 지체 없이 관할 등기관서에 그 등기를 촉탁하여야 한다. 이 경우 등기촉탁은 국가가 국가를 위하여 하는 등기로 본다.

59 지적소관청이 토지소유자에 관하여 지적공부에 등록된 사항을 정정하고자 하는 경우 참고하여야 하는 자료에 해당하지 않는 것은?

① 등기필증
② 등기필증사본
③ 등기부등본
④ 등기부초본

해설

지적소관청이 등록사항을 정정할 때 그 정정사항이 토지소유자에 관한 사항인 경우에는 등기필증, 등기완료통지서, 등기사항증명서 또는 등기관서에서 제공한 등기전산정보자료에 따라 정정하여야 한다.

60 토지조사사업 당시 확정된 소유자가 다른 토지 간의 사정된 경계선을 뜻하는 것으로 사정선이라고도 하는 것은?

① 강계선
② 지계선
③ 구획선
④ 지역선

해설

강계선 (疆界線)	소유권에 대한 경계를 확정하는 역할을 하며 반드시 사정을 거친 경계선을 말하며 토지소유자 및 지목이 동일하고 지반이 연속된 토지를 1필지로 함을 원칙으로 한다. 강계선과 인접한 토지의 소유자는 반드시 다르다는 원칙이 성립되며 조선임야조사사업 당시 도장관의 사정에 의한 임야도면상의 경계는 경계선이라 하였고 강계선의 경우는 분쟁지에 대한 사정으로 생긴 경계선이라 할 수 있다.
지역선 (地域線)	지역선이라 함은 토지조사 당시 사정을 하지 않는 경계선을 말하며 동일인이 소유하는 토지일 경우에도 지반의 고저가 심하여 별필로 하는 경우의 경계선을 말한다. 지역선에 인접하는 토지의 소유자는 동일인일 수도 있고 다를 수도 있다. 지역선은 경계분쟁의 대상에서 제외되었으며 동일인의 소유지라도 지목이 상이하여 별필로 하는 경우의 경계선을 말한다. 지목이 다른 일필지를 표시하는 것을 말한다.
경계선 (境界線)	지적도상의 구획선을 경계라 지칭하고 강계선과 지역선으로 구분하며 강계선은 사정선이라고 하였으며 임야조사 당시의 사정선은 경계선이라고 했다. 최근 경계선의 의미는 강계선이나 지역선에 관계없이 2개의 인접한 토지 사이의 구획선을 말한다. 도해지적에서는 지적도나 임야도에 그려진 토지의 구획선을 말하는데 물론 지상에 있는 논둑, 밭둑, 표항 따위를 말하는 것은 아니다. 경계점좌표시행지역에서 경계선이라고 할 때에는 어떤 점의 좌표(우리나라 지적분야에서는 평면직각종횡선 수치와 그 이웃하는 점의 좌표)와의 연결을 말한다. 경계선의 종류에는 시대 및 등록방법에 따라 다르게 부르기도 하였다. 경계는 일반경계, 고정경계, 자연경계, 인공경계 등으로 사용처에 따라 다르게 부르기도 한다.

정답 59 ② 60 ①

2012년 기출문제

01 축척이 600분의 1인 지역에서 원면적이 500m²인 토지를 분할하는 경우, 분할 후 각 필지의 면적의 합계와 분할 전 면적과의 오차의 허용범위로 옳은 것은?

① ±7.1m²
② ±9.0m²
③ ±14.2m²
④ ±18.1m²

해설

분할 후 각 필지의 면적의 합계와 분할 전 면적과의 오차의 허용범위

오차허용면적 $= 0.026^2 M\sqrt{F}$
$= 0.026^2 \times 600 \times \sqrt{500} = \pm 9.06\text{m}^2 ≒ 9\text{m}^2$

여기서, M : 축척분모, F : 원면적

02 토지의 표시사항을 국가가 결정하는 이유로 틀린 것은?

① 모든 토지를 실지와 일치하게 지적공부에 등록하기 위함이다.
② 측량기술의 발달로 인해 토지의 등록사항을 법률에 관계없이 적용하기 위함이다.
③ 등록사항의 결정방법과 운용이 지역에 따라 차이가 없어야 하기 때문이다.
④ 기술적으로 공시의 내용이 전통성에 의하여 결정되므로 법률에 의한 통제가 필요하기 때문이다.

해설

등록사항은 공신력이 있어야 하고 토지표시의 결정은 조사나 측량방법에서 통일된 법률에 근거하여 공권력에 의한 처리가 필요하다.

기본이념	내용
지적국정주의	지적공부의 등록사항인 토지표시사항을 국가만이 결정할 수 있는 권한을 가진다는 이념이다.
지적형식주의	국가가 결정한 토지에 대한 물리적 현황과 법적 권리관계 등을 외부에서 인식할 수 있도록 일정한 법정의 형식을 갖추어 지적공부에 등록하여야만 효력이 발생한다는 이념으로「지적등록주의」라고도 한다.
지적공개주의	지적공부에 등록된 사항을 토지소유자나 이해관계인은 물론 일반인에게도 공개한다는 이념이다.
실질적 심사주의	토지에 대한 사실관계를 정확하게 지적공부에 등록·공시하기 위하여 토지를 새로이 지적공부에 등록하거나 등록된 사항을 변경·등록하고자 할 경우 소관청은 실질적인 심사를 실시하여야 한다는 이념으로서「사실심사주의」라고도 한다.
직권등록주의	국가는 의무적으로 통치권이 미치는 모든 토지에 대한 일정한 사항을 직권으로 조사·측량하여 지적공부에 등록·공시하여야 한다는 이념으로써「적극적 등록주의」또는「등록강제주의」라고도 한다.

정답 01 ② 02 ②

03 토지에 지목을 부여하는 주된 목적은?

① 토지의 이용 구분
② 토지의 특정화
③ 토지의 식별
④ 토지의 위치 추측

해설
지목이란 토지의 주된 용도에 따라 토지의 종류를 구분하여 지적공부에 등록한 것을 말한다.

04 다음 중 경계점좌표등록부의 등록사항에 해당하지 않는 것은?

① 지번
② 지목
③ 토지의 소재
④ 좌표

해설
경계점좌표 등록사항
- 토지의 소재
- 좌표
- 지적도면의 번호
- 부호 및 부호도
- 지번
- 토지의 고유번호
- 필지별 경계점좌표등록부의 장번호

05 다음 중 지적도근점을 정하기 위한 기초가 될 수 없는 것은?

① 지적삼각점
② 공공수준점
③ 지적삼각보조점
④ 국가기준점

해설

구분	종류	기초		계산방법	측량방법
기초 측량	지적삼각점측량	• 위성기준점 • 삼각점	• 통합기준점 • 지적삼각점	• 평균계산법 • 망평균계산법	• 경위의측량 • 전파기 또는 광파기측량 • 위성측량방법 • 국토교통부장관이 승인한 측량방법
	지적삼각보조점측량	• 위성기준점 • 삼각점 • 지적삼각보조점	• 통합기준점 • 지적삼각점	• 교회법 • 다각망도선법	
	지적도근점측량	• 위성기준점 • 삼각점 • 지적삼각보조점	• 통합기준점 • 지적삼각점 • 지적도근점	• 도선법 • 교회법 • 다각망도선법	

06 조선시대의 경국대전에 의하여 몇 년마다 양전을 실시하여 양안을 작성하도록 하였는가?

① 5년
② 10년
③ 20년
④ 30년

해설
조선시대의 경국대전에 의하면 20년마다 양전을 실시하여 새로 양안을 작성한다고 규정되었다.

정답 03 ① 04 ② 05 ② 06 ③

07 우리나라에서 지적이란 용어를 최초로 사용하기 시작한 것으로 알려진 시기로 옳은 것은?

① 1875년 ② 1885년
③ 1895년 ④ 1905년

> 해설
>
> 1895년(고종 32년) 정부조직법 개정으로 내무아문은 내부로 고치고 대신관방 아래 판적국(版籍局)을 포함한 5개 국을 두었으며 내부관제에서 지적(地籍)이라는 용어가 처음으로 등장하였다.

08 지적도의 축척이 600분의 1인 지역과 경계점좌표등록부에 등록하는 지역의 토지의 면적 등록 최소단위는?

① $0.001m^2$ ② $0.01m^2$
③ $0.1m^2$ ④ $1m^2$

> 해설
>
> 미터제곱 이하 1자리 단위로 면적을 결정할 때
>
> $0.1m^2$ 미만의 끝수가 있는 경우 $0.05m^2$ 미만일 때에는 버리고, $0.05m^2$를 초과할 때에는 올리며, $0.05m^2$일 때에는 구하려는 끝자리의 숫자가 0 또는 짝수이면 버리고 홀수이면 올린다. 다만, 1필지의 면적이 $0.1m^2$ 미만일 때에는 $0.1m^2$로 한다.
>
> **면적의 단위와 끝수처리**
>
> | 축척 | 경계점좌표등록부 시행지역 | 1/600 | 그 이외의 지역 |
> |---|---|---|---|
> | 등록단위 | $0.1m^2$ | | $1m^2$ |
> | 최소등록단위 | $0.1m^2$ | | $1m^2$ |
> | 끝수처리 | 반올림하되 등록하고자 하는 자릿수의 다음 수가 5인 경우에 한하여 5사5입(五捨五入)법을 적용한다. | | |

09 수도용지를 지적도면에 등록하는 때에 표기하는 부호로 옳은 것은?

① 도 ② 수도 ③ 수 ④ 수지

> 해설
>
> | 지목 | 부호 | 지목 | 부호 | 지목 | 부호 | 지목 | 부호 |
> |---|---|---|---|---|---|---|---|
> | 전 | 전 | 대 | 대 | 철도용지 | 철 | 공원 | 공 |
> | 답 | 답 | 공장용지 | 장 | 제방 | 제 | 체육용지 | 체 |
> | 과수원 | 과 | 학교용지 | 학 | 하천 | 천 | 유원지 | 원 |
> | 목장용지 | 목 | 주차장 | 차 | 구거 | 구 | 종교용지 | 종 |
> | 임야 | 임 | 주유소용지 | 주 | 유지 | 유 | 사적지 | 사 |
> | 광천지 | 광 | 창고용지 | 창 | 양어장 | 양 | 묘지 | 묘 |
> | 염전 | 염 | 도로 | 도 | 수도용지 | 수 | 잡종지 | 잡 |

정답 07 ③ 08 ③ 09 ③

10 지적소관청이 지적공부의 등록사항에 잘못이 있는지를 직권으로 조사·측량하여 정정할 수 있는 경우가 아닌 것은?

① 토지이동정리결의서의 내용과 다르게 정리된 경우
② 경계의 위치가 잘못되어 필지의 면적이 증감된 경우
③ 지적공부의 작성 또는 재작성 당시 잘못 정리된 경우
④ 지적측량성과와 다르게 정리된 경우

해설

필지의 면적이 증감된 경우에는 지적소관청이 직권으로 정정할 수 없다.

11 각 변의 신축된 차가 각가 +8mm, +9mm, +6mm, −3mm인 도곽선의 신축량으로 옳은 것은?

① +4mm   ② +5mm   ③ +6mm   ④ +7mm

해설

도곽선의 신축량 계산

$$S = \frac{\Delta X_1 + \Delta X_2 + \Delta Y_1 + \Delta Y_2}{4} = \frac{8+9+6-3}{4} = 5\text{mm}$$

여기서, S : 신축량, ΔX_1 : 왼쪽 종선의 신축된 차, ΔX_2 : 오른쪽 종선의 신축된 차
ΔY_1 : 위쪽 횡선의 신축된 차, ΔY_2 : 아래쪽 횡선의 신축된 차

12 지적의 기능과 가장 거리가 먼 것은?

① 토지등기의 기초   ② 토지개발의 기준
③ 토지과세의 기초   ④ 토지거래의 기준

해설

지적 기능

토지등기의 기초 (선등록 후등기)	지적공부에 토지표시사항인 토지소재, 지번, 지목, 면적, 경계와 소유자가 등록되면 이를 기초로 토지소유자가 등기소에 소유권보존등기를 신청함으로써 토지등기부가 생성된다. 즉 토지표시사항은 토지등기부의 표제부에 소유자는 갑구에 등록한다.
토지평가의 기초 (선등록 후평가)	토지평가는 지적공부에 등록한 토지에 한하여 이루어지며, 평가는 지적공부에 등록된 토지표시사항을 기초자료로 이용하고 있다.
토지과세의 기초 (선등록 후과세)	토지에 대한 각종 국세와 지방세는 지적공부에 등록된 필지를 단위로 면적과 지목 등 기초자료를 이용하여 결정한 개별공시지가(지가공시 및 토지 등의 평가에 관한 법률)를 과세의 기초자료로 하고 있다.
토지거래의 기초 (선등록 후거래)	토지거래는 지적공부에 등록된 필지단위로 이루어지며, 공부에 등록된 토지표시사항(소재, 지번, 지목, 면적, 경계 등)과 등기부에 등재된 소유권 및 기타 권리관계를 기초로 하여 거래가 이루어지고 있다.
토지이용계획의 기초 (선등록 후계획)	각종 토지이용계획(국토계획, 도시관리계획, 도시개발, 도시재개발 등)은 지적공부에 등록된 토지표시사항을 기초자료로 활용하고 있다.

정답 10 ② 11 ② 12 ②

13 다음 중 지적과 등기에 대한 설명으로 옳지 않은 것은?

① 지적은 토지에 대한 사실관계를 공시한다.
② 등기는 토지에 대한 권리관계를 공시한다.
③ 등기에 있어서 토지의 표시에 관하여는 지적을 기초로 한다.
④ 등기의 오류와 지적의 오류는 상관관계가 없다.

해설

④ 등기의 오류와 지적의 오류는 상관관계가 있다.

구분	지적제도	등기제도
기능	토지표시사항(물리적 현황)을 등록 · 공시	부동산에 대한 소유권 및 기타 법적 권리관계를 등록 · 공시
모법	지적법(1950.12.1 법률 제165호)	부동산등기법(1960.1.1 법률 제536호)
등록대상	토지 • 대장 : 고유번호, 토지소재, 지번, 지목, 면적, 소유자 성명 또는 명칭, 등록번호, 주소, 토지등급 • 도면 : 토지소재, 지번, 지목, 경계 등	토지와 건물 • 표제부 : 토지소재, 지번, 지목, 면적 등 • 갑구 : 소유권에 관한 사항(소유자 성명 또는 명칭, 등록번호, 주소 등) • 을구 : 소유권 이외의 권리에 관한 사항(지상권, 지역권, 전세권, 저당권, 임차권 등)
등록사항	토지소재, 지번, 지목, 면적, 경계 또는 좌표 등	소유권, 지상권, 지역권, 전세권, 저당권, 권리질권, 임차권 등
기본이념	• 국정주의 • 형식주의 • 공개주의 • 사실심사주의 • 직권등록주의	• 성립요건주의 • 형식적 심사주의 • 공개주의 • 당사자신청주의(소극적 등록주의)
등록심사	실질적 심사주의	형식적 심사주의
등록주체	국가(국정주의)	당사자(등기권리자 및 의무자)
신청방법	단독(소유자) 신청주의	공동(등기권리자 및 의무자) 신청주의
담당기관	국토교통부(시 · 도 · 시 · 군 · 구 등)	사법부(대법원 법원행정처, 지방법원, 등기소 · 지방법원지원)

14 전자면적측정기에 따른 면적측정에서 도상에서 2회 측정한 교차가 허용면적 이하일 때에 면적의 결정방법으로 옳은 것은?

① 작은 면적을 측정면적으로 한다.
② 큰 면적을 측정면적으로 한다.
③ 평균치를 측정면적으로 한다.
④ 재측정하여야 한다.

해설

도상에서 2회 측정하여 그 교차가 허용면적 이하일 때에는 그 평균치를 측정면적으로 한다.

정답 13 ④ 14 ③

15 다음 중 지적측량을 하여야 하는 경우로 거리가 먼 것은?

① 멸실된 지적공부를 복구하는 경우
② 지적공부의 등록사항을 정정하는 경우
③ 공공측량성과의 중복을 배제하기 위한 경우
④ 경계점을 지상에 복원하는 경우

해설

지적측량을 하여야 하는 경우
- 토지를 신규등록하는 경우
- 지적공부를 복구하는 경우
- 토지를 등록전환하는 경우
- 토지를 분할하는 경우
- 도시개발사업 등의 지적확정측량을 하는 경우
- 축척변경을 하는 경우
- 등록사항 정정을 하는 경우
- 경계를 지상에 복원하기 위한 경계복원측량을 하는 경우
- 지적측량 수행자가 실시한 측량을 검사하기 위한 검사 측량을 하는 경우
- 지적측량 기준점의 설치를 위한 기초측량을 하는 경우
- 지상구조물과 지형, 지물의 점유하는 위치 현황을 지적도 또는 임야도에 등록된 경계와 대비하여 표시하기 위한 현황 측량을 하는 경우
- 바다로 된 토지의 등록말소 신청을 할 경우와 말소된 토지를 회복하는 경우

16 지적의 특성으로 옳지 않은 것은?

① 역사성　　② 폐쇄성　　③ 전문성　　④ 공개성

해설

현대지적의 성격은 역사성과 영구성, 반복적 민원성, 전문성과 기술성, 서비스성과 윤리성, 정보원으로서의 성격을 갖는다.

17 지적소관청이 축척변경에 관한 측량을 한 결과 측량 전에 비하여 면적의 증감이 있는 경우 그 증감 면적에 대한 청산금을 정하는 기준으로 옳은 것은?

① 지번별 평당 금액
② 지번별 m^2당 금액
③ 지번별 공시지가의 1.5배
④ 지번별 감정가와 공시지가의 차액

해설

청산을 할 때에는 축척변경위원회의 의결을 거쳐 지번별로 m^2당 금액(이하 "지번별 m^2당 금액"이라 한다)을 정하여야 한다. 이 경우 지적소관청은 시행공고일 현재를 기준으로 그 축척변경 시행지역의 토지에 대하여 지번별 m^2당 금액을 미리 조사하여 축척변경위원회에 제출하여야 한다.

정답　15 ③　16 ②　17 ②

18 다음 중 토지정보시스템의 약호로 옳은 것은?

① GIS(Geographic Information System)
② CIS(Civil Information System)
③ LIS(Land Information System)
④ MIS(Military Information System)

해설

지역정보시스템 : RIS (Regional Information System)	• 건설공사계획수립을 위한 지질, 지형자료의 구축 • 각종 토지이용계획의 수립 및 관리에 활용
도시정보체계 : UIS (Urban Information System)	도시현황파악, 도시계획, 도시정비, 도시기반시설관리, 도시행정, 도시방재 등의 분야에 활용
토지정보체계 : LIS (Land Information System)	다목적 국토정보, 토지이용계획수립, 지형분석 및 경관정보추출, 토지부동산관리, 지적정보구축에 활용
교통정보시스템 : TIS (Transportation Information System)	육상·해상. 항공교통의 관리, 교통계획 및 교통영향평가 등에 활용
수치지도제작 및 지도정보시스템 : DM/MIS (Digital Mapping/Map Information System)	중소축척 지도 및 각종 주제도 제작에 활용
도면자동화 및 시설물관리시스템 : AM/FM (Automated Mapping and Facility Management)	도면작성 자동화, 상하수도시설관리, 통신시설관리 등에 활용
측량정보시스템 : SIS (Surveying Information System)	측지정보, 사진측량정보, 원격탐사정보를 체계화하는 데 활용
도형 및 영상정보체계 : GIIS (Graphic/Image Information System)	수치영상처리, 전산도형해석, 전산지원설계, 모의관측분야 등에 활용
환경정보시스템 : EIS (Environmental Information System)	대기오염, 수질, 폐기물 관련 정보관리에 활용
자원정보시스템 : RIS (Resource Information System)	농수산자원정보, 산림자원정보의 관리, 수자원정보, 에너지자원, 광물자원 등을 관리하는 데 활용
조경 및 경관정보시스템 : LIS/VIS (Landscape and Viewscape Information System)	조경설계, 각종 경관분석, 자원경관과 경관개선대책의 수립 등에 활용
재해정보체계 : DIS (Disaster Information System)	각종 자연재해방제, 대기오염경보 등의 분야에 활용
해양정보체계 : MIS (Marine Information System)	해저영상수집, 해저지형정보, 해저지질정보, 해양에너지조사에 활용
기상정보시스템 : MIS (Meteorological Information System)	기상변동추적 및 일기예보, 기상정보의 실시간처리, 태풍경로추적 및 피해예측 등에 활용
국방정보체계 : NDIS (Nation Defence Information System)	DTM(Digital Terrain Modelling)을 활용한 가시도분석, 국방행정 관련 정보자료기반, 작전정보구축 등에 활용

정답 18 ③

19 지적삼각보조점은 직경 몇 mm의 원으로 제도하여 원 안에 검은색으로 엷게 채색하여야 하는가?

① 1mm   ② 2mm   ③ 3mm   ④ 4mm

해설

삼각점 및 지적측량기준점은 0.2mm 폭의 선으로 다음 각 호와 같이 제도한다. 이 경우 공사가 설치하고 그 지적측량기준점 성과를 소관청이 인정한 지적측량기준점을 포함한다.

구분	종류	제도	방법
국가기준점	위성기준점	(3mm/2mm 2중 원에 십자선)	지적위성기준점은 직경 2mm, 3mm의 2중 원 안에 십자선을 표시하여 제도한다.
	1등삼각점	(3mm/2mm/1mm 3중 원, 중심 채색)	1등 및 2등삼각점은 직경 1mm, 2mm 및 3mm의 3중 원으로 제도한다. 이 경우 1등삼각점은 그 중심원 내부를 검은색으로 엷게 채색한다.
	2등삼각점	(3mm/2mm/1mm 3중 원)	
	3등삼각점	(2mm/1mm 2중 원, 중심 채색)	3등 및 4등삼각점은 직경 1mm, 2mm의 2중 원으로 제도한다. 이 경우 3등삼각점은 그 중심원 내부를 검은색으로 엷게 채색한다.
	4등삼각점	(2mm/1mm 2중 원)	
지적기준점	지적삼각점	(3mm 원에 십자선)	지적삼각점 및 지적삼각보조점은 직경 3mm의 원으로 제도한다. 이 경우 지적삼각점은 원 안에 십자선을, 지적삼각보조점은 원 안에 검은색으로 엷게 채색한다.
	지적삼각보조점	(3mm 원, 채색)	
	지적도근점	(2mm 원)	지적도근점은 직경 2mm의 원으로 제도한다.
	명칭과 번호		지적측량기준점의 명칭과 번호는 그 지적측량기준점의 윗부분에 명조체의 2mm 내지 3mm의 크기로 제도한다. 다만, 레터링으로 작성하는 경우에는 고딕체로 할 수 있으며 경계에 닿는 경우에는 적당한 위치에 제도할 수 있다.

정답 19 ③

20 임야조사사업에 대한 내용이 옳은 것은?

① 근거법령 : 지적법
② 측량기관 : 임시토지조사국
③ 사정기관 : 도지사
④ 도면축척 : 1/2,000

해설

토지조사사업과 임야조사사업의 비교

구분	토지조사사업	임야조사사업
근거법령	• 토지조사법(1910.8.23 법률 제7호) • 토지조사령(1912.8.13 재령 제2호)	조선임야조사령(1918.5.1 제령 제5호)
사업기간	1910~1918년(8년 10개월)	1916~1924년(9년)
사정사항	소유자와 그 강계	소유자와 그 경계
조사, 측량	임시토지조사국	부(府)와 면(面)
도면축척	1/600, 1/1,200, 1/2,400	1/3,000, 1/6,000
사정권자	임시토지조사국장	도지사(권업과 또는 산림과)
재결기관	고등토지조사위원회	임야심사위원회(1919~1935년)

21 지번이 각각 5-1, 3, 3-1, 2인 필지의 합병 후 지번으로 옳은 것은?

① 3   ② 2   ③ 3-1   ④ 5-1

해설

지번이 5-1, 3, 3-1, 2인 경우 선순위 그리고 본번으로 된 지번은 2이다.

22 일필지의 기능으로 가장 거리가 먼 것은?

① 토지조사의 기본단위
② 토지상속의 기본단위
③ 토지등록의 기본단위
④ 토지공시의 기본단위

해설

토지상속의 기본단위는 일필지의 기능에 속하지 않는다.

23 지목으로서 '구거'에 대한 설명으로 옳은 것은?

① 용수 또는 배수를 위하여 일정한 형태를 갖춘 인공적인 수로의 부지
② 물이 고이는 저수지, 소류지 등의 토지
③ 물을 정수하여 공급하기 위한 취수ㆍ송수시설의 부지
④ 자연의 유수가 있거나 있을 것으로 예상되는 토지

정답 20 ③ 21 ② 22 ② 23 ①

해설

구거
용수(用水) 또는 배수(排水)를 위하여 일정한 형태를 갖춘 인공적인 수로·둑 및 그 부속시설물의 부지와 자연의 유수(流水)가 있거나 있을 것으로 예상되는 소규모 수로부지이다.

24 아래의 설명에서 말하는 (   )과 관련이 없는 것은?

> 토지조사령에 의한 조사대상 지목으로서 산림지대에 있는 전, 답, 대 등 지적도에 등록해야 할 토지가 토지조사시행지역에서 약 200간 이상 떨어진 곳에 위치하여, 지적도에는 등록을 할 수 없거나 지적도를 만들려 해도 많은 노력과 경비가 소요되며 도면의 매수만 늘어나 취급이 불편해지므로 산간벽지 또는 도서지방에서는 임야대장규칙에 따라 이미 비치되어 있는 임야도를 지적도로 간주하여 지목만을 수정하여 임야도에 등록하였다. 이를 (   )이라 하였다.

① 산 토지대장
② 결연 토지대장
③ 별책 토지대장
④ 을호 토지대장

해설

산간벽지 또는 도서지방에서는 임야대장규칙에 따라 이미 비치되어 있는 임야도를 지적도로 간주하여 지목만을 수정하여 임야도에 등록하였다. 이를 간주지적도라 하며 이 간주지적도에 등록된 토지의 대장은 토지대장과는 별도로 작성하여 '별책 토지대장', '을호 토지대장' 혹은 '산 토지대장' 등으로 사용되었다.

25 토지조사사업의 주된 내용에 해당하지 않는 것은?

① 토지소유권 조사
② 임야와 임야 내 개재지 조사
③ 지가의 조사
④ 지형·지모의 조사

해설

임야와 임야 내 개재지 조사는 토지조사사업의 내용에 속하지 않는다.

26 지적공부를 열람하거나 등본을 교부하는 것과 관련한 토지등록의 원리는?

① 등록주의
② 공개주의
③ 국정주의
④ 형식주의

해설

기본이념	내용
지적국정주의	지적공부의 등록사항인 토지표시사항을 국가만이 결정할 수 있는 권한을 가진다는 이념이다.
지적형식주의	국가가 결정한 토지에 대한 물리적 현황과 법적 권리관계 등을 외부에서 인식할 수 있도록 일정한 법정의 형식을 갖추어 지적공부에 등록하여야만 효력이 발생한다는 이념으로 「지적등록주의」라고도 한다.
지적공개주의	지적공부에 등록된 사항을 토지소유자나 이해관계인은 물론 일반인에게도 공개한다는 이념이다.

정답 24 ② 25 ② 26 ②

기본이념	내용
실질적 심사주의	토지에 대한 사실관계를 정확하게 지적공부에 등록·공시하기 위하여 토지를 새로이 지적공부에 등록하거나 등록된 사항을 변경·등록하고자 할 경우 소관청은 실질적인 심사를 실시하여야 한다는 이념으로서 「사실심사주의」라고도 한다.
직권등록주의	국가는 의무적으로 통치권이 미치는 모든 토지에 대한 일정한 사항을 직권으로 조사·측량하여 지적공부에 등록·공시하여야 한다는 이념으로써 「적극적 등록주의」 또는 「등록강제주의」라고도 한다.

27 토지소유자가 토지의 분할을 신청할 수 있는 경우가 아닌 것은?

① 지적공부에 등록된 1필지의 일부가 형질변경 등으로 용도가 변경된 경우
② 소유권 이전, 매매 등을 위하여 필요한 경우
③ 토지이용상 불합리한 지상경계를 시정하기 위한 경우
④ 공유수면매립으로 토지의 경계를 결정한 경우

토지분할 대상 토지
- 1필지의 일부가 형질변경 등으로 용도가 변경된 경우
- 소유권 이전·매매 등을 위하여 필요한 경우
- 토지이용상 불합리한 지상경계를 시정하기 위한 경우

※ 1필지의 일부가 소유자가 다르게 된 것으로 보는 경우
  - 소유권이 공유로 되어 있는 토지의 소유자가 분할에 합의한 경우
  - 토지거래규제지역으로 고시된 지역에 있어서 토지거래계약허가 또는 신고가 된 경우
  - 토지를 매수하기 위하여 매매계약을 체결한 경우
  - 기타 1필지의 일부의 소유권이 변경되었음을 증명하는 경우

28 축척이 1000분의 1인 도곽의 도상 규격으로 옳은 것은?

① 300×400mm
② 333.33×416.67mm
③ 400×500mm
④ 500×600mm

지적도·임야도의 도곽 크기 및 도곽 면적

축척	도상		지상		도곽 내의 전체 면적(m²)
	세로(cm)	가로(cm)	세로(m)	가로(m)	
1/500	30	40	150	200	30,000
1/1,000	30	40	300	400	120,000
1/600	33.3333	41.6667	200	250	50,000
1/1,200	33.3333	41.6667	400	500	200,000
1/2,400	33.3333	41.6667	800	1000	800,000
1/3,000	40	50	1,200	1,500	1,800,000
1/6,000	40	50	2,400	3,000	7,200,000

정답 27 ④ 28 ①

29 다음 그림에서 $\overline{AB}$의 거리는 얼마인가?

① 565.68m
② 553.55m
③ 540.65m
④ 522.64m

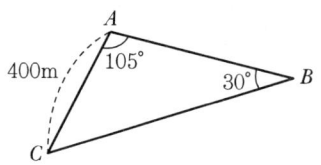

해설

정현비례식(sin 법칙)

$$\frac{a}{\sin A} = \frac{b}{\sin B} = \frac{c}{\sin C}$$

$b = \dfrac{a \times \sin B}{\sin A}$ 이므로 $AB = \dfrac{400\text{m} \times \sin(105° + 30°)}{\sin 30} = 565.68\text{m}$

30 지번에 대한 설명으로 틀린 것은?

① 지번은 아라비아숫자로 표기하되, 임야대장 및 임야도에 등록하는 토지의 지번에는 숫자 앞에 "산"자를 붙여야 한다.
② 지번은 본번과 부번으로 구성되어 있다.
③ "-" 표시는 "다시"라고 읽도록 규정하고 있다.
④ 지번은 본번과 부번 사이에 "-"로 표시한다.

해설

지번의 기능	• 필지를 구별하는 개별성과 특정성의 기능을 갖는다. • 거주지 또는 주소 표기의 기준으로 이용된다. • 위치 파악의 기준으로 이용된다. • 각종 토지 관련 정보시스템에서 검색키(식별자 · 색인키)로서의 기능을 갖는다.
지번의 구성	• 지번(地番)은 아라비아숫자로 표기하되, 임야대장 및 임야도에 등록하는 토지의 지번은 숫자 앞에 "산"자를 붙인다. • 지번은 본번(本番)과 부번(副番)으로 구성하되, 본번과 부번 사이에 "-" 표시로 연결한다. 이 경우 "-" 표시는 "의"라고 읽는다.

31 지적의 3요소로 가장 거리가 먼 것은?

① 지물   ② 토지   ③ 등록   ④ 지적공부

해설

• 협의의 지적 구성요소 : 지적제도는 등록대상인 토지와, 토지에 대한 조사사항을 공적장부에 기록하는 행위인 등록과, 조사사항을 등록하고 공시하기 위한 공부로 구성되며, 이것은 지적제도와 등기제도가 완벽하게 분리되어 있는 지적제도에서 협의의 지적 3요소라고 한다.
• 광의의 지적 구성요소 : 협의의 지적 3요소와는 달리 네덜란드의 헨센(J.L.G. Henssen)은 지적과 등기를 통합한 광의의 개념으로 지적의 구성요소를 소유자, 권리, 필지로 구분하고 있다.

정답 29 ① 30 ③ 31 ①

32 경계의 표시방법에 따른 분류에 해당하는 지적제도는?

① 세지적
② 입체지적
③ 소극적 지적
④ 도해지적

해설

측량방법별 분류

도해지적 (Graphical Cadastre)	도해지적은 토지의 각 필지 경계점을 측량하여 지적도 및 임야도에 일정한 축척의 그림으로 묘화하는 것으로서 토지 경계의 효력을 도면에 등록된 경계에 의존하는 제도이다.
수치지적 (Numerical Cadastre)	수치지적은 토지의 각 필지 경계점을 그림으로 묘화하지 않고 수학적인 평면직각종횡선 수치($X \cdot Y$ 좌표)의 형태로 표시하는 것으로서 도해지적보다 훨씬 정밀하게 경계를 등록할 수 있다.

33 임야대장 및 임야도에 등록된 토지를 토지대장 및 지적도에 옮겨 등록하는 것을 무엇이라 하는가?

① 토지합병
② 등록전환
③ 신규등록
④ 지목변경

해설

- 신규등록 : 새로 조성된 토지와 지적공부에 등록되어 있지 아니한 토지를 등록하는 것을 말한다.
- 등록전환 : 임야대장 및 임야도에 등록된 토지를 토지대장 및 지적도에 옮겨 등록하는 것을 말한다.
- 분할 : 지적공부에 등록된 1필지를 2필지 이상으로 나누어 등록하는 것을 말한다.
- 합병 : 지적공부에 등록된 2필지 이상을 1필지로 합하여 등록하는 것을 말한다.
- 지목변경 : 지적공부에 등록된 지목을 다른 지목으로 바꾸어 등록하는 것을 말한다.
- 축척변경 : 지적도에 등록된 경계점의 정밀도를 높이기 위하여 작은 축척을 큰 축척으로 변경하여 등록하는 것을 말한다.

34 우리나라의 지적기록과 관련하여 현존하는 가장 오래된 신라시대의 문서는?

① 문기
② 공적
③ 장적
④ 기경적

해설

신라장적(新羅帳籍)은 신라민정문서(新羅民政文書)라고도 한다. 755년경의 것으로서 1933년대에 일본 쇼소인(正倉院) 소장의 유물을 정리하다가 화엄경론(華嚴經論)의 질(帙) 속에서 발견되었다.

35 실제 면적이 2,500m²인 토지를 축척 1,000분의 1인 지적도에 나타낼 때 도면상의 면적으로 옳은 것은?

① 10cm²
② 25cm²
③ 50cm²
④ 100cm²

정답 32 ④ 33 ② 34 ③

해설

$$\left(\frac{1}{m}\right)^2 = \frac{도상면적}{실제면적}$$

$$\left(\frac{1}{1,000}\right)^2 = \frac{x}{2,500\text{m}^2}, \left(\frac{1}{1,000}\right)^2 = \frac{x}{25,000,000\text{cm}^2} \quad (1\text{m}^2 = 10,000\text{cm}^2, \ 2,500\text{m}^2 = 25,000,000\text{cm}^2)$$

$$\therefore x = \left(\frac{1}{1,000}\right)^2 \times 25,000,000 \text{ cm}^2 = 25\text{cm}^2$$

36 지목의 설정원칙에 해당하지 않는 것은?

① 1필지 1지목의 원칙
② 일시변경가능의 원칙
③ 주용도추종의 원칙
④ 지목법정주의

해설

지목의 결정원칙

구분	내용
지목국정주의 원칙	토지의 주된 용도를 조사하여 지목을 결정하는 것이 국가라는 원칙 즉, 국가만이 지목을 정할 수 있다는 원칙
지목법정주의 원칙	지목의 종류 및 명칭을 법률로 규정한다는 원칙
1필지 1지목 원칙	1필지에는 하나의 지목을 설정한다는 원칙
주지목추종의 원칙	주된 토지의 편익을 위해 설치된 소면적의 도로, 구거 등의 지목은 이를 따로 정하지 않고 주된 토지의 사용목적 및 용도에 따라 지목을 설정하는 원칙
등록선후의 원칙	도로, 철도용지, 하천, 제방, 구거, 수도용지 등의 지목이 중복되는 경우에는 먼저 등록된 토지의 사용목적과 용도에 따라 지번을 설정하는 원칙
용도경중의 원칙	1필지의 일부가 다른 용도로 사용되는 경우로서 주된 용도의 토지에 편입할 수 있는 토지는 주된 토지의 용도에 따라 지목을 설정한다는 원칙
일시변경불변의 원칙	토지의 주된 용도의 변경이 아닌, 임시이고 일시적인 변경은 지목변경을 할 수 없다는 원칙
사용목적추종의 원칙	도시계획사업, 토지구획정리사업, 농지개량사업 등의 완료에 따라 조성된 토지는 사용목적에 따라 지목을 설정하여야 한다는 원칙

37 토지를 중심으로 대장을 편성하여 하나의 토지에 하나의 등기용지를 두는 토지등록대장의 편성 방법은?

① 인적 편성주의
② 물적 편성주의
③ 인적·물적 편성주의
④ 연대적 편성주의

해설

물적 편성주의	개개의 토지(지번)를 중심으로 공부를 편성하는 방법
인적 편성주의	권리의 주체인 토지소유자를 중심으로 공부를 편성하는 방법
연대적 편성주의	등록·신청한 시간적 순서에 의하여 공부를 편성하는 방법
물적·인적 편성주의	물적 편성주의를 기본으로 하고 인적 편성주의 요소를 가미하는 방법

정답 35 ② 36 ② 37 ②

38 면적을 측정하는 경우 도곽선의 길이에 최소 얼마 이상의 신축이 있을 때에 이를 보정하여야 하는가?

① 0.3mm ② 0.4mm ③ 0.5mm ④ 0.6mm

해설

면적을 측정하는 경우 도곽선의 길이에 0.5mm 이상의 신축이 있을 때에는 이를 보정하여야 한다.

39 수치지적에 대한 설명이 틀린 것은?

① 수학적인 평면직각종횡선 수치($X \cdot Y$좌표)의 형태로 표시한다.
② 도해지적보다 정밀성이 훨씬 떨어진다.
③ 열람용의 별도 도면을 작성하여 보관해야 한다.
④ 우리나라는 1975년부터 수치지적제도를 도입하였다.

해설

수치지적(Numerical cadastre)
수치지적은 토지의 각 필지 경계점을 그림으로 묘화하지 않고 수학적인 평면직각종횡선 수치($X \cdot Y$좌표)의 형태로 표시하는 것으로서 도해지적보다 훨씬 정밀하게 경계를 등록할 수 있다.
- 수치지적은 토지에 대한 경계점을 좌표로 표시하여 위치를 나타내 주는 제도이다.
- 측량자의 잘못으로 인한 경우를 제외하고 측량성과의 차이에 따른 토지의 경계분쟁 등 민원 발생이 거의 없는 실정이다.
- 각 필지의 경계점이 좌표로 등록되어 있어 시각적으로 파악이 어렵다.
- 측량성과의 정확성이 높다.
- 각 필지의 경계점을 평면직각종횡선 수치($X \cdot Y$)의 형태로 표시하여 등록하는 제도이다.
- 고도의 전문적인 기술이 필요하다.
- 경계를 지상에 복원할 때는 측량 당시의 정확도로 재현할 수 있다.
- 지적의 자동화가 용이하다.
- 도해지적보다 훨씬 정밀하게 경계를 표시한다.
- 경비와 인력의 소요가 많다.
- 다목적지적제도하에서는 토지의 경계를 수치지적에 의존한다.
- 도면제작과정이 복잡하고 고가의 정밀장비가 필요하다.
- 별도의 도면을 작성하여야 한다.

40 다음 중 지적기준점의 종류에 해당하지 않는 것은?

① 지적삼각점 ② 지적수준점 ③ 지적도근점 ④ 지적삼각보조점

해설

1) 국가기준점

구분	내용
위성기준점	지리학적 경위도, 직각좌표 및 지구중심 직교좌표의 측정기준으로 사용하기 위하여 대한민국 경위도원점을 기초로 정한 기준점
통합기준점	지리학적 경위도, 직각좌표, 지구중심 직교좌표, 높이 및 중력 측정의 기준으로 사용하기 위하여 위성기준점, 수준점 및 중력점을 기초로 정한 기준점

정답 38 ③ 39 ② 40 ②

구분	내용
중력점	중력 측정의 기준으로 사용하기 위하여 정한 기준점
지자기점(地磁氣點)	지구 자기 측정의 기준으로 사용하기 위하여 정한 기준점
수준점	높이 측정의 기준으로 사용하기 위하여 대한민국 수준원점을 기초로 정한 기준점
영해기준점	우리나라의 영해를 획정(劃定)하기 위하여 정한 기준점
수로기준점	수로조사 시 해양에서의 수평위치와 높이, 수심 측정 및 해안선 결정 기준으로 사용하기 위하여 위성기준점과 기본수준면을 기초로 정한 기준점으로서 수로측량기준점, 기본수준점, 해안선기준점으로 구분한다.
삼각점	지리학적 경위도, 직각좌표 및 지구중심 직교좌표 측정의 기준으로 사용하기 위하여 위성기준점 및 통합기준점을 기초로 정한 기준점

2) 공공기준점

구분	내용
공공삼각점	공공측량 시 수평위치의 기준으로 사용하기 위하여 국가기준점을 기초로 하여 정한 기준점
공공수준점	공공측량 시 높이의 기준으로 사용하기 위하여 국가기준점을 기초로 하여 정한 기준점

3) 지적기준점

구분	내용
지적삼각점 (地籍三角點)	지적측량 시 수평위치 측량의 기준으로 사용하기 위하여 국가기준점을 기준으로 하여 정한 기준점
지적삼각보조점	지적측량 시 수평위치 측량의 기준으로 사용하기 위하여 국가기준점과 지적삼각점을 기준으로 하여 정한 기준점
지적도근점 (地籍圖根點)	지적측량 시 필지에 대한 수평위치 측량 기준으로 사용하기 위하여 국가기준점, 지적삼각점, 지적삼각보조점 및 다른 지적도근점을 기초로 하여 정한 기준점

41 다음 중 지목에 대한 설명으로 옳지 않은 것은?

① 1필지에는 1개의 지목을 설정하는 것을 원칙으로 한다.
② 토지조사사업 당시에는 지목을 18개로 구분하였다.
③ 현행 지적 관련 법규에서는 지목을 24개로 구분한다.
④ 시대에 따라 용도별로 세분화되는 현상이 있다.

해설

지목	부호	지목	부호	지목	부호	지목	부호
전	전	대	대	철도용지	철	공원	공
답	답	공장용지	장	제방	제	체육용지	체
과수원	과	학교용지	학	하천	천	유원지	원
목장용지	목	주차장	차	구거	구	종교용지	종
임야	임	주유소용지	주	유지	유	사적지	사
광천지	광	창고용지	창	양어장	양	묘지	묘
염전	염	도로	도	수도용지	수	잡종지	잡

정답 41 ③

42 세부측량을 하는 경우 필지마다 면적을 측정하여야 하는 경우가 아닌 것은?
① 지적공부를 복구하는 경우
② 축척변경을 하는 경우
③ 토지분할을 하는 경우
④ 토지합병을 하는 경우

해설
토지합병과 지목변경 및 경계복원측량과 지적현황측량을 하는 경우에는 필지마다 면적을 측정하지 아니한다.

43 지상경계를 새로 결정하려는 경우의 기준이 틀린 것은?
① 연접되는 토지 간에 높낮이 차이가 있는 경우 그 구조물 등의 하단부
② 토지가 해면 또는 수면에 접하는 경우 최대만조위 또는 최대만수위가 되는 선
③ 도로의 토지에 절토된 부분이 있는 경우 그 경사면의 하단부
④ 연접되는 토지 간에 높낮이 차이가 없는 경우 그 구조물 등의 중앙

해설
지상경계의 결정
1) 지상경계를 새로이 결정하려는 경우
  ㉠ 연접되는 토지 사이에 고저가 없는 경우는 그 지물 또는 구조물 등의 중앙
  ㉡ 연접되는 토지 사이에 고저가 있는 경우는 그 지물 또는 구조물 등의 하단부
  ㉢ 토지가 해면 또는 수면에 접하는 경우에는 최대만조위 또는 최대만수위가 되는 선
  ㉣ 도로·구거 등의 토지에 절토된 부분이 있는 경우에는 그 경사면의 상단부
  ㉤ 공유수면매립지의 토지 중 제방 등을 토지에 편입하여 등록하는 경우에는 바깥쪽 어깨부분
2) 지상경계의 구획을 형성하는 구조물 등의 소유자가 다른 경우
  지상경계의 구획을 형성하는 구조물 등의 소유자가 다른 경우에는 1)의 ㉠부터 ㉢까지의 규정에도 불구하고 그 소유권에 따라 지상경계를 결정한다.

44 다음 중 평판측량에 사용되는 기계 및 기구가 아닌 것은?
① 평판
② 앨리데이드
③ 구심기와 추
④ 버니어

해설
버니어(Vernier)는 각 측량에 사용되는 기구(트랜싯)에 부착되어 있으며 1631년 프랑스의 베르니에 피에로(Vernier Pierro)가 360°가 새겨진 분도원에 눈금(주척)의 최솟값을 세분하여 읽을 수 있도록 고안하였다.

45 도면에 등록하는 동·리의 행정구역선은 얼마의 폭을 기준으로 제도하여야 하는가?
① 0.1mm
② 0.2mm
③ 0.3mm
④ 0.4mm

정답 42 ④ 43 ③ 44 ④ 45 ②

해설

동·리계	←3→←1→ _____ _ _ _	#3·1 읍면·구계는 실선 3mm와 허선 2mm로 연결하고, 허선에 0.3mm의 점 1개를 제도한다.
기타	1. 행정구역선이 2종류 이상 겹치는 경우에는 최상급 행정구역선만 제도한다. 2. 행정구역선은 경계에서 약간 띄워서 그 외부에 제도한다. 3. 행정구역선의 제도한다(행정구역선은 0.4mm의 폭으로 제도한다. 다만, 동리의 행정구역선은 0.2mm의 폭으로 제도하고 행정구역의 명칭은 같은 간격으로 띄워서 제도한다).	

46 다음 중 일반적인 경계 결정의 원칙으로 옳은 것은?

① 축척종대의 원칙
② 등록선후의 원칙
③ 용도경중의 원칙
④ 사용목적의 원칙

해설

경계 결정의 원칙

구분	내용
경계국정주의 원칙	지적공부에 등록하는 경계는 국가가 조사·측량하여 결정한다는 원칙
경계불가분의 원칙	경계는 유일무이한 것으로 이를 분리할 수 없다는 원칙
등록선후의 원칙	동일한 경계가 축척이 서로 다른 도면에 각각 등록되어 있는 경우로서 경계가 상호 일치하지 않는 경우에는 경계에 잘못이 있는 경우를 제외하고 등록시기가 빠른 토지의 경계를 따른다는 원칙
축척종대의 원칙	동일한 경계가 축척이 서로 다른 도면에 각각 등록되어 있는 경우로서 경계가 상호 일치하지 않는 경우에는 경계에 잘못이 있는 경우를 제외하고 축척이 큰 것에 등록된 경계를 따른다는 원칙
경계직선주의	지적공부에 등록하는 경계는 직선으로 한다는 원칙

47 다음 중 지적제도의 역사적 변천과정으로 옳은 것은?

① 세지적 → 다목적지적 → 법지적
② 세지적 → 법지적 → 다목적지적
③ 법지적 → 다목적지적 → 세지적
④ 법지적 → 세지적 → 다목적지적

48 다음 중 축척변경위원회를 구성하는 위원수로 옳은 것은?

① 5명 이상 10명 이하
② 10명 이상 15명 이하
③ 15명 이상 20명 이하
④ 20명 이상 30명 이하

해설

축척변경위원회는 5명 이상 10명 이하의 위원으로 구성하되, 위원의 2분의 1 이상을 토지소유자로 하여야 한다.

정답 46 ① 47 ② 48 ①

49 다음 중 일람도를 작성하는 경우 일람도의 축척은 그 도면축척의 얼마로 하는 것을 기준으로 하는가?

① $\frac{1}{2}$ ② $\frac{1}{5}$ ③ $\frac{1}{10}$ ④ $\frac{1}{50}$

해설

일람도를 작성할 경우 일람도의 축척은 그 도면축척의 10분의 1로 한다.

50 경위의측량방법에 따라 도선법으로 지적도근점측량을 시행할 경우 사용하는 기준 도선은?(단, 지형상 부득이한 경우는 고려하지 않는다.)

① 결합도선   ② 폐합도선   ③ 왕복도선   ④ 개방도선

해설

경위의측량방법에 따라 도선법으로 지적도근점측량을 시행할 경우 도선은 위성기준점, 통합기준점, 삼각점, 지적삼각점, 지적삼각보조점 및 지적도근점의 상호 간을 연결하는 결합도선에 따른다. 다만, 지형상 부득이한 경우에는 폐합도선 또는 왕복도선에 따를 수 있다.

51 지적측량에 의해 실측한 점간거리가 경사거리일 때에 무엇으로 계산하여야 하는가?

① 수평거리   ② 수직거리   ③ 지상거리   ④ 지표면거리

해설

점간거리를 측정하는 경우에는 2회 측정하여 그 측정치의 교차가 평균치의 3,000분의 1 이하일 때에는 그 평균치를 점간거리로 한다. 이 경우 점간거리가 경사(傾斜)거리일 때에는 수평거리로 계산하여야 한다.

52 우리나라에서 토지조사사업 이전에 형편상 대삼각측량을 거치지 않고 독립적으로 일부 지역에 특별히 11개의 원점을 설정하여 측량을 실시하였는데, 이때 만들어진 원점을 무엇이라 하는가?

① 일반원점   ② 구소삼각원점
③ 특별소삼각원점   ④ 대삼각본점

해설

구한말 정부는 토지조사 이전에 특정 지역에 대하여 소삼각측량을 실시하였는데 이 지역의 원점을 구소삼각원점이라 하여 경기도, 서울특별시의 일부 지역과 경상북도와 대구지방에 11개의 원점이 있다.
구소삼각측량은 대삼각측량과 연결하여 측량을 실시하여야 하나 구한말 정부에서는 규모가 크고 경비가 많이 소요되므로 대삼각측량을 실시하지 아니하고 특정한 지역에 독립한 삼각측량을 실시하였는데 이것을 구소삼각측량이라 하며 이 지역에 설치된 원점을 구소삼각원점이라 한다.
• 경인 지역(19개 지역) : 시흥, 교동, 김포, 양천, 강화, 진위, 안산, 양성, 수원, 용인, 남양, 통진, 안성, 죽산, 광주, 인천, 양지, 과천, 부평
• 대구 부근(8개 지역) : 대구, 고령, 청도, 영천, 현풍, 자인, 하양, 경산

정답 49 ③ 50 ① 51 ① 52 ②

경기 및 서울 지역의 원점

원점	위도	경도	단위	종횡선수치
망산 원점	북위 37°43′07″.060	동경 126°22′24″.596	간(間)	
계양 원점	북위 37°33′01″.124	동경 126°42′49″.685	간(間)	
조본 원점	북위 37°26′35″.262	동경 127°14′07″.397	미터(m)	종선(X) : 0
가리 원점	북위 37°25′30″.532	동경 126°51′59″.430	간(間)	횡선(Y) : 0
등경 원점	북위 37°11′52″.885	동경 126°51′32″.845	간(間)	
고초 원점	북위 37°09′03″.530	동경 127°14′41″.585	미터(m)	

경북 및 대구 지역의 원점

원점	위도	경도	단위	종횡선수치
율곡 원점	북위 35°57′21″.322	동경 128°57′30″.916	미터(m)	
현창 원점	북위 35°51′46″.967	동경 128°46′03″.947	미터(m)	
구암 원점	북위 35°51′30″.878	동경 128°35′46″.186	간(間)	종선(X) : 0
금산 원점	북위 35°43′46″.532	동경 128°17′26″.070	간(間)	횡선(Y) : 0
소라 원점	북위 35°39′58″.199	동경 128°43′36″.841	미터(m)	

2~4등의 구소삼각점 수는 경기 지역에 821점, 경북 지역에 798점으로 합계 1,619점이며 이 중 경기 지역 40점, 경북 지역 63점으로 합계 103점에 대하여는 통일 원점의 성과가 병기되었다. 구소삼각점은 지역 내 약 5,000방리를 1구역으로 하는 중앙부에 위치한 삼각점에서 북극성의 최대이각(Elongation)을 측정하여 진 자오선과 방위각을 결정하였으며, 원점은 $X=$ 0m, $Y=$0m로 하고 단위는 간으로 하였다.

53 블록(block)마다 하나의 본번을 부여하고 블록 내 필지마다 부번을 부여하는 지번 설정 방법으로 '블록식'이라고도 하는 것은?

① 단지식 ② 사행식 ③ 기우식 ④ 방사식

해설

사행식	• 필지의 배열이 불규칙한 지역에서 진행순서에 따라 지번을 부여하는 방법이다. • 진행방향에 따라 지번이 순차적으로 연속된다. • 농촌지역에 적합하나, 상하좌우로 볼 때 어느 방향에서는 지번이 뛰어넘는 단점이 있다.
기우식 (교호식)	• 도로를 중심으로 하여 한쪽은 홀수인 기수로, 그 반대쪽은 짝수인 우수로 지번을 부여하는 방법으로서 교호식이라고도 한다. • 시가지 지역의 지번 설정에 적합하다.
단지식 (Block식)	• 1단지마다 하나의 지번을 부여하고 단지 내 필지들은 부번을 부여하는 방법으로서 블록식이라고도 한다. • 토지구획정리사업 및 농지개량사업 시행지역에 적합하다.

54 토지소유자가 지적소관청에 토지의 분할을 신청하여야 하는 기간 기준으로 옳은 것은?

① 10일 이내 ② 15일 이내 ③ 30일 이내 ④ 60일 이내

해설

토지소유자는 지적공부에 등록된 1필지의 일부가 형질변경 등으로 용도가 변경된 경우에는 대통령령으로 정하는 바에 따라 용도가 변경된 날부터 60일 이내에 지적소관청에 토지의 분할을 신청하여야 한다.

정답 53 ① 54 ④

55 중세시대의 토지기록인 둠즈데이 북(Domesday Book)을 작성하여 보관하였던 나라는?

① 프랑스　　　　　　　　② 오스트리아
③ 영국　　　　　　　　　④ 이탈리아

해설

가장 많이 알려진 중세의 지적은 영국의 윌리엄 1세가 1085년과 1086년 사이에 전 영토를 대상으로 작성한 둠즈데이 북(Domesday Book)으로 최초의 국토자원에 관한 목록으로 국토를 조직적으로 작성한 토지기록이며 과세장부로 평가된다. 영국 런던의 공문서 보관소(Public Record Office)에 2권의 책으로 보관되어 있다.

56 다음 중 지적공부에 해당하지 않는 것은?

① 공유지연명부　　　　　② 지번색인표
③ 대지권등록부　　　　　④ 경계점좌표등록부

해설

지적공부의 종류

57 지적도에 등록하는 경계는 얼마의 폭을 기준으로 제도하여야 하는가?

① 0.1mm　　　　　　　② 0.2mm
③ 0.3mm　　　　　　　④ 0.4mm

해설

경계는 0.1mm 폭의 선으로 제도한다.

정답 55 ③　56 ②　57 ①

58 지번색인표의 등록사항에 해당하지 않는 것은?

① 제명
② 지번
③ 결번
④ 축척

해설

지번색인표의 등재사항 및 제도

등재사항	제명, 지번, 도면번호, 결번
제도	• 제명은 지번색인표 윗부분에 9mm의 크기로 "○○시·도 ○○시·군·구 ○○읍·면 ○○동·리 지번색인표"라 제도한다. • 지번색인표에는 도면번호별로 그 도면에 등록된 지번을, 토지의 이동으로 결번이 생긴 때에는 결번 란에 그 지번을 제도한다.

59 지적의 발생설 중 로마시대의 영토를 정복한 지역에서 공납물을 징수하는 수단으로 사용된 것과 관련이 있는 것은?

① 통치설
② 치수설
③ 과세설
④ 지배설

해설

인류가 공동생활과 집단생활을 형성하여 유지하고 존립하기 위해 경제적 수단을 공동체에 제공한다는 인식 아래 고대 부족국가에서는 군주와 신민 간의 주종관계설정(통치) 등으로 토지소유권과 수확물의 일부가 군주에게 귀속되었으며, 과세목적을 위해 토지는 측정되고 경계를 확정하였다.

60 다음 중 지적도의 축척에 해당하지 않는 것은?

① 1/500
② 1/1,000
③ 1/2,000
④ 1/3,000

해설

도면의 축척

구분	축척
지적도의 축척	1/500, 1/600, 1/1,000, 1/1,200, 1/2,400, 1/3,000, 1/6,000(7종)
임야도의 축척	1/3,000, 1/6,000(2종)

정답 58 ④ 59 ③ 60 ③

2013년 기출문제

01 평판 위에(도상) 표시된 측정점과 지상의 측정점이 같은 연직선 위에 있도록 하는 작업을 무엇이라 하는가?

① 구심   ② 정위   ③ 표정   ④ 거치

해설

평판측량의 3요소

정준(Leveling Up)	평판을 수평으로 맞추는 작업(수평 맞추기)
구심(Centering)	평판상의 측점과 지상의 측점을 일치시키는 작업(중심 맞추기)
표정(Orientation)	평판을 일정한 방향으로 고정시키는 작업으로 평판측량의 오차 중 가장 크다(방향 맞추기).

02 임야대장 및 임야도에 등록된 토지를 토지대장 및 지적도에 옮겨 등록하는 것을 무엇이라 하는가?

① 신규등록   ② 등록전환
③ 지목변경   ④ 과세지정

해설

- 신규등록 : 새로 조성된 토지와 지적공부에 등록되어 있지 아니한 토지를 등록하는 것을 말한다.
- 등록전환 : 임야대장 및 임야도에 등록된 토지를 토지대장 및 지적도에 옮겨 등록하는 것을 말한다.
- 분할 : 지적공부에 등록된 1필지를 2필지 이상으로 나누어 등록하는 것을 말한다.
- 합병 : 지적공부에 등록된 2필지 이상을 1필지로 합하여 등록하는 것을 말한다.
- 지목변경 : 지적공부에 등록된 지목을 다른 지목으로 바꾸어 등록하는 것을 말한다.
- 축척변경 : 지적도에 등록된 경계점의 정밀도를 높이기 위하여 작은 축척을 큰 축척으로 변경하여 등록하는 것을 말한다.

03 세부측량을 하는 경우 필지마다 면적을 측정하여야 하는 대상이 아닌 것은?

① 신규등록   ② 등록전환
③ 분할   ④ 등록말소

해설

등록말소는 세부측량의 면적측정 대상에 속하지 않는다.

정답 01 ① 02 ② 03 ④

04 지번색인표에 등재하여야 할 사항이 아닌 것은?

① 축척　　② 도면번호　　③ 지번　　④ 결번

해설

지번색인표 등재사항
- 제명
- 지번 · 도면번호 및 결번

05 토지에 관한 모든 표시사항을 지적공부에 등록해야만 공식적인 효력이 인정되는 것과 관련한 토지등록의 원리는?

① 국정주의　　　　　　② 형식주의
③ 공개주의　　　　　　④ 형식적 심사주의

해설

기본이념	내용
지적국정주의	지적공부의 등록사항인 토지표시사항을 국가만이 결정할 수 있는 권한을 가진다는 이념이다.
지적형식주의	국가가 결정한 토지에 대한 물리적 현황과 법적 권리관계 등을 외부에서 인식할 수 있도록 일정한 법정의 형식을 갖추어 지적공부에 등록하여야만 효력이 발생한다는 이념으로 「지적등록주의」라고도 한다.
지적공개주의	지적공부에 등록된 사항을 토지소유자나 이해관계인은 물론 일반인에게도 공개한다는 이념이다.
실질적 심사주의	토지에 대한 사실관계를 정확하게 지적공부에 등록 · 공시하기 위하여 토지를 새로이 지적공부에 등록하거나 등록된 사항을 변경 · 등록하고자 할 경우 소관청은 실질적인 심사를 실시하여야 한다는 이념으로서 「사실심사주의」라고도 한다.
직권등록주의	국가는 의무적으로 통치권이 미치는 모든 토지에 대한 일정한 사항을 직권으로 조사 · 측량하여 지적공부에 등록 · 공시하여야 한다는 이념으로 「적극적 등록주의」 또는 「등록강제주의」라고도 한다.

06 면적을 측정하는 경우 도곽선의 길이에 최소 얼마 이상의 신축이 있을 때 이를 보정하여야 하는가?

① 0.4mm　　② 0.5mm　　③ 0.6mm　　④ 0.7mm

해설

면적을 측정하는 경우 도곽선의 길이에 0.5mm 이상의 신축이 있을 때에는 이를 보정하여야 한다.

07 가장 오래된 역사를 가지고 있는 최초의 지적제도로 지적공부의 여러 가지 등록사항 중 세금 결정에 직접 관련이 있는 면적과 토지등급을 정확하게 측정하고 조사하는 것이 가장 중요시되었던 지적제도는?

① 세지적　　　　　　② 법지적
③ 다목적지적　　　　④ 소유지적

정답 04 ①　05 ②　06 ②　07 ①

해설

발전 단계에 의한 분류

세지적 (Fiscal Cadastre)	세지적이라 함은 토지에 대한 조세부과 시 그 세액을 결정함이 가장 큰 목적인 지적제도로서 일명 과세지적이라고도 한다. 세지적은 국가 재정세입의 대부분을 토지세에 의존하던 농경시대에 개발된 최초의 지적제도로서, 각 필지에 대한 세액을 정확하게 산정하기 위하여 면적단위로 운영되는 지적제도이다. 따라서 각 필지의 측지학적 위치보다는 재산가치를 판단할 수 있는 면적을 정확하게 결정하여 등록하는 데 주력하였다.
법지적 (Legal Cadastre)	법지적이라 함은 세지적에서 발달한 지적제도로서 토지에 대한 사유권이 인정되면서 토지과세는 물론 토지거래의 안전을 도모하고, 국민의 토지소유권을 보호할 목적으로 개발된 지적제도로 소유지적이라고도 한다. 이러한 법지적은 프랑스혁명 이전까지 토지의 소유가 인정되지 않았던 일반시민도 토지소유가 가능해졌기 때문에, 권리보호의 필요성에서 세지적 목적 이외에 토지소유권 보호라는 새로운 목적이 추가된 지적제도이다. 이것이 현대에서는 가장 일반적인 지적의 개념으로 소유지적 또는 경계지적으로도 불리어지고 있다.
다목적지적 (Multi-purpose Cadastre)	다목적지적이라 함은 1필지단위로 토지와 관련된 기본적인 정보를 집중 관리하고, 계속하여 즉시 이용이 가능하도록 토지정보를 종합적으로 제공하여 주는 지적제도라 할 수 있다. 이러한 다목적지적제도는 종합지적, 통합지적, 유사지적, 경제지적, 정보지적이라고도 한다. 다목적지적제도는 1필지를 단위로 토지 관련 정보를 종합적으로 등록하고, 그 변경사항을 항상 최신화하여 신속·정확하게 지속적으로 토지정보를 제공하는 데 주력하고 있다. 따라서 다목적지적은 일반적으로 토지에 관한 물리적 현황은 물론 법적·재정적·경제적 정보를 포괄하는 것으로 등록정보를 기준으로 하여 토지평가, 과세, 토지이용계획, 상·하수도, 전기, 전화, 가스 등 토지와 관련된 다양한 정보를 집중 관리하거나 상호 연계하여 토지 관련 정보를 신속 정확하게 공동으로 활용하기 위하여 최근에 개발된 이상적인 지적제도라고 할 수 있다.

08 신규등록에 의한 토지의 이동이 있어 지적공부를 정리하여야 하는 경우 지적소관청이 작성하여야 하는 것은?

① 토지이동정리결의서
② 신규등록정리결의서
③ 등기부등본정리결의서
④ 부동산등기부결의서

해설

지적소관청은 토지의 이동이 있는 경우에는 토지이동정리결의서를 작성하여야 하고 토지소유자의 변동 등에 따라 지적공부를 정리하려는 경우에는 소유자정리결의서를 작성하여야 한다.

09 지번에 대한 설명으로 틀린 것은?

① 토지의 특정성을 보장하기 위한 요소다.
② 토지의 식별에 쓰인다.
③ 지번은 시·군 또는 이에 준하는 지역 단위로 부여한다.
④ 토지의 지리적 위치의 고정성을 확보하기 위하여 부여한다.

해설

지번 : 필지에 부여하여 지적공부에 등록한 번호로서 국가(지적소관청)가 인위적으로 구획된 1필지별로 1지번을 부여하여 지적공부에 등록하는 것으로 토지의 고정성과 개별성을 확보하기 위하여 지적소관청이 지번부여지역인 법정 동·리 단위로 기번하여 필지마다 아라비아숫자로 순차적으로 연속하여 부여한 번호를 말한다.

정답 08 ① 09 ③

지번의 기능	• 필지를 구별하는 개별성과 특정성의 기능을 갖는다. • 거주지 또는 주소 표기의 기준으로 이용된다. • 위치 파악의 기준으로 이용된다. • 각종 토지 관련 정보시스템에서 검색키(식별자·색인키)로서의 기능을 갖는다.
지번의 구성	• 지번(地番)은 아라비아숫자로 표기하되, 임야대장 및 임야도에 등록하는 토지의 지번은 숫자 앞에 "산"자를 붙인다. • 지번은 본번(本番)과 부번(副番)으로 구성하되, 본번과 부번 사이에 "-" 표시로 연결한다. 이 경우 "-" 표시는 "의"라고 읽는다.

10 다음 중 지적소관청의 정의로 옳은 것은?

① 지적공부를 관리하는 특별자치시장, 시장·군수 또는 구청장을 말한다.
② 시·도의 지역전산본부를 말한다.
③ 지번을 부여하는 단위지역으로 시·군을 말한다.
④ 지적측량을 주관하는 시행·관리 및 감독자를 말한다.

해설

지적소관청
지적공부를 관리하는 시장(「제주특별자치도 설치 및 국제자유도시 조성을 위한 특별법」 제15조제2항에 따른 행정시의 시장을 포함하며, 「지방자치법」 제3조제3항에 따라 자치구가 아닌 구를 두는 시의 시장은 제외한다)·군수 또는 구청장(자치구가 아닌 구의 구청장을 포함한다)을 말한다.

11 지적공부에 등록된 사항은 토지소유자나 이해관계인 등 일반 국민에게 신속·정확하게 공개하여 정당하게 이용할 수 있도록 해야 한다는 토지등록의 원리는?

① 국정주의
② 형식주의
③ 공개주의
④ 실질적 심사주의

해설

기본이념	내용
지적국정주의	지적공부의 등록사항인 토지표시사항을 국가만이 결정할 수 있는 권한을 가진다는 이념이다.
지적형식주의	국가가 결정한 토지에 대한 물리적 현황과 법적 권리관계 등을 외부에서 인식할 수 있도록 일정한 법정의 형식을 갖추어 지적공부에 등록하여야만 효력이 발생한다는 이념으로 「지적등록주의」라고도 한다.
지적공개주의	지적공부에 등록된 사항을 토지소유자나 이해관계인은 물론 일반인에게도 공개한다는 이념이다.
실질적 심사주의	토지에 대한 사실관계를 정확하게 지적공부에 등록·공시하기 위하여 토지를 새로이 지적공부에 등록하거나 등록된 사항을 변경·등록하고자 할 경우 소관청은 실질적인 심사를 실시하여야 한다는 이념으로서 「사실심사주의」라고도 한다.
직권등록주의	국가는 의무적으로 통치권이 미치는 모든 토지에 대한 일정한 사항을 직권으로 조사·측량하여 지적공부에 등록·공시하여야 한다는 이념으로 「적극적 등록주의」 또는 「등록강제주의」라고도 한다.

정답 10 ① 11 ③

12 도곽선 수치는 원점으로부터 얼마를 가산하는가?(단, 제주도 지역은 고려하지 않는다.)

① 종선 50만m, 횡선 50만m
② 종선 50만m, 횡선 20만m
③ 종선 20만m, 횡선 50만m
④ 종선 20만m, 횡선 20만m

> 해설
>
> 세계측지계에 따르지 아니하는 지적측량의 경우에는 가우스상사 이중 투영법으로 표시하되, 직각좌표계 투영원점의 가산(加算)수치를 각각 $X(N)$는 500,000m(제주도 지역 550,000m) $Y(E)$는 200,000m로 하여 사용할 수 있다.

13 축척 1/500 지역의 일반원점지역에서 지적도 한 장에 포용되는 면적은 얼마인가?

① 30,000m² ② 50,000m² ③ 120,000m² ④ 300,000m²

> 해설

축척	도상		지상		도곽 내의
	세로(cm)	가로(cm)	세로(m)	가로(m)	전체 면적(m²)
1/500	30	40	150	200	30,000
1/1,000	30	40	300	400	120,000
1/600	33.3333	41.6667	200	250	50,000
1/1,200	33.3333	41.6667	400	500	200,000
1/2,400	33.3333	41.6667	800	1,000	800,000
1/3,000	40	50	1,200	1,500	1,800,000
1/6,000	40	50	2,400	3,000	7,200,000

14 공유지연명부의 등록사항에 해당하지 않는 것은?

① 토지의 소재
② 토지의 고유번호
③ 소유자의 성명
④ 대지권 비율

> 해설
>
> 공유지연명부의 등록사항
> • 토지의 소재
> • 소유권 지분
> • 토지의 고유번호
> • 토지소유자가 변경된 날과 그 원인
> • 지번
> • 소유자의 성명 또는 명칭, 주소 및 주민등록번호
> • 필지별 공유지연명부의 장번호

15 축척 1/1,200 지역에서 원면적이 400m²의 토지를 분할하는 경우 분할 후 각 필지의 면적의 합계와 분할 전 면적과의 오차의 허용범위는?

① ±32m² ② ±18m² ③ ±16m² ④ ±13m²

정답 12 ② 13 ① 14 ④ 15 ③

해설

분할 후 각 필지의 면적의 합계와 분할 전 면적과의 오차허용범위

오차허용범위 $= 0.026^2 M\sqrt{F}$
$= 0.026^2 \times 1,200 \times \sqrt{400} = \pm 16.2 = \pm 16\text{m}^2$

여기서, M : 축척분모, F : 원면적

16 오늘날의 토지대장과 같은 조선시대의 토지등록 장부는?

① 도적 ② 장적 ③ 전적 ④ 양안

해설

- 양안(量案) : 양안은 고려시대부터 사용된 토지장부로서 오늘날의 지적공부로 토지대장과 지적도 등의 내용을 수록하고 있었으며 '전적'이라고 부르기도 하였다. 토지실태와 징세 파악 및 소유자 확정 등의 토지과세대장으로 경국대전에는 20년에 한 번씩 양전을 실시하여 양안을 작성한 기록이 있다.
- 문기(文記) : 문기는 조선시대의 토지·가옥·노비와 기타 재산의 소유·매매·양도·차용 등 매매계약이 성립하기 위하여 매수·매도인 쌍방의 합의 외에 대가의 수수목적물의 인도 시에 서면으로 작성한 계약서로 문권(文券)·문계(文契)라고도 한다. 주로 사적인 문서에 문계라는 용어를 쓰고, 공문서는 공문·관문서·문서라고 표현했다. 문권·문계는 중국·일본에서도 사용한 용어이지만 문기는 우리나라에서만 사용한 독특한 용어이다.
- 입안(立案) : 재산권이나 상속권을 주장하는 데 절대적인 근거가 되었다. 고려시대에도 이 제도가 있었으나 조선시대의 실물이 많이 전하여진다. 「경국대전」에는 토지·가옥·노비는 매매계약 후 100일, 상속 후 1년 이내에 입안을 받도록 되어 있었다. 또 하나의 의미로 황무지 개간에 관한 인허가서를 말한다.

17 지적기준점 중 직경 3mm의 원 안에 십자선을 표시하여 제도하는 것은?

① 1등삼각점 ② 지적삼각점
③ 지적삼각보조점 ④ 지적도근점

해설

삼각점 및 지적측량기준점은 0.2mm 폭의 선으로 다음 각 호와 같이 제도한다. 이 경우 공사가 설치하고 그 지적측량기준점 성과를 소관청이 인정한 지적측량기준점을 포함한다.

1) 국가기준점

구분	위성기준점	1등삼각점	2등삼각점	3등삼각점	4등삼각점
제도	3mm 2mm	3mm 2mm 1mm	3mm 2mm 1mm	2mm 1mm	2mm 1mm
방법	지적위성기준점은 직경 2mm, 3mm의 2중 원 안에 십자선을 표시하여 제도한다.	1등 및 2등삼각점은 직경 1mm, 2mm 및 3mm의 3중 원으로 제도한다. 이 경우 1등삼각점은 그 중심원 내부를 검은색으로 엷게 채색한다.		3등 및 4등삼각점은 직경 1mm, 2mm의 2중 원으로 제도한다. 이 경우 3등삼각점은 그 중심원 내부를 검은색으로 엷게 채색한다.	

정답 16 ④ 17 ②

2) 지적기준점

구분	지적삼각점	지적삼각보조점	지적도근점	명칭과 번호
제도	3mm 원 안에 십자선	3mm 원 (채색)	2mm 원	지적측량기준점의 명칭과 번호는 그 지적측량기준점의 윗부분에 명조체의 2mm 내지 3mm의 크기로 제도한다. 다만, 레터링으로 작성하는 경우에는 고딕체로 할 수 있으며 경계에 닿는 경우에는 적당한 위치에 제도할 수 있다.
방법	지적삼각점 및 지적삼각보조점은 직경 3mm의 원으로 제도한다. 이 경우 지적삼각점은 원 안에 십자선을, 지적삼각보조점은 원 안에 검은색으로 엷게 채색한다.		지적도근점은 직경 2mm의 원으로 그림과 같이 제도한다.	

18 지적공부의 복구자료가 아닌 것은?

① 지적공부의 등본
② 측량결과도
③ 측량준비도
④ 토지이동정리결의서

해설

지적공부의 복구자료에 관한 관계자료
- 지적공부의 등본
- 측량결과도
- 토지이동정리결의서
- 부동산등기부등본 등 등기 사실을 증명하는 서류
- 지적소관청이 작성하거나 발행한 지적공부의 등록내용을 증명하는 서류
- 지적공부를 복제하여 관리하는 시스템에서 복제된 지적공부
- 법원의 확정판결서 정본 또는 사본

19 다음 중 각 측정에 이용할 수 없는 것은?

① 트랜싯
② 레벨
③ 토털스테이션
④ 데오돌라이트

해설

각 측정 장비에는 트랜싯, 데오돌라이트, 토털스테이션 등이 있으며, 레벨은 지표면 위에 있는 여러 점들의 고저차(높이)를 측정하는 측량장비이다.

20 지목의 설정방법 및 기준으로 틀린 것은?

① 토지의 일시적으로 사용되는 용도가 바뀐 경우 즉시 지목을 변경하여야 한다.
② 토지 이용현황에 의한 지목의 유형은 28가지로 구분하여 정한다.
③ 필지마다 하나의 지목을 설정한다.
④ 1필지가 둘 이상의 용도로 활용되는 경우에는 주된 용도에 따라 지목을 설정한다.

정답 18 ③ 19 ② 20 ①

> 해설

지목의 결정원칙

구분	내용
지목국정주의 원칙	토지의 주된 용도를 조사하여 지목을 결정하는 것이 국가라는 원칙, 즉 국가만이 지목을 정할 수 있다는 원칙
지목법정주의 원칙	지목의 종류 및 명칭을 법률로 규정한다는 원칙
1필지 1지목 원칙	1필지에는 하나의 지목을 설정한다는 원칙
주지목추종의 원칙	주된 토지의 편익을 위해 설치된 소면적의 도로, 구거 등의 지목은 이를 따로 정하지 않고 주된 토지의 사용목적 및 용도에 따라 지목을 설정하는 원칙
등록선후의 원칙	도로, 철도용지, 하천, 제방, 구거, 수도용지 등의 지목이 중복되는 경우에는 먼저 등록된 토지의 사용목적, 용도에 따라 지번을 설정하는 원칙
용도경중의 원칙	1필지의 일부가 다른 용도로 사용되는 경우로서 주된 용도의 토지에 편입할 수 있는 토지는 주된 토지의 용도에 따라 지목을 설정한다는 원칙
일시변경불변의 원칙	토지의 주된 용도의 변경이 아닌, 임시적이고 일시적인 변경은 지목변경을 할 수 없다는 원칙
사용목적추종의 원칙	도시계획사업, 토지구획정리사업, 농지개량사업 등의 완료에 따라 조성된 토지는 사용목적에 따라 지목을 설정하여야 한다는 원칙

21 다음 중 토지소유자가 지적소관청으로부터 통지를 받은 날부터 90일 이내에 해당 내용에 대한 신청을 하지 않는 경우 지적소관청이 직권으로 그 지적공부의 등록사항을 말소할 수 있는 경우는?

① 토지의 용도가 대지로 변경된 경우
② 홍수에 의하여 토지의 경계를 변경하여야 하는 경우
③ 지형의 변화로 토지가 바다로 되어 원상으로 회복할 수 없는 경우
④ 화재로 인하여 건물이 소실된 경우

> 해설

바다로 된 토지의 등록말소 신청
- 지적소관청은 지적공부에 등록된 토지가 지형의 변화 등으로 바다로 된 경우로서 원상(原狀)으로 회복될 수 없거나 다른 지목의 토지로 될 가능성이 없는 경우에는 지적공부에 등록된 토지소유자에게 지적공부의 등록말소 신청을 하도록 통지하여야 한다.
- 지적소관청은 토지소유자가 통지를 받은 날부터 90일 이내에 등록말소 신청을 하지 아니하면 대통령령으로 정하는 바에 따라 등록을 말소한다.
- 지적소관청은 말소한 토지가 지형의 변화 등으로 다시 토지가 된 경우에는 대통령령으로 정하는 바에 따라 토지로 회복등록을 할 수 있다.

22 일반 원점 지역에서 축척이 1/1,200인 도곽선의 지상 규격은?

① 150m×200m
② 200m×250m
③ 300m×400m
④ 400m×500m

정답 21 ③ 22 ④

해설

축척	도상		지상		도곽 내의 전체 면적(m²)
	세로(cm)	가로(cm)	세로(m)	가로(m)	
1/500	30	40	150	200	30,000
1/1,000	30	40	300	400	120,000
1/600	33.3333	41.6667	200	250	50,000
1/1,200	33.3333	41.6667	400	500	200,000
1/2,400	33.3333	41.6667	800	1,000	800,000
1/3,000	40	50	1,200	1,500	1,800,000
1/6,000	40	50	2,400	3,000	7,200,000

23 도곽선의 제도방법이 옳은 것은?

① 도면에 등록하는 도곽선은 0.3mm 폭으로 제도한다.
② 도곽 좌표를 파선으로 연결한다.
③ 도곽선은 붉은색의 직선으로 제도한다.
④ 도면의 아래 방향을 북쪽으로 한다.

해설

도곽선의 제도
• 도면의 윗방향은 항상 북쪽이 되어야 한다.
• 지적도의 도곽 크기는 가로 40cm, 세로 30cm의 직사각형으로 한다.
• 도면에 등록하는 도곽선은 0.1mm의 폭으로, 도곽선의 수치는 도곽선 왼쪽 아랫부분과 오른쪽 윗부분의 종횡선교차점 바깥쪽에 2mm 크기의 아라비아숫자로 제도한다.

24 지적공부에 등록된 2필지 이상을 1필지로 합하여 등록하는 것을 무엇이라 하는가?

① 합병　　② 분할　　③ 등록전환　　④ 지목변경

해설

• 신규등록 : 새로 조성된 토지와 지적공부에 등록되어 있지 아니한 토지를 등록하는 것을 말한다.
• 등록전환 : 임야대장 및 임야도에 등록된 토지를 토지대장 및 지적도에 옮겨 등록하는 것을 말한다.
• 분할 : 지적공부에 등록된 1필지를 2필지 이상으로 나누어 등록하는 것을 말한다.
• 합병 : 지적공부에 등록된 2필지 이상을 1필지로 합하여 등록하는 것을 말한다.
• 지목변경 : 지적공부에 등록된 지목을 다른 지목으로 바꾸어 등록하는 것을 말한다.
• 축척변경 : 지적도에 등록된 경계점의 정밀도를 높이기 위하여 작은 축척을 큰 축척으로 변경하여 등록하는 것을 말한다.

25 신규등록할 토지가 있는 경우 그 사유가 발생한 날부터 최대 며칠 이내에 지적소관청에 신규등록을 신청하여야 하는가?

① 7일　　② 15일　　③ 30일　　④ 60일

정답　23 ③　24 ①　25 ④

> 해설

토지소유자는 신규등록할 토지가 있으면 대통령령으로 정하는 바에 따라 그 사유가 발생한 날부터 60일 이내에 지적소관청에 신규등록을 신청하여야 한다.

26 지적도와 임야도에 등록하는 도곽선의 폭은 얼마로 제도하여야 하는가?

① 0.1mm ② 0.2mm ③ 0.3mm ④ 0.5mm

> 해설

도면에 등록하는 도곽선은 0.1mm의 폭으로, 도곽선의 수치는 도곽선 왼쪽 아랫부분과 오른쪽 윗부분의 종횡선교차점 바깥쪽에 2mm 크기의 아라비아숫자로 제도한다.

27 전자면적측정기에 따른 면적측정의 방법 및 기준이 틀린 것은?(단, M : 축척분모, F : 2회 측정한 면적의 합계를 2로 나눈 수)

① 측정면적은 1천분의 1m² 까지 계산하여 10분의 1m² 단위로 정한다.
② 교차의 허용면적(A) 기준은 $0.023^2 \times M \times \sqrt{F}$ 이내이다.
③ 산출면적은 1/100m² 까지 계산하여 1m² 단위로 정한다.
④ 도상에서 2회 측정하여 그 교차가 허용면적 이하일 때에는 그 평균치를 측정면적으로 한다.

> 해설

- 전자면적측정기에 따른 면적측정의 방법 및 기준 : 도상에서 2회 측정하여 그 교차가 다음 계산식에 따른 허용면적 이하일 때에는 그 평균치를 측정면적으로 한다.
  $A = 0.023^2 M\sqrt{F}$ (A : 허용면적, M : 축척분모, F : 2회 측정한 면적의 합계를 2로 나눈 수)
- 측정면적은 1/1,000m² 까지 계산하여 1/10m² 단위로 정한다.

28 지적도면에 등록하는 지목의 부호가 틀린 것은?

① 종교용지 – 교   ② 유원지 – 원   ③ 과수원 – 과   ④ 공장용지 – 장

> 해설

지목	부호	지목	부호	지목	부호	지목	부호
전	전	대	대	철도용지	철	공원	공
답	답	공장용지	장	제방	제	체육용지	체
과수원	과	학교용지	학	하천	천	유원지	원
목장용지	목	주차장	차	구거	구	종교용지	종
임야	임	주유소용지	주	유지	유	사적지	사
광천지	광	창고용지	창	양어장	양	묘지	묘
염전	염	도로	도	수도용지	수	잡종지	잡

29 삼각형에서 각 A, B, C의 크기와 변의 길이 a가 주어졌을 때, 변의 길이 b를 구하는 식으로 옳은 것은?

① $\dfrac{a \times \cos B}{\cos A}$ ② $\dfrac{a \times \cos A}{\cos B}$

③ $\dfrac{a \times \sin B}{\sin A}$ ④ $\dfrac{a \times \sin A}{\sin B}$

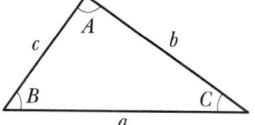

해설

정현비례식(sin 법칙)

소구변장 = $\dfrac{\text{소구변의 대각}}{\text{기지변의 대각}} \times$ 기지변장

$\dfrac{a}{\sin A} = \dfrac{b}{\sin B} = \dfrac{c}{\sin C}$

$b = \dfrac{a \times \sin B}{\sin A}$

---

30 다음 중 경계의 결정 원칙에 해당하는 것은?

① 축척종대의 원칙   ② 주지목추종의 원칙
③ 평등배분의 원칙   ④ 일시변경의 원칙

해설

경계의 결정 원칙

경계국정주의의 원칙	지적공부에 등록하는 경계는 국가가 조사·측량하여 결정한다는 원칙
경계불가분의 원칙	경계는 유일무이한 것으로 이를 분리할 수 없다는 원칙
등록선후의 원칙	동일한 경계가 축척이 서로 다른 도면에 각각 등록되어 있는 경우로서 경계가 상호 일치하지 않는 경우에는 경계에 잘못이 있는 경우를 제외하고 등록시기가 빠른 토지의 경계를 따른다는 원칙
축척종대의 원칙	동일한 경계가 축척이 서로 다른 도면에 각각 등록되어 있는 경우로서 경계가 상호 일치하지 않는 경우에는 경계에 잘못이 있는 경우를 제외하고 축척이 큰 것에 등록된 경계를 따른다는 원칙
경계직선주의	지적공부에 등록하는 경계는 직선으로 한다는 원칙

---

31 다음의 지번부여방법 중 부여단위에 따른 분류에 해당하지 않는 것은?

① 지역단위법   ② 도엽단위법
③ 단지단위법   ④ 북서기번법

해설

설정단위에 따른 방법

1) 지역단위법
 • 1개의 지번부여지역 전체를 대상으로 하여 순차적으로 지번을 부여한다.
 • 지번부여지역이 넓지 않거나 도면의 매수가 적은 지역에 적합하다.

2) 도엽단위법
- 1개의 지번부여지역을 지적(임야)도의 도엽단위로 세분하여 도엽 순서에 따라 지번을 부여한다.
- 지번부여지역이 넓거나 도면의 매수가 많은 지역에 적합하다.

3) 단지단위법
- 1개의 지번부여지역을 단지단위로 세분하여 단지의 순서에 따라 순차적으로 지번을 부여한다.
- 다수의 소규모 단지로 구성된 토지구획정리 및 농지개량사업의 시행지역에 적합하다.

32 신라의 토지면적 측정에 관한 아래 설명에서 (㉠)에 들어갈 내용으로 옳은 것은?

> 신라는 결부제에 의하여 토지면적을 측정하였는데 사방 1보(步)가 되는 넓이를 1파(把), 10파를 1속(束)으로 하고, 사방 10보(步)를 즉, 10속(束)을 (㉠)로 하는 10진법을 사용하였다.

① 1부(負) ② 1총(總) ③ 1결(結) ④ 1평(坪)

[해설]

신라의 토지면적 표시는 동경속지(東京續志)에 "신라전제 역이십속위일부 백부위일결(新羅田制 亦以十束爲一負 百負爲一結)"이라 한 것과 같이 신라의 결부제에 의한 토지면적 표시의 순서는 사방 1보(步)가 되는 넓이를 1파(把)를 10속(束)을 1부(負), 10부를 1총(總), 10총(100부)을 1결(結)로 하는 10진법을 사용하였다.

※ 1결 1총 1부 1속 1파 = 11,111파
10,000파(척) = 1,000속 = 100부 = 10총 = 1결

33 다목적지적에 대한 설명으로 틀린 것은?

① 일필지를 단위로 토지 관련 정보를 종합적으로 등록하는 제도이다.
② 토지에 관한 물리적 현황은 물론 법률적 · 재정적 · 경제적 정보를 포괄하는 제도이다.
③ 토지에 관한 많은 자료를 신속 · 정확하게 토지정보를 제공하고 관리하는 제도이다.
④ 지표면상의 물리적 현상만을 등록하는 것으로 2차원 지적이라고도 한다.

[해설]

다목적지적(Multi-purpose Cadastre) : 1필지단위로 토지와 관련된 기본적인 정보를 집중 관리하고, 계속하여 즉시 이용이 가능하도록 토지정보를 종합적으로 제공하여 주는 지적제도라 할 수 있다. 이러한 다목적지적제도는 종합지적, 통합지적, 유사지적, 경제지적, 정보지적이라고도 한다. 다목적지적제도는 1필지를 단위로 토지 관련 정보를 종합적으로 등록하고, 그 변경사항을 항상 최신화하여 신속 · 정확하게 지속적으로 토지정보를 제공하는 데 주력하고 있다. 따라서 다목적지적은 일반적으로 토지에 관한 물리적 현황은 물론 법적 · 재정적 · 경제적 정보를 포괄하는 것으로 등록정보를 기준으로 하여 토지평가, 과세, 토지이용계획, 상 · 하수도, 전기, 전화, 가스 등 토지와 관련된 다양한 정보를 집중 관리하거나 상호 연계하여 토지 관련 정보를 신속 정확하게 공동으로 활용하기 위하여 최근에 개발된 이상적인 지적제도라 할 수 있다.

34 지적측량의 계산 및 결과 작성에 사용하는 소프트웨어는 누가 정하는가?

① 행정안전부장관
② 국토교통부장관
③ 국토지리정보원장
④ 지식경제부장관

정답 32 ① 33 ④ 34 ②

> [해설]
> 지적측량의 계산 및 결과 작성에 사용하는 소프트웨어는 국토교통부장관이 정한다.

35 지적측량 중 기초측량에 해당하지 않는 것은?
① 지적삼각측량
② 지적도근점측량
③ 지적도근보조측량
④ 지적삼각보조점측량

> [해설]
> 기초측량은 지적삼각점측량, 지적삼각보조점측량, 지적도근점측량으로 구분한다.

36 다음 중 지적공부에 해당하지 않는 것은?
① 토지대장
② 임야대장
③ 공유지연명부
④ 지번색인도

> [해설]
> 지적공부의 종류

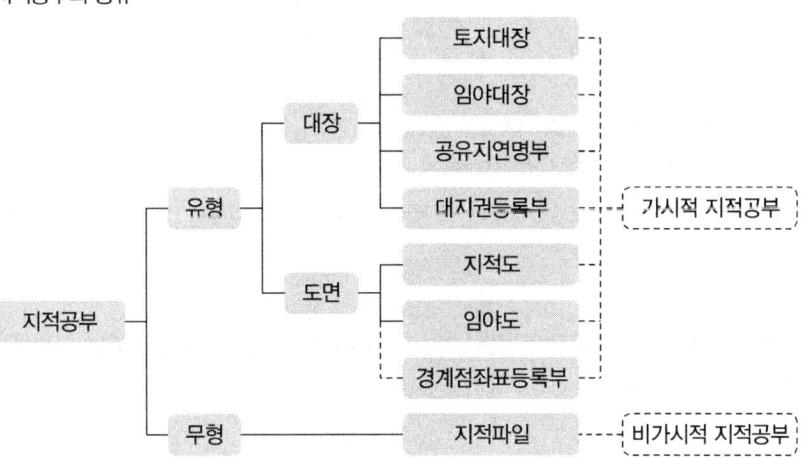

37 축척변경 시행지역의 토지는 언제를 기준으로 토지의 이동이 있는 것으로 보는가?
① 축척변경 시행공고일
② 축척변경에 따른 청산금 납부 통지일
③ 축척변경 확정공고일
④ 축척변경에 따른 청산금 공고일

> [해설]
> 토지의 이동 : 축척변경 시행지역의 토지는 확정공고일에 토지의 이동이 있는 것으로 본다.

정답 35 ③ 36 ④ 37 ③

38 평판측량방법에 따른 세부측량을 교회법으로 하는 경우의 방법 기준으로만 옳게 나열된 것은?

① 도선교회법, 후방교회법
② 후방교회법, 전방교회법
③ 전방교회법, 측방교회법
④ 측방교회법, 도선교회법

해설

측판측량방법에 의한 세부측량에서는 교회법 · 도선법 · 방사법에 의하도록 하고 교회법으로 하는 경우에는 전방교회법 또는 측방교회법에 의한다.

39 지적도와 임야도의 등록사항이 아닌 것은?

① 토지의 소재
② 소유권 지분
③ 지적도면의 색인도
④ 지적도면의 제명 및 축척

해설

지적도와 임야도 등록사항
- 토지의 소재
- 지번
- 지목
- 경계
- 도면의 색인도
- 도면의 제명 및 축척
- 도곽선 및 그 수치
- 좌표에 의하여 계산된 경계점 간 거리(경계점좌표등록부 시행지역)
- 삼각점 및 지적측량기준점의 위치
- 건축물 및 구조물 등의 위치
- 지적소관청의 직인

40 새로 조성된 토지와 지적공부에 등록되어 있지 아니한 토지를 지적공부에 등록하는 것을 무엇이라 하는가?

① 등록전환
② 축척변경
③ 수로측량
④ 신규등록

해설

- 신규등록 : 새로 조성된 토지와 지적공부에 등록되어 있지 아니한 토지를 등록하는 것을 말한다.
- 등록전환 : 임야대장 및 임야도에 등록된 토지를 토지대장 및 지적도에 옮겨 등록하는 것을 말한다.
- 분할 : 지적공부에 등록된 1필지를 2필지 이상으로 나누어 등록하는 것을 말한다.
- 합병 : 지적공부에 등록된 2필지 이상을 1필지로 합하여 등록하는 것을 말한다.
- 지목변경 : 지적공부에 등록된 지목을 다른 지목으로 바꾸어 등록하는 것을 말한다.
- 축척변경 : 지적도에 등록된 경계점의 정밀도를 높이기 위하여 작은 축척을 큰 축척으로 변경하여 등록하는 것을 말한다.

정답 38 ③ 39 ② 40 ④

41 다음 중 현행 지적 관련 법규에 따른 임야도의 축척에 해당하는 것은?

① 1/600
② 1/1,000
③ 1/2,400
④ 1/3,000

해설

지적도면의 축척
- 지적도 : (1/500), (1/600), (1/1,000), (1/2,400), (1/3,000), (1/6,000)
- 임야도 : (1/3,000), (1/6,000)

42 다음 중 1필지로 정할 수 있는 기준이 아닌 것은?

① 종된 용도의 토지의 지목이 "대"인 경우
② 소유자가 동일한 토지인 경우
③ 용도가 동일한 토지인 경우
④ 지반이 연속된 토지인 경우

해설

토지의 등록단위인 1필지를 정하기 위해서는 다음의 기준에 적합하여야 한다.

지번부여지역이 동일	1필지로 획정하고자 하는 토지는 지번부여지역(행정구역인 법정 동·리 또는 이에 준하는 지역)이 같아야 한다. 따라서 1필지의 토지에 동·리 및 이에 준하는 지역이 다른 경우 1필지로 획정할 수 없다.
소유자가 동일	1필지로 획정하고자 하는 토지는 소유자가 동일하여야 한다. 따라서 1필지로 획정하고자 하는 토지의 소유자가 각각 다른 경우에는 1필지로 획정할 수 없다. 또한 소유권 이외의 권리관계까지도 동일하여야 한다.
용도가 동일	1필지로 획정하고자 하는 토지는 지목이 동일하여야 한다. 따라서 1필지 내 토지의 일부가 주된 사용목적 또는 용도가 다른 경우에는 1필지로 획정할 수 없다. 다만, 주된 토지에 편입할 수 있는 토지의 경우에는 필지 내 토지의 일부가 지목이 다른 경우라도 주지목추종의 원칙에 의하여 1필지로 획정할 수 있다.
지반의 연속	1필지로 획정하고자 하는 토지는 지형·지물(도로, 구거, 하천, 계곡, 능선) 등에 의하여 지반이 끊기지 않고 지반이 연속되어야 한다. 즉, 1필지로 하고자 하는 토지는 지반이 연속되지 않은 토지가 있을 경우 별필지로 획정하여야 한다.

43 일람도를 제도할 때 검은색 0.2mm 폭의 2선으로 제도하여야 하는 것은?

① 구거
② 수도선로
③ 지방도로
④ 철도용지

해설

지방도로 이상은 검은색 0.2mm 폭의 2선으로, 그 밖의 도로는 0.1mm의 폭으로 제도한다.

정답 41 ④ 42 ① 43 ③

44 토지조사사업 당시의 재결기관은?

① 부와 면
② 임시토지조사국
③ 임야조사위원회
④ 고등토지조사위원회

해설

구분	토지조사사업	임야조사사업
근거법령	토지조사령(1912.8.13 제령 제2호)	조선임야조사령(1918.5.1 제령 제5호)
조사기간	1910~1918년(8년 10개월)	1916~1924년(9개년)
측량기관	임시토지조사국	부(府)와 면(面)
사정기관	임시토지조사국장	도지사
재결기관	고등토지조사위원회	임야심사위원회
조사내용	토지소유권, 토지가격, 지형·지모	토지소유권, 토지가격, 지형·지모
조사대상	전국에 걸친 평야부 토지 낙산 임야	토지조사에서 제외된 토지 산림 내 개재지(토지)
도면축척	1/600, 1/1,200, 1/2,400	1/3,000, 1/6,000

45 지적제도의 발전 단계별 분류에 해당하지 않는 것은?

① 세지적
② 법지적
③ 다목적지적
④ 수치지적

해설

지적제도의 발전 단계별 분류는 세지적, 법지적, 다목적지적으로 구분한다.

46 도곽선의 역할로 틀린 것은?

① 인접 도면과의 접합 기준
② 지적기준점 전개의 기준
③ 도곽신측량의 측정 기준
④ 필지별 경계를 결정하는 기준

해설

도곽선의 역할
- 인접 도면과의 접합 기준선 역할
- 측량준비도와 측량결과도에서 도북방향의 역할
- 지적측량기준점 전개 시의 기준선 역할
- 도면의 신축 발생 시 측정의 기준선으로 면적 보정
- 외업에서 준비도와 실지의 부합 여부 확인 기준

정답 44 ④ 45 ④ 46 ④

47 다음 중 지적측량에 사용되는 구소삼각지역의 직각좌표계원점이 아닌 것은?

① 고초원점　　② 망산원점　　③ 수준원점　　④ 소라원점

해설

구한말 정부는 토지조사 이전에 특정 지역에 대하여 소삼각측량을 실시하였는데 이 지역의 원점을 구소삼각원점이라 하여 경기도, 서울특별시의 일부 지역과 경상북도와 대구지방에 11개의 원점이 있다.

구소삼각측량은 대삼각측량과 연결하여 측량을 실시하여야 하나 구한말 정부에서는 규모가 크고 경비가 많이 소요되므로 대삼각측량을 실시하지 아니하고 특정한 지역에 독립한 삼각측량을 실시하였는데 이것을 구소삼각측량이라 하며 이 지역에 설치된 원점을 구소삼각원점이라 한다.

- 경인 지역(19개 지역) : 시흥, 교동, 김포, 양천, 강화, 진위, 안산, 양성, 수원, 용인, 남양, 통진, 안성, 죽산, 광주, 인천, 양지, 과천, 부평
- 대구 부근(8개 지역) : 대구, 고령, 청도, 영천, 현풍, 자인, 하양, 경산

경기 및 서울 지역의 원점

원점	위도	경도	단위	종횡선수치
망산원점	북위 37°43′07″.060	동경 126°22′24″.596	간(間)	
계양원점	북위 37°33′01″.124	동경 126°42′49″.685	간(間)	
조본원점	북위 37°26′35″.262	동경 127°14′07″.397	미터(m)	종선(X) : 0
가리원점	북위 37°25′30″.532	동경 126°51′59″.430	간(間)	횡선(Y) : 0
등경원점	북위 37°11′52″.885	동경 126°51′32″.845	간(間)	
고초원점	북위 37°09′03″.530	동경 127°14′41″.585	미터(m)	

경북 및 대구 지역의 원점

원점	위도	경도	단위	종횡선수치
율곡원점	북위 35°57′21″.322	동경 128°57′30″.916	미터(m)	
현창원점	북위 35°51′46″.967	동경 128°46′03″.947	미터(m)	
구암원점	북위 35°51′30″.878	동경 128°35′46″.186	간(間)	종선(X) : 0
금산원점	북위 35°43′46″.532	동경 128°17′26″.070	간(間)	횡선(Y) : 0
소라원점	북위 35°39′58″.199	동경 128°43′36″.841	미터(m)	

2~4등의 구소삼각점 수는 경기 지역에 821점, 경북 지역에 798점으로 합계 1,619점이며 이 중 경기 지역 40점, 경북 지역 63점으로 합계 103점에 대하여는 통일 원점의 성과가 병기되었다. 구소삼각점은 지역 내 약 5,000방리를 1구역으로 하는 중앙부에 위치한 삼각점에서 북극성의 최대이각(Elongation)을 측정하여 진 자오선과 방위각을 결정하였으며, 원점은 X=0m, Y=0m로 하고 단위는 간으로 하였다.

48 토지조사사업의 주된 조사내용과 거리가 먼 것은?

① 토지소유권 조사　　② 건축물의 권리 조사
③ 지형·지모의 조사　　④ 지가의 조사

해설

토지조사사업의 내용
- 토지의 소유권 조사
- 토지의 가격 조사
- 토지의 외모 조사

정답 47 ③　48 ②

49 필지의 배열이 불규칙한 지역에서 진행순서에 따라 지번을 부여하는 방법으로 농촌지역의 지번 설정에 적합한 방법은?

① 기우식
② 단지식
③ 자유부번식
④ 사행식

해설

진행방향에 따른 방법

사행식	• 필지의 배열이 불규칙한 지역에서 진행순서에 따라 지번을 부여하는 방법이다. • 진행방향에 따라 지번이 순차적으로 연속된다. • 농촌지역에 적합하나, 상하좌우로 볼 때 어느 방향에서는 지번이 뛰어넘는 단점이 있다.
기우식 (교호식)	• 도로를 중심으로 하여 한쪽은 홀수인 기수로, 그 반대쪽은 짝수인 우수로 지번을 부여하는 방법으로서 교호식이라고도 한다. • 시가지 지역의 지번 설정에 적합하다.
단지식 (Block식)	• 1단지마다 하나의 지번을 부여하고 단지 내 필지들은 부번을 부여하는 방법으로서 블록식이라고도 한다. • 토지구획정리사업 및 농지개량사업 시행지역에 적합하다.

50 지적측량업자가 손해배상책임을 보장하기 위하여 보증보험에 가입하여야 하는 금액 기준이 옳은 것은?

① 5천만 원 이상
② 1억 원 이상
③ 10억 원 이상
④ 20억 원 이상

해설

지적측량업자가 손해배상책임을 보장하기 위하여 보증보험에 가입해야 하는 금액 기준
• 지적측량업자 : 보장기간이 10년 이상이고 보증금액이 1억 원 이상인 보증보험
• 한국국토정보공사 : 보증금액이 20억 원 이상인 보증보험

51 ( )에 들어갈 말로 옳은 것은?

( )에 따른 경계·좌표 또는 면적은 따로 지적측량을 하지 아니한다.

① 신규등록
② 합병
③ 등록전환
④ 분할

해설

합병에 따른 경계·좌표 또는 면적은 따로 지적측량을 하지 아니한다.

신규등록측량	기존 지적공부에 새로운 토지를 등록하기 위해 실시하는 측량
토지분할측량	지적공부에 등록된 1필지의 토지를 2필지 이상으로 분할하기 위해 실시하는 측량
등록전환측량	임야도에 등록된 토지를 지적도에 옮겨 등록하기 위해 실시하는 측량
경계정정측량	지적공부에 등록되어 있는 경계를 정정하기 위해 실시하는 측량

정답 49 ④ 50 ② 51 ②

지적확정측량	도시계획, 구획정리, 농지개량 등의 사업을 시행하는 지구 내 토지의 필지별 지적을 새로이 확정하기 위해 실시하는 측량
축척변경측량	지적도나 임야도의 축척을 대축척으로 변경하는 지구 내 토지의 필지별 지적을 새로이 확정하기 위해 실시하는 측량
지적복구측량	전란, 화재 등으로 분·소실된 지적공부를 복구할 목적으로 실시하는 측량으로 멸실 당시의 지적공부에 등록되었던 내용을 기초로 하는 측량

52 축척 1/600 지적도 시행지역에서 등록하는 면적의 최소단위는?

① $0.01m^2$ ② $0.1m^2$
③ $1m^2$ ④ $10m^2$

해설

미터제곱 이하 1자리 단위로 면적을 결정할 때
$0.1m^2$ 미만의 끝수가 있는 경우 $0.05m^2$ 미만일 때에는 버리고, $0.05m^2$를 초과할 때에는 올리며, $0.05m^2$일 때에는 구하려는 끝자리의 숫자가 0 또는 짝수이면 버리고 홀수이면 올린다. 다만, 1필지의 면적이 $0.1m^2$ 미만일 때에는 $0.1m^2$로 한다.

면적의 단위와 끝수처리

축척	경계점좌표등록부 시행지역	1/600	그 이외의 지역
등록단위	$0.1m^2$		$1m^2$
최소등록단위	$0.1m^2$		$1m^2$
끝수처리	반올림하되 등록하고자 하는 자릿수의 다음 수가 5인 경우에 한하여 5사5입(五捨五入)법을 적용한다.		

53 1필지의 토지소유자가 2인 이상인 경우 그 지분관계를 기록한 것으로, 지적소관청에 의하여 작성되어 비치되는 것은?

① 경계점좌표등록부   ② 결번대장
③ 공유지연명부   ④ 건축물 대장

해설

공유지연명부란 1필지를 2인 이상이 소유하는 경우에 소유자별 내용을 기록하는 장부이다.

54 다음 중 지적의 기능과 가장 거리가 먼 것은?

① 토지등기의 기초   ② 토지감정평가의 기초
③ 토지이용계획의 기초 ④ 토지소유권 제한의 기초

해설

토지등기의 기초 (선등록 후등기)	지적공부에 토지표시사항인 토지소재, 지번, 지목, 면적, 경계와 소유자가 등록되면 이를 기초로 토지소유자가 등기소에 소유권보존등기를 신청함으로써 토지등기부가 생성된다. 즉 토지표시사항은 토지등기부의 표제부에 소유자는 갑구에 등록한다.

정답 52 ② 53 ③ 54 ④

토지평가의 기초 (선등록 후평가)	토지평가는 지적공부에 등록한 토지에 한하여 이루어지며, 평가는 지적공부에 등록된 토지표시사항을 기초자료로 이용하고 있다.
토지과세의 기초 (선등록 후과세)	토지에 대한 각종 국세와 지방세는 지적공부에 등록된 필지를 단위로 면적과 지목 등 기초자료를 이용하여 결정한 개별공시지가(지가공시 및 토지 등의 평가에 관한 법률)를 과세의 기초자료로 하고 있다.
토지거래의 기초 (선등록 후거래)	토지거래는 지적공부에 등록된 필지단위로 이루어지며, 공부에 등록된 토지표시사항(소재, 지번, 지목, 면적, 경계 등)과 등기부에 등재된 소유권 및 기타 권리관계를 기초로 하여 거래가 이루어지고 있다.
토지이용계획의 기초 (선등록 후계획)	각종 토지이용계획(국토계획, 도시관리계획, 도시개발, 도시재개발 등)은 지적공부에 등록된 토지표시사항을 기초자료로 활용하고 있다.
주소 표기의 기초 (선등록 후설정)	민법에서의 주소, 호적법에서의 본적 및 주소, 주민등록법에서의 거주지·지번·본적, 인감증명법에서의 주소와 기타 법령에 의한 주소·거주지·지번은 모두 지적공부에 등록된 토지소재와 지번을 기초로 하고 있다.

55 종선차(Δx)가 -138.70m, 횡선차(Δy)가 $+85.40$m일 때, 거리와 방위각의 계산이 모두 옳은 것은?

① 거리 156.56m, 방위각 31°37′17″
② 거리 156.86m, 방위각 112°32′23″
③ 거리 162.88m, 방위각 148°22′43″
④ 거리 165.68m, 방위각 211°35′57″

해설

1) 거리 $= \sqrt{\Delta x^2 + \Delta y^2} = \sqrt{138.70^2 + 85.40^2} = 162.88$m

2) 방위각 $= \tan\theta = \dfrac{\Delta y}{\Delta x}$에서 $\theta = \tan^{-1}\dfrac{\Delta y}{\Delta x} = \tan^{-1}\dfrac{85.40}{138.70} = 31°37′17″$

[종선차(Δx)가 $(-)$, 횡선차(Δy)가 $(+)$이므로 2상한에 해당함]

∴ 방위각 $= 180 - 31°37′17″ = 148°22′43″$

56 수치지적에 비하여 도해지적이 갖는 단점이 아닌 것은?

① 개략적인 토지의 위치와 형태를 현장감 있게 파악하기 어렵다.
② 도면의 신축 방지와 보관 관리가 어렵다.
③ 도면작성, 면적측정 등에 오차를 내포하고 있어 고도의 정밀을 요하기가 어렵다.
④ 축척의 크기에 따라 허용오차가 달라 신뢰도의 문제가 발생한다.

해설

1) 도해지적(Graphical Cadastre) : 도해지적은 토지의 각 필지 경계점을 측량하여 지적도 및 임야도에 일정한 축척의 그림으로 묘화하는 것으로서 토지 경계의 효력을 도면에 등록된 경계에 의존하는 제도이다.
   - 각 필지의 경계점을 일정한 축척의 도면 위에 기하학적으로 폐합된 다각형의 형태로 표시하여 좌표로 등록한다.
   - 세지적 제도에서는 토지의 경계표시를 도해지적에 의존하고 있다.
   - 토지의 형상을 시각적으로 용이하게 파악할 수 있다.
   - 측량에 소요되는 비용이 비교적 저렴하다.
   - 다른 지적 분야보다 기술적으로 크게 요구되지 않는다.
   - 농촌지역과 산악지역에서 주로 채택하여 운영하는 제도이다.
   - 도면의 신축 등으로 면적측량 시에 오차가 발생한다.

- 고도의 정밀을 요구하는 경우에는 부적합한 제도이다.
2) 수치지적(Numerical Cadastre) : 수치지적은 토지의 각 필지 경계점을 그림으로 묘화하지 않고 수학적인 평면직각종횡선 수치(X, Y좌표)의 형태로 표시하는 것으로서 도해지적보다 훨씬 정밀하게 경계를 등록할 수 있다.
- 수치지적은 토지에 대한 경계점을 좌표로 표시하여 위치를 나타내 주는 제도이다.
- 측량자의 잘못으로 인한 경우를 제외하고 측량성과의 차이에 따른 토지의 경계분쟁 등 민원 발생이 거의 없는 실정이다.
- 각 필지의 경계점이 좌표로 등록되어 있어 시각적으로 파악이 어렵다.
- 측량성과의 정확성이 높다.
- 각 필지의 경계점을 평면직각종횡선 수치(X, Y좌표)의 형태로 표시하여 등록하는 제도이다.
- 고도의 전문적인 기술이 필요하다.
- 경계를 지상에 복원할 때는 측량 당시의 정확도로 재현할 수 있다.
- 지적의 자동화가 용이하다.
- 도해지적보다 훨씬 정밀하게 경계를 표시한다.
- 경비와 인력의 소요가 많다.
- 다목적지적제도하에서는 토지의 경계를 수치지적에 의존한다.
- 도면제작과정이 복잡하고 고가의 정밀장비가 필요하다.
- 별도의 도면을 작성하여야 한다.

57 도로·구거 등의 토지에 절토된 부분이 있는 경우 지상경계를 새로 결정하는 기준은?

① 그 경사면의 상단부
② 그 경사면의 하단부
③ 그 구조물 등의 중앙
④ 그 구조물 등의 왼쪽

해설

지상경계의 결정
1) 지상경계를 새로이 결정하려는 경우
  ㉠ 연접되는 토지 사이에 고저가 없는 경우는 그 지물 또는 구조물 등의 중앙
  ㉡ 연접되는 토지 사이에 고저가 있는 경우는 그 지물 또는 구조물 등의 하단부
  ㉢ 토지가 해면 또는 수면에 접하는 경우에는 최대만조위 또는 최대만수위가 되는 선
  ㉣ 도로·구거 등의 토지에 절토된 부분이 있는 경우에는 그 경사면의 상단부
  ㉤ 공유수면매립지의 토지 중 제방 등을 토지에 편입하여 등록하는 경우에는 바깥쪽 어깨부분
2) 지상경계의 구획을 형성하는 구조물 등의 소유자가 다른 경우
  지상경계의 구획을 형성하는 구조물 등의 소유자가 다른 경우에는 1)의 ㉠부터 ㉢까지의 규정에도 불구하고 그 소유권에 따라 지상경계를 결정한다.

58 삼각형의 세 변의 길이가 각각 6cm, 8cm, 10cm일 때 이 삼각형의 면적은?

① 12cm^2
② 24cm^2
③ 36cm^2
④ 48cm^2

해설

헤론의 공식 $A = \sqrt{s(s-a)(s-b)(s-c)}$

$s = \dfrac{a+b+c}{2} = \dfrac{6+8+10}{2} = 12$ 이므로

$\therefore A = \sqrt{12(12-6)(12-8)(12-10)} = 24\text{cm}^2$

정답 57 ① 58 ②

59 분할의 경우 지번을 부여하는 방법으로 틀린 것은?

① 분할 후의 필지 중 1필지의 지번은 분할 전의 지번으로 한다.
② 지번을 부여한 나머지 필지의 지번은 본번의 최종 부번 다음 순번으로 부번을 부여한다.
③ 주거·사무실 등의 건축물이 있는 필지에 대해서는 분할 전의 지번을 우선하여 부여한다.
④ 해당 필지가 여러 필지로 분할되는 경우에는 인접 필지의 지번을 공동으로 부여한다.

해설

분할의 경우에는 분할 후의 필지 중 1필지의 지번은 분할 전의 지번으로 하고, 나머지 필지의 지번은 본번의 최종 부번 다음 순번으로 부번을 부여한다. 이 경우 주거·사무실 등의 건축물이 있는 필지에 대해서는 분할 전의 지번을 우선하여 부여하여야 한다.

60 지적 관련 법규에 따라 측량(지적)기준점표지를 이전 또는 파손한 자에 대한 벌칙 기준으로 옳은 것은?

① 4년 이하의 징역 또는 3천만 원 이하의 벌금
② 3년 이하의 징역 또는 2천만 원 이하의 벌금
③ 2년 이하의 징역 또는 2천만 원 이하의 벌금
④ 1년 이하의 징역 또는 1천만 원 이하의 벌금

해설

다음의 어느 하나에 해당하는 자는 2년 이하의 징역 또는 2천만 원 이하의 벌금에 처한다.
- 측량기준점표지를 이전 또는 파손하거나 그 효용을 해치는 행위를 한 자
- 고의로 측량성과를 사실과 다르게 한 자
- 측량성과를 국외로 반출한 자
- 측량업의 등록을 하지 아니하거나 거짓이나 그 밖의 부정한 방법으로 측량업의 등록을 하고 측량업을 한 자
- 성능검사를 부정하게 한 성능검사대행자
- 성능검사대행자의 등록을 하지 아니하거나 거짓이나 그 밖의 부정한 방법으로 성능검사대행자의 등록을 하고 성능검사업무를 한 자

정답 59 ④ 60 ③

2014년 기출문제

01 우리나라에서 규정한 현행 지목의 종류는?

① 28종　　② 24종　　③ 21종　　④ 18종

해설

지목	부호	지목	부호	지목	부호	지목	부호
전	전	대	대	철도용지	철	공원	공
답	답	공장용지	장	제방	제	체육용지	체
과수원	과	학교용지	학	하천	천	유원지	원
목장용지	목	주차장	차	구거	구	종교용지	종
임야	임	주유소용지	주	유지	유	사적지	사
광천지	광	창고용지	창	양어장	양	묘지	묘
염전	염	도로	도	수도용지	수	잡종지	잡

02 지적도 도곽선의 역할로 틀린 것은?

① 도북표시의 기준이 된다.
② 기준점 전개의 기준이 된다.
③ 인접 도면과의 접합 기준이 된다.
④ 필지 경계선 측정의 기준이 된다.

해설

도곽선 및 그 수치
- 도곽선은 지적기준점의 전개, 방위, 인접 도면과의 접합, 도곽의 신축보정 등에 따른 기준선으로의 역할을 하기 때문에 모든 지적도와 임야도에 도곽선을 등록하여야 한다.
- 도곽선의 수치는 해당 지적도에 등록된 토지가 위치하는 좌표, 즉 당해 지적도에 표시된 토지와 원점까지의 거리를 말한다. 도곽선의 수치는 일반원점으로부터 계산하여 종선수치에 600,000m, 횡선수치에 200,000m를 각각 가산하여 언제나 정수가 되도록 하여 도면별 도곽의 북동쪽과 남서쪽의 모서리에 등록하여야 한다.
※ 세계측지계에 따르지 아니하는 지적측량의 경우에는 가우스상사 이중 투영법으로 표시하되, 직각좌표계 투영원점의 가산(加算)수치를 각각 $X(N)$ 500,000m(제주도 지역 550,000m), $Y(E)$ 200,000m로 하여 사용할 수 있다.

03 오차의 종류 중 최소제곱법에 의한 확률법칙에 의해 처리가 가능한 것은?

① 누차　　② 착오　　③ 정오차　　④ 우연오차

정답 01 ① 02 ④ 03 ④

해설

과실(착오, 과대오차 ; Blunders, Mistakes)	관측자의 미숙과 부주의에 의해 일어나는 오차로서 눈금읽기나 야장기입을 잘못한 경우를 포함하며 주의를 하면 방지할 수 있다.
정오차(계통오차, 누차 ; Constant, Systematic Error)	일정한 관측값이 일정한 조건하에서 같은 크기와 같은 방향으로 발생되는 오차를 말하며 관측 횟수에 따라 오차가 누적되므로 누차라고도 한다. 이는 원인과 상태를 알면 제거할 수 있다. • 기계적 오차 : 관측에 사용되는 기계의 불안전성 때문에 생기는 오차 • 물리적 오차 : 관측 중 온도변화, 광선굴절 등 자연현상에 의해 생기는 오차 • 개인적 오차 : 관측자 개인의 시각, 청각, 습관 등에 의해 생기는 오차
부정오차(우연오차, 상차 ; Random Error)	일어나는 원인이 확실치 않고 관측할 때 조건이 순간적으로 변화하기 때문에 원인을 찾기 힘들거나 알 수 없는 오차를 말한다. 때때로 부정오차는 서로 상쇄되므로 상차라고도 하며, 부정오차는 대체로 확률법칙에 의해 처리되는 데 최소제곱법이 널리 이용된다.

04 지적측량업의 등록을 하지 아니하고 지적측량업을 한 자에 대한 벌칙 기준이 옳은 것은?

① 300만 원 이하의 과태료
② 1년 이하의 징역 또는 1,000만 원 이하의 벌금
③ 2년 이하의 징역 또는 2,000만 원 이하의 벌금
④ 3년 이하의 징역 또는 3,000만 원 이하의 벌금

해설

3년 이하의 징역 또는 3천만 원 이하의 벌금	측량업자로서 속임수, 위력(威力), 그 밖의 방법으로 측량업과 관련된 입찰의 공정성을 해친 자는 3년 이하의 징역 또는 3천만 원 이하의 벌금에 처한다.
2년 이하의 징역 또는 2천만 원 이하의 벌금	다음의 어느 하나에 해당하는 자는 2년 이하의 징역 또는 2천만 원 이하의 벌금에 처한다. • 측량기준점표지를 이전 또는 파손하거나 그 효용을 해치는 행위를 한 자 • 고의로 측량성과를 사실과 다르게 한 자 • 측량성과를 국외로 반출한 자 • 측량업의 등록을 하지 아니하거나 거짓이나 그 밖의 부정한 방법으로 측량업의 등록을 하고 측량업을 한 자 • 성능검사를 부정하게 한 성능검사대행자 • 성능검사대행자의 등록을 하지 아니하거나 거짓이나 그 밖의 부정한 방법으로 성능검사대행자의 등록을 하고 성능검사업무를 한 자

05 일반 공중의 종교의식을 위한 건축물의 부지와 이에 접속된 부속시설물 부지의 지목은?

① 사적지
② 종교용지
③ 대
④ 잡종지

해설

종교용지(宗敎用地)	일반 공중의 종교의식을 위하여 예배·법요·설교·제사 등을 하기 위한 교회·사찰·향교 등 건축물의 부지와 이에 접속된 부속시설물의 부지
사적지(史蹟地)	국가유산으로 지정된 역사적인 유적·고적·기념물 등을 보존하기 위하여 구획된 토지. 다만, 학교용지·공원·종교용지 등 다른 지목으로 된 토지에 있는 유적·고적·기념물 등을 보호하기 위하여 구획된 토지는 제외한다.

정답 04 ③ 05 ②

06 과거 호적에서 사람의 이름과 같은 것으로 토지의 식별과 위치의 추측을 쉽게 하는 것은?

① 소유자
② 지번
③ 지목
④ 경계

해설

1) 지번의 정의 : 지번(Parcel Number or Lot Number)이라 함은 필지에 부여하여 지적공부에 등록한 번호로서 국가(지적소관청)가 인위적으로 구획된 1필지별로 1지번을 부여하여 지적공부에 등록하는 것으로 토지의 고정성과 개별성을 확보하기 위하여 지적소관청이 지번부여지역인 법정 동·리 단위로 기번하여 필지마다 아라비아숫자로 순차적으로 연속하여 부여한 번호를 말한다.
2) 지번의 특성 : 지번은 특정성, 동질성, 종속성, 불가분성, 연속성을 가지고 있다. 지번부여지역에 속한 필지들은 지번에 의해 개별성을 보장받게 되기 때문에 지번은 특정성을 지니게 되며, 단식지번과 성질상 부번이 없는 단식지번이 복식지번보다 우세한 것 같지만 지번으로서의 역할에는 하등과 우열의 경중이 없으므로 지번은 유형과 크기에 관계없이 동질성을 지니게 된다. 또한 지번은 부여지역 및 이미 설정된 지번 등에 의해 형성되기 때문에 종속성을 지니게 된다. 지번은 물권변동 또는 설정에 따른 각 권리에 의해 분리되지 않는 불가분성을 지니게 된다.
3) 지번의 기능
 • 필지를 구별하는 개별성과 특정성의 기능을 갖는다.
 • 거주지 또는 주소 표기의 기준으로 이용된다.
 • 위치 파악의 기준으로 이용된다.
 • 각종 토지 관련 정보시스템에서 검색키(식별자·색인키)로서의 기능을 갖는다.

07 지적측량 중 기초측량에 해당하지 않는 것은?

① 지적삼각점측량
② 지적삼각보조점측량
③ 지적확정측량
④ 지적도근측량

해설

기초측량	지적삼각점측량, 지적삼각보조점측량, 지적도근점측량
세부측량	복구측량, 신규등록측량, 등록전환측량, 분할측량, 등록말소측량, 축척변경측량, 등록사항정정측량, 지적확정측량, 경계복원측량, 지적현황측량

08 실제거리 12m를 축척 1/1,200 도면상에 표시하면 도상 몇 mm가 되는가?

① 10mm
② 12mm
③ 20mm
④ 24mm

해설

$\dfrac{1}{m} = \dfrac{도상거리}{실제거리}$, $\dfrac{1}{1,200} = \dfrac{도상거리}{12}$

도상거리 $= \dfrac{12}{1,200} = 0.01\text{m} = 10\text{mm}$

정답 06 ② 07 ③ 08 ①

09 지적도의 축척이 아닌 것은?

① 1/1,000
② 1/1,200
③ 1/2,500
④ 1/3,000

해설

도면의 축척

구분	축척
지적도의 축척	1/500, 1/600, 1/1,000, 1/1,200, 1/2,400, 1/3,000, 1/6,000(7종)
임야도의 축척	1/3,000, 1/6,000(2종)

10 토지거래의 안전과 개인의 토지소유권을 보호하기 위해 만들어진 지적제도는?

① 세지적
② 과세지적
③ 경제지적
④ 법지적

해설

발전 단계에 의한 분류

세지적 (Fiscal Cadastre)	토지에 대한 조세부과를 주된 목적으로 하는 제도로 과세지적이라고도 한다. 국가의 재정수입을 토지세에 의존하던 농경사회에서 개발된 제도로 과세의 표준이 되는 농경지는 기준수확량, 일반토지는 토지등급을 중시하고 지적공부의 등록사항으로는 면적단위를 중시한 지적제도이다.
법지적 (Legal Cadastre)	세지적의 발전된 형태로서 토지에 대한 사유재산권이 인정되면서 생성된 유형으로 소유지적 또는 경계지적이라고도 한다. 토지소유권 보호를 주된 목적으로 하는 제도로 토지거래의 안전과 토지소유권의 보호를 위한 토지경계를 중시한 지적제도이다.
다목적지적 (Multi-purpose Cadastre)	현대사회에서 추구하고 있는 지적제도로 종합지적, 통합지적, 유사지적, 경제지적, 정보지적이라고도 한다. 토지와 관련한 다양한 정보를 종합적으로 등록·관리하고 이를 이용 또는 활용하고 필요한 자에게 제공해 주는 것을 목적으로 하는 지적제도이다.

11 경계점좌표등록부의 등록사항이 아닌 것은?

① 지번
② 부호 및 부호도
③ 토지의 소재
④ 면적

해설

경계점좌표등록부 등록사항
- 토지의 소재
- 지번
- 좌표
- 토지의 고유번호
- 지적도면의 번호
- 필지별 경계점좌표등록부의 장번호
- 부호 및 부호도

정답 09 ③ 10 ④ 11 ④

12 두 점 간의 거리가 D, 종선차가 Δx일 때 두 점 간의 방위각 공식으로 옳은 것은?

① $\theta = \sin^{-1}\dfrac{\Delta x}{D}$
② $\theta = \cos^{-1}\dfrac{\Delta x}{D}$
③ $\theta = \tan^{-1}\dfrac{\Delta x}{D}$
④ $\theta = \cot^{-1}\dfrac{\Delta x}{D}$

해설

• 방위(θ) 및 방위각(V) 계산

종선차(Δx)		$\Delta x = X_B - X_A$
횡선차(Δy)		$\Delta y = Y_B - Y_A$
θ의 계산		$\tan\theta = \left|\dfrac{\Delta y}{\Delta x}\right| \to \theta = \tan^{-1}\left|\dfrac{\Delta y}{\Delta x}\right|$
방위각(V)의 계산	I 상한	$V = \theta =$ 방위각
	II 상한	$V = 180° - \theta$
	III 상한	$V = \theta + 180°$
	IV 상한	$V = 360° - \theta$

• 거리(A 또는 B) 계산

거리($\overline{AB}$)	$\overline{AB} = \dfrac{\Delta y}{\sin\theta}$ or $\dfrac{\Delta x}{\cos\theta}$	거리($\overline{AB}$)	$\overline{AB} = \sqrt{\Delta x^2 + \Delta y^2}$

13 토지소유자가 지목변경을 할 토지가 있으면 그 사유가 발생한 날부터 최대 얼마 이내에 지적소관청에 지목변경을 신청하여야 하는가?

① 15일 이내
② 30일 이내
③ 60일 이내
④ 90일 이내

해설

지목변경 개요	지적공부에 등록된 지목을 다른 지목으로 바꾸어 등록하는 것을 말한다.
지목변경 대상	• 「국토의 계획 및 이용에 관한 법률」 등 관계 법령에 따른 토지의 형질변경 등의 공사가 준공된 경우 • 토지나 건축물의 용도가 변경된 경우 • 도시개발사업 등의 원활한 추진을 위하여 사업시행자가 공사 준공 전에 토지의 합병을 신청하는 경우
신청기한	지목변경 사유발생일로부터 60일 이내에 지적소관청에 신청

14 국토교통부장관이 지적기술자에 대한 측량업무의 수행을 정지시키고자 하는 경우, 심의·의결을 거쳐야 하는 곳은?

① 지방지적위원회
② 중앙인사위원회
③ 중앙지적위원회
④ 노동쟁의위원회

정답 12 ② 13 ③ 14 ③

> **해설**

측량기술자에 대한 업무정지 기준(공간정보의 구축 및 관리 등에 관한 법률 시행규칙 제44조)
1) 법 제42조제1항에 따른 업무정지의 기준
   - 법 제40조제1항에 따른 근무처 및 경력 등의 신고 또는 변경신고를 거짓으로 한 경우 : 1년
   - 법 제41조제4항을 위반하여 다른 사람에게 측량기술경력증을 빌려 주거나 자기의 성명을 사용하여 측량업무를 수행하게 한 경우 : 1년
2) 국토지리정보원장은 위반행위의 동기 및 횟수 등을 고려하여 다음의 구분에 따라 1)에 따른 업무정지의 기간을 줄일 수 있다.
   - 최근 2년 이내에 업무정지처분을 받은 사실이 없는 경우 : 4분의 1 경감
   - 해당 위반행위가 과실 또는 상당한 이유에 의한 것으로서 보완이 가능한 경우 : 4분의 1 경감
   - 제1호와 제2호 모두에 해당할 경우 : 2분의 1 경감

15 좌표면적계산법에 따른 면적 측정 중 전자면적측정기에 따른 허용면적 공식으로 옳은 것은?(단, A는 허용면적, M은 축척분모, F는 2회 측정한 면적의 합계를 2로 나눈 수)

① $A = 0.023^2 M\sqrt{F}$
② $A = 0.026^2 M\sqrt{F}$
③ $A = 0.023 M\sqrt{F}$
④ $A = 0.026 M\sqrt{F}$

> **해설**

면적측정의 방법(지적측량 시행규칙 제20조)
1) 좌표면적계산법에 따른 면적측정의 기준
   - 경위의측량방법으로 세부측량을 한 지역의 필지별 면적측정은 경계점 좌표에 따를 것
   - 산출면적은 1천분의 $1m^2$까지 계산하여 10분의 $1m^2$ 단위로 정할 것
2) 전자면적측정기에 따른 면적측정은 도상에서 2회 측정하여 그 교차가 다음 계산식에 따른 허용면적 이하일 때에는 그 평균치를 측정면적으로 한다.
   $A = 0.023^2 M\sqrt{F}$ (A : 허용면적, M : 축척분모, F : 2회 측정한 면적의 합계를 2로 나눈 수)
3) 측정면적은 1천분의 $1m^2$까지 계산하여 10분의 $1m^2$ 단위로 정할 것

16 세부측량에서 분할측량 시 원면적이 $4,529m^2$, 보정면적의 합계가 $4,550m^2$일 때 하나의 필지에 대한 보정면적이 $2,033m^2$이었다면 이 필지의 산출면적은?

① $2,010.2m^2$
② $2,023.6m^2$
③ $2,014.4m^2$
④ $2,043.6m^2$

> **해설**

산출면적 $= \dfrac{원면적(F)}{보정면적합계(A)} \times 필지별보정면적(a) = \dfrac{4,529}{4,550} \times 2,033 = 2,023.6m^2$

정답 15 ① 16 ②

17 지번의 구성에 대한 설명으로 옳은 것은?
① 지번은 본번으로만 구성한다.
② 지번은 부번으로만 구성한다.
③ 지번은 기호로만 구성한다.
④ 지번은 본번과 부번으로 구성한다.

지번의 구성
- 지번(地番)은 아라비아숫자로 표기하되, 임야대장 및 임야도에 등록하는 토지의 지번은 숫자 앞에 "산"자를 붙인다.
- 지번은 본번(本番)과 부번(副番)으로 구성하되, 본번과 부번 사이에 "－" 표시로 연결한다. 이 경우 "－" 표시는 "의"라고 읽는다.

18 세 변의 길이가 각각 12m, 16m, 20m인 삼각형 모양의 토지 면적은 얼마인가?
① 60m²
② 96m²
③ 120m²
④ 186m²

$$s = \frac{12+16+20}{2} = 24$$
$$A = \sqrt{s(s-a)(s-b)(s-c)} = \sqrt{24(24-12)(24-16)(24-20)} = 96\text{m}^2$$

19 다음 중 자오선의 북방향(북극)을 기준으로 하여 시계방향(우회)으로 측정한 각을 무엇이라 하는가?
① 도북방위각
② 자북방위각
③ 진북방위각
④ 자오선수차

방향각	도북방향을 기준으로 어느 측선까지 시계방향으로 잰 각
방위각	• 자오선을 기준으로 어느 측선까지 시계방향으로 잰 각 • 방위각도 일종의 방향각 • 자북방위각, 역방위각
진북방향각 (자오선수차)	• 도북을 기준으로 한 도북과 자북의 사이각 • 진북방향각은 삼각점의 원점으로부터 동쪽에 위치시(－), 서쪽에 위치시(＋)를 나타낸다. • 좌표원점에서 동서로 멀어질수록 진북방향각이 커진다. • 방향각, 방위각, 진북방향각의 관계 : 방위각(a) = 방향각(T) － 자오선수차($\pm \Delta a$)

20 토지는 국가가 비치하는 지적공부에 등록하여야 공식적 효력이 발생한다는 토지등록의 원리는?
① 국정주의
② 공개주의
③ 실질적 심사주의
④ 형식주의

정답 17 ④ 18 ② 19 ③ 20 ④

해설

기본이념	내용
지적국정주의	지적공부의 등록사항인 토지표시사항을 국가만이 결정할 수 있는 권한을 가진다는 이념이다.
지적형식주의	국가가 결정한 토지에 대한 물리적 현황과 법적 권리관계 등을 외부에서 인식할 수 있도록 일정한 법정의 형식을 갖추어 지적공부에 등록하여야만 효력이 발생한다는 이념으로 「지적등록주의」라고도 한다.
지적공개주의	지적공부에 등록된 사항을 토지소유자나 이해관계인은 물론 일반인에게도 공개한다는 이념이다.
실질적 심사주의	토지에 대한 사실관계를 정확하게 지적공부에 등록·공시하기 위하여 토지를 새로이 지적공부에 등록하거나 등록된 사항을 변경·등록하고자 할 경우 소관청은 실질적인 심사를 실시하여야 한다는 이념으로서 「사실심사주의」라고도 한다.
직권등록주의	국가는 의무적으로 통치권이 미치는 모든 토지에 대한 일정한 사항을 직권으로 조사·측량하여 지적공부에 등록·공시하여야 한다는 이념으로 「적극적 등록주의」 또는 「등록강제주의」라고도 한다.

21 다음 중 삼국시대부터 찾아볼 수 있는 오늘날의 지적과 유사한 토지에 관한 기록과 관계가 없는 것은?

① 도적 ② 장적 ③ 전적 ④ 판적

해설

시대별 토지도면 및 대장

고구려	봉역도(封域圖), 요동성총도(遼東城塚圖)
백제	도적(圖籍)
신라	신라장적(新羅帳籍)
고려	도행(導行), 전적(田籍)
조선	양안(量案) : 야초책·중초책·정서책 등 3단계를 걸쳐 양안이 완성된다. • 구양안(舊量案) : 1720년부터 광무양안(光武量案) 이전 • 신양안(新量案) : 광무양안으로 측량하여 작성된 토지대장
일제	토지대장, 임야대장

22 축척 1/600에 등록할 토지의 면적이 $78.45m^2$로 산출되었을 때 지적공부에 등록하는 결정 면적은?

① $78m^2$
② $78.5m^2$
③ $78.45m^2$
④ $78.4m^2$

해설

미터제곱 이하 1자리 단위로 면적을 결정할 때

$0.1m^2$ 미만의 끝수가 있는 경우 $0.05m^2$ 미만일 때에는 버리고, $0.05m^2$를 초과할 때에는 올리며, $0.05m^2$일 때에는 구하려는 끝자리의 숫자가 0 또는 짝수이면 버리고 홀수이면 올린다. 다만, 1필지의 면적이 $0.1m^2$ 미만일 때에는 $0.1m^2$로 한다.

정답 21 ④ 22 ④

23 지적 기초측량의 방법이 아닌 것은?

① 평판측량방법
② 전파기측량방법
③ 경위의측량방법
④ 위성측량방법

해설

기초측량	세부측량의 기초로 사용하는 기준점인 위치를 결정하는 골조측량으로 주로 경위의측량방법과 전자파측거기 측량방법 및 사진측량방법, 위성측량방법으로 실시한다.
세부측량	• 필지의 위치, 경계, 면적 등의 세부사항을 결정하는 측량으로 주로 측판측량방법과 경위의측량방법 및 사진측량방법, 위성측량방법으로 실시한다. • 지적확정측량과 시지역의 축척변경측량은 경위의측량방법, 전파기 또는 광파기측량방법으로 실시한다. • 농지개발사업 등으로 농지가 협소할 때에는 측판측량방법이나 사진측량방법으로 할 수 있다.

24 소극적 지적에 대한 설명으로 옳은 것은?

① 신고된 사항만을 등록하는 방식이다.
② 신고가 없어도 국가가 직권으로 등록하는 방식이다.
③ 세원을 결정하여 과세하는 지적제도이다.
④ 일필지의 면적을 측정하는 방법이다.

해설

적극적 지적	소극적 지적
• 직권등록주의(강제주의) • 소유자의 신청 여부에 관계없이 국가는 직권으로 조사하여 등록할 의무를 가진다. • 토렌스 시스템 • 권리보험제도 불필요 • 실질적 심사주의(사실심사권) • 공신력 인정	• 신청주의 • 토지소유자의 신청이 있는 때에만 등록의무를 가진다. • 리코딩 시스템 • 권리보험제도 필요 • 형식적 심사주의 • 공신력 불인정

25 축척 1/1,200 지역에서 종선의 신축오차가 −1.8mm, −0.8mm, 횡선의 신축오차가 −1.2mm, −0.6mm일 때 도곽선의 신축량은?

① −0.9mm
② −1.0mm
③ −1.1mm
④ −1.2mm

해설

$$S = \frac{\Delta x_1 + \Delta x_2 + \Delta y_1 + \Delta y_2}{4} = \frac{1.8 + 0.8 + 1.2 + 0.6}{4} = -1.1\text{mm}$$

정답 23 ① 24 ① 25 ③

26 조선시대의 토지대장인 양안에 기재되지 않았던 것은?

① 토지 소재
② 토지 등급
③ 토지 면적
④ 토지 연혁

해설

토지기록부
1) 고려시대의 토지대장인 양안(量案)이 완전한 형태로 지금까지 남아 있는 것은 없으나 고려 초기 사원이 소유한 토지에 대한 토지대장의 형식과 기재내용은 사원에 있는 석탑의 내용에 나타나 있다. 이를 보면 토지소재지와 면적, 지목, 경작유무, 사표(동서남북의 토지에 대한 기초적인 정보를 제공하는 표식) 등 현대의 토지대장 내용과 비슷함을 알 수 있다. 고려 말기에 와서는 과전법이 실시되어 양안도 초기나 중기의 것과는 전혀 다른 과전법에 적합한 양식으로 고쳐지고 토지의 정확한 파악을 위하여 지번(자호)제도를 창설하게 되었다. 이 지번(자호)제도는 조선에 와서 일자오결제도(一字五結制度)의 계기가 되었으며, 조선에서는 이를 천자답(天字畓), 지자답(地字畓) 등으로 바뀌었다.
2) 양안 : 토지의 소재지, 토지의 소유주, 지목, 면적, 등급, 형상, 사표 등이 기록됨
3) 도행 : 송량경이 정두사의 전지를 측량하여 도행이라는 토지대장 작성
4) 작 : 양전사 전수창부경 예언, 하전 봉휴, 산사천달 등이 송량경의 도행을 기초로 작이라는 토지대장을 만듦
5) 자호제도 시행(최초)

※ 양안의 명칭
- 고려시대 양안 명칭 : 도전장, 양전도장, 양전장적, 도전정, 도행, 전적, 적, 전부, 안, 원적 등
- 조선시대 양안 명칭 : 양안, 양안등서책, 전안, 전답안, 성책, 양명등서차, 전답결대장, 전답결타량정안, 전답타량책, 전답타량안, 전답결정안, 전답양안, 전답행번, 양전도행장 등

27 경계의 표시방법별 분류에 의한 지적제도로 옳은 것은?

① 과세지적, 지배지적
② 소유지적, 치수지적
③ 도해지적, 수치지적
④ 입체지적, 다목적지적

도해지적 (Graphical Cadastre)	도해지적은 토지의 각 필지 경계점을 측량하여 지적도 및 임야도에 일정한 축척의 그림으로 묘화하는 것으로서 토지 경계의 효력을 도면에 등록된 경계에 의존하는 제도이다.
수치지적 (Numerical Cadastre)	수치지적은 토지의 각 필지 경계점을 그림으로 묘화하지 않고 수학적인 평면직각종횡선 수치(X, Y 좌표)의 형태로 표시하는 것으로서 도해지적보다 훨씬 정밀하게 경계를 등록할 수 있다.
계산지적 (Computational Cadastre)	계산지적은 경계점의 정확한 위치결정이 용이하도록 측량기준점과 연결하여 관측하는 지적제도를 말한다. 측량방법은 수치지적과 계산지적의 차이가 없으나 수치지적은 일부의 특정 지역이나 토지구획정리, 농업생산기반 정비 등 사업지구 단위로 국지적인 수치데이터에 의하여 측량을 실시하는 것을 의미한다. 계산지적은 국가의 통일된 기준좌표계에 의하여 각 경계상의 굴곡점을 좌표로 표시하는 지적제도로서 전국 단위로 수치데이터에 의거 체계적인 측량이 가능하다. 기술적 측면에서의 지적제도는 계산지적제도가 바람직한 지적제도라고 할 수 있으나 현행 우리나라 지적제도는 도해지적제도로 출발하여 수치지적으로 전환하는 과정에 있는 실정이다.

28 축척이 1/6,000인 지역에서 토지의 원면적이 1,000m인 경우 분할 후 각 필지의 면적의 합계와 분할 전 면적과의 오차의 허용범위는?

① ±25.6m² ② ±21.4m² ③ ±128.3m² ④ ±64.1m²

> **해설**
>
> **오차의 허용범위**
> 분할 후 각 필지의 면적의 합계와 분할 전 면적과의 오차의 허용범위는 다음 산식에 의한다. 이 경우 오차의 허용범위를 계산함에 있어서 축척이 3천분의 1인 지역의 축척분모는 6천으로 한다.
> $A = 0.026^2 M\sqrt{F}$
> $= 0.026^2 \times 6,000 \times \sqrt{1,000} = \pm128.26\text{m}^2$
> 여기서, A : 오차허용면적, M : 축척분모, F : 원면적

29 축척 1/1,200 지적도상에 한 변이 1.5cm인 정사각형으로 등록된 토지의 면적은 몇 m²인가?

① 180m² ② 225m² ③ 270m² ④ 324m²

> **해설**
>
> $\left(\dfrac{1}{m}\right)^2 = \left(\dfrac{\text{도상거리}}{\text{실제거리}}\right)^2 = \dfrac{\text{도상면적}}{\text{실제면적}}$
> 실제면적 $= (1,200 \times 0.015)^2 = 324\text{m}^2$

30 토지조사사업 당시 토지조사부의 기록 순서로 옳은 것은?

① 각 동(洞), 리(理)마다 지번의 순서에 따라
② 각 시(市)마다 지번의 순서에 따라
③ 각 도(道)마다 소유자의 이름 순서에 따라
④ 측량지역별로 측량순서에 따라

> **해설**
>
> | | |
> |---|---|
> | 토지조사부 | 토지소유권의 사정원부로 이용하기 위하여 각 동(洞), 리(理)마다 지번의 순서에 따라 토지소재, 지번, 지목, 면적, 토지소유자 등을 기록한 토지조사부가 있다. |
> | 토지대장 | 토지조사부와 등급조사부 등의 자료에 의하여 작성한 토지대장이 있다. |
> | 지적도 | 토지의 경계를 도화한 지적도가 3가지 축척으로 구분하였다.
• 시가 : 1/600 • 평야지 : 1/1,200 • 산간지 : 1/2,400 |
> | 강계(疆界) | • 지목을 구별한다.
• 소유권의 분계(分界)를 확정하기 위한 것으로서 소유자 및 지목이 동일하고 연속된 토지를 1필로 함을 원칙으로 하였다. |
> | 지목 | 지목은 과세지, 면세지, 비과세지 등 18종으로 구별하였다.
• 과세지 : 전, 답, 대, 지소, 임야, 잡종지
• 공공용지에 속하는 면세지 : 사사지, 분묘지, 공원지, 철도용지, 수도용지
• 비과세지 : 도로, 하천, 구거, 제방, 성첩, 철도선로, 수도선로 |

정답 28 ③ 29 ④ 30 ①

31 우리나라의 지번부여 방향 원칙은?

① 북서 → 남동
② 남동 → 북서
③ 북동 → 남서
④ 남서 → 북동

해설

1) 지번의 구성
   - 지번(地番)은 아라비아숫자로 표기하되, 임야대장 및 임야도에 등록하는 토지의 지번은 숫자 앞에 "산"자를 붙인다.
   - 지번은 본번(本番)과 부번(副番)으로 구성하되, 본번과 부번 사이에 "-" 표시로 연결한다. 이 경우 "-" 표시는 "의"라고 읽는다.
2) 지번부여 기준
   - 지번은 지적소관청이 지번부여지역별로 차례대로 부여한다.
   - 지번은 북서에서 남동으로 순차적으로 부여할 것

32 도로 · 철도용지 · 하천 · 제방 · 구거 · 수도용지 등의 지목이 서로 중복될 때 먼저 등록된 토지의 사용목적에 따라 지목을 설정하는 원칙을 무엇이라 하는가?

① 용도경중의 원칙
② 등록선후의 원칙
③ 주지목추종의 원칙
④ 일시변경불변의 원칙

해설

지목의 설정원칙

일필일지목의 원칙	일필지의 토지에는 1개의 지목만을 설정하여야 한다는 원칙
주지목추종의 원칙	주된 토지의 사용목적 또는 용도에 따라 지목을 정하여야 한다는 원칙
등록선후의 원칙	지목이 서로 중복될 때는 먼저 등록된 토지의 사용목적 또는 용도에 따라 지목을 설정하여야 한다는 원칙
용도경중의 원칙	지목이 중복될 때는 중요한 토지의 사용목적 또는 용도에 따라 지목을 설정
일시변경불변의 원칙	임시적이고 일시적인 용도의 변경이 있는 경우에는 등록전환을 하거나 지목변경을 할 수 없다.
사용목적추종의 원칙	도시계획사업 등의 완료로 인하여 조성된 토지는 사용목적에 따라 지목을 설정하여야 한다는 원칙

33 다음 중 경계점의 위치를 평면직각좌표를 이용하여 등록 · 관리하는 지적제도는?

① 도해지적
② 3차원지적
③ 수치지적
④ 다목적지적

해설

- 도해지적(Graphical Cadastre) : 도해지적은 토지의 각 필지 경계점을 측량하여 지적도 및 임야도에 일정한 축척의 그림으로 묘화하는 것으로서 토지 경계의 효력을 도면에 등록된 경계에 의존하는 제도이다.
- 수치지적(Numerical Cadastre) : 수치지적은 토지의 각 필지 경계점을 그림으로 묘화하지 않고 수학적인 평면직각종횡선 수치(X, Y좌표)의 형태로 표시하는 것으로서 도해지적보다 훨씬 정밀하게 경계를 등록할 수 있다.

정답 31 ① 32 ② 33 ③

34 토지가 해면에 접하는 경우 경계를 결정하는 기준은?

① 평균해수위   ② 측정 당시 수위   ③ 최대만조위   ④ 중등 수위

해설

높이의 기준

위치(位置)	세계측지계(世界測地系)에 따라 측정한 지리학적 경위도와 높이(평균해면으로부터의 높이를 말한다)로 표시한다. 다만 지도제작 등을 위하여 필요한 경우에는 직각좌표와 높이, 극좌표와 높이, 지구중심 직교좌표 및 그 밖의 다른 좌표로 표시할 수 있다.
측량의 원점(測量의 原點)	대한민국 경위도원점(經緯度原點) 및 수준원점(水準原點)으로 한다. 다만 섬 등 대통령령으로 정하는 지역에 대하여는 국토교통부장관이 따로 정하여 고시하는 원점을 사용할 수 있다.
간출지(干出地)의 높이와 수심	수로조사에서 간출지(干出地)의 높이와 수심은 기본수준면(일정 기간 조석을 관측하여 분석한 결과 가장 낮은 해수면)을 기준으로 측량한다. 〈삭제 2020.2.18.〉
해안선	해수면이 약최고고조면(略最高高潮面 : 일정 기간 조석을 관측하여 분석한 결과 가장 높은 해수면)에 이르렀을 때의 육지와 해수면과의 경계로 표시한다. 〈삭제 2020.2.18.〉

- 국토교통부장관은 수로조사와 관련된 평균해수면, 기본수준면 및 약최고고조면에 관한 사항을 정하여 고시하여야 한다.
- 제1항에 따른 세계측지계, 측량의 원점 값의 결정 및 직각좌표의 기준 등에 필요한 사항은 대통령령으로 정한다.

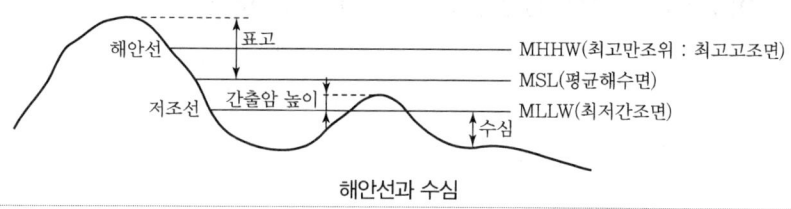

해안선과 수심

35 토지조사사업 당시 사정의 사항은?

① 지번   ② 지목   ③ 면적   ④ 소유자

해설

1) 사정과 재결의 법적 근거
   - 사정은 공시되었고 공시기간 만료 후 60일 이내에 고등토지조사위원회(高等土地調査委員會)에 이의를 제출할 수 있도록 되었다(토지조사령 제11조).
   - 토지조사령은 "토지소유자의 권리는 사정의 확정 또는 재결에 의하여 확정한다."고 규정하였다(제15조).
   - 그 확정의 효력발생 시기는 신고 또는 국유통지의 당일로 소급되었다(제10조).

2) 사정방법

토지소유자 사정	• 토지의 소유자는 국가, 지방자치단체, 각종 법인, 법인에 유사한 단체, 개인 등 • 지주가 사망하고 상속자가 정해지지 않은 경우에는 사망자의 명으로 사정하였다. • 신사, 사원, 교회 등의 종교단체는 법인에 준하여 사정하였다. • 종중, 기타 단체명의로 신고되었으나 법인 자격이 없는 것은 공유명의 또는 단체명의로 등록하였다.
강계 사정	• 강계라 함은 지적도상에 제도된 소유자가 다른 경계선을 말한다. • 지적도에 제도되어 있어도 지역선은 사정하지 않는다. • 사정선인 강계선은 불복신립이 인정되었다.
사정 불복	• 토지사정에 불복이 있는 경우 사정 공시 만료 후 60일 이내에 불복신청 • 사정, 재결이 있는 날로부터 3년 이내에 재결을 받을 만한 행위에 근거한 재판소의 판결확정

36 지적공부의 복구에 관한 관계 자료가 아닌 것은?

① 지적공부의 등본
② 측량결과도
③ 토지이동정리결의서
④ 복구자료조사서

해설

지적공부의 복구자료에 관한 관계자료
- 지적공부의 등본
- 측량결과도
- 토지이동정리결의서
- 부동산등기부등본 등 등기 사실을 증명하는 서류
- 지적소관청이 작성하거나 발행한 지적공부의 등록내용을 증명하는 서류
- 지적공부를 복제하여 관리하는 시스템에서 복제된 지적공부
- 법원의 확정판결서 정본 또는 사본

37 토지대장에 등록된 4필지를 합병할 경우 부여해야 할 지번은?

① 1-2
② 12
③ 105
④ 123-1

해설

합병
- 합병 대상 지번 중 선순위의 지번을 그 지번으로 하되, 본번으로 된 지번이 있을 때에는 본번 중 선순위의 지번을 합병 후의 지번으로 한다.
- 토지소유자가 합병 전의 필지에 주거·사무실 등의 건축물이 있어서 그 건축물이 위치한 지번을 합병 후의 지번으로 신청할 때에는 그 지번을 합병 후의 지번으로 부여하여야 한다.

38 모든 토지에 대하여 필지별로 소재·지번·지목·면적·경계 또는 좌표 등을 조사·측량하여 지적공부에 등록하여야 하는 자는?

① 안전행정부장관
② 국토교통부장관
③ 기획재정부장관
④ 시·도지사

해설

지적측량의 실시(공간정보의 구축 및 관리 등에 관한 법률 제23조)
지적측량의 방법 및 절차 등에 필요한 사항은 국토교통부령으로 정한다.

39 지적공부에 토지의 소재·지번·지목·면적·경계 또는 좌표를 등록한 것을 무엇이라 하는가?

① 토지의 이동
② 토지표제
③ 토지의 표시
④ 지적 기록

정답 36 ④ 37 ② 38 ② 39 ③

해설

토지의 표시
지적공부에 토지의 소재·지번(地番)·지목(地目)·면적·경계 또는 좌표를 등록한 것을 말한다.

40 일자오결제의 지번제도를 시행하였던 시대는?
① 조선시대
② 신라시대
③ 백제시대
④ 고구려시대

해설

일자오결제도
양안에 토지를 표시함에 있어서 양전의 순서에 의하여 1필지마다 천자문(千字文)의 자번호를 부여하였다. 자번호(字番號)는 자(字)와 번호(番號)로서 천자문의 1글자는 폐경전, 기경전을 막론하고 5결이 되면 부여하였다. 이때 1결의 크기가 1등전의 경우 사방 1만 척으로 정하였다. 조선시대 인조 때 논의하고 숙종 때 실시하여 대한제국을 거쳐 일제 초기까지 약 160년 동안 사용되었다.

41 공유지연명부의 등록사항이 아닌 것은?
① 토지의 소재
② 지목
③ 소유권 지분
④ 토지의 고유번호

해설

공유지연명부
1) 1필지의 토지소유자가 2인 이상인 때에는 소유자에 관한 사항을 별도로 등록하기 위하여 작성하는 지적공부를 말한다.
2) 등록사항 : 공유지연명부에 다음 사항을 등록하여야 한다.
 • 토지의 소재
 • 지번
 • 소유권 지분
 • 소유자의 성명 또는 명칭, 주소 및 주민등록번호
 • 토지의 고유번호
 • 필지별 공유지연명부의 장번호
 • 토지소유자가 변경된 날과 그 원인

42 지적측량을 하여야 하는 경우가 아닌 것은?
① 신규등록
② 합병
③ 등록전환
④ 분할

해설

토지이동의 종류
신규등록, 등록전환, 분할, 합병, 지목변경, 축척변경, 도시개발사업 등의 신고 등

지적측량을 요하는 경우	신규등록, 등록전환, 분할, 축척변경, 도시개발사업 등의 신고
지적측량을 요하지 않는 경우	합병, 지목변경

정답 40 ① 41 ② 42 ②

43 평판측량방법에 따른 세부측량의 방법이 아닌 것은?

① 교회법
② 도선법
③ 방사법
④ 배각법

해설

세부측량
- 평판측량 : 교회법, 도선법, 방사법
- 경위의측량 : 도선법, 방사법

44 제도 시 붉은색을 사용하지 않는 것은?

① 도곽선
② 도곽선 수치
③ 지방도로
④ 말소선

해설

1) 경계의 제도
   - 경계는 0.1mm 폭으로 제도한다.
   - 1필지의 경계가 도곽선에 걸쳐 등록되어 있는 경우에는 도곽선 밖의 여백에 경계를 제도하거나, 도곽선을 기준으로 다른 도면에 나머지 경계를 제도한다. 이 경우 다른 도면에 경계를 제도하는 때에는 지번 및 지목은 붉은색으로 한다.
   - 경계점좌표등록부 시행지역의 도면(경계점 간 거리등록을 하지 아니한 도면을 제외한다)에 등록하는 경계점 간 거리는 검은색으로 1.5mm 크기의 아라비아숫자로 제도한다. 다만, 경계점 간 거리가 짧거나 경계가 원을 이루는 경우에는 거리를 등록하지 아니할 수 있다.
2) 지번·지목의 제도
   - 지번 및 지목은 경계에 닿지 않도록 필지의 중앙에 제도한다. 다만, 1필지의 토지가 형상이 좁고 길어서 필지의 중앙에 제도하기가 곤란한 때에는 가로쓰기가 되도록 도면을 왼쪽 또는 오른쪽으로 돌려서 제도할 수 있다.
   - 지번 및 지목을 제도하는 때에는 지번 다음에 지목을 제도한다. 이 경우 명조체의 2mm 내지 3mm의 크기로, 지번의 글자 간격은 글자 크기의 1/4 정도, 지번과 지목의 글자 간격은 글자 크기의 1/2 정도 띄워서 제도한다. 다만, 전산정보처리조직이나 레터링으로 작성하는 경우에는 고딕체로 할 수 있다.
   - 1필지의 면적이 작아서 지번과 지목을 필지의 중앙에 제도할 수 없는 때에는 ㄱ, ㄴ, ㄷ, …, ㄱ^1, ㄴ^1, ㄷ^1, …, ㄱ^2, ㄴ^2, ㄷ^2, … 등으로 부호를 붙이고, 도곽선 밖에 그 부호·지번 및 지목을 제도한다. 이 경우 부호가 많아서 그 도면의 도곽선 밖에 제도할 수 없는 경우에는 별도로 부호도를 작성할 수 있다.
3) 도곽선의 제도
   - 도곽선은 지적기준점의 전개, 방위, 인접 도면과의 접합, 도곽의 신축보정 등에 따른 기준선으로의 역할을 하기 때문에 모든 지적도와 임야도에 도곽선을 등록하여야 한다.
   - 도면의 윗방향은 항상 북쪽이 되어야 한다(도북방향).
   - 지적도는 도곽의 크기는 가로 40cm, 세로 30cm의 직사각형으로 한다.
   - 도곽의 구획은 좌표의 원점을 기준으로 하여 정하되, 그 도곽의 종횡선수치는 좌표의 원점으로부터 기산하여 종횡선수치를 각각 가산한다.
   - 이미 사용하고 있는 도면의 도곽 크기는 제4항의 규정에 불구하고 종전에 구획되어 있는 도곽과 그 수치로 한다.
   - 도곽선은 0.1mm 의 폭으로 붉은색, 도곽선의 수치는 도곽선 왼쪽 아랫부분과 오른쪽 윗부분의 종횡선교차점 바깥쪽에 2mm 크기의 붉은색으로 아라비아숫자로 제도한다.

정답 43 ④ 44 ③

45 축척 1/600 지역의 일반원점지역에서 지적도 1장에 포용되는 지상 면적은?

① 30,000m² ② 50,000m²
③ 120,000m² ④ 200,000m²

해설

구분	축척	도곽면적(m²)	도상길이(cm)		지상길이(m)	
			종선	횡선	종선	횡선
토지대장등록지 (지적도)	1/500	30,000	30	40	150	200
	1/600	50,000	41.666	33.333	200	250
	1/1,000	120,000	30	40	300	400
	1/1,200	200,000	41.666	33.333	400	500
	1/2,400	800,000	41.666	33.333	800	1,000
	1/3,000	1,800,000	40	50	1,200	1,500
	1/6,000	7,200,000	40	50	2,400	3,000
임야대장등록지 (임야도)	1/3,000	1,800,000	40	50	1,200	1,500
	1/6,000	7,200,000	40	50	2,400	3,000

46 경계점좌표등록부에 등록하는 지역의 토지면적을 등록하는 최소단위 기준은?

① 100m² ② 10m² ③ 1m² ④ 0.1m²

해설

측량계산의 끝수처리

- 미터제곱 단위로 면적을 결정할 때 : 토지의 면적에 1m² 미만의 끝수가 있는 경우 0.5m² 미만일 때에는 버리고, 0.5m²를 초과하는 때에는 올리며, 0.5m²일 때에는 구하려는 끝자리의 숫자가 0 또는 짝수이면 버리고 홀수이면 올린다. 다만, 1필지의 면적이 1m² 미만일 때에는 1m²로 한다.
- 미터제곱 이하 1자리 단위로 면적을 결정할 때 : 0.1m² 미만의 끝수가 있는 경우 0.05m² 미만일 때에는 버리고, 0.05m²를 초과할 때에는 올리며, 0.05m²일 때에는 구하려는 끝자리의 숫자가 0 또는 짝수이면 버리고 홀수이면 올린다. 다만, 1필지의 면적이 0.1m² 미만일 때에는 0.1m²로 한다.

면적의 단위와 끝수처리

축척	경계점좌표등록부 시행지역	1/600	그 이외의 지역
등록단위	0.1m²	0.1m²	1m²
최소등록단위	0.1m²	0.1m²	1m²
끝수처리	반올림하되 등록하고자 하는 자릿수의 다음 수가 5인 경우에 한하여 5사5입(五捨五入)법을 적용한다.		

47 지목의 표기방법이 틀린 것은?

① 공장용지 → 장 ② 수도용지 → 수
③ 유원지 → 유 ④ 공원 → 공

정답 45 ② 46 ④ 47 ③

> **해설**

지목	부호	지목	부호	지목	부호	지목	부호
전	전	대	대	철도용지	철	공원	공
답	답	공장용지	장	제방	제	체육용지	체
과수원	과	학교용지	학	하천	천	유원지	원
목장용지	목	주차장	차	구거	구	종교용지	종
임야	임	주유소용지	주	유지	유	사적지	사
광천지	광	창고용지	창	양어장	양	묘지	묘
염전	염	도로	도	수도용지	수	잡종지	잡

48 세부측량 시 필지마다 면적을 측정하지 않아도 되는 경우는?

① 토지를 분할하는 경우
② 토지를 신규등록하는 경우
③ 토지를 합병하는 경우
④ 토지의 경계를 정정하는 경우

> **해설**
>
> **토지이동의 종류**
> 신규등록, 등록전환, 분할, 합병, 지목변경, 축척변경, 도시개발사업 등의 신고 등
>
> | 지적측량을 요하는 경우 | 신규등록, 등록전환, 분할, 축척변경, 도시개발사업 등의 신고 |
> |---|---|
> | 지적측량을 요하지 않는 경우 | 합병, 지목변경 |

49 진행방향에 따른 지번부여 방식이 아닌 것은?

① 회전식　　② 기우식　　③ 단지식　　④ 사행식

> **해설**
>
> **진행방법**
>
> | 사행식 | • 필지의 배열이 불규칙한 지역에서 진행순서에 따라 지번을 부여하는 방법이다.
• 진행방향에 따라 지번이 순차적으로 연속된다.
• 농촌지역에 적합하나, 상하좌우로 볼 때 어느 방향에서는 지번이 뛰어넘는 단점이 있다. |
> |---|---|
> | 기우식
(교호식) | • 도로를 중심으로 하여 한쪽은 홀수인 기수로, 그 반대쪽은 짝수인 우수로 지번을 부여하는 방법으로서 교호식이라고도 한다.
• 시가지 지역의 지번 설정에 적합하다. |
> | 단지식
(Block식) | • 1단지마다 하나의 지번을 부여하고 단지 내 필지들은 부번을 부여하는 방법으로서 블록식이라고도 한다.
• 토지구획정리사업 및 농지개량사업 시행지역에 적합하다. |

50 도면에 등록하는 동·리의 행정구역선은 얼마의 폭으로 제도하여야 하는가?

① 0.1mm　　② 0.2mm　　③ 0.3mm　　④ 0.4mm

정답 48 ③　49 ①　50 ②

해설

선 0.1mm	경계선을 그릴 때 사용
선 0.2mm	기초점을 그릴 때 사용
선 0.4mm	행정구역선을 그릴 때 사용(단, 리·동 경계는 0.2mm)
검은색	별도로 색별지정을 하지 않을 경우에는 검은색으로 한다.
붉은색	도곽선, 도곽선수치, 말소선 등에 사용한다. 또 2도면 이상에 걸친 토지로서 그 일부가 다른 도면에 등록된 토지의 지번 및 지목 주기에도 사용한다.

51 지상건축물 등의 현황을 지적도 및 임야도에 등록된 경계와 대비하여 표시하는 데 필요한 측량을 무엇이라 하는가?

① 지상측량
② 지적현황측량
③ 경계측량
④ 지적도근측량

해설

신규등록측량	기존 지적공부에 새로운 토지를 등록하기 위해 실시하는 측량이다.
토지분할측량	지적공부에 등록된 1필지의 토지를 2필지 이상으로 분할하기 위해 실시하는 측량이다.
등록전환측량	임야도에 등록된 토지를 지적도에 옮겨 등록하기 위해 실시하는 측량이다.
경계정정측량	지적공부에 등록되어 있는 경계를 정정하기 위해 실시하는 측량이다.
지적확정측량	도시계획, 구획정리, 농지개량 등의 사업을 시행하는 지구 내 토지의 필지별 지적을 새로이 확정하기 위해 실시하는 측량이다.
축척변경측량	지적도나 임야도의 축척을 대축척으로 변경하는 지구 내 토지의 필지별 지적을 새로이 확정하기 위해 실시하는 측량이다.
지적복구측량	전란, 화재 등으로 분·소실된 지적공부를 복구할 목적으로 실시하는 측량으로 멸실 당시의 지적공부에 등록되었던 내용을 기초로 하는 측량이다.
경계복원측량	지적공부에 등록된 토지의 경계를 지상에 복원할 목적으로 실시하는 측량으로 등록 당시의 측량방법을 기초로 하는 측량이다.
지적현황측량	지상구조물 또는 지하시설물의 점유관계를 지적공부에 등록된 경계와 대비하여 표시할 목적으로 실시하는 측량으로 성과의 도시가 필요한 측량이다.
기초측량	지적측량의 기초점인 지적삼각점, 지적삼각보조점 및 지적도근점의 위치를 결정하기 위해 실시하는 측량으로 기초점의 위치는 평면직각좌표로 표현한다.

52 일반적인 토지대장의 형식에 해당하지 않는 것은?

① 장부식 대장
② 편철식 대장
③ 카드식 대장
④ 천공식 대장

해설

일반적인 토지대장의 형식은 장부식 대장, 편철식 대장, 카드식 대장이 있다.

정답 51 ② 52 ④

53 지적소관청이 축척변경을 하려면 축척변경위원회의 의결을 거친 후 누구의 승인을 받아야 하는가?

① 한국국토정보공사   ② 중앙지적위원회
③ 안전행정부장관   ④ 시·도지사

해설

축척변경 승인신청
지적소관청이 축척변경을 할 때에는 축척변경사유를 적은 승인신청서에 다음의 서류를 첨부하여 시·도지사 또는 대도시 시장에게 제출하여야 한다.
• 축척변경의 사유
• 토지소유자의 동의서
• 지번 등 명세
• 축척변경위원회의 의결서 사본

54 임야대장 및 임야도에 등록된 토지를 토지대장 및 지적도에 옮겨 등록하는 것은?

① 신규등록   ② 지목변경
③ 등록전환   ④ 임야변경

해설

등록전환 : 임야대장 및 임야도에 등록된 토지를 토지대장 및 지적도에 옮겨 등록하는 것을 말한다.

55 지적 관련 법령에 규정된 지적공부에 해당하는 것은?

① 지적도   ② 지형도
③ 수치도   ④ 토양도

해설

지적공부의 종류

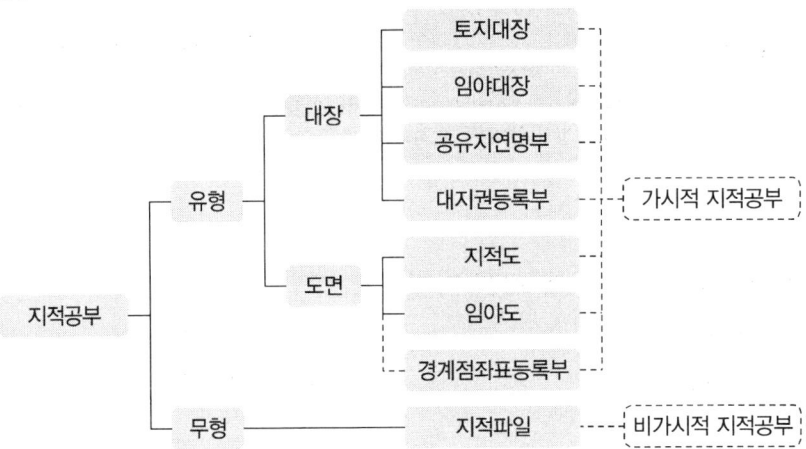

정답 53 ④ 54 ③ 55 ①

56 면적을 측정하는 경우 도곽선의 길이에 최소 얼마 이상의 신축이 있을 때 이를 보정하여야 하는가?

① 0.2mm
② 0.3mm
③ 0.4mm
④ 0.5mm

해설

1) 면적측정의 방법(「지적측량 시행규칙」 제20조) : 면적을 측정하는 경우 도곽선의 길이에 0.5mm 이상의 신축이 있을 때에는 이를 보정하여야 한다. 이 경우 도곽선의 신축량 및 보정계수의 계산은 다음과 같다.

• 도곽선의 신축량 계산 : $S = \dfrac{\Delta X_1 + \Delta X_2 + \Delta Y_1 + \Delta Y_2}{4}$

여기서, S : 신축량, ΔX_1 : 왼쪽 종선의 신축된 차, ΔX_2 : 오른쪽 종선의 신축된 차
ΔY_1 : 위쪽 횡선의 신축된 차, ΔY_2 : 아래쪽 횡선의 신축된 차

이 경우 신축된 차(mm) = $\dfrac{1{,}000(L - L_o)}{M}$

여기서, L : 신축된 도곽선지상길이, L_o : 도곽선지상길이, M : 축척분모

• 도곽선의 보정계수계산 : $Z = \dfrac{X \cdot Y}{\Delta X \cdot \Delta Y}$

여기서, Z : 보정계수, X : 도곽선종선길이, Y : 도곽선횡선길이, ΔX : 신축된 도곽선종선길이의 합/2
ΔY : 신축된 도곽선횡선길이의 합/2

2) 면적이 5,000m² 이상인 필지를 분할하는 경우 분할 후의 면적이 분할 전 면적의 80% 이상이 되는 필지의 면적을 측정할 때에는 분할 전 면적의 20% 미만이 되는 필지의 면적을 먼저 측정한 후, 분할 전 면적에서 그 측정된 면적을 빼는 방법으로 할 수 있다. 다만, 동일한 측량결과도에서 측정할 수 있는 경우와 좌표면적계산법에 따라 면적을 측정하는 경우에는 그러하지 아니하다.

57 경계는 얼마의 폭을 기준으로 제도하는가?

① 0.1mm
② 0.2mm
③ 0.4mm
④ 0.5mm

해설

경계의 제도
• 경계는 0.1mm 폭으로 제도한다.
• 1필지의 경계가 도곽선에 걸쳐 등록되어 있는 경우에는 도곽선 밖의 여백에 경계를 제도하거나, 도곽선을 기준으로 다른 도면에 나머지 경계를 제도한다. 이 경우 다른 도면에 경계를 제도하는 때에는 지번 및 지목은 붉은색으로 한다.
• 경계점좌표등록부 시행지역의 도면(경계점 간 거리등록을 하지 아니한 도면을 제외한다)에 등록하는 경계점 간 거리는 검은색으로 1.5mm 크기의 아라비아숫자로 제도한다. 다만, 경계점 간 거리가 짧거나 경계가 원을 이루는 경우에는 거리를 등록하지 아니할 수 있다.
• 지적측량기준점 등이 매설된 토지를 분할하는 경우 그 토지가 작아서 제도하기가 곤란한 경우에는 그 도면의 여백에 그 축척의 10배로 확대하여 제도할 수 있다.

정답 56 ④ 57 ①

58 지적공부를 관리하는 지적소관청으로 볼 수 없는 것은?

① 시장
② 군수
③ 구청장
④ 읍 · 면장

해설

지적소관청
지적공부를 관리하는 시장(「제주특별자치도 설치 및 국제자유도시 조성을 위한 특별법」 제15조제2항에 따른 행정시의 시장을 포함하며, 「지방자치법」 제3조제3항에 따라 자치구가 아닌 구를 두는 시의 시장은 제외한다) · 군수 또는 구청장(자치구가 아닌 구의 구청장을 포함한다)을 말한다.

59 지적측량에서 사용하지 않는 측량장비는?

① GPS
② 레벨
③ 평판
④ 경위의

해설

레벨은 수준(水準)측량하는 기계이다.

60 1필지의 확정 기준으로 틀린 것은?

① 동일한 지가
② 동일한 지목
③ 동일한 소유자
④ 연속된 지반

해설

1필지로 정할 수 있는 기준
토지의 등록단위인 1필지를 정하기 위하여는 다음의 기준에 적합하여야 한다.
- 지번부여지역의 동일 : 1필지로 획정하고자 하는 토지는 지번부여지역(행정구역인 법정 동 · 리 또는 이에 준하는 지역)이 같아야 한다. 따라서 1필지의 토지에 동 · 리 및 이에 준하는 지역이 다른 경우 1필지로 획정할 수 없다.
- 토지소유자 동일 : 1필지로 획정하고자 하는 토지는 소유자가 동일하여야 한다. 따라서 1필지로 획정하고자 하는 토지의 소유자가 각각 다른 경우에는 1필지로 획정할 수 없다. 또한 소유권 이외의 권리관계까지도 동일하여야 한다.
- 용도의 동일 : 1필지로 획정하고자 하는 토지는 지목이 동일하여야 한다. 따라서 1필지 내 토지의 일부가 주된 사용목적 또는 용도가 다른 경우에는 1필지로 획정할 수 없다. 다만, 주된 토지에 편입할 수 있는 토지의 경우에는 필지 내 토지의 일부가 지목이 다른 경우라도 주지목추종의 원칙에 의하여 1필지로 획정할 수 있다.
- 지반의 연속 : 1필지로 획정하고자 하는 토지는 지형 · 지물(도로, 구거, 하천, 계곡, 능선 등)에 의하여 지반이 끊기지 않고 연속되어야 한다. 즉, 1필지로 하고자 하는 토지는 지반이 연속되지 않은 토지가 있을 경우 별필지로 획정하여야 한다.

정답 58 ④ 59 ② 60 ①

2015년 기출문제

01 다음 중 지번색인표의 등재사항으로만 나열된 것은?
① 제명, 지번, 도면번호, 결번
② 지번, 지목, 결번, 도면번호
③ 축척, 지번, 본번, 결번
④ 지번, 경계, 결번, 제명

해설

지번색인표
- 필지별 당해 토지가 등록된 도면을 용이하게 알 수 있도록 작성해 놓은 도표를 말한다.
- 지번색인표의 등재사항 : 제명, 지번, 도면번호, 결번

02 토지등록의 편성주의가 아닌 것은?
① 물적 편성주의
② 연대적 편성주의
③ 권리적 편성주의
④ 인적 편성주의

해설

토지등록의 편성
토지등록의 편성은 편성방법에 따라 물적, 인적, 연대적, 물적·인적 편성주의 등과 같이 다양한 방법을 적용할 수 있다.
- 물적 편성주의(物的 編成主義) : 물적 편성주의(System des Real Foliums)란 개개의 토지를 중심으로 등록부를 편성하는 것으로서 1토지에 1용지를 두는 경우이다. 등록객체인 토지를 필지로 구획하고 이를 등록단위로 하므로 토지의 이용·관리·개발 측면에서는 편리하나 권리주체인 소유자별 파악이 곤란하다.
- 인적 편성주의(人的 編成主義) : 인적 편성주의(System des Personal Foliums)란 개개의 토지소유자를 중심으로 등록부를 편성하는 것으로 토지대장이나 등기부를 소유자별로 작성하여 동일 소유자에 속하는 모든 토지는 당해 소유자의 대장에 기록하는 방식이다.
- 연대적 편성주의(年代的 編成主義) : 연대적 편성주의(Chronologisch System)란 당사자 신청의 순서에 따라 순차로 등록부에 기록하는 것으로 프랑스의 등기부와 미국에서 일부 사용되는 리코딩 시스템(Recoding System)이 이에 속한다. 등기부의 편성방법으로서는 유효하나 공시의 작용을 하지 못하는 단점이 있다.
- 물적·인적 편성주의(物的·人的 編成主義) : 물적·인적 편성주의(System der Real·Personal Foliums)란 물적 편성주의를 기본으로 등록부를 편성하되 인적 편성주의의 요소를 가미한 것이다. 즉 소유자별 토지등록부를 동시에 설치함으로써 효과적인 토지행정을 수행하는 방법이다.

03 다음 중 지목의 설정원칙에 해당하지 않는 것은?
① 지목불변의 원칙
② 1필 1지목의 원칙
③ 주지목추종의 원칙
④ 등록선후의 원칙

정답 01 ① 02 ③ 03 ①

> **해설**
>
> **지목의 설정 원칙**
> - 1필 1지목의 원칙
> - 등록선후의 원칙
> - 일시변경불변의 원칙
> - 주지목추종의 원칙
> - 용도경중의 원칙
> - 사용목적추종의 원칙

04 지번 설정방법 등 부여단위에 따른 분류에 속하지 않는 것은?

① 지역 단위법
② 단지 단위법
③ 도엽 단위법
④ 북동 단위법

> **해설**
> - 진행방향에 따른 분류 : 사행식, 기우식, 절충식
> - 부여단위에 따른 분류 : 지역 단위법, 도엽 단위법, 단지 단위법
> - 지번부여 위치에 따른 분류 : 북동 기번법, 북서 기번법

05 경계점좌표등록부의 등록사항이 아닌 것은?

① 지목
② 토지의 소재
③ 좌표
④ 지번

> **해설**
> 1) 경계점좌표등록부의 등록사항(공간정보의 구축 및 관리 등에 관한 법률 제73조)
>   지적소관청은 제86조에 따른 도시개발사업 등에 따라 새로이 지적공부에 등록하는 토지에 대하여는 다음의 사항을 등록한 경계점좌표등록부를 작성하고 갖춰 두어야 한다.
>   - 토지의 소재
>   - 좌표
>   - 지번
>   - 그 밖에 국토교통부령으로 정하는 사항
> 2) 공간정보의 구축 및 관리 등에 관한 법률 시행규칙 제73조제4호에서 "그 밖에 국토교통부령으로 정하는 사항"이란 다음의 사항을 말한다.
>   - 토지의 고유번호
>   - 필지별 경계점좌표등록부의 장번호
>   - 지적도면의 번호
>   - 부호 및 부호도

06 지적측량성과 결정사항 중 틀린 것은?

① 지적삼각점 : 20cm 이내
② 지적삼각보조점 : 25cm 이내
③ 경계점좌표등록지역의 지적도근점 : 10cm 이내
④ 경계점좌표등록지역의 경계점 : 10cm 이내

정답 04 ④ 05 ① 06 ③

해설

지적측량성과의 결정(지적측량 시행규칙 제27조)
지적측량성과와 검사성과의 연결교차가 다음 각 호의 허용범위 이내일 때에는 그 지적측량성과에 관하여 다른 입증을 할 수 있는 경우를 제외하고는 그 측량성과로 결정하여야 한다.
1) 지적삼각점 : ±20센티미터
2) 지적삼각보조점 : ±25센티미터
3) 지적도근점
   - 경계점좌표등록부 시행지역 : ±15센티미터
   - 그 밖의 지역 : ±25센티미터
4) 경계점
   - 경계점좌표등록부 시행지역 : ±10센티미터
   - 그 밖의 지역 : ±100분의 $3M$밀리미터(M은 축척분모). 이 경우 전자평판측량방법으로 측량하는 경우에는 ±100분의 $2M$센티미터로 한다.
   - 지적측량성과를 전자계산기기로 계산하였을 때에는 그 계산성과자료를 측량부 및 면적측정부로 본다.

07 공간정보의 구축 및 관리 등에 관한 법률상 등록전환의 의미로 옳은 것은?
① 형질변경으로 인하여 타 지목으로 바꾸는 것
② 소축척을 지적공부에 등록하는 것
③ 미등록지를 지적공부에 등록하는 것
④ 임야대장 및 임야도에 등록된 토지를 토지대장 및 지적도에 옮겨 등록하는 것

해설
- 토지의 이동(異動) : 토지의 표시를 새로 정하거나 변경 또는 말소하는 것을 말한다.
- 신규등록 : 새로 조성된 토지와 지적공부에 등록되어 있지 아니한 토지를 지적공부에 등록하는 것을 말한다.
- 등록전환 : 임야대장 및 임야도에 등록된 토지를 토지대장 및 지적도에 옮겨 등록하는 것을 말한다.

08 지적측량 수행자가 지적측량성과의 정확성을 검사받기 위하여 지적소관청에 제출해야 할 서류가 아닌 것은?
① 면적측정부   ② 측량결과도   ③ 측량의뢰서   ④ 측량성과 파일

해설

지적측량성과의 검사항목(지적업무처리규정 제30조)
지적측량성과검사를 할 때에는 다음의 사항을 검사하여야 한다.
1) 기초측량
   - 기지점 사용의 적정 여부
   - 지적기준점설치망 구성의 적정 여부
   - 관측각 및 거리측정의 정확 여부
   - 계산의 정확 여부
   - 지적기준점 선점 및 표지설치의 정확 여부
   - 지적기준점 성과와 기지경계선과의 부합 여부

정답 07 ④ 08 ③

2) 세부측량
- 기지점 사용의 적정 여부
- 측량준비도 및 측량결과도 작성의 적정 여부
- 기지점과 지상경계와의 부합 여부
- 경계점 간 계산거리(도상거리)와 실측거리의 부합 여부
- 면적측정의 정확 여부
- 관계법령의 분할제한 등의 저촉 여부

09 다음 중 법정지목의 명칭이 아닌 것은?

① 체육용지 ② 공장용지 ③ 차고용지 ④ 철도용지

해설

지목의 종류

지목	부호	지목	부호	지목	부호	지목	부호
전	전	대	대	철도용지	철	공원	공
답	답	공장용지	장	제방	제	체육용지	체
과수원	과	학교용지	학	하천	천	유원지	원
목장용지	목	주차장	차	구거	구	종교용지	종
임야	임	주유소용지	주	유지	유	사적지	사
광천지	광	창고용지	창	양어장	양	묘지	묘
염전	염	도로	도	수도용지	수	잡종지	잡

10 토지의 지목을 정리하는 부호로서 옳지 않은 것은?

① 잡종지 – 잡 ② 임야 – 임 ③ 소도용지 – 용 ④ 유지 – 유

해설

9번 해설 참고

11 신규등록의 대상 토지가 아닌 것은?

① 미등록 공공용 토지 ② 미등록 도서(島嶼)
③ 공유수면매립준공 토지 ④ 토지분할측량을 실시한 토지

해설

신규등록
1) 새로 조성된 토지 및 등록이 누락되어 있는 토지를 지적공부에 등록하는 것을 말한다.
2) 대상 토지
   - 공유수면매립준공 토지
   - 미등록 공공용 토지(도로·구거·하천 등)
   - 기타 미등록 토지

정답 09 ③ 10 ③ 11 ④

12 지번 및 지목을 제도하는 경우 글자 크기는?

① 1mm 이상 2mm 이하
② 2mm 이상 3mm 이하
③ 3mm 이상 4mm 이하
④ 4mm 이상 5mm 이하

> **해설**
>
> 지번 · 지목의 제도
> - 지번 및 지목은 경계에 닿지 않도록 필지의 중앙에 제도한다. 다만, 1필지의 토지가 형상이 좁고 길어서 필지의 중앙에 제도하기가 곤란한 때에는 가로쓰기가 되도록 도면을 왼쪽 또는 오른쪽으로 돌려서 제도할 수 있다.
> - 지번 및 지목을 제도하는 때에는 지번 다음에 지목을 제도한다. 이 경우 명조체의 2mm 내지 3mm의 크기로, 지번의 글자 간격은 글자 크기의 1/4 정도, 지번과 지목의 글자 간격은 글자 크기의 1/2 정도 띄워서 제도한다. 다만, 전산정보처리조직이나 레터링으로 작성하는 경우에는 고딕체로 할 수 있다.
> - 1필지의 면적이 작아서 지번과 지목을 필지의 중앙에 제도할 수 없는 때에는 ㄱ, ㄴ, ㄷ, …, ㄱ¹, ㄴ¹, ㄷ¹, …, ㄱ², ㄴ², ㄷ², … 등으로 부호를 붙이고, 도곽선 밖에 그 부호지번 및 지목을 제도한다. 이 경우 부호가 많아서 그 도면의 도곽선 밖에 제도할 수 없는 경우에는 별도로 부호도를 작성할 수 있다.

13 두 점 간의 방위각이 V이고, 횡선차가 Y일 때 두 점 간의 거리 D를 구하는 공식은?

① $D = \dfrac{Y}{\sin V}$
② $D = \dfrac{Y}{\cos V}$
③ $D = \dfrac{Y}{\tan V}$
④ $D = \dfrac{Y}{\cot V}$

> **해설**
>
> 종선차(X) = 거리 × $\cos V$
> 횡선차(Y) = 거리 × $\sin V$
> ∴ 거리$(D) = \dfrac{Y}{\sin V}$
> ∴ 거리$(D) = \dfrac{X}{\cos V}$

14 지적측량 중 기초측량에 해당하지 않는 것은?

① 지적삼각점측량
② 지적삼각보조점측량
③ 국가수준원점측량
④ 지적도근점측량

> **해설**
>
> - 지적측량은 기초측량과 세부측량으로 구분하는데 기초측량은 일필지측량을 하기 위해 기준점을 설치하고 관측하는 측량을 말하며 세부측량은 기초측량에 의해 설치된 기준점 또는 경계점을 기초로 하여 일필지측량을 하는 측량방법이다.
> - 기초측량에는 지적삼각측량, 지적삼각보조측량, 지적도근측량이 있으며 세부측량은 경위의측량, 측판측량이 있다.

정답 12 ② 13 ① 14 ③

15 토지의 합병신청에 관한 설명으로 틀린 것은?

① 토지를 합병하고자 한 때에는 지적소관청에 신청하여야 한다.
② 주택법에 의한 공동주택의 부지로서 합병사유 발생 시 합병신청을 해야 한다.
③ 토지합병사유 발생일로부터 60일 이내 합병신청하지 않은 경우 과태료를 부과한다.
④ 토지의 합병신청이 있는 때에는 지적소관청이 조사하여 사실을 확인한 후에 지적공부를 정리하는 것은 실질적 심사주의이다.

해설

토지합병신청
- 토지소유자가 필요로 하는 합병신청은 신청기한이 없다.
- 토지소유자는 「주택법」에 따른 공동주택의 부지, 도로, 제방, 하천, 구거, 유지, 공장용지, 학교용지, 철도용지, 수도용지, 공원, 체육용지 등 다른 지목의 토지로서 합병하여야 할 토지가 있으면 그 사유가 발생한 날부터 60일 이내에 지적소관청에 합병을 신청하여야 한다.

16 다음 중 임야도의 축척에 해당하는 것은?

① 1/600 ② 1/1,200 ③ 1/2,400 ④ 1/6,000

해설

- 지적도 축척 : 1 : 500, 1 : 600, 1 : 1,000, 1 : 1,200, 1 : 2,400, 1 : 3,000, 1 : 6,000
- 임야도 축척 : 1 : 3,000, 1 : 6,000

17 다음 중 축척변경 시행지역의 토지가 이동이 있는 것으로 보는 시기는?

① 토지공사착수일
② 사업시행공고일
③ 축척변경 확정공고일
④ 청산금 결정공고일

해설

축척변경
- 축척변경은 지적도에 등록된 경계점의 정밀도를 높이기 위하여 작은 축척을 큰 축척으로 변경하여 등록하는 것을 말한다.
- 축척변경 시행지역의 토지는 확정공고일에 토지의 이동이 있는 것으로 본다.

18 다음 중 토지의 분할을 신청할 수 있는 경우가 아닌 것은?

① 토지이용상 불합리한 지상 경계를 시정하기 위한 경우
② 소유권 이전, 매매 등을 위하여 필요한 경우
③ 1필지의 일부가 형질변경 등으로 용도가 변경된 경우
④ 임야도에 등록된 토지가 사실상 형질변경되었으나 지목변경을 할 수 없는 경우

정답 15 ③ 16 ④ 17 ③ 18 ④

해설

분할
1) 지적공부에 등록된 1필지를 2필지 이상으로 나누어 등록하는 것을 말한다.
2) 대상 토지
   - 1필지의 일부가 형질변경 등으로 용도가 변경된 경우
   - 소유권 이전, 매매 등을 위하여 필요한 경우
   - 토지이용상 불합리한 지상 경계를 시정하기 위한 경우

19 토지소유자가 지적소관청에 신규등록을 신청하고자 할 경우 구비서류가 아닌 것은?

① 법원의 확정판결서 정본 또는 사본
② 소유권을 증명할 수 있는 서류의 사본
③ 공유수면관리 및 매립에 관한 법률에 따른 준공검사 확인증 사본
④ 토지의 형질변경 준공필증 사본

해설

신규등록 신청 및 첨부서류
신규등록을 신청하고자 하는 때에는 신규등록 사유를 기재한 신청서에 다음의 서류를 첨부하여 지적소관청에 제출하여야 한다.
- 법원의 확정판결서 정본 또는 사본
- 「공유수면매립법」에 따른 준공검사확인증 사본
- 법률 제6389호 지적법개정법률 부칙 제5조에 따라 도시계획구역의 토지를 그 지방자치단체의 명의로 등록하는 때에는 기획재정부장관과 협의한 문서의 사본
- 그 밖에 소유권을 증명할 수 있는 서류의 사본
※ 위에 해당하는 서류를 해당 지적소관청이 관리하는 경우에는 지적소관청의 확인으로 그 서류의 제출을 갈음할 수 있다.

20 공유수면매립준공에 의한 신규등록의 경우 소유자 변동일자는?

① 매립허가일자
② 등기접수일자
③ 매립준공일자
④ 등기교부일자

해설

신규등록의 등록 및 정리방법
- 토지표시사항(소재 · 지번 · 지목 · 면적 · 경계 또는 좌표) 및 소유자는 지적소관청이 조사 · 측량하여 지적공부에 등록한다.
- 소유자는 법원의 확정판결 또는 관계법령에 의하여 소유권을 취득한 자로 등록한다.
- 소유권에 관한 증빙 서류가 없는 무주(無主)의 부동산은 "국"으로 소유자를 등록한다.
- 도면의 축척은 신규등록대상 토지의 인접 토지와 동일한 축척으로 한다.
- 공유수면매립에 의한 신규등록의 경우 소유권변동일자는 공유수면매립준공일자로 한다.
- 지번은 지번부여지역 안의 인접 토지 본번에 부번을 붙여 부여하는 것을 원칙으로 한다.

정답 19 ④ 20 ③

21 다음 중 공유지연명부의 등록사항이 아닌 것은?

① 토지의 고유번호 ② 토지의 소재
③ 소유권 지분 ④ 건물 명칭

해설

공유지연명부의 등록사항
• 토지의 소재
• 지번
• 소유권 지분
• 소유자의 성명 또는 명칭, 주소 및 주민등록번호
• 그 밖에 국토교통부령으로 정하는 사항

22 전자면적측정기에 의한 측정 면적은 도상에서 2회 측정하여 그 평균치를 사용하는데 그 허용교차를 구하는 식은?(단, A : 허용교차면적, M : 축척분모, F : 2회 측정한 면적의 합계를 2로 나눈 수)

① $A = 0.023^2 M\sqrt{F}$ ② $A = 0.026^2 M\sqrt{F}$
③ $A = 0.023^2 F\sqrt{M}$ ④ $A = 0.026^2 F\sqrt{M}$

해설

$A = 0.023^2 M\sqrt{F}$

23 다음 중 거리와 각을 동시에 관측하여 현장에서 즉시 좌표를 확인함으로써 시공계획에 맞추어 신속한 측량을 할 수 있는 기기는?

① 트랜싯 ② 토털스테이션
③ 데오돌라이트 ④ 전파거리측량기

해설

토털스테이션
거리와 각을 동시에 관측하여 현장에서 즉시 좌표를 확인함으로써 시공계획에 맞추어 신속한 측량을 할 수 있는 기계

24 지상 경계의 결정기준으로 옳은 것은?

① 토지가 해면에 접하는 경우 – 최대만조위선
② 구거의 토지에 절토된 부분이 있는 경우 – 지물의 중앙부
③ 공유수면매립지의 토지 중 제방을 토지에 편입하여 등록하는 경우 – 안쪽 어깨부분
④ 도로의 토지에 절토된 부분이 있는 경우 – 경사의 하단부

정답 21 ④ 22 ① 23 ② 24 ①

> **해설**

지상경계를 새로이 결정하려는 경우
- 연접되는 토지 사이에 고저가 없는 경우는 그 지물 또는 구조물 등의 중앙
- 연접되는 토지 사이에 고저가 있는 경우는 그 지물 또는 구조물 등의 하단부
- 토지가 해면 또는 수면에 접하는 경우에는 최대만조위 또는 최대만수위가 되는 선
- 도로·구거 등의 토지에 절토된 부분이 있는 경우에는 그 경사면의 상단부
- 공유수면매립지의 토지 중 제방 등을 토지에 편입하여 등록하는 경우에는 바깥쪽 어깨부분

25 세부측량의 실시대상이 아닌 것은?

① 신규등록측량
② 경계복원측량
③ 도근측량
④ 분할측량

> **해설**

기초측량에는 지적삼각측량, 지적삼각보조측량, 지적도근측량이 있으며 세부측량은 신규등록측량, 경계복원측량, 분할측량 등이 있다.

26 두 점 간의 거리가 도상에서 2mm이다. 실제 두 점 간의 거리가 50m가 되기 위한 축척은 얼마인가?

① 1/1,000
② 1/2,500
③ 1/25,000
④ 1/50,000

> **해설**

$$\frac{1}{m} = \frac{도상거리}{실제거리} = \frac{0.002}{50} = \frac{1}{25,000}$$

27 지적도의 등록사항이 아닌 것은?

① 토지의 소재
② 지번
③ 도곽선과 그 수치
④ 소유자의 주소

> **해설**

지적도의 등록사항
- 토지의 소재
- 지번
- 지목
- 경계
- 도면의 색인도
- 축척
- 도곽선 및 그 수치

정답 25 ③ 26 ③ 27 ④

28 등록사항 정정 시 지적소관청이 직권으로 조사·측량하여 정정할 수 있는 경우가 아닌 것은?

① 토지이동정리결의서의 내용과 다르게 정리된 경우
② 인접 토지 간 경계분쟁이 발생한 경우
③ 지적측량성과와 다르게 정리된 경우
④ 지적공부의 등록사항이 잘못 입력된 경우

해설

인접 토지 간에 경계분쟁이 발생한 경우에는 지적소관청 직권으로 조사·측량하여 정정할 수 없다.

29 우리나라 지적제도의 발달과정으로 옳은 것은?

① 세지적 → 법지적 → 다목적지적
② 법지적 → 세지적 → 다목적지적
③ 다목적지적 → 법지적 → 세지적
④ 법지적 → 다목적지적 → 세지적

해설

지적제도의 발달과정 : 세지적 → 법지적 → 다목적지적

세지적 (Fiscal Cadastre)	토지에 대한 조세부과를 주된 목적으로 하는 제도로 과세지적이라고도 한다. 국가의 재정수입을 토지세에 의존하던 농경사회에서 개발된 제도로 과세의 표준이 되는 농경지는 기준수확량 일반 토지는 토지등급을 중시하고 지적공부의 등록사항으로는 면적단위를 중시한 지적제도이다.
법지적 (Legal Cadastre)	세지적의 발전된 형태로서 토지에 대한 사유재산권이 인정되면서 생성된 유형으로 소유지적, 경계지적이라고도 한다. 토지소유권 보호를 주된 목적으로 하는 제도로 토지거래의 안전과 토지소유권의 보호를 위한 토지경계를 중시한 지적제도이다.
다목적지적 (Multi-Purpose Cadastre)	현대사회에서 추구하고 있는 지적제도로 종합지적, 통합지적, 유사지적, 경제지적, 정보지적이라고도 한다. 토지와 관련한 다양한 정보를 종합적으로 등록·관리하고 이를 이용 또는 활용하고 필요한 자에게 제공해 주는 것을 목적으로 하는 지적제도이다.

30 일람도의 제도방법을 설명한 것으로 옳은 것은?

① 철도용지는 붉은색 0.1mm 폭의 2선으로 제도한다.
② 수도용지 중 선로는 검은색 0.1mm 폭의 2선으로 제도한다.
③ 하천·구거·유지는 남색 0.1mm 폭의 2선으로 제도하고 내부는 남색으로 엷게 채색한다.
④ 취락지·건물 등은 0.1mm 폭의 선으로 제도하고 그 내부를 붉은색으로 엷게 채색한다.

해설

철도용지	철도용지는 붉은색 0.2mm 폭의 2선으로 제도한다.
수도용지	수도용지 중 선로는 남색 0.1mm 폭의 2선으로 제도한다.
하천·구거·유지	하천·구거·유지는 남색 0.1mm의 폭으로 제도하고 그 내부를 남색으로 엷게 채색한다. 다만, 적은 양의 물이 흐르는 하천 및 구거는 남색 선으로 제도한다.
취락지·건물	취락지·건물 등은 0.1mm의 폭으로 제도하고 그 내부를 검은색으로 엷게 채색한다.

정답 28 ② 29 ① 30 ③

31 한 필지의 보정면적이 608.6m², 보정면적 전체의 합계가 1749.2m², 원면적이 1811m²일 때 산출면적은?

① 587.2m²
② 618.6m²
③ 630.1m²
④ 657.2m²

해설

산출면적 = $\dfrac{\text{원면적}}{\text{보정면적합계}} \times$ 각 필지의 보정면적 = $\dfrac{1811}{1749} \times 608.6 = 630.1\text{m}^2$

32 다음 중 임야조사사업에 대한 설명으로 옳지 않은 것은?

① 임야는 토지에 비하여 경제적 가치가 높지 않아 분쟁은 적었다.
② 토지조사사업에 비해 적은 인원으로 업무를 수행하였다.
③ 역둔토를 국유화하여 공공연한 토지수탈을 감행하였다.
④ 적은 예산으로 사업을 완성하였다.

해설

토지조사사업
- 역둔토를 조사·정리하여 무상으로 국유지를 창출하고, 조선총독부의 소유지를 확보하였다.
- 사법적인 성격을 갖고 업무를 수행하였으며 토지조사사업을 철저히 준비하였다.
- 사전준비조사 및 홍보에 철저를 기했으며 우수한 기술인력 확보를 위해 측량교육에 주력하였다.
- 임야 내의 계재지는 조사를 하지 않아서 부분적인 사업이었다.
- 과세를 목적으로 하였으므로 도로·하천·구거 등의 비과세 토지는 제외하였다.
- 근대적인 토지제도가 선국적으로 체계적이고 획일적으로 확립되었다.

33 토지조사사업의 목적에 속하지 않는 것은?

① 토지의 외모 조사
② 토지의 이름 조사
③ 토지의 가격 조사
④ 토지의 소유권 조사

해설

토지조사사업의 내용
1) 사업기간 : 1909년 6월(역둔토실지조사) 및 11월(경기도부청 시험측량) – 1918년 11월 완료
2) 토지조사사업의 내용
   - 토지의 소유권 조사
   - 토지의 가격 조사
   - 토지의 외모 조사
3) 사업시행기관
   - 조사 및 측량기관 : 임시토지조사국
   - 사정기관 : 토지조사국장
   - 분쟁지 재결 : 고등토지조사위원회

정답 31 ③　32 ③　33 ②

4) 토지조사사업의 내용
- 토지등기제도, 지적제도에 대한 체계적인 증명 제도를 확립
- 지세수입을 증대하기 위한 조세수입 체제를 확립
- 국유지를 조사하여 조선총독부의 소유지를 확보
- 토지의 지형, 지모를 조사하여 식량 수출증대정책에 대응하는 토지조사를 실시하기 위한 것
- 토지의 가격 조사는 지세제도의 확립을 위한 것
- 토지의 외모 조사는 국토의 지리를 밝히는 것 등으로 분류
- 토지의 소유권 조사는 지적제도와 부동산등기제도의 확립을 위한 것

34 다음 중 지적측량의 대상이 아닌 것은?
① 토지를 신규등록하는 경우
② 토지를 분할하는 경우
③ 토지를 지목변경하는 경우
④ 지적공부를 복구하는 경우

해설

토지를 지목변경·합병하는 경우, 지적측량을 수반하지 않는다.

35 지적소관청은 시·도지사 또는 대도시 시장으로부터 축척변경 승인을 받았을 때에는 관련 사항을 최소 며칠 이상 공고하여야 하는가?
① 10일
② 20일
③ 30일
④ 40일

해설

축척변경 시행공고
1) 시행공고
- 지적소관청은 시·도지사 또는 대도시 시장으로부터 축척변경승인을 받았을 때에는 지체 없이 다음의 공고내용을 20일 이상 공고하여야 한다.
- 시행공고는 시·군·구(자치구가 아닌 구를 포함한다) 및 축척변경 시행지역 동·리의 게시판에 주민이 볼 수 있도록 게시하여야 한다.
2) 공고내용
- 축척변경의 목적, 시행지역 및 시행기간
- 축척변경의 시행에 관한 세부계획
- 축척변경의 시행에 따른 청산방법
- 축척변경의 시행에 따른 토지소유자 등의 협조에 관한 사항

36 축척변경위원회의 구성에 필요한 인원수로 옳은 것은?
① 15명 이상 20명 이하
② 10명 이상 15명 이하
③ 5명 이상 10명 이하
④ 1명 이상 5명 이하

정답 34 ③ 35 ② 36 ③

> [해설]

축척변경위원회의 구성

인원	• 5명 이상 10명 이하의 위원으로 구성한다. • 위원의 2분의 1 이상을 토지소유자로 하여야 한다. 이 경우 그 축척변경 시행지역의 토지소유자가 5명 이하일 때에는 토지소유자 전원을 위원으로 위촉하여야 한다.
위원장	위원장은 위원 중에서 지적소관청이 지명한다.
위원	위원은 다음의 사람 중에서 지적소관청이 위촉한다. • 해당 축척변경 시행지역의 토지소유자로서 지역 사정에 정통한 사람 • 지적에 관하여 전문지식을 가진 사람

37 다음 중 지적공부에 해당하는 것은?
① 가목대장
② 도로대장
③ 임야대장
④ 하천대장

> [해설]

지적공부의 종류

38 축척변경 절차에 있어서 축척변경 시행지역의 토지소유자 또는 점유자는 시행공고가 된 날부터 며칠 이내에 시행공고일 현재 점유하고 있는 경계에 경계점표지를 설치하여야 하는가?
① 10일
② 30일
③ 60일
④ 90일

> [해설]

경계점표지 설치
축척변경 시행지역의 토지소유자 또는 점유자는 시행공고가 된 날부터 30일 이내에 시행공고일 현재 점유하고 있는 경계에 경계점표지를 설치하여야 한다.

정답 37 ③ 38 ②

39 평판측량방법에 있어서 1/3,000 지역에서 도상에 영향을 미치지 않는 지상거리의 축척별 허용범위는?

① 3cm   ② 18cm   ③ 30cm   ④ 50cm

> **해설**
>
> 세부측량의 기준 및 방법 등(지적측량 시행규칙 제18조)
>
> 평판측량방법에 있어서 도상에 영향을 미치지 아니하는 지상거리의 축척별 허용범위는 $\frac{M}{10}$[mm]로 한다. (M : 축척분모)
>
> ∴ $\frac{3,000}{10}$ = 300mm = 30cm

40 다음 중 3차원지적에 대한 설명으로 가장 거리가 먼 것은?

① 입체지적이라고도 한다.
② 지하의 각종 시설물과 지상의 고층화된 건축물을 효율적으로 관리할 수 있다.
③ 다목적지적으로서 다양한 토지 정보를 제공해 주는 역할을 한다.
④ 경계를 표시하는 방법 및 측량방법에 따른 분류에 해당한다.

> **해설**
>
> 지적제도의 분류
> - 발전과정에 의한 분류 : 세지적, 법지적, 다목적지적
> - 측량방법에 의한 분류 : 도해지적, 수치지적, 계산지적
> - 등록방법에 의한 분류 : 2차원지적, 3차원지적, 4차원지적

41 다음 중 세부측량의 측량결과도에 기재하지 않아도 되는 것은?

① 측정점의 위치
② 측량결과도의 제명
③ 측량대상 토지의 점유현황선
④ 건물의 명칭

> **해설**
>
> 평판측량방법으로 세부측량을 한 경우 측량결과도에 기재사항
> 1) 측량준비파일의 사항
>   - 측량대상 토지의 경계선 · 지번 및 지목
>   - 인근 토지의 경계선 · 지번 및 지목
>   - 임야도를 갖춰 두는 지역에서 인근 지적도의 축척으로 측량을 할 때에는 임야도에 표시된 경계점의 좌표를 구하여 지적도에 전개(展開)한 경계선. 다만, 임야도에 표시된 경계점의 좌표를 구할 수 없거나 그 좌표에 따라 확대하여 그리는 것이 부적당한 경우에는 축척비율에 따라 확대한 경계선을 말한다.
>   - 행정구역선과 그 명칭
>   - 지적기준점 및 그 번호와 지적기준점 간의 거리, 지적기준점의 좌표, 그 밖에 측량의 기점이 될 수 있는 기지점
>   - 도곽선(圖廓線)과 그 수치
>   - 도곽선의 신축이 0.5mm 이상일 때에는 그 신축량 및 보정(補正)계수
>   - 그 밖에 국토교통부장관이 정하는 사항

정답 39 ③   40 ④   41 ④

2) 측정점의 위치, 측량기하적 및 지상에서 측정한 거리
3) 측량대상 토지의 토지이동 전의 지번과 지목(2개의 붉은선으로 말소한다)
4) 측량결과도의 제명 및 번호(연도별로 붙인다)와 도면번호
5) 신규등록 또는 등록전환하려는 경계선 및 분할경계선
6) 측량대상 토지의 점유현황선
7) 측량 및 검사의 연월일, 측량자 및 검사자의 성명·소속 및 자격등급

42 지적도의 축척이 1/600 지역 토지의 등록단위는?

① 1평 ② 1홉 ③ 0.1m² ④ 1m²

해설

면적의 결정 및 측량계산의 끝수처리
지적도의 축척이 600분의 1인 지역과 경계점좌표등록부에 등록하는 지역의 토지의 면적은 0.1m² 이하 한자리 단위로 하되, 0.1m² 미만의 끝수가 있는 경우 0.05m² 미만인 때에는 버리고, 0.05m²를 초과하는 때에는 올리며, 0.05m²인 때에는 구하고자 하는 끝자리의 숫자가 0 또는 짝수이면 버리고 홀수이면 올린다. 다만, 1필지의 면적이 0.1m² 미만인 때에는 0.1m²로 한다.

43 다음 중 토지의 지번 앞에 "산"자를 붙여 표기하는 지적공부는?

① 토지대장 ② 임야대장
③ 경계점좌표등록부 ④ 토지대장 부본

해설

지번의 구성
- 지번(地番)은 아라비아숫자로 표기하되, 임야대장 및 임야도에 등록하는 토지의 지번은 숫자 앞에 "산" 자를 붙인다
- 지번은 본번(本番)과 부번(副番)으로 구성하되, 본번과 부번 사이에 "-" 표시로 연결한다. 이 경우 "-" 표시는 "의"라고 읽는다.

44 저수지의 지목은 다음 중 어디에 해당되는가?

① 유지 ② 하천
③ 잡종지 ④ 광천지

해설

1) 유지(溜地) : 물이 고이거나 상시적으로 물을 저장하고 있는 댐·저수지·소류지·호수·연못 등의 토지와 연·왕골 등이 자생하는 배수가 잘 되지 아니하는 토지를 말한다.
2) 잡종지(雜種地) : 다음 각 목의 토지. 다만, 원상회복을 조건으로 돌을 캐내는 곳 또는 흙을 파내는 곳으로 허가된 토지는 제외한다.
   - 갈대밭, 실외에 물건을 쌓아두는 곳, 돌을 캐내는 곳, 흙을 파내는 곳, 야외시장 및 공동우물
   - 변전소, 송신소, 수신소 및 송유시설 등의 부지
   - 여객자동차터미널, 자동차운전학원 및 폐차장 등 자동차와 관련된 독립적인 시설물을 갖춘 부지
   - 공항시설 및 항만시설 부지

정답 42 ③ 43 ② 44 ①

- 도축장, 쓰레기처리장 및 오물처리장 등의 부지
- 그 밖에 다른 지목에 속하지 않는 토지

45 지적측량기준점의 좌표산정을 위하여 원점으로부터 종·횡선수치에 가산하는 거리는 각각 몇 m인가?(단, 제주도 지역은 제외)

① 종선 : 20만m 횡선 : 5만m
② 종선 : 30만m 횡선 : 10만m
③ 종선 : 40만m 횡선 : 15만m
④ 종선 : 50만m 횡선 : 20만m

해설

각 좌표에서의 직각좌표는 다음 조건에 따라 T·M(Transver Mercator)방법으로 표시한다.
- X축은 좌표계원점의 자오선에 일치하여야 하고 진북방향을 정(+)으로 표시하고 Y축은 X축에 직교하는 축으로서 진동방향을 정(+)으로 표시한다.
- 세계측지계에 따르지 아니하는 지적측량의 경우에는 가우스상사 이중 투영법으로 표시하되 직각좌표계 투영원점의 가산(可算)수치를 각각 종축좌표 X값을 38°N 이하에서도 음(−)의 값이 되지 않도록 하기 위해서 500,000m (제주도는 550,000m) 횡축좌표 Y값에는 200,000m로 하여 사용할 수 있다.

46 도시개발사업 등에 의하여 지적공부의 작성이 완료된 때에는 새로 지적공부가 확정·시행됨을 며칠 이상 시·군·구 게시판 또는 홈페이지 등에 게시하여야 하는가?

① 7일　　② 14일　　③ 21일　　④ 30일

해설

확정시행 게시
지적공부의 작성이 완료된 때에는 새로 지적공부가 확정·시행된다는 뜻을 7일 이상 시(특별시·광역시 및 시는 구를 말한다)·군의 게시판 또는 홈페이지 등에 게시한다.

47 토지의 이동이라고 할 수 없는 것은?

① 토지분할
② 경계복원
③ 토지합병
④ 등록전환

해설

- 측량 : 공간상에 존재하는 일정한 점들의 위치를 측정하고 그 특성을 조사하여 도면 및 수치로 표현하거나 도면상의 위치를 현지(現地)에 재현하는 것을 말하며, 측량용 사진의 촬영, 지도의 제작 및 각종 건설사업에서 요구하는 도면작성 등을 포함한다.
- 신규등록 : 새로 조성된 토지와 지적공부에 등록되어 있지 아니한 토지를 등록하는 것을 말한다.
- 등록전환 : 임야대장 및 임야도에 등록된 토지를 토지대장 및 지적도에 옮겨 등록하는 것을 말한다.
- 분할 : 지적공부에 등록된 1필지를 2필지 이상으로 나누어 등록하는 것을 말한다.
- 합병 : 지적공부에 등록된 2필지 이상을 1필지로 합하여 등록하는 것을 말한다.
- 지목변경 : 지적공부에 등록된 지목을 다른 지목으로 바꾸어 등록하는 것을 말한다.
- 축척변경 : 지적도에 등록된 경계점의 정밀도를 높이기 위하여 작은 축척을 큰 축척으로 변경하여 등록하는 것을 말한다.

정답 45 ④　46 ①　47 ②

48 다음 중 지적의 발생설과 거리가 먼 것은?

① 과세설   ② 치수설   ③ 지배설   ④ 권리설

> **해설**
> - 과세설 : 국가가 과세를 목적으로 토지에 대한 각종 현상을 기록·관리하는 수단으로부터 출발했다는 설
> - 치수설 : 국가가 토지를 농업생산수단으로 이용하기 위해서 관개시설 등을 측량하고 기록, 유지, 관리하는 데서 비롯되었다고 보는 설
> - 지배설 : 국가가 토지를 다스리기 위한 통치수단으로 토지에 대한 각종 현황을 관리하는 데서 출발한다고 보는 설

49 세 변의 길이가 각각 20m, 30m, 20m인 삼각형의 면적은 얼마인가?

① 280.6m²   ② 250.4m²
③ 198.4m²   ④ 152.6m²

> **해설**
> $$s = \frac{a+b+c}{2} = \frac{20+30+20}{2} = 35$$
> $$\therefore A = \sqrt{s(s-a)(s-b)(s-c)} = \sqrt{35(35-20)(35-30)(35-20)} = 198.4\text{m}^2$$

50 국가유산으로 지정된 역사적인 유적을 보존할 목적으로 구획된 토지의 지목은?

① 사적지   ② 잡종지   ③ 종교용지   ④ 공원

> **해설**
>
> | | |
> |---|---|
> | 유원지
(遊園地) | 일반 공중의 위락·휴양 등에 적합한 시설물을 종합적으로 갖춘 수영장·유선장(遊船場)·낚시터·어린이놀이터·동물원·식물원·민속촌·경마장 등의 토지와 이에 접속된 부속시설물의 부지. 다만, 이들 시설과의 거리 등으로 보아 독립적인 것으로 인정되는 숙식시설 및 유기장(遊技場)의 부지와 하천·구거 또는 유지[공유(公有)인 것으로 한정한다]로 분류되는 것은 제외한다. |
> | 종교용지
(宗敎用地) | 일반 공중의 종교의식을 위하여 예배·법요·설교·제사 등을 하기 위한 교회·사찰·향교 등 건축물의 부지와 이에 접속된 부속시설물의 부지 |
> | 사적지
(史蹟地) | 국가유산으로 지정된 역사적인 유적·고적·기념물 등을 보존하기 위하여 구획된 토지. 다만, 학교용지·공원·종교용지 등 다른 지목으로 된 토지에 있는 유적·고적·기념물 등을 보호하기 위하여 구획된 토지는 제외한다. |

51 다음 중 지번에 대한 설명으로 옳지 않은 것은?

① 필지에 부여하여 지적공부에 등록한 번호다.
② 지번은 호적에서 사람의 이름과 같다.
③ 토지의 종류를 구분·표시하는 명칭을 말한다.
④ 토지의 개별성을 확보하기 위하여 붙이는 번호다.

정답 48 ④   49 ③   50 ①   51 ③

해설

지번
- 지번의 개념 : 지번이란 토지의 특정화를 위해 지번부여지역별로 기번하여 필지마다 하나씩 붙이는 번호로서, 토지의 고정성 및 개별성을 확보하기 위해 소관청이 지번부여지역인 법정 리·동 단위로 기번하여 필지마다 아라비아숫자로 순차적으로 연속하여 부여한 번호를 말한다.
- 지번의 특성 : 특정성, 동질성, 종속성, 불가분성, 연속성
- 지번의 역할 : 장소의 기준, 물권표시의 기준, 공간계획의 기준
- 지번의 기능 : 토지의 특정화, 토지의 개별화, 토지의 고정화, 토지의 식별, 위치의 확인

52 다음 중 지번을 부여하는 진행방향에 따른 분류에 해당하지 않는 것은?

① 사행식 ② 기우식
③ 단지식 ④ 방사식

해설

진행방법에 따른 분류
- 사행식 : 필지의 배열이 불규칙한 지역에서 진행순서에 따라 지번을 부여하는 방법
- 기우식(교호식) : 도로를 중심으로 한쪽은 홀수인 기수, 다른 쪽은 짝수인 우수로 지번을 부여
- 단지식(블록식) : 단지마다 하나의 지번을 부여하고 단지 내 필지마다 부번을 부여

53 두 점 A와 B의 종선차(Δx)가 +123.12m, 횡선차(Δy)가 −321.21m일 때 두 점 간의 거리는 얼마인가?

① 약 343.15m ② 약 343.72m
③ 약 344.00m ④ 약 344.48m

해설

$\overline{AB} = \sqrt{\Delta x^2 + \Delta y^2} = \sqrt{123.12^2 + 321.21^2} = 343.99 \doteq 344.0\text{m}$

54 지적공부에 등록된 1필지를 2필지 이상으로 나누어 등록하는 것을 무엇이라 하는가?

① 지목 ② 경계
③ 분할 ④ 합병

해설

- 분할 : 지적공부에 등록된 1필지를 2필지 이상으로 나누어 등록하는 것을 말한다.
- 합병 : 지적공부에 등록된 2필지 이상을 1필지로 합하여 등록하는 것을 말한다.

정답 52 ④ 53 ③ 54 ③

55 바다로 된 토지의 등록사항 말소된 토지를 회복 등록하는 방법으로 옳은 것은?(단, 말소한 토지가 지형의 변화 등으로 다시 토지가 된 경우)

① 지적측량성과 및 등록말소 당시의 지적공부 등 관계 자료에 따라야 한다.
② 지적소관청의 관계자가 직접 현지 출장 없이 등록한다.
③ 공유수면의 관리청으로부터 관계 증명 서류의 사본에 따라야 한다.
④ 토지소유자의 신청에 의하되 확정판결서 정본 또는 사본에 따라야 한다.

> **해설**
>
> 정리방법
> - 토지소유자가 등록말소 신청을 하지 아니하면 지적소관청이 직권으로 그 지적공부의 등록사항을 말소하여야 한다.
> - 지적소관청은 회복등록을 하려면 그 지적측량성과 및 등록말소 당시의 지적공부 등 관계 자료에 따라야 한다.
> - 지적공부의 등록사항을 말소하거나 회복 등록하였을 때에는 그 정리 결과를 토지소유자 및 해당 공유수면의 관리청에 통지하여야 한다.

56 도곽선의 보정계수 계산식으로 옳은 것은?(단, Z는 보정계수, X는 도곽선 종선길이, Y는 도곽선 횡선길이, ΔX는 신축된 도곽선 종선길이의 합/2, ΔY는 신축된 도곽선 횡선길이의 합/2)

① $Z = \dfrac{\Delta X + \Delta Y}{X + Y}$ ② $Z = \dfrac{X + Y}{\Delta X + \Delta Y}$

③ $Z = \dfrac{\Delta X \cdot \Delta Y}{X \cdot Y}$ ④ $Z = \dfrac{X \cdot Y}{\Delta X \cdot \Delta Y}$

> **해설**
>
> 도곽선의 보정계수 계산식 $Z = \dfrac{X \cdot Y}{\Delta X \cdot \Delta Y}$

57 필지 합병의 경우 지번부여의 원칙은?

① 합병 대상 지번 중 선순위의 지번으로 한다.
② 합병 대상 지번 중 최종 지번으로 한다.
③ 합병 대상 선순위와 지번에 부번을 부여한다.
④ 합병 대상 최종 지번에 부번을 부여한다.

> **해설**
>
> 등록 및 정리방법
> - 합병신청한 신청서의 서류가 합병요건을 충족시키는지 여부를 확인하고 현지 출장하여 토지이동에 따른 조사를 실시한다.
> - 합병요건이 적합할 경우 토지이동정리결의서를 작성하고, 이를 근거로 지적공부를 정리한다.
> - 지번은 합병대상 지번 중 선순위의 지번을 그 지번으로 하되 본번으로 된 지번이 있는 때에는 본번 중 선순위의 지번을 합병 후의 지번으로 하는 것을 원칙으로 한다.

정답 55 ① 56 ④ 57 ①

58 지적공부를 복구하려는 경우에는 복구하려는 토지의 표시 등을 시·군게시판 및 인터넷 홈페이지에 며칠 이상 게시하여야 하는가?

① 10일 ② 15일 ③ 20일 ④ 25일

> **해설**
>
> 토지표시의 게시
> 지적소관청은 복구 자료의 조사 또는 복구측량 등이 완료되어 지적공부를 복구하려는 경우에는 복구하려는 토지의 표시 등을 시·군·구 게시판 및 인터넷 홈페이지에 15일 이상 게시하여야 한다.

59 지적업무처리규정상 지적도의 도곽 크기는?

① 가로 40cm, 세로 25cm
② 가로 40cm, 세로 30cm
③ 가로 45cm, 세로 30cm
④ 가로 50cm, 세로 40cm

> **해설**
>
> 지적업무처리규정상 지적도의 도곽 크기 : 가로 40cm, 세로 30cm

60 토지 등록에 대한 설명으로 옳지 않은 것은?

① 국가가 행정목적을 위해 작성한다.
② 토지에 관한 필요한 사항을 공적 장부에 기록하는 것이다.
③ 토지소유자의 희망에 의해서만 등록한다.
④ 토지의 변동사항을 지속적으로 수정하여 유지·관리하는 행위이다.

> **해설**
>
> - 토지등록의 필요성 : 토지등록이 소유권과 조세를 위한 목적만이 아니고 인구의 증가와 도시화, 산업화에 따라 고도로 분화하는 사회구조의 안정관리를 위한 각종 토지정보를 제공하는 데 그 중요성이 있는 것이다. 토지를 국토의 전반에 걸쳐서 일정한 사항을 등록한 공부는 국가의 재정적·행정적인 목적 달성을 위한 공적 장부로서의 역할과 국민 개개인의 이익과 관련되어 토지소유자의 권리를 확실히 해주고 토지거래를 안전하고 신속하게 해주는 사법상의 장부로서 역할을 수행하기 위하여 필요하다.
> - 등록주최 및 등록사항 : 국토교통부장관(국가)은 모든 토지에 대하여 필지별로 소재·지번·지목·면적·경계 또는 좌표 등을 조사·측량하여 지적공부에 등록하여야 한다.

정답 58 ② 59 ② 60 ③

2016년 기출문제

01 일람도 제도에서 붉은색 0.2mm 폭의 2선으로 제도하는 것은?

① 수도용지
② 기타 도로
③ 철도용지
④ 하천

해설

일람도 제도방법

도곽선	도곽선은 0.1mm의 폭으로, 도곽선의 수치는 도곽선 왼쪽 아랫부분과 오른쪽 윗부분의 종횡선교차점 바깥쪽에 2mm 크기의 아라비아숫자로 제도한다.
도면번호	도면번호는 3mm의 크기로 한다.
동·리 명칭	인접 동·리 명칭은 4mm, 그 밖의 행정구역 명칭은 5mm의 크기로 한다.
지방도로	지방도로 이상은 검은색 0.2mm 폭의 2선으로, 그 밖의 도로는 0.1mm의 폭으로 제도한다.
철도용지	철도용지는 붉은색 0.2mm 폭의 2선으로 제도한다.
수도용지	수도용지 중 선로는 남색 0.1mm 폭의 2선으로 제도한다.
하천·구거·유지	하천·구거·유지는 남색 0.1mm 폭으로 제도하고 그 내부를 남색으로 엷게 채색한다. 다만, 적은 양의 물이 흐르는 하천 및 구거는 남색 선으로 제도한다.
취락지·건물	취락지·건물 등은 0.1mm의 폭으로 제도하고 그 내부를 검은색으로 엷게 채색한다.
삼각점 및 지적기준점	삼각점 및 지적기준점의 제도는 지적도면에서의 삼각점 및 지적기준점의 제도에 관한 방법에 의한다.
도시개발사업·축척변경	도시개발사업·축척변경 등이 완료된 때에는 지구경계를 붉은색 0.1mm의 폭으로 제도한 후 지구 안을 붉은색으로 엷게 채색하고 그 중앙에 사업명 및 사업 연도를 기재한다.

02 방위가 S 20°20′W인 측선에 대한 방위각은?

① 110°20′
② 159°40′
③ 200°20′
④ 249°40′

해설

방위 S 20°20′W는 3상한이므로 방위각＝180°＋20°20′＝200°20′

03 경위의측량방법으로 세부측량을 한 지역의 필지별 면적측정방법으로 옳은 것은?

① 전자면적측정기법
② 좌표면적계산법
③ 축척자삼사법
④ 방안지조사법

정답 01 ③ 02 ③ 03 ②

해설

면적측정방법

면적측정방법	대상지역	측량방법
좌표면적계산법	경계점좌표등록부 등록지	경위의측량
전자면적측정기	지적도·임야도 등록지	평판측량

04 목장용지의 부호 표기로 옳은 것은?

① 전   ② 장   ③ 목   ④ 용

해설

지목의 표현방법

지목	부호	지목	부호	지목	부호	지목	부호
전	전	대	대	철도용지	철	공원	공
답	답	공장용지	장	제방	제	체육용지	체
과수원	과	학교용지	학	하천	천	유원지	원
목장용지	목	주차장	차	구거	구	종교용지	종
임야	임	주유소용지	주	유지	유	사적지	사
광천지	광	창고용지	창	양어장	양	묘지	묘
염전	염	도로	도	수도용지	수	잡종지	잡

05 전자면적측정기에 따른 면적측정을 하는 경우 교차를 구하기 위한 $A = 0.023^2 \sqrt{F}$ 공식 중 M의 값으로 옳은 것은?

① 허용면적   ② 축척분모
③ 산출면적   ④ 보정계수

해설

전자면적 측정기법

측정면적	전자식 구적기라고도 하며, 도상에서 2회 측정하여 그 교차가 다음 산식에 의한 허용면적 이하인 때에는 그 평균치를 측정면적으로 한다. $A = 0.023^2 M \sqrt{F}$ 여기서, A : 허용면적 M : 축척분모 F : 2회 측정한 면적의 합계를 2로 나눈 수
계산	측정면적은 $\dfrac{1}{1,000}$ m² 까지 계산
단위	$\dfrac{1}{10}$ m² 단위로 정한다.

06 경위의측량방법에 따른 세부측량을 시행할 때 거리측정의 단위로 옳은 것은?

① 0.1cm   ② 1cm   ③ 5cm   ④ 10cm

해설

계산	단위
측정면적은 $\frac{1}{1,000}$ m²까지 계산한다.	$\frac{1}{10}$ m² 단위로 정한다.

07 새로 조성·완료된 토지를 지적공부에 등록하는 경우 어떤 신청을 하는가?

① 신규등록   ② 축척변경
③ 토지분할   ④ 등록전환

해설

조사측량	새로운 지적의 창설이나 기존 지적의 개편을 목적으로 실시하는 전국 규모의 측량으로, 우리나라의 기존 지적은 토지조사측량(1910~1919년)과 임야조사측량(1916~1924년)에 의해 창설되었다.
신규등록측량	기존 지적공부에 새로운 토지를 등록하기 위해 실시하는 측량이다.
토지분할측량	지적공부에 등록된 1필지의 토지를 2필지 이상으로 분할하기 위해 실시하는 측량이다.
등록전환측량	임야도에 등록된 토지를 지적도에 옮겨 등록하기 위해 실시하는 측량이다.
경계정정측량	지적공부에 등록되어 있는 경계를 정정하기 위해 실시하는 측량이다.
지적확정측량	도시계획, 구획정리, 농지개량 등의 사업을 시행하는 지구 내 토지의 필지별 지적을 새로이 확정하기 위해 실시하는 측량이다.
축척변경측량	지적도나 임야도의 축척을 대축척으로 변경하는 지구 내 토지의 필지별 지적을 새로이 확정하기 위해 실시하는 측량이다.
지적복구측량	전란, 화재 등으로 분·소실된 지적공부를 복구할 목적으로 실시하는 측량으로 멸실 당시의 지적공부에 등록되었던 내용을 기초로 하는 측량이다.
경계복원측량	지적공부에 등록된 토지의 경계를 지상에 복원할 목적으로 실시하는 측량으로 등록 당시의 측량방법을 기초로 하는 측량이다.
지적현황측량	지상구조물 또는 지하시설물의 점유관계를 지적공부에 등록된 경계와 대비하여 표시할 목적으로 실시하는 측량으로 성과의 도시가 필요한 측량이다.
기초측량	지적측량의 기초점인 지적삼각점, 지적삼각보조점 및 지적도근점의 위치를 결정하기 위해 실시하는 측량으로 기초점의 위치는 평면직각좌표로 표현한다.

08 지적공부의 열람 및 등본 발급은 어떤 이념에 의한 것인가?

① 공신의 원칙   ② 공시의 원칙
③ 직권등록주의   ④ 사실심사주의

정답 06 ② 07 ① 08 ②

해설

토지등록의 원칙(土地登錄의 原則)

등록의 원칙 (登錄의 原則)	토지에 관한 모든 표시사항을 지적공부에 반드시 등록하여야 하며 토지의 이동이 이루어지려면 지적공부에 그 변동사항을 등록하여야 한다는 토지등록의 원칙으로 토지표시의 등록주의(登錄主義 : Booking Principle)라고 할 수 있다. 적극적 등록제도(Positive System)와 법지적(Legal Cadastre)을 채택하고 있는 나라에서 적용하고 있는 원리로서 토지의 모든 권리의 행사는 토지대장 또는 토지등록부에 등록하지 않고는 모든 법률상의 효력을 갖지 못하는 원칙으로 형식주의(Principle of Formality) 규정이라고 할 수 있다.
신청의 원칙 (申請의 原則)	토지의 등록은 토지소유자의 신청을 전제로 하되 신청이 없을 때는 직권으로 직접 조사하거나 측량하여 처리하도록 규정하고 있다.
특정화의 원칙 (特定化의 原則)	토지등록제도에 있어서 특정화의 원칙(Principle of Speciality)은 권리의 객체로서 모든 토지는 반드시 특정적이면서도 단순하며 명확한 방법에 의하여 인식될 수 있도록 개별화함을 의미하는데 이 원칙이 실제적으로 지적과 등기와의 관련성을 성취시켜 주는 열쇠가 된다.
국정주의 및 직권주의 (國定主義 및 職權主義)	국정주의(Principle of National Decision)는 지적공부의 등록사항인 토지의 지번, 지목, 경계, 좌표, 면적의 결정은 국가의 공권력에 의하여 국가만이 결정할 수 있는 원칙이다. 직권주의는 모든 필지는 필지단위로 구획하여 국가기관인 소관청이 직권으로 조사·정리하여 지적공부에 등록 공시하여야 한다는 원칙이다.
공시의 원칙, 공개주의 (公示의 原則, 公開主義)	토지등록의 법적 지위에 있어서 토지이동이나 물권의 변동은 반드시 외부에 알려야 한다는 원칙을 공시의 원칙(Principle of Public Notification) 또는 공개주의(Principle of Publicity)라고 한다. 토지에 관한 등록사항을 지적공부에 등록하여 일반인에게 공시하여 토지소유자는 물론 이해관계자 및 기타 누구나 이용할 수 있도록 하는 것이다.
공신의 원칙 (公信의 原則)	공신의 원칙(Principle of Public Confidence)은 물권의 존재를 추측케 하는 표상, 즉 공시방법을 신뢰하여 거래한 자는 비록 그 공시방법이 진실한 권리관계에 일치하고 있지 않더라도 그 공시된 대로의 권리를 인정하여 이를 보호하여야 한다는 것이 공신의 원칙이다. 즉 공신의 원칙은 선의의 거래자를 보호하여 진실로 그러한 등기내용과 같은 권리관계가 존재한 것처럼 법률효과를 인정하려는 법률법칙을 말한다.

09 축척 1/1,200 지역에서 원면적이 400m²의 토지를 분할하는 경우 분할 후 각 필지의 면적의 합계와 분할 전 면적과의 오차의 허용범위는?

① ±32m² ② ±18m² ③ ±16m² ④ ±13m²

해설

오차의 허용범위
분할 후의 각 필지의 면적의 합계와 분할 전 면적과의 오차의 허용범위는 다음 산식에 의한다. 이 경우 오차의 허용범위를 계산함에 있어서 축척이 3천분의 1인 지역의 축척분모는 6,000으로 한다.

$A = 0.026^2 M\sqrt{F}$
$= 0.026^2 \times 1,200 \sqrt{400} = \pm 16.24 m^2$

여기서, A : 오차허용면적, M : 축척분모, F : 원면적

10 지번색인표의 등재사항이 아닌 것은?

① 제명 ② 지번 ③ 면적 ④ 결번

정답 09 ③ 10 ③

해설

지번색인표의 등재사항 및 제도

등재사항	제명, 지번, 도면번호, 결번
제도	• 제명은 지번색인표 윗부분에 9mm의 크기로 "○○시·도 ○○시·군·구 ○○읍·면 ○○동·리 지번색인표"라 제도한다. • 지번색인표에는 도면번호별로 그 도면에 등록된 지번을, 토지의 이동으로 결번이 생긴 때에는 결번 란에 그 지번을 제도한다.

11 다음 중 축척변경 시행지역의 토지는 언제를 기준으로 토지의 이동이 있는 것으로 보는가?

① 축척변경 승인신청공고일
② 축척변경 확정공고일
③ 축척변경 청산금정산일
④ 축척변경 이의신청통지일

해설

축척변경의 확정공고
청산금의 납부 및 지급이 완료되었을 때에는 지적소관청은 지체 없이 축척변경의 확정공고를 하여야 한다.

확정공고 내용	축척변경의 확정공고에는 다음의 사항이 포함되어야 한다. • 토지의 소재 및 지역명 • 축척변경 전·후의 면적을 대비한 축척변경 지번별 조서 • 청산금조서 • 지적도의 축척

지적공부정리 및 등기촉탁	• 지적소관청은 확정공고를 하였을 때에는 지체 없이 축척변경에 따라 확정된 사항을 지적공부에 등록하여야 하며, 관할등기소에 토지표시변경 등기촉탁을 하여야 한다.
	• 지적공부에 등록하는 때에는 다음의 기준에 따라야 한다.
	  - 토지대장은 확정공고된 축척변경 지번별 조서에 따를 것
	  - 지적도는 확정측량결과도 또는 경계점좌표에 따를 것

토지의 이동	축척변경 시행지역의 토지는 확정공고일에 토지의 이동이 있는 것으로 본다.

12 평판측량방법에 따른 세부측량을 교회법으로 시행한 결과 시오삼각형이 생긴 경우의 처리 기준으로 옳은 것은?

① 내접원의 지름이 1mm 이하일 때에는 그 중심을 점의 위치로 한다.
② 내접원의 지름이 2mm 이하일 때에는 그 중심을 점의 위치로 한다.
③ 내접원의 지름이 3mm 이하일 때에는 그 중심을 점의 위치로 한다.
④ 내접원의 지름이 5mm 이하일 때에는 그 중심을 점의 위치로 한다.

해설

세부측량의 기준 및 방법 등(지적측량 시행규칙 제18조)
① 평판측량방법에 따른 세부측량은 다음 각 호의 기준에 따른다.
  1. 거리측정단위는 지적도를 갖춰 두는 지역에서는 5cm로 하고, 임야도를 갖춰 두는 지역에서는 50cm로 할 것
  2. 측량결과도는 그 토지가 등록된 도면과 동일한 축척으로 작성할 것

정답 11 ② 12 ①

3. 세부측량의 기준이 되는 위성기준점, 통합기준점, 삼각점, 지적삼각점, 지적삼각보조점, 지적도근점 및 기지점이 부족한 경우에는 측량상 필요한 위치에 보조점을 설치하여 활용할 것
4. 경계점은 기지점을 기준으로 하여 지상경계선과 도상경계선의 부합 여부를 현형법(現形法) · 도상원호(圖上圓弧)교회법 · 지상원호(地上圓弧)교회법 또는 거리비교확인법 등으로 확인하여 정할 것

② 평판측량방법에 따른 세부측량은 교회법 · 도선법 및 방사법(放射法)에 따른다.
③ 평판측량방법에 따른 세부측량을 교회법으로 하는 경우에는 다음 각 호의 기준에 따른다.
1. 전방교회법 또는 측방교회법에 따를 것
2. 3방향 이상의 교회에 따를 것
3. 방향각의 교각은 30도 이상 150도 이하로 할 것
4. 방향선의 도상길이는 측판의 방위표정(方位標定)에 사용한 방향선의 도상길이 이하로서 10cm 이하로 할 것. 다만, 광파조준의(光波照準儀) 또는 광파측거기를 사용하는 경우에는 30cm 이하로 할 수 있다.
5. 측량결과 시오(示誤)삼각형이 생긴 경우 내접원의 지름이 1mm 이하일 때에는 그 중심을 점의 위치로 할 것

13 지적도에 등록하는 행정구역선의 제도 폭은?

① 0.1mm ② 0.2mm ③ 0.3mm ④ 0.4mm

해설

선의 종류 및 색

0.1mm 선	경계선을 그릴 때 사용
0.2mm 선	기초점을 그릴 때 사용
0.4mm 선	행정구역선을 그릴 때 사용(단, 리 · 동 경계는 0.2mm)
검은색	별도로 색별지정을 하지 않을 경우에는 검은색으로 한다.
붉은색	도곽선, 도곽선수치, 말소선 등에 사용한다. 또 2도면 이상에 걸친 토지로서 그 일부가 다른 도면에 등록된 토지의 지번 및 지목 주기에도 사용한다.

14 다음 중 간주지적도에 등록된 토지의 대장을 토지대장과는 별도로 작성하여 사용하였던 것에 해당하지 않는 것은?

① 별책 토지대장 ② 을호 토지대장
③ 산 토지대장 ④ 지세 명기장

해설

간주지적도 (看做地籍圖)	• 지적도로 간주하는 임야도를 간주지적도라 한다. • 조선지세령 제5조제3항에는 "조선총독이 지정하는 지역에서는 임야도로서 지적도로 간주한다."라고 규정 • 총독부는 1924년을 시작으로 15차례 고시함 • 육지에서 멀리 떨어진 도서지역, 토지조사구역에서 멀리 떨어진 산간벽지(약 200間) 등을 지정하였다. • 전, 답, 대 등 과세지가 있을 경우 이를 지적도에 등록하지 아니하고 임야도에 존치(1/3,000, 1/6,000) • 임야도에 녹색 1호선으로 구역 표시 • 간주지적도에 대한 대장은 일반토지대장과 달리 별책이 있었는데 이를 별책토지대장 · 을호토지대장 · 산토지대장이라 한다.

정답 13 ④ 14 ④

산토지대장 (山土地臺帳)	• 간주지적도에 등록된 토지에 대하여 별책토지대장, 을호토지대장, 산토지대장이라 하여 별도 작성되었다. • 산토지대장에 등록면적 단위는 30평 단위이다. • 산토지대장은 1975년 지적법 전문 개정 시 토지대장 카드화 작업으로 m² 단위로 환산하여 등록하였고, 전산화사업 이후 보관만하고 있다.
간주임야도 (看做林野圖)	1/25,000, 1/50,000 지형도를 임야도로 간주하는 것으로 임야조사사업 당시 임야의 필지가 광범위하여 임야도에 등록하기에 어려운 국유임야지역이 이에 해당된다.
간주임야도 시행지역	• 경북 일월산　　　　　　• 전북 덕유산　　　　　　• 경남 지리산
특징	• 간주임야도에 등록된 지역은 국유임야지역이다. • 대부분 측량 접근이 어려운 고산지대이다. • 행정구역 경계가 불확실하다. • 지번지역 단위가 없었다.
간주임야도의 정리	• 북한지역의 1/25,000 지역은 대부분 1/6,000로 개측하였음(1948년 이전) • 1979~1984년 : 남원군 장수군 복구 및 개측 사업으로 임야로 정비 • 1987년 이후 : 장수군을 시작으로 도상 또는 GPS측량방법으로 소관청직권등록

15 토지에 지목을 부여하는 주된 목적은?

① 토지의 이용 구분　　　　　　　② 토지의 특정화
③ 토지의 식별　　　　　　　　　 ④ 토지의 위치 추측

해설

1. 지목의 정의

　지목(Land Category)이라 함은 토지의 주된 용도에 따라 토지의 종류를 분류한 유형으로서 필지를 구성하는 하나의 요소이다. 토지관리의 효율화를 위하여 필지마다 지형, 토성 또는 용도 등 토지의 현상에 따라 구분된 토지의 종류에 붙이는 법률상의 명칭이다.

2. 지목의 분류

토지 현황	지형지목	지표면의 형태, 토지의 고저, 수륙의 분포상태 등 땅이 생긴 모양에 따라 지목을 결정하는 것을 지형지목이라 한다. 지형은 주로 그 형성과정에 따라 하식지(河蝕地), 빙하기, 해안지, 분지, 습곡지, 화산지 등으로 구분한다.
	토성지목	토지의 성질(토성, 토질)인 지층이나 암석 또는 토양의 종류 등에 따라 결정한 지목을 토성지목이라고 한다. 토성은 암석지, 조사지(租沙地), 점토(粘土地), 사토지(砂土地), 양토(壤土地), 식토지(植土地) 등으로 구분한다.
	용도지목	토지의 용도에 따라 결정하는 지목을 용도지목이라고 한다. 우리나라에서 채택하고 있으며 지형 및 토양 등과 관계없이 토지의 현실적 용도를 주로 하기 때문에 일상생활과 가장 밀접한 관계를 맺게 된다.
소재 지역	농촌형 지목	농어촌 소재에 형성된 지목을 농촌형 지목이라고 한다. 임야, 전, 답, 과수원, 목장용지 등을 말한다.
	도시형 지목	도시지역에 형성된 지목을 도시형 지목이라고 한다. 공장용지, 수도용지, 학교용지도로, 공원, 체육용지 등이 있다.
산업별	1차 산업형 지목	농업 및 어업 위주의 용도로 이용되고 있는 지목을 말한다.
	2차 산업형 지목	토지의 용도가 제조업 중심으로 이용되고 있는 지목을 말한다.
	3차 산업형 지목	토지의 용도가 서비스 산업 위주로 이용되는 것으로 도시형 지목이 해당된다.
국가 발전	후진국형 지목	토지이용이 1차 산업의 핵심과 농·어업에 주로 이용되는 지목을 말한다.
	선진국형 지목	토지이용 형태가 3차 산업, 서비스업 형태의 토지이용에 관련된 지목을 말한다.

정답 15 ①

구성 내용	단식지목	하나의 필지에 하나의 기준으로 분류한 지목을 단식지목이라 한다. 토지의 현황은 지형, 토성, 용도별로 분류할 수 있기 때문에 지목도 이들 기준으로 분류할 수 있다. 우리나라가 채택하고 있다.
	복식지목	일필지 토지에 둘 이상의 기준에 따라 분류하는 지목을 복식지목이라 한다. 복식지목은 토지의 이용이 다목적인 지역에 적합하며, 독일의 영구녹지대 중 녹지대라는 것은 용도지목이면서 다른 기준인 토성까지 더하여 표시하기 때문에 복식지목의 유형에 속한다.

16 지적삼각보조점의 제도 시 원의 크기로 맞는 것은?

① 직경 1.5mm ② 직경 2mm ③ 직경 2.5mm ④ 직경 3mm

해설

구분	종류	제도	방법
지적기준점	지적삼각점	3mm ⊕	지적삼각점 및 지적삼각보조점은 직경 3mm의 원으로 제도한다. 이 경우 지적삼각점은 원 안에 십자선을, 지적삼각보조점은 원 안에 검은색으로 엷게 채색한다.
	지적삼각보조점	3mm ●	
	지적도근점	2mm ○	지적도근점은 직경 2mm의 원으로 제도한다.
	명칭과 번호		지적측량기준점의 명칭과 번호는 그 지적측량기준점의 윗부분에 명조체의 2mm 내지 3mm의 크기로 제도한다. 다만, 레터링으로 작성하는 경우에는 고딕체로 할 수 있으며 경계에 닿는 경우에는 적당한 위치에 제도할 수 있다.

17 면적을 측정하는 경우 도곽선의 길이에 최소 얼마 이상의 신축이 있을 때에 이를 보정해 주어야 하는가?

① 0.5mm ② 0.1mm ③ 1mm ④ 5mm

해설

면적측정의 방법 등(지적측량 시행규칙 제20조)
③ 면적을 측정하는 경우 도곽선의 길이에 0.5mm 이상의 신축이 있을 때에는 이를 보정하여야 한다. 이 경우 도곽선의 신축량 및 보정계수의 계산은 다음 각 호의 계산식에 따른다.

1. 도곽선의 신축량 계산 : $S = \dfrac{\Delta X_1 + \Delta X_2 + \Delta Y_1 + \Delta Y_2}{4}$

여기서, S : 신축량, ΔX_1 : 왼쪽 종선의 신축된 차, ΔX_2 : 오른쪽 종선의 신축된 차
ΔY_1 : 위쪽 횡선의 신축된 차, ΔY_2 : 아래쪽 횡선의 신축된 차

이 경우 신축된 차(mm) $= \dfrac{1,000(L-L_0)}{M}$

여기서, L : 신축된 도곽선지상길이, L_0 : 도곽선지상길이, M : 축척분모

정답 16 ④ 17 ①

18 축척 1/1,000 도면에서 도곽선의 신축량이 가로, 세로 각각 +2.0mm일 때 면적보정계수는?

① 1.0117
② 0.9884
③ 1.0035
④ 0.9965

> **해설**

면적측정의 방법 등(지적측량 시행규칙 제20조)
③ 면적을 측정하는 경우 도곽선의 길이에 0.5mm 이상의 신축이 있을 때에는 이를 보정하여야 한다. 이 경우 도곽선의 신축량 및 보정계수의 계산은 다음 각 호의 계산식에 따른다.

1. 도곽선의 신축량 계산 : $S = \dfrac{\Delta X_1 + \Delta X_2 + \Delta Y_1 + \Delta Y_2}{4}$

   여기서, S : 신축량, ΔX_1 : 왼쪽 종선의 신축된 차, ΔX_2 : 오른쪽 종선의 신축된 차
   ΔY_1 : 위쪽 횡선의 신축된 차, ΔY_2 : 아래쪽 횡선의 신축된 차

   이 경우 신축된 차(mm) $= \dfrac{1,000(L-L_0)}{M}$

   여기서, L : 신축된 도곽선지상길이, L_0 : 도곽선지상길이, M : 축척분모

2. 도곽선의 보정계수계산 : $Z = \dfrac{X \cdot Y}{\Delta X \cdot \Delta Y}$

   여기서, Z : 보정계수, X : 도곽선종선길이, Y : 도곽선횡선길이
   ΔX : 신축된 도곽선종선길이의 합/2, ΔY : 신축된 도곽선횡선길이의 합/2을 말한다.

④ 면적이 5,000m² 이상인 필지를 분할하는 경우 분할 후의 면적이 분할 전 면적의 80% 이상이 되는 필지의 면적을 측정할 때에는 분할 전 면적의 20% 미만이 되는 필지의 면적을 먼저 측정한 후, 분할 전 면적에서 그 측정된 면적을 빼는 방법으로 할 수 있다. 다만, 동일한 측량결과도에서 측정할 수 있는 경우와 좌표면적계산법에 따라 면적을 측정하는 경우에는 그러하지 아니하다.

축척	도상거리		지상거리	
	세로(cm)	가로(cm)	세로(m)	가로(m)
1/500	30	40	150	200
1/1,000	30	40	300	400
1/600	33.3333	41.6667	200	250
1/1,200	33.3333	41.6667	400	500
1/2,400	33.3333	41.6667	800	1000
1/3,000	40	50	1,200	1,500
1/6,000	40	50	2,400	3,000

1. 도상길이로 계산 : $Z = \dfrac{X \cdot Y}{\Delta X \cdot \Delta Y} = \dfrac{300 \times 400}{302.0 \times 402.0} = 0.9884$

2. 지상길이로 계산 : 2.0mm를 지상거리로 환산

   $\dfrac{1}{m} = \dfrac{도상거리}{실제거리} \Rightarrow \dfrac{1}{1,000} = \dfrac{2.0}{실제거리}$

   ∴ 실제거리 $= 1,000 \times 2.0 = 2,000$mm $= 2$m

   $Z = \dfrac{X \cdot Y}{\Delta X \cdot \Delta Y} = \dfrac{300 \times 400}{302.0 \times 402.0} = 0.9884$

정답 18 ②

19 다음 중 지적기준점이 아닌 것은?

① 지적삼각점
② 공공수준점
③ 지적보조삼각점
④ 지적도근점

해설

지적기준점

지적삼각점 (地籍三角點)	지적측량 시 수평위치 측량의 기준으로 사용하기 위하여 국가기준점을 기준으로 하여 정한 기준점
지적삼각보조점	지적측량 시 수평위치 측량의 기준으로 사용하기 위하여 국가기준점과 지적삼각점을 기준으로 하여 정한 기준점
지적도근점 (地籍圖根點)	지적측량 시 필지에 대한 수평위치 측량 기준으로 사용하기 위하여 국가기준점, 지적삼각점, 지적삼각보조점 및 다른 지적도근점을 기초로 하여 정한 기준점

20 지번의 기능에 해당되지 않는 것은?

① 토지의 식별
② 위치의 확인
③ 용도의 구분
④ 토지의 고정화

해설

지번의 정의	지번(Parcel Number or Lot Number)이라 함은 필지에 부여하여 지적공부에 등록한 번호로서 국가(지적소관청)가 인위적으로 구획된 1필지별로 1지번을 부여하여 지적공부에 등록하는 것으로 토지의 고정성과 개별성을 확보하기 위하여 지적소관청이 지번부여지역인 법정 동·리 단위로 기번하여 필지마다 아라비아숫자로 순차적으로 연속하여 부여한 번호를 말한다.
지번의 특성	지번은 특정성, 동질성, 종속성, 불가분성, 연속성을 가지고 있다. 지번부여지역에 속한 필지들은 지번에 의해 개별성을 보장받게 되기 때문에 지번은 특정성을 지니게 되며, 단식지번과 성질상 부번이 없는 단식지번이 복식지번보다 우세한 것 같지만 지번으로서의 역할에는 하등과 우열의 경중이 없으므로 지번은 유형과 크기에 관계없이 동질성을 지니게 된다. 또한 지번은 부여지역 및 이미 설정된 지번 등에 의해 형성되기 때문에 종속성을 지니게 된다. 지번은 물권변동 또는 설정에 따른 각 권리에 의해 분리되지 않는 불가분성을 지니게 된다.
지번의 기능	• 필지를 구별하는 개별성과 특정성의 기능을 갖는다. • 거주지 또는 주소 표기의 기준으로 이용된다. • 위치 파악의 기준으로 이용된다. • 각종 토지 관련 정보시스템에서 검색키(식별자·색인키)로서의 기능을 갖는다.

21 다음 중 토지합병을 신청할 수 없는 경우가 아닌 것은?

① 합병하려는 토지의 지번부여지역이 서로 다른 경우
② 합병하려는 토지에 전세권의 등기가 있는 경우
③ 합병하려는 토지의 지목이 서로 다른 경우
④ 합병하려는 토지의 지적도 및 임야도의 축척이 서로 다른 경우

정답 19 ② 20 ③ 21 ②

해설

합병신청을 할 수 없는 경우
1) 합병하려는 토지의 지번부여지역, 지목 또는 소유자가 서로 다른 경우
2) 합병하려는 토지에 다음의 등기 외의 등기가 있는 경우
   - 소유권·지상권·전세권 또는 임차권의 등기
   - 승역지(承役地)에 대한 지역권의 등기
   - 합병하려는 토지 전부에 대한 등기원인(登記原因) 및 그 연월일과 접수번호가 같은 저당권의 등기
3) 그 밖에 합병하려는 토지의 지적도 및 임야도의 축척이 서로 다른 경우 등
   - 합병하려는 토지의 지적도 및 임야도의 축척이 서로 다른 경우
   - 합병하려는 각 필지가 서로 연접하지 않은 경우
   - 합병하려는 토지가 등기된 토지와 등기되지 아니한 토지인 경우
   - 합병하려는 각 필지의 지목은 같으나 일부 토지의 용도가 다르게 되어 분할대상 토지인 경우. 다만, 합병신청과 동시에 토지의 용도에 따라 분할신청을 하는 경우는 제외한다.
   - 합병하려는 토지의 소유자별 공유지분이 다른 경우
   - 합병하려는 토지가 구획정리, 경지정리 또는 축척변경을 시행하고 있는 지역의 토지와 그 지역 밖의 토지인 경우
   - 합병하려는 토지 소유자의 주소가 서로 다른 경우. 다만, 제1항에 따른 신청을 접수받은 지적소관청이 「전자정부법」 제36조제1항에 따른 행정정보의 공동이용을 통하여 다음 각 목의 사항을 확인(신청인이 주민등록표 초본 확인에 동의하지 않는 경우에는 해당 자료를 첨부하도록 하여 확인)한 결과 토지 소유자가 동일인임을 확인할 수 있는 경우는 제외한다.
     – 토지등기사항증명서
     – 법인등기사항증명서(신청인이 법인인 경우만 해당한다)
     – 주민등록표 초본(신청인이 개인인 경우만 해당한다)

22 블록(Block)마다 하나의 본번을 부여하고 블록 내 필지마다 부번을 부여하는 지번 설정 방법으로 '블록식'이라고도 하는 것은?

① 단지식 ② 사행식 ③ 기우식 ④ 방사식

해설

지번부여방법

사행식	필지의 배열이 불규칙한 지역에서 진행순서에 따라 지번을 부여하는 방법으로 농촌지역의 지번부여에 적합하며 우리나라 토지의 대부분은 사행식에 의해 부여하며 지번부여가 일정하지 않고 상하좌우로 분산되어 부여되는 결점이 있다.
기우식	도로를 중심으로 한쪽은 홀수인 기수, 다른 쪽은 짝수인 우수로 지번을 부여하는 방법으로 리·동·도·가 등의 시가지 지역의 지번부여방법으로 적합하고 교호식이라고도 한다.
단지식	단지마다 하나의 지번을 부여하고 단지 내 필지마다 부번을 부여하는 방법으로 단지식은 블록식이라고도 하며 도시개발사업 및 농지개량사업 시행지역 등의 지번부여에 적합하다.
절충식	사행식, 기우식, 단지식 등을 적당히 취사선택(取捨選擇)하여 부번(附番)하는 방식

23 지적의 3요소로 가장 거리가 먼 것은?

① 지물 ② 토지 ③ 등록 ④ 지적공부

정답 22 ① 23 ①

> **해설**
> - 협의의 지적 구성요소 : 지적제도는 등록대상인 토지(Land)와 토지에 대한 조사사항을 공적장부에 기록하는 행위인 등록(Registration)과 조사사항을 등록하고 공시하기 위한 공부(Records)로 구성되며, 이것은 지적제도와 등기제도가 완벽하게 분리되어 있는 지적제도에서 협의의 지적 3요소라고 한다.
> - 광의의 지적 구성요소 : 협의의 지적 3요소와는 달리 네덜란드의 헨센(J. L. G. Henssen)은 지적과 등기를 통합한 광의의 개념으로 지적의 구성요소를 소유자(Person), 권리(Right), 필지(Parcel)로 구분하고 있다.

24 다음 중 지적도의 축척이 아닌 것은?

① 1/500
② 1/1,500
③ 1/2,400
④ 1/3,000

> **해설**
> **도면의 축척**
>
> | 구분 | 축척 |
> |---|---|
> | 지적도의 축척 | 1/500, 1/600, 1/1,000, 1/1,200, 1/2,400, 1/3,000, 1/6,000(7종) |
> | 임야도의 축척 | 1/3,000, 1/6,000(2종) |

25 토지이동이 있을 때 토지소유자가 하여야 하는 신청을 대위할 수 있는 사람이 아닌 것은?

① 구획정리사업을 시행하는 토지의 주민
② 공공사업 등으로 인하여 하천, 구거, 제방 등의 지목으로 되는 토지의 경우 그 사업시행자
③ 지방자치단체가 매입 등으로 취득하는 토지의 경우 지방자치단체의 장
④ 국가가 매입 등으로 취득하는 토지의 경우 국가기관의 장

> **해설**
> **토지이동 신청의 대위신청 등**
>
> | | |
> |---|---|
> | 토지이동의 신청특례 | 다음의 어느 하나에 해당하는 자는 이 법에 따라 토지소유자가 하여야 하는 신청을 대신할 수 있다.
• 공공사업 등에 따라 학교용지 · 도로 · 철도용지 · 제방 · 하천 · 구거 · 유지 · 수도용지 등의 지목으로 되는 토지인 경우 : 해당 사업의 시행자
• 국가나 지방자치단체가 취득하는 토지인 경우 : 해당 토지를 관리하는 행정기관의 장 또는 지방자치단체의 장
• 「주택법」에 따른 공동주택의 부지인 경우 : 「집합건물의 소유 및 관리에 관한 법률」에 따른 관리인(관리인이 없는 경우에는 공유자가 선임한 대표자) 또는 해당 사업의 시행자
• 「민법」 제404조에 따른 채권자 |
> | 상속 등의 토지에 대한 지적공부정리 신청 | 상속, 공용징수, 판결, 경매 등 「민법」 제187조의 규정에 의거 등기를 요하지 아니하는 토지를 취득한 자는 지적공부정리신청을 할 수 있다. 이 경우 토지소유자를 증명하는 서류를 첨부하여야 한다. |
> | 등록사항정정 대위신청 | 등록사항정정을 대위신청하는 경우에는 인접 토지소유자의 승낙서 또는 이에 대항할 수 있는 확정판결서 정본을 첨부하여야 한다. |

정답 24 ② 25 ①

26 경계점좌표등록부의 등록사항이 아닌 것은?

① 지번
② 좌표
③ 부포 및 부호도
④ 면적

해설

경계점좌표등록부 등록사항
- 토지의 소재
- 좌표
- 지적도면의 번호
- 부호 및 부호도
- 지번
- 토지의 고유번호
- 필지별 경계점좌표등록부의 장번호

27 수치지적에 대한 설명이 틀린 것은?

① 수학적인 평면직각 종횡선 수치(X, Y좌표)의 형태로 표시한다.
② 도해지적보다 정밀성이 훨씬 떨어진다.
③ 열람용의 별도 도면을 작성하여 보관해야 한다.
④ 우리나라는 1975년부터 수치지적제도를 도입하였다.

해설

측량방법별 분류

도해지적 (Graphical Cadastre)	도해지적은 토지의 각 필지 경계점을 측량하여 지적도 및 임야도에 일정한 축척의 그림으로 묘화하는 것으로서 토지 경계의 효력을 도면에 등록된 경계에 의존하는 제도이다.
수치지적 (Numerical Cadastre)	수치지적은 토지의 각 필지 경계점을 그림으로 묘화하지 않고 수학적인 평면직각 종횡선 수치(X, Y좌표)의 형태로 표시하는 것으로서 도해지적보다 훨씬 정밀하게 경계를 등록할 수 있다.
계산지적 (Computational Cadastre)	계산지적은 경계점의 정확한 위치결정이 용이하도록 측량기준점과 연결하여 관측하는 지적제도를 말한다. 측량방법은 수치지적과 계산지적의 차이가 없으나 수치지적은 일부의 특정지역이나 토지구획정리, 농업생산기반 정비 등 사업지구 단위로 국지적인 수치데이터에 의하여 측량을 실시하는 것을 의미한다. 계산지적은 국가의 통일된 기준좌표계에 의하여 각 경계상의 굴곡점을 좌표로 표시하는 지적제도로서 전국 단위로 수치데이터에 의거 체계적인 측량이 가능하다. 기술적 측면에서의 지적제도는 계산지적제도가 바람직한 지적제도라고 할 수 있으나 현행 우리나라 지적제도는 도해지적제도로 출발하여 수치지적으로 전환하는 과정에 있는 실정이다.

28 지적공부에 등록하는 면적이란?

① 지구 구면상의 면적
② 필지의 수평면상 넓이
③ 토지의 경사면상 넓이
④ 필지의 입체적 지표상 넓이

해설

1) 면적의 개념
면적이라 함은 지적공부에 등록된 필지의 수평면상의 넓이를 말한다. 면적은 토지조사사업 이후부터 1975년 「지적법」 전문개정 전까지는 척관법에 따라 평(坪)과 보(步)를 단위로 한 지적(地積)이라 하였으며 제2차 「지적법」 개정 시 지적(地籍)과 혼동되어 면적(面積)으로 개정하였다.

정답 26 ④ 27 ② 28 ②

2) 면적결정 기준
- 면적결정은 지적측량에 의하여 결정한다.
- 다만, 합병에 따른 면적은 지적측량을 실시하지 않고 합병 전의 각 필지의 면적을 합산하여 결정한다.

29 축척변경위원회의 심의·의결사항이 아닌 것은?

① 축척변경 시행계획에 관한 사항
② 청산금의 이의신청에 관한 사항
③ 지번별 제곱미터당 금액의 결정에 관한 사항
④ 지번별 측량방법에 관한 사항

해설

축척변경위원회

개요		축척변경에 관한 사항을 심의·의결하는 위원회이다.
구성	인원	• 5명 이상 10명 이하의 위원으로 구성한다. • 위원의 2분의 1 이상을 토지소유자로 하여야 한다. 이 경우 그 축척변경 시행지역의 토지소유자가 5명 이하일 때에는 토지소유자 전원을 위원으로 위촉하여야 한다.
	위원장	위원장은 위원 중에서 지적소관청이 지명한다.
	위원	위원은 다음의 사람 중에서 지적소관청이 위촉한다. • 해당 축척변경 시행지역의 토지소유자로서 지역 사정에 정통한 사람 • 지적에 관하여 전문지식을 가진 사람
기능		축척변경위원회는 지적소관청이 회부하는 다음의 사항을 심의·의결한다. • 축척변경 시행계획에 관한 사항 • 지번별 제곱미터당 금액의 결정과 청산금의 산정에 관한 사항 • 청산금의 이의신청에 관한 사항 • 그 밖에 축척변경과 관련하여 지적소관청이 회의에 부치는 사항

30 지적소관청은 1필지의 토지소유자가 최소 몇 인 이상일 때 공유지연명부를 비치하는가?

① 2인　　② 3인　　③ 4인　　④ 5인

해설

공유지연명부

개요	1필지의 토지소유자가 2인 이상인 때에는 소유자에 관한 사항을 별도로 등록하기 위하여 작성하는 지적공부를 말한다.
등록사항	• 토지의 소재　　　　　　　　　　• 지번 • 소유권 지분　　　　　　　　　　• 소유자의 성명 또는 명칭, 주소 및 주민등록번호 • 토지의 고유번호　　　　　　　　• 필지별 공유지연명부의 장번호 • 토지소유자가 변경된 날과 그 원인
정리방법	• 토지소유자가 2인 이상이거나, 소유권 변경 등으로 인하여 2인 이상이 되는 경우 공유지연명부를 작성한다. • 토지의 소유자가 2인 이상이 되는 경우 토지대장의 소유자 란에 "○○○외 ○명"이라고 정리하고 공유지연명부에는 공유자의 성명·주소·주민등록번호와 지분 등을 등록한다. • 공유자의 일부 소유권이 변경될 경우에도 공유지연명부를 정리한다.

정답 29 ④ 30 ①

31. 지적측량 중 세부측량은 위성기준점, 통합기준점, 지적기준점 및 경계점을 기초로 하여 어떤 방법에 따라야 하는가?

① 레벨측량방법
② 평판측량방법
③ 전파기측량방법
④ 사진측량방법

해설

세부측량의 기준 및 방법 등(지적측량 시행규칙 제18조)
① 평판측량방법에 따른 세부측량은 다음 각 호의 기준에 따른다.
  1. 거리측정단위는 지적도를 갖춰 두는 지역에서는 5cm로 하고, 임야도를 갖춰 두는 지역에서는 50cm로 할 것
  2. 측량결과도는 그 토지가 등록된 도면과 동일한 축척으로 작성할 것
  3. 세부측량의 기준이 되는 위성기준점, 통합기준점, 삼각점, 지적삼각점, 지적삼각보조점, 지적도근점 및 기지점이 부족한 경우에는 측량상 필요한 위치에 보조점을 설치하여 활용할 것
  4. 경계점은 기지점을 기준으로 하여 지상경계선과 도상경계선의 부합 여부를 현형법(現形法)·도상원호(圖上圓弧)교회법·지상원호(地上圓弧)교회법 또는 거리비확인법 등으로 확인하여 정할 것
② 평판측량방법에 따른 세부측량은 교회법·도선법 및 방사법(放射法)에 따른다.

32. 축척 1/1,200 지역에서 도곽선을 측정한 바 +1.0m, +0.8m, +0.9m, 0.8m이고 도상거리가 8cm일 때 보정거리는?

① 95.00m
② 95.81m
③ 96.00m
④ 96.81m

해설

8cm를 지상거리로 환산

$$\frac{1}{m} = \frac{도상거리}{실제거리} \Rightarrow \frac{1}{1,200} = \frac{8}{실제거리}$$

∴ 실제거리 = 1,200 × 8 = 9,600cm = 96m

신축량 = $\frac{1 + 0.8 + 0.9 + 0.8}{4}$ = 0.875

보정량 = $\frac{신축량(지상) \times 4}{도곽선길이의 합} \times 실측거리 = \frac{0.875 \times 4}{400 + 400 + 500 + 500} \times 96 = 0.18666$

∴ 보정거리 = 실측거리 - 보정량 = 96 - 0.1867 = 95.81m

33. 지적제도를 세지적, 법지적, 다목적지적으로 분류하는 기준으로 옳은 것은?

① 등록사항의 차원에 의한 분류
② 발전 단계에 의한 분류
③ 등록의무의 강약에 의한 분류
④ 경계의 표시방법에 의한 분류

정답 31 ② 32 ② 33 ②

> 해설

발전단계별 분류

세지적 (Fiscal Cadastre)	세지적이라 함은 토지에 대한 조세부과 시 그 세액을 결정함이 가장 큰 목적인 지적제도로서 일명 과세지적이라고도 한다. 세지적은 국가 재정세입의 대부분을 토지세에 의존하던 농경시대에 개발된 최초의 지적제도로서, 각 필지에 대한 세액을 정확하게 산정하기 위하여 면적단위로 운영되는 지적제도이다. 따라서 각 필지의 측지학적 위치보다는 재산가치를 판단할 수 있는 면적을 정확하게 결정하여 등록하는 데 주력하였다.
법지적 (Legal Cadastre)	법지적이라 함은 세지적에서 발달한 지적제도로서 토지에 대한 사유권이 인정되면서 토지과세는 물론 토지거래의 안전을 도모하고, 국민의 토지소유권을 보호할 목적으로 개발된 지적제도로 소유지적이라고도 한다.
다목적지적 (Multi-purpose Cadastre)	다목적지적이라 함은 1필지단위로 토지와 관련된 기본적인 정보를 집중 관리하고, 계속하여 즉시 이용이 가능하도록 토지정보를 종합적으로 제공하여 주는 지적제도라 할 수 있다. 이러한 다목적지적 제도는 종합지적, 통합지적, 유사지적, 경제지적, 정보지적이라고도 한다.

34 다음 중 지적공부가 아닌 것은?

① 토지대장 ② 공유지연명부
③ 대지권등록부 ④ 도로대장

> 해설

지적공부의 종류

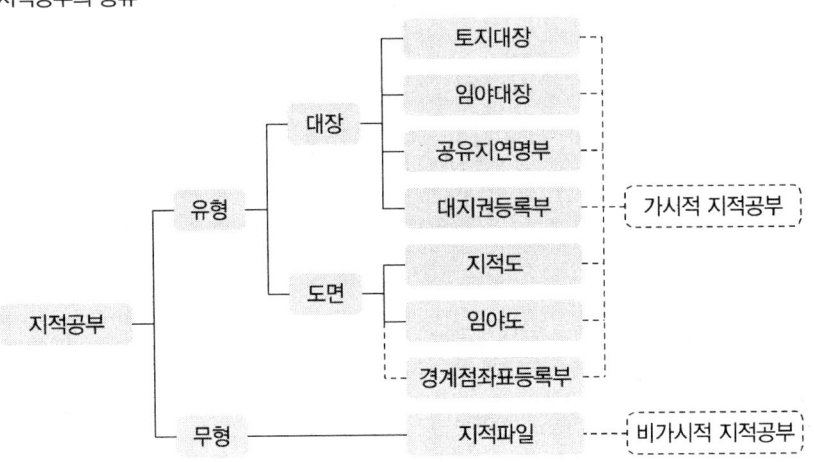

35 현행 지적 관련 법률에서 규정하고 있는 지목의 종류는?

① 16개 ② 20개 ③ 24개 ④ 28개

해설

지목의 종류

지목	부호	지목	부호	지목	부호	지목	부호
전	전	대	대	철도용지	철	공원	공
답	답	공장용지	장	제방	제	체육용지	체
과수원	과	학교용지	학	하천	천	유원지	원
목장용지	목	주차장	차	구거	구	종교용지	종
임야	임	주유소용지	주	유지	유	사적지	사
광천지	광	창고용지	창	양어장	양	묘지	묘
염전	염	도로	도	수도용지	수	잡종지	잡

36 다음 중 토지대장의 등록사항이 아닌 것은?

① 지번 ② 지목 ③ 경계 ④ 면적

해설

구분	토지표시사항	소유권에 관한 사항	기타
土地臺帳 (Land Books) 林野臺帳 (Forest Books)	• 토지소재 • 지번 • 지목 • 면적 • 토지의 이동 사유	• 변동일자 • 변동원인 • 주민등록번호 • 성명 • 주소	• 고유번호 • 도면번호 • 장번호 • 축척 • 용도지역 • 개별공시지가와 그 기준일
共有地連名簿 (Common Land Books)	• 토지소재 • 지번	• 변동일자 • 변동원인 • 주민등록번호 • 성명, 주소 • 지분	• 고유번호 • 장번호
垈地權登錄簿 (Building Site Rights Books)	• 토지소재 • 지번	• 변동일자 • 변동원인 • 주민등록번호 • 성명, 주소 • 대지권의 지분 • 소유권 지분	• 고유번호 • 장번호 • 건물의 명칭 • 전유부분의 건물의 표시

37 도곽선의 역할과 가장 거리가 먼 것은?

① 인접 도면과의 접합 기준
② 지적기준점 전개의 기준
③ 도곽 신축량의 측정 기준
④ 필지별 경계를 결정하는 기준

해설

도곽선 역할 및 그 수치
• 도곽선은 지적기준점의 전개, 방위, 인접 도면과의 접합, 도곽의 신축보정 등에 따른 기준선으로의 역할을 하기 때문에 모든 지적도와 임야도에 도곽선을 등록하여야 한다.
• 도곽선의 수치는 해당 지적도에 등록된 토지가 위치하는 좌표, 즉 당해 지적도에 표시된 토지와 원점까지의 거리를 말한다. 도곽선의 수치는 일반원점으로부터 계산하여 종선수치에 600,000m, 횡선수치에 200,000m를 각각 가산하여 언제나 정수가 되도록 하여 도면별 도곽의 북동쪽과 남서쪽의 모서리에 등록하여야 한다.
→ 세계측지계에 따르지 아니하는 지적측량의 경우에는 가우스상사 이중 투영법으로 표시하되, 직각좌표계 투영원점의 가산(加算)수치를 각각 $X(N)$ 500,000m(제주도 지역 550,000m), $Y(E)$ 200,000m로 하여 사용할 수 있다.

정답 36 ③ 37 ④

38 물권이 미치는 권리의 객체로서 지적공부에 등록하는 토지의 등록단위는?

① 택지 ② 필지 ③ 대지 ④ 획지

해설

1) 등록주체 및 등록사항
   국토교통부장관(국가)은 모든 토지에 대하여 필지별로 소재·지번·지목·면적·경계 또는 좌표 등을 조사·측량하여 지적공부에 등록하여야 한다.
   필지란 지번부여지역 안의 토지로서 소유자와 용도가 동일하고 지반이 연속된 토지를 기준으로 구획되는 토지의 등록단위를 말한다.
2) 등록신청 및 등록사항의 결정

신청에 의한 경우	지적공부에 등록하는 지번·지목·면적·경계 또는 좌표는 토지의 이동이 있을 때 토지소유자(법인이 아닌 사단이나 재단의 경우에는 그 대표자나 관리인을 말한다. 이하 같다)의 신청을 받아 지적소관청이 결정한다.
직권에 의한 경우	신청이 없으면 지적소관청이 직권으로 조사·측량하여 결정할 수 있다.

39 축척이 1/1,000인 지적도의 포용면적 규격은 얼마인가?

① 30,000m² ② 50,000m² ③ 80,000m² ④ 120,000m²

해설

축척	도상거리		지상거리		포용면적 (m²)
	세로(cm)	가로(cm)	세로(m)	가로(m)	
1/500	30	40	150	200	30,000
1/1,000	30	40	300	400	120,000
1/600	33.3333	41.6667	200	250	50,000
1/1,200	33.3333	41.6667	400	500	200,000
1/2,400	33.3333	41.6667	800	1000	800,000
1/3,000	40	50	1,200	1,500	1,800,000
1/6,000	40	50	2,400	3,000	7,200,000

40 지적공부를 멸실하여 이를 복구하고자 하는 경우, 지적소관청은 멸실 당시의 지적공부와 가장 부합된다고 인정되는 관계 자료에 의하여 토지의 표시에 관한 사항을 복구하여야 한다. 이때의 복구 자료에 해당하지 않는 것은?

① 지적공부의 등본 ② 임대계약서
③ 토지이동정리결의서 ④ 측량결과도

해설

복구방법 및 복구자료
지적소관청(정보처리시스템에 따른 지적공부의 경우에는 시·도지사, 시장·군수 또는 구청장)은 지적공부의 전부 또는 일부가 멸실되거나 훼손된 경우에는 지체 없이 이를 복구하여야 한다.

정답 38 ② 39 ④ 40 ②

토지의 표시에 관한 사항	지적소관청이 지적공부를 복구할 때에는 멸실·훼손 당시의 지적공부와 가장 부합된다고 인정되는 관계 자료에 따라 토지의 표시에 관한 사항을 복구하여야 한다.
소유자에 관한 사항	부동산등기부나 법원의 확정판결에 따라 복구하여야 한다.
지적공부의 복구자료	지적공부의 복구에 관한 관계 자료(이하 "복구자료"라 한다)는 다음과 같다. • 지적공부의 등본 • 측량결과도 • 토지이동정리결의서 • 부동산등기부등본 등 등기 사실을 증명하는 서류 • 지적소관청이 작성하거나 발행한 지적공부의 등록내용을 증명하는 서류 • 지적공부를 복제하여 관리하는 시스템에서 복제된 지적공부 • 법원의 확정판결서 정본 또는 사본

41 다음 중 일람도에 등재하여야 하는 사항에 해당하지 않는 것은?

① 도면의 제명 및 축척
② 지번부여지역의 경계
③ 도곽선과 그 수치
④ 지번과 결번

해설

일람도의 작성·비치	• 일람도는 도면축척의 10분의 1로 작성하는 것이 원칙이며 도면의 수가 4장 미만의 경우에는 작성을 생략할 수 있다. • 일람도와 지번색인표는 지번부여지역별로 도면 순으로 보관하되, 각 장별로 보호대에 넣어야 한다.
일람도의 등재사항	• 지번부여지역의 경계 및 인접지역의 행정구역 명칭 • 도면의 제명 및 축척 • 도곽선 및 도곽선수치 • 도면번호 • 하천·도로·철도·유지·취락 등 주요 지형·지물의 표시

42 지적공부의 정리 시 검은 색으로 하는 것은?

① 도곽선
② 도곽선수치
③ 말소사항
④ 문자정리사항

해설

0.1mm 선	경계선을 그릴 때 사용
0.2mm 선	기초점을 그릴 때 사용
0.4mm 선	행정구역선을 그릴 때 사용(단, 동·리 경계는 0.2mm)
검은색	별도로 색별지정을 하지 않을 경우에는 검은색으로 한다.
붉은색	도곽선, 도곽선수치, 말소선 등에 사용한다. 또 2도면 이상에 걸친 토지로서 그 일부가 다른 도면에 등록된 토지의 지번 및 지목 주기에도 사용한다.

정답 41 ④ 42 ④

43 지적소관청은 바다로 된 등록말소 토지의 대상이 있는 때에는 토지소유자에게 등록말소 신청을 하도록 통지하여야 하는데, 이때 토지소유자의 등록말소 신청기간 기준은?

① 통지받은 날부터 15일 이내
② 통지받은 날부터 30일 이내
③ 통지받은 날부터 60일 이내
④ 통지받은 날부터 90일 이내

해설

바다로 된 토지의 등록말소 및 회복

개요	등록말소	바다로 된 토지의 등록말소는 지적공부에 등록된 토지가 지형의 변화 등으로 바다로 된 경우로서 원상으로 회복할 수 없거나 다른 지목의 토지로 될 가능성이 없는 토지를 말소하는 것을 말한다.
	회복	등록말소된 토지가 다시 토지로 회복된 경우 지적공부를 회복하는 것을 말한다.
신청기한		• 지적소관청은 지적공부에 등록된 토지가 지형의 변화 등으로 바다로 된 경우로서 원상(原狀)으로 회복될 수 없거나 다른 지목의 토지로 될 가능성이 없는 경우에는 지적공부에 등록된 토지소유자에게 지적공부의 등록말소 신청을 하도록 통지하여야 한다. • 지적소관청은 토지소유자가 통지를 받은 날부터 90일 이내에 등록말소 신청을 하지 아니하면 등록을 말소한다. • 지적소관청은 말소한 토지가 지형의 변화 등으로 다시 토지가 된 경우에는 회복등록을 할 수 있다.
정리방법		• 토지소유자가 등록말소 신청을 하지 아니하면 지적소관청이 직권으로 그 지적공부의 등록사항을 말소하여야 한다. • 지적소관청은 회복등록을 하려면 그 지적측량성과 및 등록말소 당시의 지적공부 등 관계 자료에 따라야 한다. • 지적공부의 등록사항을 말소하거나 회복 등록하였을 때에는 그 정리결과를 토지소유자 및 해당 공유수면의 관리청에 통지하여야 한다.

44 지목의 설정원칙에 해당하지 않는 것은?

① 1필지 1지목의 원칙
② 일시변경가능의 원칙
③ 주용도추종의 원칙
④ 지목법정주의

해설

지목의 설정원칙

일필일지목의 원칙	일필지의 토지에는 1개의 지목만을 설정하여야 한다는 원칙
주지목추종의 원칙	주된 토지의 사용목적 또는 용도에 따라 지목을 정하여야 한다는 원칙
등록선후의 원칙	지목이 서로 중복될 때는 먼저 등록된 토지의 사용목적 또는 용도에 따라 지목을 설정하여야 한다는 원칙
용도경중의 원칙	지목이 중복될 때는 중요한 토지의 사용목적 또는 용도에 따라 지목을 설정
일시변경불변의 원칙	임시적이고 일시적인 용도의 변경이 있는 경우에는 등록전환을 하거나 지목변경을 할 수 없다.
사용목적추종의 원칙	도시계획사업 등의 완료로 인하여 조성된 토지는 사용목적에 따라 지목을 설정하여야 한다는 원칙

45 대한제국시대의 양전을 위해 설치된 최초의 지적행정관청은?

① 지계아문
② 양지아문
③ 양안
④ 토지조사국

정답 43 ④　44 ②　45 ②

해설

구한국정부시대(대한제국시대)
1) 광무(光武) 원년(1897년)에 고종은 광무라는 원호를 사용하여 국호를 대한제국으로 고쳐 즉위하고 양전·관계발급사업을 실시하였다. 광무 2년(1898년) 7월에 칙령 제25호로 양지아문 직원 및 처무규정을 공포하여 비로소 독립관청으로 양전사업을 위하여 양지아문을 설치하여 지적업무는 판적국에서 실시하고 지적이란 용어가 최초로 사용되었다.
2) 양지아문(量地衙門)
- 양지아문은 광무 2년(1898년) 7월에 칙령 제25호로 양지아문 직원 및 처무규정을 공포하여 비로소 독립관청으로 양전사업을 위하여 설치되었다. 양전사업에 종사하는 실무진으로는 양무감리, 양무위원, 조사위원 및 기술진이 있었다.
- 양전과정은 측량과 양안 작성 과정으로 나누어지는데 양안 작성 과정은 야초책(野草冊)을 작성하는 1단계, 중초책을 작성하는 2단계, 정서책으로 완성시키는 3단계로 나누어 진행하였으나 광무 5년(1901년)에 이르러 전국적인 대흉년으로 일단 중단하게 되었다.
- 소유권 이전을 국가가 통제할 수 있는 장치로서 조선시대 시행하였던 입안(立案)에 대신하여 지계를 발행하는 제도를 채택하였다.

46 다음 중 경계의 결정 원칙에 해당하는 것은?
① 축척종대의 원칙
② 주지목추종의 원칙
③ 평등배분의 원칙
④ 일시변경의 원칙

해설

경계의 결정 원칙

경계국정주의의 원칙	지적공부에 등록하는 경계는 국가가 조사·측량하여 결정한다는 원칙
경계불가분의 원칙	경계는 유일무이한 것으로 이를 분리할 수 없다는 원칙
등록선후의 원칙	동일한 경계가 축척이 서로 다른 도면에 각각 등록되어 있는 경우로서 경계가 상호 일치하지 않는 경우에는 경계에 잘못이 있는 경우를 제외하고 등록시기가 빠른 토지의 경계를 따른다는 원칙
축척종대의 원칙	동일한 경계가 축척이 서로 다른 도면에 각각 등록되어 있는 경우로서 경계가 상호 일치하지 않는 경우에는 경계에 잘못이 있는 경우를 제외하고 축척이 큰 것에 등록된 경계를 따른다는 원칙
경계직선주의	지적공부에 등록하는 경계는 직선으로 한다는 원칙

47 토렌스 시스템(Torrens System)의 일반적 이론과 거리가 먼 것은?
① 거울이론
② 보험이론
③ 커튼이론
④ 점증이론

해설

토렌스 시스템(Torrens System)
오스트레일리아 Robert Torrens경에 의해 창안된 토렌스 시스템은 토지의 權原(Title)을 명확히 하고 토지거래에 따른 변동사항 정리를 용이하게 하여 권리증서의 발행을 편리하게 하는 것이 토렌스 시스템의 목적이다. 이 제도의 기본원리는 법률적으로 토지의 권리를 확인하는 대신에 토지의 권원을 등록하는 행위이다.

정답 46 ① 47 ④

거울이론 (Mirror Principle)	토지권리증서의 등록은 토지의 거래 사실을 완벽하게 반영하는 거울과 같다는 입장의 이론이다. 소유권에 관한 현재의 법적 상태는 오직 등기부에 의해서만 이론의 여지없이 완벽하게 보여진다는 원리 이며 주정부에 의하여 적법성을 보장받는다.
커튼이론 (Curtain Principle)	토지등록업무가 커튼 뒤에 놓인 공정성과 신빙성에 대하여 관여할 필요도 없고 관여해서도 안 되는 매입신청자를 위한 유일한 정보의 이론이다. 토렌스 제도의 의해 한 번 권리증명서가 발급되면 당해 토지의 과거 이해관계에 대하여 모두 무효화시키고 현재의 소유권을 되돌아볼 필요가 없다는 것이다.
보험이론 (Insurance Principle)	토지등록이 인간의 과실로 인하여 착오가 발생한 경우 피해를 입은 사람은 피해보상에 대하여 법률적으로 선의의 제3자와 동등한 입장이 되어야 한다는 이론으로 권원증명서에 등기된 모든 정보는 정부에 의하여 보장된다는 원리이다.

48 다음 중 임야도의 축척 구분이 옳은 것은?

① 1/1,000, 1/3,000
② 1/1,200, 1/3,000
③ 1/1,200, 1/6,000
④ 1/3,000, 1/6,000

해설

도면의 축척

구분	축척
지적도의 축척	1/500, 1/600, 1/1,000, 1/1,200, 1/2,400, 1/3,000, 1/6,000(7종)
임야도의 축척	1/3,000, 1/6,000(2종)

49 공유지연명부의 등록사항에 해당하지 않는 것은?

① 토지의 소재
② 지번
③ 소유자의 성명
④ 대지권 비율

해설

구분	토지표시사항	소유권에 관한 사항	기타
土地臺帳 (Land Books) 林野臺帳 (Forest Books)	• 토지소재 • 지번 • 지목 • 면적 • 토지의 이동 사유	• 변동일자 • 변동원인 • 주민등록번호 • 성명 • 주소	• 고유번호 • 도면번호 • 장번호 • 축척 • 용도지역 • 개별공시지가와 그 기준일
共有地連名簿 (Common Land Books)	• 토지소재 • 지번	• 변동일자 • 변동원인 • 주민등록번호 • 성명, 주소 • 지분	• 고유번호 • 장번호

50 경계를 기하학적으로 표시하여 위치나 형태를 파악하기 쉬운 지적제도는?

① 경제지적
② 유사지적
③ 도해지적
④ 3차원지적

해설

도해지적 (Graphical Cadastre)	도해지적은 토지의 각 필지 경계점을 측량하여 지적도 및 임야도에 일정한 축척의 그림으로 묘화하는 것으로서 토지 경계의 효력을 도면에 등록된 경계에 의존하는 제도이다.
수치지적 (Numerical Cadastre)	수치지적은 토지의 각 필지 경계점을 그림으로 묘화하지 않고 수학적인 평면직각 종횡선 수치(X, Y 좌표)의 형태로 표시하는 것으로서 도해지적보다 훨씬 정밀하게 경계를 등록할 수 있다.

51 신규등록한 토지가 있을 때는 발생한 날부터 최대 며칠 이내에 지적소관청에 신청하여야 하는가?

① 30일
② 40일
③ 50일
④ 60일

해설

신규등록

개요	새로이 조성된 토지 및 등록이 누락되어 있는 토지를 지적공부에 등록하는 것을 말한다.
대상 토지	• 공유수면매립준공 토지 • 미등록 공공용 토지(도로 · 구거 · 하천 등) • 기타 미등록 토지
신청기한	신규등록 사유발생일로부터 60일 이내 지적소관청에 신청
신청 및 첨부서류	신규등록을 신청하고자 하는 때에는 신규등록 사유를 기재한 신청서에 다음의 서류를 첨부하여 지적소관청에 제출하여야 한다. • 소유권에 관한 서류 　- 법원의 확정판결서 정본 또는 사본 　- 「공유수면매립법」에 따른 준공검사확인증 사본 　- 법률 제6389호 지적법개정법률 부칙 제5조에 따라 도시계획구역의 토지를 그 지방자치단체의 명의로 등록하는 때에는 기획재정부장관과 협의한 문서의 사본 　- 그 밖에 소유권을 증명할 수 있는 서류의 사본 → 위에 해당하는 서류를 해당 지적소관청이 관리하는 경우에는 지적소관청의 확인으로 그 서류의 제출을 갈음할 수 있다.

52 지적소관청이 토지소유자에게 지적정리 등을 통지하여야 하는 시기는 그 등기완료의 통지서를 접수한 날부터 며칠 이내에 하여야 하는가?(단, 토지의 표시에 관한 변경등기가 필요한 경우)

① 60일
② 30일
③ 15일
④ 7일

해설

지적정리 등의 통지

통지대상	지적소관청이 지적공부에 등록하거나 지적공부를 복구 또는 말소하거나 등기촉탁을 하였으면 해당 토지소유자에게 통지하여야 한다. • 지적소관청이 직권으로 조사·측량하여 등록하는 경우 • 지번변경 시 • 지적공부의 복구 시 • 바다로 된 토지를 등록말소하는 경우 • 지적소관청의 직권으로 등록사항을 정정하는 경우 • 행정구역 개편으로 지적소관청이 새로이 지번을 부여한 경우 • 도시개발사업 등의 신고가 있는 경우 • 토지소유자가 하여야 하는 신청을 대위한 경우 • 등기촉탁을 한 때
통지받을 자의 주소나 거소를 알 수 없는 경우	일간신문, 해당 시·군·구의 공보 또는 인터넷 홈페이지에 공고하여야 한다.
토지소유자에게 지적정리 등을 통지하여야 하는 시기	• 토지의 표시에 관한 변경등기가 필요한 경우 : 그 등기완료의 통지서를 접수한 날부터 15일 이내 • 토지의 표시에 관한 변경등기가 필요하지 아니한 경우 : 지적공부에 등록한 날부터 7일 이내

53 다음 중 우리나라 지적측량에 사용하는 구소삼각원점이 아닌 것은?

① 망산원점 ② 현창원점
③ 고성원점 ④ 금산원점

해설

구소삼각원점 단위	미터(m)	조본원점·고초원점·율곡원점·현창원점 및 소라원점
	간(間)	망산원점·계양원점·가리원점·등경원점·구암원점 및 금산원점
원점수치	종선(x)	0
	횡선(y)	0

54 일필지의 모양이 다음과 같은 경우 토지의 면적은?

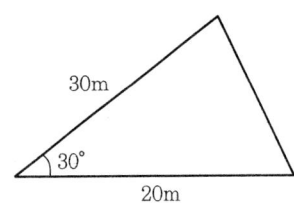

① 500m² ② 350m² ③ 200m² ④ 150m²

해설

$A = \dfrac{1}{2}ab \cdot \sin\alpha = \dfrac{1}{2} \times 30 \times 20 \times \sin 30° = 150\,\text{m}^2$

55 지적측량방법에 속하지 않는 것은?

① 위성측량
② 전파기측량
③ 사진측량
④ 천문측량

해설

지적측량의 구분 등(지적측량 시행규칙 제5조)
① 지적측량은 「공간정보의 구축 및 관리 등에 관한 법률 시행령」(이하 "영"이라 한다) 제8조제1항제3호에 따른 지적기준점을 정하기 위한 기초측량과, 1필지의 경계와 면적을 정하는 세부측량으로 구분한다. 〈개정 2015.4.23.〉
② 지적측량은 평판(平板)측량, 전자평판측량, 경위의(經緯儀)측량, 전파기(電波機) 또는 광파기(光波機)측량, 사진측량 및 위성측량 등의 방법에 따른다.

지적측량의 방법 등(지적측량 시행규칙 제7조)
① 법 제23조제2항에 따른 지적측량의 방법은 다음 각 호의 어느 하나에 따른다.
  1. 지적삼각점측량 : 위성기준점, 통합기준점, 삼각점 및 지적삼각점을 기초로 하여 경위의측량방법, 전파기 또는 광파기 측량방법, 위성측량방법 및 국토교통부장관이 승인한 측량방법에 따르되, 그 계산은 평균계산법이나 망평균계산법에 따를 것
  2. 지적삼각보조점측량 : 위성기준점, 통합기준점, 삼각점, 지적삼각점 및 지적삼각보조점을 기초로 하여 경위의측량방법, 전파기 또는 광파기측량방법, 위성측량방법 및 국토교통부장관이 승인한 측량방법에 따르되, 그 계산은 교회법(交會法) 또는 다각망도선법에 따를 것
  3. 지적도근점측량 : 위성기준점, 통합기준점, 삼각점 및 지적기준점을 기초로 하여 경위의측량방법, 전파기 또는 광파기 측량방법, 위성측량방법 및 국토교통부장관이 승인한 측량방법에 따르되, 그 계산은 도선법, 교회법 및 다각망도선법에 따를 것
  4. 세부측량 : 위성기준점, 통합기준점, 지적기준점 및 경계점을 기초로 하여 경위의측량방법, 평판측량방법, 위성측량방법 및 전자평판측량방법에 따를 것

56 다음 일반적인 경계의 구분 중 측량사에 의하여 측량이 행해지고 지적관리청의 사정에 의하여 확정된 토지 경계는?

① 고정경계
② 지상경계
③ 보증경계
④ 인공경계

해설

경계특성		
	일반경계	일반경계(General Boundary 또는 Unfixed Boundary)라 함은 특정 토지에 대한 소유권이 오랜 기간 동안 존속하였기 때문에 담장·울타리·구거·제방·도로 등 자연적 또는 인위적 형태의 지형·지물을 필지별 경계로 인식하는 것이다.
	고정경계	고정경계(Fixed Boundary)라 함은 특정 토지에 대한 경계점의 지상에 석주·철주·말뚝 등의 경계표지를 설치하거나 또는 이를 정확하게 측량하여 지적도상에 등록 관리하는 경계이다.
	보증경계	지적측량사에 의하여 정밀 지적측량이 행해지고 지적관리청의 사정(査定)에 의하여 행정처리가 완료되어 측정된 토지경계를 의미한다.
물리적	자연적 경계	자연적 경계란 토지의 경계가 지상에서 계곡, 산등선, 하천, 호수, 해안, 구거 등 자연적 지형·지물에 의하여 경계로 인식될 수 있는 경계로서 지상경계이며 관습법상 인정되는 경계를 말한다.
	인공적 경계	인공적 경계란 담장, 울타리, 철조망, 운하, 철도선로, 경계석, 경계표지 등을 이용하여 인위적으로 설정된 경계로 지상경계이며 사람에 의해 설정된 경계를 말한다.

정답 55 ④ 56 ③

57 지번이 104-1, 111, 122, 132-3인 4필지를 합병할 경우 새로이 부여해야 할 지번으로 옳은 것은?

① 105-1   ② 111   ③ 122   ④ 132-3

> **해설**
>
> **합병등록 및 정리방법**
> - 합병신청한 신청서의 서류가 합병요건을 충족시키는지 여부를 확인하고 현지 출장하여 토지이동에 따른 조사를 실시한다.
> - 합병요건이 적합할 경우 토지이동정리결의서를 작성하고, 이를 근거로 지적공부를 정리한다.
> - 지번은 합병대상 지번 중 선순위의 지번을 그 지번으로 하되 본번으로 된 지번이 있는 때에는 본번 중 선순위의 지번을 합병 후의 지번으로 하는 것을 원칙으로 한다.

58 축척 1/1,200 지적도에서 원면적이 1,500m²인 필지를 분할할 때 273번지의 면적이 850m², 273-1의 면적이 670m²이라면 273-1번지의 결정면적은?

① 661m²   ② 670m²   ③ 839m²   ④ 850m²

> **해설**
>
> | 지번 | 측정면적 | 보정계수 | 보정면적 | 원면적 | 산출면적 | 결정면적 |
> |---|---|---|---|---|---|---|
> | 273 | 850 | | | | 838.8 | 839 |
> | 273-1 | 670 | | | | 661.2 | 661 |
> | 273 | 1,520 | | | 1,500 | | 1,500 |
>
> 산출면적 = $\dfrac{원면적}{보정면적합계}$ × 필지별 보정면적
>
> 273 면적 = $\dfrac{1,500}{1,520}$ × 850 = 838.8
>
> 273-1 면적 = $\dfrac{1,500}{1,520}$ × 670 = 661.2

59 결번발생으로 결번대장에 등록할 사유에 해당되지 않는 것은?

① 행정구역변경   ② 도시개발사업
③ 지번변경   ④ 토지분할

> **해설**
>
> **결번대장**
>
> | 개요 | 지번부여지역인 리·동 단위별로 순차적으로 설정된 지번에 토지이동 등으로 인하여 결번이 생긴 경우 결번과 발생사유를 기재하여 등록·관리하는 장부를 말한다. |
> |---|---|
> | 등록사항 | • 결번된 지번
• 결번 연월일
• 결번 사유 등 |
> | 대장정리 및 관리 | • 토지대장과 임야대장 등록지 및 지번부여지역별로 구분하여 작성 비치한다.
• 지적서고에 지적공부와 함께 영구히 보존 관리한다. |

정답 57 ② 58 ① 59 ④

60 현행 지적업무처리규정에 의한 지적도의 도곽 크기는?

① 가로 30cm, 세로 20cm
② 가로 40cm, 세로 30cm
③ 가로 30cm, 세로 40cm
④ 가로 40cm, 세로 50cm

도면의 도곽 크기 및 면적

토지조사사업 당시 지적도의 크기는 세로 1.1척(尺) 가로 1.375척(尺)으로 작성되었으며 이를 미터법으로 환산하면 세로 33.3333m, 가로 41.6667m이다. 또한 임야도의 크기는 세로 1.32척(尺) 가로 1.65척(尺)으로 작성되었으며 이를 미터법으로 환산하면 세로 40m, 가로 50m이다. 이 당시 지적도의 축척은 1/600, 1/1,200, 1,2,400 이었으며 임야도의 축척은 1/3,000, 1/6,000이었다. 그 후 1975년 12월 31일 지적법 전면 개정을 통해 미터법이 도입됨에 따라 지적도의 축척이 1/500, 1/600이 새로이 추가되었으며 이 경우 도곽의 크기는 세로 30m와 가로 40m로 하였다.

정답 60 ②

PART

03

필기
기출복원문제

- **2021년** 기출복원문제
- **2022년** 기출복원문제
- **2023년** 기출복원문제
- **2024년** 기출복원문제
- **2025년** 기출복원문제

2021년 기출복원문제

01 경위의측량법으로 세부측량을 시행한 지역의 필지별 면적측정방법은?

① 전자면적측정기 ② 삼사법
③ 플래니미터법 ④ 좌표면적계산법

해설

면적측정의 방법 등(지적측량 시행규칙 제20조)
① 좌표면적계산법 또는 전산처리방법에 따른 면적측정은 다음 각 호의 기준에 따른다. 〈개정 2024.12.26.〉
  1. 경위의측량방법으로 세부측량을 한 지역의 필지별 면적측정은 경계점좌표에 따를 것
  2. 측정면적은 1천분의 1제곱미터까지 측정하고, 산출면적은 다음 각 목의 구분에 따른 단위로 정할 것
     가. 지적도의 축척이 600분의 1인 지역 및 경계점좌표등록부에 등록하는 지역 : 100분의 1제곱미터
     나. 그 밖의 지역 : 10분의 1제곱미터

02 행정구역선 중 동·리계를 옳게 나타낸 것은?

① —··—··—··—··— ② — — — — —
③ —··—··—··—··— ④ ——————

해설

행정구역선 제도

국계		실선 4mm와 허선 3mm로 연결하고 실선 중앙에 1mm로 교차하며, 허선에 직경 0.3mm의 점 2개를 제도한다.
시·도계		실선 4mm와 허선 2mm로 연결하고 실선 중앙에 1mm로 교차하며, 허선에 직경 0.3mm의 점 1개를 제도한다.
시·군계		실선과 허선을 각각 3mm로 연결하고, 허선에 0.3mm의 점 2개를 제도한다.
읍·면·구계		실선 3mm와 허선 2mm로 연결하고, 허선에 0.3mm의 점 1개를 제도한다.
동·리계		실선 3mm와 허선 1mm로 연결하여 제도한다.

정답 01 ④ 02 ②

03 축척 1/600 지적도 1도곽 포용면적은 축척 1/1,200 지적도 1도곽 포용면적의 몇 배에 해당하는가?

① 1/2배　　　　　　　　　② 1/4배
③ 2배　　　　　　　　　　④ 4배

해설

도면의 도곽 크기

축척	도상거리		지상거리		포용면적(m²)
	세로(cm)	가로(cm)	세로(m)	가로(m)	
1/500	30	40	150	200	30,000
1/1,000	30	40	300	400	120,000
1/600	33.3333	41.6667	200	250	50,000
1/1,200	33.3333	41.6667	400	500	200,000
1/2,400	33.3333	41.6667	800	1,000	800,000
1/3,000	40	50	1,200	1,500	1,800,000
1/6,000	40	50	2,400	3,000	7,200,000

$$\therefore \frac{50,000}{200,000} = \frac{1}{4}\text{배}$$

04 다음 중 면적측정의 대상에 해당되지 않는 것은?

① 지적공부의 복구　　　　② 등록전환
③ 축척변경　　　　　　　④ 토지합병

해설

경계복원측량·지적현황측량을 수반하는 경우에는 면적을 측정하지 아니한다.

면적측정의 대상(지적측량 시행규칙 제19조)
세부측량을 하는 경우 다음 각 호의 어느 하나에 해당하면 필지마다 면적을 측정해야 한다.
1. 지적공부의 복구·신규등록·등록전환·분할 및 축척변경을 하는 경우
2. 법 제84조에 따라 면적 또는 경계를 정정하는 경우
3. 지적확정측량을 하는 경우
4. 지적현황측량에 면적측정이 수반되는 경우

토지의 이동에 따른 면적 등의 결정방법(공간정보의 구축 및 관리 등에 관한 법률 제26조)
① 합병에 따른 경계·좌표 또는 면적은 따로 지적측량을 하지 아니하고 다음 각 호의 구분에 따라 결정한다.
　　1. 합병 후 필지의 경계 또는 좌표 : 합병 전 각 필지의 경계 또는 좌표 중 합병으로 필요 없게 된 부분을 말소하여 결정
　　2. 합병 후 필지의 면적 : 합병 전 각 필지의 면적을 합산하여 결정

05 축척 1/1,200인 지적도에서 1필지 측정면적이 123.245m²이었다면 결정면적은 얼마인가?

① 123.2m²　　　　　　　② 123.3m²
③ 120m²　　　　　　　　④ 123m²

> [해설]

면적의 결정 및 측량계산의 끝수처리(공간정보의 구축 및 관리 등에 관한 법률 시행령 제60조)
① 면적의 결정은 다음 각 호의 방법에 따른다.
1. 토지의 면적에 1제곱미터 미만의 끝수가 있는 경우 0.5제곱미터 미만일 때에는 버리고 0.5제곱미터를 초과하는 때에는 올리며, 0.5제곱미터일 때에는 구하려는 끝자리의 숫자가 0 또는 짝수이면 버리고 홀수이면 올린다. 다만, 1필지의 면적이 1제곱미터 미만일 때에는 1제곱미터로 한다.

06 도면에 등록해야 할 도곽선 수치의 글자 크기는?

① 2mm ② 3mm ③ 4mm ④ 5mm

> [해설]

도곽선의 제도(지적업무처리규정 제40조)
① 도면의 위 방향은 항상 북쪽이 되어야 한다.
⑤ 도면에 등록하는 도곽선은 0.1밀리미터의 폭으로, 도곽선의 수치는 도곽선 왼쪽 아랫부분과 오른쪽 윗부분의 종횡선교차점 바깥쪽에 2밀리미터 크기의 아라비아숫자로 제도한다.

07 다음 중 지상경계를 새로이 결정하려는 경우의 그 기준이 옳은 것은?

① 토지가 해면 또는 수면에 접하는 경우 : 평균조위면
② 공유수면매립지의 토지 중 제방을 토지에 편입하여 등록하는 경우 : 바깥쪽 어깨부분
③ 연접되는 토지 간에 높낮이 차이가 있는 경우 : 그 구조물 등의 상단부
④ 도로에 절토된 부분이 있는 경우 : 그 경사면의 하단부

> [해설]

지상 경계의 결정기준 등(공간정보의 구축 및 관리 등에 관한 법률 시행령 제55조)

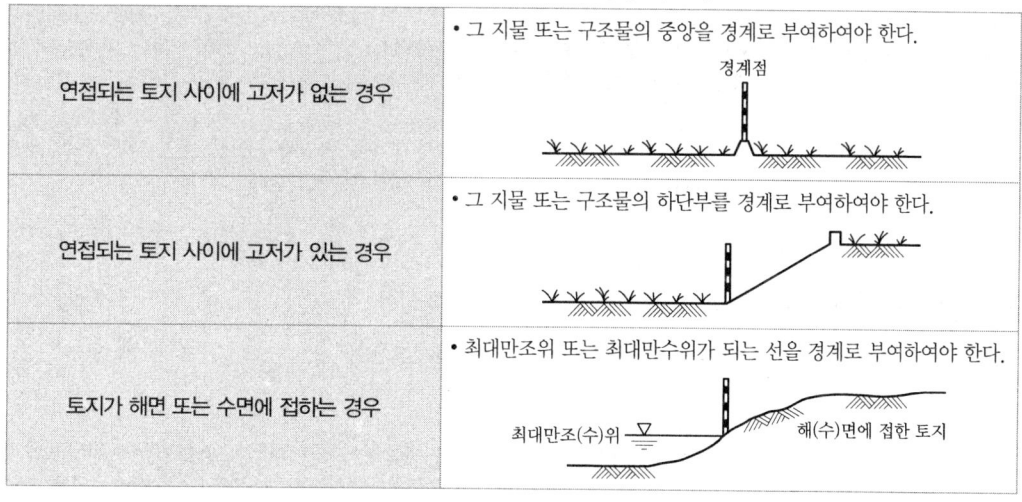

정답 06 ① 07 ②

도로 · 구거 등의 토지에 절토된 부분이 있는 경우	• 그 경사면의 상단부를 경계로 부여하여야 한다.
공유수면매립지의 토지 중 제방 등을 토지에 편입하여 등록하는 경우	• 바깥쪽 어깨부분을 경계로 부여하여야 한다.

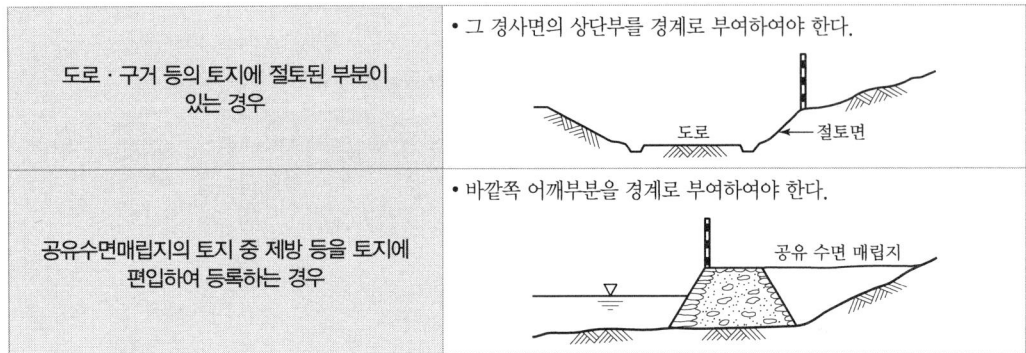

08 현행 우리나라에서 활용되는 지번의 부여방법에 대한 설명으로 알맞은 것은?

① 북동에서 시작　　　　　　　　② 북서에서 시작
③ 남동에서 시작　　　　　　　　④ 남서에서 시작

해설

북동기번법	북동쪽에서 기번하여 남서쪽으로 순차적으로 지번을 부여하는 방법으로 한자로 지번을 부여하는 지역에 적합하다.
북서기번법	북서쪽에서 기번하여 남동쪽으로 순차적으로 지번을 부여하는 방법으로 아라비아 숫자로 지번을 부여하는 지역에 적합하다.(지적법상 부여방법)

09 석유류가 용출되는 토지의 지목은?

① 광천지　　　② 잡종지　　　③ 대　　　④ 공업용지

해설

지목의 구분(공간정보의 구축 및 관리 등에 관한 법률 시행령 제58조)
법 제67조 제1항에 따른 지목의 구분은 다음 각 호의 기준에 따른다.
6. 광천지
　지하에서 온수 · 약수 · 석유류 등이 용출되는 용출구(湧出口)와 그 유지(維持)에 사용되는 부지. 다만, 온수 · 약수 · 석유류 등을 일정한 장소로 운송하는 송수관 · 송유관 및 저장시설의 부지는 제외한다.

10 다음 지번의 설정방식 중 현재 사용하지 않는 방법은?

① 회전식　　　② 기우식　　　③ 단지식　　　④ 사행식

해설

• 사행식 : 필지의 배열이 불규칙한 지역에서 진행순서에 따라 지번을 부여하는 방법으로 농촌지역의 지번부여에 적합하며 우리나라 토지의 대부분은 사행식에 의해 부여하며 지번 부여가 일정하지 않고 상하좌우로 분산되어 부여되는 결점이 있다.

정답　08 ②　09 ①　10 ①

- 기우식 : 도로를 중심으로 한쪽은 홀수인 기수, 다른 쪽은 짝수인 우수로 지번을 부여하는 방법으로 리·동·도·가 등의 시가지 지역의 지번부여방법으로 적합하고 교호식이라고도 한다.
- 단지식 : 단지마다 하나의 지번을 부여하고 단지 내 필지마다 부번을 부여하는 방법으로 단지식은 블록식이라고도 하며 도시개발사업 및 농지개량사업 시행지역 등의 지번부여에 적합하다.

11 공간정보의 구축 및 관리 등에 관한 법률의 3대 이념과 거리가 가장 먼 것은?

① 형식주의
② 공개주의
③ 국정주의
④ 비밀주의

해설

지적국정주의 (地籍國定主義)	지적공부의 등록사항인 토지표시사항을 국가만이 결정할 수 있는 권한을 가진다는 이념이다.
지적형식주의 (地籍形式主義)	국가가 결정한 토지에 대한 물리적 현황과 법적 권리관계 등을 외부에서 인식할 수 있도록 일정한 법정의 형식을 갖추어 지적공부에 등록하여야만 효력이 발생한다는 이념으로 「지적등록주의」라고도 한다(등록 : 등록사항).
지적공개주의 (地籍公開主義)	지적공부에 등록된 사항을 토지소유자나 이해관계인은 물론 일반인에게도 공개한다는 이념이다. 즉, 거래안전의 도모 및 배타적 소유권 보호와 관련 있다.

12 지적측량의 원점인 북위 38°선과 동경 127°선의 교점은 다음 중 어느 것인가?

① 동부원점
② 서부원점
③ 중부원점
④ 특별소삼각원점

해설

평면직각좌표원점

명칭	경도	적용구역	위도	투영원점의 가상수치	원점의 축척계수
서부원점	동경 125°	동경 124°~126°	북위 38°	X^N : 600,000m Y^E : 200,000m	1.0000
중부원점	동경 127°	동경 126°~128°	북위 38°		
동부원점	동경 129°	동경 128°~130°	북위 38°		
동해원점	동경 131°	동경 130°~132°	북위 38°		

13 토지가 해면에 접하는 경우 지상경계를 결정하는 기준은?

① 평균중조위선
② 최대만조위선
③ 최저만조위선
④ 최고간조위선

해설

7번 해설 참고

정답 11 ④ 12 ③ 13 ②

14 지적도근점의 각도 관측에서 배각법에 의할 때 1배각과 3배각의 평균값에 대한 교차는 얼마 이내이어야 하는가?

① 10초 이내　② 20초 이내　③ 30초 이내　④ 40초 이내

해설

지적도근점의 각도관측을 할 때의 폐색오차의 허용범위 및 측각오차의 배분(지적측량 시행규칙 제14조)
① 도선법과 다각망도선법에 따른 지적도근점의 각도관측을 할 때의 폐색오차의 허용범위는 다음 각 호의 기준에 따른다. 이 경우 n은 폐색변을 포함한 변의 수를 말한다.
  1. 배각법에 따르는 경우 : 1회 측정각과 3회 측정각의 평균값에 대한 교차는 30초 이내로 한다.

폐색오차의 허용범위	배각법		방위각법	
	1등도선	2등도선	1등도선	2등도선
	$\pm 20\sqrt{n}$ (초)	$\pm 30\sqrt{n}$ (초)	$\pm\sqrt{n}$ (분)	$\pm 1.5\sqrt{n}$ (분)
	n은 폐색변을 포함한 변수임			

15 평판측량방법으로 세부측량을 실시할 때 사용할 수 없는 방법은?

① 도선법　② 경위의측량법　③ 방사법　④ 교회법

해설

측량

방법	위성측량방법, 전자평판측량방법				
	경위의측량법		평판측량법		
계산방법	도선법	방사법	교회법	도선법	방사법
관측	20초독 이상의 경위의		측판		

16 경위의측량법에 의한 세부측량 시 1배각과 2배각의 평균값에 대한 수평각 공차는?

① 20초 이내　② 30초 이내　③ 40초 이내　④ 50초 이내

해설

세부측량의 기준 및 방법 등(지적측량 시행규칙 제18조)
• 1방향각 : 60초 이내
• 1회 측정값과 2회 측정값의 평균값에 대한 교차 : 40초 이내

17 1910년 토지조사사업 당시의 조사 내용에 해당되지 않는 것은?

① 토지의 소유권　② 토지의 가격　③ 토지의 외모　④ 토지의 지질

해설

토지조사사업 당시의 조사내용 : 토지소유권 조사, 토지가격 조사, 지형·지모 조사

정답 14 ③　15 ②　16 ③　17 ④

18 다음 중 등록전환이라 함은 어느 것을 말하는가?

① 축척을 바꾸어 등록하는 것
② 경계를 바꾸어 등록하는 것
③ 면적을 바꾸어 등록하는 것
④ 임야대장에 등록되어 있는 토지를 토지대장에 옮겨 등록하는 것

해설

정의(공간정보의 구축 및 관리 등에 관한 법률 제2조)
이 법에서 사용하는 용어의 뜻은 다음과 같다
30. "등록전환"이란 임야대장 및 임야도에 등록된 토지를 토지대장 및 지적도에 옮겨 등록하는 것을 말한다.

19 지적공부를 관리하는 소관청으로 볼 수 없는 것은?

① 시장
② 군수
③ 구청장
④ 읍·면장

해설

정의(공간정보의 구축 및 관리 등에 관한 법률 제2조)
이 법에서 사용하는 용어의 뜻은 다음과 같다
18. "지적소관청"이란 지적공부를 관리하는 특별자치시장, 시장(「제주특별자치도 설치 및 국제자유도시 조성을 위한 특별법」 제10조제2항에 따른 행정시의 시장을 포함하며, 「지방자치법」 제3조제3항에 따라 자치구가 아닌 구를 두는 시의 시장은 제외한다)·군수 또는 구청장(자치구가 아닌 구의 구청장을 포함한다)을 말한다.

20 다음 중 지적공부에 해당하지 않는 것은?

① 임야대장
② 공유지연명부
③ 토지대장부본
④ 지적도

해설

정의(공간정보의 구축 및 관리 등에 관한 법률 제2조)
이 법에서 사용하는 용어의 뜻은 다음과 같다
19. "지적공부"란 토지대장, 임야대장, 공유지연명부, 대지권등록부, 지적도, 임야도 및 경계점좌표등록부 등 지적측량 등을 통하여 조사된 토지의 표시와 해당 토지의 소유자 등을 기록한 대장 및 도면(정보처리시스템을 통하여 기록·저장된 것을 포함한다)을 말한다.
19의2. "연속지적도"란 지적측량을 하지 아니하고 전산화된 지적도 및 임야도 파일을 이용하여, 도면상 경계점들을 연결하여 작성한 도면으로서 측량에 활용할 수 없는 도면을 말한다.
19의3. "부동산종합공부"란 토지의 표시와 소유자에 관한 사항, 건축물의 표시와 소유자에 관한 사항, 토지의 이용 및 규제에 관한 사항, 부동산의 가격에 관한 사항 등 부동산에 관한 종합정보를 정보관리체계를 통하여 기록·저장한 것을 말한다.

정답 18 ④ 19 ④ 20 ③

21 다음 중 토지의 이동으로 볼 수 없는 것은?

① 소유자의 주소변경
② 지번의 변경
③ 경계의 정정
④ 면적의 증감

해설

정의(공간정보의 구축 및 관리 등에 관한 법률 제2조)
이 법에서 사용하는 용어의 뜻은 다음과 같다.
28. "토지의 이동(異動)"이란 토지의 표시를 새로 정하거나 변경 또는 말소하는 것을 말한다.

22 지적공부 중 토지대장의 편성방법에 해당하지 않는 것은?

① 인적 편성주의
② 물적 편성주의
③ 편철식 대장
④ 물적 · 인적 편성주의

해설

토지대장 편성주의

물적 편성주의 (物的 編成主義)	개개의 토지를 중심으로 등록부를 편성하는 것으로서 1토지에 1용지를 두는 경우이다.
인적 편성주의 (人的 編成主義)	개개의 토지 소유자를 중심으로 등록부를 편성하는 것이다.
연대적 편성주의 (年代的 編成主義)	당사자 신청의 순서에 따라 순차로 등록부에 기록하는 것으로 프랑스의 등기부와 미국에서 일부 사용되는 리코딩 시스템(Recoding System)이 이에 속한다.
물적 · 인적 편성주의 (物的 · 人的 編成主義)	물적 편성주의를 기본으로 등록부를 편성하되 인적 편성주의의 요소를 가미한 것이다.

23 지적측량을 필요로 하지 않는 것은?

① 기초점 설치
② 축척의 변경
③ 지적공부의 복구
④ 토지의 지목변경

해설

지적측량의 실시 등(공간정보의 구축 및 관리 등에 관한 법률 제23조)
① 다음 각 호의 어느 하나에 해당하는 경우에는 지적측량을 하여야 한다.
  1. 제7조제1항제3호에 따른 지적기준점을 정하는 경우
  2. 제25조에 따라 지적측량성과를 검사하는 경우
  3. 다음 각 목의 어느 하나에 해당하는 경우로서 측량을 할 필요가 있는 경우
    가. 제74조에 따라 지적공부를 복구하는 경우
    나. 제77조에 따라 토지를 신규등록하는 경우
    다. 제78조에 따라 토지를 등록전환하는 경우
    라. 제79조에 따라 토지를 분할하는 경우
    마. 제82조에 따라 바다가 된 토지의 등록을 말소하는 경우

정답 21 ① 22 ③ 23 ④

바. 제83조에 따라 축척을 변경하는 경우
사. 제84조에 따라 지적공부의 등록사항을 정정하는 경우
아. 제86조에 따른 도시개발사업 등의 시행지역에서 토지의 이동이 있는 경우
자. 「지적재조사에 관한 특별법」에 따른 지적재조사사업에 따라 토지의 이동이 있는 경우
4. 경계점을 지상에 복원하는 경우
5. 그 밖에 대통령령으로 정하는 경우

지적현황측량(공간정보의 구축 및 관리 등에 관한 법률 시행령 제18조)
법 제23조제1항제5호에서 "대통령령으로 정하는 경우"란 지상건축물 등의 현황을 지적도 및 임야도에 등록된 경계와 대비하여 표시하는 데에 필요한 경우를 말한다.

24 평판측량방법에 의한 세부측량을 도선법으로 시행할 경우 도선의 변수는?

① 10개 이하
② 15개 이하
③ 20개 이하
④ 25개 이하

해설

세부측량의 기준 및 방법 등(지적측량 시행규칙 제18조)
④ 평판측량방법에 따른 세부측량을 도선법으로 하는 경우에는 다음 각 호의 기준에 따른다.
1. 위성기준점, 통합기준점, 삼각점, 지적삼각점, 지적삼각보조점 및 지적도근점, 그 밖에 명확한 기지점 사이를 서로 연결할 것
2. 도선의 측선장은 도상길이 8센티미터 이하로 할 것. 다만, 광파조준의 또는 광파측거기를 사용할 때에는 30센티미터 이하로 할 수 있다.
3. 도선의 변은 20개 이하로 할 것

25 지적도근측량을 하는 데 기초가 될 수 없는 점은?

① 지적삼각점
② 지적삼각보조점
③ 경계점
④ 지적도근점

해설

구분	기초		계산방법
지적삼각점측량	• 위성기준점 • 삼각점	• 통합기준점 • 지적삼각점	• 평균계산법 • 망평균계산법
지적삼각보조점측량	• 위성기준점 • 삼각점 • 지적삼각보조점	• 통합기준점 • 지적삼각점	• 교회법 • 다각망도선법
지적도근점측량	• 위성기준점 • 삼각점 • 지적삼각보조점	• 통합기준점 • 지적삼각점 • 지적도근점	• 도선법 • 교회법 • 다각망도선법

정답 24 ③ 25 ③

26 세부측량에서 교회법을 적용할 때의 기준에 어긋나는 것은?

① 방향각의 교각은 50° 이상 180° 이하로 할 것
② 3방향 이상의 교회에 의할 것
③ 전방 또는 측방교회법에 의할 것
④ 방향선의 도상길이는 10cm 이하로 할 것

해설

세부측량의 기준 및 방법 등(지적측량 시행규칙 제18조)
③ 평판측량방법에 따른 세부측량을 교회법으로 하는 경우에는 다음 각 호의 기준에 따른다.
    1. 전방교회법 또는 측방교회법에 따를 것
    2. 3방향 이상의 교회에 따를 것
    3. 방향각의 교각은 30도 이상 150도 이하로 할 것

27 경계점좌표등록부를 비치하는 지역의 토지면적은 어떻게 표시하는가?

① m^2 단위까지 표시
② m^2 이하 한 자리 단위까지 표시
③ m^2 이하 두 자리 단위까지 표시
④ m^2 이하 세 자리 단위까지 표시

해설

면적의 결정 및 측량계산의 끝수처리(지적측량 시행규칙 제60조)
2. 지적도의 축척이 600분의 1인 지역과 경계점좌표등록부에 등록하는 지역의 토지 면적은 제1호에도 불구하고 제곱미터 이하 한 자리 단위로 하되, 0.1제곱미터 미만의 끝수가 있는 경우 0.05제곱미터 미만일 때에는 버리고 0.05제곱미터를 초과할 때에는 올리며, 0.05제곱미터일 때에는 구하려는 끝자리의 숫자가 0 또는 짝수이면 버리고 홀수이면 올린다. 다만, 1필지의 면적이 0.1제곱미터 미만일 때에는 0.1제곱미터로 한다.

28 지적세부측량 시 두 점 간의 경사거리가 100m이고 연직각이 20°인 경우 수평거리는 얼마인가?

① 90.12m   ② 91.18m   ③ 93.97m   ④ 95.08m

해설

$D = l \times \cos\alpha = 100 \times \cos 20° = 93.97m$

29 평판측량방법에 의한 세부측량을 교회법으로 하여 시오삼각형이 생길 때에는 내접원의 지름이 얼마 이하일 때 그 중심점을 점의 위치로 하는가?

① 1mm   ② 2mm   ③ 3mm   ④ 5mm

정답 26 ①   27 ②   28 ③   29 ①

> [해설]
>
> 세부측량의 기준 및 방법 등(지적측량 시행규칙 제18조)
> 5. 측량결과 시오(示誤)삼각형이 생긴 경우 내접원의 지름이 1밀리미터 이하일 때에는 그 중심을 점의 위치로 할 것

30 평판측량 도중 수평이 약간 틀렸을 때 앨리데이드의 수평을 교정하는 데 사용되는 것은?

① 기포관
② 정준간
③ 축척자
④ 시준판

> [해설]
>
> 평판의 3요소
>
> | 정준(수평) | 앨리데이드의 기포관을 이용하여 평판을 수평으로 하는 작업 |
> |---|---|
> | 구심(치심) | 지상점과 도상점을 일치시키는 작업 |
> | 표정(방향) | 방향선에 따라 평판의 위치를 고정시키는 작업으로, 표정의 오차가 측판측량에 가장 큰 영향을 미친다. |

31 다음 중 지적삼각보조점의 망 구성에서 많이 쓰이는 것은?

① 교점다각망
② 삼각쇄
③ 사각망
④ 삽입망

> [해설]
>
> 지적삼각보조점측량(지적측량 시행규칙 제10조)
> ③ 지적삼각보조점은 교회망 또는 교점다각망(交點多角網)으로 구성하여야 한다.

32 지적삼각측량에서 수평각관측을 할 때 3대회 관측의 윤곽도가 아닌 것은?

① 0°
② 60°
③ 90°
④ 120°

> [해설]
>
> 지적삼각점측량의 관측 및 계산(지적측량 시행규칙 제9조)
> ① 경위의측량방법에 따른 지적삼각점의 관측과 계산은 다음 각 호의 기준에 따른다.
>   1. 관측은 10초독(秒讀) 이상의 경위의를 사용할 것
>   2. 수평각 관측은 3대회(大回, 윤곽도는 0도, 60도, 120도로 한다)의 방향관측법에 따를 것
>   3. 수평각의 측각공차(測角公差)는 다음 표에 따를 것
>
> | 1방향각 | 30초 이내 |
> |---|---|
> | 1측회 패색 | ±30초 이내 |
> | 삼각형 내각관측치의 합과 180도와의 차 | ±30초 이내 |
> | 기지각과의 차 | ±40초 이내 |

정답 30 ② 31 ① 32 ③

33 축척 1/1,200 지역의 지적도 25매를 행정구역이 변경되어 1/600 지적도로 만들려고 한다. 몇 매가 되는가?

① 25매　　② 50매　　③ 75매　　④ 100매

해설

축척	도상거리		지상거리		포용면적(m²)
	세로(cm)	가로(cm)	세로(m)	가로(m)	
1/600	33.3333	41.6667	200	250	50,000
1/1,200	33.3333	41.6667	400	500	200,000

축척 1/1,200 지적도 1매의 포용면적은 1/600 지적도 4매의 면적
∴ 25 × 4 = 100매

34 지적측량성과에 대하여 정확성 여부를 검사하는 기관은?

① 지적위원회　　② 측량실시자의 상급자
③ 측량의뢰 기관　　④ 지적소관청

해설

지적측량성과 파일 검사(지적업무처리규정 제30조)
① 지적측량수행자가 지적측량을 완료한 때에는 지적공부를 정리하기 위한 측량성과파일과 측량현형파일을 작성하여 지적소관청에 제출하여야 한다.
② 지적소관청은 지적측량성과 파일의 정확성 여부를 검사하여야 한다. 이 경우 부동산종합공부시스템에 따라 검사할 수 있다.

35 지목을 도면에 등록할 때의 부호 표기방법 중 맞지 않는 것은?

① 하천 – 천　　② 주유소용지 – 주
③ 체육용지 – 체　　④ 제방 – 방

해설

지목의 부호표기

지목	부호	지목	부호	지목	부호	지목	부호
전	전	대	대	철도용지	철	공원	공
답	답	공장용지	장	제방	제	체육용지	체
과수원	과	학교용지	학	하천	천	유원지	원
목장용지	목	주차장	차	구거	구	종교용지	종
임야	임	주유소용지	주	유지	유	사적지	사
광천지	광	창고용지	창	양어장	양	묘지	묘
염전	염	도로	도	수도용지	수	잡종지	잡

정답 33 ④　34 ④　35 ④

36 지적에서 필지의 설명으로 맞는 것은?

① 하나의 지번이 붙는 가옥의 등록단위를 말한다.
② 도시계획지구의 단지단위를 말한다.
③ 주거단위의 1개 가옥의 등록단위를 말한다.
④ 하나의 지번이 붙는 토지의 등록단위를 말한다.

해설

정의(공간정보의 구축 및 관리 등에 관한 법률 제2조)
이 법에서 사용하는 용어의 뜻은 다음과 같다
21. "필지"란 대통령령으로 정하는 바에 따라 구획되는 토지의 등록단위를 말한다.

37 축척변경위원회의 심의·의결사항이 아닌 것은?

① 축척변경 시행계획의 관한 사항
② 청산금의 이의신청에 관한 사항
③ 지번별 m²당 금액의 결정에 의한 사
④ 지번별 측량방법에 관한 사항

해설

축척변경위원회의 기능(공간정보의 구축 및 관리 등에 관한 법률 시행령 제80조)
축척변경위원회는 지적소관청이 회부하는 다음 각 호의 사항을 심의·의결한다.
1. 축척변경 시행계획에 관한 사항
2. 지번별 제곱미터당 금액의 결정과 청산금의 산정에 관한 사항
3. 청산금의 이의신청에 관한 사항
4. 그 밖에 축척변경과 관련하여 지적소관청이 회의에 부치는 사항

38 수치지적에 대한 설명으로 틀린 것은?

① 수학적인 평면직각 종횡선 수치(X, Y좌표)의 형태로 표시한다.
② 도해지적보다 정밀성이 훨씬 떨어진다.
③ 열람용의 별도 도면을 작성하여 보관해야 한다.
④ 우리나라는 1975년부터 수치지적제도를 도입하였다.

해설

수치지적(數値地籍 : Numerical Cadastre)
• 수학적인 좌표로 표시하는 지적제도
• 다목적 지적제도 하에서는 토지경계를 수치지적에 의존
• 필지 경계점이 수치좌표로 등록됨
• 경비와 인력이 비교적 많이 소요됨
• 고도의 전문적인 기술이 필요

정답 36 ④ 37 ③ 38 ②

39 도시개발사업 등의 착수, 변경 또는 완료 사실의 신고는 그 사유가 발생한 날로부터 며칠 이내에 소관청에 신고하여야 하는가?

① 15일　　② 20일　　③ 30일　　④ 60일

> **해설**
>
> 토지개발사업 등의 범위 및 신고(공간정보의 구축 및 관리 등에 관한 법률 시행령 제83조)
> ② 도시개발사업 등의 착수·변경 또는 완료 사실의 신고는 그 사유가 발생한 날부터 15일 이내에 하여야 한다.

40 1/1,000 지적도의 도곽 규격은?

① 세로 30cm, 가로 40cm　　② 세로 40cm, 가로 50cm
③ 세로 50cm, 가로 60cm　　④ 세로 33.3cm, 가로 41.27cm

> **해설**
>
> **도면의 도곽 크기**
>
> | 축척 | 도상거리 | | 지상거리 | | 포용면적(m²) |
> |---|---|---|---|---|---|
> | | 세로(cm) | 가로(cm) | 세로(m) | 가로(m) | |
> | 1/500 | 30 | 40 | 150 | 200 | 30,000 |
> | 1/1,000 | 30 | 40 | 300 | 400 | 120,000 |
> | 1/600 | 33.3333 | 41.6667 | 200 | 250 | 50,000 |
> | 1/1,200 | 33.3333 | 41.6667 | 400 | 500 | 200,000 |
> | 1/2,400 | 33.3333 | 41.6667 | 800 | 1,000 | 800,000 |
> | 1/3,000 | 40 | 50 | 1,200 | 1,500 | 1,800,000 |
> | 1/6,000 | 40 | 50 | 2,400 | 3,000 | 7,200,000 |

41 다음 중 지적도의 축척이 아닌 것은?

① 1/500　　② 1/1,200
③ 1/2,400　　④ 1/5,000

> **해설**
>
> **도면의 축척**
>
> | 구분 | 축척 |
> |---|---|
> | 지적도의 축척 | 1/500, 1/600, 1/1,000, 1/1,200, 1/2,400, 1/3,000, 1/6,000(7종) |
> | 임야도의 축척 | 1/3,000, 1/6,000(2종) |

정답 39 ①　40 ①　41 ④

42. 토지의 표시에 관한 변경등기가 필요한 경우 그 등기필증을 접수한 날부터 며칠 이내에 토지소유자에게 지적정리를 통지하여야 하는가?

① 7일　　　② 15일　　　③ 21일　　　④ 30일

해설

지적정리 등의 통지(공간정보의 구축 및 관리 등에 관한 법률 시행령 제85조)
지적소관청이 법 제90조에 따라 토지소유자에게 지적정리 등을 통지하여야 하는 시기는 다음 각 호의 구분에 따른다.
1. 토지의 표시에 관한 변경등기가 필요한 경우 : 그 등기완료의 통지서를 접수한 날부터 15일 이내
2. 토지의 표시에 관한 변경등기가 필요하지 아니한 경우 : 지적공부에 등록한 날부터 7일 이내

43. 다음 중 공유지연명부의 등록사항이 아닌 것은?

① 지번
② 소유권 지분
③ 토지의 소재
④ 경계

해설

공유지연명부(Common Land Books)
1. 토지표시사항
   - 토지소재
   - 지번
2. 소유권에 관한 사항
   - 토지소유자 변동일자
   - 변동원인
   - 주민등록번호
   - 성명, 주소
   - 소유권 지분
3. 기타
   - 토지의 고유번호
   - 필지별 공유지연명부의 장번호

44. 도곽선의 역할과 가장 거리가 먼 것은?

① 인접 도면과의 접합 기준
② 지적기준점 전개의 기준
③ 도곽 신축량의 측정 기준
④ 필지별 경계를 결정하는 기준

해설

도곽선의 역할
도곽선은 지적기준점의 전개, 방위, 인접도면과의 접합, 도곽의 신축보정 등에 따른 기준선으로의 역할을 하기 때문에 모든 지적도와 임야도에 도곽선을 등록하여야 한다.

정답 42 ② 43 ④ 44 ④

45 다음 중 분할의 정의로 가장 알맞은 것은?

① 등록된 1필지를 변경 재등록하는 것
② 미등록된 1필지를 등록하는 것
③ 등록된 1필지를 2필지 이상으로 나누어 등록하는 것
④ 2필지를 1필지로 등록하는 것

해설

정의(공간정보의 구축 및 관리 등에 관한 법률 제2조)
이 법에서 사용하는 용어의 뜻은 다음과 같다
31. "분할"이란 지적공부에 등록된 1필지를 2필지 이상으로 나누어 등록하는 것을 말한다.
32. "합병"이란 지적공부에 등록된 2필지 이상을 1필지로 합하여 등록하는 것을 말한다.

46 신규등록할 토지가 있는 경우 그 사유가 발생한 날로부터 며칠 이내에 지적소관청에 신청해야 하는가?

① 10일   ② 20일   ③ 30일   ④ 60일

해설

신규등록 신청(공간정보의 구축 및 관리 등에 관한 법률 제77조)
토지소유자는 신규등록할 토지가 있으면 대통령령으로 정하는 바에 따라 그 사유가 발생한 날부터 60일 이내에 지적소관청에 신규등록을 신청하여야 한다.

47 일람도 축척의 작성기준은?

① 지적도면 축척의 1/2
② 지적도면 축척의 1/5
③ 지적도면 축척의 1/10
④ 지적도면 축척의 1/20

해설

일람도의 제도(지적업무처리규정 제38조)
① 규칙 제69조제5항에 따라 일람도를 작성할 경우 일람도의 축척은 그 도면축척의 10분의 1로 한다. 다만, 도면의 장수가 많아서 한 장에 작성할 수 없는 경우에는 축척을 줄여서 작성할 수 있으며, 도면의 장수가 4장 미만인 경우에는 일람도의 작성을 하지 아니할 수 있다.

48 소관청이 토지소유자에게 하는 지적정리의 통지에 대한 설명으로 옳은 것은?

① 변경등기가 필요 없는 경우 등록일로부터 30일 이내에 통지하여야 한다.
② 변경등기가 필요한 경우 등기필증이 접수된 날로부터 30일 이내에 통지하여야 한다.
③ 통지받는 자의 주소 또는 거소를 알 수 없을 때에는 당해 시·구·구의 공보 또는 일간신문에 게재함으로 통지된 것으로 본다.
④ 주소를 알 수 없어 통지를 받을 수 없을 때에는 가장 가까운 자에게 통지하여야 한다.

정답 45 ③ 46 ④ 47 ③ 48 ③

> [해설]

지적정리 등의 통지(공간정보의 구축 및 관리 등에 관한 법률 시행령 제85조)
지적소관청이 법 제90조에 따라 토지소유자에게 지적정리 등을 통지하여야 하는 시기는 다음 각 호의 구분에 따른다.
1. 토지의 표시에 관한 변경등기가 필요한 경우 : 그 등기완료의 통지서를 접수한 날부터 15일 이내
2. 토지의 표시에 관한 변경등기가 필요하지 아니한 경우 : 지적공부에 등록한 날부터 7일 이내

지적정리 등의 통지(공간정보의 구축 및 관리 등에 관한 법률 제90조)
지적소관청이 지적공부에 등록하거나 지적공부를 복구 또는 말소하거나 등기촉탁을 하였으면 대통령령으로 정하는 바에 따라 해당 토지소유자에게 통지하여야 한다. 다만, 통지받을 자의 주소나 거소를 알 수 없는 경우에는 국토교통부령으로 정하는 바에 따라 일간신문, 해당 시·군·구의 공보 또는 인터넷홈페이지에 공고하여야 한다.

49 다음 중 토지의 지번 숫자 앞에 "산"자를 붙여 표기되는 지적공부는?
① 토지대장
② 공유지연명부
③ 임야대장
④ 토지대장부본

> [해설]

지번의 구성 및 부여방법 등(공간정보의 구축 및 관리 등에 관한 법률 시행령 제56조)
① 지번(地番)은 아라비아숫자로 표기하되, 임야대장 및 임야도에 등록하는 토지의 지번은 숫자 앞에 "산"자를 붙인다.

50 지적공부의 소유자에 관한 사항을 복구(復舊) 등록하고자 할 때 가장 적합한 증빙자료는 어느 것인가?
① 부동산등기부나 법원의 확정판결서
② 가옥대장 등본이나 과세대장 등본
③ 지적공부 멸실 당시의 지적공부와 가장 부합된다고 인정되는 지적도 등본
④ 토지소유자의 복구신청서 및 보증서

> [해설]

지적공부의 복구(공간정보의 구축 및 관리 등에 관한 법률 시행령 제61조)
① 지적소관청이 법 제74조에 따라 지적공부를 복구할 때에는 멸실·훼손 당시의 지적공부와 가장 부합된다고 인정되는 관계 자료에 따라 토지의 표시에 관한 사항을 복구하여야 한다. 다만, 소유자에 관한 사항은 부동산등기부나 법원의 확정판결에 따라 복구하여야 한다.

51 대한제국시대에 양전을 위해 설치된 최초의 지적행정 관청은?
① 지계아문
② 양지아문
③ 양안
④ 토지조사국

정답 49 ③ 50 ① 51 ②

양지아문 (陽地衙門)	1898년 내무대신 박정양과 농공부대신 이도재가 토지측량에 관한 청의서를 제출하여 양지아문을 설치하고 전국의 측량에 착수하였다. 양지아문은 박정양, 이도재, 심상훈가 총재가 되어 추진되었으나 1901년 폐지되고 지계아문에 병합되었다.
지계아문 (地契衙門)	1901년 설치된 지적중앙관서로서 각 도에 지계감리를 두어 '대한제국 전답관계'라는 지계를 발급하였다. 당시에는 전답의 소유주가 매매, 양여한 경우 관계를 받아야만 했으나 토지조사의 미비와 국민들의 의식부족으로 충남과 강원도 일부에서 실시하다 중단되었다.

52 지적(임야)도에 행정규역 경계가 2종 이상 겹쳐 있을 때에는 어떻게 정리하는가?

① 2종 중 한 종류만 그리면 된다.
② 최상급 경계만을 그린다.
③ 최하급 경계만을 그린다.
④ 2종 모두 그려야 한다.

해설

행정구역선의 제도(지적업무처리규정 제44조)
① 도면에 등록할 행정구역선은 0.4밀리미터 폭으로 다음 각 호와 같이 제도한다. 다만, 동·리의 행정구역선은 0.2밀리미터 폭으로 한다.
  6. 행정구역선이 2종 이상 겹치는 경우에는 최상급 행정구역선만 제도한다.

53 지번과 지목의 제도 시 지번과 지목의 글자 간격으로 알맞은 것은?

① 글자 크기의 2/5
② 글자 크기의 1/3
③ 글자 크기의 1/2
④ 글자 크기와 같다.

해설

지번 및 지목의 제도(지적업무처리규정 제42조)
② 지번 및 지목을 제도할 때에는 지번 다음에 지목을 제도한다. 이 경우 2밀리미터 이상 3밀리미터 이하 크기의 명조체로 하고, 지번의 글자 간격은 글자 크기의 4분의 1 정도, 지번과 지목의 글자 간격은 글자 크기의 2분의 1 정도 띄어서 제도한다. 다만, 부동산종합공부시스템이나 레터링으로 작성할 경우에는 고딕체로 할 수 있다.

54 토지의 이동에 따른 도면의 제도에 대한 내용으로 옳은 것은?

① 지목을 변경하는 경우 지번 및 지목을 말소하고 그 상단에 기재한다.
② 경계를 말소하는 경우 교차선을 1cm 간격으로 제도한다.
③ 등록전환의 경우에는 임야도의 당해 지번 및 지목을 말소하고 그 내부를 청색으로 엷게 채색한다.
④ 합병의 경우 합병되는 경계, 지번 및 지목을 말소하고 새로운 지번 및 지목을 제도한다.

정답 52 ② 53 ③ 54 ④

해설

토지의 이동에 따른 도면의 제도(지적업무처리규정 제46조)
① 토지의 이동으로 지번 및 지목을 제도하는 경우에는 이동전 지번 및 지목을 말소하고, 새로 설정된 지번 및 지목을 가로쓰기로 제도한다.
② 경계를 말소할 때에는 해당 경계선을 말소한다.
⑤ 등록전환 할 때에는 임야도의 그 지번 및 지목을 말소한다.
⑧ 합병할 때에는 합병되는 필지 사이의 경계·지번 및 지목을 말소한 후 새로 부여하는 지번과 지목을 제도한다.
⑨ 지번 또는 지목을 변경할 때에는 지번 또는 지목만 말소하고, 새로 설정된 지번 또는 지목을 제도한다.

55 토지의 등록장부로서 오늘날의 토지대장과 같은 양안이 있었던 시대는?

① 고구려　　② 백제　　③ 고려　　④ 조선

해설

양안(量案)	조선시대 조세부과를 목적으로 전지를 측량하여 만든 토지등록장부로서 오늘날의 토지대장이다. 양안은 전적이라고도 하였으며 오늘날 지적공부인 토지대장과 지적도 등의 내용을 수록하고 있는 장부로써 일제초기 토지조사 측량 때까지 사용하였다.
입안(立案)	현제의 등기 권리증과 같은 것으로 소유자 확인 및 토지매매를 증명하는 제도이며 소유권의 명의 변경 절차이다.
문기	토지 및 가옥을 매수 또는 매도할 때에 작성한 매매계약서로서 매매문기, 매려문기, 특약부문기, 패지, 증여문기, 전세문기, 국유지, 사매문기, 저당문기, 도지권에 관한 문기 및 소작권에 관한 문기 등 11종이 있다.

56 지적측량에 사용되는 구소삼각지역의 직각좌표계 원점은 몇 개인가?

① 7개　　② 9개　　③ 11개　　④ 13개

해설

구(舊)소삼각원점

망산(間)	경기(강화)	율곡(m)	경북(영천, 경산)
계양(間)	경기(부천, 김포, 인천)	현창(m)	경북(경산, 대구)
조본(m)	경기(성남, 광주)	구암(間)	경북(대구, 달성)
가리(間)	경기(안양, 인천, 시흥)	금산(間)	경북(고령)
등경(間)	경기(수원, 화성, 평택)	소라(m)	경북(청도)
고초(m)	경기(용인, 안성)		

57 어느 지적도의 각 변의 길이를 측정한 바 $\Delta X_1 = -2mm$, $\Delta X_2 = -3mm$, $\Delta Y_1 = +1mm$, $\Delta Y_2 = -4mm$였다. 이때의 도곽선의 신축량은?

① +2mm　　② -2mm　　③ +2.5mm　　④ -2.5mm

정답　55 ④　56 ③　57 ②

해설

도곽선의 신축량계산

$$S = \frac{\Delta X_1 + \Delta X_2 + \Delta Y_1 + \Delta Y_2}{4} = \frac{-(2+3-1+4)}{4} = -2mm$$

여기서, S : 신축량, ΔX_1 : 왼쪽 종선의 신축된 차, ΔX_2 : 오른쪽 종선의 신축된 차
ΔY_1 : 위쪽 횡선의 신축된 차, ΔY_2 : 아래쪽 횡선의 신축된 차

58 모양에 따른 선의 종류에 속하지 않는 것은?

① 실선 ② 파선 ③ 1점쇄선 ④ 가는 선

해설

종류	선의 종류	용도
굵은 실선	———————	단면의 윤곽을 나타내는 선
가는 실선	———————	치수선, 연장선, 인출선, 지시선 등의 표시
파선 또는 점선	- - - - - - - -	보이지 않는 물체의 윤곽을 나타내는 선
1점 쇄선	—·—·—·—·—	특별한 요구 사항을 적용할 범위와 면적을 나타내는 선
2점 쇄선	—··—··—··—	인접 부품의 윤곽을 나타내는 선

59 두 점 간의 거리가 도상에서 2mm이다. 실제 두 점 간의 거리가 50m가 되기 위한 축척은 얼마인가?

① 1/1,000 ② 1/2,500 ③ 1/25,000 ④ 1/50,000

해설

$$\frac{1}{m} = \frac{도상거리}{실제거리} = \frac{0.002}{50} = \frac{1}{25,000}$$

60 지적도면에 지번·지목을 제도하는 방법으로 틀린 것은?

① 지번 및 지목은 경계에 닿지 않도록 필지의 중앙에 제도한다.
② 토지의 형상이 좁고 길어서 필지의 중앙에 제도하기가 곤란한 때에는 도면을 왼쪽 또는 오른쪽으로 돌려서 제도할 수 있다.
③ 지번과 지목을 제도하는 때에는 지목 다음에 지번을 제도한다.
④ 지번의 글자간격은 글자 크기의 1/4 정도 띄워서 제도한다.

해설

지번 및 지목의 제도(지적업무처리규정 제42조)
② 지번 및 지목을 제도할 때에는 지번 다음에 지목을 제도한다. 이 경우 2밀리미터 이상 3밀리미터 이하 크기의 명조체로 하고, 지번의 글자 간격은 글자 크기의 4분의 1 정도, 지번과 지목의 글자 간격은 글자 크기의 2분의 1 정도 띄어서 제도한다. 다만, 부동산종합공부시스템이나 레터링으로 작성할 경우에는 고딕체로 할 수 있다.

2022년 기출복원문제

01 다음 중 지적측량을 하여야 하는 경우가 아닌 것은?

① 지적공부를 복구하는 경우
② 경계점을 지상에 복원하는 경우
③ 지적측량성과를 검사하는 경우
④ 토지대장의 지목을 변경하는 경우

> 해설
>
> 지적측량의 실시 등(공간정보의 구축 및 관리 등에 관한 법률 제23조)
> ① 다음 각 호의 어느 하나에 해당하는 경우에는 지적측량을 하여야 한다. 〈개정 2013.7.17.〉
>   1. 제7조제1항제3호에 따른 지적기준점을 정하는 경우
>   2. 제25조에 따라 지적측량성과를 검사하는 경우
>   3. 다음 각 목의 어느 하나에 해당하는 경우로서 측량을 할 필요가 있는 경우
>   가. 제74조에 따라 지적공부를 복구하는 경우
>   나. 제77조에 따라 토지를 신규등록하는 경우
>   다. 제78조에 따라 토지를 등록전환하는 경우
>   라. 제79조에 따라 토지를 분할하는 경우
>   마. 제82조에 따라 바다가 된 토지의 등록을 말소하는 경우
>   바. 제83조에 따라 축척을 변경하는 경우
>   사. 제84조에 따라 지적공부의 등록사항을 정정하는 경우
>   아. 제86조에 따른 도시개발사업 등의 시행지역에서 토지의 이동이 있는 경우
>   자. 「지적재조사에 관한 특별법」에 따른 지적재조사사업에 따라 토지의 이동이 있는 경우
>   4. 경계점을 지상에 복원하는 경우

02 지번색인표의 등재사항이 아닌 것은?

① 제명   ② 지번   ③ 종번   ④ 결번

> 해설
>
> | 일람도 | • 지번부여지역의 경계 및 인접지역의 행정구역 명칭
• 도면의 제명 및 축척
• 도곽선과 그 수치
• 도면번호
• 도로, 철도, 하천, 구거, 유지, 취락 등 주요 지형 · 지물의 표시 |
> |---|---|
> | 지번색인표 | • 제명
• 지번, 도면번호 및 결번 |

  01 ④ 02 ③

03 축척 1/1,200 지역에서 면적 결정의 최소단위는?

① 0.1m² ② 1m² ③ 5m² ④ 10m²

해설

면적의 결정 및 측량계산의 끝수처리(공간정보의 구축 및 관리 등에 관한 법률 시행령 제60조)
1. 토지의 면적에 1제곱미터 미만의 끝수가 있는 경우 0.5제곱미터 미만일 때에는 버리고 0.5제곱미터를 초과하는 때에는 올리며, 0.5제곱미터일 때에는 구하려는 끝자리의 숫자가 0 또는 짝수이면 버리고 홀수이면 올린다. 다만, 1필지의 면적이 1제곱미터 미만일 때에는 1제곱미터로 한다.

04 다음 중 지적공부의 보존기한은?

① 10년 ② 30년 ③ 50년 ④ 영구

해설

지적공부의 보존 등(공간정보의 구축 및 관리 등에 관한 법률 제69조)
② 지적공부를 정보처리시스템을 통하여 기록·저장한 경우 관할 시·도지사, 시장·군수 또는 구청장은 그 지적공부를 지적정보관리체계에 영구히 보존하여야 한다.

05 임야대장에 등록된 임야를 개간하여 토지대장에 "전"으로 등록하는 행위는 다음 중 어디에 해당되는가?

① 신규등록 ② 등록전환
③ 지목변경 ④ 과세지정

해설

정의(공간정보의 구축 및 관리 등에 관한 법률 제2조)
이 법에서 사용하는 용어의 뜻은 다음과 같다
29. "신규등록"이란 새로 조성된 토지와 지적공부에 등록되어 있지 아니한 토지를 지적공부에 등록하는 것을 말한다.
30. "등록전환"이란 임야대장 및 임야도에 등록된 토지를 토지대장 및 지적도에 옮겨 등록하는 것을 말한다.
33. "지목변경"이란 지적공부에 등록된 지목을 다른 지목으로 바꾸어 등록하는 것을 말한다.

06 '3-2, 6, 7, 7-1, 7-2' 다섯 필지를 합병하여 지번을 부여할 경우 합병 후의 지번으로 옳은 것은?(단, 토지소유자가 합병하기 전의 지번 중 특정 지번을 지정하지 않았다.)

① 7 ② 3-2 ③ 6 ④ 7-3

해설

지번의 구성 및 부여방법 등(공간정보의 구축 및 관리 등에 관한 법률 시행령 제56조)
4. 합병의 경우에는 합병 대상 지번 중 선순위의 지번을 그 지번으로 하되, 본번으로 된 지번이 있을 때에는 본번 중 선순위의 지번을 합병 후의 지번으로 할 것. 이 경우 토지소유자가 합병 전의 필지에 주거·사무실 등의 건축물이 있어서 그 건축물이 위치한 지번을 합병 후의 지번으로 신청할 때에는 그 지번을 합병 후의 지번으로 부여하여야 한다.

정답 03 ② 04 ④ 05 ② 06 ③

07 지적공부 중 토지대장의 편성방법에 해당하지 않는 것은?

① 가치적 편성주의
② 연대적 편성주의
③ 인적 편성주의
④ 물적 편성주의

해설

지적공부의 편성방법
- 물적 편성주의 : 개개의 토지(지번)를 중심해서 공부를 편성하는 방법
- 인적 편성주의 : 권리의 주체인 토지소유자를 중심으로 공부를 편성하는 방법
- 연대적 편성주의 : 등록신청한 시간적 순서에 의하여 공부를 편성하는 방법
- 물적·인적 편성주의 : 물적 편성주의를 기본으로 하고 인적 편성주의 요소를 가미하는 방법

08 낚시터에 감시소, 좌대, 휴양용 정자 등 휴양 시설물이 종합적으로 갖추어진 경우에 알맞은 지목은?

① 유지
② 공원
③ 유원지
④ 구기

해설

지목의 구분(공간정보의 구축 및 관리 등에 관한 법률 시행령 제58조)
법 제67조제1항에 따른 지목의 구분은 다음 각 호의 기준에 따른다.
24. 유원지
　일반 공중의 위락·휴양 등에 적합한 시설물을 종합적으로 갖춘 수영장·유선장(遊船場)·낚시터·어린이놀이터·동물원·식물원·민속촌·경마장·야영장 등의 토지와 이에 접속된 부속시설물의 부지. 다만, 이들 시설과의 거리 등으로 보아 독립적인 것으로 인정되는 숙식시설 및 유기장(遊技場)의 부지와 하천·구거 또는 유지[공유(公有)인 것으로 한정한다]로 분류되는 것은 제외한다.

09 다음 중 기우식 지번부여방법이 가장 적합한 지역은?

① 시가지 도로변
② 지형이 불규칙한 농경지
③ 토지 구획정리 시행지구
④ 경사가 심한 산간지

해설

사행식	필지의 배열이 불규칙한 지역에서 진행순서에 따라 지번을 부여하는 방법으로 농촌지역의 지번부여에 적합하며 우리나라 토지의 대부분은 사행식에 의해 부여하며 지번 부여가 일정하지 않고 상하좌우로 분산되어 부여되는 결점이 있다.
기우식	도로를 중심으로 한쪽은 홀수인 기수, 다른 쪽은 짝수인 우수로 지번을 부여하는 방법으로 리·동·도·가 등의 시가지 지역의 지번부여방법으로 적합하고 교호식이라고도 한다.
단지식	단지마다 하나의 지번을 부여하고 단지 내 필지마다 부번을 부여하는 방법으로 단지식은 블록식이라고도 하며 도시개발사업 및 농지개량사업 시행지역 등의 지번부여에 적합하다.

정답 07 ① 08 ③ 09 ①

10 기지점에 평판을 세우고 다른 지점을 시준한 방향선에 의하여 구점의 위치를 결정하는 것은?

① 전방교회법 ② 후방교회법
③ 측방교회법 ④ 도선교회법

> **해설**
>
> | 전방교회법 (기지점) | 장애물이 있어 직접 거리측량이 곤란할 때 2개 이상의 기지점을 측점으로 하여 미지점의 위치를 결정하는 방법이다. |
> |---|---|
> | 후방교회법 (미지점) | 지상의 기지점 3개에 대하여 구하고자 하는 임의의 점에 평판을 세우고 도상의 점에 각각 측침을 꽂고 앨리데이드로 시준하여 2개 이상의 방향선이 교차되는 도상의 점을 구하는 방법이다. |
> | 측방교회법 (기지+미지점) | 측방교회법은 전방교회법과 후방교회법을 병용한 방법으로 기지점 2점 중한 점에 접근하기 곤란한 경우 기지의 한 점과 미지의 한 점에 평판을 세워 미지의 한 점을 구하는 방법이다. |

11 종선차가 24m이고, 횡선차가 36m일 때의 두 점 간의 거리는?

① 36.2m ② 40.3m ③ 43.3m ④ 46.2m

> **해설**
>
> 연결교차 $= \sqrt{종선교차^2 + 횡선교차^2} = \sqrt{24^2 + 36^2} = 43.3m^2$

12 지적삼각보조점을 교회법으로 관측하는 경우에 수평각의 관측방법은?

① 2회 반복관측법 ② 2대회 방향관측법
③ 3회 반복관측법 ④ 3대회 방향관측법

> **해설**
>
> 지적삼각보조점의 관측 및 계산(지적측량 시행규칙 제11조)
> ① 경위의측량방법과 교회법에 따른 지적삼각보조점의 관측 및 계산은 다음 각 호의 기준에 따른다.
>   1. 관측은 20초독 이상의 경위의를 사용할 것
>   2. 수평각 관측은 2대회(윤곽도는 0도, 90도로 한다)의 방향관측법에 따를 것

13 교회법에 의한 지적삼각보조점측량에서 2개의 삼각형으로부터 계산한 위치의 연결교차가 얼마 이하인 때 그 평균치를 지적삼각보조점의 위치로 하는가?

① 0.20m ② 0.30m ③ 0.50m ④ 0.80m

> **해설**
>
> 지적삼각보조점의 관측 및 계산(지적측량 시행규칙 제11조)
> 5. 2개의 삼각형으로부터 계산한 위치의 연결교차($\sqrt{종선교차^2 + 횡선교차^2}$ 을 말한다. 이하 같다)가 0.30미터 이하일 때에는 그 평균치를 지적삼각보조점의 위치로 할 것. 이 경우 기지점과 소구점 사이의 방위각 및 거리는 평균치에 따라 새로 계산하여 정한다.

14 지적에서 하나의 지번을 부여하는 토지의 등록단위를 무엇이라고 하는가?

① 필지
② 대지
③ 구획
④ 택지

해설

정의(공간정보의 구축 및 관리 등에 관한 법률 제2조)
이 법에서 사용하는 용어의 뜻은 다음과 같다
21. "필지"란 대통령령으로 정하는 바에 따라 구획되는 토지의 등록단위를 말한다.
23. "지번부여지역"이란 지번을 부여하는 단위지역으로서 동·리 또는 이에 준하는 지역을 말한다.

1필지로 정할 수 있는 기준(공간정보의 구축 및 관리 등에 관한 법률 시행령 제5조)
① 법 제2조제21호에 따라 지번부여지역의 토지로서 소유자와 용도가 같고 지반이 연속된 토지는 1필지로 할 수 있다.

15 지적측량의 기준점으로 볼 수 없는 것은?

① 지적삼각점
② 수준원점
③ 지적삼각보조점
④ 지적도근점

해설

지적삼각점측량	지적삼각보조점측량	지적도근점측량
• 위성기준점 • 통합기준점 • 삼각점 • 지적삼각점	• 위성기준점 • 통합기준점 • 삼각점 • 지적삼각점 • 지적삼각보조점	• 위성기준점 • 통합기준점 • 삼각점 • 지적삼각점 • 지적삼각보조점 • 지적도근점

16 공간정보의 구축 및 관리 등에 관한 법률의 3대 이념이 아닌 것은?

① 지적공개주의
② 지적국정주의
③ 지적국유주의
④ 지적등록주의

해설

지적법의 3대 이념

지적국정주의 (地籍國定主義)	지적공부의 등록사항인 토지표시사항을 국가만이 결정할 수 있는 권한을 가진다는 이념이다.
지적형식주의 (地籍形式主義)	국가가 결정한 토지에 대한 물리적 현황과 법적 권리관계 등을 외부에서 인식할 수 있도록 일정한 법정의 형식을 갖추어 지적공부에 등록하여야만 효력이 발생한다는 이념으로 「지적등록주의」라고도 한다(등록 : 등록사항).
지적공개주의 (地籍公開主義)	지적공부에 등록된 사항을 토지소유자나 이해관계인은 물론 일반인에게도 공개한다는 이념이다. 즉, 거래안전의 도모 및 배타적 소유권 보호와 관련 있다.

정답 14 ① 15 ② 16 ③

17 우리나라에서 지적측량 적부심사를 담당하는 기관은?

① 한국지적학회　　　　　　　② 지방지적위원회
③ 대한지적공사　　　　　　　④ 행정안전부

해설

지적위원회(공간정보의 구축 및 관리 등에 관한 법률 제28조)
② 지적측량에 대한 적부심사 청구사항을 심의·의결하기 위하여 특별시·광역시·특별자치시·도 또는 특별자치도(이하 "시·도"라 한다)에 지방지적위원회를 둔다.

18 다음 중 지적삼각보조점측량과 관계가 없는 것은?

① 경위의측량방법　　　　　　② 방사법
③ 전파기 또는 광파기측량방법　　④ 위성측량방법

해설

지적측량의 방법 등(지적측량 시행규칙 제7조)
2. 지적삼각보조점측량 : 위성기준점, 통합기준점, 삼각점, 지적삼각점 및 지적삼각보조점을 기초로 하여 경위의측량방법, 전파기 또는 광파기측량방법, 위성측량방법 및 국토교통부장관이 승인한 측량방법에 따르되, 그 계산은 교회법(交會法) 또는 다각망도선법에 따를 것

19 축척 1/1,200인 지적도 도곽선의 왼쪽 종선의 신축된 차 $\Delta X_1 = -5$mm, 오른쪽 종선의 신축된 차 $\Delta X_2 = -5$mm, 위쪽 횡선의 신축된 차 $\Delta Y_1 = -3$mm, 아래쪽 횡선의 신축된 차, $\Delta Y_2 = -3$mm일 때 도곽선의 신축량은?

① -2mm　　② -3mm　　③ -4mm　　④ -5mm

해설

도곽선의 신축량 계산
$$S = \frac{\Delta X_1 + \Delta X_2 + \Delta Y_1 + \Delta Y_2}{4} = \frac{-(5+5+3+3)}{4} = -4\text{mm}$$

20 평판을 측정점에 설치할 때에 충족시켜야 할 조건이 아닌 것은?

① 정준　　② 구심　　③ 표정　　④ 높이

해설

평판의 3요소

정준(수평)	앨리데이드의 기포관을 이용하여 평판을 수평으로 하는 작업
구심(치심)	지상점과 도상점을 일치시키는 작업
표정(방향)	방향선에 따라 평판의 위치를 고정시키는 작업으로, 표정의 오차가 측판측량에 가장 큰 영향을 미침

정답 17 ② 18 ② 19 ③ 20 ④

21 다음 중 지적삼각보조점의 망 구성에서 많이 쓰이는 것은?

① 교점다각망
② 삼각쇄
③ 사각망
④ 삽입망

해설

지적삼각보조점측량(지적측량 시행규칙 제10조)
③ 지적삼각보조점은 교회망 또는 교점다각망(交點多角網)으로 구성하여야 한다.

22 일반적인 토지대장의 유형에 해당되지 않는 것은?

① 장부식 대장
② 편철식 대장
③ 공부식 대장
④ 카드식 대장

해설

토지대장의 유형
- 장부식
- 편철식
- 카드식

23 다음 중 지적도근점을 구성할 수 없는 것은?

① 결합도선
② 폐합도선
③ 왕복도선
④ 개방도선

해설

지적도근점측량(지적측량 시행규칙 제12조)
④ 지적도근점은 결합도선·폐합도선(廢合道線)·왕복도선 및 다각망도선으로 구성하여야 한다.

24 평판측량방법에 의한 세부측량을 시행하는 경우 사용하지 않는 방법은?

① 교회법
② 도선법
③ 시거법
④ 방사법

해설

측량

방법	위성측량방법, 전자평판측량방법				
	경위의측량법		평판측량법		
계산방법	도선법	방사법	교회법	도선법	방사법
관측	20초독 이상의 경위의		측판		

정답 21 ① 22 ③ 23 ④ 24 ③

25 평판측량방법에 의한 세부측량을 교회법에 의할 경우 방향선의 도상길이는 얼마로 하는가?

① 2cm 이하
② 8cm 이하
③ 10cm 이하
④ 15cm 이하

해설

세부측량의 기준 및 방법 등(지적측량 시행규칙 제18조)
4. 방향선의 도상길이는 측판의 방위표정(方位標定)에 사용한 방향선의 도상길이 이하로서 10센티미터 이하로 할 것. 다만, 광파조준의(光波照準儀) 또는 광파측거기를 사용하는 경우에는 30센티미터 이하로 할 수 있다.

26 평판측량방법에 있어서 도상에 영향을 미치지 아니하는 지상거리의 축척별 허용범위는?(단, M은 축척의 분모)

① $\frac{M}{10}$ [mm]
② $\frac{M}{100}$ [mm]
③ $\frac{M}{10}$ [m]
④ $\frac{M}{100}$ [m]

해설

세부측량의 기준 및 방법 등(지적측량 시행규칙 제18조)
⑧ 평판측량방법에 있어서 도상에 영향을 미치지 아니하는 지상거리의 축척별 허용범위는 $M/10$ 밀리미터로 한다. 이 경우 M은 축척분모를 말한다.

27 실제 두 점 간의 거리 50m를 도상 2mm로 표시하였을 때 축척은 얼마인가?

① $\frac{1}{1,000}$
② $\frac{1}{2,500}$
③ $\frac{1}{25,000}$
④ $\frac{1}{50,000}$

해설

$\frac{1}{m} = \frac{도상거리}{실제거리} = \frac{0.002}{50} = \frac{1}{25,000}$

28 GNSS(Global Navigation Satellife System) 측량이란 무엇을 이용한 위치결정 체계인가?

① 토털스테이션(Total Station)
② 인공위성
③ 항공사진
④ 세오돌라이트(Theodolite)

정답 25 ③ 26 ① 27 ③ 28 ②

> **해설**

GNSS는 인공위성을 이용한 범세계적 위치결정체계로 정확한 위치를 알고 있는 위성에서 발사한 전파를 수신하여 관측점까지의 소요시간을 관측함으로서 관측점의 위치를 구하는 체계이다. 즉, GNSS측량은 위치가 알려진 다수의 위성을 기지점으로 하여 수신기를 설치한 미지점의 위치를 결정하는 후방교회법(Resection Method)에 의한 측량방법이다.

29 다음 그림에서 $\overline{AB}$의 거리는 얼마인가?(단, $\overline{AC}$ = 10m, $\overline{CD}$ = 5m, $\overline{DE}$ = 7m, $\overline{AB} // \overline{DE}$ 이다.)

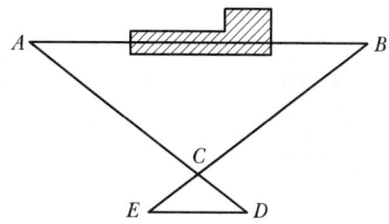

① 3.5m   ② 14m   ③ 21m   ④ 28m

> **해설**

$\overline{AB} : \overline{DE} = \overline{AC} : \overline{CD}$

$\therefore \overline{AB} = \dfrac{\overline{AC} \times \overline{DE}}{\overline{CD}} = \dfrac{10 \times 7}{5} = 14\text{m}$

30 다음 중 토지의 지번 숫자 앞에 "산"자를 붙여 표기되는 지적공부는?

① 토지대장   ② 공유지연명부
③ 임야대장   ④ 토지대장부본

> **해설**

지번의 구성 및 부여방법 등(공간정보의 구축 및 관리 등에 관한 법률 시행령 제56조)
① 지번(地番)은 아라비아숫자로 표기하되, 임야대장 및 임야도에 등록하는 토지의 지번은 숫자 앞에 "산"자를 붙인다.

31 지적도에 지번을 표기하는 방법으로 옳은 것은?(단, 본번이 25이고 부번이 7일 경우)

① 25의 7   ② 25번지의 7
③ 25의 7번지   ④ 25－7

> **해설**

지번의 구성 및 부여방법 등(공간정보의 구축 및 관리 등에 관한 법률 시행령 제56조)
② 지번은 본번(本番)과 부번(副番)으로 구성하되, 본번과 부번 사이에 "－" 표시로 연결한다. 이 경우 "－" 표시는 "의"라고 읽는다.

정답 29 ② 30 ③ 31 ④

32 다음 중 지적도의 축척에 해당되지 않는 것은?

① 1/1,000   ② 1/2,400   ③ 1/5,000   ④ 1/600

해설

도면의 도곽 크기

도면	축척	도상거리		지상거리		포용면적(m²)
		세로(cm)	가로(cm)	세로(m)	가로(m)	
지적도	1/500	30	40	150	200	30,000
	1/1,000	30	40	300	400	120,000
	1/600	33.3333	41.6667	200	250	50,000
	1/1,200	33.3333	41.6667	400	500	200,000
	1/2,400	33.3333	41.6667	800	1,000	800,000
	1/3,000	40	50	1,200	1,500	1,800,000
	1/6,000	40	50	2,400	3,000	7,200,000
임야도	1/3,000	40	50	1,200	1,500	1,800,000
	1/6,000	40	50	2,400	3,000	7,200,000

33 축척변경의 시행공고는 관련 사항을 며칠 이상 공고하여야 하는가?

① 10일   ② 15일   ③ 20일   ④ 30일

해설

축척변경 시행공고 등(공간정보의 구축 및 관리 등에 관한 법률 시행령 제71조)
① 지적소관청은 법 제83조제3항에 따라 시·도지사 또는 대도시 시장으로부터 축척변경 승인을 받았을 때에는 지체 없이 다음 각 호의 사항을 20일 이상 공고하여야 한다.
  1. 축척변경의 목적, 시행지역 및 시행기간
  2. 축척변경의 시행에 따른 청산방법
  3. 축척변경의 시행에 따른 토지소유자 등의 협조에 관한 사항
  4. 축척변경의 시행에 관한 세부계획

34 세부측량을 하는 경우 필지마다 면적을 측정하여야 하는 경우가 아닌 것은?

① 지적공부를 복구하는 경우   ② 축척변경을 하는 경우
③ 토지분할을 하는 경우   ④ 토지합병을 하는 경우

해설

면적측정의 대상(지적측량 시행규칙 제19조)
세부측량을 하는 경우 다음 각 호의 어느 하나에 해당하면 필지마다 면적을 측정해야 한다.
1. 지적공부의 복구·신규등록·등록전환·분할 및 축척변경을 하는 경우
2. 법 제84조에 따라 면적 또는 경계를 정정하는 경우
3. 지적확정측량을 하는 경우
4. 지적현황측량에 면적측정이 수반되는 경우

정답 32 ③ 33 ③ 34 ④

35 1필지의 소유자가 2인 이상일 때 작성하는 지적공부는?

① 공유지연명부
② 지적도
③ 토지대장
④ 지번색인표

해설

공유지연명부
1필지의 토지소유자가 2인 이상인 때에는 소유자에 관한 사항을 별도로 등록하기 위하여 작성하는 지적공부를 말한다.

36 다음 중 이동지 정리에 수반하여 지적도를 정리하여야 할 경우에 해당하는 것은?

① 경계의 변동이 없는 면적 오류정정을 하는 경우
② 토지분할 또는 토지합병을 할 때
③ 소유권이 변경된 경우
④ 사유지가 공공용지로 변경될 때

해설

지적공부의 정리 등(공간정보의 구축 및 관리 등에 관한 법률 시행령 제84조)
① 지적소관청은 지적공부가 다음 각 호의 어느 하나에 해당하는 경우에는 지적공부를 정리하여야 한다. 이 경우 이미 작성된 지적공부에 정리할 수 없을 때에는 새로 작성하여야 한다.
  1. 법 제66조제2항에 따라 지번을 변경하는 경우
  2. 법 제74조에 따라 지적공부를 복구하는 경우
  3. 법 제77조부터 제86조까지의 규정에 따른 신규등록·등록전환·분할·합병·지목변경 등 토지의 이동이 있는 경우
② 지적소관청은 제1항에 따른 토지의 이동이 있는 경우에는 토지이동정리결의서를 작성하여야 하고, 토지소유자의 변동 등에 따라 지적공부를 정리하려는 경우에는 소유자정리결의서를 작성하여야 한다.

37 토지대장 및 임야대장을 등록하지 않는 것은?

① 지번
② 면적
③ 소유자 성명
④ 경작자의 등록번호

해설

토지대장과 임야대장에 등록사항

토지표시사항	소유권에 관한 사항	기타
• 토지소재 • 지번 • 지목 • 면적 • 토지의 이동 사유	• 토지소유자 변동일자 • 변동원인 • 주민등록번호 • 성명 또는 명칭 • 주소	• 토지의 고유번호(각 필지를 서로 구별하기 위하여 필지마다 붙이는 고유한 번호를 말한다.) • 지적도 또는 임야도 번호 • 필지별 토지대장 또는 임야대장의 장번호 • 축척 • 토지등급 또는 기준수확량등급과 그 설정·수정 연월일 • 개별공시지가와 그 기준일

정답 35 ① 36 ② 37 ④

38 지적도면에서 행정구역선이 2종 이상 겹치는 경우의 처리방법으로 알맞은 것은?

① 최하급 행정구역계만 그린다.
② 최상급 행정구역계만 그린다.
③ 약간 띄워서 모두 그린다.
④ 중간 행정구역계만 그린다.

해설

행정구역선의 제도(지적업무처리규정 제44조)
6. 행정구역선이 2종 이상 겹치는 경우에는 최상급 행정구역선만 제도한다.

39 지적공부에 토지의 표시를 새로이 정하거나 변경 또는 말소하는 것을 말하는 것은?

① 등록전환
② 토지의 이동
③ 지목변경
④ 축척변경

해설

정의(공간정보의 구축 및 관리 등에 관한 법률 제2조)
이 법에서 사용하는 용어의 뜻은 다음과 같다
30. "등록전환"이란 임야대장 및 임야도에 등록된 토지를 토지대장 및 지적도에 옮겨 등록하는 것을 말한다.
33. "지목변경"이란 지적공부에 등록된 지목을 다른 지목으로 바꾸어 등록하는 것을 말한다.
34. "축척변경"이란 지적도에 등록된 경계점의 정밀도를 높이기 위하여 작은 축척을 큰 축척으로 변경하여 등록하는 것을 말한다.

40 세부측량을 실시할 때 거리측정단위로 옳은 것은?

① 지적도 시행지역 : 5cm, 임야도 시행지역 : 50cm
② 지적도 시행지역 : 10cm, 임야도 시행지역 : 150cm
③ 지적도 시행지역 : 15cm, 임야도 시행지역 : 200cm
④ 지적도 시행지역 : 20cm, 임야도 시행지역 : 250cm

해설

세부측량의 기준 및 방법 등(지적측량 시행규칙 제18조)
① 평판측량방법에 따른 세부측량은 다음 각 호의 기준에 따른다. 〈개정 2024.12.26.〉
  1. 거리측정단위는 지적도를 갖춰 두는 지역에서는 5센티미터로 하고, 임야도를 갖춰 두는 지역에서는 50센티미터로 할 것

41 유원지의 지목을 지적도에 등록정리할 때에는 어떻게 표기하는가?

① 유
② 원
③ 지
④ 유원

정답 38 ② 39 ② 40 ① 41 ②

> 해설

지목의 부호표기

지목	부호	지목	부호	지목	부호	지목	부호
전	전	대	대	철도용지	철	공원	공
답	답	공장용지	장	제방	제	체육용지	체
과수원	과	학교용지	학	**하천**	**천**	유원지	원
목장용지	목	주차장	차	구거	구	종교용지	종
임야	임	주유소용지	주	유지	유	사적지	사
광천지	광	창고용지	창	양어장	양	묘지	묘
염전	염	도로	도	수도용지	수	잡종지	잡

42. 축척변경의 시행공고는 관련 사항을 며칠 이상 공고하여야 하는가?

① 10일 ② 15일 ③ 20일 ④ 30일

> 해설

토지개발사업 등의 범위 및 신고(공간정보의 구축 및 관리 등에 관한 법률 시행령 제83조)
② 법 제86조제1항에 따른 도시개발사업 등의 착수·변경 또는 완료 사실의 신고는 그 사유가 발생한 날부터 15일 이내에 하여야 한다.

43. 지적소관청이 직권으로 지적공부에 등록된 사항을 정정할 수 있는 경우가 아닌 것은?

① 토지이동정리결의서의 내용과 다르게 정리된 경우
② 경계의 위치가 잘못되어 필지의 면적이 증감한 경우
③ 지적공부의 작성 또는 재작성 당시 잘못 정리된 경우
④ 지적측량성과와 다르게 정리된 경우

> 해설

등록사항의 직권정정 등(공간정보의 구축 및 관리 등에 관한 법률 시행령 제82조)
① 지적소관청이 법 제84조제2항에 따라 지적공부의 등록사항에 잘못이 있는지를 직권으로 조사·측량하여 정정할 수 있는 경우는 다음 각 호와 같다.
  1. 제84조제2항에 따른 토지이동정리결의서의 내용과 다르게 정리된 경우
  2. 지적도 및 임야도에 등록된 필지가 면적의 증감 없이 경계의 위치만 잘못된 경우
  3. 1필지가 각각 다른 지적도나 임야도에 등록되어 있는 경우로서 지적공부에 등록된 면적과 측량한 실제면적은 일치하지만 지적도나 임야도에 등록된 경계가 서로 접합되지 않아 지적도나 임야도에 등록된 경계를 지상의 경계에 맞추어 정정하여야 하는 토지가 발견된 경우
  4. 지적공부의 작성 또는 재작성 당시 잘못 정리된 경우
  5. 지적측량성과와 다르게 정리된 경우
  6. 법 제29조제10항에 따라 지적공부의 등록사항을 정정하여야 하는 경우
  7. 지적공부의 등록사항이 잘못 입력된 경우
  8. 「부동산등기법」 제37조제2항에 따른 통지가 있는 경우(지적소관청의 착오로 잘못 합병한 경우만 해당한다)
  9. 법률 제2801호 지적법개정법률 부칙 제3조에 따른 면적 환산이 잘못된 경우

정답 42 ② 43 ②

44 다음 중 등록전환에 따른 도면의 제도방법으로 옳지 않은 것은?

① 등록전환하는 경우 임야도의 그 지번 및 지목을 말소한다.
② 등록전환으로 도면에 경계, 지번 및 지목을 새로이 등록하는 경우에는 이미 비치된 도면에 제도하는 것을 원칙으로 한다.
③ 이미 비치된 도면에 정리할 수 없는 경우에는 새로이 도면을 작성하여야 한다.
④ 등록전환하는 경우 임야도의 당해 필지의 내부를 검은색으로 엷게 채색한다.

해설

토지의 이동에 따른 도면의 제도(지적업무처리규정 제46조)
④ 신규 등록 · 등록전환 및 등록사항정정으로 도면에 경계, 지번 및 지목을 새로 등록할 때에는 이미 비치된 도면에 제도한다. 다만, 이미 비치된 도면에 정리할 수 없는 때에는 새로 도면을 작성한다.

45 지적공부에 정리하는 수치 및 경계에 관한 사항 중 틀린 것은?

① 도곽선의 수치는 붉은색으로 한다.
② 도곽선의 주기는 붉은색으로 한다.
③ 지번의 주기는 검은색으로 한다.
④ 새로이 설정된 지번의 주기는 붉은색으로 한다.

해설

지적공부 등의 정리(지적업무처리규정 제63조)
① 지적공부 등의 정리에 사용하는 문자 · 기호 및 경계는 따로 규정을 둔 사항을 제외하고 정리사항은 검은색, 도곽선과 그 수치 및 말소는 붉은색으로 한다.

46 일람도에 등재하여야 할 사항이 아닌 것은?

① 지번
② 지번설정지역의 경계 및 명칭
③ 도면의 제명 및 축척
④ 주요 지형 · 지물의 표시

해설

일람도	• 지번부여지역의 경계 및 인접지역의 행정구역 명칭 • 도면의 제명 및 축척 • 도곽선과 그 수치 • 도면번호 • 도로, 철도, 하천, 구거, 유지, 취락 등 주요 지형 · 지물의 표시
지번색인표	• 제명 • 지번, 도면번호 및 결번

정답 44 ④ 45 ④ 46 ①

47 지적도에서 삼각점 및 지적기준점을 제도하는 선의 굵기는?

① 0.1mm　　② 0.2mm
③ 0.3mm　　④ 0.4mm

해설

지적기준점 등의 제도(지적업무처리규정 제43조)
① 삼각점 및 지적기준점(제4조에 따라 지적측량수행자가 설치하고, 그 지적기준점성과를 지적소관청이 인정한 지적기준점을 포함한다.)은 0.2밀리미터 폭의 선으로 다음 각 호와 같이 제도한다.

48 직경 1mm, 2mm의 2중 원을 그리고 1mm 원의 내부를 검게 제도한 것은?

① 1등삼각점　　② 2등삼각점
③ 3등삼각점　　④ 4등삼각점

해설

구분	그림	설명
1등삼각점	3mm, 2mm, 1mm 3중 원	1등 및 2등삼각점은 직경 1밀리미터, 2밀리미터 및 3밀리미터의 3중 원으로 제도한다. 이 경우 1등삼각점은 그 중심원 내부를 검은색으로 엷게 채색한다.
2등삼각점	3mm, 2mm, 1mm 3중 원	
3등삼각점	2mm, 1mm 2중 원	3등 및 4등삼각점은 직경 1밀리미터, 2밀리미터의 2중 원으로 제도한다. 이 경우 3등삼각점은 그 중심원 내부를 검은색으로 엷게 채색한다.
4등삼각점	2mm, 1mm 2중 원	

49 토지 합병의 요건에 대한 설명으로 옳은 것은?

① 합병하고자 하는 토지의 소유자가 다를 것
② 합병하고자 하는 토지의 지목이 다를 것
③ 합병하고자 하는 각 필지의 지반이 연속되어 있을 것
④ 합병하고자 하는 각 필지의 도면 축척이 다를 것

정답 47 ② 48 ③ 49 ③

해설

합병 신청(공간정보의 구축 및 관리 등에 관한 법률 제80조)
① 토지소유자는 토지를 합병하려면 대통령령으로 정하는 바에 따라 지적소관청에 합병을 신청하여야 한다.
② 토지소유자는 「주택법」에 따른 공동주택의 부지, 도로, 제방, 하천, 구거, 유지, 그 밖에 대통령령으로 정하는 토지로서 합병하여야 할 토지가 있으면 그 사유가 발생한 날부터 60일 이내에 지적소관청에 합병을 신청하여야 한다.
③ 다음 각 호의 어느 하나에 해당하는 경우에는 합병 신청을 할 수 없다.
  1. 합병하려는 토지의 지번부여지역, 지목 또는 소유자가 서로 다른 경우
  2. 합병하려는 토지에 다음 각 목의 등기 외의 등기가 있는 경우
    가. 소유권·지상권·전세권 또는 임차권의 등기
    나. 승역지(承役地)에 대한 지역권의 등기
    다. 합병하려는 토지 전부에 대한 등기원인(登記原因) 및 그 연월일과 접수번호가 같은 저당권의 등기
    라. 합병하려는 토지 전부에 대한 「부동산등기법」 제81조제1항 각 호의 등기사항이 동일한 신탁등기

합병 신청(공간정보의 구축 및 관리 등에 관한 법률 시행령 제66조)
③ 법 제80조제3항제3호에서 "합병하려는 토지의 지적도 및 임야도의 축척이 서로 다른 경우 등 대통령령으로 정하는 경우"란 다음 각 호의 경우를 말한다.
  1. 합병하려는 토지의 지적도 및 임야도의 축척이 서로 다른 경우
  2. 합병하려는 각 필지가 서로 연접하지 않은 경우
  3. 합병하려는 토지가 등기된 토지와 등기되지 아니한 토지인 경우
  4. 합병하려는 각 필지의 지목은 같으나 일부 토지의 용도가 다르게 되어 법 제79조제2항에 따른 분할대상 토지인 경우. 다만, 합병 신청과 동시에 토지의 용도에 따라 분할 신청을 하는 경우는 제외한다.
  5. 합병하려는 토지의 소유자별 공유지분이 다른 경우
  6. 합병하려는 토지가 구획정리, 경지정리 또는 축척변경을 시행하고 있는 지역의 토지와 그 지역 밖의 토지인 경우

50 신규등록할 토지가 있을 때는 사유가 발생한 날부터 며칠 이내에 지적소관청에 신청하여야 하는가?

① 30일　　② 40일　　③ 50일　　④ 60일

해설

신규등록 신청(공간정보의 구축 및 관리 등에 관한 법률 제77조)
토지소유자는 신규등록할 토지가 있으면 대통령령으로 정하는 바에 따라 그 사유가 발생한 날부터 60일 이내에 지적소관청에 신규등록을 신청하여야 한다.

51 다음 중 적도 도곽선 구획의 기산점이 될 수 없는 직각좌표계의 원점은?

① 중부원점　　② 서부원점　　③ 수준원점　　④ 동부원점

해설

평면직각좌표원점

명칭	경도	적용구역	위도	투영원점의 가상수치	원점의 축척계수
서부원점	동경 125°	동경 124°~126°	북위 38°	X^N : 600,000m Y^E : 200,000m	1.0000
중부원점	동경 127°	동경 126°~128°	북위 38°		
동부원점	동경 129°	동경 128°~130°	북위 38°		
동해원점	동경 131°	동경 130°~132°	북위 38°		

정답 50 ④　51 ③

52 일람도의 축척으로 옳은 것은?

① 당해 지적도 축척의 1/5
② 당해 지적도 축척의 1/10
③ 당해 지적도 축척의 1/50
④ 당해 지적도 축척의 1/100

> 해설

일람도의 제도(지적업무처리규정 제38조)
① 규칙 제69조제5항에 따라 일람도를 작성할 경우 일람도의 축척은 그 도면축척의 10분의 1로 한다. 다만, 도면의 장수가 많아서 한 장에 작성할 수 없는 경우에는 축척을 줄여서 작성할 수 있으며, 도면의 장수가 4장 미만인 경우에는 일람도의 작성을 하지 아니할 수 있다.

53 경계점좌표등록부의 등록사항으로 옳은 것은?

① 토지소재, 지번, 좌표
② 토지소재, 지번, 지목
③ 토지소재, 지번, 면적
④ 토지소재, 지번, 경계

> 해설

경계점좌표등록부의 등록사항

토지표시사항	기타
• 토지소재 • 지번 • 좌표	• 토지의 고유번호 • 필지별 경계점좌표등록부의 장번호 • 부호 및 부호도 • 지적도면의 번호

54 축척 1/600 지역에서 원면적이 100m²인 토지를 분할하는 경우 토지의 신구면적의 오차허용범위는?

① 96~104m²
② 94~106m²
③ 93~107m²
④ 92~108m²

> 해설

$A = 0.026^2 M\sqrt{F}$
$= 0.026^2 \times 600\sqrt{100} = \pm 4.056 = \pm 4\text{m}^2$

토지의 신구면적의 오차허용범위는 96~104m²이다.

55 면적을 측정할 경우 도곽선의 길이에 얼마 이상의 신축이 있을 때 이를 보정하는가?

① 0.5mm
② 1mm
③ 2mm
④ 4mm

> 해설

면적측정의 방법 등(지적측량 시행규칙 제20조)
③ 전자면적측정기로 면적을 측정하는 경우 도곽선의 길이에 0.5밀리미터 이상의 신축이 있을 때에는 이를 보정해야 한다.

정답 52 ② 53 ① 54 ① 55 ①

56 전자면적측정기에 의한 면적측정방법에 대한 설명으로 틀린 것은?(단, A : 허용면적, M : 축척분모, F : 측정면적의 평균)

① 경위의측량방법으로 시행한 지역에서 사용한다.
② 교차의 허용면적 산식은 $A = 0.023^2 M\sqrt{F}$이다.
③ 측정면적은 1/1,000m²까지 계산하여 1/10m² 단위로 정한다.
④ 도상에서 2회 측정하여 교차가 허용면적 이하인 때에는 그 평균치를 측정면적으로 한다.

> **해설**
>
> 면적측정의 방법 등(지적측량 시행규칙 제20조)
> ① 좌표면적계산법 또는 전산처리방법에 따른 면적측정은 다음 각 호의 기준에 따른다. 〈개정 2024.12.26.〉
> ② 전자면적측정기에 따른 면적측정은 다음 각 호의 기준에 따른다. 〈개정 2024.12.26.〉
>   1. 도상에서 2회 측정하여 그 교차가 다음 계산식에 따른 허용면적 이하일 때에는 그 평균치를 측정면적으로 할 것
> $A = 0.023^2 M\sqrt{F}$
>   (A는 허용면적, M은 축척분모, F는 2회 측정한 면적의 합계를 2로 나눈 수)
>   2. 측정면적은 1천분의 1제곱미터까지 측정하고, 산출면적은 10분의 1제곱미터 단위로 정할 것

57 축척 1/600 지역에서 1필지 면적을 좌표면적계산법으로 계산하여 245.45m²를 산출하였다. 이 필지의 결정면적은 얼마인가?

① 245.45m²
② 245.4m²
③ 245.5m²
④ 246m²

> **해설**
>
> 면적의 결정 및 측량계산의 끝수처리(지적업무처리규정 제60조)
> 2. 지적도의 축척이 600분의 1인 지역과 경계점좌표등록부에 등록하는 지역의 토지 면적은 제1호에도 불구하고 제곱미터 이하 한 자리 단위로 하되, 0.1제곱미터 미만의 끝수가 있는 경우 0.05제곱미터 미만일 때에는 버리고 0.05제곱미터를 초과할 때에는 올리며, 0.05제곱미터일 때에는 구하려는 끝자리의 숫자가 0 또는 짝수이면 버리고 홀수이면 올린다. 다만, 1필지의 면적이 0.1제곱미터 미만일 때에는 0.1제곱미터로 한다.

58 축척 1/1,000인 지적도 1도곽의 실제 포용면적은?

① 30,000m²
② 60,000m²
③ 90,000m²
④ 120,000m²

> **해설**
>
> 32번 해설 참고

정답 56 ① 57 ② 58 ④

59 도곽선의 수치는 도곽선의 왼쪽 아랫부분과 오른쪽 윗부분 바깥쪽에 몇 mm 크기의 아라비아숫자로 제도하는가?

① 0.1mm
② 0.5mm
③ 1.0mm
④ 2.0mm

해설

도곽선의 제도(지적업무처리규정 제40조)
① 도면의 위 방향은 항상 북쪽이 되어야 한다.
⑤ 도면에 등록하는 도곽선은 0.1밀리미터의 폭으로, 도곽선의 수치는 도곽선 왼쪽 아랫부분과 오른쪽 윗부분의 종횡선교차점 바깥쪽에 2밀리미터 크기의 아라비아숫자로 제도한다.

60 일람도 제도에서 검은색 0.2mm 폭의 2선으로 제도하는 것은?

① 수도용지
② 지방도로
③ 공원용지
④ 하천

해설

지방도로	지방도로 이상은 검은색 0.2밀리미터 폭의 2선으로, 그 밖의 도로는 0.1밀리미터의 폭으로 제도한다.
철도용지	철도용지는 붉은색 0.2밀리미터 폭의 2선으로 제도한다.
수도용지	수도용지 중 선로는 남색 0.1밀리미터 폭의 2선으로 제도한다.
하천 · 구거 · 유지	하천 · 구거 · 유지는 남색 0.1밀리미터 폭의 2선으로 제도하고 그 내부를 남색으로 엷게 채색한다. 다만, 적은 양의 물이 흐르는 하천 및 구거는 0.1밀리미터 남색 선으로 제도한다.

정답 59 ④ 60 ②

2023년 기출복원문제

01 현행 규정에 의한 지적도의 도곽 크기는?

① 가로 30cm, 세로 20cm
② 가로 40cm, 세로 30cm
③ 가로 30cm, 세로 20cm
④ 가로 40cm, 세로 50cm

해설

도곽선의 제도(지적업무처리규정 제40조)
① 도면의 위 방향은 항상 북쪽이 되어야 한다.
② 지적도의 도곽 크기는 가로 40센티미터, 세로 30센티미터의 직사각형으로 한다.

02 지적공부의 등록사항 중 붉은색으로 정리해야 할 대상은?

① 소유자 성명
② 지번 및 지목
③ 도곽선 수치
④ 토지의 경계선

해설

지적공부 등의 정리(지적업무처리규정 제63조)
① 지적공부 등의 정리에 사용하는 문자·기호 및 경계는 따로 규정을 둔 사항을 제외하고 정리사항은 검은색, 도곽선과 그 수치 및 말소는 붉은색으로 한다.
② 지적확정측량·축척변경 및 지번변경에 따른 토지이동의 경우를 제외하고는 폐쇄 또는 말소된 지번을 다시 사용할 수 없다.

03 지적측량의 면적측정방법으로 옳게 짝지어진 것은?(단, 지적측량 시행규칙에 따름)

① 삼사법, 전자면적측정기
② 전자면적측정기법, 플래니미터법
③ 전자면적측정기법, 좌표면적계산법
④ 좌표면적계산법, 삼사법

해설

면적측정의 방법 등(지적측량 시행규칙 제20조)
① 좌표면적계산법 또는 전산처리방법에 따른다.

정답 01 ② 02 ③ 03 ③

04 면적을 측정할 때 도곽선의 길이에 얼마 이상의 신축이 있는 경우 보정하여야 하는가?

① 0.7mm 이상
② 0.5mm 이상
③ 0.3mm 이상
④ 0.2mm 이상

해설

면적측정의 방법 등(지적측량 시행규칙 제20조)
③ 제2항에 따라 전자면적측정기로 면적을 측정하는 경우 도곽선의 길이에 0.5밀리미터 이상의 신축이 있을 때에는 이를 보정해야 한다. 이 경우 도곽선의 신축량 및 보정계수의 계산은 다음 각 호의 계산식에 따른다. 〈개정 2024.12.26.〉

05 평판측량법으로 세부측량을 시행할 경우 도상에 영향을 주지 않는 지상거리의 한계는?(단, M은 축척분모)

① M[mm]
② $\dfrac{M}{10}$[mm]
③ $\dfrac{M}{50}$[mm]
④ $\dfrac{M}{100}$[mm]

해설

세부측량의 기준 및 방법 등(지적측량 시행규칙 제18조)
⑧ 평판측량방법에 있어서 도상에 영향을 미치지 아니하는 지상거리의 축척별 허용범위는 $M/10$ 밀리미터로 한다. 이 경우 M은 축척분모를 말한다.

06 평판측량의 장점으로 볼 수 없는 것은?

① 측량 도중에 잘못된 곳을 쉽게 찾을 수 있다.
② 현장에서 직접 작도할 수 있다.
③ 내업량이 적다.
④ 고저측량이 용이하다.

해설

평판측량의 장단점

장점	단점
• 기계의 조작이 간단하다. • 현장에서 직접 작도되어 결측이나 재측량을 할 필요가 없고, 내업에서 시간이 절약된다. • 야장이 필요 없다. • 현장에서 측량이 잘못된 곳을 발견하기 쉽다.	• 기후의 영향을 많이 받는다. • 다른 측량에 비해 정밀도가 낮다. • 습기가 많은 날씨에는 도지의 신축에 의해 오차가 많이 생긴다. • 외업에 많은 시간이 소요된다.

07 토지의 경계는 어느 것을 가리키는가?

① 현지의 말뚝 따위
② 토지대장상의 면적
③ 지번
④ 도면상의 구획선

정답 04 ② 05 ② 06 ④ 07 ④

> **해설**
>
> 정의(공간정보의 구축 및 관리 등에 관한 법률 제2조)
> 이 법에서 사용하는 용어의 뜻은 다음과 같다.
> 25. "경계점"이란 필지를 구획하는 선의 굴곡점으로서 지적도나 임야도에 도해(圖解) 형태로 등록하거나 경계점좌표등록부에 좌표 형태로 등록하는 점을 말한다.
> 26. "경계"란 필지별로 경계점들을 직선으로 연결하여 지적공부에 등록한 선을 말한다.

08 조선시대에 논, 밭의 소재 및 면적을 기록했던 장부로서 현재의 토지대장에 해당하는 것은?

① 결수연명부
② 지세명기장
③ 토지조정부
④ 양안(量案)

> **해설**
>
> | 양안(量案) | 양안은 전적이라고도 하였으며 오늘날 지적공부인 토지대장과 지적도 등의 내용을 수록하고 있는 장부로써 일제초기 토지조사 측량 때까지 사용하였다. |
> |---|---|
> | 입안(立案) | 현제의 등기 권리증과 같은 것으로 소유자 확인 및 토지매매를 증명하는 제도이며 소유권의 명의 변경 절차이다. |

09 소극적 지적에 대한 설명으로 옳은 것은?

① 신고된 사항망을 등록하는 방식이다.
② 1필지의 면적을 측정하는 방법이다.
③ 세원을 결정하여 과세하는 지적 제도이다.
④ 신고가 없어도 국가가 직권등록하는 방법이다.

> **해설**
>
> | 적극적 지적 | 소극적 지적 |
> |---|---|
> | • Positive System
• 소유자의 신청과 관계없이 국가가 직권으로 조사 등록의 의무를 가짐(직권등록주의)
• 토렌스 시스템
• 실질적심사주의
• 공신력인정
• 대만, 일본, 오스트레일리아, 뉴질랜드 | • Negative System
• 토지소유자의 신청 시 신청한 사항에 대해서만 등록 (신청주의)
• 권리보험제도
• 형식적 심사주의
• 공신력불인정
• 네덜란드, 영국, 프랑스, 이탈리아, 캐나다 |

10 1필지로 토지대장을 등록할 수 있는 토지의 조건이 아닌 것은?

① 면적이 $300m^2$ 이상인 토지
② 소유자가 동일한 토지
③ 용도가 동일한 토지
④ 지반이 연속된 토지

정답 08 ④ 09 ① 10 ①

> **해설**
>
> 1필지로 정할 수 있는 기준(공간정보의 구축 및 관리 등에 관한 법률 시행령 제5조)
> ① 법 제2조제21호에 따라 지번부여지역의 토지로서 소유자와 용도가 같고 지반이 연속된 토지는 1필지로 할 수 있다.
> ② 제1항에도 불구하고 다음 각 호의 어느 하나에 해당하는 토지는 주된 용도의 토지에 편입하여 1필지로 할 수 있다. 다만, 종된 용도의 토지의 지목(地目)이 "대"(垈)인 경우와 종된 용도의 토지 면적이 주된 용도의 토지 면적의 10퍼센트를 초과하거나 330제곱미터를 초과하는 경우에는 그러하지 아니하다.
>   1. 주된 용도의 토지의 편의를 위하여 설치된 도로·구거(溝渠 : 도랑) 등의 부지
>   2. 주된 용도의 토지에 접속되거나 주된 용도의 토지로 둘러싸인 토지로서 다른 용도로 사용되고 있는 토지

11 경위의측량방법에 의한 Method 관측과 계산에서 수평각 측정 시 1측회의 폐색공차는?

① ±10초 이내　　　　② ±20초 이내
③ ±30초 이내　　　　④ ±40초 이내

> **해설**
>
> 수평각의 측각공차
> • 1방향각 : 30초 이내
> • 1측회 폐색 : ±30초 이내
> • 삼각형 내각관측치의 합과 180도와의 차 : ±30초 이내
> • 기지각과의 차 : ±40초 이내

12 평판측량방법에 의한 세부측량을 시행하는 경우 사용하지 않는 방법은?

① 교회법　　　　② 도선법
③ 시거법　　　　④ 방사법

> **해설**
>
> 측량
>
> | 방법 | 위성측량방법, 전자평판측량방법 | | | | |
> |---|---|---|---|---|---|
> | | 경위의측량법 | | 평판측량법 | | |
> | 계산방법 | 도선법 | 방사법 | 교회법 | 도선법 | 방사법 |
> | 관측 | 20초독 이상의 경위의 | | 측판 | | |

13 방위각법에 의한 지적도근측량에서 변수가 9변인 2등도선의 허용폐색오차는?

① ±2분　　　　② ±2.5분
③ ±4분　　　　④ ±4.5분

정답 11 ③ 12 ③ 13 ④

> 해설

패색오차의 허용범위

배각법		방위각법	
1등도선	2등도선	1등도선	2등도선
$\pm 20\sqrt{n}$ (초)	$\pm 30\sqrt{n}$ (초)	$\pm \sqrt{n}$ (분)	$\pm 1.5\sqrt{n}$ (분)
n은 폐색변을 포함한 변수임			

※ 2등도선 = $\pm 1.5\sqrt{n}$ = $\pm 1.5\sqrt{9}$ = ± 4.5(분)

14 평판측량방법에 따른 세부측량을 교회법에 의할 경우 기준으로 틀린 것은?

① 전방교회법 또는 측방교회법에 의한다.
② 3방향 이상의 교회에 의한다.
③ 방향각의 교각의 범위는 30° 이하로 한다.
④ 시오삼각형이 생겼을 때 내접원의 지름이 1mm 이하일 때 그 중심점을 취한다.

> 해설

세부측량의 기준 및 방법 등(지적측량 시행규칙 제18조)
③ 평판측량방법에 따른 세부측량을 교회법으로 하는 경우에는 다음 각 호의 기준에 따른다.
   1. 전방교회법 또는 측방교회법에 따를 것
   2. 3방향 이상의 교회에 따를 것
   3. 방향각의 교각은 30도 이상 150도 이하로 할 것

15 GNSS(Global Navigation Satellife System)측량이란 무엇을 이용한 위치결정 체계인가?

① 토털스테이션(Total Station)
② 인공위성
③ 항공사진
④ 세오돌라이트(Theodolite)

> 해설

GNSS(Global Navigation Satellife System)는 인공위성을 이용한 범세계적 위치결정체계로 정확한 위치를 알고 있는 위성에서 발사한 전파를 수신하여 관측점까지의 소요시간을 관측함으로써 관측점의 위치를 구하는 체계이다. 즉, GPS 측량은 위치가 알려진 다수의 위성을 기지점으로 하여 수신기를 설치한 미지 점의 위치를 결정하는 후방교회법(Resection Method)에 의한 측량방법이다.

16 지적삼각측량의 기준이 되는 점은?

① 삼각점과 지적삼각점
② 지적삼각점과 지적도근점
③ 지적도근점과 지적삼각보조점
④ 지적삼각보조점과 지적삼각점

정답 14 ③ 15 ② 16 ①

> **해설**

지적측량의 방법 등(지적측량 시행규칙 제7조)
① 법 제23조제2항에 따른 지적측량의 방법은 다음 각 호의 어느 하나에 따른다. 〈개정 2024.12.26.〉
  1. 지적삼각점측량 : 위성기준점, 통합기준점, 삼각점 및 지적삼각점을 기초로 하여 경위의측량방법, 전파기 또는 광파기 측량방법, 위성측량방법 및 국토교통부장관이 승인한 측량방법에 따르되, 그 계산은 평균계산법이나 망평균계산법에 따를 것

17 우리나라 지번부여방법이 아닌 것은?
① 사행식
② 기우식
③ 방사식
④ 단지식

> **해설**

사행식	필지의 배열이 불규칙한 지역에서 진행순서에 따라 지번을 부여하는 방법으로 농촌지역의 지번부여에 적합하며 우리나라 토지의 대부분은 사행식에 의해 부여하며 지번 부여가 일정하지 않고 상하좌우로 분산되어 부여되는 결점이 있다.
기우식	도로를 중심으로 한쪽은 홀수인 기수, 다른 쪽은 짝수인 우수로 지번을 부여하는 방법으로 리·동·도·가 등의 시가지 지역의 지번부여방법으로 적합하고 교호식이라고도 한다.
단지식	단지마다 하나의 지번을 부여하고 단지 내 필지마다 부번을 부여하는 방법으로 단지식은 블록식이라고도 하며 도시개발사업 및 농지개량사업 시행지역 등의 지번부여에 적합하다.

18 지적의 공부를 무제한으로 열람하여 공개하거나 등본을 교부하는 공간정보의 구축 및 관리 등에 관한 법률의 이념은?
① 지적등록주의
② 지적공개주의
③ 지적국정주의
④ 지적형식주의

> **해설**

지적에 관한 법률의 기본이념

지적국정주의 (地籍國定主義)	지적공부의 등록사항인 토지표시사항을 국가만이 결정할 수 있는 권한을 가진다는 이념이다.
지적형식주의 (地籍形式主義)	국가가 결정한 토지에 대한 물리적 현황과 법적 권리관계 등을 외부에서 인식할 수 있도록 일정한 법정의 형식을 갖추어 지적공부에 등록하여야만 효력이 발생한다는 이념으로 「지적등록주의」라고도 한다.
지적공개주의 (地籍公開主義)	지적공부에 등록된 사항을 토지소유자나 이해관계인은 물론 일반인에게도 공개한다는 이념이다.
실질적심사주의 (實質的審査主義)	토지에 대한 사실관계를 정확하게 지적공부에 등록·공시하기 위하여 토지를 새로이 지적공부에 등록하거나 등록된 사항을 변경 등록하고자 할 경우 소관청은 실질적인 심사를 실시하여야 한다는 이념으로서 「사실심사주의」라고도 한다.
직권등록주의 (職權登錄主義)	국가는 의무적으로 통치권이 미치는 모든 토지에 대한 일정한 사항을 직권으로 조사·측량하여 지적공부에 등록·공시하여야 한다는 이념으로써 이는 공신력과 국민의 소유권 보호에 이유 있으며 「적극적 등록주의」 또는 「등록강제주의」라고도 한다.

정답 17 ③ 18 ②

19 '산 23-2' 지번의 부여된 필지가 등록된 지적공부는?

① 임야대장
② 토지대장
③ 경계점좌표등록부
④ 지적도

해설

지번의 구성 및 부여방법 등(공간정보의 구축 및 관리 등에 관한 법률 시행령 제56조)
① 지번(地番)은 아라비아숫자로 표기하되, 임야대장 및 임야도에 등록하는 토지의 지번은 숫자 앞에 "산"자를 붙인다.

20 지적국정주의에 해당되지 않는 것은?

① 지적의 3대 기본이념이라 할 수 있다.
② 국가만이 지적공부 등록사항을 결정할 수 있다.
③ 토지소유권은 소관청에서 결정한다는 원칙이다.
④ 미등기된 토지의 소유권은 지적소관청이 확인할 수 있다.

해설

지적에 관한 법률의 기본이념
- 지적국정주의(地籍國定主義) : 지적공부의 등록사항인 토지표시사항을 국가만이 결정할 수 있는 권한을 가진다는 이념이다.

21 지목을 지적도에 표시할 때 부호 표기방법에 맞는 것은?

① 유지 – 지
② 공장용지 – 공
③ 유원지 – 유
④ 공원 – 공

해설

지목의 부호표기

지목	부호	지목	부호	지목	부호	지목	부호
전	전	대	대	철도용지	철	공원	공
답	답	공장용지	장	제방	제	체육용지	체
과수원	과	학교용지	학	하천	천	유원지	원
목장용지	목	주차장	차	구거	구	종교용지	종
임야	임	주유소용지	주	유지	유	사적지	사
광천지	광	창고용지	창	양어장	양	묘지	묘
염전	염	도로	도	수도용지	수	잡종지	잡

22 토렌스 시스템의 일반적 이론에 대한 기본원리와 거리가 먼 것은?

① 거울이론
② 보험이론
③ 커튼이론
④ 점증이론

정답 19 ① 20 ③ 21 ④ 22 ④

해설

토렌스 시스템(Torrens System)

거울이론 (Mirror Principle)	토지권리증서의 등록은 토지의 거래사실을 완벽하게 반영하는 거울과 같다는 입장의 이론이다. 소유권에 관한 현재의 법적 상태는 오직 등기부에 의해서만 이론의 여지없이 완벽하게 보여진다는 원리이며 주 정부에 의하여 적법성(Legitimacy)을 보장받는다.
커튼이론 (Curtain Principle)	토지등록 업무가 커튼 뒤에 놓인 공정성(Fairness)과 신빙성(Reliability)에 대하여 관여할 필요도 없고 관여해서도 안 되는 매입신청자를 위한 유일한 정보의 이론이다. 토렌스 제도의 의해 한번 권리증명서가 발급되면 당해 토지의 과거 이해관계에 대하여 모두 무효화시키고 현재의 소유권을 되돌아볼 필요가 없다는 것이다.
보험이론 (Insurance Principle)	토지등록이 인간의 과실로 인하여 착오가 발생한 경우 피해를 입은 사람은 피해보상에 대하여 법률적으로 선의의 제3자와 동등한 입장이 되어야 한다는 이론으로 권원증명서에 등기된 모든 정보는 정부에 의하여 보장된다는 원리이다.

23 지적측량을 크게 2가지로 구분할 때 그 구분으로 가장 옳은 것은?

① 도근측량과 세부측량
② 삼각측량과 세부측량
③ 기초측량과 수준측량
④ 기초측량과 세부측량

해설

지적측량의 구분 등(지적측량 시행규칙 제5조)
① 지적측량은 기초측량과 1필지의 경계와 면적을 정하는 세부측량으로 구분한다.

24 지적세부측량 시 두 점 간의 경사거리가 100mm이고 연직각이 20°인 경우 수평거리는 얼마인가?

① 90.12m
② 91.18m
③ 93.97m
④ 95.08m

해설

$D = l \times \cos\alpha = 100 \times \cos 20° = 93.97\text{m}$

25 평판측량방법에 의한 세부측량을 시행할 경우 지적도 시행지역에서의 거리측정단위는?

① 5cm 단위
② 10cm 단위
③ 50cm 단위
④ 1m 단위

해설

세부측량의 기준 및 방법 등(지적측량 시행규칙 제18조)
① 평판측량방법에 따른 세부측량은 다음 각 호의 기준에 따른다. 〈개정 2024.12.26.〉
  1. 거리측정단위는 지적도를 갖춰 두는 지역에서는 5센티미터로 하고, 임야도를 갖춰 두는 지역에서는 50센티미터로 할 것

정답 23 ④ 24 ③ 25 ①

26 정확하게 측량을 하여도 제거할 수 없는 오차는?

① 누적오차 ② 잔차
③ 착오 ④ 우연오차

해설

성질에 의한 오차

과실(착오, 과대오차 ; Blunders, Mistakes)	관측자의 미숙과 부주의에 의해 일어나는 오차로서 눈금읽기나 야장기입을 잘못한 경우를 포함하며 주의를 하면 방지할 수 있다.
정오차(계통오차, 누차 ; Constant, Systematic Error)	일정한 관측값이 일정한 조건하에서 같은 크기와 같은 방향으로 발생되는 오차를 말하며 관측횟수에 따라 오차가 누적되므로 누차라고도 한다. 이는 원인과 상태를 알면 제거할 수 있다. • 기계적 오차 : 관측에 사용되는 기계의 불안전성 때문에 생기는 오차 • 물리적 오차 : 관측 중 온도변화, 광선굴절 등 자연현상에 의해 생기는 오차 • 개인적 오차 : 관측자 개인의 시각, 청각, 습관 등에 생기는 오차
부정오차(우연오차, 상차 ; Random Error)	일어나는 원인이 확실치 않고 관측할 때 조건이 순간적으로 변화하기 때문에 원인을 찾기 힘들거나 알 수 없는 오차를 말한다. 때때로 부정오차는 서로 상쇄되므로 상차라고도 하며, 부정오차는 대체로 확률법칙에 의해 처리되는데 최소제곱법이 널리 이용된다.

27 유심다각망에서 기지점을 중심으로 한 중심각의 합은 얼마가 되어야 하는가?

① 90° ② 180° ③ 270° ④ 360°

해설

한 점 주위의 각은 360°가 된다.

28 다음 중 각 측정에 이용될 수 없는 측량기계는?

① 트랜싯 ② 레벨
③ 토털스테이션 ④ 데오돌라이트

해설

레벨은 수준측량에 사용되는 장비이다.

29 지적공부를 비치하는 데 따른 원칙으로 가장 거리가 먼 것은?

① 지적소관청의 임의 반출 금지
② 멸실 시 즉시 복구
③ 토지 관련 범죄수사 시 반출 허용
④ 위난 대피 시 일시 반출 가능

> **해설**

지적공부의 보존 등(공간정보의 구축 및 관리 등에 관한 법률 제69조)
① 지적소관청은 해당 청사에 지적서고를 설치하고 그 곳에 지적공부(정보처리시스템을 통하여 기록·저장한 경우는 제외한다. 이하 이 항에서 같다)를 영구히 보존하여야 하며, 다음 각 호의 어느 하나에 해당하는 경우 외에는 해당 청사 밖으로 지적공부를 반출할 수 없다.
  1. 천재지변이나 그 밖에 이에 준하는 재난을 피하기 위하여 필요한 경우
  2. 관할 시·도지사 또는 대도시 시장의 승인을 받은 경우

30 공간정보의 구축 및 관리 등에 관한 법률에 의한 신청을 거짓으로 한 자에 대한 벌칙은?

① 1년 이하의 징역 또는 500만 원 이하의 벌금
② 1년 이하의 징역 또는 1,000만 원 이하의 벌금
③ 2년 이하의 징역 또는 500만 원 이하의 벌금
④ 2년 이하의 징역 또는 1,000만 원 이하의 벌금

> **해설**

1년 이하의 징역 또는 1천만 원 이하의 벌금
1. 2 이상의 측량업자에게 소속된 측량기술자
2. 업무상 알게 된 비밀을 누설한 측량기술자
3. 거짓(허위)으로 다음 각 목의 신청을 한 자
4. 측량기술자가 아님에도 불구하고 측량을 한 자
5. 지적측량수수료 외의 대가를 받은 지적측량기술자
6. 심사를 받지 아니하고 지도 등을 간행하여 판매하거나 배포한 자
7. 다른 사람에게 측량업등록증 또는 측량업등록수첩을 빌려주거나 자기의 성명 또는 상호를 사용하여 측량업무를 하게 한 자
8. 다른 사람의 측량업등록증 또는 측량업등록수첩을 빌려서 사용하거나 다른 사람의 성명 또는 상호를 사용하여 측량업무를 한 자
9. 다른 사람에게 자기의 성능검사대행자 등록증을 빌려 주거나 자기의 성명 또는 상호를 사용하여 성능검사대행업무를 수행하게 한 자
10. 다른 사람의 성능검사대행자 등록증을 빌려서 사용하거나 다른 사람의 성명 또는 상호를 사용하여 성능검사대행업무를 수행한 자
11. 무단으로 측량성과 또는 측량기록을 복제한 자

31 공간정보의 구축 및 관리 등에 관한 법률에서 규정하고 있는 경계의 정의로 옳은 것은?

① 지적공부에 등록한 경계
② 토지소유자가 표시한 경계
③ 지상에 세워진 자연적 경계
④ 지상에 세워진 인위적인 경계

정답 30 ② 31 ①

> **해설**
>
> 정의(공간정보의 구축 및 관리 등에 관한 법률 제2조)
> 이 법에서 사용하는 용어의 뜻은 다음과 같다.
> 25. "경계점"이란 필지를 구획하는 선의 굴곡점으로서 지적도나 임야도에 도해(圖解) 형태로 등록하거나 경계점좌표등록부에 좌표 형태로 등록하는 점을 말한다.
> 26. "경계"란 필지별로 경계점들을 직선으로 연결하여 지적공부에 등록한 선을 말한다.

32 고시된 측량성과에 어긋나는 측량성과를 사용한 자에게 부과하는 벌칙은?

① 과태료 ② 징역 ③ 벌금 ④ 자격정지

> **해설**
>
> 300만 원 이하
> 제13조제4항을 위반하여 고시된 측량성과에 어긋나는 측량성과를 사용한 자에게는 300만 원 이하의 과태료를 부과한다.

33 등록전환할 토지가 있을 때 토지소유자는 며칠 이내에 소관청에 신청하여야 하는가?

① 15일 이내 ② 20일 이내 ③ 30일 이내 ④ 60일 이내

> **해설**
>
> 등록전환 신청(공간정보의 구축 및 관리 등에 관한 법률 제78조)
> 토지소유자는 등록전환할 토지가 있으면 대통령령으로 정하는 바에 따라 그 사유가 발생한 날부터 60일 이내에 지적소관청에 등록전환을 신청하여야 한다.

34 지번을 사람에게 비유하면 다음 어느 것에 해당하는가?

① 성명 ② 주민등록번호
③ 본관 ④ 호주

> **해설**
>
> | 호적(戶籍) | 주소(住所) | 성명(姓名) | 성별(性別) | 재산정도(財産程度) | 국적(國籍) |
> |---|---|---|---|---|---|
> | 지적(地籍) | 토지소재(土地所在) | 지번(地番) | 지목(地目) | 면적(面積) | 소유자(所有者) |

35 다음 중에서 공유지연명부, 대지권등록부 등에 공통으로 등록하는 사항으로 옳은 것은?

① 소유권 지분 ② 면적과 좌표
③ 토지의 소재와 지번 ④ 대지권 비율

정답 32 ① 33 ④ 34 ① 35 ③

해설

공유지연명부와 대지권등록부의 등록사항

구분	토지표시사항	소유권에 관한 사항	기타
공유지연명부 (Common Land Books)	• 토지소재 • 지번	• 토지소유자 변동일자 • 변동원인 • 주민등록번호 • 성명, 주소 • 소유권 지분	• 토지의 고유번호 • 필지별 공유지연명부의 장번호
대지권등록부 (Building Site Rights Books)	• 토지소재 • 지번	• 토지소유자가 변동일자 및 변동원인 • 주민등록번호 • 성명 또는 명칭, 주소 • 대지권 비율 • 소유권지분	• 토지의 고유번호 • 집합건물별 대지권등록부의 장번호 • 건물의 명칭 • 전유부분의 건물의 표시

36 지적측량 시 경계의 측정기준으로 맞는 것은?

① 토지가 해면 또는 수면에 접하는 때에는 중등조위면을 측정점으로 한다.
② 제방을 등록할 때에는 제방 바깥쪽 어깨부분을 측정점으로 한다.
③ 고저가 있는 대지를 분할할 때에는 토지의 상단부를 측정점으로 한다.
④ 도로에 절토된 부분이 있는 경우에는 그 경사면의 하단부를 측정점으로 한다.

해설

지상 경계의 결정기준 등(공간정보의 구축 및 관리 등에 관한 법률 시행령 제55조)

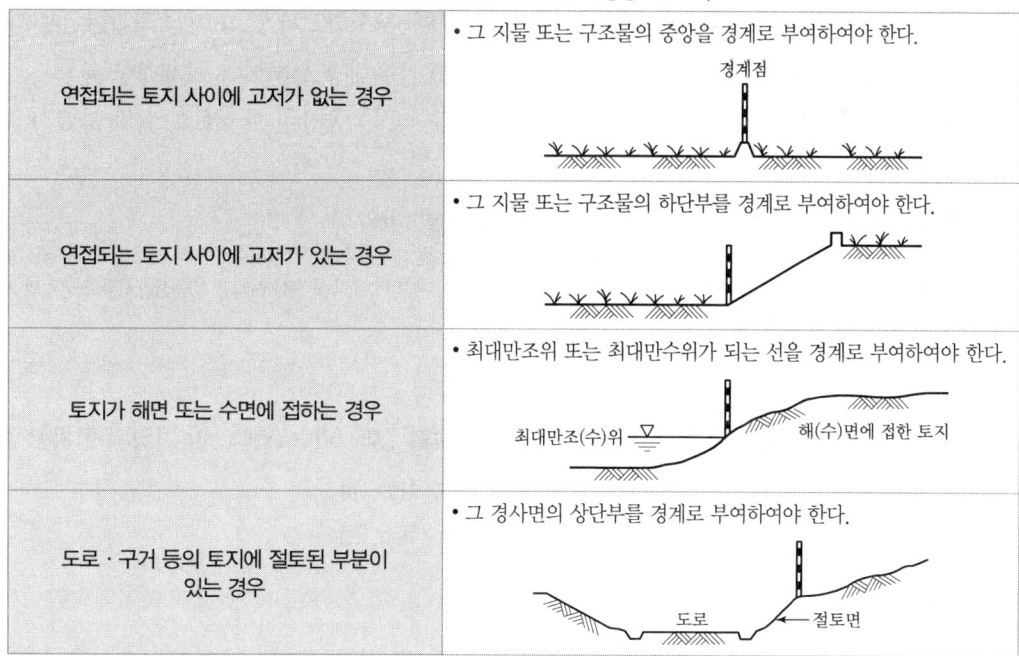

정답 36 ②

공유수면매립지의 토지 중 제방 등을 토지에 편입하여 등록하는 경우	• 바깥쪽 어깨부분을 경계로 부여하여야 한다. 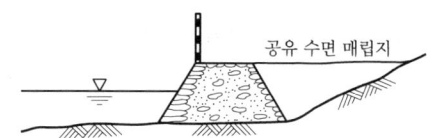

37 임야대장에 등록할 사항으로 틀린 것은?

① 토지의 소재
② 지번
③ 면적
④ 경계

해설

토지대장과 임야대장에 등록사항

토지 표시사항	소유권에 관한 사항	기타
• 토지소재 • 지번 • 지목 • 면적 • 토지의 이동 사유	• 토지소유자 변동일자 • 변동원인 • 주민등록번호 • 성명 또는 명칭 • 주소	• 토지의 고유번호(각 필지를 서로 구별하기 위하여 필지마다 붙이는 고유한 번호를 말한다.) • 지적도 또는 임야도 번호 • 필지별 토지대장 또는 임야대장의 장번호 • 축척 • 토지등급 또는 기준수확량등급과 그 설정·수정 연월일 • 개별공시지가와 그 기준일

38 다음 중 지적공부의 소유자에 관한 사항을 복구(復舊) 등록하고자 할 때 가장 적합한 증빙자료는?

① 부동산등기부나 법원의 확정판결서
② 가옥대장 등본이나 과세대장 등본
③ 관련자의 증언
④ 토지소유자의 복구신청서 및 보증서

해설

지적공부의 복구(공간정보의 구축 및 관리 등에 관한 법률 시행령 제61조)
① 지적소관청이 법 제74조에 따라 지적공부를 복구할 때에는 멸실·훼손 당시의 지적공부와 가장 부합된다고 인정되는 관계 자료에 따라 토지의 표시에 관한 사항을 복구하여야 한다. 다만, 소유자에 관한 사항은 부동산등기부나 법원의 확정판결에 따라 복구하여야 한다.

39 표준길이보다 5cm가 긴 50m 줄자로 거리를 측정한 결과 500m였다. 이 거리의 정확한 값은?

① 495.0m
② 499.0m
③ 500.5m
④ 505.0m

해설

정확한 길이 $= \dfrac{\text{부정길이}}{\text{표준길이}} \times \text{관측길이} = \dfrac{50.05}{50} \times 500 = 500.5\text{m}$

정답 37 ④ 38 ① 39 ③

40 지적공부를 복구하고자 하는 때에는 복구하고자 하는 토지의 표시 등을 시·군·구의 게시판에 며칠 이상 게시하여야 하는가?

① 10일 이상
② 15일 이상
③ 20일 이상
④ 30일 이상

> **해설**
>
> 지적공부의 복구절차 등(공간정보의 구축 및 관리 등에 관한 법률 시행규칙 제73조)
> ⑥ 지적소관청은 제1항부터 제5항까지의 규정에 따른 복구자료의 조사 또는 복구측량 등이 완료되어 지적공부를 복구하려는 경우에는 복구하려는 토지의 표시 등을 시·군·구 게시판 및 인터넷 홈페이지에 15일 이상 게시하여야 한다.

41 경계점좌표등록부의 등록사항이 아닌 것은?

① 지번
② 좌표
③ 부호 및 부호도
④ 면적

> **해설**
>
> **경계점좌표등록부의 등록사항**
>
> | 토지표시사항 | 기타 |
> | --- | --- |
> | • 토지소재
• 지번
• 좌표 | • 토지의 고유번호
• 필지별 경계점좌표등록부의 장번호
• 부호 및 부호도
• 지적도면의 번호 |

42 축척변경위원회 위원장이 위원회의 회의를 소집할 때 회의일시, 장소 및 심의안건을 회의 며칠 전까지 각 위원에게 서면으로 통지해야 하는가?

① 5일
② 10일
③ 15일
④ 20일

> **해설**
>
> 축척변경위원회의 회의(공간정보의 구축 및 관리 등에 관한 법률 시행령 제81조)
> ② 축척변경위원회의 회의는 위원장을 포함한 재적위원 과반수의 출석으로 개의(開議)하고, 출석위원 과반수의 찬성으로 의결한다.
> ③ 위원장은 축척변경위원회의 회의를 소집할 때에는 회의일시·장소 및 심의안건을 회의 개최 5일 전까지 각 위원에게 서면으로 통지하여야 한다.

43 공유지연명부의 등록사항으로 틀린 것은?

① 토지의 소재
② 소유권 지분
③ 지목
④ 지번

정답 40 ② 41 ④ 42 ① 43 ③

해설

공유지연명부의 등록사항

토지표시사항	소유권에 관한 사항	기타
• 토지소재 • 지번	• 토지소유자 변동일자 • 변동원인 • 주민등록번호 • 성명, 주소 • 소유권 지분	• 토지의 고유번호 • 필지별 공유지연명부의 장번호

44 현행 공간정보의 구축 및 관리 등에 관한 법률에 규정된 지번부여의 원칙적인 방법은?

① 북동 → 남서 ② 북서 → 남동 ③ 남동 → 북서 ④ 남서 → 북동

해설

지번의 구성 및 부여방법 등(공간정보의 구축 및 관리 등에 관한 법률 시행령 제56조)
① 지번(地番)은 아라비아숫자로 표기하되, 임야대장 및 임야도에 등록하는 토지의 지번은 숫자 앞에 "산"자를 붙인다.
② 지번은 본번(本番)과 부번(副番)으로 구성하되, 본번과 부번 사이에 "-" 표시로 연결한다. 이 경우 "-" 표시는 "의"라고 읽는다.
③ 법 제66조에 따른 지번의 부여방법은 다음 각 호와 같다.
 1. 지번은 북서에서 남동으로 순차적으로 부여할 것

45 다음 중 토지의 이동이 아닌 것은?

① 지목변경 ② 등록전환 ③ 토지의 분할 ④ 등기이전

해설

정의(공간정보의 구축 및 관리 등에 관한 법률 제2조)
28. "토지의 이동(異動)"이란 토지의 표시를 새로 정하거나 변경 또는 말소하는 것을 말한다.

46 토지의 지목을 정리하는 부호로서 옳지 않은 것은?

① 잡종지-잡 ② 임야-임 ③ 수도용지-용 ④ 유지-유

해설

21번 해설 참고

47 지적삼각점 및 지적삼각보조점은 몇 mm의 원으로 제도하는가?

① 1mm ② 2mm ③ 3mm ④ 4mm

정답 44 ② 45 ④ 46 ③ 47 ③

해설

지적삼각점	지적삼각보조점	지적도근점
3mm ⊕	3mm ○	2mm ○

48 지적공부의 복구에 관한 관계 자료에 해당하지 않는 것은?

① 측량결과도
② 지적공부의 등본
③ 토지이동정리결의서
④ 지형도

해설

지적공부의 복구자료(공간정보의 구축 및 관리 등에 관한 법률 시행규칙 제72조)
영 제61조제1항에 따른 지적공부의 복구에 관한 관계 자료(이하 "복구자료"라 한다)는 다음 각 호와 같다. 〈개정 2023.6.9.〉
1. 토지(건물)등기사항증명서 등 등기사실을 증명하는 서류
2. 지적공부의 등본
3. 법 제69조제3항(지적공부를 복제하여 관리하는 정보관리체계를 구축하여야 한다)에 따라 복제된 지적공부
4. 지적소관청이 작성하거나 발행한 지적공부의 등록내용을 증명하는 서류
5. 측량 결과도
6. 토지이동정리결의서
7. 법원의 확정판결서 정본 또는 사본

49 다음 중 경계의 결정 원칙에 해당하는 것은?

① 축척종대의 원칙
② 주지목추종의 원칙
③ 용도경중의 원칙
④ 일시변경의 원칙

해설

경계결정원칙

경계국정주의 원칙	지적공부에 등록하는 경계는 국가가 조사·측량하여 결정한다는 원칙
경계불가분의 원칙	• 경계는 유일무이한 것으로 어느 한쪽의 필지에만 전속되는 것이 아니고 인접 토지에 공통으로 작용하므로 이를 분리할 수 없다는 원칙 • 따라서 경계선은 위치와 길이가 있을 뿐 면적과 넓이는 없음
등록선후의 원칙	동일한 경계가 축척이 서로 다른 도면에 각각 등록되어 있는 경우로서 경계가 상호 일치하지 않는 경우에는 경계에 잘못이 있는 경우를 제외하고 등록시기가 빠른 토지의 경계를 따른다는 원칙
축척종대의 원칙	• 동일한 경계가 다른 도면에 각각 등록되어 있는 경우로서 경계가 상호 일치하지 않는 경우에는 경계에 잘못이 있는 경우를 제외하고 큰 축척에 따르는 원칙 • 이는 정밀도가 더 높다고 인정되기 때문임
경계직선주의	지적공부에 등록하는 경계는 직선으로 한다는 원칙

정답 48 ④ 49 ①

50 색인도의 제도방법으로 옳지 못한 것은?

① 색인도는 도곽선의 왼쪽 윗부분의 여백의 중앙에 제도한다.
② 가로 7mm, 세로 6mm 크기의 직사각형을 중앙에 두고 그의 4번에 접하여 같은 규칙으로 4개의 직사각형을 제도한다.
③ 1장의 도면을 중앙으로 하여 동일 지번부여지역 안 위쪽, 아래쪽, 왼쪽 및 오른쪽의 인접 도면번호를 각각 제도한다.
④ 도면번호는 5mm 크기로 제도한다.

해설

색인도 등의 제도(지적업무처리규정 제45조)
① 색인도는 도곽선의 왼쪽 윗부분 여백의 중앙에 다음 각 호와 같이 제도한다.
　1. 가로 7밀리미터, 세로 6밀리미터 크기의 직사각형을 중앙에 두고 그의 4변에 접하여 같은 규격으로 4개의 직사각형을 제도한다.
　2. 1장의 도면을 중앙으로 하여 동일 지번부여지역 안 위쪽·아래쪽·왼쪽 및 오른쪽의 인접 도면번호를 각각 3밀리미터의 크기로 제도한다.
② 제명 및 축척은 도곽선 윗부분 여백의 중앙에 "○○시·군·구 ○○읍·면 ○○동·리 지적도 또는 임야도 ○○장중 제○○호 축척○○○○분의 1"이라 제도한다. 이 경우 그 제도방법은 다음 각 호와 같다.
　1. 글자의 크기는 5밀리미터로 하고, 글자 사이의 간격은 글자 크기의 2분의 1 정도 띄어 쓴다.
　2. 축척은 제명끝에서 10밀리미터를 띄어 쓴다.

51 동·리계의 행정구역선을 제도할 때 옳은 방법은?

① 실선 1mm와 허선 1mm로 연결하여 제도한다.
② 실선 2mm와 허선 1mm로 연결하여 제도한다.
③ 실선 3mm와 허선 1mm로 연결하여 제도한다.
④ 실선 4mm와 허선 2mm로 연결하여 제도한다.

해설

행정구역선 제도

국계		실선 4mm와 허선 3mm로 연결하고 실선 중앙에 1mm로 교차하며, 허선에 직경 0.3mm의 점 2개를 제도한다.
시·도계		실선 4mm와 허선 2mm로 연결하고 실선 중앙에 1mm로 교차하며, 허선에 직경 0.3mm의 점 1개를 제도한다.
시·군계		실선과 허선을 각각 3mm로 연결하고, 허선에 0.3mm의 점 2개를 제도한다.

정답 50 ④ 51 ③

읍·면·구계	←3→←2→ · — · — · — ·	실선 3mm와 허선 2mm로 연결하고, 허선에 0.3mm의 점 1개를 제도한다.
동·리계	←3→←1→ — — —	실선 3mm와 허선 1mm로 연결하여 제도한다.

52 도곽선의 제도 시 도면의 위방향은 어디를 의미하는가?

① 남쪽
② 서쪽
③ 북쪽
④ 동쪽

해설

도면의 방향은 항상 북쪽이다.

53 축척 1/1,000인 지적도 1도곽의 실제 포용면적은?

① 30,000m²
② 60,000m²
③ 90,000m²
④ 120,000m²

해설

도면의 도곽 크기

| 도면 | 축척 | 도상거리 | | 지상거리 | | 포용면적(m²) |
		세로(cm)	가로(cm)	세로(m)	가로(m)	
지적도	1/500	30	40	150	200	30,000
	1/1,000	30	40	300	400	120,000
	1/600	33.3333	41.6667	200	250	50,000
	1/1,200	33.3333	41.6667	400	500	200,000
	1/2,400	33.3333	41.6667	800	1,000	800,000
	1/3,000	40	50	1,200	1,500	1,800,000
	1/6,000	40	50	2,400	3,000	7,200,000
임야도	1/3,000	40	50	1,200	1,500	1,800,000
	1/6,000	40	50	2,400	3,000	7,200,000

54 일람도의 제도방법에 대한 설명으로 옳은 것은?

① 수도용지 중 선로는 남색 0.1mm 2선으로 제도한다.
② 하천, 구거, 유지는 붉은색 0.1mm로 제도한다.
③ 도면번호는 5mm의 크기로 제도한다.
④ 지방도로 이상은 붉은색 0.3mm로 제도한다.

정답 52 ③ 53 ④ 54 ①

해설

도면번호	도면번호는 3밀리미터의 크기로 한다.
동·리 명칭	인접 동·리 명칭은 4밀리미터, 그 밖의 행정구역 명칭은 5밀리미터의 크기로 한다.
지방도로	지방도로 이상은 검은색 0.2밀리미터 폭의 2선으로, 그 밖의 도로는 0.1밀리미터의 폭으로 제도한다.
철도용지	철도용지는 붉은색 0.2밀리미터 폭의 2선으로 제도한다.
수도용지	수도용지 중 선로는 남색 0.1밀리미터 폭의 2선으로 제도한다.
하천·구거·유지	하천·구거·유지는 남색 0.1밀리미터 폭의 2선으로 제도하고 그 내부를 남색으로 엷게 채색한다. 다만, 적은 양의 물이 흐르는 하천 및 구거는 0.1밀리미터 남색 선으로 제도한다.

55 도곽선의 신축량(S)의 계산식으로 맞는 것은?(단, ΔX_1은 왼쪽 종선의 신축된 차, ΔX_2은 오른쪽 종선의 신축된 차, ΔY_1은 위쪽 횡선의 신축된 차, ΔY_2은 아래쪽 횡선의 신축된 차)

① $S = \dfrac{\Delta X_1 + \Delta X_2 - \Delta Y_1 + \Delta Y_2}{4}$

② $S = \dfrac{\Delta X_1 - \Delta X_2 + \Delta Y_1 - \Delta Y_2}{4}$

③ $S = \dfrac{\Delta X_1 + \Delta X_2 + \Delta Y_1 + \Delta Y_2}{4}$

④ $S = \dfrac{\Delta X_1 - \Delta X_2 - \Delta Y_1 - \Delta Y_2}{4}$

해설

면적측정의 방법 등(지적측량 시행규칙 제20조)
도곽선의 신축량계산

$S = \dfrac{\Delta X_1 + \Delta X_2 + \Delta Y_1 + \Delta Y_2}{4}$

여기서, S : 신축량, ΔX_1 : 왼쪽 종선의 신축된 차, ΔX_2 : 오른쪽 종선의 신축된 차
ΔY_1 : 위쪽 횡선의 신축된 차, ΔY_2 : 아래쪽 횡선의 신축된 차

56 토지의 이동이 발생할 경우 도면을 제도하는 방법으로 틀린 것은?

① 경계를 말소하는 경우에는 짧은 교차선을 약 3mm 간격으로 제도한다.
② 말소된 경계를 다시 등록할 때에는 말소정리 이전의 자료로 원상회복 정리한다.
③ 지목을 변경하는 경우에는 지목만 말소하고 그 윗부분에 새로이 설정된 지목을 제도한다.
④ 등록사항 정정으로 도면에 경계, 지번 및 지목을 새로이 등록하는 경우에는 이미 비치된 도면에 제도한다.

정답 55 ③ 56 ①

해설

토지의 이동에 따른 도면의 제도(지적업무처리규정 제46조)
① 토지의 이동으로 지번 및 지목을 제도하는 경우에는 이동 전 지번 및 지목을 말소하고, 새로 설정된 지번 및 지목을 가로쓰기로 제도한다.
② 경계를 말소할 때에는 해당 경계선을 말소한다.
③ 말소된 경계를 다시 등록할 때에는 말소정리 이전의 자료로 원상회복 정리한다.
④ 신규 등록 · 등록전환 및 등록사항정정으로 도면에 경계, 지번 및 지목을 새로 등록할 때에는 이미 비치된 도면에 제도한다. 다만, 이미 비치된 도면에 정리할 수 없는 때에는 새로 도면을 작성한다.
⑨ 지번 또는 지목을 변경할 때에는 지번 또는 지목만 말소하고, 새로 설정된 지번 또는 지목을 제도한다.

57 지적도의 등록사항에 해당되지 않는 것은?

① 도면의 크기
② 도면의 색인도
③ 도곽선의 수치
④ 도면의 제명

해설

지적도와 임야도의 등록사항

토지표시사항	기타
• 토지소재 • 지번 • 지목 • 경계 • 좌표에 의하여 계산된 경계점 간의 거리(경계점좌표등록부를 갖추두는 지역으로 한정한다)	• 도면의 색인도 • 도면의 제명 및 축척 • 도곽선과 그 수치 • 삼각점 및 지적기준점의 위치 • 건축물 및 구조물 등의 위치

58 지번과 지목의 제도 시 글자 간격으로 옳은 것은?

① 지번의 글자 간격은 글자 크기의 1/2, 지번과 지목의 글자 간격은 글자 크기의 1/2 정도
② 지번의 글자 간격은 글자 크기의 1/2, 지번과 지목의 글자 간격은 글자 크기의 1/4 정도
③ 지번의 글자 간격은 글자 크기의 1/4, 지번과 지목의 글자 간격은 글자 크기의 1/2 정도
④ 지번의 글자 간격은 글자 크기의 1/4, 지번과 지목의 글자 간격은 글자 크기의 1/4 정도

해설

지번 및 지목의 제도(지적업무처리규정 제42조)
② 지번 및 지목을 제도할 때에는 지번 다음에 지목을 제도한다. 이 경우 2밀리미터 이상 3밀리미터 이하 크기의 명조체로 하고, 지번의 글자 간격은 글자 크기의 4분의 1 정도, 지번과 지목의 글자 간격은 글자 크기의 2분의 1 정도 띄어서 제도한다. 다만, 부동산종합공부시스템이나 레터링으로 작성할 경우에는 고딕체로 할 수 있다.

정답 57 ① 58 ③

59 축척 1/600에 등록할 토지의 면적이 78.445m²로 산출되었을 때 지적공부에 등록하는 면적은?

① 78m²
② 78.5m²
③ 78.45m²
④ 78.4m²

> **해설**
>
> 면적의 결정 및 측량계산의 끝수처리(공간정보의 구축 및 관리 등에 관한 법률 시행령 제60조)
> ① 면적의 결정은 다음 각 호의 방법에 따른다.
>   1. 토지의 면적에 1제곱미터 미만의 끝수가 있는 경우 0.5제곱미터 미만일 때에는 버리고 0.5제곱미터를 초과하는 때에는 올리며, 0.5제곱미터일 때에는 구하려는 끝자리의 숫자가 0 또는 짝수이면 버리고 홀수이면 올린다. 다만, 1필지의 면적이 1제곱미터 미만일 때에는 1제곱미터로 한다.
>   2. 지적도의 축척이 600분의 1인 지역과 경계점좌표등록부에 등록하는 지역의 토지 면적은 제1호에도 불구하고 제곱미터 이하 한 자리 단위로 하되, 0.1제곱미터 미만의 끝수가 있는 경우 0.05제곱미터 미만일 때에는 버리고 0.05제곱미터를 초과할 때에는 올리며, 0.05제곱미터일 때에는 구하려는 끝자리의 숫자가 0 또는 짝수이면 버리고 홀수이면 올린다. 다만, 1필지의 면적이 0.1제곱미터 미만일 때에는 0.1제곱미터로 한다.

60 좌표면적계산법에 의한 면적측정 시 산출면적의 계산단위로 옳은 것은?

① $\frac{1}{10}[m^2]$
② $\frac{1}{100}[m^2]$
③ $\frac{1}{1,000}[m^2]$
④ $\frac{1}{10,000}[m^2]$

> **해설**
>
> 면적측정의 방법 등(지적측량 시행규칙 제20조)
> ① 좌표면적계산법 또는 전산처리방법에 따른 면적측정은 다음 각 호의 기준에 따른다. 〈개정 2024.12.26.〉
>   1. 경위의측량방법으로 세부측량을 한 지역의 필지별 면적측정은 경계점좌표에 따를 것
>   2. 측정면적은 1천분의 1제곱미터까지 측정하고, 산출면적은 다음 각 목의 구분에 따른 단위로 정할 것
>   가. 지적도의 축척이 600분의 1인 지역 및 경계점좌표등록부에 등록하는 지역 : 100분의 1제곱미터
>   나. 그 밖의 지역 : 10분의 1제곱미터

정답 59 ④ 60 ③

2024년 기출복원문제

01 다음 중 국가유산으로 지정된 역사적인 유적, 고적, 기념물 등을 보존하기 위하여 구획된 토지의 지목은?

① 묘지 ② 잡종지 ③ 유원지 ④ 사적지

해설

지목의 구분(공간정보의 구축 및 관리 등에 관한 법률 시행령 제58조)
법 제67조제1항에 따른 지목의 구분은 다음 각 호의 기준에 따른다.
24. 유원지
    일반 공중의 위락·휴양 등에 적합한 시설물을 종합적으로 갖춘 수영장·유선장(遊船場)·낚시터·어린이놀이터·동물원·식물원·민속촌·경마장·야영장 등의 토지와 이에 접속된 부속시설물의 부지. 다만, 이들 시설과의 거리 등으로 보아 독립적인 것으로 인정되는 숙식시설 및 유기장(遊技場)의 부지와 하천·구거 또는 유지[공유(公有)인 것으로 한정한다]로 분류되는 것은 제외한다.
26. 사적지
    국가유산으로 지정된 역사적인 유적·고적·기념물 등을 보존하기 위하여 구획된 토지. 다만, 학교용지·공원·종교용지 등 다른 지목으로 된 토지에 있는 유적·고적·기념물 등을 보호하기 위하여 구획된 토지는 제외한다.
27. 묘지
    사람의 시체나 유골이 매장된 토지, 「도시공원 및 녹지 등에 관한 법률」에 따른 묘지공원으로 결정·고시된 토지 및 「장사 등에 관한 법률」 제2조제9호에 따른 봉안시설과 이에 접속된 부속시설물의 부지. 다만, 묘지의 관리를 위한 건축물의 부지는 "대"로 한다.

02 다음 중 임야조사사업의 특징으로 옳지 않은 것은?

① 축척이 대축척이었다.
② 적은 예산으로 사업을 완성하였다.
③ 토지조사사업에 비해 적은 인원으로 업무를 수행하였다.
④ 토지조사사업의 기술자를 채용하여 시간과 경비를 절약할 수 있었다.

해설

구분	토지조사사업	임야조사사업
근거법령	토지조사령 (1912. 8. 13. 제령 제2호)	조선임야조사령 (1918. 5. 1 제령 제5호)
조사기간	1910~1918년(8년 10개월)	1916~1924년(9개년)
측량기관	임시토지조사국	부(府)와 면(面)
사정기관	임시토지조사국장	도지사

정답 01 ④ 02 ①

구분	토지조사사업	임야조사사업
재결기관	고등토지조사위원회	임야심사위원회
조사내용	• 토지소유권 • 토지가격 • 지형 · 지모	• 토지소유권 • 토지가격 • 지형 · 지모
조사대상	• 전국에 걸친 평야부 토지 • 낙산 임야	• 토지조사에서 제외된 토지 • 산림 내 개재지(토지)
도면축척	1/600, 1/1,200, 1/2,400	1/3,000, 1/6,000(소축척)

03 행정구역선이 2종 이상 겹치는 경우의 제도방법은?

① 최상급 행정구역선만 제도한다.
② 최상급 행정구역선과 최하급 행정구역선을 경계선 양쪽에 제도한다.
③ 최하급 행정구역선만 제도한다.
④ 최상급 행정구역선과 최하급 행정구역선을 교대로 제도한다.

행정구역선의 제도(지적업무처리규정 제44조)
① 도면에 등록할 행정구역선은 0.4밀리미터 폭으로 다음 각 호와 같이 제도한다. 다만, 동 · 리의 행정구역선은 0.2밀리미터 폭으로 한다.
  6. 행정구역선이 2종 이상 겹치는 경우에는 최상급 행정구역선만 제도한다.
  7. 행정구역선은 경계에서 약간 띄워서 그 외부에 제도한다.
② 행정구역의 명칭은 도면여백의 넓이에 따라 4밀리미터 이상 6밀리미터 이하의 크기로 경계 및 지적기준점 등을 피하여 같은 간격으로 띄어서 제도한다.
③ 도로 · 철도 · 하천 · 유지 등의 고유 명칭은 3밀리미터 이상 4밀리미터 이하의 크기로 같은 간격으로 띄어서 제도한다.

04 지적도근점은 직경 몇 mm의 원으로 제도하는가?

① 0.3mm ② 0.5mm ③ 1mm ④ 2mm

지적삼각점	지적삼각보조점	지적도근점
3mm (원에 십자)	3mm (원)	2mm (원)

05 지목의 표기방법이 틀린 것은?

① 공장용지 – 장
② 수도용지 – 수
③ 유원지 – 유
④ 공원 – 공

정답 03 ① 04 ④ 05 ③

해설

지목의 부호표기

지목	부호	지목	부호	지목	부호	지목	부호
전	전	대	대	철도용지	철	공원	공
답	답	공장용지	장	제방	제	체육용지	체
과수원	과	학교용지	학	하천	천	유원지	원
목장용지	목	주차장	차	구거	구	종교용지	종
임야	임	주유소용지	주	유지	유	사적지	사
광천지	광	창고용지	창	양어장	양	묘지	묘
염전	염	도로	도	수도용지	수	잡종지	잡

06 지적공부를 멸실하여 이를 복구하고자 하는 경우, 지적소관청은 멸실 당시의 지적공부와 가장 부합된다고 인정되는 관계 자료에 의하여 토지의 표시에 관한 사항을 복구하여야 한다. 이때 복구자료에 해당하지 않는 것은?

① 지적공부의 등본
② 임대계약서
③ 토지이동정리결의서
④ 측량결과도

해설

지적공부의 복구자료(공간정보의 구축 및 관리 등에 관한 법률 시행규칙 제72조)
영 제61조제1항에 따른 지적공부의 복구에 관한 관계 자료(이하 "복구자료"라 한다)는 다음 각 호와 같다. 〈개정 2023.6.9.〉
1. 토지(건물)등기사항증명서 등 등기사실을 증명하는 서류
2. 지적공부의 등본
3. 법 제69조제3항(지적공부를 복제하여 관리하는 정보관리체계를 구축하여야 한다)에 따라 복제된 지적공부
4. 지적소관청이 작성하거나 발행한 지적공부의 등록내용을 증명하는 서류
5. 측량 결과도
6. 토지이동정리결의서
7. 법원의 확정판결서 정본 또는 사본

07 지적소관청은 바다로 된 등록말소 토지의 대상이 있을 때에는 토지소유자에게 등록말소 신청을 하도록 통지하여야 하는 데 이때 토지소유자의 등록말소 신청기간 기준은?

① 통지받는 날부터 15일 이내
② 통지받는 날부터 30일 이내
③ 통지받는 날부터 60일 이내
④ 통지받는 날부터 90일 이내

정답 06 ② 07 ④

> **해설**

바다로 된 토지의 등록말소 신청(공간정보의 구축 및 관리 등에 관한 법률 제82조)
① 지적소관청은 지적공부에 등록된 토지가 지형의 변화 등으로 바다로 된 경우로서 원상(原狀)으로 회복될 수 없거나 다른 지목의 토지로 될 가능성이 없는 경우에는 지적공부에 등록된 토지소유자에게 지적공부의 등록말소 신청을 하도록 통지하여야 한다.
② 지적소관청은 제1항에 따른 토지소유자가 통지를 받은 날부터 90일 이내에 등록말소 신청을 하지 아니하면 대통령령으로 정하는 바에 따라 등록을 말소한다.

08 다음 중 임야도의 축척 구분으로 옳은 것은?

① 1/1,000, 1/1,500　　　　　② 1/1,200, 1/2,400
③ 1/1,200, 1/3,000　　　　　④ 1/3,000, 1/6,000

> **해설**

도면의 도곽 크기

도면	축척	도상거리		지상거리		포용면적(m²)
		세로(cm)	가로(cm)	세로(m)	가로(m)	
지적도	1/500	30	40	150	200	30,000
	1/1,000	30	40	300	400	120,000
	1/600	33.3333	41.6667	200	250	50,000
	1/1,200	33.3333	41.6667	400	500	200,000
	1/2,400	33.3333	41.6667	800	1,000	800,000
	1/3,000	40	50	1,200	1,500	1,800,000
	1/6,000	40	50	2,400	3,000	7,200,000
임야도	1/3,000	40	50	1,200	1,500	1,800,000
	1/6,000	40	50	2,400	3,000	7,200,000

09 1필지의 모양이 다음과 같은 경우 토지의 면적은?

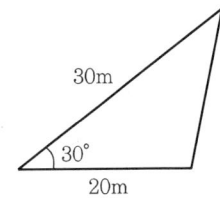

① 500m²　　② 350m²　　③ 200m²　　④ 150m²

> **해설**

$A = \dfrac{1}{2}ab\sin\alpha = \dfrac{1}{2} \times 30 \times 20 \times \sin 30° = 150\text{m}^2$

정답 08 ④　09 ④

10 지번이 105-1, 111, 122, 132-3인 4필지를 합병할 경우 새로이 부여해야 할 지번으로 옳은 것은?

① 105-1
② 111
③ 122
④ 132-3

해설

지번의 구성 및 부여방법 등(공간정보의 구축 및 관리 등에 관한 법률 시행령 제56조)
① 지번(地番)은 아라비아숫자로 표기하되, 임야대장 및 임야도에 등록하는 토지의 지번은 숫자 앞에 "산"자를 붙인다.
4. 합병의 경우에는 합병 대상 지번 중 선순위의 지번을 그 지번으로 하되, 본번으로 된 지번이 있을 때에는 본번 중 선순위의 지번을 합병 후의 지번으로 할 것. 이 경우 토지소유자가 합병 전의 필지에 주거·사무실 등의 건축물이 있어서 그 건축물이 위치한 지번을 합병 후의 지번으로 신청할 때에는 그 지번을 합병 후의 지번으로 부여하여야 한다.

11 석유류가 용출되는 토지의 지목은 어느 것인가?

① 대
② 잡종지
③ 광천지
④ 공업용지

해설

지목의 구분(공간정보의 구축 및 관리 등에 관한 법률 시행령 제58조)
법 제67조제1항에 따른 지목의 구분은 다음 각 호의 기준에 따른다.
6. 광천지
  지하에서 온수·약수·석유류 등이 용출되는 용출구(湧出口)와 그 유지(維持)에 사용되는 부지. 다만, 온수·약수·석유류 등을 일정한 장소로 운송하는 송수관·송유관 및 저장시설의 부지는 제외한다.
28. 잡종지
  다음 각 목의 토지. 다만, 원상회복을 조건으로 돌을 캐내는 곳 또는 흙을 파내는 곳으로 허가된 토지는 제외한다.
  가. 갈대밭, 실외에 물건을 쌓아두는 곳, 돌을 캐내는 곳, 흙을 파내는 곳, 야외시장 및 공동우물
  나. 변전소, 송신소, 수신소 및 송유시설 등의 부지
  다. 여객자동차터미널, 자동차운전학원 및 폐차장 등 자동차와 관련된 독립적인 시설물을 갖춘 부지
  라. 공항시설 및 항만시설 부지
  마. 도축장, 쓰레기처리장 및 오물처리장 등의 부지
  바. 그 밖에 다른 지목에 속하지 않는 토지

12 다음 중 평판측량방법에 따른 세부측량의 방법에 해당하지 않는 것은?

① 교회법
② 도선법
③ 방사법
④ 지거법

해설

측량

방법	위성측량방법, 전자평판측량방법				
	경위의측량법		평판측량법		
계산방법	도선법	방사법	교회법	도선법	방사법
관측	20초독 이상의 경위의		측판		

정답 10 ② 11 ③ 12 ④

13 토지가 해면 또는 수면에 접해 있을 때 토지경계 측정점으로 결정하는 선은?

① 최저수위   ② 평균수위
③ 최대만수위   ④ 최저만수위

해설

지상 경계의 결정기준 등(공간정보의 구축 및 관리 등에 관한 법률 시행령 제55조)

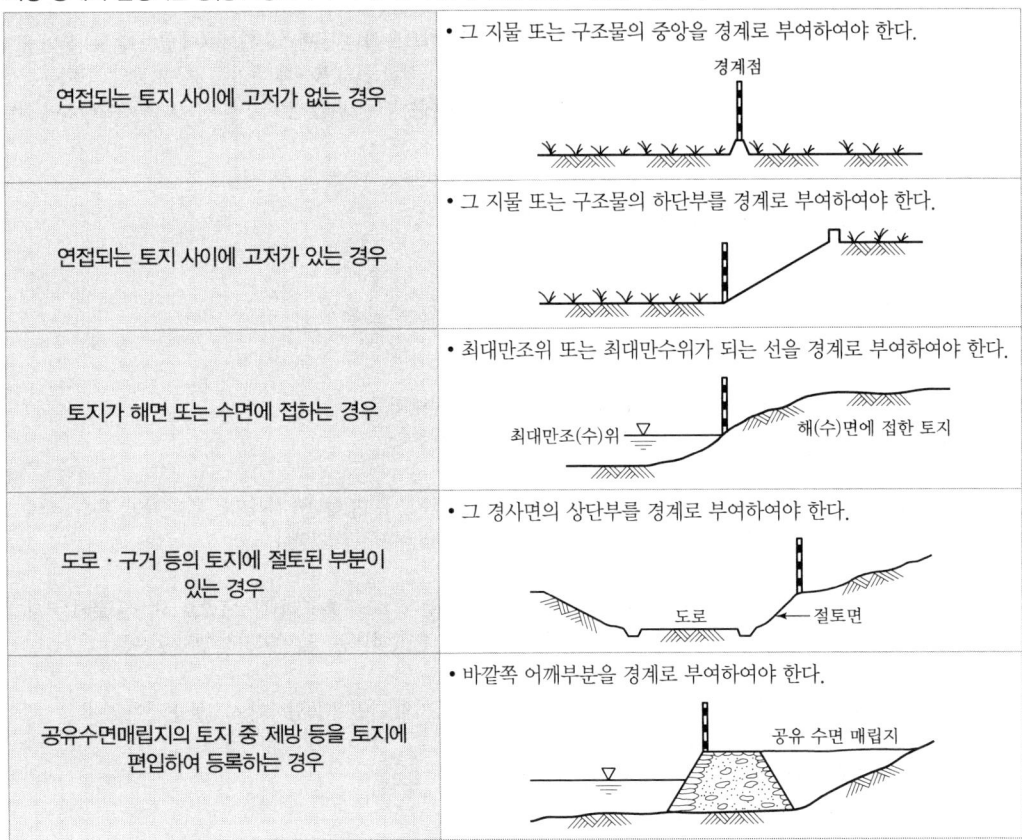

연접되는 토지 사이에 고저가 없는 경우	• 그 지물 또는 구조물의 중앙을 경계로 부여하여야 한다.
연접되는 토지 사이에 고저가 있는 경우	• 그 지물 또는 구조물의 하단부를 경계로 부여하여야 한다.
토지가 해면 또는 수면에 접하는 경우	• 최대만조위 또는 최대만수위가 되는 선을 경계로 부여하여야 한다.
도로 · 구거 등의 토지에 절토된 부분이 있는 경우	• 그 경사면의 상단부를 경계로 부여하여야 한다.
공유수면매립지의 토지 중 제방 등을 토지에 편입하여 등록하는 경우	• 바깥쪽 어깨부분을 경계로 부여하여야 한다.

14 평판(도상) 위에 표시된 측정점과 지상의 측정점이 같은 연직선 위에 있도록 하는 작업을 무엇이라 하는가?

① 구심   ② 동일   ③ 정준   ④ 표정

해설

평판의 3요소

정준(수평)	앨리데이드의 기포관을 이용하여 평판을 수평으로 하는 작업
구심(치심)	지상점과 도상점을 일치시키는 작업
표정(방향)	방향선에 따라 평판의 위치를 고정시키는 작업으로, 표정의 오차가 측판측량에 가장 큰 영향을 미침

정답 13 ③ 14 ①

15. 지적기준점 중 직경 3mm의 원 안에 십자선을 표시하여 제도하는 것은?

① 2등삼각점
② 지적도근점
③ 지적삼각점
④ 지적삼각보조점

해설

4번 해설 참고

16. 우리나라 지적 관련 법령의 변천과정을 순서대로 바르게 나열한 것은?

| ⊙ 토지조사법 | ⓒ 토지조사령 | ⓒ 조선지세령 | ⓔ 조선임야조사령 | ⓜ 지적법 |

① ⊙ → ⓒ → ⓒ → ⓔ → ⓜ
② ⊙ → ⓒ → ⓔ → ⓒ → ⓜ
③ ⓒ → ⓔ → ⓜ → ⊙ → ⓒ
④ ⓒ → ⓜ → ⊙ → ⓒ → ⓔ

해설

- 토지조사법(土地調査法) : 1910년
- 토지조사령(土地調査令) : 1912년
- 지세령(地稅令) : 1914년
- 토지대장규칙(土地臺帳規則) : 1914년
- 조선임야조사령(朝鮮林野調査令) : 1918년
- 임야대장규칙(林野臺帳規則) : 1920년
- 토지측량규정(土地測量規程) : 1921년
- 임야측량규정(林野測量規程) : 1935년
- 조선지세령(朝鮮地稅令) : 1943년
- 조선임야대장규칙(朝鮮林野臺帳規則) : 1943년
- 구 지적법(舊 地籍法) : 1950년

17. 지적 관련 법규에 따라 측량기준점표지를 이전 또는 파손한 자에 대한 벌칙 기준으로 옳은 것은?

① 1년 이하의 징역 또는 1,000만 원 이하의 벌금
② 2년 이하의 징역 또는 1,000만 원 이하의 벌금
③ 2년 이하의 징역 또는 2,000만 원 이하의 벌금
④ 3년 이하의 징역 또는 2,000만 원 이하의 벌금

해설

3년 이하의 징역 또는 3천만 원 이하의 벌금	측량업자로서 속임수, 위력(威力), 그 밖의 방법으로 측량업과 관련된 입찰의 공정성을 해친 자
2년 이하의 징역 또는 2천만 원 이하의 벌금	• 측량업의 등록을 하지 아니하거나 거짓이나 그 밖의 부정한 방법으로 측량업의 등록을 하고 측량업을 한 자 • 성능검사대행자의 등록을 하지 아니하거나 거짓이나 그 밖의 부정한 방법으로 성능검사대행자의 등록을 하고 성능검사업무를 한 자 • 측량성과를 국외로 반출한 자 • 측량기준점표지를 이전 또는 파손하거나 그 효용을 해치는 행위를 한 자 • 고의로 측량성과를 사실과 다르게 한 자 • 성능검사를 부정하게 한 성능검사대행자

정답 15 ③ 16 ② 17 ③

18 두 점의 좌표가 다음과 같을 때 두 점 사이의 거리는?

점명	X좌표(m)	Y좌표(m)
A	770.50	130.60
B	950.60	320.20

① 90.20m
② 135.60m
③ 184.30m
④ 261.50m

해설

$$\overline{AB} = \sqrt{(X_B - X_A)^2 + (Y_B - Y_A)^2} = \sqrt{(950.60 - 770.50)^2 + (320.20 - 130.60)^2} = 261.50\text{m}$$

19 일람도 제도에서 붉은색 0.2mm 폭의 2선으로 제도하는 것은?

① 수도용지
② 기타 도로
③ 철도용지
④ 하천

해설

도로	지방도로 이상은 검은색 0.2밀리미터 폭의 2선으로, 그 밖의 도로는 0.1밀리미터의 폭으로 제도한다.
철도용지	철도용지는 붉은색 0.2밀리미터 폭의 2선으로 제도한다.
수도용지	수도용지 중 선로는 남색 0.1밀리미터 폭의 2선으로 제도한다.
하천·구거	하천·구거(溝渠)·유지(溜池)는 남색 0.1밀리미터 폭의 2선으로 제도하고, 그 내부를 남색으로 엷게 채색한다. 다만, 적은 양의 물이 흐르는 하천 및 구거는 0.1밀리미터의 남색 선으로 제도한다.

20 방위가 S 20°20′W인 측선에 대한 방위각은?

① 100°20′
② 159°40′
③ 200°20′
④ 249°40′

해설

상한	방위	종·횡선차 부호 Δx	종·횡선차 부호 Δy	방위각 계산
1	N θ E	+	+	$V = \theta$
2	S θ E	−	+	$V = 180 - \theta$
3	S θ W	−	−	$V = \theta + 180$
4	N θ W	+	−	$V = 360 - \theta$

※ S θ W : $V = \theta + 180 = 20°20′ + 180° = 200°20′$

정답 18 ④ 19 ③ 20 ③

21 축척 1/1,200 지역에서 원면적이 400m²의 토지를 분할하는 경우 분할 후의 각 필지의 면적의 합계와 분할 전 면적과의 오차의 허용범위는?

① ±13m²　　② ±16m²　　③ ±18m²　　④ ±32m²

해설

$A = 0.023^2 \times M\sqrt{F} = 0.023^2 \times 1,200\sqrt{400} = \pm16.22\text{m}^2 = \pm16\text{m}^2$

22 블록(Block)마다 하나의 본번을 부여하고 블록 내 필지마다 부번을 부여하는 지번 설정방법으로 블록식이라고도 하는 것은?

① 단지식　　② 사행식　　③ 기우식　　④ 방사식

해설

사행식	필지의 배열이 불규칙한 지역에서 진행순서에 따라 지번을 부여하는 방법으로 농촌지역의 지번부여에 적합하며 우리나라 토지의 대부분은 사행식에 의해 부여하며 지번 부여가 일정하지 않고 상하좌우로 분산되어 부여되는 결점이 있다.
기우식	도로를 중심으로 한쪽은 홀수인 기수, 다른 쪽은 짝수인 우수로 지번을 부여하는 방법으로 리·동·도·가 등의 시가지 지역의 지번부여방법으로 적합하고 교호식이라고도 한다.
단지식	단지마다 하나의 지번을 부여하고 단지 내 필지마다 부번을 부여하는 방법으로 단지식은 블록식이라고도 하며 도시개발사업 및 농지개량사업 시행지역 등의 지번부여에 적합하다.

23 다음 중 지적도의 축척이 아닌 것은?

① 1/500　　② 1/1,500　　③ 1/2,400　　④ 1/3,000

해설

8번 해설 참고

24 현행 지적 관련 법류에서 규정하고 있는 지목의 종류는?

① 16개　　② 20개　　③ 24개　　④ 28개

해설

5번 해설 참고

25 세부측량의 실시 대상이 아닌 것은?

① 분할측량　　　　　② 지적도근점측량
③ 경계복원측량　　　④ 신규등록측량

정답 21 ②　22 ①　23 ②　24 ④　25 ②

해설

지적측량의 구분 등(지적측량 시행규칙 제5조)
① 지적측량은 기초측량과 1필지의 경계와 면적을 정하는 세부측량으로 구분한다.

기초측량	세부측량	
• 지적삼각점측량 • 지적삼각보조점측량 • 지적도근점측량	• 복구측량 • 신규등록측량 • 등록전환측량 • 분할측량 • 등록말소측량	• 축척변경측량 • 등록사항정정측량 • 지적확정측량 • 경계복원측량 • 지적현황측량

26 지적공부를 관리하는 지적소관청으로 볼 수 없는 것은?

① 군수   ② 시장   ③ 구청장   ④ 읍·면장

해설

정의(공간정보의 구축 및 관리 등에 관한 법률 제2조)
이 법에서 사용하는 용어의 뜻은 다음과 같다
18. "지적소관청"이란 지적공부를 관리하는 특별자치시장, 시장(「제주특별자치도 설치 및 국제자유도시 조성을 위한 특별법」 제10조제2항에 따른 행정시의 시장을 포함하며, 「지방자치법」 제3조제3항에 따라 자치구가 아닌 구를 두는 시의 시장은 제외한다)·군수 또는 구청장(자치구가 아닌 구의 구청장을 포함한다)을 말한다.

27 다음 중 지번을 부여하는 진행 방향에 따른 분류에 해당하지 않는 것은?

① 사행식   ② 기우식   ③ 단지식   ④ 방사식

해설

22번 해설 참고

28 축척이 1/1,000인 지적도의 포용면적 규격은 얼마인가?

① 45,000m²   ② 50,000m²   ③ 120,000m²   ④ 200,000m²

해설

8번 해설 참고

29 토지소유자는 신규등록할 토지가 있으면 그 사유가 발생한 날부터 최대 며칠 이내에 지적소관청에 신규등록을 신청하여야 하는가?

① 15일   ② 20일   ③ 40일   ④ 60일

정답 26 ④ 27 ④ 28 ③ 29 ④

해설

신규등록 신청(공간정보의 구축 및 관리 등에 관한 법률 제77조)
토지소유자는 신규등록할 토지가 있으면 대통령령으로 정하는 바에 따라 그 사유가 발생한 날부터 60일 이내에 지적소관청에 신규등록을 신청하여야 한다.

30 지적측량의 측량검사기간 기준으로 옳은 것은?(단, 지적기준점을 설치하여 측량검사를 하는 경우는 고려하지 않는다.)

① 4일 ② 5일 ③ 6일 ④ 7일

해설

지적측량 의뢰 등(공간정보의 구축 및 관리 등에 관한 법률 시행규칙 제25조)
① 법 제24조제1항에 따라 지적측량을 의뢰하려는 자는 별지 제15호서식의 지적측량 의뢰서(전자문서로 된 의뢰서를 포함한다)에 의뢰 사유를 증명하는 서류(전자문서를 포함한다)를 첨부하여 지적측량수행자에게 제출하여야 한다.
② 지적측량수행자는 제1항에 따른 지적측량 의뢰를 받은 때에는 측량기간, 측량일자 및 측량 수수료 등을 적은 별지 제16호서식의 지적측량 수행계획서를 그 다음 날까지 지적소관청에 제출하여야 한다. 제출한 지적측량 수행계획서를 변경한 경우에도 같다.
③ 지적측량의 측량기간은 5일로 하며, 측량검사기간은 4일로 한다. 다만, 지적기준점을 설치하여 측량 또는 측량검사를 하는 경우 지적기준점이 15점 이하인 경우에는 4일을, 15점을 초과하는 경우에는 4일에 15점을 초과하는 4점마다 1일을 가산한다.

31 다음 중 일람도에 등재하여야 하는 사항에 해당하지 않는 것은?

① 도면의 제명 및 축척 ② 지번부여지역의 경계
③ 도곽선과 그 수치 ④ 지번과 결번

해설

일람도	• 지번부여지역의 경계 및 인접지역의 행정구역 명칭 • 도면의 제명 및 축척 • 도곽선과 그 수치 • 도면번호 • 도로, 철도, 하천, 구거, 유지, 취락 등 주요 지형·지물의 표시
지번색인표	• 제명 • 지번, 도면번호 및 결번

32 다음 중 지적도면에 지목의 부호를 '광'으로 표기하여야 하는 필지의 지목은?

① 광야 ② 광장 ③ 관광지 ④ 광천지

해설

5번 해설 참고

정답 30 ① 31 ④ 32 ④

33 토지의 표시사항인 토지의 소재, 지번, 지목, 경계 등을 국가만이 결정할 수 있는 권한을 가진다는 지적의 기본 이념은?

① 지적국정주의
② 지적공개주의
③ 지적형식주의
④ 실질적 심사주의

해설

지적국정주의 (地籍國定主義)	지적공부의 등록사항인 토지표시사항을 국가만이 결정할 수 있는 권한을 가진다는 이념이다.
지적형식주의 (地籍形式主義)	국가가 결정한 토지에 대한 물리적 현황과 법적 권리관계 등을 외부에서 인식할 수 있도록 일정한 법정의 형식을 갖추어 지적공부에 등록하여야만 효력이 발생한다는 이념으로 「지적등록주의」라고도 한다. (등록 : 등록사항)
지적공개주의 (地籍公開主義)	지적공부에 등록된 사항을 토지소유자나 이해관계인은 물론 일반인에게도 공개한다는 이념이다. (지적공부 : 등록공부)

34 지적제도의 발전 단계별 분류에서 토지에 대한 개인의 권리를 인정하면서 토지, 세금뿐만 아니라 토지 거래의 안전과 국민의 토지소유권을 보유하기 위해 만들어진 지적제도는?

① 세지적제도
② 좌표지적제도
③ 법지적제도
④ 다목적 지적제도

해설

세지적 (稅地籍)	토지에 대한 조세부과를 주된 목적으로 하는 제도로 과세지적이라고도 한다. 국가의 재정수입을 토지세에 의존하던 농경사회에서 개발된 제도로 과세의 표준이 되는 농경지는 기준수확량 일반 토지는 토지등급을 중시하고 지적공부의 등록사항으로는 면적단위를 중시한 지적제도이다.
법지적 (法地籍)	세지적의 발전된 형태로서 토지에 대한 사유재산권이 인정되면서 생성된 유형으로 소유지적, 경계지적이라고도 한다. 토지소유권 보호를 주된 목적으로 하는 제도로 토지거래의 안전과 토지소유권의 보호를 위한 토지경계를 중시한 지적제도이다.(토지의 위치 및 소유 관계)
다목적지적 (多目的地籍)	현대사회에서 추구하고 있는 지적제도로 종합지적, 통합지적, 유사지적, 경제지적, 정보지적이라고도 한다. 토지와 관련한 다양한 정보를 종합적으로 등록·관리하고 이를 이용 또는 활용(토지정보의 활용)하고 필요한 자에게 제공해 주는 것을 목적으로 하는 지적제도이다.(자료의 종합화 및 자동화)

35 축척이 1/1,000인 지적도에서 도면상의 길이가 10cm일 때 실제거리는 얼마인가?

① 10m
② 60m
③ 100m
④ 150m

해설

$$\frac{1}{m} = \frac{도상거리}{실제거리}$$

실제거리 = 도상거리 × 축척분모
= 10 × 1,000
= 10,000cm = 100m

정답 33 ① 34 ③ 35 ③

36 토렌스 시스템(Torrens System)의 일반적 이론과 거리가 먼 것은?

① 거울이론 ② 보험이론 ③ 커튼이론 ④ 점증이론

> **해설**
>
> **토렌스 시스템(Torrens System)**
>
> | | |
> |---|---|
> | 거울이론
(Mirror Principle) | 토지권리증서의 등록은 토지의 거래사실을 완벽하게 반영하는 거울과 같다는 입장의 이론이다. 소유권에 관한 현재의 법적 상태는 오직 등기부에 의해서만 이론의 여지없이 완벽하게 보여진다는 원리이며 주 정부에 의하여 적법성(Legitimacy)을 보장받는다. |
> | 커튼이론
(Curtain Principle) | 토지등록 업무가 커튼 뒤에 놓인 공정성(Fairness)과 신빙성(Reliability)에 대하여 관여 할 필요도 없고 관여해서도 안 되는 매입신청자를 위한 유일한 정보의 이론이다. 토렌스 제도의 의해 한번 권리증명서가 발급되면 당해 토지의 과거 이해관계에 대하여 모두 무효화시키고 현재의 소유권을 되돌아볼 필요가 없다는 것이다. |
> | 보험이론
(Insurance Principle) | 토지등록이 인간의 과실로 인하여 착오가 발생한 경우 피해를 입은 사람은 피해보상에 대하여 법률적으로 선의의 제3자와 동등한 입장이 되어야 한다는 이론으로 권원증명서에 등기된 모든 정보는 정부에 의하여 보장된다는 원리이다. |

37 다음 중 지번에 대한 설명으로 옳지 않은 것은?

① 토지의 식별에 쓰인다.
② 토지의 특정성으로 보장하기 위한 요소이다.
③ 지번부여지역이란 시·군 또는 이에 준하는 지역이다.
④ 토지의 지리적 위치에 고정성을 확보하기 위하여 부여한다.

> **해설**
>
> **정의(공간정보의 구축 및 관리 등에 관한 법률 제2조)**
> 이 법에서 사용하는 용어의 뜻은 다음과 같다
> 22. "지번"이란 필지에 부여하여 지적공부에 등록한 번호를 말한다.
> 23. "지번부여지역"이란 지번을 부여하는 단위지역으로서 동·리 또는 이에 준하는 지역을 말한다.

38 지적공부에 '답'으로 등록되어 있는 것을 토지 이용에 다르게 되어 '대'로 바꾸어 등록하는 것을 무엇이라 하는가?

① 등록전환 ② 축척변경 ③ 신규등록 ④ 지목변경

> **해설**
>
> **정의(공간정보의 구축 및 관리 등에 관한 법률 제2조)**
> 이 법에서 사용하는 용어의 뜻은 다음과 같다
> 29. "신규등록"이란 새로 조성된 토지와 지적공부에 등록되어 있지 아니한 토지를 지적공부에 등록하는 것을 말한다.
> 30. "등록전환"이란 임야대장 및 임야도에 등록된 토지를 토지대장 및 지적도에 옮겨 등록하는 것을 말한다.
> 33. "지목변경"이란 지적공부에 등록된 지목을 다른 지목으로 바꾸어 등록하는 것을 말한다.
> 34. "축척변경"이란 지적도에 등록된 경계점의 정밀도를 높이기 위하여 작은 축척을 큰 축척으로 변경하여 등록하는 것을 말한다.

정답 36 ④ 37 ③ 38 ④

39 지적소관청이 지적공부의 등록사항에 잘못이 있는 자를 직권으로 조사·측량하여 정정할 수 있는 경우가 아닌 것은?

① 토지이동정리결의서의 내용과 다르게 정리된 경우
② 경계의 위치가 잘못되어 필지의 면적이 증감된 경우
③ 지적공부의 작성 또는 재작성 당시 잘못 정리된 경우
④ 지적측량성과와 다르게 정리된 경우

해설

등록사항의 직권정정 등(공간정보의 구축 및 관리 등에 관한 법률 시행령 제82조)
① 지적소관청이 법 제84조제2항에 따라 지적공부의 등록사항에 잘못이 있는지를 직권으로 조사·측량하여 정정할 수 있는 경우는 다음 각 호와 같다.
  1. 제84조제2항에 따른 토지이동정리결의서의 내용과 다르게 정리된 경우
  2. 지적도 및 임야도에 등록된 필지가 면적의 증감 없이 경계의 위치만 잘못된 경우
  3. 1필지가 각각 다른 지적도나 임야도에 등록되어 있는 경우로서 지적공부에 등록된 면적과 측량한 실제면적은 일치하지만 지적도나 임야도에 등록된 경계가 서로 접합되지 않아 지적도나 임야도에 등록된 경계를 지상의 경계에 맞추어 정정하여야 하는 토지가 발견된 경우
  4. 지적공부의 작성 또는 재작성 당시 잘못 정리된 경우
  5. 지적측량성과와 다르게 정리된 경우
  6. 법 제29조제10항에 따라 지적공부의 등록사항을 정정하여야 하는 경우
  7. 지적공부의 등록사항이 잘못 입력된 경우
  8. 「부동산등기법」 제37조제2항에 따른 통지가 있는 경우(지적소관청의 착오로 잘못 합병한 경우만 해당한다)
  9. 법률 제2801호 지적법개정법률 부칙 제3조에 따른 면적 환산이 잘못된 경우

40 조선시대에 논, 밭의 소재 및 면적을 기록했던 장부로서 현재의 토지대장에 해당하는 것은?

① 문기
② 양안
③ 지세명기장
④ 신라촌락장적

해설

양안(量案)	양안은 전적이라고도 하였으며 오늘날 지적공부인 토지대장과 지적도 등의 내용을 수록하고 있는 장부로써 일제초기 토지조사 측량 때까지 사용하였다.
입안(立案)	현제의 등기 권리증과 같은 것으로 소유자 확인 및 토지매매를 증명하는 제도이며 소유권의 명의 변경 절차이다.

41 지적제도의 발전 단계별 분류에 해당하지 않는 것은?

① 법지적
② 세지적
③ 행정지적
④ 다목적 지적

해설

34번 해설 참고

정답 39 ② 40 ② 41 ③

42 다음 중 도면에 등록하는 동·리의 행정구역선은 얼마의 폭으로 제도하여야 하는가?

① 0.1mm ② 0.2mm ③ 0.3mm ④ 0.4mm

해설

행정구역선의 제도(지적업무처리규정 제44조)
① 도면에 등록할 행정구역선은 0.4밀리미터 폭으로 다음 각 호와 같이 제도한다. 다만, 동·리의 행정구역선은 0.2밀리미터 폭으로 한다.

43 도곽선 수치는 원점으로부터 얼마를 가산하는가?(단, 제주도를 포함하지 않는다.)

① 종선 100,000m, 횡선 200,000m
② 종선 500,000m, 횡선 200,000m
③ 종선 200,000m, 횡선 500,000m
④ 종선 400,000m, 횡선 800,000m

해설

평면직각좌표원점

명칭	경도	적용구역	위도	투영원점의 가상수치	원점의 축척계수
서부원점	동경 125°	동경 124°~126°	북위 38°	X^N : 600,000m Y^E : 200,000m	1.0000
중부원점	동경 127°	동경 126°~128°	북위 38°		
동부원점	동경 129°	동경 128°~130°	북위 38°		
동해원점	동경 131°	동경 130°~132°	북위 38°		

각 좌표에서의 직각좌표는 다음 조건에 따라 T.M(Transvers Mercator)방법으로 표시
① X축은 좌표계원점의 자오선에 일치하여야 하고 진북방향을 정(+)으로 표시하고 Y축은 X축에 직교하는 축으로서 진동방향을 정(+)으로 표시
② 세계측지계에 따르지 아니하는 지적측량의 경우에는 가우스상사 이중 투영법으로 표시하되 직각좌표계 투영원점의 가산(可算)수치를 각각 종축좌표 X값을 38°N 이하에서도 음(-)의 값이 되지 않도록 하기 위해서 500,000m(제주도는 550,000m) 횡축좌표 Y값에는 200,000m로 하여 사용

44 다음 중 지적도근점을 정하기 위한 기초가 될 수 없는 것은?

① 지적삼각점
② 공공수준점
③ 지적삼각보조점
④ 국가기준점

해설

측량기준점의 구분(공간정보의 구축 및 관리 등에 관한 법률 시행령 제8조)
지적기준점
가. 지적삼각점(地籍三角點) : 지적측량 시 수평위치 측량의 기준으로 사용하기 위하여 국가기준점을 기준으로 하여 정한 기준점
나. 지적삼각보조점 : 지적측량 시 수평위치 측량의 기준으로 사용하기 위하여 국가기준점과 지적삼각점을 기준으로 하여 정한 기준점
다. 지적도근점(地籍圖根點) : 지적측량 시 필지에 대한 수평위치 측량 기준으로 사용하기 위하여 국가기준점, 지적삼각점, 지적삼각보조점 및 다른 지적도근점을 기초로 하여 정한 기준점

정답 42 ② 43 ② 44 ②

45 토지조사사업 당시 토지소유자와 경계를 심사하여 확정하는 행정처분을 무엇이라 하는가?

① 부분
② 사정
③ 재결
④ 토지조사

해설

사정(査定)
임시토지조사국은 토지조사법, 토지조사령 등에 의하여 토지조사사업을 시행하고 토지소유자와 경계를 확정하였는데 이를 사정이라 한다. 임시토지조사국장의 사정은 이전의 권리와 무관한 창설적, 확정적 효력을 갖는 가장 중요한 업무라 할 수 있다. 임야조사사업에 있어서는 조선임야조사령에 의거 사정을 하였다.

46 다음 중 3차원 지적에 대한 설명으로 가장 거리가 먼 것은?

① 입체지적이라고도 한다.
② 지하의 각종 시설물과 지상의 고층화된 건축물을 효율적으로 관리할 수 있다.
③ 다목적 지적으로서 다양한 토지정보를 제공해주는 역할을 한다.
④ 경계를 표시하는 방법 및 측량방법에 따른 분류에 해당한다.

해설

등록방법에 의한 분류

2차원 지적	• 토지의 고저에 관계없이 수평면상의 투영만을 가상하여 각필지의 경계를 공시하는 제도 • 평면지적 • 토지의 경계, 지목 등 지표의 물리적 현황만을 등록하는 제도 • 점선을 지적공부도면에 폐쇄된 다각형의 형태로 등록관리
3차원 지적	• 2차원지적에서 진일보한 지적제도로 선진국에서 활발하게 연구 중임 • 지상과 지하에 설치한 시설물을 수치형태로 등록공시 • 입체지적 • 3차원 지적은 인력과 시간과 예산이 소요되는 단점 • 지상건축물과 지하의 상수도, 하수도, 전기, 전화선 등 공공 지하시설물과 지하철, 지하도로, 지하터널, 지하주차장 등의 지하건축물 등을 효율적으로 등록 관리할 수 있는 장점

47 면적을 측정할 때 도곽선의 길이에 얼마 이상의 신축이 있는 경우 보정하여야 하는가?

① 0.7mm 이상
② 0.5mm 이상
③ 0.3mm 이상
④ 0.2mm 이상

해설

면적측정의 방법 등(지적측량 시행규칙 제20조)
③ 제2항에 따라 전자면적측정기로 면적을 측정하는 경우 도곽선의 길이에 0.5밀리미터 이상의 신축이 있을 때에는 이를 보정해야 한다. 이 경우 도곽선의 신축량 및 보정계수의 계산은 다음 각 호의 계산식에 따른다. 〈개정 2024.12.26.〉

48 다음 중 지적 관련 법률에 따른 경계의 의미로 옳은 것은?

① 담장, 둑·철조망 등 인위적으로 설치한 경계
② 계곡, 능선 등 자연적으로 형성된 경계
③ 눈으로 식별할 수 있는 형태를 갖는 선
④ 지적공부에 등록한 선

> **해설**
>
> **정의(공간정보의 구축 및 관리 등에 관한 법률 제2조)**
> 이 법에서 사용하는 용어의 뜻은 다음과 같다.
> 25. "경계점"이란 필지를 구획하는 선의 굴곡점으로서 지적도나 임야도에 도해(圖解) 형태로 등록하거나 경계점좌표등록부에 좌표 형태로 등록하는 점을 말한다.
> 26. "경계"란 필지별로 경계점들을 직선으로 연결하여 지적공부에 등록한 선을 말한다.

49 다음 일반적인 경계의 구분 중 측량사에 의하여 측량이 행해지고 지적관리청의 사정에 의하여 확정된 토지경계는?

① 고정경계   ② 지상경계   ③ 보증경계   ④ 인공경계

> **해설**
>
> **경계특성**
>
> | 일반경계 | 일반경계(General Boundary 또는 Unfixed Boundary)라 함은 특정 토지에 대한 소유권이 오랜 기간 동안 존속하였기 때문에 담장·울타리·구거·제방·도로 등 자연적 또는 인위적 형태의 지형·지물을 필지별 경계로 인식하는 것이다. |
> |---|---|
> | 고정경계 | 고정경계(Fixed Boundary)라 함은 특정 토지에 대한 경계점의 지상에 석주·철주·말뚝 등의 경계표지를 설치하거나 또는 이를 정확하게 측량하여 지적도상에 등록 관리하는 경계이다. |
> | 보증경계 | 지적측량사에 의하여 정밀 지적측량이 행해지고 지적 관리청의 사정(査定)에 의하여 행정처리가 완료되어 측정된 토지경계를 의미한다. |

50 지목의 설정 원칙으로 틀린 것은?

① 1필 1목의 원칙
② 용도경중의 원칙
③ 주지목추종의 원칙
④ 일시변경수용의 원칙

> **해설**
>
> **지목부여 원칙**
>
> | 일필일지목의 원칙 | 일필지의 토지에는 1개의 지목만을 설정하여야 한다는 원칙 |
> |---|---|
> | 주지목추종의 원칙 | 주된 토지의 사용목적 또는 용도에 따라 지목을 정하여야 한다는 원칙 |
> | 등록선후의 원칙 | 지목이 서로 중복될 때는 먼저 등록된 토지의 사용목적 또는 용도에 따라 지목을 설정하여야 한다는 원칙 |
> | 용도경중의 원칙 | 지목이 중복될 때는 중요한 토지의 사용목적 또는 용도에 따라 지목을 설정하여야 한다는 원칙 |
> | 일시변경불변의 원칙 | 임시적이고 일시적인 용도의 변경이 있는 경우에는 등록전환을 하거나 지목변경을 할 수 없다는 원칙 |
> | 사용목적추종의 원칙 | 도시계획사업 등의 완료로 인하여 조성된 토지는 사용목적에 따라 지목을 설정하여야 한다는 원칙 |

정답 48 ④ 49 ③ 50 ④

51 경위의측량방법으로 세부측량을 하는 경우 측량결과도에 기재하여야 할 사항이 아닌 것은?

① 지상에서 측정한 거리 및 방위각
② 측량대상 토지의 경계점 간 실측거리
③ 지적도의 도면번호
④ 도곽선의 신축량과 보정계수

> **해설**

경위의측량방법 결과도
1. 측량준비파일의 사항
   가. 측량대상 토지의 경계와 경계점의 좌표 및 부호도·지번·지목
   나. 인근 토지의 경계와 경계점의 좌표 및 부호도·지번·지목
   다. 행정구역선과 그 명칭
   라. 지적기준점 및 그 번호와 지적기준점 간의 방위각 및 그 거리
   마. 경계점 간 계산거리
   바. 도곽선(圖廓線)과 그 수치
   사. 그 밖에 국토교통부장관이 정하는 사항
2. 측정점의 위치(측량계산부의 좌표를 전개하여 적는다), 지상에서 측정한 거리 및 방위각
3. 측량대상 토지의 경계점 간 실측거리
4. 측량대상 토지의 토지이동 전의 지번과 지목(2개의 붉은 색으로 말소한다)
5. 측량대상 토지의 점유현황선
6. 측량결과도의 제명 및 번호(연도별로 붙인다)와 지적도의 도면번호
7. 신규등록 또는 등록전환하려는 경계선 및 분할경계선
8. 해당 필지 및 인접 필지의 측량 연혁
9. 측량 및 검사의 연월일, 측량자 및 검사자의 성명·소속 및 자격 등급

52 둘 이상의 기지점을 측량점으로 하여 미지점의 위치를 결정하는 방법으로, 방향선법과 원호교회법으로 대별되는 것은?

① 방사교회법
② 전방교회법
③ 측방교회법
④ 후방교회법

> **해설**

전방교회법 (기지점)	장애물이 있어 직접 거리측량이 곤란할 때 2개 이상의 기지점을 측점으로 하여 미지점의 위치를 결정하는 방법이다.
후방교회법 (미지점)	지상의 기지점 3개에 대하여 구하고자 하는 임의의 점에 평판을 세우고 도상의 점에 각각 측침을 꽂고 앨리데이드로 시준하여 2개 이상의 방향선이 교차되는 도상의 점을 구하는 방법이다.
측방교회법 (기지+미지점)	측방교회법은 전방교회법과 후방교회법을 병용한 방법으로 기지점 2점 중 한 점에 접근하기 곤란한 경우 기지의 한 점과 미지의 한 점에 평판을 세워 미지의 한 점을 구하는 방법이다.

정답 51 ④ 52 ②

53 3cm가 늘어난 50m 길이의 줄자로 거리를 측정한 값이 500m일 때 실제거리는 얼마인가?

① 499.3m
② 501.5m
③ 500.3m
④ 550.5m

> **해설**
>
> 정확한 길이 = $\dfrac{부정길이}{표준길이} \times 관측길이 = \dfrac{50.03}{50} \times 500 = 500.3m$

54 다음 중 각을 측정할 수 있는 장비에 해당하지 않는 것은?

① 트랜싯
② 앨리데이드
③ 데오돌라이트
④ 토털스테이션

> **해설**
>
> 앨리데이드
> 앨리데이드는 폭 약 4cm, 두께 약 1.5cm, 길이 약 22~27cm자의 형이며 윗면 중앙에 는 곡률반경 1.0~1.5m 정도의 기포관과 옆면에는 축척의 잣눈이 있다. 축척의 눈금은 보통 mm 단위의 것을 고정했으나 필요에 따라 적당한 축척으로 바꿀 수가 있다. 전·후 시준판의 안쪽 면에는 두 시준판이 고정된 안쪽 간격의 1/100에 해당하는 눈금이 새겨져 있으며 이를 이용하여 수평거리와 고저차를 구할 수 있다.

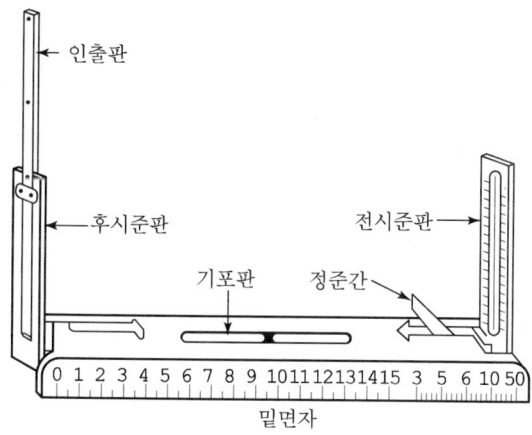

55 다음 중 지적측량의 면적측정방법으로만 옳게 나열한 것은?(단, 지적측량 시행규칙에 따름)

① 삼사법, 전자면적측정기법
② 전자면적측정기법, 플래니미터법
③ 전자면적측정기법, 좌표면적계산법
④ 좌표면적계산법, 삼사법

> **해설**
>
> 면적측정의 방법 등(지적측량 시행규칙 제20조)
> ① 좌표면적계산법 또는 전산처리방법에 따른 면적측정은 다음 각 호의 기준에 따른다.

정답 53 ③ 54 ② 55 ③

56 다음 중 경계점좌표등록부에 등록하는 지역의 토지의 산출면적이 123.55m²일 때 결정면적은 얼마인가?

① 123.55m²
② 123.5m²
③ 123.6m²
④ 124m²

> **해설**
>
> 면적의 결정 및 측량계산의 끝수처리(공간정보의 구축 및 관리 등에 관한 법률 시행령 제60조)
> ① 면적의 결정은 다음 각 호의 방법에 따른다.
>   1. 토지의 면적에 1제곱미터 미만의 끝수가 있는 경우 0.5제곱미터 미만일 때에는 버리고 0.5제곱미터를 초과하는 때에는 올리며, 0.5제곱미터일 때에는 구하려는 끝자리의 숫자가 0 또는 짝수이면 버리고 홀수이면 올린다. 다만, 1필지의 면적이 1제곱미터 미만일 때에는 1제곱미터로 한다.
>   2. 지적도의 축척이 600분의 1인 지역과 경계점좌표등록부에 등록하는 지역의 토지 면적은 제1호에도 불구하고 제곱미터 이하 한 자리 단위로 하되, 0.1제곱미터 미만의 끝수가 있는 경우 0.05제곱미터 미만일 때에는 버리고 0.05제곱미터를 초과할 때에는 올리며, 0.05제곱미터일 때에는 구하려는 끝자리의 숫자가 0 또는 짝수이면 버리고 홀수이면 올린다. 다만, 1필지의 면적이 0.1제곱미터 미만일 때에는 0.1제곱미터로 한다.

57 지적도의 도곽선의 역할 중 틀린 것은?

① 도북표시의 기준이 된다.
② 기준점 전개의 기준이 된다.
③ 인접 도면의 접합 기준이 된다.
④ 토지경계선 측정의 기준이 된다.

> **해설**
>
> 도곽선의 제도
> ① 도곽선은 지적기준점의 전개, 방위, 인접도면과의 접합, 도곽의 신축보정 등에 따른 기준선으로의 역할을 하기 때문에 모든 지적도와 임야도에 도곽선을 등록하여야 한다.
> ② 도면의 윗방향은 항상 북쪽이 되어야 한다.(도북방향)
> ③ 지적도는 도곽의 크기는 가로 40cm, 세로 30cm의 직사각형으로 한다.

58 1필지의 토지소유자가 2인 이상인 경우 그 지분관계를 기록한 것으로, 지적소관청에 의하여 작성되어 비치되는 것은?

① 결번대장
② 건축물 대장
③ 공유지연명부
④ 경계점좌표등록부

> **해설**
>
> 공유지연명부
> 1필지의 토지소유자가 2인 이상인 때에는 소유자에 관한 사항을 별도로 등록하기 위하여 작성하는 지적공부를 말한다.

정답 56 ③ 57 ④ 58 ③

59 공유지연명부의 등록사항이 아닌 것은?

① 소유권 지분
② 지목
③ 토지의 소재
④ 토지의 고유번호

해설

공유지연명부의 등록사항

토지표시사항	소유권에 관한 사항	기타
• 토지소재 • 지번	• 토지소유자 변동일자 • 변동원인 • 주민등록번호 • 성명, 주소 • 소유권 지분	• 토지의 고유번호 • 필지별 공유지연명부의 장번호

60 다음 중 자오선의 북방향(북극)을 기준으로 하여 시계방향(우회)으로 측정한 각을 무엇이라 하는가?

① 도북방위각
② 자북방위각
③ 진북방위각
④ 자오선수차

해설

방위각(Azimuth)
자오선을 기준으로 어느 측선까지 시계방향으로 잰 수평각을 방위각이라 하며 일반적으로 자오선의 북쪽(N)을 기준으로 하지만 남반구에서는 자오선의 남쪽(S)을 기준으로 하기도 한다. 방위각도 일종의 방향각이며 진북방위각, 도북방위각(도북기준), 자북방위각(자북기준) 등이 있다
1. 진북방위각(방위각) : 진북을 기준으로 어느 측선까지 시계방향으로 잰 수평각
2. 도북방위각(방향각) : 도북을 기준으로 어느 측선까지 시계방향으로 잰 수평각
3. 자북방위각 : 자북을 기준으로 어느 측선까지 시계방향으로 잰 수평각
4. 진북방향각(자오선수차 : Meridian Convergence) : 진북과 도북의 차이
5. 편각(자침편차 : Magnetic Declination) : 진북방향을 기준으로 한 자북방향의 편차, 편각은 지자기(자북)의 방향과 자오선(진북)이 이루는 각을 말한다.(지자기측량)

정답 59 ② 60 ③

2025년 기출복원문제

01 지적도 도곽선의 역할로 틀린 것은?

① 도북표시의 기준이 된다.
② 기준점 전개의 기준이 된다.
③ 인접 도면과의 접합 기준이 된다.
④ 필지 경계선 측정의 기준이 된다.

해설

도곽선의 역할
- 지적측량 기준점 전개 시의 기준
- 측량준비도에서의 북방향 표시의 기준
- 인접 도면과의 접합 기준
- 도곽의 신축보정의 기준

02 지적측량업의 등록을 하지 아니하고 지적측량업을 한 자에 대한 벌칙 기준이 옳은 것은?

① 300만 원 이하의 과태료
② 1년 이하의 징역 또는 1,000만 원 이하의 벌금
③ 2년 이하의 징역 또는 2,000만 원 이하의 벌금
④ 3년 이하의 징역 또는 3,000만 원 이하의 벌금

해설

벌칙 기준

3년 이하의 징역 또는 3천만 원 이하의 벌금	측량업자로서 속임수, 위력(威力), 그 밖의 방법으로 측량업과 관련된 입찰의 공정성을 해친 자는 3년 이하의 징역 또는 3천만 원 이하의 벌금에 처한다.
2년 이하의 징역 또는 2천만 원 이하의 벌금	다음의 어느 하나에 해당하는 자는 2년 이하의 징역 또는 2천만 원 이하의 벌금에 처한다. • 측량기준점표지를 이전 또는 파손하거나 그 효용을 해치는 행위를 한 자 • 고의로 측량성과 또는 수로조사성과를 사실과 다르게 한 자 • 측량성과를 국외로 반출한 자 • 측량업의 등록을 하지 아니하거나 거짓이나 그 밖의 부정한 방법으로 측량업의 등록을 하고 측량업을 한 자 • 성능검사를 부정하게 한 성능검사대행자 • 성능검사대행자의 등록을 하지 아니하거나 거짓이나 그 밖의 부정한 방법으로 성능검사대행자의 등록을 하고 성능검사업무를 한 자

정답 01 ④ 02 ③

03 일반 공중의 종교의식을 위한 건축물의 부지와 이에 접속된 부속시설물 부지의 지목은?

① 사적지
② 종교용지
③ 대
④ 잡종지

해설

지목의 구분(공간정보의 구축 및 관리 등에 관한 법률 시행령 제58조)
법 제67조제1항에 따른 지목의 구분은 다음 각 호의 기준에 따른다.
24. 유원지 : 일반 공중의 위락 · 휴양 등에 적합한 시설물을 종합적으로 갖춘 수영장 · 유선장(遊船場) · 낚시터 · 어린이놀이터 · 동물원 · 식물원 · 민속촌 · 경마장 등의 토지와 이에 접속된 부속시설물의 부지. 다만, 이들 시설과의 거리 등으로 보아 독립적인 것으로 인정되는 숙식시설 및 유기장(遊技場)의 부지와 하천 · 구거 또는 유지[공유(公有)인 것으로 한정한다]로 분류되는 것은 제외한다.
25. 종교용지 : 일반 공중의 종교의식을 위하여 예배 · 법요 · 설교 · 제사 등을 하기 위한 교회 · 사찰 · 향교 등 건축물의 부지와 이에 접속된 부속시설물의 부지
26. 사적지 : 국가유산으로 지정된 역사적인 유적 · 고적 · 기념물 등을 보존하기 위하여 구획된 토지. 다만, 학교용지 · 공원 · 종교용지 등 다른 지목으로 된 토지에 있는 유적 · 고적 · 기념물 등을 보호하기 위하여 구획된 토지는 제외한다.
27. 묘지 : 사람의 시체나 유골이 매장된 토지, 「도시공원 및 녹지 등에 관한 법률」에 따른 묘지공원으로 결정 · 고시된 토지 및 「장사 등에 관한 법률」 제2조제9호에 따른 봉안시설과 이에 접속된 부속시설물의 부지. 다만, 묘지의 관리를 위한 건축물의 부지는 "대"로 한다.
28. 잡종지 : 다음 각 목의 토지. 다만, 원상회복을 조건으로 돌을 캐내는 곳 또는 흙을 파내는 곳으로 허가된 토지는 제외한다.
    가. 갈대밭, 실외에 물건을 쌓아두는 곳, 돌을 캐내는 곳, 흙을 파내는 곳, 야외시장, 비행장, 공동우물
    나. 영구적 건축물 중 변전소, 송신소, 수신소, 송유시설, 도축장, 자동차운전학원, 쓰레기 및 오물처리장 등의 부지
    다. 다른 지목에 속하지 않는 토지

04 실제거리 12m를 축척 1/1,200 도면상에 표시하면 도상 몇 mm가 되는가?

① 10mm
② 12mm
③ 20mm
④ 24mm

해설

$$\frac{1}{m} = \frac{도상거리}{실제거리}$$

$$도상거리 = \frac{실제거리}{m} = \frac{12}{1,200} = 0.01\text{m} = 10\text{mm}$$

05 토지거래의 안전과 개인의 토지소유권을 보호하기 위해 만들어진 지적제도는?

① 세지적
② 과세지적
③ 경제지적
④ 법지적

정답 03 ② 04 ① 05 ④

> **해설**

제적제도의 발전과정

세지적 (稅地籍)	토지에 대한 조세부과를 주된 목적으로 하는 제도로 과세지적이라고도 한다. 국가의 재정수입을 토지세에 의존하던 농경사회에서 개발된 제도로 과세의 기준이 되는 농경지는 기준수확량, 일반토지는 토지등급을 중시하고 지적공부의 등록사항으로는 면적단위를 중시한 지적제도이다.
법지적 (法地籍)	세지적의 발전된 형태로서 토지에 대한 사유재산권이 인정되면서 생성된 유형으로 소유지적, 경계지적이라고도 한다. 토지소유권 보호를 주된 목적으로 하는 제도로 토지거래의 안전과 토지소유권의 보호를 위한 토지경계를 중시한 지적제도이다.
다목적지적 (多目的地籍)	현대사회에서 추구하고 있는 지적제도로 종합지적, 통합지적, 유사지적, 경제지적, 정보지적이라고도 한다. 토지와 관련한 다양한 정보를 종합적으로 등록·관리하고 이를 이용 또는 활용하고 필요한 자에게 제공해 주는 것을 목적으로 하는 지적제도이다.

06 다음 중 지적도의 등록사항이 아닌 것은?

① 지면도면의 색인도 ② 지적도면의 제명
③ 도곽선과 그 수치 ④ 토지소유자

> **해설**

지적도 등의 등록사항
1) 토지의 소재
2) 지번
3) 지목
4) 경계
5) 그 밖에 국토교통부령으로 정하는 사항
   - 지적도면의 색인도(인접 도면의 연결 순서를 표시하기 위하여 기재한 도표와 번호를 말한다)
   - 지적도면의 제명 및 축척
   - 도곽선(圖廓線)과 그 수치
   - 좌표에 의하여 계산된 경계점 간의 거리(경계점좌표등록부를 갖춰 두는 지역으로 한정한다)
   - 삼각점 및 지적기준점의 위치
   - 건축물 및 구조물 등의 위치
   - 그 밖에 국토교통부장관이 정하는 사항

07 세부측량에서 분할측량 시 원면적이 $4,529m^2$, 보정면적의 합계가 $4,550m^2$일 때 하나의 필지에 대한 보정면적이 $2,033m^2$이었다면 이 필지의 산출면적은?

① $2,010.2m^2$ ② $2,023.6m^2$
③ $2,014.4m^2$ ④ $2,043.6m^2$

> **해설**

$$산출면적 = \frac{원면적}{보정면적합계} \times 해당필지의 보정면적$$
$$= \frac{4,529}{4,550} \times 2,033 = 2,023.6m^2$$

정답 06 ④ 07 ②

08 축척 1/600에 등록할 토지의 면적이 78.45m²로 산출되었을 때 지적공부에 등록하는 결정 면적은?

① 78m²
② 78.5m²
③ 78.45m²
④ 78.4m²

해설

면적의 결정 및 측량계산의 끝수처리(공간정보의 구축 및 관리 등에 관한 법률 제60조)
① 면적의 결정은 다음 각 호의 방법에 따른다.
  1. 토지의 면적에 1제곱미터 미만의 끝수가 있는 경우 0.5제곱미터 미만일 때에는 버리고 0.5제곱미터를 초과하는 때에는 올리며, 0.5제곱미터일 때에는 구하려는 끝자리의 숫자가 0 또는 짝수이면 버리고 홀수이면 올린다. 다만, 1필지의 면적이 1제곱미터 미만일 때에는 1제곱미터로 한다.
  2. 지적도의 축척이 600분의 1인 지역과 경계점좌표등록부에 등록하는 지역의 토지 면적은 제1호에도 불구하고 제곱미터 이하 한 자리 단위로 하되, 0.1제곱미터 미만의 끝수가 있는 경우 0.05제곱미터 미만일 때에는 버리고 0.05제곱미터를 초과할 때에는 올리며, 0.05제곱미터일 때에는 구하려는 끝자리의 숫자가 0 또는 짝수이면 버리고 홀수이면 올린다. 다만, 1필지의 면적이 0.1제곱미터 미만일 때에는 0.1제곱미터로 한다.
② 방위각의 각치(角値), 종횡선의 수치 또는 거리를 계산하는 경우 구하려는 끝자리의 다음 숫자가 5 미만일 때에는 버리고 5를 초과할 때에는 올리며, 5일 때에는 구하려는 끝자리의 숫자가 0 또는 짝수이면 버리고 홀수이면 올린다. 다만, 전자계산조직을 이용하여 연산할 때에는 최종수치에만 이를 적용한다.

09 축척 1/1,200 지영에서 종선의 신축오차가 −1.8mm, −0.8mm, 횡선의 신축오차가 −1.2mm, −0.6mm일 때 도곽선의 신축량은?

① −0.9mm
② −1.0mm
③ −1.1mm
④ −1.2mm

해설

$$신축량(S) = \frac{\Delta X_1 + \Delta X_2 + \Delta Y_1 + \Delta Y_2}{4}$$
$$= \frac{-(1.8+0.8+1.2+0.6)}{4} = -1.1\text{mm}$$

10 축척이 1/6,000인 지역에서 토지의 원면적이 1,000m인 경우 분할 후 각 필지의 면적의 합계와 분할 전 면적과의 오차의 허용범위는?

① ±125.6m²
② ±121.4m²
③ ±128.2m²
④ ±164.1m²

해설

신구면적 허용오차
$A = \pm 0.026^2 M\sqrt{F} = \pm 0.026^2 \times 6,000\sqrt{1,000} = 128.2$

정답 08 ④ 09 ③ 10 ③

11 토지대장과 지적도를 작성하여 비치하게 된 최초의 근거법령은?

① 토지조사령　　② 지세법　　③ 지적측량규정　　④ 지적법

> **해설**

토지조사법 (土地調査法)	현행과 같은 근대적 지적에 관한 법률의 체제는 1910년 8월 23일(대한제국시대) 법률 제7호로 제정 공포된 토지조사법에서 그 기원을 찾아 볼 수 있으나, 1910년 8월 29일 한일합방에 의한 국권피탈로 대한제국이 멸망한 이후 실질적인 효력이 상실되었다.
토지조사령 (土地調査令)	그후 대한제국을 강점한 일본은 토지소유권제도의 확립이라는 명분하에 토지 찬탈과 토지과세를 위하여 토지조사사업을 실시하였으며 이를 위하여 토지조사령(1912.8.13.제령 제2호)을 공포하고 시행하였다.
지세령 (地稅令)	1914년에 지세령(1914.3.6 제령 제1호)과 토지대장규칙(1914.4.25 조선총독부령 제45호) 및 토지측량 표규칙(1915.1.15 조선총독부령 제1호)을 제정하여 토지조사사업의 성과를 담은 토지대장과 지적도의 등록사항과 변경·정리방법 등을 규정하였다.
토지대장규칙 (土地臺帳規則)	1914년 4월 25일 조선총독부령 제45호로 전문 8조로 구성되어 있으며 이는 1914년 3월 16일 제령 제1호로 공포된 지세령 제5항에 규정된 토지대장에 관한 사항을 규정하는 데 그 목적이 있었다. 1923년 10월 15일 조선총독부령 제120호로 토지대장규칙은 일부 개정되어 제3조에 "따로 고시하는 지역에서는 토지대장에 등록한 토지에 대하여 임야도로서 지적도로 간주함"이라고 추가함으로써 우리나라에 "별책토지대장, 을호토지대장"이라는 용어가 탄생하게 되었다.

12 우리나라의 지번부여 방향 원칙은?

① 북서 → 남동　　② 남동 → 북서　　③ 북동 → 남서　　④ 남서 → 북동

> **해설**

지번부여 기준
- 지번은 지적소관청이 지번부여지역별로 차례대로 부여한다.
- 지번은 북서에서 남동으로 순차적으로 부여한다.

13 일자오결제의 지번제도를 시행하였던 시대는?

① 조선시대　　② 신라시대　　③ 백제시대　　④ 고구려시대

> **해설**

지번(자호)제도는 조선에 와서 일자오결제도(一字五結制度)의 계기가 되었으며 조선에서는 이를 천자답(天字畓), 지자답(地字畓) 등으로 바뀌었다.

14 제도 시 붉은색을 사용하지 않는 것은?

① 도곽선　　② 도곽선 수치　　③ 지방도로　　④ 말소선

> **해설**

지적제도 시 도곽선과 도곽선 수치, 말소선은 붉은색으로 지방도로는 검은색으로 제도한다.

15 진행방향에 다른 지번부여 방식이 아닌 것은?

① 회전식   ② 기우식   ③ 단지식   ④ 사행식

해설

진행방법에 의한 분류

사행식	• 필지의 배열이 불규칙한 지역에서 진행순서에 따라 지번을 부여하는 방법이다. • 진행방향에 따라 지번이 순차적으로 연속된다. • 농촌지역에 적합하나, 상하좌우로 볼 때 어느 방향에서는 지번이 뛰어넘는 단점이 있다.
기우식 (교호식)	• 도로를 중심으로 하여 한쪽은 홀수인 기수로, 그 반대쪽은 짝수인 우수로 지번을 부여하는 방법으로서 교호식이라고도 한다. • 시가지 지역의 지번 설정에 적합하다.
단지식 (Block식)	• 1단지마다 하나의 지번을 부여하고 단지 내 필지들은 부번을 부여하는 방법으로서 블록식이라고도 한다. • 토지구획정리사업 및 농지개량사업 시행지역에 적합하다.

16 다음 중 방위각법에 의한 지적도근점측량에서 연결오차를 구하는 식이 옳은 것은?

① $\sqrt{fx+fy}$ ② $\sqrt{fx^2+fy^2}$
③ $fx+fy$ ④ fx^2+fy^2

해설

연결오차 = $\sqrt{fx^2+fy^2}$

17 1필지의 확정 기준으로 틀린 것은?

① 동일한 지가   ② 동일한 지목
③ 동일한 소유자   ④ 연속된 지반

해설

1필지로 정할 수 있는 기준
토지의 등록단위인 1필지를 정하기 위하여는 다음의 기준에 적합하여야 한다.

지번부여지역이 동일	1필지로 확정하고자 하는 토지는 지번부여지역(행정구역인 법정 동·리 또는 이에 준하는 지역)이 같아야 한다. 따라서 1필지의 토지에 동·리 및 이에 준하는 지역이 다른 경우 1필지로 획정할 수 없다.
소유자가 동일	1필지로 획정하고자 하는 토지는 소유자가 동일하여야 한다. 따라서 1필지로 획정하고자 하는 토지의 소유자가 각각 다른 경우에는 1필지로 획정할 수 없다. 또한 소유권 이외의 권리관계까지도 동일하여야 한다.
용도가 동일	1필지로 확정하고자 하는 토지는 지목이 동일하여야 한다. 따라서 1필지 내 토지의 일부가 주된 사용목적 또는 용도가 다른 경우에는 1필지로 획정할 수 없다. 다만, 주된 토지에 편입할 수 있는 토지의 경우에는 필지 내 토지의 일부가 지목이 다른 경우라도 주지목추종의 원칙에 의하여 1필지로 획정할 수 있다.
지반의 연속	1필지로 확정하고자 하는 토지는 지형·지물(도로, 구거, 하천, 계곡, 능선) 등에 의하여 지반이 끊기지 않고 지반이 연속되어야 한다. 즉, 1필지로 하고자 하는 토지는 지반이 연속되지 않은 토지가 있을 경우 별필지로 획정하여야 한다.

정답 15 ① 16 ② 17 ①

18 지적측량을 하여야 하는 경우가 아닌 것은?

① 토지를 신규등록하는 경우
② 지적공부를 복구하는 경우
③ 지목을 변경하는 경우
④ 토지를 등록전환하는 경우

해설

지목변경은 지적측량을 수반하지 않는다.

19 지적도의 도곽 수치가 (-)로 표시되는 것을 막기 위한 조치방법은?

① 종선에 20만m, 횡선에 50만m를 더해준다.
② 종선에 20만m, 횡선에 20만m를 더해준다.
③ 종선에 50만m, 횡선에 20만m를 더해준다.
④ 종선에 50만m, 횡선에 50만m를 더해준다.

해설

평면직각좌표원점

원점	위도	경도	비고
서부원점	북위 38도	동경 125도	토지조사사업 당시
중부원점	북위 38도	동경 127도	토지조사사업 당시
동부원점	북위 38도	동경 129도	토지조사사업 당시
동해원점	북위 38도	동경 131도	2003년 신설

좌표 수치는 모두 정수로 계산하기 위하여 각 원점에
- 종선 500,000m 횡선에 200,000m를 가산
- 제주도 지역에 있어서는 종선만 550,000m를 가산

20 묘지의 관리를 위한 건축물 부지의 지목은?

① 대   ② 묘지   ③ 분묘지   ④ 임야

해설

묘지(墓地)

사람의 시체나 유골이 매장된 토지, 「도시공원 및 녹지 등에 관한 법률」에 따른 묘지공원으로 결정·고시된 토지 및 「장사 등에 관한 법률」에 따른 봉안시설과 이에 접속된 부속시설물의 부지. 다만, 묘지의 관리를 위한 건축물의 부지는 "대"로 한다.

21 다음 중 임야도의 축척에 해당하는 것은?

① 1/1,000   ② 1/1,200   ③ 1/2,400   ④ 1/3,000

정답 18 ③ 19 ③ 20 ① 21 ④

> 해설

지적·임야도에 등록된 도상거리와 실제 지상거리와의 비례를 말하는 것으로 지적도 축척의 구분은 측량의 정도에 따라 다음과 같이 구분할 수 있다.

구분	축척	도상길이(cm)		지상길이(m)	
		종선	횡선	종선	횡선
토지대장등록지 (지적도)	1/500	30	40	150	200
	1/600	41.666	33.333	200	250
	1/1,000	30	40	300	400
	1/1,200	41.666	33.333	400	500
	1/2,400	41.666	33.333	800	1,000
	1/3,000	40	50	1,200	1,500
	1/6,000	40	50	2,400	3,000
임야대장등록지 (임야도)	1/3,000	40	50	1,200	1,500
	1/6,000	40	50	2,400	3,000

22 지상 경계를 결정하는 기준이 틀린 것은?

① 연접되는 토지 간에 높낮이 차이가 있는 경우 : 그 구조물 등의 하단부
② 토지가 해면 또는 수면에 접하는 경우 : 최대만조위 또는 최대만수위가 되는 선
③ 도로 등의 토지에 절토된 부분이 있는 경우 : 그 경사면의 상단부
④ 공유수면매립지의 토지 중 제방을 토지에 편입하여 등록하는 경우 : 안쪽 어깨부분

> 해설

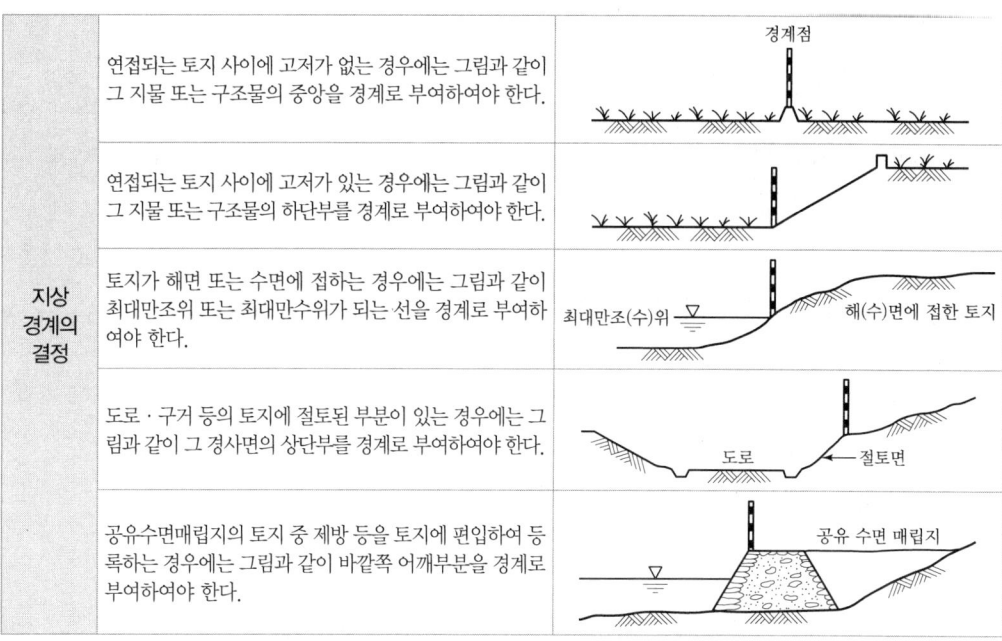

정답 22 ④

23 토지조사사업의 목적과 가장 거리가 먼 것은?

① 일본 자본의 토지 점유를 돕기 위해
② 식민지 통치를 위한 조세 수입 체계를 확립하기 위해
③ 한국의 공업화에 따른 노동력 부족을 충당하기 위해
④ 조선총독부가 경작지로 가능한 미개간지를 점유하기 위해

> **해설**
>
> 토지조사사업
> 일제는 1910년 10월 조선총독부 산하에 임시토지조사국을 설치하여 본격적인 토지조사사업을 전담토록 하였으며, 1912년 8월 12일 제령 제2호로 토지조사령을 제정하였다. 토지조사사업의 목적은 다음과 같다.
> - 토지소유의 법적 증명제도를 확립
> - 조세 수입체계의 확립
> - 국유지를 창출 조사하여 조선총독부 소유 토지의 확보
> - 일본 상업 고리대 자본의 토지점유가 보장되는 법률적 제도 확립
> - 일본 식민에 대한 제도적 지원 대책 확립
> - 조선총독부의 미개간지 점유
> - 미곡의 일본 수출 증가를 위한 토지이용제도 정비
> - 일본의 공업화에 따른 노동력 부족을 우리나라 소작농으로 충당

24 축척이 1/1,000인 지적도상에 한 변이 3cm로 등록된 정사각형 모양인 토지의 실제면적은 얼마인가?

① 570m²   ② 600m²   ③ 750m²   ④ 900m²

> **해설**
>
> $$\left(\frac{1}{m}\right)^2 = \frac{도상면적}{실제면적}$$
>
> $$\left(\frac{1}{1,000}\right)^2 = \frac{가로 \times 세로}{실제면적} = \frac{0.0009}{실제면적}$$
>
> ∴ 실제면적 $= 0.0009 \times 1,000^2 = 900\text{m}^2$

25 공간정보의 구축 및 관리 등에 관한 법률에 따른 지번의 정의가 옳은 것은?

① 필지에 부여하여 지적공부에 등록한 번호
② 지목이 동일한 토지에 부여한 번호
③ 경계가 맞닿은 토지에 부여한 번호
④ 소유자가 동일한 토지에 부여한 번호

정답 23 ③ 24 ④ 25 ①

> **해설**

토지의 표시
지적공부에 토지의 소재·지번(地番)·지목(地目)·면적·경계 또는 좌표를 등록한 것을 말한다.

지번	필지에 부여하여 지적공부에 등록한 번호를 말한다.
지목	토지의 주된 용도에 따라 토지의 종류를 구분하여 지적공부에 등록한 것을 말한다.
면적	지적공부에 등록한 필지의 수평면상 넓이를 말한다.
경계	필지별로 경계점들을 직선으로 연결하여 지적공부에 등록한 선을 말한다.
좌표	지적측량기준점 또는 경계점의 위치를 평면직각 종횡선수치로 표시한 것을 말한다.

26 경계점좌표등록부의 등록사항이 아닌 것은?

① 토지의 고유번호
② 지적도면의 번호
③ 필지별 경계점좌표등록부의 장번호
④ 삼각점 및 지적기준점의 위치

> **해설**

경계점좌표등록부(境界點座標登錄簿, Boundary Point Coordinate Books)
- 토지의 소재
- 지번
- 좌표
- 토지의 고유번호
- 지적도면의 번호
- 필지별 경계점좌표등록부의 장번호
- 부호 및 부호도

27 공간정보의 구축 및 관리 등에 관한 법령에 따른 지목의 종류는?

① 22지목
② 24지목
③ 26지목
④ 28지목

> **해설**

지목	부호	지목	부호	지목	부호	지목	부호
전	전	대	대	철도용지	철	공원	공
답	답	공장용지	장	제방	제	체육용지	체
과수원	과	학교용지	학	하천	천	유원지	원
목장용지	목	주차장	차	구거	구	종교용지	종
임야	임	주유소용지	주	유지	유	사적지	사
광천지	광	창고용지	창	양어장	양	묘지	묘
염전	염	도로	도	수도용지	수	잡종지	잡

28 지번부여지역으로 옳은 것은?

① 시·도 또는 이에 준하는 지역
② 시·군 또는 이에 준하는 지역
③ 읍·면 또는 이에 준하는 지역
④ 동·리 또는 이에 준하는 지역

정답 26 ④ 27 ④ 28 ④

해설

토지의 표시	지적공부에 토지의 소재·지번(地番)·지목(地目)·면적·경계 또는 좌표를 등록한 것을 말한다.
필지	대통령령으로 정하는 바에 따라 구획되는 토지의 등록단위를 말한다.
지번	필지에 부여하여 지적공부에 등록한 번호를 말한다.
지번부여지역	지번을 부여하는 단위지역으로서 동·리 또는 이에 준하는 지역을 말한다.
지목	토지의 주된 용도에 따라 토지의 종류를 구분하여 지적공부에 등록한 것을 말한다.
경계점	필지를 구획하는 선의 굴곡점으로서 지적도나 임야도에 도해(圖解) 형태로 등록하거나 경계점좌표등록부에 좌표 형태로 등록하는 점을 말한다.
경계	필지별로 경계점들을 직선으로 연결하여 지적공부에 등록한 선을 말한다.
면적	지적공부에 등록한 필지의 수평면상 넓이를 말한다.

29 자연적인 지형·지물인 담장, 울타리, 도랑, 하천 등으로 이루어진 토지경계로 옳은 것은?

① 보증경계
② 일반경계
③ 고정경계
④ 법률적 경계

해설

경계특성에 의한 분류

일반경계	일반경계(General Boundary 또는 Unfixed Boundary)라 함은 특정 토지에 대한 소유권이 오랜 기간 동안 존속하였기 때문에 담장·울타리·구거·제방·도로 등 자연적 또는 인위적 형태의 지형·지물을 필지별 경계로 인식하는 것이다.
고정경계	고정경계(Fixed Boundary)라 함은 특정 토지에 대한 경계점의 지상에 석주·철주·말뚝 등의 경계표지를 설치하거나 또는 이를 정확하게 측량하여 지적도상에 등록·관리하는 경계이다.
보증경계	지적측량사에 의하여 정밀 지적측량이 행해지고 지적관리청의 사정(査定)에 의하여 행정처리가 완료되어 측정된 토지경계를 의미한다.

30 지적측량의 기초측량에 사용하는 방법이 아닌 것은?

① 경위의측량방법
② 광파기측량방법
③ 평판측량방법
④ 위성측량방법

해설

지적측량의 방법 등(지적측량 시행규칙 제7조)

① 법 제23조제2항에 따른 지적측량의 방법은 다음 각 호의 어느 하나에 따른다. 〈개정 2013.3.23.〉
  1. 지적삼각점측량 : 위성기준점, 통합기준점, 삼각점 및 지적삼각점을 기초로 하여 경위의측량방법, 전파기 또는 광파기측량방법, 위성측량방법 및 국토교통부장관이 승인한 측량방법에 따르되, 그 계산은 평균계산법이나 망평균계산법에 따를 것
  2. 지적삼각보조점측량 : 위성기준점, 통합기준점, 삼각점, 지적삼각점 및 지적삼각보조점을 기초로 하여 경위의측량방법, 전파기 또는 광파기측량방법, 위성측량방법 및 국토교통부장관이 승인한 측량방법에 따르되, 그 계산은 교회법(交會法) 또는 다각망도선법에 따를 것

정답 29 ② 30 ③

3. 지적도근점측량 : 위성기준점, 통합기준점, 삼각점 및 지적기준점을 기초로 하여 경위의측량방법, 전파기 또는 광파기 측량방법, 위성측량방법 및 국토교통부장관이 승인한 측량방법에 따르되, 그 계산은 도선법, 교회법 및 다각망도선법에 따를 것
4. 세부측량 : 위성기준점, 통합기준점, 지적기준점 및 경계점을 기초로 하여 경위의측량방법, 평판측량방법, 전자평판측량방법, 위성측량방법 및 드론측량방법에 따를 것

31 국가의 모든 토지를 필지단위로 지적공부에 등록·공시하여야 법률적 효력이 발생한다는 이념은?

① 국정주의
② 형식주의
③ 공개주의
④ 신청주의

해설

기본이념	내 용
지적국정주의	지적공부의 등록사항인 토지표시사항을 국가만이 결정할 수 있는 권한을 가진다는 이념이다.
지적형식주의	국가가 결정한 토지에 대한 물리적 현황과 법적 권리관계 등을 외부에서 인식할 수 있도록 일정한 법정의 형식을 갖추어 지적공부에 등록하여야만 효력이 발생한다는 이념으로「지적등록주의」라고도 한다.

지적공개주의	• 지적공부에 등록된 사항을 토지소유자나 이해관계인은 물론 일반인에게도 공개한다는 이념이다.
	• 공시원칙에 의한 지적공부 3가지 형식
	  - 지적공부를 직접 열람 및 등본으로 알 수 있다.
	  - 현장에 경계복원함으로써 알 수 있다.
	  - 등록된 사항과 현장 상황이 틀린 경우 변경등록한다.

실질적 심사주의	토지에 대한 사실관계를 정확하게 지적공부에 등록·공시하기 위하여 토지를 새로이 지적공부에 등록하거나 등록된 사항을 변경·등록하고자 할 경우 소관청은 실질적인 심사를 실시하여야 한다는 이념으로서「사실심사주의」라고도 한다.
직권등록주의	국가는 의무적으로 통치권이 미치는 모든 토지에 대한 일정한 사항을 직권으로 조사·측량하여 지적공부에 등록·공시하여야 한다는 이념으로「적극적 등록주의」또는「등록강제주의」라고도 한다.

32 토지소유자가 지적공부의 등록사항에 대한 정정을 신청할 때, 경계 또는 면적의 변경을 가져오는 경우 정정사유를 적은 신청서와 함께 지적소관청에 제출하여야 하는 것은?

① 등록사항 정정 측량성과도
② 건축물대장등본
③ 주민등록등본
④ 부동산등기부

해설

등록사항의 정정 신청(공간정보의 구축 및 관리 등에 관한 법률 시행규칙 제93조)
① 토지소유자는 법 제84조제1항에 따라 지적공부의 등록사항에 대한 정정을 신청할 때에는 정정사유를 적은 신청서에 다음 각 호의 구분에 따른 서류를 첨부하여 지적소관청에 제출하여야 한다.
 1. 경계 또는 면적의 변경을 가져오는 경우 : 등록사항 정정 측량성과도
 2. 그 밖의 등록사항을 정정하는 경우 : 변경사항을 확인할 수 있는 서류
② 제1항에 따른 서류를 해당 지적소관청이 관리하는 경우에는 지적소관청의 확인으로 해당 서류의 제출을 갈음할 수 있다.

정답 31 ② 32 ①

33 토지조사사업 당시의 조사내용에 해당하지 않는 것은?

① 토지의 소유권
② 토지의 가격
③ 토지의 외모
④ 토지의 지질

> **해설**
> 조선토지조사사업보고서 전문에 따르면 토지조사사업의 내용을 크게 나누어 보면 토지소유권의 조사, 토지가격의 조사, 지형·지모의 조사 등 3개 분야로 구분하여 조사하였다.

토지소유권 조사 (土地所有權 調査)	소유권 조사는 측량성과에 의거 토지의 소재, 지번, 지목, 면적과 소유권을 조사하여 토지대장에 등록하고 토지의 일필지에 대한 위치, 형상, 경계를 측정하여 지적도에 등록함으로써 토지의 경계와 소유권을 사정하여 토지소유권제도의 확립과 토지등기제도의 설정을 기하도록 하였다.
토지가격 조사 (土地價格 調査)	시가지는 그 지목 여하에 불구하고 전부 시가(時價)에 따라 지가를 평정하고, 시가지 이외의 지역은 임대가격을 기초로 하였으며, 전·답, 지소 및 잡종지는 그 수익을 기초로 하여 지가를 결정하였다. 이러한 지가조사로 토지에 대한 과세기준을 통일함으로써 지세제도를 확립하는 데 유감이 없도록 하였다.
지형·지모 조사 (地形·地貌 調査)	지형, 지모의 조사는 지형측량으로 지상에 있는 천위(天爲), 인위(人爲)의 지물을 묘화(描畫)하며 그 고저 분포의 관계를 표시하여 지도상에 등록하도록 하였다. 토지조사사업에서는 측량부문을 삼각측량, 도근측량, 세부측량, 면적계산, 제도, 이동지 측량, 지형측량 등 7종으로 나누어 실시하였다. 이러한 측량을 수행하기 위하여 설치한 지적측량 기준점과 토지의 경계점 등을 기초로 세밀한 지형측량을 실시하여 지상의 중요한 지형·지물에 대한 각 도 단위의 50,000분의 1의 지형도가 작성되었다.

34 축척 1/500 지적도 1매가 포용하는 면적은?

① 10,000m²
② 20,000m²
③ 30,000m²
④ 40,000m²

> **해설**
> **도면의 도곽 크기**

축척	도상거리		지상거리		포용면적 (m²)
	세로(cm)	가로(cm)	세로(m)	가로(m)	
1/500	30	40	150	200	30,000
1/1,000	30	40	300	400	120,000
1/600	33.3333	41.6667	200	250	50,000
1/1,200	33.3333	41.6667	400	500	200,000
1/2,400	33.3333	41.6667	800	1,000	800,000
1/3,000	40	50	1,200	1,500	1,800,000
1/6,000	40	50	2,400	3,000	7,200,000

35 지적소관청이 축척변경을 하려면 축척변경위원회의 의결을 거치기 전 축척변경 시행지역의 토지소유자에 대해 얼마 이상의 동의를 얻어야 하는가?

① 2분의 1 이상
② 3분의 1 이상
③ 3분의 2 이상
④ 4분의 3 이상

정답 33 ④ 34 ③ 35 ③

> 해설

축척변경(공간정보의 구축 및 관리 등에 관한 법률 제83조)
① 축척변경에 관한 사항을 심의·의결하기 위하여 지적소관청에 축척변경위원회를 둔다.
② 지적소관청은 지적도가 다음 각 호의 어느 하나에 해당하는 경우에는 토지소유자의 신청 또는 지적소관청의 직권으로 일정한 지역을 정하여 그 지역의 축척을 변경할 수 있다.
  1. 잦은 토지의 이동으로 1필지의 규모가 작아서 소축척으로는 지적측량성과의 결정이나 토지의 이동에 따른 정리를 하기가 곤란한 경우
  2. 하나의 지번부여지역에 서로 다른 축척의 지적도가 있는 경우
  3. 그 밖에 지적공부를 관리하기 위하여 필요하다고 인정되는 경우
③ 지적소관청은 제2항에 따라 축척변경을 하려면 축척변경 시행지역의 토지소유자 3분의 2 이상의 동의를 받아 제1항에 따른 축척변경위원회의 의결을 거친 후 시·도지사 또는 대도시 시장의 승인을 받아야 한다. 다만, 다음 각 호의 어느 하나에 해당하는 경우에는 축척변경위원회의 의결 및 시·도지사 또는 대도시 시장의 승인 없이 축척변경을 할 수 있다.
  1. 합병하려는 토지가 축척이 다른 지적도에 각각 등록되어 있어 축척변경을 하는 경우
  2. 제86조에 따른 도시개발사업 등의 시행지역에 있는 토지로서 그 사업 시행에서 제외된 토지의 축척변경을 하는 경우

36 토지등록의 편성주의가 아닌 것은?

① 물적 편성주의
② 연대적 편성주의
③ 권리적 편성주의
④ 인적 편성주의

> 해설

토지대장 편성주의

구분	내용
물적 편성주의(物的 編成主義, System des Realfoliums)	물적 편성주의란 개개의 토지를 중심으로 등록부를 편성하는 것으로서 1토지에 1용지를 두는 경우이다. 등록객체인 토지를 필지로 구획하고 이를 등록단위로 하므로 토지의 이용·관리·개발 측면에서는 편리하나 권리주체인 소유자별 파악이 곤란하다
인적 편성주의(人的 編成主義, System des Personalfoliums)	인적 편성주의란 개개의 토지소유자를 중심으로 등록부를 편성하는 것으로 토지대장이나 등기부를 소유자별로 작성하여 동일 소유자에 속하는 모든 토지는 당해 소유자의 대장에 기록하는 방식이다.
연대적 편성주의(年代的 編成主義, Chronologisches System)	연대적 편성주의란 당사자 신청의 순서에 따라 순차로 등록부에 기록하는 것으로 프랑스의 등기부와 미국에서 일부 사용되는 리코딩 시스템(Recoding System)이 이에 속한다. 등기부의 편성방법으로서는 유효하나 공시의 작용을 하지 못하는 단점이 있다.
물적·인적 편성주의(物的·人的 編成主義, System der Real Personalfolien)	물적·인적 편성주의란 물적 편성주의를 기본으로 등록부를 편성하되 인적 편성주의의 요소를 가미한 것이다. 즉 소유자별 토지등록부를 동시에 설치함으로써 효과적인 토지행정을 수행하는 방법이다.

37 지적측량성과 결정사항 중 틀린 것은?

① 지적삼각점 : 0.20m 이내
② 지적삼각보조점 : 0.25m 이내
③ 경계점좌표등록지역의 지적도근점 : 0.10m 이내
④ 경계점좌표등록지역의 경계점 : 0.10m 이내

정답 36 ③ 37 ③

해설

지적측량성과결정

지적측량 성과결정	지적삼각점	±20cm
	지적삼각보조점	±25cm
	지적도근점	• 경계점좌표등록부 시행지역 : ±15cm • 그 밖의 지역 : ±25cm
	경계점	• 경계점좌표등록부 시행지역 : ±10cm • 그 밖의 지역 : ±100분의 $3M$센티미터(M은 축척분모), 전자평판측량방법으로 측량하는 경우 ±100분의 $2M$센티미터
지적재조사측량 성과결정	지적기준점	±0.03m
	경계점	±0.07m
지적확정측량 성과검사기준	지적삼각점	±20cm
	지적삼각보조점	±25cm
	지적도근점	±15cm(도선을 달리하여 검사)
	경계점	±10cm

38 토지의 지목을 정리하는 부호로서 옳지 않은 것은?

① 잡종지 – 잡   ② 임야 – 임   ③ 수도용지 – 용   ④ 유지 – 유

해설

지목	부호	지목	부호	지목	부호	지목	부호
전	전	대	대	철도용지	철	공원	공
답	답	공장용지	장	제방	제	체육용지	체
과수원	과	학교용지	학	하천	천	유원지	원
목장용지	목	주차장	차	구거	구	종교용지	종
임야	임	주유소용지	주	유지	유	사적지	사
광천지	광	창고용지	창	양어장	양	묘지	묘
염전	염	도로	도	수도용지	수	잡종지	잡

39 지적측량 중 기초측량에 해당하지 않는 것은?

① 지적삼각점측량   ② 지적삼각보조점측량
③ 국가수준원점측량   ④ 지적도근점측량

해설

지적측량의 구분 등(지적측량 시행규칙 제5조)
① 지적측량은 기초측량과 1필지의 경계와 면적을 정하는 세부측량으로 구분한다. 〈개정 2015.4.23., 2024.12.26.〉
② 지적측량은 평판(平板)측량, 전자평판측량, 경위의(經緯儀)측량, 전파기(電波機) 또는 광파기(光波機)측량, 사진측량, 위성측량 및 드론측량 등의 방법에 따른다. 〈개정 2024.12.26.〉

정답 38 ③ 39 ③

40 토지의 합병신청에 관한 설명으로 틀린 것은?

① 토지를 합병하고자 할 때에는 지적소관청에 신청하여야 한다.
② 주택법에 의한 공동주택의 부지로서 합병사유 발생 시 합병신청을 해야 한다.
③ 토지합병사유 발생일로부터 60일 이내 합병신청하지 않은 경우 과태료를 부과한다.
④ 토지의 합병신청이 있는 때에는 지적소관청이 조사하여 사실을 확인한 후에 지적공부를 정리하는 것은 실질적 심사주의이다.

> 해설

합병신청(공간정보의 구축 및 관리 등에 관한 법률 제80조)
① 토지소유자는 토지를 합병하려면 대통령령으로 정하는 바에 따라 지적소관청에 합병을 신청하여야 한다.
② 토지소유자는 「주택법」에 따른 공동주택의 부지, 도로, 제방, 하천, 구거, 유지, 그 밖에 대통령령으로 정하는 토지로서 합병하여야 할 토지가 있으면 그 사유가 발생한 날부터 60일 이내에 지적소관청에 합병을 신청하여야 한다.
③ 다음 각 호의 어느 하나에 해당하는 경우에는 합병신청을 할 수 없다.
　1. 합병하려는 토지의 지번부여지역, 지목 또는 소유자가 서로 다른 경우
　2. 합병하려는 토지에 다음 각 목의 등기 외의 등기가 있는 경우
　　가. 소유권·지상권·전세권 또는 임차권의 등기
　　나. 승역지(承役地)에 대한 지역권의 등기
　　다. 합병하려는 토지 전부에 대한 등기원인(登記原因) 및 그 연월일과 접수번호가 같은 저당권의 등기

41 다음 중 축척변경 시행지역의 토지가 이동이 있는 것으로 보는 시기는?

① 토지공사착수일　　　　② 사업시행공고일
③ 축척변경 확정공고일　　④ 청산금 결정공고일

> 해설

축척변경의 확정공고(공간정보의 구축 및 관리 등에 관한 법률 시행령 제78조)
① 청산금의 납부 및 지급이 완료되었을 때에는 지적소관청은 지체 없이 축척변경의 확정공고를 하여야 한다.
② 지적소관청은 제1항에 따른 확정공고를 하였을 때에는 지체 없이 축척변경에 따라 확정된 사항을 지적공부에 등록하여야 한다.
③ 축척변경 시행지역의 토지는 제1항에 따른 확정공고일에 토지의 이동이 있는 것으로 본다.

42 전자면적측정기에 의한 측정 면적은 도상에서 2회 측정하여 그 평균치를 사용하는데 그 허용교차를 구하는 식은?(단, A : 허용교차면적, M : 축척분모, F : 2회 측정한 면적의 합계를 2로 나눈 수)

① $A = 0.023^2 M\sqrt{F}$　　　② $A = 0.026^2 M\sqrt{F}$
③ $A = 0.023^2 F\sqrt{M}$　　　④ $A = 0.026^2 F\sqrt{M}$

> 해설

허용교차 $A = 0.023^2 M\sqrt{F}$

정답　40 ③　41 ③　42 ①

43 우리나라 지적제도의 발달과정으로 옳은 것은?

① 세지적 → 법지적 → 다목적지적
② 법지적 → 세지적 → 다목적지적
③ 다목적지적 → 법지적 → 세지적
④ 법지적 → 다목적지적 → 세지적

해설

제적제도의 발전과정

세지적 (稅地籍)	토지에 대한 조세부과를 주된 목적으로 하는 제도로 과세지적이라고도 한다. 국가의 재정수입을 토지세에 의존하던 농경사회에서 개발된 제도로 과세의 표준이 되는 농경지는 기준수확량, 일반토지는 토지등급을 중시하고 지적공부의 등록사항으로는 면적단위를 중시한 지적제도이다.
법지적 (法地籍)	세지적의 발전된 형태로서 토지에 대한 사유재산권이 인정되면서 생성된 유형으로 소유지적, 경계지적이라고도 한다. 토지소유권 보호를 주된 목적으로 하는 제도로 토지거래의 안전과 토지소유권의 보호를 위한 토지경계를 중시한 지적제도이다.
다목적지적 (多目的地籍)	현대사회에서 추구하고 있는 지적제도로 종합지적, 통합지적, 유사지적, 경제지적, 정보지적이라고도 한다. 토지와 관련한 다양한 정보를 종합적으로 등록·관리하고 이를 이용 또는 활용하고 필요한 자에게 제공해 주는 것을 목적으로 하는 지적제도이다.

44 일람도의 제도방법을 설명한 것으로 옳은 것은?

① 철도용지는 붉은색 0.1mm 폭의 2선으로 제도한다.
② 수도용지 중 선로는 검은색 0.1mm 폭의 2선으로 제도한다.
③ 하천·구거·유지는 남색 0.1mm 폭의 2선으로 제도하고 그 내부를 남색으로 엷게 채색한다.
④ 취락지·건물 등은 0.1mm 폭의 선으로 제도하고 그 내부를 붉은색으로 엷게 채색한다.

해설

일람도의 제도
- 제명 및 축척-축척 : 1/10(도면의 장수가 많을 시 줄여서 작성 가능) 제명 옆에 20mm, 글자 크기 9mm, 간격 1/2
- 도면번호 : 지번부여지역·축척·지적도·임야도·경계점좌표등록지별로 일련번호 부여
- 도면번호 : 신규·등록전환일 경우 마지막 번호 다음 도면번호부터 새로이 부여, 단 도개 시 종전 도면번호-1과 같이 부여
- 도면번호 3mm, 인접 동·리 명칭, 4mm, 그 밖의 행정구역 명칭 5mm
- 지방도로 이상 0.2mm 폭-2선, 그 밖의 도로 0.1mm 폭-검은색
- 철도 0.2mm 폭 2선-붉은색, 수도용지 0.1mm 폭 2선-남색
- 0.1mm 폭 1선-하천구거유지(내부 남색-선만으로도 가능), 취락지건물 등(내부 검은색), 도개·축척(내부 붉은색, 사업명·완료 연도)

45 축척변경위원회의 구성에 필요한 인원수로 옳은 것은?

① 15명 이상 20명 이하
② 10명 이상 15명 이하
③ 5명 이상 10명 이하
④ 1명 이상 5명 이하

정답 43 ① 44 ③ 45 ③

해설

축척변경위원회(공간정보의 구축 및 관리 등에 관한 법률 시행령 제79조)

구성(79조)	기능(80조)	회의(81조)

① 축척변경위원회는 5명 이상 10명 이하의 위원으로 구성하되, 위원의 2분의 1 이상을 토지소유자로 하여야 한다. 이 경우 그 축척변경 시행지역의 토지소유자가 5명 이하일 때에는 토지소유자 전원을 위원으로 위촉하여야 한다.
② 위원장은 위원 중에서 지적소관청이 지명한다.
③ 위원은 다음 각 호의 사람 중에서 지적소관청이 위촉한다.
  1. 해당 축척변경 시행지역의 토지소유자로서 지역 사정에 정통한 사람
  2. 지적에 관하여 전문지식을 가진 사람
④ 축척변경위원회의 위원에게는 예산의 범위에서 출석수당과 여비, 그 밖의 실비를 지급할 수 있다. 다만, 공무원인 위원이 그 소관 업무와 직접적으로 관련되어 출석하는 경우에는 그러하지 아니하다.
	① 축척변경 시행계획에 관한 사항
	② 지번별 제곱미터당 금액의 결정과 청산금의 산정에 관한 사항
	③ 청산금의 이의신청에 관한 사항
	④ 그 밖에 축척변경과 관련하여 지적소관청이 회의에 부치는 사항
		① 축척변경위원회의 회의는 지적소관청이 제80조 각 호의 어느 하나에 해당하는 사항을 축척변경위원회에 회부하거나 위원장이 필요하다고 인정할 때에 위원장이 소집한다.
		② 축척변경위원회의 회의는 위원장을 포함한 재적위원 과반수의 출석으로 개의(開議)하고, 출석위원 과반수의 찬성으로 의결한다.
		③ 위원장은 축척변경위원회의 회의를 소집할 때에는 회의일시 · 장소 및 심의안건을 회의 개최 5일 전까지 각 위원에게 서면으로 통지하여야 한다.

46 다음 중 지적공부에 해당하는 것은?

① 가목대장
② 도로대장
③ 임야대장
④ 하천대장

해설

지적공부
토지대장, 임야대장, 공유지연명부, 대지권등록부, 지적도, 임야도 및 경계점좌표등록부 등 지적측량 등을 통하여 조사된 토지의 표시와 해당 토지의 소유자 등을 기록한 대장 및 도면(정보처리시스템을 통하여 기록 · 저장된 것을 포함한다)을 말한다.

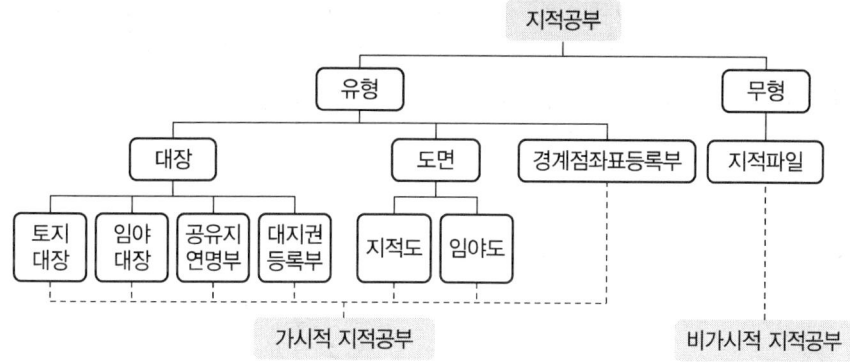

정답 46 ③

47 지적도의 축척이 1/600 지역 토지의 등록단위는?

① 1평
② 1홉
③ 0.1m²
④ 1m²

> **해설**
>
> 면적의 결정 및 측량계산의 끝수처리(공간정보의 구축 및 관리 등에 관한 법률 시행령 제60조)
> ① 면적의 결정은 다음 각 호의 방법에 따른다.
>   1. 토지의 면적에 1제곱미터 미만의 끝수가 있는 경우 0.5제곱미터 미만일 때에는 버리고 0.5제곱미터를 초과하는 때에는 올리며, 0.5제곱미터일 때에는 구하려는 끝자리의 숫자가 0 또는 짝수이면 버리고 홀수이면 올린다. 다만, 1필지의 면적이 1제곱미터 미만일 때에는 1제곱미터로 한다.
>   2. 지적도의 축척이 600분의 1인 지역과 경계점좌표등록부에 등록하는 지역의 토지 면적은 제1호에도 불구하고 제곱미터 이하 한 자리 단위로 하되, 0.1제곱미터 미만의 끝수가 있는 경우 0.05제곱미터 미만일 때에는 버리고 0.05제곱미터를 초과할 때에는 올리며, 0.05제곱미터일 때에는 구하려는 끝자리의 숫자가 0 또는 짝수이면 버리고 홀수이면 올린다. 다만, 1필지의 면적이 0.1제곱미터 미만일 때에는 0.1제곱미터로 한다.
> ② 방위각의 각치(角値), 종횡선의 수치 또는 거리를 계산하는 경우 구하려는 끝자리의 다음 숫자가 5 미만일 때에는 버리고 5를 초과할 때에는 올리며, 5일 때에는 구하려는 끝자리의 숫자가 0 또는 짝수이면 버리고 홀수이면 올린다. 다만, 전자계산 조직을 이용하여 연산할 때에는 최종수치에만 이를 적용한다.

48 다음 중 토지의 지번 앞에 "산"자를 붙여 표기하는 지적공부는?

① 토지대장
② 임야대장
③ 경계점좌표등록부
④ 토지대장 부본

> **해설**
>
> | 지번의 기능 | • 필지를 구별하는 개별성과 특정성의 기능을 갖는다.
• 거주지 또는 주소 표기의 기준으로 이용된다.
• 위치 파악의 기준으로 이용된다.
• 각종 토지 관련 정보시스템에서 검색키(식별자·색인키)로서의 기능을 갖는다. |
> |---|---|
> | 지번의 구성 | • 지번(地番)은 아라비아숫자로 표기하되, 임야대장 및 임야도에 등록하는 토지의 지번은 숫자 앞에 "산"자를 붙인다.
• 지번은 본번(本番)과 부번(副番)으로 구성하되, 본번과 부번 사이에 "-" 표시로 연결한다. 이 경우 "-" 표시는 "의"라고 읽는다. |

49 저수지의 지목은 다음 중 어디에 해당되는가?

① 유지
② 하천
③ 잡종지
④ 광천지

정답 47 ③ 48 ② 49 ①

제방	조수 · 자연유수(自然流水) · 모래 · 바람 등을 막기 위하여 설치된 방조제 · 방수제 · 방사제 · 방파제 등의 부지
하천	자연의 유수(流水)가 있거나 있을 것으로 예상되는 토지
구거	용수(用水) 또는 배수(排水)를 위하여 일정한 형태를 갖춘 인공적인 수로 · 둑 및 그 부속시설물의 부지와 자연의 유수(流水)가 있거나 있을 것으로 예상되는 소규모 수로부지
유지(溜池)	물이 고이거나 상시적으로 물을 저장하고 있는 댐 · 저수지 · 소류지(沼溜地) · 호수 · 연못 등의 토지와 연 · 왕골 등이 자생하는 배수가 잘 되지 아니하는 토지
양어장	육상에 인공으로 조성된 수산생물의 번식 또는 양식을 위한 시설을 갖춘 부지와 이에 접속된 부속시설물의 부지
수도용지	물을 정수하여 공급하기 위한 취수(取水 : 강이나 저수지에서 필요한 물을 끌어옴) · 저수(貯水 : 물을 인공적으로 모음) · 도수(導水 : 정수장을 연결하는 물길이 새롭게 뚫렸다. 도수터널) · 정수 · 송수(정수된 물을 배수로로 보내는 시설) 및 배수시설(정수장에서 정화처리된 청정수를 소요 수압으로 소요 수량을 배수관을 통하여 급수지역에 보내는 것)의 부지 및 이에 접속된 부속시설물의 부지

50 다음 중 지적의 발생설과 거리가 먼 것은?

① 과세설
② 치수설
③ 지배설
④ 권리설

해설

지적의 발생설(지적제도의 기원)

과세설 (課稅說, Taxation Theory)	국가가 과세를 목적으로 토지에 대한 각종 현상을 기록 · 관리하는 수단으로부터 출발했다고 보는 설로 공동생활과 집단생활을 형성 · 유지하기 위해서는 경제적 수단으로 공동체에 제공해야 한다. 토지는 과세목적을 위해 측정되고 경계의 확정량에 따른 과세가 이루어졌고, 고대에는 정복한 지역에서 공납물을 징수하는 수단으로 이용되었다.
치수설 (治水說, Flood Control Theory)	국가가 토지를 농업생산 수단으로 이용하기 위하여 관개시설 등을 측량하고 기록, 유지, 관리하는 데서 비롯되었다고 보는 설로 토지측량설(土地測量說, Land Survey Theory)이라고도 한다. 물을 다스려 보국안민을 이룬다는 데서 유래를 찾아볼 수 있고, 주로 4대강 유역이 치수설을 뒷받침하고 있다.
지배설 (支配說, Rule Theory)	국가가 토지를 다스리기 위한 영토의 보존과 통치수단으로 토지에 대한 각종 현황을 관리하는 데서 출발한다고 보는 설로 지배설은 자국 영토의 국경을 상징하는 경계 표시를 만들어 객관적으로 표시하고 기록하는 과정에서 지적이 발생했다는 이론이다.

51 세 변의 길이가 각각 20m, 30m, 20m인 삼각형의 면적은 얼마인가?

① 280.6m²
② 250.4m²
③ 198.4m²
④ 152.6m²

해설

$$S = \frac{a+b+c}{2} = \frac{20+30+20}{2} = 35$$
$$A = \sqrt{s(s-a)(s-b)(s-c)} = \sqrt{35(35-20)(35-30)(35-20)} = 198.4 m^2$$

정답 50 ④ 51 ③

52 임야조사사업 당시의 재결기관은?

① 도지사
② 임야조사위원회
③ 고등토지조사위원회
④ 임시토지조사국

해설

구분	토지조사사업	임야조사사업
근거법령	토지조사령(1912.8.13 제령 제2호)	조선임야조사령(1918.5.1 제령 제5호)
조사기간	1910~1918년(8년 10개월)	1916~1924년(9개년)
측량기관	임시토지조사국	부(府)와 면(面)
사정기관	임시토지조사국장	도지사
재결기관	고등토지조사위원회	임야심사위원회
조사내용	토지소유권, 토지가격, 지형·지모	토지소유권, 토지가격, 지형·지모
조사대상	전국에 걸친 평야부 토지 낙산 임야	토지조사에서 제외된 토지 산림 내 개재지(토지)
도면축척	1/600, 1/1,200, 1/2,400	1/3,000, 1/6,000
기선측량	13개소	

53 토지이동 신청에 관한 특례와 관련하여 사업의 착수·변경 및 완료 사실을 지적소관청에 신고하여야 하는 대통령령으로 정하는 토지개발사업이 아닌 것은?

① 「주택법」에 따른 주택건설사업
② 「산업입지 및 개발에 관한 법률」에 따른 산업단지개발사업
③ 「공유수면관리 및 매립에 관한 법률」에 따른 매립사업
④ 「국토의 계획 및 이용에 관한 법률」에 따른 토지형질변경사업

해설

공간정보의 구축 및 관리 등에 관한 법률 시행령 제83조(토지개발사업 등의 범위 및 신고)
① 법 제86조제1항에서 "대통령령으로 정하는 토지개발사업"이란 다음 각 호의 사업을 말한다.
 1. 「주택법」에 따른 주택건설사업
 2. 「택지개발촉진법」에 따른 택지개발사업
 3. 「산업입지 및 개발에 관한 법률」에 따른 산업단지개발사업
 4. 「도시 및 주거환경정비법」에 따른 정비사업
 5. 「지역 개발 및 지원에 관한 법률」에 따른 지역개발사업
 6. 「체육시설의 설치·이용에 관한 법률」에 따른 체육시설 설치를 위한 토지개발사업
 7. 「관광진흥법」에 따른 관광단지 개발사업
 8. 「공유수면관리 및 매립에 관한 법률」에 따른 매립사업
 9. 「항만법」 및 「신항만건설촉진법」에 따른 항만개발사업
 10. 「공공주택 특별법」에 따른 공공주택지구조성사업
 11. 「물류시설의 개발 및 운영에 관한 법률」 및 「경제자유구역의 지정 및 운영에 관한 특별법」에 따른 개발사업
 12. 「철도건설법」에 따른 고속철도, 일반철도 및 광역철도 건설사업

정답 52 ② 53 ④

13. 「도로법」에 따른 고속국도 및 일반국도 건설사업
14. 그 밖에 제1호부터 제13호까지의 사업과 유사한 경우로서 국토교통부장관이 고시하는 요건에 해당하는 토지개발사업
② 법 제86조제1항에 따른 도시개발사업 등의 착수·변경 또는 완료 사실의 신고는 그 사유가 발생한 날부터 15일 이내에 하여야 한다.

54 토지대장과 임야대장에 등록할 사항이 아닌 것은?

① 토지의 소재
② 소유권 지분
③ 지번
④ 면적

구분	토지표시사항	소유권에 관한 사항	기타
土地臺帳 (Land Books) 林野臺帳 (Forest Books)	• 토지소재 • 지번 • 지목 • 면적 • 토지의 이동 사유	• 토지소유자 변동일자 • 변동원인 • 주민등록번호 • 성명 또는 명칭 • 주소	• 토지의 고유번호(각 필지를 서로 구별하기 위하여 필지마다 붙이는 고유한 번호를 말한다) • 지적도 또는 임야도 번호 • 필지별 토지대장 또는 임야대장의 장번호 • 축척 • 토지등급 또는 기준수확량등급과 그 설정·수정 연월일 • 개별공시지가와 그 기준일

55 지적소관청이 시·도지사로부터 축척변경 승인을 받았을 때 관련 사항을 며칠 이상 공고하여야 하는가?

① 60일 이상
② 40일 이상
③ 30일 이상
④ 20일 이상

축척변경 시행공고 등(공간정보의 구축 및 관리 등에 관한 법률 시행령 제71조)
① 지적소관청은 법 제83조제3항에 따라 시·도지사 또는 대도시 시장으로부터 축척변경 승인을 받았을 때에는 지체 없이 다음 각 호의 사항을 20일 이상 공고하여야 한다.
  1. 축척변경의 목적, 시행지역 및 시행기간
  2. 축척변경의 시행에 관한 세부계획
  3. 축척변경의 시행에 따른 청산방법
  4. 축척변경의 시행에 따른 토지소유자 등의 협조에 관한 사항
② 제1항에 따른 시행공고는 시·군·구(자치구가 아닌 구를 포함한다) 및 축척변경 시행지역 동·리의 게시판에 주민이 볼 수 있도록 게시하여야 한다.
③ 축척변경 시행지역의 토지소유자 또는 점유자는 시행공고가 된 날(이하 "시행공고일"이라 한다)부터 30일 이내에 시행공고일 현재 점유하고 있는 경계에 국토교통부령으로 정하는 경계점표지를 설치하여야 한다.

정답 54 ② 55 ④

56 지적공부의 복구자료로 활용할 수 없는 것은?

① 측량결과도
② 공시지가전산자료
③ 지적공부의 등본
④ 토지이동정리결의서

해설

공간정보의 구축 및 관리 등에 관한 법률 시행규칙 제72조(지적공부의 복구자료)
영 제61조 제1항에 따른 지적공부의 복구에 관한 관계 자료(이하 "복구자료"라 한다)는 다음 각 호와 같다.
1. 지적공부의 등본
2. 측량결과도
3. 토지이동정리결의서
4. 토지(건물)등기사항증명서 등 등기사실을 증명하는 서류
5. 지적소관청이 작성하거나 발행한 지적공부의 등록내용을 증명하는 서류
6. 법 제69조 제3항에 따라 복제된 지적공부
7. 법원의 확정판결서 정본 또는 사본

57 다음 중 각을 측정할 수 없는 장비는?

① 트랜싯
② 데오돌라이트
③ 광파 앨리데이드
④ 토털스테이션

해설

광파 앨리데이드는 각을 측정할 수 없는 장비이다.

58 자오선의 북방향(북극)을 기준으로 하여 시계방향(우회)으로 측정한 각은?

① 도북방위각
② 자북방위각
③ 진북방위각
④ 편방위각

해설

방향각	도북방향을 기준으로 어느 측선까지 시계방향으로 잰 각
방위각	• 자오선을 기준으로 어느 측선까지 시계방향으로 잰 각 • 방위각도 일종의 방향각 • 자북방위각, 역방위각
진북방향각 (자오선수차)	• 도북을 기준으로 한 도북과 자북의 사이각 • 진북방향각은 삼각점의 원점으로부터 동쪽에 위치 시(−), 서쪽에 위치 시(+)를 나타낸다. • 좌표원점에서 동서로 멀어질수록 진북방향각이 커진다. • 방향각, 방위각, 진북방향각의 관계 : 방위각(α) = 방향각(T) − 자오선수차($\pm \Delta\alpha$)

정답 56 ② 57 ③ 58 ③

59 고의로 지적측량성과를 사실과 다르게 한 지적측량 수행자에 대한 벌칙 기준이 옳은 것은?

① 300만 원 이하의 과태료
② 1년 이하의 징역 또는 1천만 원 이하의 벌금
③ 2년 이하의 징역 또는 2천만 원 이하의 벌금
④ 3년 이하의 징역 또는 3천만 원 이하의 벌금

> **해설**
>
> **벌칙(공간정보의 구축 및 관리 등에 관한 법률 제107조)**
> 측량업자나 수로사업자로서 속임수, 위력(威力), 그 밖의 방법으로 측량업 또는 수로사업과 관련된 입찰의 공정성을 해친 자는 3년 이하의 징역 또는 3천만 원 이하의 벌금에 처한다.
>
> **벌칙(공간정보의 구축 및 관리 등에 관한 법률 제108조)**
> 다음 각 호의 어느 하나에 해당하는 자는 2년 이하의 징역 또는 2천만 원 이하의 벌금에 처한다.
> 1. 제9조제1항을 위반하여 측량기준점표지를 이전 또는 파손하거나 그 효용을 해치는 행위를 한 자
> 2. 고의로 측량성과 또는 수로조사성과를 사실과 다르게 한 자
> 3. 제16조 또는 제21조를 위반하여 측량성과를 국외로 반출한 자
> 4. 제44조를 위반하여 측량업의 등록을 하지 아니하거나 거짓이나 그 밖의 부정한 방법으로 측량업의 등록을 하고 측량업을 한 자
> 5. 제54조를 위반하여 수로사업의 등록을 하지 아니하거나 거짓이나 그 밖의 부정한 방법으로 수로사업의 등록을 하고 수로사업을 한 자
> 6. 제92조제1항에 따른 성능검사를 부정하게 한 성능검사대행자
> 7. 제93조제1항을 위반하여 성능검사대행자의 등록을 하지 아니하거나 거짓이나 그 밖의 부정한 방법으로 성능검사대행자의 등록을 하고 성능검사업무를 한 자

60 축척 1/1,200 지역에서 도곽선을 측정한 바 +1.0m, +0.8m, +0.9m, 0.8m이고 도상거리가 8cm일 때 보정거리는?

① 95.00m
② 95.81m
③ 96.00m
④ 96.81m

> **해설**
>
> - 실제거리 : 도상거리×축척분모=0.08×1,200=96m
> - 보정량 : $\dfrac{신축량(지상)\times 4}{도곽선길이의 합}\times 실측거리=\dfrac{0.875\times 4}{1800}\times 96=0.1867$
> - 보정거리 : 실제거리−보정량=96−0.1867=95.81m

정답 59 ③ 60 ②

PART

04

실기 이론편

CHAPTER 01 면적측정
CHAPTER 02 지적제도

CHAPTER 01 면적측정

1 면적측정의 개요

토지의 면적은 수평면인 것과 구면 또는 경사면인 것이 있으나 지적법상의 면적은 지적측량에 의하여 지적공부에 등록된 수평면적을 말한다. 면적측정이라 함은 지적공부에 등록된 필지의 경계점 또는 좌표에 의하여 도면상의 면적을 구하는 것을 말한다.

2 면적의 단위

토지조사사업 및 임야조사사업 당시부터 1975년 12월 31일 법률 제2801호에 의한 「지적법」 전면개정 이전까지는 척관법(尺貫法)에 의하여 토지대장에는 평(坪)으로, 임야대장에는 정(町), 단(段), 무(畝), 보(步)로 등록하여 사용하였으나, 1975년 12월 31일 「지적법」 개정 이후부터 현재까지는 미터법에 의한 제곱미터(m^2)를 면적단위로 하고 있다.

1) 미터법 계열

기본단위		척관법 단위와의 관계
$1m^2 = 1m \times 1m$ $1a = 100m^2$ $1km^2 = 100ha = 10,000a$	$1km^2 = 1km \times 1km$ $1ha = 100a = 10,000m^2$	$1m^2 = 0.3025$평 $1a = 30.25$평 $1ha = 1.0083$정보 $= 3025$평 $1km^2 = 100.83$정보 $= 302,500$평

2) 척관법 계열

기본 단위	미터법 단위와의 관계
1평 = 6척 × 6척 = 1간 × 1간 1홉 = $\frac{1}{10}$평(1평 = 10홉, 1홉 = 10작) 1보 = 1평 1무 = 30평 1단 = 300평 = 10무 1정 = 3000평 = 100무 = 10단	1평(보) = $3.3057851m^2$ 1정보 = $9,917m^2 = 0.99174ha = 0.00992km^2$ $1m^2 = (0.55간)^2 = 0.3025$평 양변에 400을 곱하면 $400m^2 = 121$평 환산식 1평 = $\frac{400}{121}m^2$ $1m^2 = \frac{121}{400}$평

3) 축척, 거리와 면적의 관계

축척과 거리의 관계	축척과 면적의 관계	면적과 평의 관계
$\dfrac{1}{m} = \dfrac{도상거리}{지상거리}$	$\left(\dfrac{1}{m}\right)^2 = \dfrac{도상면적}{지상면적}$	$\dfrac{400}{121} \times 평 = m^2$ $\dfrac{121}{400} \times m^2 = 평$

4) 면적단위의 변천

구분	1910~1975.12.30	1975.12.31~현재
토지대장	평(坪)	제곱미터(m²)
임야대장	정, 단, 묘, 무, 보	

> **기초지식**
>
> 1정=3,000평, 1단=300평, 1무=30평, 1보=1평
> ∴ 구지적법에 의한 임야대장의 면적이 1정 2단 3무 5보인 경우를 평으로 환산하면 1정(3,000평), 2단 (2×300=600평), 3무(3×30=90평), 5보(5평)이므로 3,695평이 된다.
> ※ 면적단위의 명칭은 1975년 12월 31일 「지적법」 개정에 따라 평방미터에서 1986년 5월 8일 「지적법」 개정으로 인하여 제곱미터로 바뀌었다.

5) 면적환산

지적공부에 등록된 척관법에 의한 면적(평 또는 정·단·무·보)을 현재 사용하고 있는 미터법에 의한 제곱미터(m²)로 환산하거나 미터법에 의한 제곱미터(m²)를 평으로 환산하는 방법은 다음과 같다.

평 또는 보 → 제곱미터(m²)	평(坪) 또는 보(步) × $\dfrac{400}{121}$ = 제곱미터(m²)
제곱미터(m²) → 평	제곱미터(m²) × $\dfrac{121}{400}$ = 평(坪) 또는 보(步)
면적환산의 근거(평 → m²)	「지적법 시행규칙」(1976년 5월 7일 내무부령 제208호) 부칙 제3항에 "영 부칙 제4조의 규정에 의하여 면적단위를 환산 등록하는 경우의 환산기준은 다음에 의한다."라고 규정되어 있으며 이 공식의 산출근거는 다음과 같다.

면적환산의 근거(평 → m²)	1m=0.55간, 2m=1.1간, 20m=11간 (∵ 수를 배가시켜 정수를 산출한 것은 계산의 편익을 위함임)

20m □ 400m² 20m

11간 □ 121평(坪) 11간

400 : m² = 121 : 평

$m^2 = \dfrac{400}{121} \times 평(坪)$, $평(坪) = \dfrac{121}{400} \times m^2$

기초지식 | 면적환산기준 근거

〈「지적법 시행규칙」 부칙 제3항(면적환산의 기준) 1976년 5월 7일 내무부령 제208호〉
영 부칙 제4조의 규정에 의하여 면적단위를 환산 등록하는 경우의 환산기준은 다음에 의한다.

$평(또는 보) \times \dfrac{400}{121} = 평방미터(현재는 제곱미터로 쓰인다)$

3 면적측정의 대상

면적측정 대상	면적측정 대상 제외
① 지적공부를 복구하는 경우 ② 신규등록을 하는 경우 ③ 등록전환을 하는 경우 ④ 분할을 하는 경우 ⑤ 도시개발사업 등으로 새로이 경계를 확정하는 경우 ⑥ 축척변경이 필요하다고 인정될 경우 ⑦ 지적공부의 등록사항에 오류가 있음을 발견하여 정정하는 경우 ⑧ 경계복원측량 및 지적현황측량 등에 의하여 면적 측정을 필요로 하는 경우	① 지목변경 ② 지번변경 ③ 합병

4 면적측정 방법과 기준

1) 면적측정 방법

면적측정 방법	대상지역	측량방법
좌표면적계산법	경계점좌표등록부 등록지	경위의측량
전자면적측정기	지적도·임야도 등록지	평판측량

2) 면적측정 기준

(1) 좌표에 의한 방법

대상지역	경위의측량방법으로 세부측량을 실시한 경우, 즉 경계점좌표등록부가 비치된 지역에서의 면적은 필지의 좌표를 이용하여 면적을 측정하여야 한다.
필지별 면적측정	경계점좌표에 따른다.
산출면적 단위	산출면적은 $1/1{,}000m^2$까지 계산하여 $1/10m^2$ 단위로 정한다.

(2) 전자면적 측정기법

측정면적	전자식 구적기라고도 하며, 도상에서 2회 측정하여 그 교차가 다음 산식에 의한 허용면적 이하인 때에는 그 평균치를 측정면적으로 한다. $A = 0.023^2 M\sqrt{F}$ 여기서, A : 허용면적 M : 축척분모 F : 2회 측정한 면적의 합계를 2로 나눈 수
계산	측정면적은 $1/1{,}000m^2$까지 계산
단위	$1/10m^2$ 단위로 정한다.

▶ 면적측정 계산의 예

축척	횟수 또는 산출수(단위 : m²)			측정면적	산출교차	허용면적	결정면적
	1회	2회	3회				
1/600	24.67	25.48		25.08	0.8	1.6	25.1
1/1,200	105.8	109.4		107.6	3.6	6.6	108
1/6,000	295.6	296.8		296.2	1.2	54.6	296

(3) 면적측정부의 작성순서

① 분할지의 경우에는 분할지의 지번을 기록하고 원래의 지번을 붉은색으로 기록한다.
② 측정방법란에는 "전자"라 기재한다.
③ 횟수 또는 산출수 란에는 전자면적기로 분할된 1필지의 토지를 측정한 면적을 2회 측정한다.
④ 교차가 $A = 0.023^2 M\sqrt{F}$ 이내일 때 2회에 대한 평균값을 측정면적으로 한다.
⑤ 도곽선에 신축량이 0.5mm 이상일 경우 도곽신축 보정계수를 구한다.
⑥ 측정면적에 도곽신축 보정계수를 곱하여 보정면적을 구한다.
⑦ 원면적과 보정면적의 차를 구하여 신구면적오차를 구한다.
⑧ 보정면적에 오차배분 공식을 적용하여 산출면적을 구한다.
⑨ 축척에 의한 등록 면적단위로 결정면적을 구한 다음 전체 면적의 합과 원면적이 일치하여야 한다.

⑩ 분할지에서는 원래 지번에 속하는 사항의 기재가 끝날 때마다 결정면적란까지 횡선을 긋는다.
⑪ 면적 결정이 끝난 경우에는 비고란까지 횡선을 긋고 연월일에 기재한 후 날인한다.

기초지식

① 산출면적 : 전자면적기 등으로 측정한 최초의 측정면적을 말한다.
② 산출교차 : 면적을 2회 측정할 경우 첫 번째 산출한 면적과 두 번째 산출한 면적의 차를 말한다.
③ 측정면적 : 수회면적을 산출한 경우 산출면적의 합계와 산출 횟수로 나눈 값, 즉 산출면적의 평균값을 말한다.
④ 결정면적 : 측정면적에 의하여 면적을 최종적으로 결정하거나 지적공부에 등록하고자 할 경우, 결정하는 면적을 말하는 것으로 지적공부의 면적 등록단위 기준에 의하여 결정된다. 지적공부에 등록하는 면적의 단위는 m^2로 한다. 다만, 지적도의 축척이 1/600인 지역과 경계점좌표등록부에 등록하는 지역의 토지의 면적은 m^2 이하 한 자리 단위로 한다.

---

5 도곽신축에 따른 면적측정

1) 면적보정

면적측정하는 경우 도곽선의 길이에 0.5mm 이상의 신축이 있는 때에는 이를 보정하여야 한다.

▶ **도면의 도곽 크기**

축척	도상거리		지상거리	
	세로(cm)	가로(cm)	세로(m)	가로(m)
1/500	30	40	150	200
1/1,000	30	40	300	400
1/600	33.3333	41.6667	200	250
1/1,200	33.3333	41.6667	400	500
1/2,400	33.3333	41.6667	800	1,000
1/3,000	40	50	1,200	1,500
1/6,000	40	50	2,400	3,000

2) 도곽선의 신축량 및 보정량 계산

도곽선의 신축량 계산	$S = \dfrac{\Delta X_1 + \Delta X_2 + \Delta Y_1 + \Delta Y_2}{4}$ 여기서, S : 신축량 　　　ΔX_1 : 왼쪽 종선의 신축된 차, ΔX_2 : 오른쪽 종선의 신축된 차 　　　ΔY_1 : 왼쪽 횡선의 신축된 차, ΔY_2 : 오른쪽 횡선의 신축된 차 이 경우 신축된 차(mm) $= \dfrac{1{,}000(L - L_O)}{M}$ 여기서, L : 신축된 도곽선지상길이, L_O : 도곽선지상길이, M : 축척분모
도곽선의 정계수 계산	$Z = \dfrac{X \cdot Y}{\Delta X \cdot \Delta Y}$ 여기서, Z : 보정계수, X : 도곽선종선길이, Y : 도곽선횡선길이 　　　ΔX : 신축된 도곽선종선길이의 합/2 　　　ΔY : 신축된 도곽선횡선길이의 합/2

> **기초지식 | 도곽선**
>
> 우리나라 전체에 대하여 지적도 또는 임야도를 작성하고자 할 경우 지상의 크기와 동일한 1 : 1의 도면을 작성할 수 없으므로 일정한 비율로 실제 크기를 축소하여 그린다. 그렇지만 축소한다고 하여도 연속된 도면을 작성할 수 없으므로 이를 일정한 크기로 나누어 작성하게 되는데 이때 구획되는 선을 도곽선이라 한다. 이러한 도곽선은 평면직각종횡선 좌표의 원점(동부·중부·서부원점)으로부터 시작하여 종·횡선을 일정한 크기(지적도는 종선 30cm, 횡선 40cm, 임야도는 종선 40cm, 횡선 50cm)로 나누어 구획하게 되며 도곽선의 형태는 직사각형을 이루며 붉은색으로 그린다.
> ① 인접 도면과의 접합의 기준으로 이용된다.
> ② 도곽의 종선 위쪽 방향은 항상 도북(도면상의 북쪽)을 가리킨다.
> ③ 지적측량의 기준이 되는 지적측량기준점은 평면직각종횡선 좌표로 표시하므로 도면상에 이의 위치를 표시할 시(전개) 기준이 된다.
> ④ 도면의 신축 기준으로 이용된다.

6 토지이동으로 인한 면적의 결정방법

1) 경계 또는 좌표와 면적의 결정방법

(1) 신규등록 · 등록전환 · 분할 및 경계정정 등

　새로이 측량하여 각 필지의 경계 또는 좌표와 면적을 정한다.

(2) 토지합병

　① 경계 또는 좌표 : 합병 전의 각 필지의 경계 또는 좌표가 합병으로 인하여 필요 없게 된 부분을 말소하여 정한다.

② 면적 : 합병 전의 각 필지를 면적을 합산한 면적을 합병 후 필지의 면적으로 한다.

2) 등록전환에 따른 면적오차의 허용범위 및 배분 등

(1) 오차가 허용범위를 초과하는 때

등록전환을 위하여 면적을 정함에 있어서 오차가 발생하는 경우 그 오차가 허용범위를 초과 시 임야대장의 면적 또는 임야도의 경계를 소관청이 직권으로 정정하여야 한다.

(2) 오차의 허용범위

등록전환을 하는 경우 임야대장의 면적과 등록전환을 하고자 하는 면적의 오차의 허용범위는 다음 산식에 의한다. 이 경우 오차의 허용범위를 계산함에 있어서 축척이 1/3,000인 지역은 축척분모는 6,000으로 한다.

$$A = 0.026^2 M \sqrt{F}$$

여기서, A : 오차허용면적, M : 임야도의 축척분모, F : 등록전환면적

(3) 등록전환면적 결정

등록전환을 하고자 하는 면적이 오차의 허용범위 이내인 경우에는 그 면적을 등록전환면적으로 결정하여야 한다.

3) 분할에 따른 면적오차의 허용범위 및 배분 등

(1) 면적 결정

① 분할을 위하여 면적을 정함에 있어서 오차가 발생하는 경우 그 오차가 허용범위 이내인 때에는 그 오차를 분할 후의 각 필지의 면적에 안분한다.
② 분할 시 신구면적의 오차가 허용범위를 초과하는 경우에는 지적공부의 등록사항을 정정하여야 한다.

(2) 오차의 허용범위

분할 후의 각 필지의 면적의 합계와 분할 전 면적과의 오차의 허용범위는 다음 산식에 의한다. 이 경우 오차의 허용범위를 계산함에 있어서 축척이 1/3,000인 지역의 축척분모는 6,000으로 한다.

$$A = 0.026^2 M \sqrt{F}$$

여기서, A : 오차허용면적, M : 축척분모, F : 원면적

(3) 오차의 배분

신구면적의 오차를 배부한 산출면적은 다음 산식에 따라 필요한 자리까지 계산하고 결정면적은 그 합계가 원면적에 일치하도록 산출면적의 소요자릿수 미만의 수가 큰 것부터 차례로 올린다.

다만, 소요자릿수 미만의 수가 서로 같을 때에는 산출면적이 큰 것을 올린다.

$$r = \frac{F}{A} \times a$$

여기서, r : 각 필지의 산출면적, F : 원면적, A : 측정면적합계 또는 보정면적합계,
a : 각 필지의 측정면적 또는 보정면적

(4) 분할 시 면적측정 특례

분할 전 면적이 5,000m² 이상인 필지를 분할하는 경우 분할 후의 면적이 분할 전 면적의 8할 이상이 되는 필지의 면적을 측정하는 때에는 분할 전 면적의 2할 미만이 되는 필지의 면적을 먼저 측정한 후, 분할 전 면적에서 그 측정된 면적을 빼는 방법에 의할 수 있다. 다만, 동일한 측량결과도에서 측정할 수 있는 경우와 좌표면적계산법에 의하여 면적을 측정하는 때에는 그러하지 않는다.

4) 경계점좌표등록부 시행지역의 토지분할

① 분할 후 각 필지의 면적합계가 분할 전 면적보다 큰 경우에는 구하고자 하는 끝자리의 다음 숫자가 작은 것부터 순차적으로 버려서 정하되, 분할 전 면적에 증감이 없도록 하여야 한다.
② 분할 후 각 필지의 면적합계가 분할 전 면적보다 적은 경우에는 끝자리의 다음 숫자가 큰 것부터 순차적으로 올려서 정하되, 분할 전 면적에 증감이 없어야 한다.

▶ 분할 시 면적측정 계산의 예

동리명	지번	측정방법	횟수 또는 산출수			측정면적	도곽신축 보정계수	보정면적	원면적	산출면적	결정면적
			1회	2회	3회						
잠실동	117	전	100.45	100.47		100.5	0.9955	100.0		100.4	100.4
	117-1	전	100.64	100.66		100.6		100.1		100.5	100.6
	117-2	전	99.05	99.01		99.0		98.6		99.0	99.0
	합계	전				300.1		298.7	300.0	299.9	300.0

※ 잠실동 117번지가 3필지로 분할될 경우이며, 도곽신축보정계수 0.9955, 축척은 1/600
① 측정 횟수 또는 산출수 : 도상에서 2회 측정한다.
② 측정면적 : 2회 측정하여 그 교차가 다음 식에 의한 허용면적 이하일 때 그 평균치를 측정면적으로 한다.
$A = 0.023^2 M\sqrt{F}$
여기서, A : 허용면적, M : 축척분모, F : 2회 측정한 면적의 합을 2로 나눈 수
③ 측정면적 단위 : 1/000m²까지 계산하여 1/10m² 단위로 정한다.
④ 도곽선의 보정계수계산
$$Z = \frac{X \cdot Y}{\Delta X \cdot \Delta Y}$$
여기서, Z : 보정계수, X : 도곽선종선길이, Y : 도곽선횡선길이,
ΔX : 신축된 도곽선종선길이의 합/2, ΔY : 신축된 도곽선횡선길이의 합/2

⑤ 산출면적 : 신구면적의 오차를 배부한 산출면적은 다음 산식에 따라 필요한 자리까지 계산하고 결정면적은 그 합계가 원면적에 일치하도록 산출면적의 소요자릿수 미만의 수가 큰 것부터 차례로 올린다. 다만, 소요자릿수 미만의 수가 서로 같을 때에는 산출면적이 큰 것을 올린다.

$$r = \frac{F}{A} \times a$$

여기서, r : 각 필지의 산출면적, F : 원면적, A : 측정면적합계 또는 보정면적합계,
a : 각 필지의 측정면적 또는 보정면적

- 117 : $300/298.7 \times 100.0 = 100.4(3)$
- 117-1 : $300/298.7 \times 100.1 = 100.5(4)$
- 117-2 : $300/298.7 \times 98.6 = 99.0(3)$

⑥ 결정면적 : 결정면적의 단위는 m^2로 한다. 다만, 지적도의 축척이 1/600인 지역과 경계점좌표등록부에 등록하는 지역의 토지의 면적은 m^2 이하 한자리 단위로 한다.

CHAPTER 02 지적제도

SECTION 01 개요

경위의측량방법이나 측판측량방법으로 세부측량을 실시할 경우 그 성과를 측량원도에 등재하여야 하며, 이렇게 지상에서 측도한 원도나 관측계산에 의해서 작성된 원도는 규정에 따라 착묵과 주기를 하여 이를 완성하게 된다. 지적도에는 신규등록, 등록전환, 분할토지의 등록, 합병에 따른 지적도상 변동사항을 가제·정리하여야 하며, 이를 바탕으로 일람도도 함께 가제·정정한다.

SECTION 02 도면의 축척 및 표시사항

지적도란 토지대장에 등록된 토지의 필지별 경계선을 등록한 평면도를 말하며 지적도의 색인과 활용을 용이하게 하기 위하여 일람도와 지번색인표를 별도로 작성·비치하고 있다. 임야도는 임야대장에 등록된 토지의 필지별 경계선을 등록한 평면도를 말하며 필요시에는 지적도와 동일하게 일람도와 지번색인표를 작성·비치하여야 한다.

1 축척

지적·임야도에 등록된 도상거리와 실제 지상거리와의 비례를 말하는 것으로 지적도축척의 구분은 측량의 정도에 따라 다음과 같이 구분할 수 있다.

구분	축척	도곽면적(m²)	도상길이(cm)		지상길이(m)	
			종선	횡선	종선	횡선
토지대장등록지 (지적도)	1/500	30,000	30	40	150	200
	1/600	50,000	41.666	33.333	200	250
	1/1,000	120,000	30	40	300	400
	1/1,200	200,000	41.666	33.333	400	500
	1/2,400	800,000	41.666	33.333	800	100,000
	1/3,000	1,800,000	40	50	1,200	1,500
	1/6,000	7,200,000	40	50	2,400	3,000
임야대장등록지 (임야도)	1/3,000	1,800,000	40	50	1,200	1,500
	1/6,000	7,200,000	40	50	2,400	3,000

2 좌표계

지적측량에 있어 사용되고 있는 평면직각좌푯값은 평면상 1점을 택하여 좌표원점으로 정하고 그 평면상에서 원점을 지나는 자오선을 X축[북을 정(+)으로 함], 동서방향을 Y축[동을 정(+)으로 함]으로 하며 각 지점의 위치는 직각 좌푯값 x, y로 표시한다.

우리나라의 좌표계는 북위 38°를 기준축으로 하고 동서로 각각 2°씩 다음과 같이 구획되어 있어 이 점에서 자오선에 그은 절선의 북방향을 X축으로 하고 이것에 직각된 방향을 Y축으로 하였다.

원점명	경도	위도
동해원점	동경 131° 00′ 00″	북위 38° 00′ 00″
동부원점	동경 129° 00′ 00″	북위 38° 00′ 00″
중부원점	동경 127° 00′ 00″	북위 38° 00′ 00″
서부원점	동경 125° 00′ 00″	북위 38° 00′ 00″

3 지적(임야)도의 방향

지적도의 방향은 북쪽이 도면의 위쪽이 되도록 작성하며, 평면직각좌표의 원점으로 기산하여 구획된 도곽선에 의하여 방향을 나타낸다.

4 선의 종류 및 색

선 0.1mm	경계선을 그릴 때 사용
선 0.2mm	기초점을 그릴 때 사용
선 0.4mm	행정구역선을 그릴 때 사용(단, 리·동 경계는 0.2mm)
검은색	별도로 색별지정을 하지 않을 경우에는 검은색으로 한다.
붉은색	도곽선, 도곽선수치, 말소선 등에 사용하며 2도면 이상에 걸친 토지로서 그 일부가 다른 도면에 등록된 토지의 지번 및 지목 주기에도 사용한다.

5 지적(임야)도에 표시사항

표시사항	내용
토지의 소재	지번부여지역인 법정 동·리 단위까지 기재한다.
지번	지번은 본번 또는 본번과 부번으로 구성하고 아라비아숫자로 표기한다. 임야도에 등록하는 지번은 본번 앞에 "산"자를 붙여 표기한다.
지목	지목을 도면에 표기할 때에는 부호로 표기한다.
경계	지적도·임야도(도해지역)에서는 경계점을 직선으로 연결한 선으로, 경계점좌표등록부(수치지역)에서는 좌표의 연결로 경계를 등록한다.

표시사항	내용
도면의 색인도	인접 도면의 연결순서를 표시하기 위하여 기재한 도표와 번호를 말하는 것으로 도곽선 왼쪽 윗부분 여백 중앙에 가로 7mm, 세로 6mm 크기의 직사각형을 중앙에 두고 그의 4변에 접하여 동일규격의 직사각형 4개를 그려 표기한다.
도면의 제명 및 축척	제명이라 함은 도곽선 윗부분 여백의 중앙에 "시군구 · 읍면 · 리동 지적(임야)도 ○○장중 제○○호 축척 ○○분의 1"이라 횡서로 표기하는 것을 말하며 수치측량시행지역의 도면은 제명의 "지적도" 다음에 "(좌표)"라 표기한다.
도곽선 및 그 수치	• 도곽선은 지적기준점의 전개, 방위, 인접 도면과의 접합, 도곽의 신축보정 등에 따른 기준선으로의 역할을 하기 때문에 모든 지적도와 임야도에 도곽선을 등록하여야 한다. • 도곽선의 수치는 해당 지적도에 등록된 토지가 위치하는 좌표, 즉 당해 지적도에 표시된 토지와 원점까지의 거리를 말한다. 도곽선의 수치는 일반원점으로부터 계산하여 종선수치에 600,000m, 횡선수치에 200,000m를 각각 가산하여 언제나 정수가 되도록 하여 도면별 도곽의 북동쪽과 남서쪽의 모서리에 등록하여야 한다. ※ 세계측지계에 따르지 아니하는 지적측량의 경우에는 가우스상사 이중 투영법으로 표시하되, 직각좌표계 투영원점의 가산(加算)수치를 각각 $X(N)$ 500,000m(제주도 지역 550,000m), $Y(E)$ 200,000m로 하여 사용할 수 있다.
좌표에 의하여 계산된 경계점 간 거리 (경계점좌표등록부 시행지역)	수치측량시행지역의 지적도에는 각 필지별 경계점의 거리를 1cm 단위까지 등록한다. 경계점간의 거리가 짧아 거리의 등록이 불가능할 경우에는 생략할 수 있다.
삼각점 및 지적측량기준점의 위치	지적도와 임야도 시행지역에 영구적인 지적기준점이 설치된 지적삼각점 · 지적삼각보조점 · 지적도근점 및 삼각점의 위치를 도면상에 등록한다.
건축물 및 구조물 등의 위치	「건축법」 등에 의한 적법한 건축물 및 구조물의 위치를 도면상에 등록한다.
지적소관청의 직인	도면이 원본임을 확인하고 위조와 변조를 방지하기 위하여 도면의 오른쪽 아래 끝부분에 "작성 또는 재작성 연월일"과 "사유"를 기재하고 지적소관청의 직인을 날인한다. 다만, 정보처리시스템을 이용하여 관리하는 지적도면의 경우에는 그러하지 아니한다.
경계점좌표등록부를 갖춰 두는 지역	경계점좌표등록부를 갖춰 두는 지역의 지적도에는 해당 도면의 제명 끝에 "(좌표)"라고 표시하고, 도곽선(圖廓線)의 오른쪽 아래 끝에 "이 도면에 의하여 측량을 할 수 없음"이라고 기재하여야 한다.

SECTION 03 지적 · 임야도면의 제도

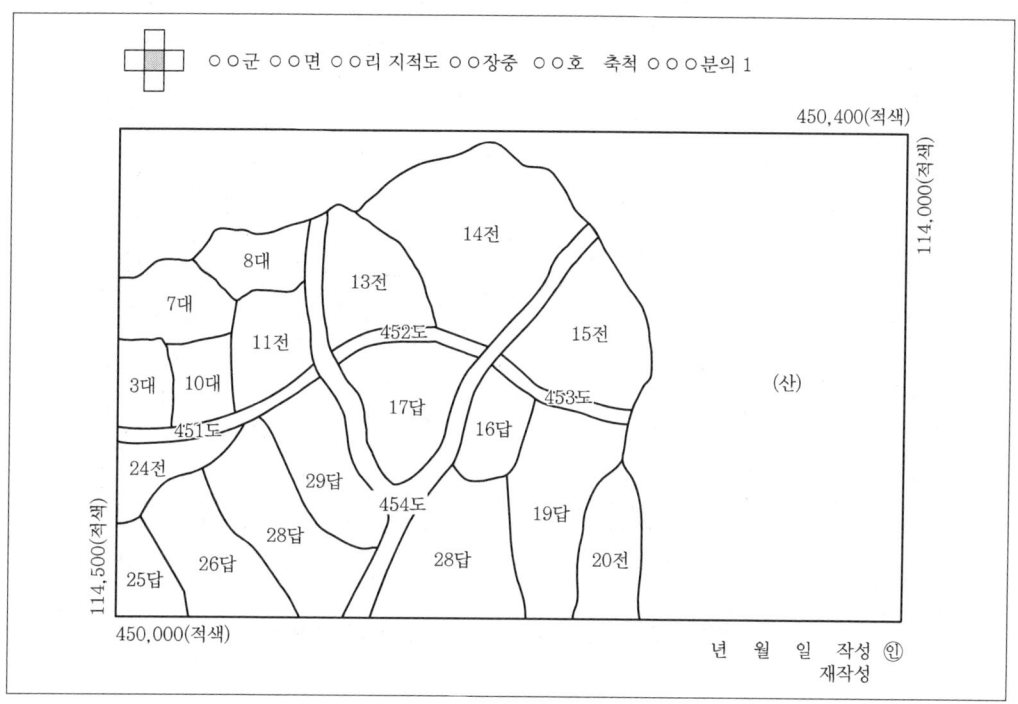

| 지적도 제도방법 |

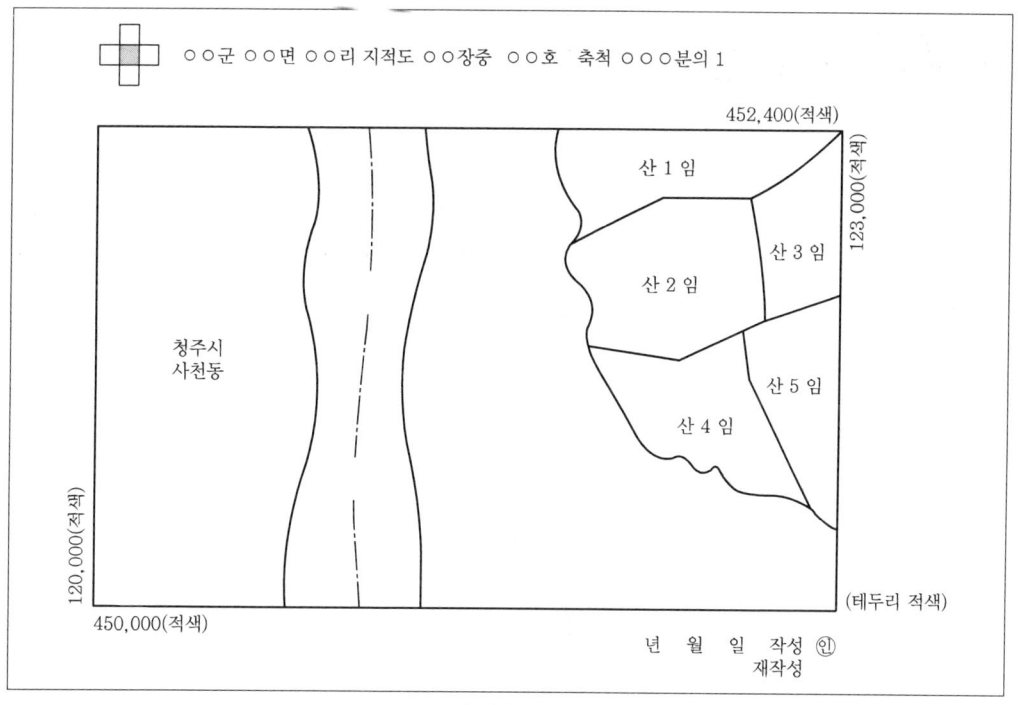

| 임야도 |

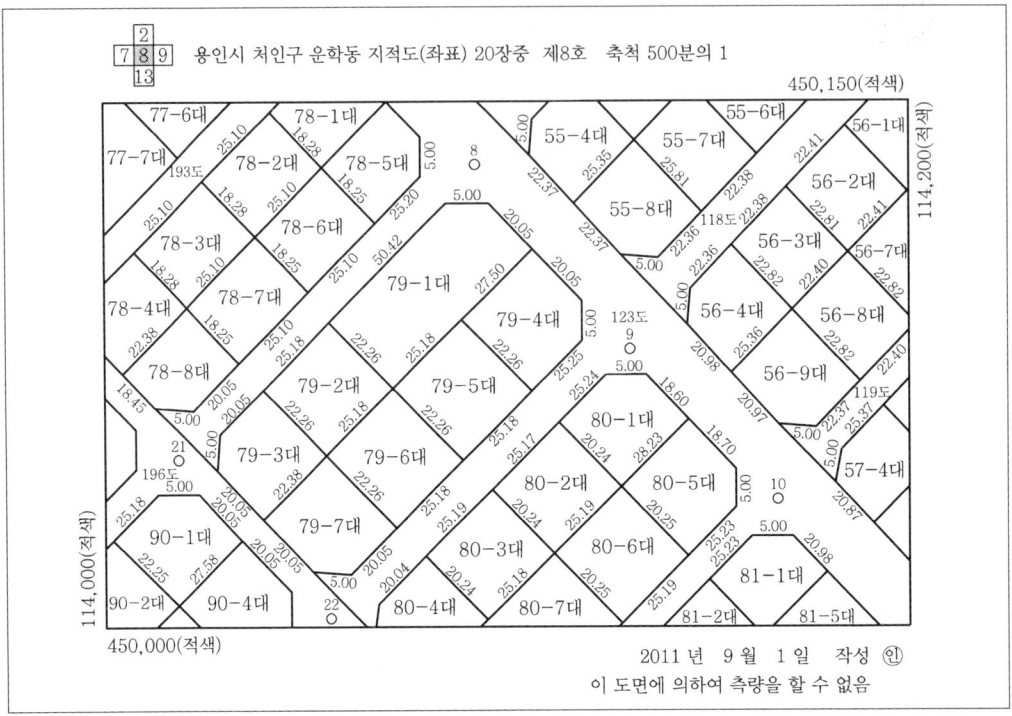

| 경계점좌표등록부를 갖춰 두는 지역의 지적도 제도방법 |

SECTION 04 지적·임야도의 제도

1 색인도

① 인접 도면의 연결순서를 표시하기 위하여 기재한 도표와 번호를 말하는 것으로 도곽선 왼쪽 윗부분 여백 중앙에 가로 7mm, 세로 6mm 크기의 직사각형을 중앙에 두고 그의 4변에 접하여 동일규격의 직사각형 4개를 그려 표기한다.

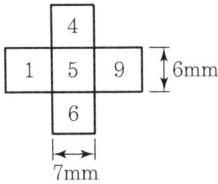

② 당해 도면을 중앙으로 하여 인접 도면 번호를 3mm 크기로 제도한다.

2 제명 및 축척

① 도곽선 윗부분 여백의 중앙에 "○시·군·구 ○○읍·면 ○○동·리 지적도 또는 임야도 ○○장중 제○○호 축척 ○○○○분의 1"이라 제도·수치측량시행지역의 도면은 제명의 "지적도" 다음에 "(좌표)"라 기재한다.
② 글자의 크기는 5mm, 글자 사이의 간격은 글자 크기의 2분의 1로 한다.
③ 축척은 제명 끝에서 10mm 띄운다.
④ 도면의 작성 또는 재작성 연월일은 도곽선 오른쪽 아래끝 여백에 3mm 크기로 "연월일 작성 또는 재작성"이라 제도하고, 토지구획정리·도면재작성 등으로 종전의 도면을 폐쇄할 경우에는 작성 또는 재작성 사유 아래에 "연월일 ○○○○폐쇄"라 붉은색으로 제도한다.
⑤ 작성 또는 재작성 사유 끝부분에 소관청의 직인을 날인한다.
⑥ 경계점좌표등록부 시행지역의 지적도에는 도곽선의 오른쪽 아래 끝에 "이 도면에 의하여 측량을 할 수 없음"이라 하고 3mm 크기의 붉은색으로 제도한다.

3 도곽선의 제도

① 도곽선은 지적기준점의 전개, 방위, 인접 도면과의 접합, 도곽의 신축보정 등에 따른 기준선으로의 역할을 하기 때문에 모든 지적도와 임야도에 도곽선을 등록하여야 한다.
② 도면의 윗방향은 항상 북쪽이 되어야 한다(도북방향).
③ 지적도는 도곽의 크기는 가로 40cm, 세로 30cm의 직사각형으로 한다.
④ 도곽의 구획은 좌표의 원점을 기준으로 하여 정하되, 그 도곽의 종횡선수치는 좌표의 원점으로부터 기산하여 종횡선수치를 각각 가산한다.
⑤ 이미 사용하고 있는 도면의 도곽 크기는 제4항의 규정에 불구하고 종전에 구획되어 있는 도곽과 그 수치로 한다.
⑥ 도곽선은 0.1mm의 폭으로 붉은색, 도곽선의 수치는 도곽선 왼쪽 아랫부분과 오른쪽 윗부분의 종횡선교차점 바깥쪽에 2mm 크기의 붉은색으로 아라비아숫자로 제도한다.
⑦ 도곽선의 수치는 해당 지적도에 등록된 토지가 위치하는 좌표, 즉 당해 지적도에 표시된 토지와 원점까지의 거리를 말한다. 도곽선의 수치는 일반원점으로부터 계산하여 종선수치에 600,000m, 횡선수치에 200,000m를 각각 가산하여 언제나 정수가 되도록 하여 도면별 도곽의 북동쪽과 남서쪽의 모서리에 등록하여야 한다.
⑧ 세계측지계에 따르지 아니하는 지적측량의 경우에는 가우스상사 이중 투영법으로 표시하되, 직각좌표계 투영원점의 가산(加算)수치를 각각 $X(N)$ 500,000m(제주도 지역 550,000m), $Y(E)$ 200,000m로 하여 사용할 수 있다.

4 지번 및 지목의 제도

① 지번 및 지목은 경계에 닿지 않도록 필지의 중앙에 제도한다. 다만, 1필지의 토지가 형상이 좁고 길어서 필지의 중앙에 제도하기가 곤란한 때에는 가로쓰기가 되도록 도면을 왼쪽 또는 오른쪽으로 돌려서 제도할 수 있다.
② 지번 및 지목을 제도하는 때에는 지번 다음에 지목을 제도한다. 이 경우 명조체의 2mm 내지 3mm의 크기로, 지번의 글자 간격은 글자 크기의 1/4 정도, 지번과 지목의 글자 간격은 글자 크기의 1/2 정도 띄워서 제도한다. 다만, 전산정보처리조직이나 레터링으로 작성하는 경우에는 고딕체로 할 수 있다.
③ 1필지의 면적이 작아서 지번과 지목을 필지의 중앙에 제도할 수 없는 때에는 ㄱ, ㄴ, ㄷ, …, ㄱ^1, ㄴ^1, ㄷ^1,…, ㄱ^2, ㄴ^2, ㄷ^2, … 등으로 부호를 붙이고, 도곽선 밖에 그 부호ㆍ지번 및 지목을 제도한다. 이 경우 부호가 많아서 그 도면의 도곽선 밖에 제도할 수 없는 경우에는 별도로 부호도를 작성할 수 있다.
④ **지목의 종류** : 지목을 지적도 및 임야도에 등록하는 때에는 다음의 부호로 표기하여야 한다.

지목	부호	지목	부호	지목	부호	지목	부호
전	전	대	대	철도용지	철	공원	공
답	답	공장용지	장	제방	제	체육용지	체
과수원	과	학교용지	학	하천	천	유원지	원
목장용지	목	주차장	차	구거	구	종교용지	종
임야	임	주유소용지	주	유지	유	사적지	사
광천지	광	창고용지	창	양어장	양	묘지	묘
염전	염	도로	도	수도용지	수	잡종지	잡

5 경계의 제도

① 경계는 0.1mm 폭으로 제도한다.
② 1필지의 경계가 도곽선에 걸쳐 등록되어 있는 경우에는 도곽선 밖의 여백에 경계를 제도하거나, 도곽선을 기준으로 다른 도면에 나머지 경계를 제도한다. 이 경우 다른 도면에 경계를 제도하는 때에는 지번 및 지목은 붉은색으로 한다.
③ 경계점좌표등록부 시행지역의 도면(경계점 간 거리등록을 하지 아니한 도면을 제외한다)에 등록하는 경계점 간 거리는 검은색으로 1.5mm 크기의 아라비아숫자로 제도한다. 다만, 경계점 간 거리가 짧거나 경계가 원을 이루는 경우에는 거리를 등록하지 않을 수 있다.
④ 지적측량기준점 등이 매설된 토지를 분할하는 경우 그 토지가 작아서 제도하기가 곤란한 경우에는 그 도면의 여백에 그 축척의 10배로 확대하여 제도할 수 있다.

6 지적측량기준점 등의 제도

삼각점 및 지적측량기준점은 0.2mm 폭의 선으로 다음과 같이 제도한다. 이 경우 공사가 설치하고 그 지적측량기준점성과를 소관청이 인정한 지적측량기준점을 포함한다.

구분	종류	제도	방법
국가기준점	위성기준점	3mm, 2mm 2중 원에 십자선	지적위성기준점은 직경 2mm, 3mm의 2중 원 안에 십자선을 표시하여 제도한다.
	1등삼각점	3mm, 2mm, 1mm 3중 원 (중심 채색)	1등 및 2등삼각점은 직경 1mm, 2mm 및 3mm의 3중 원으로 제도한다. 이 경우 1등삼각점은 그 중심원 내부를 검은색으로 엷게 채색한다.
	2등삼각점	3mm, 2mm, 1mm 3중 원	
	3등삼각점	2mm, 1mm 2중 원 (중심 채색)	3등 및 4등삼각점은 직경 1mm, 2mm의 2중 원으로 제도한다. 이 경우 3등삼각점은 그 중심원 내부를 검은색으로 엷게 채색한다.
	4등삼각점	2mm, 1mm 2중 원	
지적기준점	지적삼각점	3mm 원에 십자선	지적삼각점 및 지적삼각보조점은 직경 3mm의 원으로 제도한다. 이 경우 지적삼각점은 원 안에 십자선을, 지적삼각보조점은 원 안에 검은색으로 엷게 채색한다.
	지적삼각보조점	3mm 원 (채색)	
	지적도근점	2mm 원	지적도근점은 직경 2mm의 원으로 제도한다.
	명칭과 번호		지적측량기준점의 명칭과 번호는 그 지적측량기준점의 윗부분에 명조체의 2mm 내지 3mm의 크기로 제도한다. 다만, 레터링으로 작성하는 경우에는 고딕체로 할 수 있으며 경계에 닿는 경우에는 적당한 위치에 제도할 수 있다.

7 행정구역선의 제도

도면에 등록하는 행정구역선은 0.4mm 폭으로 다음 각 호와 같이 제도한다. 다만, 동·리의 행정구역선은 0.2mm 폭으로 한다.

행정구역	제도방법	내용
국계	├4┤├3┤ ─┼─··─┼─··─┼─··─ I 　0.3	실선 4mm와 허선 3mm로 연결하고 실선 중앙에 실선과 직각으로 교차하는 1mm의 실선을 긋고, 허선에 직경 0.3mm의 점 2개를 제도한다.
시·도계	├4┤├2┤ ─┼─·─┼─·─┼─·─ I 　0.3	실선 4mm와 허선 2mm로 연결하고 실선 중앙에 실선과 직각으로 교차하는 1mm의 실선을 긋고, 허선에 직경 0.3mm의 점 1개를 제도한다.
시·군계	├3┤├3┤ ───··───··─── 　0.3	실선과 허선을 각각 3mm로 연결하고, 허선에 0.3mm의 점 2개를 제도한다.
읍·면·구계	├3┤├2┤ ───·───·───· 　0.3	실선 3mm와 허선 2mm로 연결하고, 허선에 0.3mm의 점 1개를 제도한다.
동·리계	├3┤├1┤ ─── ─── ───	실선 3mm와 허선 1mm로 연결하여 제도한다.
행정구역선		행정구역선은 경계에서 약간 띄워서 그 외부에 제도한다.
행정구역선이 2종 이상 겹칠 때		행정구역선이 2종 이상 겹치는 경우에는 최상급 행정구역선만 제도한다.
행정구역의 명칭		도면 여백의 대소에 따라 4~6mm의 크기로 경계 및 지적기준점 등을 피하여 같은 간격으로 띄워서 제도한다.
도로·철도·하천·유지 등의 고유명칭		3~4mm의 크기로 같은 간격으로 띄워서 제도한다.

SECTION 05 일람도 및 지번색인표의 제도

지적소관청은 지적도면의 관리에 필요한 경우에는 지번부여지역마다 일람도와 지번색인표를 작성하여 둔다.

1 일람도

일람도란 지적도나 임야도의 배치와 관리 및 토지가 등록된 도호를 쉽게 알 수 있도록 하기 위하여 작성한 도면을 말한다.

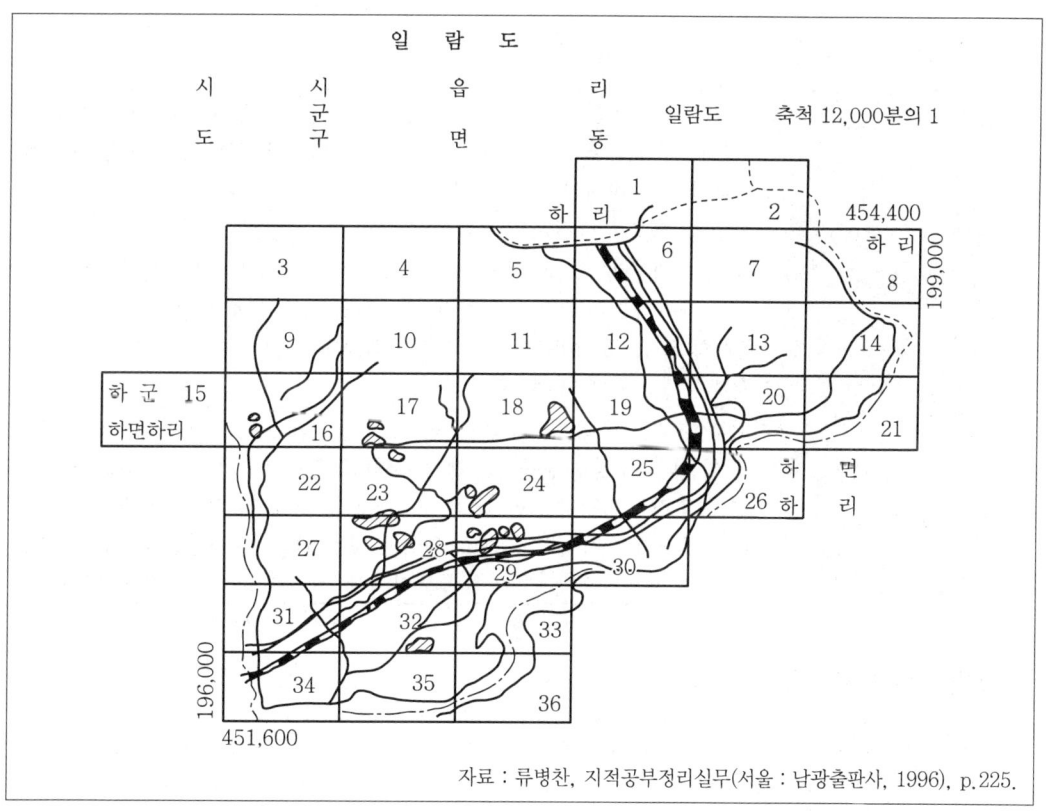

| 일람도 |

1) 일람도의 작성 · 비치 및 등재사항

일람도의 작성 · 비치	① 일람도는 도면축척의 10분의 1로 작성하는 것이 원칙이며 도면의 수가 4장 미만의 경우에는 작성을 생략할 수 있다. ② 일람도와 지번색인표는 지번부여지역별로 도면 순으로 보관하되, 각 장별로 보호대에 넣어야 한다.
일람도의 등재사항	① 지번부여지역의 경계 및 인접지역의 행정구역 명칭 ② 도면의 제명 및 축척 ③ 도곽선 및 도곽선수치 ④ 도면번호 ⑤ 하천 · 도로 · 철도 · 유지 · 취락 등 주요 지형 · 지물의 표시

2) 일람도의 제도 기준

일람도의 축척	그 도면축척의 10분의 1로 한다. 다만, 도면의 장수가 많아서 1장에 작성할 수 없는 경우에는 축척을 줄여서 작성할 수 있으며, 도면의 장수가 4장 미만인 경우에는 일람도의 작성을 하지 아니할 수 있다.
제명 및 축척	일람도 윗부분에 "○○시 · 도 ○○시 · 군 · 구 ○○읍 · 면 ○○동 · 리 일람도 축척 ○○○○분의 1"이라 제도한다. 이 경우 경계점좌표등록부 시행지역은 제명 중 일람도 다음에 "(좌표)"라 기재하며, 그 제도방법은 다음과 같다. • 글자의 크기는 9mm로 하고 글자 사이의 간격은 글자 크기의 2분의 1 정도 띄운다. • 축척은 제명 끝에 20mm를 띄운다.
도면번호	지번부여지역 · 축척 및 지적도 · 임야도 · 경계점좌표등록부등록지별로 일련번호를 부여한다. 이 경우 신규등록 및 등록전환으로 새로 도면을 작성하는 경우의 도면번호는 그 지역 마지막 도면번호의 다음 번호부터 부여한다. 다만, 도면과 확정측량결과도의 도곽선 차이가 0.5mm 이상인 경우에는 확정측량결과도에 의하여 새로 도면을 작성하는 경우에는 종전 도면번호에 "-1"과 같이 부호를 부여한다.

3) 일람도의 제도방법

도곽선	도곽선은 0.1mm의 폭으로, 도곽선의 수치는 도곽선 왼쪽 아랫부분과 오른쪽 윗부분의 종횡선교차점 바깥쪽에 2mm 크기의 아라비아숫자로 제도한다.
도면번호	도면번호는 3mm의 크기로 한다.
동 · 리 명칭	인접 동 · 리 명칭은 4mm, 그 밖의 행정구역 명칭은 5mm의 크기로 한다.
지방도로	지방도로 이상은 검은색 0.2mm 폭의 2선으로, 그 밖의 도로는 0.1mm의 폭으로 제도한다.
철도용지	철도용지는 붉은색 0.2mm 폭의 2선으로 제도한다.
수도용지	수도용지 중 선로는 남색 0.1mm 폭의 2선으로 제도한다.

하천 · 구거 · 유지	하천 · 구거 · 유지는 남색 0.1mm의 폭으로 제도하고 그 내부를 남색으로 엷게 채색한다. 다만, 적은 양의 물이 흐르는 하천 및 구거는 남색 선으로 제도한다.
취락지 · 건물	취락지 · 건물 등은 0.1mm의 폭으로 제도하고 그 내부를 검은색으로 엷게 채색한다.
삼각점 및 지적기준점	삼각점 및 지적기준점의 제도는 지적도면에서의 삼각점 및 지적기준점의 제도에 관한 방법에 의한다.
도시개발사업 · 축척변경	도시개발사업 · 축척변경 등이 완료된 때에는 지구경계를 붉은색 0.1mm의 폭으로 제도한 후 지구 안을 붉은색으로 엷게 채색하고 그 중앙에 사업명 및 사업 연도를 기재한다.

2 지번색인표

지번색인표란 필지별 당해 토지가 등록된 도면을 용이하게 알 수 있도록 작성해 놓은 도표를 말한다.

▶ **지번색인표의 등재사항 및 제도**

등재사항	① 제명 ② 지번 ③ 도면번호 ④ 결번
제도	① 제명은 지번색인표 윗부분에 9mm의 크기로 "○○시 · 도 ○○시 · 군 · 구 ○○읍 · 면 ○○동 · 리 지번색인표"라 제도한다. ② 지번색인표에는 도면번호별로 그 도면에 등록된 지번을, 토지의 이동으로 결번이 생긴 때에는 결번 란에 그 지번을 제도한다.

PART

05

실기
작업형 CAD

▶ 수험자 유의사항

※ 다음의 유의사항을 고려하여 요구사항에 답하시오.

1) 명시되지 않은 조건은 지적 관련 법규 및 규정에 따릅니다.
2) 정전 및 기계고장 등에 의한 자료손실을 방지하기 위하여 수시로 저장합니다.
3) 시험 시작 전 바탕화면에 본인 비번호로 폴더를 생성하고, 폴더 안에 작업내용을 저장합니다.
4) 작업이 끝나면 감독위원의 확인을 받은 후 파일과 문제지 및 답안지를 제출하고, 본부요원 입회하에 본인이 직접 최종 지적측량결과도를 출력합니다. 이때 출력한 최종 지적측량결과도는 수험자 본인이 직접 확인한 후 최종 제출합니다.
5) 최종 지적측량결과도는 다음에 유의하여 출력합니다.
    ① 용지 크기는 A3 크기로 하시오.
    ② 최종 지적결과도의 출력은 2회에 한하여 출력하시오.
6) 지급된 저장매체(USB 등) 및 출력물은 반드시 제출합니다.
7) 시험 종료 후 PC에 저장된 시험과 관련된 모든 자료는 감독위원의 지시에 따라 삭제하고 퇴실합니다.
8) 다음 사항에 대해서는 채점 대상에서 제외하니 특히 유의하시기 바랍니다.
    • 기권
        – 수험자 본인이 수험 도중 시험에 대한 포기 의사를 표현하는 경우
    • 실격
        – 감독위원의 지시에 따르지 않는 경우
        – 출력작업을 시작한 후 다시 작업내용을 수정하는 경우
        – 수험자의 잘못으로 최종 지적측량결과도가 출력이 아니 되는 경우
        – 출력시간 10분을 초과한 경우 (단, 출력시간은 시험시간에서 제외됩니다.)
        – 장비 조작 미숙으로 파손 및 고장을 일으킬 것으로 감독위원 합의하여 판단되는 경우
    • 미완성
        – 시험시간 내에 요구사항을 완성하지 못하여 작품을 제출하지 못한 경우
        – 시험시간 내에 제출하였으나 누락된 부분이 많아 작품의 완성도가 현저히 떨어져 시험위원이 미완성으로 합의한 경우

제 1 회 지적기능사 실기 예상문제

01 주어진 지적기준점을 입력하고 지적기준점 보6795을 이용하여 도곽선 좌표를 계산하여 이를 포용하는 축척 1,200분의 1 도곽을 구하시오. (단, 원점의 가산수치는 $X=500,000$m, $Y=200,000$m 이다.)

지적기준점	좌표		비고
	X(m)	Y(m)	
서울6794	446,373.85	194,084.12	
보6795	446,135.23	194,124.70	
6796	446,027.01	194,122.94	

해설

도곽좌표 구하기

1) 종선 상부좌표

446,135.23	−	500,000	=	−53,864.77
−53,864.77	÷	400	=	−134.6619
−134	×	400	=	−53,600
−53,600	+	500,000	=	446,400

2) 종선 하부좌표

| 446,400 | − | 400 | = | 446,000 |

3) 횡선 우측좌표

194,124.70	−	200,000	=	−5,875.3
−58,756.3	÷	500	=	−11.7500
−11	×	500	=	−5,500
−5,500	+	200,000	=	194,500

4) 횡선 좌측좌표

| 194,500 | − | 500 | = | 194,000 |

02 주어진 관측점의 방위각과 거리를 이용하여 경계점을 계산하고, 관측점 순서대로 필지를 완성하시오. (단, 좌표결정은 m단위로 소수점 둘째 자리까지 구하시오.)

측점	관측점	방위각	거리	비고
보6975	1	18°26′14″	208.15	
	2	37°44′41″	253.51	
	3	81°29′20″	168.30	
	4	69°16′27″	70.38	

해설

주어진 관측점의 방위각과 거리를 이용하여 경계점 구하기

1) $X : 446,135.23 + 208.15 \times \cos 18°26′14″ = 446,332.69$
   $Y : 194,124.70 + 208.15 \times \sin 18°26′14″ = 194,190.53$
2) $X : 446,135.23 + 253.51 \times \cos 37°44′41″ = 446,335.69$
   $Y : 194,124.70 + 253.51 \times \sin 37°44′41″ = 194,279.88$
3) $X : 446,135.23 + 168.30 \times \cos 81°29′20″ = 446,160.14$
   $Y : 194,124.70 + 168.30 \times \sin 81°29′20″ = 194,291.15$
4) $X : 446,135.23 + 70.38 \times \cos 69°16′27″ = 446,160.14$
   $Y : 194,124.70 + 70.38 \times \sin 69°16′27″ = 194,190.53$

03 주어진 관측점 '분1'과 '분2'의 방위각과 거리를 이용하여 분할점을 계산하고, '요구사항 2)'에서 계산된 필지와 교차되는 지점의 최종분할좌표를 결정하시오. (단, 분할점 및 최종분할좌표결정은 m단위로 소수점 둘째 자리까지 구하시오.)

측점	관측점	방위각	거리	비고
보6975	분1	29°28′3″	127.71	
	분2	55°30′30″	198.99	

해설

주어진 관측점의 방위각과 거리를 이용하여 분할점 구하기

1) $X : 446,135.23 + 127.71 \times \cos 29°28′3″ = 446,246.41$
   $Y : 194,124.70 + 127.71 \times \sin 29°28′3″ = 194,187.52$
2) $X : 446,135.23 + 198.99 \times \cos 55°30′30″ = 446,247.92$
   $Y : 194,124.70 + 198.99 \times \sin 55°30′30″ = 194,288.71$
3) '요구사항 2)'에서 계산된 필지와 교차되는 지점의 최종분할좌표 결정

측점	관측점	X[m]	Y[m]
6795	분1	446,246.46	194,190.53
	분2	446,247.87	194,285.52

04 완성된 필지를 대상으로 원면적이 16,541m²인 서울시 영등포구 여의도동 53-22대를 계산된 분할선을 이용하여 2필지로 분할하고, 지적 관련 법규 및 규정 등에 맞게 면적측정부를 작성하시오. (단, 분할필지의 좌측을 원지번으로 부여하고, 당해 지번의 최종 종번은 53-25대이다.)

> 해설

주어진 관측점의 방위

1) 오차 : 보정면적 합계 or 측정면적 합계(보정계수가 없을 경우) − 원면적
   $= 16,617.28 - 16,541 = 76.28$

2) 공차 : $A = \pm 0.026^2 M \sqrt{F}$ (M : 축척분모, F : 원면적)
   $= \pm 0.026^2 \times 1,200 \times \sqrt{16,541} = \pm 104.3\text{m}^2$

3) 신축량 : $S = \dfrac{\Delta x_1 + \Delta x_2 + \Delta y_1 + \Delta y_2}{4}$

   신축된 차(mm) $= \dfrac{1,000(L[\text{신축된 도곽선 지상길이}] - L_0[\text{도곽선 지상길이}])}{M[\text{축척분모}]}$

   $\dfrac{-0.8 - 0.6 - 1.6 - 1.2}{4} = -1.05\text{m} = \dfrac{1,000 \times -1.05}{1,200} = -0.875\text{mm} ≒ -0.9\text{mm}$

   $\therefore \dfrac{-0.7 - 0.5 - 1.3 - 1.0}{4} = 0.875 ≒ 0.9\text{mm}$

4) 보정계수
   - 도곽신축량을 도상거리로 환산

   $\dfrac{1}{m} = \dfrac{l(\text{도상거리})}{L(\text{지상길이})}$, $l = \dfrac{l}{m}$, $L = ml$

   $\Delta x_1 = \dfrac{-0.8}{1200} = -0.00066\text{m} \times 1,000 = -0.7\text{mm}$ (or) $\dfrac{1,000 \times (-0.8)}{1,200} = -0.7\text{m}$

   $\Delta x_2 = \dfrac{1,000 \times (-0.6)}{1,200} = -0.5\text{mm}$

   $\Delta y_1 = \dfrac{1,000 \times (-1.6)}{1,200} = -1.3\text{mm}$

   $\Delta y_2 = \dfrac{1,000 \times (-1.2)}{1,200} = -1.0\text{mm}$

   ① 지상길이 계산(1,200분의 1 지역의 지상길이는 400×500m)

   $Z = \dfrac{X \times Y}{\Delta X \times \Delta Y}$

   $= \dfrac{\text{도곽선 종선길이} \times \text{도곽선 횡선길이}}{(\text{신축된 도곽선 종선길이의 합} \div 2) \times (\text{신축된 도곽선 횡선길이의 합} \div 2)}$

   $= \dfrac{400 \times 500}{\left(400 + \dfrac{-0.8 - 0.6}{2}\right) \times \left(500 + \dfrac{-1.6 - 1.2}{2}\right)}$

   $= \dfrac{200,000}{(400 - 0.7) \times (500 - 1.4)} = \dfrac{200,000}{399.3 \times 498.6} = 1.0046$

   ② 도상길이 계산(1,200분의 1 지역의 지상길이는 333.33×416.7mm)

   $Z = \dfrac{333.33 \times 416.67}{\left(333.33 + \dfrac{-0.7 - 05}{2}\right) \times \left(416.67 + \dfrac{-1.3 - 1.0}{2}\right)}$

   $= \dfrac{333.33 \times 416.67}{(333.33 - 0.6) \times (416.67 - 1.15)} = \dfrac{138,888.61}{332.73 \times 415.52} = 1.0046$

05 주어진 서식파일을 이용하여 지적측량 시행규칙을 준용하여 색인도, 제명 및 축척과 주어진 지번, 지목, 도곽수치 등을 문자로 입력하고, 지적 관련 법규 및 규정 등의 서식에 따라 최종 지적측량결과도를 작성하시오.(단, 당해 지적도는 28호이며, 용도지역은 주거지역이다. 면적보정계수는 소수점 이하 4자리까지 구하시오.)

도곽신축 $\Delta X_1 = -0.8\text{m}$, $\Delta X_2 = -0.6\text{m}$, $\Delta Y_1 = -1.6\text{m}$, $\Delta Y_2 = -1.2\text{m}$
[요구사항 2), 3) - (*최종분할좌표)에서 계산된 좌표를 화면상에 입력하시오.]

해설

산출면적

$$r = \frac{F}{A} \times a = \frac{\text{원면적}}{\text{보정면적합계}} \times \text{각 필지의 보정면적}$$

$53-22$ 번지 $= \frac{16,541}{16,617.28} \times 8,064.72 = 8,027.70$

$53-26$ 번지 $= \frac{16,541}{16,617.28} \times 8,552.56 = 8,513.30$

보정면적=측정면적×보정계수

면적측정부

단위 : m²

동리면	지번	측정방법	횟수 또는 산출수			측정면적	도곽 신축 보정 계수	보정면적	원면적	산출면적	결정면적	비고
			제1회	제2회	제3회							
여의도동	53-22	캐드	8,027.79	8,027.79		8,027.79	1.0046	8,064.72		8,027.70	8,028	공차=±104.3
	53-260		8,513.40	8,513.40		8,513.40		8,552.56		8,513.30	8,513	
	53-22					16,541.19		16,617.28		16,541	16,541	
					이하	여백						오차=76.28
											붉은색	

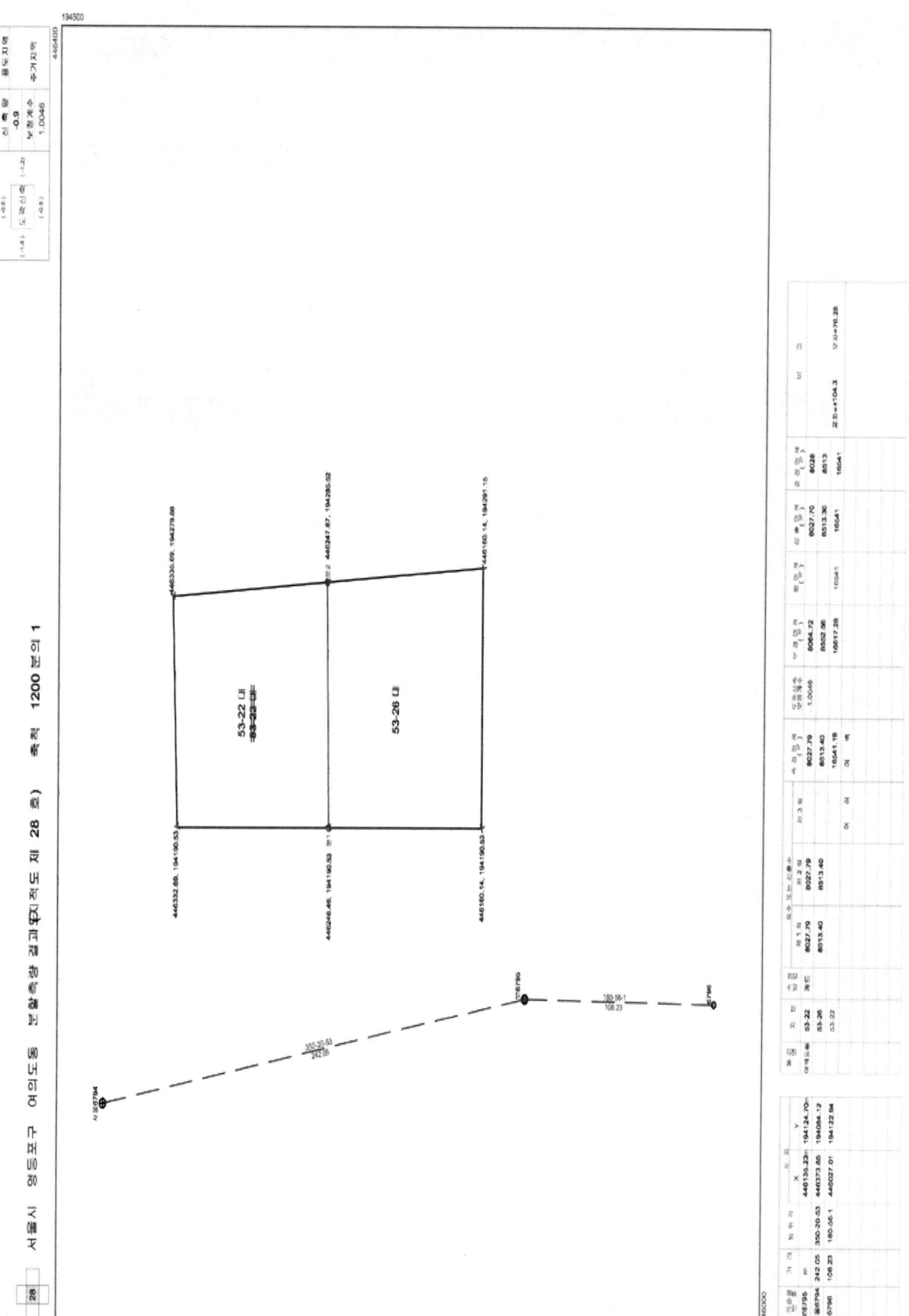

제 2 회 지적기능사 실기 예상문제

01 주어진 지적기준점을 입력하고 지적기준점 912를 이용하여 도곽선 좌표를 계산하여 이를 포용하는 축척 1,200분의 1 도곽을 구하시오. (단, 원점의 가산수치는 $X=500,000$m, $Y=200,000$m이다.)

지적기준점	좌표		비고
	X(m)	Y(m)	
911	435,533.41	195,533.39	
912	435,478.6	195,664.55	
913	435,439.73	195,854.81	

해설

도곽좌표 구하기

1) 종선 상부좌표

435,478.60	−	500,000	=	−64,521.4
−64521.4	÷	400	=	−161.3035
−161	×	400	=	−64,400
−64,400	+	500,000	=	435,600

2) 종선 하부좌표

435,600	−	400	=	435,200

3) 횡선 우측좌표

195,664.55	−	200,000	=	−4,335.45
−4,335.45	÷	500	=	−8.6709
−8	×	500	=	−4,000
−4,000	+	200,000	=	196,000

4) 횡선 좌측좌표

193,000	−	500	=	195,500

02 주어진 관측점의 방위각과 거리를 이용하여 경계점을 계산하고, 관측점 순서대로 필지를 완성하시오. (단, 좌표결정은 m단위로 소수점 둘째 자리까지 구하시오.)

측점	관측점	방위각	거리	비고
912	1	186°10′50″	92.78	
	2	127°55′27″	174.04	
	3	150°38′14″	238.01	
	4	191°19′46″	191.82	

[해설]

주어진 관측점의 방위각과 거리를 이용하여 경계점 구하기

1) $X : 435,478.6 + 92.78 \times \cos 186°10′50″ = 435,386.36$
   $Y : 195,664.55 + 92.78 \times \sin 186°10′50″ = 195,654.56$
2) $X : 435,478.6 + 174.04 \times \cos 127°55′27″ = 435,371.63$
   $Y : 195,664.55 + 174.04 \times \sin 127°55′27″ = 195,801.83$
3) $X : 435,478.6 + 238.01 \times \cos 150°38′14″ = 435,271.17$
   $Y : 195,664.55 + 238.01 \times \sin 150°38′14″ = 195,781.25$
4) $X : 435,478.6 + 191.82 \times \cos 191°19′46″ = 435,290.52$
   $Y : 195,664.55 + 191.82 \times \sin 191°19′46″ = 195,626.87$

03 주어진 관측점 '분1'과 '분2'의 방위각과 거리를 이용하여 분할점을 계산하고, '요구사항 2)'에서 계산된 필지와 교차되는 지점의 최종분할좌표를 결정하시오. (단, 분할점 및 최종분할좌표결정은 m단위로 소수점 둘째 자리까지 구하시오.)

측점	관측점	방위각	거리	비고
912	분1	160°31′15″	100.46	
	분2	175°24′58″	196.91	

[해설]

주어진 관측점의 방위각과 거리를 이용하여 분할점 구하기

1) $X : 435,478.6 + 100.46 \times \cos 160°31′15″ = 435,383.89$
   $Y : 195,664.55 + 100.46 \times \sin 160°31′15″ = 195,698.05$
2) $X : 435,478.6 + 196.91 \times \cos 175°24′58″ = 435,282.32$
   $Y : 195,664.55 + 196.91 \times \sin 175°24′58″ = 195,680.29$
3) '요구사항 2)'에서 계산된 필지와 교차되는 지점의 최종분할좌표 결정

관측점	X[m]	Y[m]
분1	435,382.05	195,697.73
분2	435,283.79	195,680.54

04 완성된 필지를 대상으로 원면적이 15,216m²인 용인시 처인구 운학동 263-14대를 계산된 분할선을 이용하여 2필지로 분할하고, 지적 관련 법규 및 규정 등에 맞게 면적측정부를 작성하시오. (단, 분할필지의 좌측을 원지번으로 부여하고, 당해 지번의 최종 종번은 263-18대이다.)

해설

1) 오차 : 보정면적 합계 or 측정면적 합계(보정계수가 없을 경우) − 원면적
   $= 15,276.06 - 15,216 = 60.06$

2) 공차 : $A = \pm 0.026^2 \times 1,200 \times \sqrt{15,216} = \pm 100\text{m}^2$

3) 신축량 : $S = \dfrac{-0.7 - 0.8 - 0.6 - .08}{4} = -0.7\text{mm}$

4) 보정계수
   • 도상길이 계산
   $$Z = \dfrac{X \times Y}{\Delta X \times \Delta Y} = \dfrac{333.33 \times 416.67}{\left(333.33 + \dfrac{-0.7 - 0.8}{2}\right) \times \left(416.67 + \dfrac{-0.6 - 0.8}{2}\right)} = 1.0039$$
   $$= \dfrac{138888.61}{(333.33 - 0.75) \times (416.67 - 0.7)} = \dfrac{138.888.61}{332.58 \times 415.97} = 1.0039$$

   • 지상길이 계산
   $\Delta x_1 = 1,200 \times -0.7 = -840\text{mm} \div 1,000 = -0.84\text{m}$ (or) $\dfrac{1,200 \times (-0.7)}{1,000} = -0.84\text{m}$

   $\Delta x_2 = \dfrac{1,200 \times (-0.8)}{1,000} = -0.96\text{m}$

   $\Delta y_1 = \dfrac{1,200 \times (-0.6)}{1,000} = -0.72\text{m}$

   $\Delta y_2 = \dfrac{1,200 \times (-00.8)}{1,000} = -0.96\text{m}$

   $$Z = \dfrac{X \times Y}{\Delta X \times \Delta Y} = \dfrac{400 \times 500}{\left(400 + \dfrac{-0.84 - 0.96}{2}\right) \times \left(500 + \dfrac{-0.72 - 0.96}{2}\right)}$$
   $$= \dfrac{200,000}{(400 - 0.9) \times (500 - 0.84)} = \dfrac{200,000}{399.1 \times 499.16} = 1.0039$$

05 주어진 서식파일을 이용하여 지적측량 시행규칙을 준용하여 색인도, 제명 및 축척과 주어진 지번, 지목, 도곽수치 등을 문자로 입력하고, 지적 관련 법규 및 규정 등의 서식에 따라 최종 지적측량결과도를 작성하시오. (단, 당해 지적도는 90호이며, 용도지역은 주거지역이다. 면적보정계수는 소수점 이하 4자리까지 구하시오.)

> 도곽신축 $\Delta X_1 = -0.7\text{m}$, $\Delta X_2 = -0.8\text{m}$, $\Delta Y_1 = -0.6\text{m}$, $\Delta Y_2 = -0.8\text{m}$
> [요구사항 2), 3) - (*최종분할좌표)에서 계산된 좌표를 화면상에 입력하시오.]

해설

산출면적

$$\frac{원면적}{보정면적합계} \times 각 필지의 보정면적$$

$263-14$번지 $= \dfrac{15,216}{15,276.06} \times 4,842.61 = 4,823.6$

$263-19$번지 $= \dfrac{15,216}{15,276.06} \times 10,433.45 = 10,392.4$

보정면적 = 측정면적 × 보정계수

면적측정부

단위 : m²

동리면	지번	측정방법	횟수 또는 산출수			측정면적	도곽 신축 보정 계수	보정면적	원면적	산출면적	결정면적	비고
			제1회	제2회	제3회							
운학동	263-14	캐드	4,823.08	4,823.08		4,823.08	1.0039	4,842.61		4,823.6	4,824	공차=±100
	263-19		10,392.92	10,392.92		10,392.92		10,433.45		10,392.4	10,392	
	236-14							15,276.06	15,216	15,216	15,216	
					이하	여백						오차=60.06
											붉은색	

용인시 처인구 운학동 분할측량 결과도 (지적도 제 90 호) 축척 1200 분의 1

용도지역	주거지역
신축량	-0.7
도곽신축	(-0.8) (-0.7,-0.8) (-2.8)
보정계수	1.00059

지번	지목	면적(㎡)
263-14	대	
263-19	대	

부호	지번	지목	측정면적	제1회	제2회	평균	보정계수	보정면적	결정면적	증감면적
가	263-14	대		4823.08	4823.08	4823.08	1.00059	4842.61	4823	
나	263-19	대		10392.92	10392.92	10392.92		10433.45	10393	
	263-14	대		152.16	152.16	152.16		152.16	152.16	

52.30+8100 52.30+59.25

부호	거리	방위각	X	Y
912	142.15	292-40-42	435478.60	195664.53
911	194.19	101-32-48	435333.41	195533.36
913			435439.73	195854.81

제 3 회 지적기능사 실기 예상문제

01 주어진 지적기준점을 입력하고 지적기준점 4,100을 이용하여 도곽선 좌표를 계산하여 이를 포용하는 축척 1,200분의 1 도곽을 구하시오. (단, 원점의 가산수치는 $X=500,000$m, $Y=200,000$m 이다.)

지적기준점	좌 표		비고
	X(m)	Y(m)	
4100	347,535.40	124,603.78	
서울2211	347,509.59	124,521.08	
보2212	347,579.66	124,725.38	

[해설]

도곽좌표 구하기

1) 종선 상부좌표

347,535.40	−	500,000	=	−152,464.6
−381.1615	÷	400	=	−381.1615
−381	×	400	=	−152,000
−152,000	+	500,000	=	347,600

2) 종선 하부좌표

347,600	−	400	=	347,200

3) 횡선 우측좌표

124,603.78	−	200,000	=	−75,396.22
	÷	500	=	−150.79244
−150	×	500	=	−75,000
	+	200,000	=	125,000

4) 횡선 좌측좌표

	−	500	=	124,500

02 주어진 관측점의 방위각과 거리를 이용하여 경계점을 계산하고, 관측점 순서대로 필지를 완성하시오. (단, 좌표결정은 m단위로 소수점 둘째 자리까지 구하시오.)

측점	관측점	방위각	거리	비고
4100	1	115°48′57″	179.23	
	2	109°21′07″	231.76	
	3	128°54′06″	281.28	
	4	137°41′36″	240.62	

> 해설

주어진 관측점의 방위각과 거리를 이용하여 경계점 구하기

1) $X : 347,535.40 + 179.23 \times \cos 115°48′57″ = 347,457.35$
   $Y : 124,603.78 + 179.23 \times \sin 115°48′57″ = 124,765.12$
2) $X : 347,535.40 + 231.76 \times \cos 109°21′07″ = 347,458.60$
   $Y : 124,603.78 + 231.76 \times \sin 109°21′07″ = 124,822.45$
3) $X : 347,535.40 + 281.28 \times \cos 128°54′06″ = 347,358.76$
   $Y : 124,603.78 + 281.28 \times \sin 128°54′06″ = 124,822.68$
4) $X : 347,535.40 + 240.62 \times \cos 137°41′36″ = 347,357.45$
   $Y : 124,603.78 + 240.62 \times \sin 137°41′36″ = 124,765.74$

03 주어진 관측점 '분1'과 '분2'의 방위각과 거리를 이용하여 분할점을 계산하고, '요구사항 2)'에서 계산된 필지와 교차되는 지점의 최종분할좌표를 결정하시오. (단, 분할점 및 최종분할좌표결정은 m단위로 소수점 둘째 자리까지 구하시오.)

측점	관측점	방위각	거리	비고
4100	분1	128°28′8″	190.21	
	분2	116°33′49″	260.49	

> 해설

주어진 관측점의 방위각과 거리를 이용하여 분할점 구하기

1) $X : 347,535.40 + 190.21 \times \cos 128°28′8″ = 347,417.07$
   $Y : 124,603.78 + 190.21 \times \sin 128°28′8″ = 124,752.70$
2) $X : 347,535.40 + 260.49 \times \cos 116°33′49″ = 347,418.91$
   $Y : 124,603.78 + 260.49 \times \sin 116°33′49″ = 124,836.77$
3) '요구사항 2)'에서 계산된 필지와 교차되는 지점의 최종분할좌표 결정

측점	관측점	X[m]	Y[m]
4100	분1	347,417.35	124,765.37
	분2	347,418.6	124,822.54

04 완성된 필지를 대상으로 원면적이 5,712m²인 서울시 송파구 잠실동 15-11대를 계산된 분할선을 이용하여 2필지로 분할하고, 지적 관련 법규 및 규정 등에 맞게 면적측정부를 작성하시오. (단, 분할필지의 좌측을 원지번으로 부여하고, 당해 지번의 최종 종번은 15-13대이다.)

해설

1) 오차 : 보정면적 합계 or 측정면적 합계(보정계수가 없을 경우) − 원면적
   $= 5,724.88 - 5,712 = 12.88$

2) 공차 : $A = \pm 0.026^2 M\sqrt{F}$ (M : 축척분모, F : 원면적)
   $= \pm 0.026^2 \times 1,200 \times \sqrt{5,712} = \pm 61.3\text{m}^2$

3) 신축량 : $S = \dfrac{\Delta x_1 + \Delta x_2 + \Delta y_1 + \Delta y_2}{4}$

   $= \dfrac{-0.6 - 0.4 - 0.8 - 0.6}{4} = -0.6\text{mm}$

4) 보정계수
   - 도곽신축량을 지상거리로 환산

   $\dfrac{1}{m} = \dfrac{l(\text{도상거리})}{L(\text{지상길이})}$, $l = \dfrac{l}{m}$, $L = ml$

   $\Delta x_1 = 1,200 \times (-0.6) = -720\text{mm} \div 1,000 = -0.72\text{m}$ (or $\dfrac{1,200 \times (-0.6)}{1,000} = -0.72\text{m}$)

   $\Delta x_2 = \dfrac{1,200 \times (-0.4)}{1,000} = -0.48\text{m}$

   $\Delta y_1 = \dfrac{1,200 \times (-0.8)}{1,000} = -0.96$

   $\Delta y_2 = \dfrac{1,200 \times (-0.6)}{1,000} = -0.72\text{m}$

   ① 지상길이 계산(1,200분의 1 지역의 지상길이는 400×500m)

   $Z = \dfrac{X \times Y}{\Delta X \times \Delta Y}$

   $= \dfrac{\text{도곽선 종선길이} \times \text{도곽선 횡선길이}}{(\text{신축된 도곽선 종선길이의 합} \div 2) \times (\text{신축된 도곽선 횡선길이의 합} \div 2)}$

   $= \dfrac{400 \times 500}{\left(400 + \dfrac{-0.72 - 0.48}{2}\right) \times \left(500 + \dfrac{-0.96 - 0.72}{2}\right)}$

   $= \dfrac{400 \times 500}{(400 - 0.6) \times (500 - 0.84)} = \dfrac{200,000}{399.4 \times 499.16} = 1.0032$

   ② 도상길이 계산(1,200분의 1 지역의 지상길이는 333.33×416.7mm)

   $Z = \dfrac{333.33 \times 416.67}{\left(333.33 + \dfrac{-0.6 - 04}{2}\right) \times \left(416.67 + \dfrac{-0.8 - 0.6}{2}\right)}$

   $= \dfrac{333.33 \times 416.67}{(333.33 - 0.5) \times (416.67 - 0.7)} = \dfrac{138,888.61}{332.83 \times 415.97} = 1.0032$

05 주어진 서식파일을 이용하여 지적측량 시행규칙을 준용하여 색인도, 제명 및 축척과 주어진 지번, 지목, 도곽수치 등을 문자로 입력하고, 지적 관련 법규 및 규정 등의 서식에 따라 최종 지적측량결과도를 작성하시오. (단, 당해 지적도는 5호이며, 용도지역은 주거지역이다. 면적보정계수는 소수점 이하 4자리까지 구하시오.)

> 도곽신축 $\Delta X_1 = -0.6\text{m}$, $\Delta X_2 = -0.4\text{m}$, $\Delta Y_1 = -0.8\text{m}$, $\Delta Y_2 = -0.6\text{m}$
> [요구사항 2), 3)−(*최종분할좌표)에서 계산된 좌표를 화면상에 입력하시오.]

해설

산출면적

$$r = \frac{F}{A} \times a = \frac{원면적}{보정면적합계} \times 각 필지의 보정면적$$

$15-11$ 번지 $= \dfrac{5712}{5,724.88} \times 2,297.62 = 2,292.45$

$15-14$ 번지 $= \dfrac{5712}{5,724.88} \times 3,427.26 = 3,419.55$

보정면적 = 측정면적 × 보정계수

면적측정부

단위 : m²

동리면	지번	측정방법	횟수 또는 산출수			측정면적	도곽 신축 보정 계수	보정면적	원면적	산출면적	결정면적	비고
			제1회	제2회	제3회							
잠실동	15-11	캐드	2,290.29	2,290.29		2,290.29	1.0032	2,297.62		2,292.45	2,292	공차=±61.3
	15-14		3,416.33	3,416.33		3,416.33		3,427.26		3,419.55	3,420	
	15-11					5,706.62		5,724.88	15,216	5,712	5,712	
					이하	여백						오차=12.88
											붉은색	

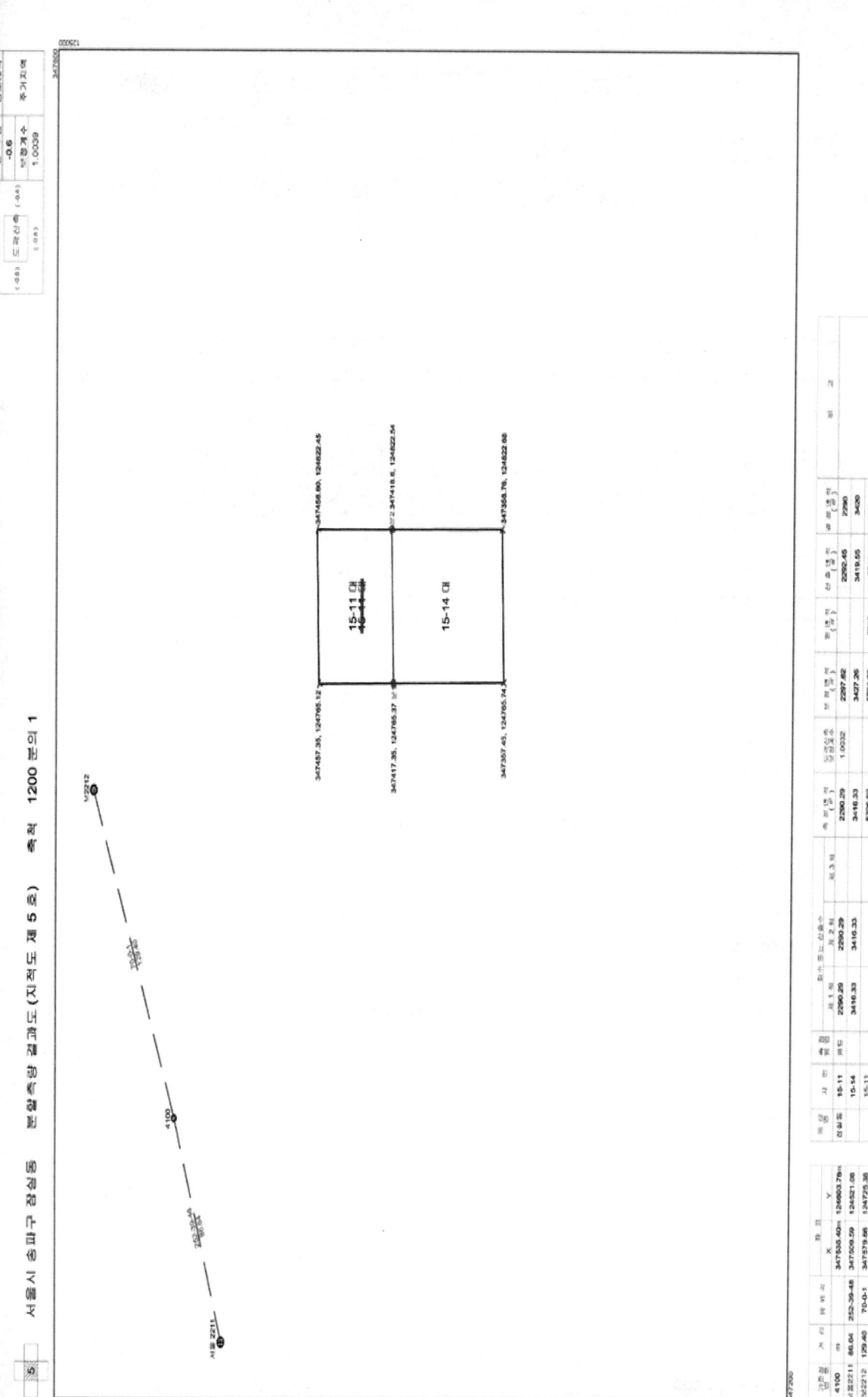

제 4 회 지적기능사 실기 예상문제

01 주어진 지적기준점을 입력하고 지적기준점 2,669를 이용하여 도곽선 좌표를 계산하여 이를 포용하는 축척 1,200분의 1 도곽을 구하시오. (단, 원점의 가산수치는 $X=500,000$m, $Y=200,000$m 이다.)

지적기준점	좌표		비고
	X(m)	Y(m)	
서울 2668	394,151.45	118,607.7	
2669	394,061.32	18,701	
보 2670	394,015.68	118,790.03	

해설

도곽좌표 구하기

1) 종선 상부좌표

394,061.32	−	500,000	=	−105,938.68
−105,938.68	÷	400	=	−264.8467
−264	×	400	=	−105,600
−105,600	+	500,000	=	394,400

2) 종선 하부좌표

| 394,400 | − | 400 | = | 394,000 |

3) 횡선 우측좌표

118,701	−	200,000	=	−81,299
−81,299	÷	500	=	−162.598
−162	×	500	=	−8,100
−4,000	+	200,000	=	119,000

4) 횡선 좌측좌표

| 119,000 | − | 500 | = | 118,500 |

02 주어진 관측점의 방위각과 거리를 이용하여 경계점을 계산하고, 관측점 순서대로 필지를 완성하시오. (단, 좌표결정은 m단위로 소수점 둘째 자리까지 구하시오.)

측점	관측점	방위각	거리	비고
2669	1	8°3′40″	135.02	
	2	21°35′32″	238.43	
	3	32°13′47″	256.86	
	4	80°7′48″	164.64	

해설

주어진 관측점의 방위각과 거리를 이용하여 경계점 구하기
1) $X : 394,061.32 + 135.02 \times \cos 8°3′40″ = 394,195.01$
   $Y : 118,701 + 135.02 \times \sin 8°3′40″ = 118,719.93$
2) $X : 394,061.32 + 238.43 \times \cos 21°35′32″ = 394,283.02$
   $Y : 118,701 + 238.43 \times \sin 21°35′32″ = 118,788.74$
3) $X : 394,061.32 + 256.86 \times \cos 62°13′47″ = 394,181$
   $Y : 118,701 + 256.86 \times \sin 62°13′47″ = 118,928.27$
4) $X : 394,061.32 + 164.64 \times \cos 80°7′48″ = 394,089.54$
   $Y : 118,701 + 164.64 \times \sin 80°7′48″ = 118,863.21$

03 주어진 관측점 '분1'과 '분2'의 방위각과 거리를 이용하여 분할점을 계산하고, '요구사항 2)'에서 계산된 필지와 교차되는 지점의 최종분할좌표를 결정하시오. (단, 분할점 및 최종분할좌표결정은 m단위로 소수점 둘째 자리까지 구하시오.)

측점	관측점	방위각	거리	비고
2669	분1	54°7′57″	106.89	
	분2	43°38′27″	257.8	

해설

주어진 관측점의 방위각과 거리를 이용하여 분할점 구하기
1) $X : 394,061.32 + 106.89 \times \cos 54°7′57″ = 394,123.95$
   $Y : 118,701 + 106.89 \times \sin 54°7′57″ = 118,787.62$
2) $X : 394,061.32 + 257.8 \times \cos 43°38′27″ = 394,247.88$
   $Y : 118,701 + 257.8 \times \sin 43°38′27″ = 118,878.92$
3) '요구사항 2)'에서 계산된 필지와 교차되는 지점의 최종분할좌표 결정

측점	관측점	X [m]	Y [m]
2669	분1	394,137.72	118,797.76
	분2	394,227.87	118,864.17

04 완성된 필지를 대상으로 원면적이 19633m²인 서울시 강북구 미아동 158-15대를 계산된 분할선을 이용하여 2필지로 분할하고, 지적 관련 법규 및 규정 등에 맞게 면적측정부를 작성하시오. (단, 분할필지의 좌측을 원지번으로 부여하고, 당해 지번의 최종 종번은 158-19대이다.)

해설

1) 오차 : 보정면적 합계 or 측정면적 합계(보정계수가 없을 경우) − 원면적
   $= 19{,}633 - 19{,}633 = 0$

2) 공차 : $A = \pm 0.026^2\, M\, \sqrt{F} = \pm 0.026^2 \times 1{,}200 \times \sqrt{19{,}633} = \pm 113.7\text{m}^2$

3) 신축량 : $S = \dfrac{-0.5 - 0.9 - 1.1 - 0.7}{4} = -0.8\text{mm}$

4) 보정계수

① 도상길이 계산

$$Z = \frac{X \times Y}{\Delta X \times \Delta Y} = \frac{333.33 \times 416.67}{\left(333.33 + \dfrac{-05 - 09}{2}\right) \times \left(416.67 + \dfrac{-1.1 - 0.7}{2}\right)}$$

$$= \frac{138{,}888.61}{(333.33 - 07) \times (416.67 - 09)} = \frac{138{,}888.61}{332.63 \times 415.77} = 1.0043$$

② 지상길이 계산

$\Delta x_1 = 1{,}200 \times -0.5 = -600\text{mm} \div 1{,}000 = -0.6\text{m}$ (or $\dfrac{1{,}200 \times (-0.5)}{1{,}000} = -0.6\text{m}$)

$\Delta x_2 = \dfrac{1{,}200 \times (-1.08)}{1{,}000} = -0.6\text{m}$

$\Delta y_1 = \dfrac{1{,}200 \times (-1.1)}{1{,}000} = -1.32\text{m}$

$\Delta y_2 = \dfrac{1{,}200 \times (-0.7)}{1{,}000} = -0.84\text{m}$

$$Z = \frac{X \times Y}{\Delta X \times \Delta Y} = \frac{400 \times 500}{\left(400 + \dfrac{-0.6 - 1.08}{2}\right) \times \left(500 + \dfrac{-1.32 - 0.84}{2}\right)}$$

$$= \frac{200{,}000}{(400 - 0.84) \times (500 - 1.08)} = \frac{200{,}000}{399.16 \times 498.92} = 1.0043$$

05 주어진 서식파일을 이용하여 지적측량 시행규칙을 준용하여 색인도, 제명 및 축척과 주어진 지번, 지목, 도곽수치 등을 문자로 입력하고, 지적 관련 법규 및 규정 등의 서식에 따라 최종 지적측량결과도를 작성하시오. (단, 당해 지적도는 28호이며, 용도지역은 주거지역이다. 면적보정계수는 소수점 이하 4자리까지 구하시오.)

도곽신축 $\Delta X_1 = -0.5\text{mm}$, $\Delta X_2 = -0.9\text{mm}$, $\Delta Y_1 = -1.1\text{mm}$, $\Delta Y_2 = -0.7\text{mm}$
[요구사항 2), 3) — (*최종분할좌표)에서 계산된 좌표를 화면상에 입력하시오.]

해설

산출면적

$$\frac{\text{원면적}}{\text{보정면적합계}} \times \text{각 필지의 보정면적}$$

$158-15$ 번지 $= \dfrac{19,633}{19,672.15} \times 10,627.92 = 10,606.8$

$158-19$ 번지 $= \dfrac{19,633}{19,672.15} \times 9,044.23 = 9,026.2$

보정면적 = 측정면적 × 보정계수

면적측정부

단위 : m²

동리면	지번	측정방법	횟수 또는 산출수			측정면적	도곽 신축 보정 계수	보정면적	원면적	산출면적	결정면적	비고
			제1회	제2회	제3회							
미아동	158-15	캐드	10,627.22	10,627.22		10,627.22	1.0043	10,627.92		10,606.8	10,607	공차= ±113.7
	158-20		9,005.51	9,005.51		9,005.51		9,044.23		9,026.2	9,026	
	158-15					19,632.73		19,672.15	19,633	19,633	19,633	
				이하	여백							오차= 39.15
											붉은색	

서울특별시 강북구 미아동 분할측량결과도(지적도 제 28 호) 축척 1200 분의 1

제 5 회 지적기능사 실기 예상문제

01 주어진 지적기준점을 입력하고 지적기준점 100을 이용하여 도곽선 좌표를 계산하여 이를 포용하는 축척 1,200분의 1 도곽을 구하시오.(단, 원점의 가산수치는 $X=500,000$m, $Y=200,000$m이다.)

지적기준점	좌표		비고
	X(m)	Y(m)	
100	458,223.34	203,158.64	
서울410	458,093.13	203,297.75	
보532	458,151.88	203,257.94	

[해설]

도곽좌표 구하기

1) 종선 상부좌표

458,223.34	−	500,000	=	−41,776.66
−41,776.66	÷	400	=	−104.4416
−104	×	400	−	−41,600
−41,600	+	500,000	=	458,400

2) 종선 하부좌표

458,400	−	400	=	458,000

3) 횡선 좌측좌표

203,158.64	−	200,000	=	3,158.64	
3,158.64	÷	500	=	6.31728	
6	×	500	=	3,000	
3,000	+	200,000	=	203,000	좌측 (200,000)을 넘으면

4) 횡선 우측좌표

203,000	+	500	=	203,500

02 주어진 관측점의 방위각과 거리를 이용하여 경계점을 계산하고, 관측점 순서대로 필지를 완성하시오. (단, 좌표결정은 m단위로 소수점 둘째 자리까지 구하시오.)

측점	관측점	방위각	거리	비고
보532	1	268°38′15″	172.65	
	2	283°50′21″	121.15	
	3	210°22′58″	80.69	
	4	223°15′0″	139.72	

해설

주어진 관측점의 방위각과 거리를 이용하여 경계점 구하기
1) X : $458,151.88 + 172.65 \times \cos 268°38′15″ = 458,147.77$
   Y : $203,257.94 + 172.65 \times \sin 268°38′15″ = 203,085.33$
2) X : $458,151.88 + 121.15 \times \cos 283°50′21″ = 458,180.86$
   Y : $203,257.94 + 121.15 \times \sin 283°50′21″ = 203,140.30$
3) X : $458,151.88 + 80.69 \times \cos 210°22′58″ = 458,082.27$
   Y : $203,257.94 + 80.69 \times \sin 210°22′58″ = 203,217.13$
4) X : $458,151.88 + 139.72 \times \cos 223°15′0″ = 458,050.11$
   Y : $203,257.94 + 139.72 \times \sin 223°15′0″ = 203,162.20$

03 주어진 관측점 '분1'과 '분2'의 방위각과 거리를 이용하여 분할점을 계산하고, '요구사항 2)'에서 계산된 필지와 교차되는 지점의 최종분할좌표를 결정하시오. (단, 분할점 및 최종분할좌표결정은 m단위로 소수점 둘째 자리까지 구하시오.)

측점	관측점	방위각	거리	비고
보532	분1	240°37′31″	149.53	
	분2	243°44′42″	64.47	
서울410	분3	258°20′54″	155.52	
	분4	275°44′14″	90.03	

해설

주어진 관측점의 방위각과 거리를 이용하여 분할점 구하기
분 1) X : $458,151.88 + 149.53 \times \cos 240°37′31″ = 458,078.53$
       Y : $203,257.94 + 149.53 \times \sin 240°37′31″ = 203,127.63$
분 2) X : $458,151.88 + 64.47 \times \cos 243°44′42″ = 4581,236.36$
       Y : $203,257.94 + 64.47 \times \sin 243°44′42″ = 203,200.12$
분 3) X : $458,093.13 + 155.52 \times \cos 258°20′54″ = 458,061.72$
       Y : $203,297.75 + 155.52 \times \sin 258°20′54″ = 203,145.43$
분 4) X : $458,093.13 + 90.03 \times \cos 275°44′14″ = 458,102.13$
       Y : $203,297.75 + 90.03 \times \sin 275°44′14″ = 203,208.17$

3) '요구사항 2)'에서 계산된 필지와 교차되는 지점의 최종분할좌표 결정

관측점	X[m]	Y[m]
분1	458,083.60	203,135.84
분2	458,117.09	203,189.99
분3	458,064.98	203,150.50
분4	458,099.33	203,203.83

04 완성된 필지를 대상으로 원면적이 7899m²인 서울시 송파구 잠실동 10-3(대)를 계산된 분할선을 이용하여 3필지로 분할하고, 지적 관련 법규 및 규정 등에 맞게 면적측정부를 작성하시오. (단, 분할필지의 좌측을 원지번으로 부여하고, 당해 지번의 최종 종번은 10-5(대)이다.)

해설

1) 오차 : 보정면적 합계 or 측정면적 합계(보정계수가 없을 경우) − 원면적
   $= 7,908.21 - 7,899 = 9.21$

2) 공차 : $A = \pm 0.026^2 M \sqrt{F}$ (M : 축척분모, F : 원면적)
   $= \pm 0.026^2 \times 1,200 \times \sqrt{7,899} = \pm 72.1 \text{m}^2$

3) 신축량 : $S = \dfrac{\Delta x_1 + \Delta x_2 + \Delta y_1 + \Delta y_2}{4}$

   $= \dfrac{-0.6 - 0.4 - 0.8 - 0.6}{4} = -0.6 \text{mm}$

4) 보정계수
   - 도곽신축량을 지상거리로 환산

   $\dfrac{1}{m} = \dfrac{l(\text{도상거리})}{L(\text{지상길이})}$, $l = \dfrac{l}{m}$, $L = ml$

   $\Delta x_1 = 1,200 \times (-0.6) = -720 \text{mm} \div 1,000 = -0.72 \text{m}$ (or) $\dfrac{1,200 \times (-0.6)}{1,000} = -0.72 \text{m}$

   $\Delta x_2 = \dfrac{1,200 \times (-0.4)}{1,000} = -0.48 \text{m}$

   $\Delta y_1 = \dfrac{1,200 \times (-0.8)}{1,000} = -0.96 \text{m}$

   $\Delta y_2 = \dfrac{1,200 \times (-0.6)}{1,000} = -0.72 \text{m}$

   ① 지상길이 계산(1,200분의 1 지역의 지상길이는 400×500m)

   $Z = \dfrac{X \times Y}{\Delta X \times \Delta Y}$

   $= \dfrac{\text{도곽선 종선길이} \times \text{도곽선 횡선길이}}{(\text{신축된 도곽선 종선길이의 합} \div 2) \times (\text{신축된 도곽선 횡선길이의 합} \div 2)}$

   $= \dfrac{400 \times 500}{\left(400 + \dfrac{-0.72 - 0.48}{2}\right) \times \left(500 + \dfrac{-0.96 - 0.72}{2}\right)}$

   $= \dfrac{400 \times 500}{(400 - 0.6) \times (500 - 0.84)} = \dfrac{200,000}{399.4 \times 499.16} = 1.0032$

② 도상길이 계산(1,200분의 1 지역의 지상길이는 333.33×416.7mm)

$$Z = \frac{333.33 \times 416.67}{\left(333.33 + \frac{-0.6-04}{2}\right) \times \left(416.67 + \frac{-0.8-0.6}{2}\right)}$$

$$= \frac{333.33 \times 416.67}{(333.33-0.5) \times (416.67-0.7)} = \frac{138,888.61}{332.83 \times 415.97} = 1.0032$$

05 주어진 서식파일을 이용하여 지적측량 시행규칙을 준용하여 색인도, 제명 및 축척과 주어진 지번, 지목, 도곽수치 등을 문자로 입력하고, 지적 관련 법규 및 규정 등의 서식에 따라 최종 지적측량결과도를 작성하시오. (단, 당해 지적도는 5호이며, 용도지역은 주거지역이다. 면적보정계수는 소수점 이하 4자리까지 구하시오.)

도곽신축 $\Delta X_1 = -0.6$mm, $\Delta X_2 = -0.4$mm, $\Delta Y_1 = -0.8$mm, $\Delta Y_2 = -0.6$mm
[요구사항 2), 3) – (*최종분할좌표)에서 계산된 좌표를 화면상에 입력하시오.]

해설

산출면적

$$r = \frac{F}{A} \times a = \frac{원면적}{보정면적합계} \times 각 필지의 보정면적$$

$10-3$번지 $= \frac{7,899}{7,908.21} \times 5,158.38 = 5,152.3$

$10-6$번지 $= \frac{7,899}{7,809.21} \times 1,465.65 = 1,464$

$10-7$번지 $= \frac{7,899}{7,908.21} \times 1,284.18 = 1,282.7$

보정면적=측정면적×보정계수

면적측정부

단위 : m^2

동리면	지번	측정 방법	횟수 또는 산출수			측정 면적	도곽 신축 보정 계수	보정 면적	원 면적	산출 면적	결정 면적	비고
			제1회	제2회	제3회							
잠실동	10-3	캐드	5,157.38	5,157.38		5,157.38	1.0032	5,158.38		5,152.3	5,152	공차= ±72.1
	10-6		1,460.98	1,460.98		1,460.98		1,465.65		1,464	1,464	
	10-7		1,280.08	1,280.08		1,280.08		1,284.18		1,282.7	1,283	
	10-3							7,908.21	7,899	7,899	7,899	
				이하	여백							오차= 9.21
											붉은색	

제 6 회 지적기능사 실기 예상문제

01 주어진 지적기준점을 입력하고 지적기준점 588을 이용하여 도곽선 좌표를 계산하여 이를 포용하는 축척 1200분의 1 도곽을 구하시오. (단, 원점의 가산수치는 X=500,000m, Y=200,000m이다.)

지적기준점	좌표		비고
	X(m)	Y(m)	
558	435,478.6	195,664.55	
서울559	435,480.12	195,770.39	
보560	435,441.23	195,554.48	

해설

도곽좌표 구하기

1) 종선 상부좌표

435,478.6	−	500,000	=	−64,521.4
−64,521.4	÷	400	=	−161.3035
−161	×	400	=	−64,400
−64,400	+	500,000	=	435,600

2) 종선 하부좌표

435,600	−	400	=	435,200

3) 횡선 우측좌표

195,664.55	−	200,000	=	−4,335.45
−4,335.45	÷	500	=	−8.6709
−8	×	500	=	−4,000
−4,000	+	200,000	=	196,000

4) 횡선 좌측좌표

196,000	−	500	=	195,500

02
주어진 관측점의 방위각과 거리를 이용하여 경계점을 계산하고, 관측점 순서대로 필지를 완성하시오. (단, 좌표결정은 m단위로 소수점 둘째 자리까지 구하시오.)

측점	관측점	방위각	거리	비고
588	1	205°42′36″	103.67	
	2	111°26′0″	214.15	
	3	141°6′32″	313.69	
	4	190°31′30″	241.85	

[해설]

주어진 관측점의 방위각과 거리를 이용하여 경계점 구하기

1) $X : 435,478.6 + 103.67 \times \cos 205°42′36″ = 435,385.19$
   $Y : 195,664.55 + 103.67 \times \sin 205°42′36″ = 195,619.57$
2) $X : 435,478.6 + 214.15 \times \cos 111°26′0″ = 435,400.34$
   $Y : 195,664.55 + 214.15 \times \sin 111°26′0″ = 195,863.90$
3) $X : 435,478.6 + 313.69 \times \cos 141°6′32″ = 435,234.44$
   $Y : 195,664.55 + 313.69 \times \sin 141°6′32″ = 195,861.50$
4) $X : 435,478.6 + 241.85 \times \cos 190°31′30″ = 435,240.82$
   $Y : 195,664.55 + 241.85 \times \sin 190°31′30″ = 195,620.37$

03
주어진 관측점의 방위각과 거리를 이용하여 분할점을 계산하고, '요구사항 2)'에서 계산된 필지와 교차되는 지점의 최종분할좌표를 결정하시오. (단, 분할점 및 최종분할좌표결정은 m단위로 소수점 둘째 자리까지 구하시오.)

측점	관측점	방위각	거리	비고
588	분1	143°15′15″	99.65	
	분2	166°51′25″	262.19	
서울559	분3	154°30′16″	70.71	
	분4	173°48′17″	267.16	

[해설]

주어진 관측점의 방위각과 거리를 이용하여 분할점 구하기

분 1) $X : 435,478.6 + 99.65 \times \cos 143°15′15″ = 435,398.75$
   $Y : 195,664.55 + 99.65 \times \sin 143°15′15″ = 195,724.17$
분 2) $X : 435,478.6 + 262.19 \times \cos 166°51′25″ = 435,223.27$
   $Y : 195,664.55 + 262.19 \times \sin 166°51′25″ = 195,724.17$
분 3) $X : 435,480.12 + 70.71 \times \cos 154°30′16″ = 435,416.30$
   $Y : 195,770.39 + 70.71 \times \sin 154°30′16″ = 195,800.82$
분 4) $X : 435,480.12 + 267.16 \times \cos 173°48′17″ = 435,214.50$
   $Y : 195,770.39 + 267.16 \times \sin 173°48′17″ = 195,799.22$

3) '요구사항 2)'에서 계산된 필지와 교차되는 지점의 최종분할좌표 결정

관측점	X[m]	Y[m]
분1	435,391.68	195,724.17
분2	435,238.78	195,724.17
분3	435,396.42	195,800.66
분4	435,236.08	195,799.40

04 완성된 필지를 대상으로 원면적이 37652m²인 경기도 용인시 처인구 운학동 92 – 12대를 계산된 분할선을 이용하여 3필지로 분할하고, 지적 관련 법규 및 규정 등에 맞게 면적측정부를 작성하시오.(단, 분할필지의 좌측을 원지번으로 부여하고, 당해 지번의 최종 종번은 92 – 17대이다.)

해설

1) 오차 : 보정면적 합계 or 측정면적 합계(보정계수가 없을 경우) − 원면적
   $= 37,823.8 - 37,652 = 171.8$

2) 공차 : $A = \pm 0.026^2 M \sqrt{F}$ (M : 축척분모, F : 원면적)
   $= \pm 0.026^2 \times 1,200 \times \sqrt{37,652} = \pm 157.4\text{m}^2$

3) 신축량 : $S = \dfrac{\Delta x_1 + \Delta x_2 + \Delta y_1 + \Delta y_2}{4}$

   신축된차(mm) $= \dfrac{1,000\,(L[\text{신축된 도곽선 지상길이}] - L_0[\text{도곽선 지상길이}])}{M[\text{축척분모}]}$

   $\dfrac{-0.8 - 0.6 - 1.6 - 1.2}{4} = -1.05\text{m} = \dfrac{1,000 \times -1.05}{1,200} = -0.875\text{mm} ≒ -0.9\text{mm}$

   $\therefore \dfrac{-0.7 - 0.5 - 1.3 - 1.0}{4} = 0.875 ≒ 0.9\text{mm}$

4) 보정계수
   - 도곽신축량을 도상거리로 환산

   $\dfrac{1}{m} = \dfrac{l\,(\text{도상거리})}{L\,(\text{지상길이})}$, $l = \dfrac{l}{m}$, $L = ml$

   $\Delta x_1 = \dfrac{-0.8}{1,200} = -0.00066\text{m} \times 1,000 = -0.7\text{mm}$ (or) $\dfrac{1,000 \times (-0.8)}{1,200} = -0.7\text{mm}$

   $\Delta x_2 = \dfrac{1,000 \times (-0.6)}{1,200} = -0.5\text{mm}$

   $\Delta y_1 = \dfrac{1,000 \times (-1.6)}{1,200} = -1.3\text{mm}$

   $\Delta y_2 = \dfrac{1,000 \times (-1.2)}{1,200} = -1.0\text{mm}$

   ① 지상길이 계산(1,200분의 1 지역의 지상길이는 400×500m)

   $Z = \dfrac{X \times Y}{\Delta X \times \Delta Y}$

   $= \dfrac{\text{도곽선 종선길이} \times \text{도곽선 횡선길이}}{(\text{신축된 도곽선 종선길이의 합} \div 2) \times (\text{신축된 도곽선 횡선길이의 합} \div 2)}$

$$= \frac{400 \times 500}{\left(400 + \frac{-0.8-0.6}{2}\right) \times \left(500 + \frac{-1.6-1.2}{2}\right)}$$

$$= \frac{200,000}{(400-0.7) \times (500-1.4)} = \frac{200,000}{399.3 \times 498.6} = 1.0046$$

② 도상길이 계산(1,200분의 1 지역의 지상길이는 333.33×416.7mm)

$$Z = \frac{333.33 \times 416.67}{\left(333.33 + \frac{-0.7-05}{2}\right) \times \left(416.67 + \frac{-1.3-1.0}{2}\right)}$$

$$= \frac{333.33 \times 416.67}{(333.33-0.6) \times (416.67-1.15)} = \frac{138,888.61}{332.73 \times 415.52} = 1.0046$$

05 주어진 서식파일을 이용하여 지적측량 시행규칙을 준용하여 색인도, 제명 및 축척과 주어진 지번, 지목, 도곽수치 등을 문자로 입력하고, 지적 관련 법규 및 규정 등의 서식에 따라 최종 지적측량결과도를 작성하시오. (단, 당해 지적도는 30호이며, 용도지역은 주거지역이다. 면적보정계수는 소수점 이하 4자리까지 구하시오.)

도곽신축 $\Delta X_1 = -0.5$mm, $\Delta X_2 = -0.9$mm, $\Delta Y_1 = -1.1$mm, $\Delta Y_2 = -0.7$mm
[요구사항 2), 3) – (*최종분할좌표)에서 계산된 좌표를 화면상에 입력하시오.]

해설

산출면적

$$r = \frac{F}{A} \times a = \frac{\text{원면적}}{\text{보정면적합계}} \times \text{각 필지의 보정면적}$$

$$92-12\text{번지} = \frac{37,652}{37,823.8} \times 15,595.55 = 15,524.7$$

$$92-18\text{번지} = \frac{37,652}{37,823.8} \times 11,961.17 = 11,906.8$$

$$92-19\text{번지} = \frac{37,652}{37,823.8} \times 10,267.08 = 10,220.4$$

보정면적=측정면적 × 보정계수

면적측정부

단위 : m²

동리면	지번	측정 방법	횟수 또는 산출수			측정 면적	도곽 신축 보정 계수	보정 면적	원 면적	산출 면적	결정 면적	비고
			제1회	제2회	제3회							
운학동	92-12	캐드	15,524.14	15,524.14		15,524.14	1.0046	15,595.55		15,524.7	15,525	공차= ±157.4
	92-18		11,906.40	11,906.40		11,906.40		11,961.17		11,906.8	11,907	
	92-19		10,220.07	10,220.07		10,220.07		10,267.08		10,220.4	10,220	
	91-12							37,823.8	37,652	37,651.9	37,652	
					이하	여백						오차= 171.8
											붉은색	

경기도 용인시 처인구 운학동 분할측량결과도(지적도 제 30 호) 축척 1200분의 1

저자소개

寅山 **이영수**

■ 약력
- 공학 박사
- 지적 기술사
- 측량 및 지형공간정보 기술사
- (전) 대구과학대학교 측지정보과 교수
- (전) 신한대학 겸임교수
- (전) 한국국토정보공사 근무
- (현) 공단기 지적직공무원 지적측량, 지적전산학, 지적법, 지적학 강의
- (현) 주경야독 인터넷 동영상 강사
- (현) 지적기술사 동영상 강의
- (현) 측량 및 지형공간정보기술사 동영상 강의
- (현) 지적기사(산업)기사 이론 및 실기 동영상 강의
- (현) 측량 및 지형공간정보기사(산업)기사 이론 및 실기 동영상 강의
- (현) (지적직공무원) 지적전산학, 지적측량 동영상 강의
- (현) (한국국토정보공사) 지적법해설, 지적학해설, 지적측량 동영상 강의
- (현) (특성화고 토목직공무원) 측량학 동영상 강의
- (현) 측량학, 응용측량, 측량기능사, 지적기능사 동영상 강의
- (현) 군무원 지도직 측지학, 지리정보학 강의

■ 주요 저서

[공무원 · 군무원(지도직), 한국국토정보공사 분야]
- 지직직공무원 지직측량 기초입문
- 지적직공무원 지적측량 기본서
- 지적직공무원 지적측량 단원별 기출
- 지적직공무원 지적측량 합격모의고사
- 지적직공무원 지적측량 1200제
- 지적직공무원 지적전산학 기초입문
- 지적직공무원 지적전산학 기본서
- 지적직공무원 지적전산학 단원별기출
- 지적직공무원 지적전산학 합격모의고사
- 지적직공무원 지적전산학 1200제
- 지적직공무원 지적법 해설
- 지적직공무원 지적법 합격모의고사
- 지적직공무원 지적법 800제
- 지적직공무원 지적학 해설
- 지적직공무원 지적학 합격모의고사
- 지적직공무원 지적학 800제
- 지적직공무원 지적측량 필다나
- 지적직공무원 지적전산학 필다나
- 군무원 지도직 측지학
- 군무원 지도직 지리정보학

[지적/측량 및 지형공간정보 분야]
- 지적기술시 헤설
- 지적기술사 과년도 기출문제해설 1
- 지적기술사 과년도 기출문제해설 2
- 지적기사 필기 이론 및 문제해설
- 지적산업기사 필기 이론 및 문제해설
- 지적기사 과년도 문제해설
- 지적산업기사 과년도 문제해설
- 지적기사/산업기사 실기 문제해설
- 지적측량실무
- 지적기능사 해설
- 측량 및 지형공간정보기술사
- 측량 및 지형공간정보기술사 기출문제 해설
- 측량 및 지형공간정보기사 이론 및 문제해설
- 측량 및 지형공간정보산업기사 이론 및 문제해설
- 측량 및 지형공간정보기사 과년도 문제해설
- 측량 및 지형공간정보산업기사 과년도 문제해설
- 측량 및 지형공간정보 실무
- 공간정보 및 지적관련 법령집
- 측량학
- 응용측량
- 사진측량 해설
- 측량기능사

저자소개

오애리

■ 약력
- (현) 청주대학교 조교수
- (현) 채용전문면접관(부산교육공무원, 공기업 신입채용 등)
- (전) 한국국토정보공사 상임이사(공사 창사 43년 최초 여성 임원)
- (전) LX파트너스 사내이사
- (전) 인천시 지방지적위원회(측량민원) 위원
- (전) 김포시 공유토지분할위원회 위원
- 지적특급 · 토목특급기술사
- 측량 및 지형공간정보 특급기술사
- 채용전문면접관 1급

■ 저서
- 지적측량 기초입문서
- 지적전산학기초입문서
- 지적측량 기본서
- 지적전산학 기본서

김문기

■ 약력
- 금오공과대학교 토목 · 환경 및 건축공학과 공학석사
- 경북대학교 토목공학과 공학박사
- (현) 티엘엔지니어링(주) 대표이사
- (현) 안동과학대학교 건설정보공학과 겸임교수
- (현) 한국생태공학회 이사
- (현) 송전선로 전력영향평가선정 위원
- 측량 및 지형공간정보 기사
- 한국엔지니어링 협회 특급기술자
- 한국건설기술인 협회 특급기술자

■ 저서
- 측량 및 지형공간정보 기술사
- 측량기능사
- 측지학
- GIS

안재현

■ 약력
- 대구과학대학교 측지정보과 졸업
- (현) 영주시청 근무
- 측량 및 지형공간정보기사/산업기사
- 지적 기사/산업기사
- 건설재료 시험 기능사

■ 저서
- 지적기사 필기 4주 완성 문제해설
- 지적산업기사 필기 4주 완성 문제해설
- 측량 및 지형공간정보기사 이론 및 문제해설
- 측량 및 지형공간정보산업기사 이론 및 문제해설
- 측량 및 지형공간정보기사 과년도 문제해설
- 측량 및 지형공간정보산업기사 과년도 문제해설
- 지적기능사

오건호

■ 약력
- 경북대학교 지리학과 졸업(학사)
- (전) 영주시청 토지정보과 근무
- (현) 달서구청 토지정보과 근무
- 지적기사/측량 및 지형공간정보기사
- 항공사진기능사/지도제작기능사

■ 저서
- 지적기사 필기
- 지적산업기사 필기
- 측량 및 지형공간정보기사
- 측량 및 지형공간정보산업기사

지적기능사 필기+실기 한권 완성

발행일 | 2026. 1. 20   초판발행

저　자 | 寅山 이영수 · 오애리 · 김문기 · 안재현 · 오건호
발행인 | 정용수
발행처 | 예문사

주　소 | 경기도 파주시 직지길 460(출판도시) 도서출판 예문사
T E L | 031) 955–0550
F A X | 031) 955–0660
등록번호 | 11–76호

- 이 책의 어느 부분도 저작권자나 발행인의 승인 없이 무단 복제하여 이용할 수 없습니다.
- 파본 및 낙장은 구입하신 서점에서 교환하여 드립니다.
- 예문사 홈페이지 http://www.yeamoonsa.com

정가 : 28,000원

ISBN 978-89-274-6012-1 13530